D1942800

SMYREK · KRUSE · HASCHER

LICHTTECHNIK UND ENERGIEVERSORGUNG

Lichttechnik

und Energieversorgung für Veranstaltungstechniker in Ausbildung und Praxis

von Dr. Volker Smyrek,
Diana Kruse und Ralph Hascher†

2., überarbeitete und erweiterte Auflage

mit 400 Abbildungen, 43 Tabellen

und 98 Übungsaufgaben

S. Hirzel Verlag

Die in diesem Werk aufgeführten Formeln, (technischen) Daten und Hinweise beruhen größtenteils auf Herstellerangaben und wurden sorgfaltig geprüft. Dennoch können Autoren und Verlag keine Gewähr für die Richtigkeit der Angaben übernehmen.

Ein Markenzeichen kann markenrechtlich geschützt sein, auch wenn ein Hinweis auf etwa bestehende Schutzrechte fehlt. Patentrechtliche Einschränkungen sind zu beachten.

Bibliografische Information der Deutschen Nationalbibliothek
Die Deutsche Nationalbibliothek verzeichnet diese Publikation in der Deutschen Nationalbibliografie; detaillierte bibliografische Daten sind im Internet über https://portal.dnb.de abrufbar.

2., überarbeitete und erweiterte Auflage, 2017
ISBN 978-3-7776-2557-7 (Print)
ISBN 978-3-7776-2687-1 (E-Book, PDF)

Printed in Germany
Umschlaggestaltung: deblik, Berlin
Umschlagabbildung: danabeth555 / iStock
Druck und Bindung: Druckerei Kohlhammer, Stuttgart

Vorwort zur 2. Auflage

Die Auswahl der Inhalte dieses Lehrbuches beruht auf dem Rahmenlehrplan für den Ausbildungsberuf Fachkraft für Veranstaltungstechnik. Es sei allerdings darauf hin gewiesen, dass die Buchreihe auch für weitere Zielgruppen interessant sein dürfte, beispielsweise Schüler und Studenten der School of Audio Engineering (SAE), an Medienhochschulen oder ähnlichen Bildungseinrichtungen.

Dieses Buch unterteilt sich zunächst in zwei Themenbereiche: Die Energieversorgung von Kapitel 1 bis 7 und die Lichttechnik von Kapitel 8 bis 12. Trotz dieser Zweiteilung bauen die Kapitel und zum Teil auch die Inhalte innerhalb der Kapitel aufeinander auf.

Die Reihenfolge der Kapitel folgt einer logischen Struktur und damit nicht ganz der Reihenfolge, wie die Themen im Rahmenlehrplan aufgelistet sind. Am Anfang jedes Kapitels steht daher, zu welchem Lehrjahr die Themen gehören. Am Ende jedes Kapitels finden sich Übungsaufgaben. Die Fragen orientieren sich am Niveau schriftlicher Abschlussarbeiten von Veranstaltungstechnikern. Einige Fragen gehen darüber hinaus, und es gibt auch ein paar Aufgaben, die zur eigenen Recherche auffordern. Die Lösungen stehen im Anhang. Für ein Selbststudium ist weiterführende Fachliteratur am Ende der Kapitel aufgeführt.

Inzwischen habe ich Studenten in verschiedenen Themenbereichen unterrichtet, und natürlich unter Verwendung meiner Bücher. Manchmal merkt man erst während des Unterrichts, dass es „hakt", d. h. dass der Unterrichtstoff didaktisch optimiert werden könnte, oder einzelne Aspekte ausführlicher erklärt werden sollten. Ich freue mich daher in diesem Zusammenhang auch auf Rückmeldungen von Schülern, Studenten und Auszubildenden und von deren Lehrern, Professoren und Ausbildern. Denn ein Lehrbuch kann im Grunde nie wirklich endgültig fertig gestellt werden, da es immer einzelne Aspekte gibt, auf die näher eingegangen werden kann. Oder es gibt neue technische Entwicklungen, die eine Umgestaltung bzw. Anpassung des Unterrichtsstoffes notwendig machen.

Danke für die freundliche Unterstützung

AB Elektronik Sachsen GmbH, ADB Lighting Technologies, Amsterdamse Hogeschool voor de kunsten, Apollo Theater Stuttgart, BB Promotion GmbH / We Will Rock You, Dedo Weigert Film GmbH, Deen Van Meer Photography, DEHA / Emil Löffelhardt GmbH & Co. KG, Dehn + Söhne GmbH & Co. KG, Dirk Weyhenmeyer Fotografie, Electronic Theatre Controls GmbH, Ferdinand Walther GmbH, Fluke Deutschland GmbH, Gerriets GmbH, GMC-I Messtechnik GmbH, Grundlicht.de (Wolfram Bernard), Hameg Instruments GmbH, HKS, Inc., Kino Flo Lighting Systems, Kinoton, LichtWerk GbR – Laser Licht & Illusionen, MA Lighting International GmbH, Martin Professional A/S, Mittronik GmbH, Pathway Connectivity Inc., Prophoto GmbH, Pulsar Light of Cambridge Ltd., Rosco, Sand Network Systems, Inc., Stefan's Lichtparade (Stefan Eichhorn), Strand Selecon / Philips Lighting, Theater Schweinfurt, Traffik Theater, Unfallkasse Post und Telekom.

Weiterhin: Ellen Walter, Heiko Richter, Kerstin Wagner, Matthias Strobel und Rob Sayer.

Dr. Volker Smyrek — Stuttgart, im Herbst 2017

Inhaltsverzeichnis

PAR-Scheinwerfer mit Schutzgitter und roter Farbfolie.

1 Stromkreise

Grundlagenkenntnisse der Elektrotechnik, soweit diese für die Energieversorgung und die Lichttechnik von Interesse sind, werden im ersten Lehrjahr unterrichtet.

Elektrische Vorgänge beruhen auf der freien Beweglichkeit von Ladungsträgern. Zur Veranschaulichung des Zustandekommens dieser Ladungen wird häufig das vereinfachte Bohrsche Atommodell herangezogen (Abb. 1.1): Protonen und Neutronen bilden den Atomkern, die Elektronen bewegen sich um den Kern herum. Das Elektron ist der Träger der kleinstmöglichen negativen Ladung e^-, das Proton trägt die gleich große, positive Elementarladung e^+. Die Einheit der elektrischen Ladung Q ist das Coulomb (C). 1 Coulomb entspricht $6{,}242 \cdot 10^{18}\,e$, damit beträgt die Elementarladung $e = 1{,}602 \cdot 10^{-19}\,\text{C}$.

Im Normalzustand ist ein Atom nach außen hin neutral, die Anzahl der Protonen und Elektronen ist gleich, die Ladungen heben sich damit gegenseitig auf. In manchen Stoffen sind die Atome so angeordnet, dass einige Elektronen aus der äußersten Hülle in den Einflussbereich eines Nachbaratoms gelangen. Diese Elektronen werden zu *freien Elektronen*. Bei elektrisch leitenden Metallen sind die Atome in einem Raumgitter angeordnet, hier gibt es pro Atom ungefähr ein freies Elektron. Die Knotenpunkte des Gitters sind positiv geladene Restatome (auch „Atomrümpfe" genannt); zwischen diesen bewegen sich die freien Elektronen (Abb. 1.2).

Auch durch *Ionisation* können Ladungsträger zustande kommen, beispielsweise in elektrisch leitenden Flüssigkeiten (Elektrolyten). Fehlen Elektronen aus der äußersten Schale, so wird ein Atom zu einem positiv geladenen Ion. Nimmt dagegen ein Atom ein zusätzliches Elektron auf, so wird es zu einem negativen Ion (Abb. 1.3).

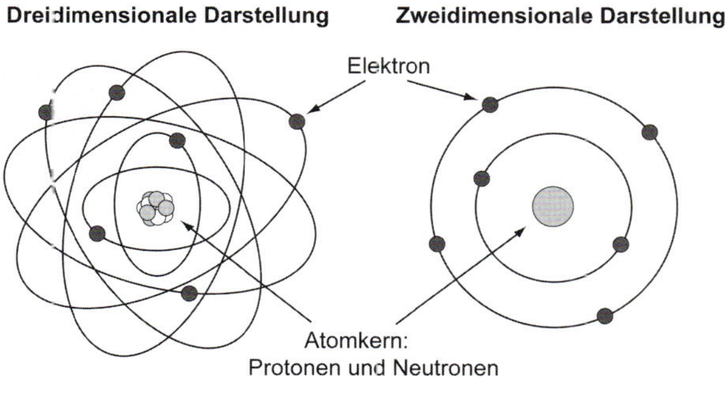

Abb. 1.1: Das Bohrsche Atommodell eines Kohlenstoffatoms. Das Bohrsche Atommodell ist historisch betrachtet der erste quantentheoretische Erklärungsansatz für die Vorgänge in einem einzelnen Atom, doch obwohl oder gerade weil es eine starke Vereinfachung darstellt, wird es auch heute noch in Lehrbüchern zur Erklärung elektrischer Effekte herangezogen, so auch in diesem Buch.

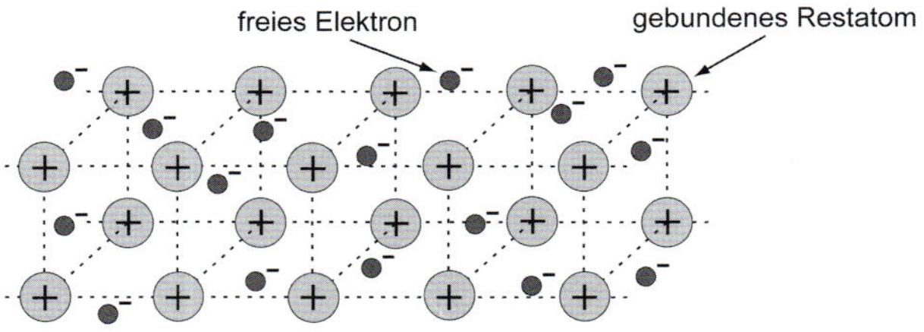

Abb. 1.2: Raumgitter in Metallen.

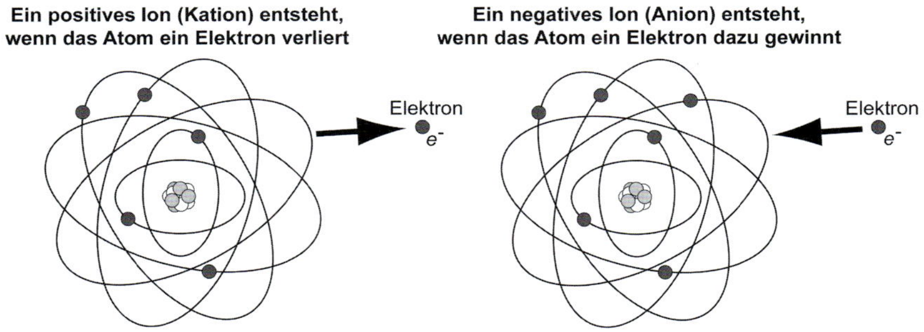

Abb. 1.3: Ionisation.

1.1 Elektrische Spannung

Spannungsquellen besitzen zwei Pole mit unterschiedlicher Ladung. Am Minuspol herrscht ein Elektronenüberschuss, am Pluspol ein Elektronenmangel. Dieser Potentialunterschied ist die elektrische Spannung. Durch eine elektrisch leitende Verbindung zwischen den Polen kommt es zu einer Entladung (Ladungsausgleich), dabei fließt ein elektrischer Strom. Eine Ladungstrennung und dadurch eine elektrische Spannung kann auf verschiedene Arten erzeugt werden:

- Ladungstrennung durch Induktion (Beispiel: Generator).
- Ladungstrennung durch chemische Reaktionen (Beispiel: Batterie).
- Ladungstrennung durch Wärme (Beispiel: Thermoelemente in der Mess- und Regeltechnik).
- Ladungstrennung durch die Strahlungsenergie des Lichts (Beispiel: Solarzelle).
- Ladungstrennung durch mechanischen Druck (Beispiel: Piezoelement).

Über die elektrische Spannung können folgende Aussagen getroffen werden:

- Die elektrische Spannung entsteht durch den Ladungsunterschied zweier Pole.
- Die elektrische Spannung ist der „Druck“ bzw. die Kraft, welche auf die freien Elektronen im Leiter wirkt.
- Die elektrische Spannung ist die Ursache des elektrischen Stroms.

Formelzeichen

Das Formelzeichen einer elektrischen Gleichspannung ist das große U, das Formelzeichen für eine Wechselspannung ist das kleine u.

Maßeinheit

Die Grundeinheit der elektrischen Spannung ist das Volt (V). Eine Spannung von 1 V liegt dann vor, wenn bei einem Stromfluss von 1 Ampere (A) eine Leistung von 1 Watt (W) umgesetzt wird (Stromfluss: s. Kap. 1.2, Leistung: s. Kap. 1.6).

$$\text{Elektrische Spannung} = \frac{\text{Elektrische Leistung}}{\text{Elektrischer Strom}}$$

$$U = \frac{P}{I} \qquad \text{(Formel 1.1)}$$

Definition der Einheit:

$$1\ \text{V} = \frac{1\ \text{W}}{1\ \text{A}}$$

Üblicherweise liegen die Spannungswerte in der Elektrotechnik zwischen einigen Millivolt (mV) und mehreren hundert Volt (Tab. 1.1).

Tab. 1.1: Maßeinheit der Spannung.

Bezeichnung	Einheit mit Vorsatz	Wert in Volt	Wissenschaftliche Schreibweise
Megavolt	1 MV	1 000 000 V	10^6 V
Kilovolt	1 kV	1000 V	10^3 V
Volt	1 V	1 V	1 V
Millivolt	1 mV	0,001 V	10^{-3} V
Mikrovolt	1 µV	0,000 001 V	10^{-6} V

Weitere Formel zur Berechnung der elektrischen Spannung

Fließt ein Strom von 1 A durch einen Widerstand von 1 Ω, so beträgt der Spannungsabfall über dem Widerstand 1 V (Widerstand s. Kap. 2.1). Es gilt hierbei folgender Zusammenhang:

$$\text{Elektrische Spannung} = \text{Elektrischer Widerstand} \cdot \text{Elektrischer Strom}$$

$$U = R \cdot I \qquad \text{(Formel 1.2)}$$

Potential und Spannungsrichtung

Das elektrische Potential in einem bestimmten Punkt einer Schaltung ist immer relativ zu einem Bezugspunkt zu sehen. Dieser Bezugspunkt mit einem Potential von 0 V wird „Erde“ genannt (s. Kap. 5.4). Der Potentialunterschied zur Erdung kann positiv oder negativ sein, entsprechend erhält die sich ergebende Spannung als Vorzeichen ein Plus oder ein Minus. Die Spannung hat gemäß diesem Vorzeichen eine bestimmte Wirkrichtung. In einem Schaltbild wird diese Richtung durch einen Pfeil angezeigt (Abb. 1.4). Der Spannungspfeil zeigt vom höheren Potential (Spannungswert) zum niedrigeren Potential (Spannungswert).

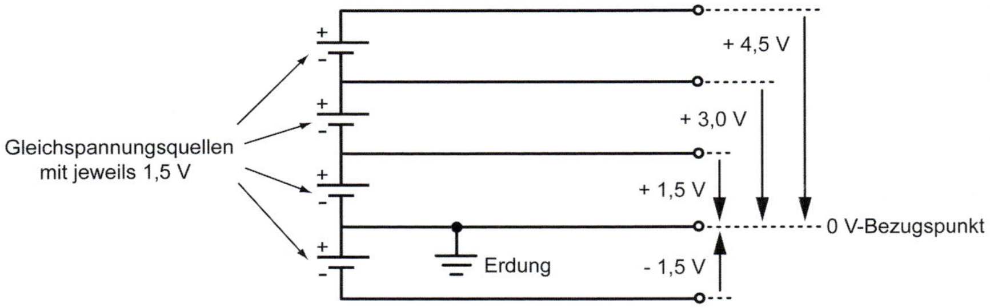

Abb. 1.4: Potential und Spannungsrichtung.

Messen der elektrischen Spannung

Ein Spannungsmessgerät wird immer parallel zu einer Spannungsquelle, einem Verbraucher bzw. einem elektronischen Bauelement angeschlossen (Abb. 1.5 Links). Bei der Messung an einer Spannungsquelle wird der momentane Spannungswert, bei Messungen an einem elektrischen Verbraucher der Spannungsabfall über diesen Verbraucher ermittelt. Um die zu messende Schaltung nicht zu beeinflussen, sollte der Innenwiderstand des Spannungsmessgerätes möglichst hoch sein.

Bei Spannungsmessungen ist Folgendes zu beachten:

- Die Spannungsart, also Gleich- oder Wechselspannung, ist am Messgerät einzustellen.
- Bei Gleichspannung ist auf die Polarität zu achten.
- Der Messbereich sollte anfangs größer gewählt werden, damit das Messgerät (Abb. 1.5 Rechts) nicht beschädigt wird.
- Systematischer Messfehler bei der Spannungsmessung: Der Innenwiderstand des Messgeräts stellt eine zusätzliche Last dar, durch welche die zu messende Spannung etwas absinkt. Prinzipiell wird also eine zu geringe Spannung gemessen.

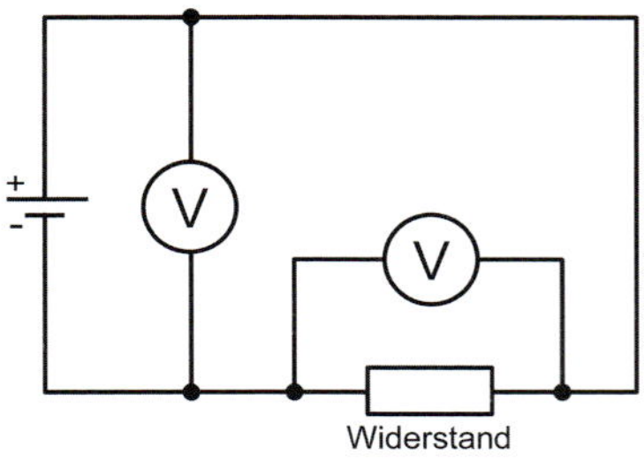

Abb. 1.5 Links: Schaltung zur Spannungsmessung. **Rechts:** Messgerät (Fluke 114 Multimeter).

1.2 Elektrischer Strom

Ein elektrischer Strom entsteht als Folge des Ausgleichsbestrebens zwischen zwei unterschiedlichen Potentialen. Werden diese Potentiale elektrisch leitend verbunden, so kommt es zu einer gezielten und gerichteten Bewegung freier Ladungsträger, also Elektronen oder Ionen. Nur bei genügend frei beweglichen Ladungsträgern kommt es zu einem Stromfluss in einem leitfähigen Material. Den Strom selbst kann man nicht sehen, aber dessen verschiedene Wirkungen sind wahrnehmbar:

- Wärmewirkung: Fließt Strom durch einen elektrischen Leiter, so erwärmt sich dieser.
- Magnetische Wirkung: Um einen stromdurchflossenen Leiter entsteht ein Magnetfeld.
- Lichtwirkung: Bestimmte Gase werden durch den elektrischen Strom zum Leuchten angeregt.
- Chemische Wirkung: Bei der Elektrolyse werden leitende Flüssigkeiten (Elektrolyte) in ihre Bestandteile zerlegt.

Stromrichtung

Die Stromrichtung wird in Schaltungen mit einem Pfeil angezeigt. Aufgrund unterschiedlicher Annahmen und Erkenntnisse wurden zwei verschiedene Stromrichtungen definiert: Die technische und die physikalische Stromrichtung.

Technische Stromrichtung

Das Bohrsche Atommodell und damit auch die Elementarladung der Elektronen ist erst seit Beginn des 20. Jahrhunderts bekannt. Nach Benjamin Franklin (1706–1790) hat es dagegen nur eine Art von Ladung gegeben, nämlich eine positive Ladung. Seiner Auffassung nach sollte der Strom von einem positiven Pol mit Ladungsüberschuss zu einem Pol mit einem Mangel an Ladungsträgern fließen (Abb. 1.6).

Obwohl die damalige Annahme widerlegt wurde, hat man die historische Stromrichtung aus praktischen Gründen beibehalten – deshalb ist die technische Stromrichtung innerhalb einer Schaltung auch heute noch von Plus nach Minus definiert (Abb. 1.7).

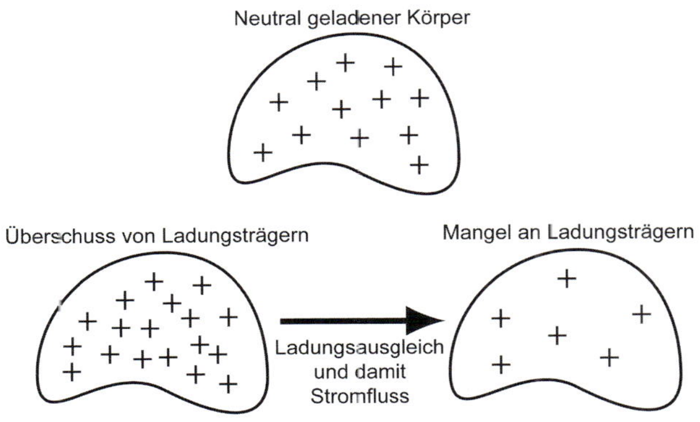

Abb. 1.6: Modell der Ladungsträger nach Benjamin Franklin.

Abb. 1.7: Technische Stromrichtung.

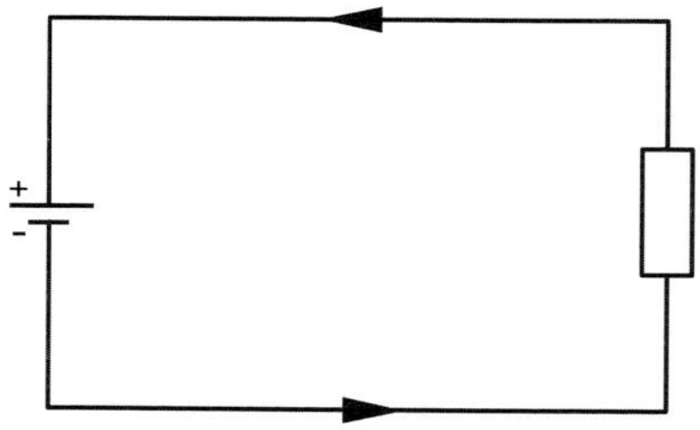

Abb. 1.8: Physikalische Stromrichtung.

Physikalische Stromrichtung

In einem geschlossenen Stromkreis werden Elektronen als freie Ladungsträger mit negativer Ladung vom negativen Pol abgestoßen und vom positiven Pol angezogen. Dadurch entsteht ein Elektronenstrom vom Minus- zum Pluspol (Abb. 1.8).

Stromfluss

Zur quantitativen Beschreibung des elektrischen Stroms dient die elektrische Stromstärke. Je mehr Ladungsträger in einer bestimmten Zeiteinheit durch einen Leiter fließen, desto größer ist die Stromstärke.

Formelzeichen

Das Formelzeichen des elektrischen Stroms bzw. der elektrischen Stromstärke ist bei Gleichstrom das große I, bei Wechselstrom das kleine i.

Maßeinheit

Die Grundeinheit des elektrischen Stroms ist das Ampere (A). Ein Strom hat die Stärke von 1 A, wenn in einer Sekunde die Ladungsmenge Q mit der Ladung von 1 C fließt:

$$\text{Elektrischer Strom} = \frac{\text{Ladungsmenge}}{\text{Zeit}}$$

$$I = \frac{Q}{t} \qquad \text{(Formel 1.3)}$$

Definition der Einheit:

$$1\ \text{A} = \frac{1\ \text{C}}{1\ \text{s}}$$

Normalerweise liegen die Stromstärken in der Elektronik zwischen einigen Mikroampere (µA) und mehreren Ampere (Tab. 1.2).

Tab. 1.2: Maßeinheit des Stroms.

Bezeichnung	Einheit mit Vorsatz	Wert in Ampere	Wissenschaftliche Schreibweise
Kiloampere	1 kA	1000 A	10^3 A
Ampere	1 A	1 A	1 A
Milliampere	1 mA	0,001 A	10^{-3} A
Mikroampere	1 µA	0,000 001 A	10^{-6} A

Formeln zur Berechnung

$$\text{Elektrischer Strom} = \frac{\text{Elektrische Spannung}}{\text{Elektrischer Widerstand}}$$

Elektrischer Widerstand: s. Kap. 2.1

$$I = \frac{U}{R}$$ (Formel 1.4)

$$\text{Elektrischer Strom} = \frac{\text{Elektrische Leistung}}{\text{Elektrische Spannung}}$$

Elektrische Leistung: s. Kap. 1.6

$$I = \frac{P}{U}$$ (Formel 1.5)

Messen des elektrischen Stroms

Ein Strommessgerät wird – anders als bei der Spannungsmessung – immer in Reihe zu einem Verbraucher angeschlossen. Dazu muss die Leitung des Stromkreises aufgetrennt werden (Abb. 1.9). Der Innenwiderstand des Messgerätes sollte dabei möglichst niedrig sein, um den Stromfluss möglichst wenig zu beeinflussen.

Bei Strommessungen ist Folgendes zu beachten:

- Am Messgerät muss die richtige Stromart, d. h. Gleichstrom oder Wechselstrom, eingestellt werden.
- Bei Gleichstrom ist auf die Polarität zu achten.
- Der Messbereich sollte anfangs größer gewählt werden, damit das Messgerät nicht beschädigt wird.
- Systematischer Messfehler bei der Strommessung: Durch den Innenwiderstand des Messgeräts wird prinzipiell eine zu geringe Stromstärke gemessen.

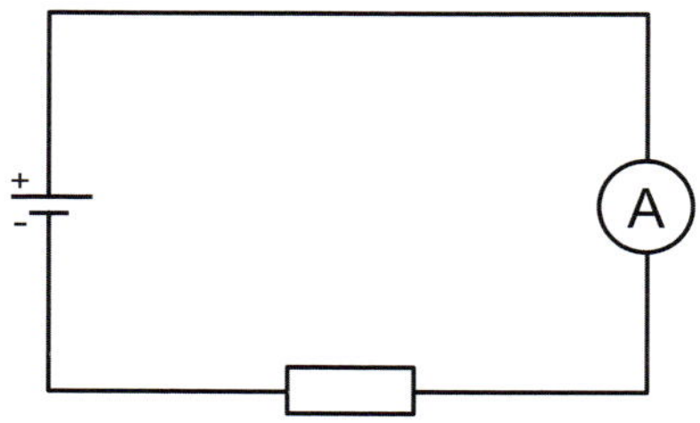

Abb. 1.9: Schaltung zur Strommessung.

Praxistipp

Ist der Stromkreis nur schwer zugänglich oder darf dieser nicht aufgetrennt werden, so ist zunächst die Spannung an einem bekannten Widerstand im Stromkreis zu messen. Anschließend kann mit Hilfe des Ohmschen Gesetzes (s. Kap. 1.3) der Strom berechnet werden.

Stromdichte

Der Strom I bezogen auf einen gleichmäßig durchströmten Leitungsquerschnitt heißt Stromdichte J. Einheit der Stromdichte: Ampere pro mm^2 (A/mm^2).

$$\text{Stromdichte} = \frac{\text{Elektrischer Strom}}{\text{Leiterquerschnitt}}$$

$$J = \frac{I}{A} \qquad \text{(Formel 1.6)}$$

Bei gleicher Stromstärke bewegt sich durch einen Leiter immer die gleiche Menge an Elektronen pro Zeiteinheit. Wird der Querschnitt verkleinert, so erhöht sich die Stromdichte und der Leiter erwärmt sich stärker. Kabel und Leitungen, aber auch elektronische Bauteile und Schaltungen, müssen so dimensioniert werden, dass die Stromdichte auf Dauer nicht zu groß wird, ansonsten besteht eine erhöhte Brandgefahr durch Überhitzung (siehe dazu auch Kap. 3.9 „Strombelastbarkeit“).

1.3 Ohmsches Gesetz

Wird an einen Widerstand R eine Spannung U angelegt und ein geschlossener Stromkreis gebildet, so fließt durch den Widerstand ein bestimmter Strom I. Der Physiker Georg Simon Ohm (1789–1854) hat 1826 den grundlegenden mathematischen Zusammenhang zwischen Spannung, Strom und Widerstand festgestellt. Nach ihm wurden das Ohmsche Gesetz und die Einheit des elektrischen Widerstands (Ohm, Formelzeichen: Ω) benannt. Zum Nachweis des Ohmschen Gesetzes gibt es zwei verschiedene Messreihen, die im Folgenden aufgezeigt werden.

Messreihe 1

In einer Messschaltung wird bei gleich bleibendem Widerstandswert (100 Ω) die Spannung erhöht (Tab. 1.3). Die Fragestellung lautet hierbei: Wie verhält sich der Strom *I*?

Tab. 1.3: Messreihe bei gleich bleibendem Widerstandswert.

R in Ω	100	100	100
U in V	5	10	15
I in mA	50	100	150

Ergebnis: Bei gleich bleibendem Widerstandswert verändert sich der Strom proportional zur Spannung.

$$I \sim U \quad \text{(Formel 1.7)}$$

Messreihe 2

In einer zweiten Messschaltung wird bei gleich bleibender Spannung (5 V) der Widerstandswert erhöht (Tab. 1.4). Wie verhält sich jetzt der Strom *I*?

Tab. 1.4: Messreihe bei gleich bleibender Spannung.

R in Ω	50	100	200
U in V	5	5	5
I in mA	100	50	25

Ergebnis: Bei gleich bleibender Spannung verändert sich der Strom antiproportional zum Widerstandswert.

$$I \sim \frac{1}{R} \quad \text{(Formel 1.8)}$$

Die aus diesen Messreihen gewonnen Erkenntnisse führen zum einen zur Widerstandskennlinie (s. u.) und zum anderen zum eigentlichen Ohmschen Gesetz und dessen Formeln.

Formeln zum Ohmschen Gesetz

$$I = \frac{U}{R}$$

$$R = \frac{U}{I} \quad \text{(Formel 1.9)}$$

$$U = R \cdot I$$

Praxistipp: Das magische Dreieck

Das magische Dreieck kann als Hilfestellung verwendet werden, um sich das Ohmsche Gesetz besser merken zu können:

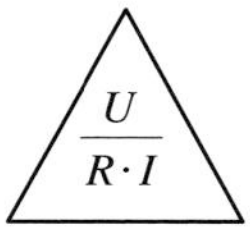

Der Wert, welcher berechnet werden soll, wird aus dem magischen Dreieck herausgestrichen. Mit den beiden übrigen Werten wird das Ergebnis berechnet.

Eine andere Merkhilfe: Man prägt sich das Wort „*URI*" ein. Dieses steht für die letzte der oben aufgeführten Formeln ($U = R \cdot I$). Die anderen beiden Formeln werden dann durch Umstellen gebildet.

Widerstandskennlinie

Werden die zu einem bestimmten Widerstandswert gehörigen Spannungen und Ströme in ein Diagramm eingetragen, so ergibt sich eine Strom-Spannungskennlinie bzw. die Widerstandskennlinie als eine Gerade (Abb. 1.10).

Die Steigung der Funktion $I = \mathrm{f}(U)$ entspricht dem Leitwert G.

$$G = \frac{I}{U} \qquad \text{(Formel 1.10)}$$

Der Leitwert G ist damit der Kehrwert des Widerstandes R:

$$G = \frac{1}{R} \qquad \text{(Formel 1.11)}$$

Die Einheit des Leitwerts ist das Siemens (S); sie definiert sich wie folgt:

$$1\,\mathrm{S} = \frac{1\,\mathrm{A}}{1\,\mathrm{V}}$$

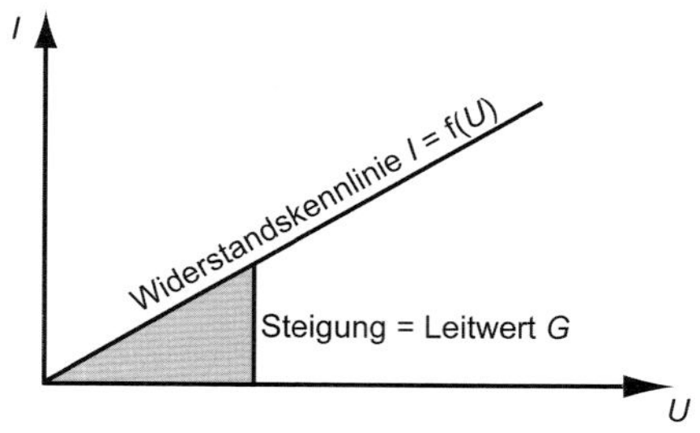

Abb. 1.10: Widerstandskennlinie.

Der Leitwert gibt an, wie gut oder schlecht ein Bauteil den elektrischen Strom leitet. In der Praxis wird aber meist danach gefragt, welchen Widerstand ein Bauteil dem Stromfluss entgegensetzt. Wenn ein Material Strom gut leitet, hat es einen hohen Leitwert und einen geringen Widerstand. Leitet ein Material schlecht, dann hat es einen geringen Leitwert und einen hohen Widerstand.

1.4 Strom- und Spannungsarten

In der Elektronik begegnen uns verschiedene Strom- und Spannungsarten – je nach Anwendung und Gerätetyp. Die wichtigsten sind der Gleichstrom bzw. die Gleichspannung und der Wechselstrom bzw. die Wechselspannung.

1.4.1 Gleichstrom und Gleichspannung

In einem Gleichstromkreis ist die Polarität der Spannungsquelle festgelegt, es gibt damit einen Plus- und einen Minuspol. Strom und Spannung sind beim Gleichstrom über eine längere Zeit konstant (Abb. 1.11 Links).

Gleichstromquellen sind beispielsweise Batterien, Akkumulatoren, Solarzellen und Brennstoffzellen. Die erste funktionierende Batterie, die so genannte Voltasche Säule, wurde bereits im 18. Jahrhundert von Alessandro Volta (1745–1827) erfunden (Abb. 1.11 Rechts). Elektronische Schaltungen beispielsweise in Verstärkern oder Computern benötigen zum Betrieb Gleichstrom. Der aus dem Stromnetz entnommene Wechselstrom (s. u.) muss daher zuerst durch Gleichrichter in Gleichstrom umgeformt werden.

Gleichstrom lässt sich über längere Wegstrecken nur mit größeren Verlusten übertragen, wenn keine weiteren Maßnahmen getroffen werden (s. Kap. 3.10.1: Hochspannungsgleichspannungsübertragung – HGÜ) Dies ist unter anderem ein Grund dafür, dass zur öffentlichen Stromversorgung Wechselstrom herangezogen wird.

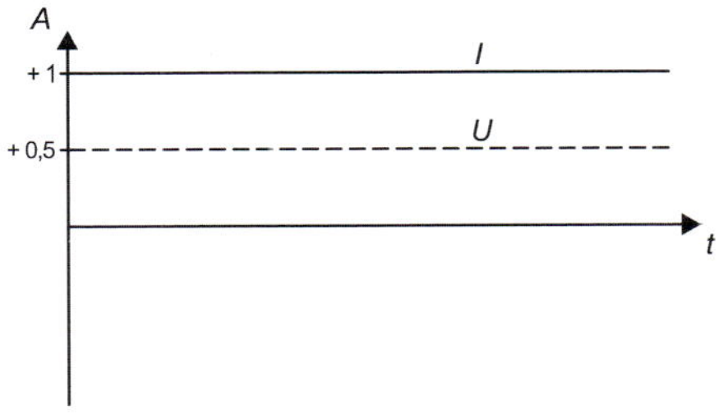

Abb. 1.11 Links: Strom *I* und Spannung *U* bei Gleichstrom (Beispiel). **Rechts:** Nachbau einer Voltaschen Säule im Technik-Museum der Electrosuisse.

1.4.2 Wechselstrom und Wechselspannung

Ende des 19. Jahrhunderts entwickelte Nikola Tesla (1856–1943) elektrische Generatoren, die Wechselstrom erzeugten, und Motoren, die sich wiederum über diesen Wechselstrom antreiben ließen. Wechselstrom hat gegenüber Gleichstrom den entscheidenden Vorteil, dass mit Hilfe von Transformatoren (s. Kap. 2.2) eine Energieübertragung über wesentlich längere Leitungen mit weniger Verlusten möglich ist (ca. 70 % geringerer Spannungsverlust gegenüber Gleichstrom). Bereits 1890 gab es in den USA eine erste Wechselstrom-Überlandleitung von Willamette Falls nach Portland, Oregon, über eine Strecke von ungefähr 23 Kilometer. Und ein Jahr später wurde in Deutschland eine Wechselstrom-Übertragung von Lauffen am Neckar nach Frankfurt am Main erfolgreich in Betrieb genommen, mit einer Entfernung von über 175 km.

Wechselstrom und Wechselspannung sind elektrische Größen, deren Werte sich im Lauf der Zeit regelmäßig ändern bzw. periodisch wiederholen. Es gibt verschiedene Arten von Wechselströmen bzw. -spannungen: Mit Rechteck-, Sägezahn-, Dreieck- und Sinusverlauf (Abb. 1.12) oder eine Mischung daraus. Für die Energieversorgung ist vor allem die Sinusschwingung relevant, da bei einem sinusförmigen Kurvenverlauf die geringsten Verluste und Verzerrungen auftreten. Wechselströme und Wechselspannungen werden in Kraftwerken durch Generatoren erzeugt (Abb. 1.13). Der sich mit konstanter Geschwindigkeit drehende Rotor im Generator ist letztlich die Ursache für den sinusförmigen Verlauf.

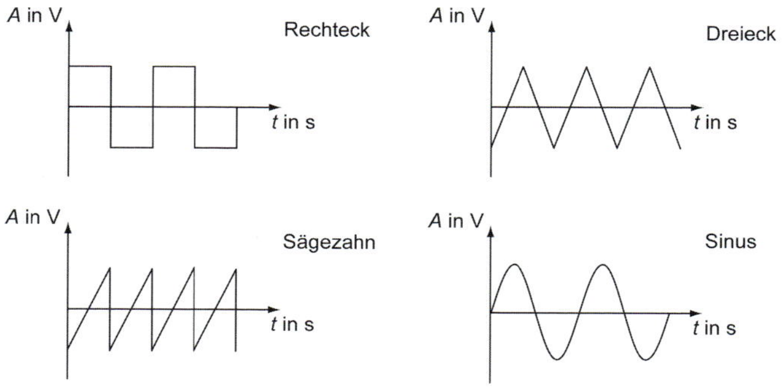

Abb. 1.12: Rechteck-, Sägezahn-, Dreieck- und Sinusschwingung.

Abb. 1.13: Drehstromgeneratoren aus den 1920er Jahren im Dieselkraftwerk Niederfinow.

Kennwerte der Wechselspannung bzw. des Wechselstroms

Da sich bei einer Sinusschwingung die Spannung und der Strom zeitabhängig ändern, wurden zur Unterscheidung zum Gleichstrom die Augenblicks- oder Momentanwerte u und i eingeführt. Maximal- bzw. Scheitelwerte der Amplitude werden durch ein Dach über dem Formelzeichen gekennzeichnet (Abb. 1.14). Bei bekanntem Scheitelwert lässt sich für jeden beliebigen Drehwinkel φ (0° bis 360°) der Augenblickswert berechnen:

$$u = \hat{u} \cdot \sin\varphi \qquad \text{(Formel 1.12)}$$

$$i = \hat{i} \cdot \sin\varphi \qquad \text{(Formel 1.13)}$$

Eine positive und eine negative Halbwelle einer Sinusschwingung ergeben zusammen eine Schwingungsperiode. Die Zeit, die zum Durchlaufen einer Periode benötigt wird, ist die Periodendauer T; sie wird in Sekunden angegeben.

Die Frequenz f gibt die Anzahl der Perioden an, welche in einer Sekunde durchlaufen werden und wird in Hertz (Hz) angegeben. Im öffentlichen deutschen Stromnetz beträgt die Frequenz 50 Hz.

$$\text{Periodentauer } T = \frac{1}{\text{Frequenz } f} \qquad \text{(Formel 1.14)}$$

$$\text{Frequenz } f = \frac{1}{\text{Periodendauer } T} \qquad \text{(Formel 1.15)}$$

Kreisfrequenz ω: Eine vollständige Schwingungsperiode entspricht 2π im Einheitskreis. Da die Frequenz f den Schwingungen pro Sekunde entspricht, gilt wiederum für die Kreisfrequenz:

$$\text{Kreisfrequenz } \omega = 2\pi \cdot \text{Frequenz } f \qquad \text{(Formel 1.16)}$$

Weitere Kennwerte sind die Spitze-Spitze-Spannung $\hat{u}_{SS}$ und der Effektivwert U_{eff} (Abb. 1.15). Der Effektivwert eines Wechselstroms bzw. einer Wechselspannung entspricht einem Gleichstrom bzw. einer Gleichspannung, die an einem Ohmschen Widerstand in der gleichen Zeitspanne die gleiche Energiemenge umsetzt. Effektivwerte werden daher wie Gleichgrößen mit Großbuchstaben gekennzeichnet. Der Haushaltsstrom aus der Steckdose hat in Deutschland einen Effektivwert von 230 V, damit beträgt die Spitze-Spitze-Spannung 325 V (Tab. 1.5).

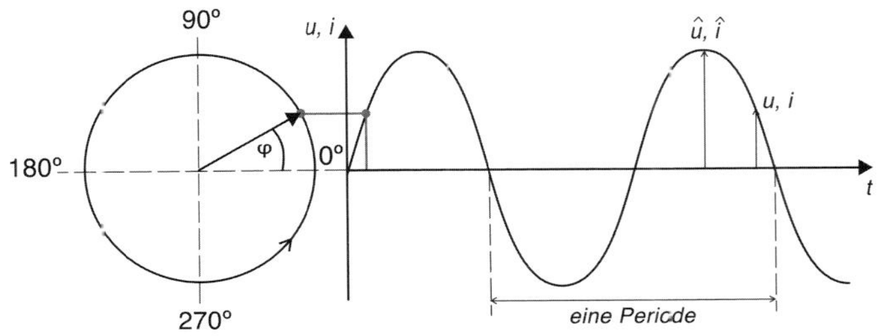

Abb. 1.14: Sinusschwingung (1).

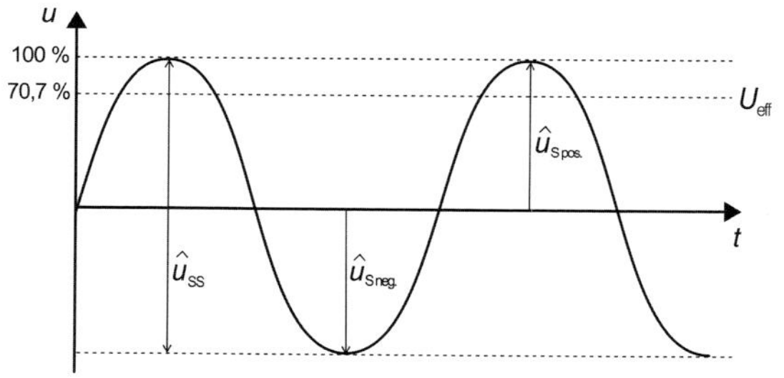

Abb. 1.15: Sinusschwingung (2).

Tab. 1.5: Zusammenfassung der Kennwerte.

Formelzeichen	Beschreibung	Formel
$\hat{u}_{SS}$	Die Spitze-Spitze-Spannung $\hat{u}_{SS}$ liegt zwischen dem positiven und negativen Spitzenwert einer Periodendauer.	$\hat{u}_{SS} = 2 \cdot \hat{u}_S$ $\hat{u}_{SS} = 2 \cdot U_{eff} \cdot \sqrt{2}$
$\hat{u}_S$	Die Spitze-Spannung $\hat{u}_S$ ist das positive oder negative Maximum einer Halbwelle.	$\hat{u}_S = U_{eff} \cdot \sqrt{2}$
U_{eff}	Der Effektivwert U_{eff} beträgt ca. 70,7 % der Spitze-Spannung $\hat{u}_S$. Der Effektivwert gibt an, welcher Gleichstrom dieselbe Leistung hätte. Wechselspannungen werden in der Regel als Effektivwert angegeben.	$U_{eff} = \hat{u}_S \cdot \frac{1}{\sqrt{2}}$ $\frac{1}{\sqrt{2}} = 0{,}707$
T	Periodendauer T: Wie lange dauert ein periodischer Schwingungsverlauf?	$T = \frac{1}{f}$
f	Frequenz f: Anzahl der Schwingungen pro Sekunde.	$f = \frac{1}{T}$

Wellenlänge λ

Eine weitere interessante Größe bei Sinusschwingungen ist die Wellenlänge λ (sie wird uns später in Kapitel 8 „Licht, Optik und Auge“ wieder begegnen). Sind Ausbreitungsgeschwindigkeit und Frequenz einer Schwingung bekannt, lässt sich die Wellenlänge wie folgt berechnen:

$$\text{Wellenlänge in m} = \frac{\text{Ausbreitungsgeschwindigkeit in m/s}}{\text{Frequenz in Hz}}$$

$$\lambda = \frac{c}{f} \qquad \text{(Formel 1.17)}$$

Beispiel: Elektromagnetische Wellen breiten sich im Vakuum mit einer gewissen Geschwindigkeit aus. Die maximale Ausbreitungsgeschwindigkeit entspricht der Lichtgeschwindigkeit c_0 = 299 792 458 m/s, als Frequenz nehmen wir 100 MHz an. Die Wellenlänge berechnet sich dann:

$$\lambda = \frac{299\,792\,458 \text{ m/s}}{100\,000\,000 \text{ Hz}} \approx 3 \text{ m}$$

1.4.3 Drehstrom (Dreiphasenwechselstrom)

Der Drehstrom ist ein Wechselstrom mit drei Phasen bzw. drei stromführenden Leitungen. Diese Technik wird zur Energieübertragung in Niederspannungsnetzen eingesetzt, also um die Endverbraucher mit Strom zu versorgen. Der Vorteil liegt darin, dass mit einem geringen materiellen Mehraufwand die dreifache Leistung eines vergleichbaren einzelnen Wechselstromsystems übertragen werden kann. Der Begriff „Drehstrom" ist aus der Art der Erzeugung abgeleitet: In einem Drehstromgenerator sind drei Spulen im Abstand von 120° rund um ein sich drehendes Magnetfeld angeordnet (Abb. 1.16). Dadurch entstehen drei um 120° phasenverschobene, sinusförmige Wechselspannungen. Die Summe der drei Wechselspannungen ist dabei zu jedem beliebigen Zeitpunkt gleich Null (Abb. 1.17). Die Spulen L1, L2 und L3 des Generators werden auch als Stränge bezeichnet. Die jeweils erzeugte Spannung heißt demnach Strangspannung u_{ST}. Als Klemmenbezeichnungen der Stränge wurden die Buchstaben U, V und W festgelegt.

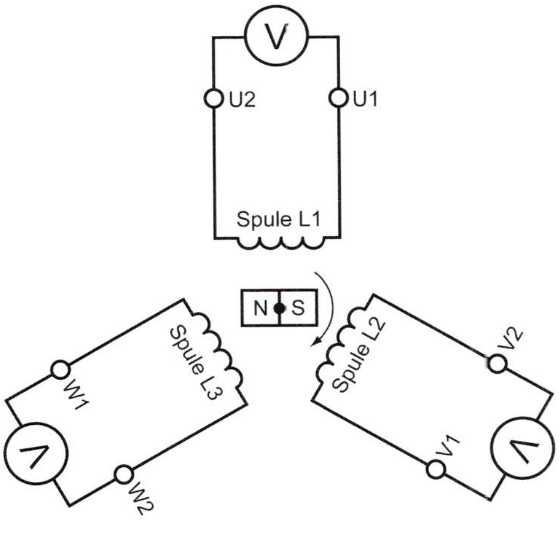

Abb. 1.16: Drehstromgenerator.

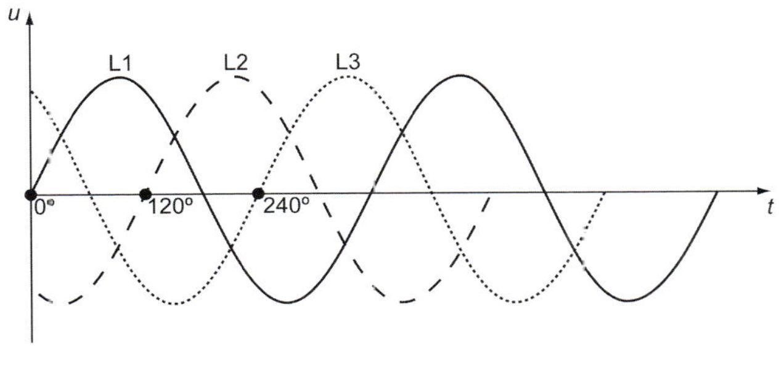

Abb. 1.17: Dreiphasenwechselstrom.

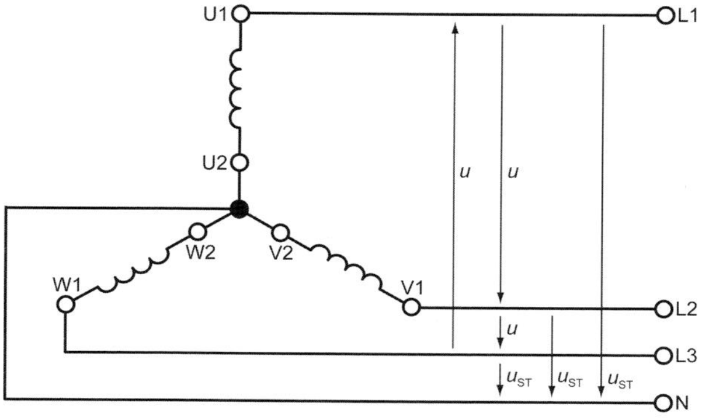

Abb. 1.18: Sternschaltung.

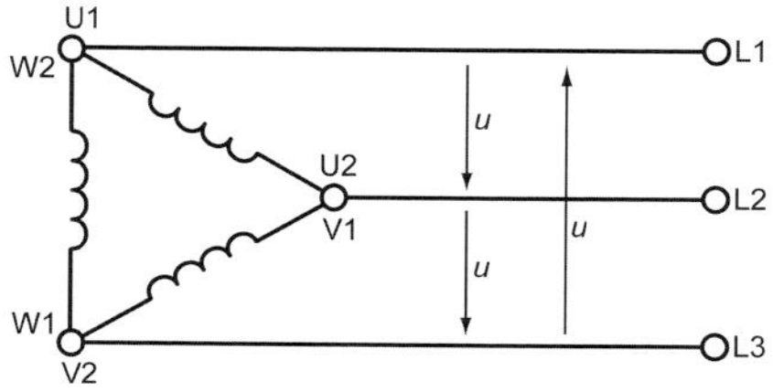

Abb. 1.19: Dreieckschaltung.

Eigentlich wären zur Weiterleitung des Dreiphasenwechselstroms sechs voneinander unabhängige Leitungen notwendig. Mit Hilfe der Stern- oder Dreieckschaltung kommt man auch mit weniger Leitungen aus.

In der Sternschaltung (Abb. 1.18) sind U2, V2 und W2 im Sternpunkt N zusammengeschaltet. Von U1, V1 und W1 verlaufen jeweils die Außenleiter L1, L2 und L3 sowie vom Sternpunkt der Neutralleiter N zum Verbraucher. Für die Strangspannung u_{ST} und den Strom i_{ST} gilt:

$$u_{ST} = \frac{u}{\sqrt{3}} \qquad i_{ST} = i \qquad \text{(Formel 1.18)}$$

In der Dreieckschaltung (Abb. 1.19) ist der Stranganfang einer Spule (U1, V1 und W1) mit dem Strangende einer anderen Spule (U2, V2 und W2) verbunden. Im Prinzip sind also alle Spulen hintereinander geschaltet. Von den Verbindungsstellen verlaufen die Außenleiter L1, L2 und L3 zum Verbraucher. Für die Strangspannung u_{ST} und den Strom i_{ST} gilt:

$$i_{ST} = \frac{i}{\sqrt{3}} \qquad u_{ST} = u \qquad \text{(Formel 1.19)}$$

Der Verbraucher kann beim Dreiphasenwechselstrom durch Zusammenschalten der verschiedenen Leiter zunächst zwei verschiedene Spannungswerte abgreifen: 230 V und 400 V.

230 V = Spannung jeweils eines Außenleiters gegen Neutralleiter (u_{ST}).

400 V = Spannung zwischen zwei Außenleitern (u).

Spezielle Generatoren können Drehstrom mit einer Spannung von 690 V erzeugen (z. B. Windkraftanlagen). Über einen Transformator kann aber auch der 230 V / 400 V-Drehstrom auf 690 V gewandelt werden, falls ein elektrisches Gerät diese Spannung zum Betrieb benötigt.

1.4.4 Mischspannungen

Eine Mischspannung entsteht durch die Überlagerung zweier oder mehrerer Spannungen. Wird beispielsweise eine Wechselspannung von einer Gleichspannung überlagert, verschiebt sich die Amplitude der Wechselspannungskurve um den Betrag der Gleichspannung (Abb. 1.20).

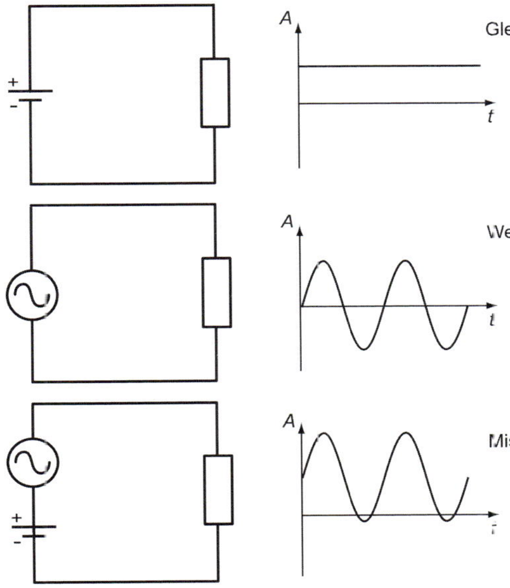

Abb. 1.20: Überlagerung einer Wechselspannung von einer Gleichspannung.

1.4.5 Binäre Spannungen und digitale Signale

Eine binäre Spannung nimmt nur zwei Werte an, im Prinzip handelt es sich damit also um ein Rechtecksignal. Zur Unterscheidung werden bei einer binären Spannung zum einen die maximalen und minimalen Spannungswerte (High und Low; z. B. 5 V und 0 V) angegeben, zum anderen aber auch die Zeitspannen t_{ein} und t_{aus}, in der diese Werte auftreten (Abb. 1.21).

Digitale Signale können im Gegensatz zur binären Spannung sehr viel mehr Spannungswerte annehmen (Abb. 1.22). In der Audiotechnik wird beispielsweise mit digitalen 24 Bit-Signalen gearbeitet, das bedeutet, die Amplitude wird in 2^{24} diskrete Schritte unterteilt (16 777 216 mögliche Spannungswerte). Anmerkung: Natürlich ist auch die vorher aufgeführte binäre Spannung ein digitales Signal; die Amplitude wird hier eben nur in $2^1 = 2$ Spannungswerte unterteilt.

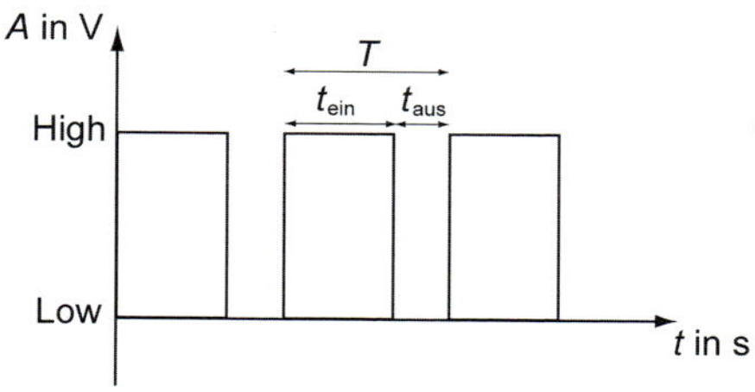

Abb. 1.21: Binäre Spannung.

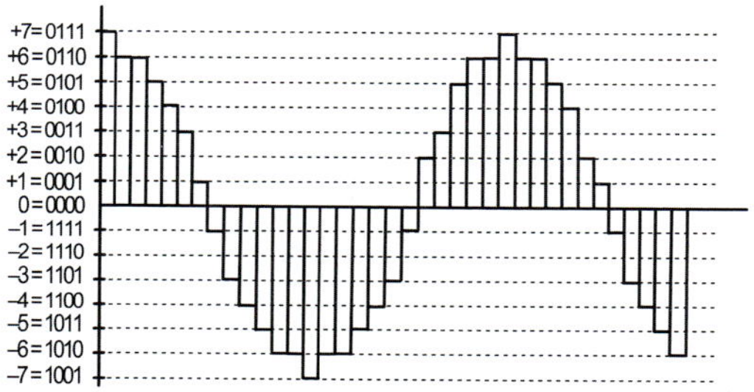

Abb. 1.22: Beispiel für ein digitales Audiosignal.

1.5 Elektrische Arbeit

Werden beim Stromfluss Ladungsträger mit einer gewissen Ladungsmenge bewegt, so wird dabei elektrische Arbeit verrichtet.

Formelzeichen

Das Formelzeichen für die elektrische Arbeit ist das große *W*. („W" wie Work, also Arbeit – nicht verwechseln mit der Einheit Watt!)

Formeln zur Berechnung

$$\text{Elektrische Arbeit} = \text{Ladungsmenge} \cdot \text{Elektrische Spannung}$$

$$W = Q \cdot U \qquad \text{(Formel 1.20)}$$

Wobei Q wie folgt definiert ist:

$$Q = I \cdot t \qquad \text{(Formel 1.21)}$$

Dies wird wiederum in Formel 1.22 eingesetzt:

$$\text{Elektrische Arbeit} = \text{Elektrischer Strom} \cdot \text{Elektrische Spannung} \cdot \text{Zeit}$$

$$W = I \cdot U \cdot t \qquad \text{(Formel 1.22)}$$

Zur Vereinfachung wird die Leistung P auch aus der Spannung U und dem Strom I berechnet:

$$\text{Elektrische Arbeit} = \text{Elektrische Leistung} \cdot \text{Zeit}$$

$$W = P \cdot t \quad \text{(Formel 1.23)}$$

Die Formeln der elektrischen Arbeit können auch mit den Formeln des Ohmschen Gesetzes kombiniert werden:

$$W = I^2 \cdot R \cdot t \quad \text{(Formel 1.24)}$$

$$W = \frac{U^2 \cdot t}{R} \quad \text{(Formel 1.25)}$$

Maßeinheit

Die elektrische Arbeit wird in Wattsekunden (Ws) oder häufiger in Kilowattstunden (kWh) angegeben.

1 kWh = 1000 Wh = 1000 W · 3600 s = 3,6 MWs = 3,6 · 10^6 Ws

Elektrische Arbeit und Strompreis

Der Stromlieferant lässt sich nicht den Strom oder die Spannung bezahlen, sondern die elektrische Arbeit. Als Messgerät dient ein Zähler, der Kilowattstunden (kWh) misst und anzeigt. Die Stromkosten werden dann aus dem Preis pro Kilowattstunde (also dem Stromtarif) und der gemessenen Anzahl verbrauchter Kilowattstunden berechnet:

$$\text{Stromkosten} = \text{Tarifpreis} \cdot \text{Elektrische Arbeit}$$

Beispiel Strompreisberechnung

Wenn man wissen möchte, welche Stromkosten ein bestimmtes Gerät verursacht, hilft eine Messung mit einem Strommessgerät. Wir gehen von einer Wechselspannung von 230 V aus (öffentliches Stromnetz). Zusätzlich muss der Tarifpreis pro kWh bekannt sein (Tab. 1.6).

Tab. 1.6: Beispiel Strompreisberechnung.

Spannung U	230 V
gemessener Strom I	0,2 A
Zeit in Stunden	3 h
Tarifpreis	0,14 Euro pro kWh

Lösung:

$$W = I \cdot U \cdot t$$

$$W = 230\ \text{V} \cdot 0{,}2\ \text{A} \cdot 3\ \text{h}$$

$$W = 138\ \text{Wh} = 0{,}138\ \text{kWh}$$

$$\text{Stromkosten} = 0{,}14\ \text{Euro/kWh} \cdot 0{,}138\ \text{kWh}$$

$$\text{Stromkosten} = 0{,}0193\ \text{Euro} = 1{,}93\ \text{Cent}$$

1.6 Elektrische Leistung

Allgemein ist die Leistung P so definiert, dass eine bestimmte Arbeit W in einer gewissen Zeitspanne t verrichtet wird:

$$P = \frac{W}{t} \qquad \text{(Formel 1.26)}$$

Das gilt natürlich auch für die elektrische Leistung. Es wird hier aber zwischen der Leistung bei Gleichstrom und bei Wechselstrom unterschieden.

1.6.1 Leistung bei Gleichstrom

Formelzeichen

Das Formelzeichen der elektrischen Leistung bei Gleichstrom ist das große P.

Maßeinheit

Die Maßeinheit der elektrischen Leistung bei Gleichstrom ist das Watt (W). Die Werte liegen zwischen einigen Mikrowatt (μW) und mehreren Megawatt (Tab. 1.7).

Tab. 1.7: Maßeinheit des Leistung.

Bezeichnung	Einheit mit Vorsatz	Wert in Ampere	Wissenschaftliche Schreibweise
Megawatt	1 MW	1 000 000 W	10^6 W
Kilowatt	1 kW	1000 W	10^3 W
Watt	1 W	1 W	1 W
Milliwatt	1 mW	0,001 W	10^{-3} W
Mikrowatt	1 μW	0,000 001 W	10^{-6} W

Formeln zur Berechnung

$$\text{Elektrische Leistung} = \text{Elektrische Spannung} \cdot \text{Elektrischer Strom}$$

$$P = U \cdot I \qquad \text{(Formel 1.27)}$$

$$\text{Elektrische Leistung} = \text{Elektrischer Widerstand} \cdot (\text{Elektrischer Strom})^2$$

$$P = R \cdot I^2 \qquad \text{(Formel 1.28)}$$

$$\text{Elektrische Leistung} = \frac{(\text{Elektrische Spannung})^2}{\text{Elektrischer Widerstand}}$$

$$P = \frac{U^2}{R} \qquad \text{(Formel 1.29)}$$

$$\text{Elektrische Leistung} = \frac{\text{Elektrische Arbeit}}{\text{Zeit}}$$

$$P = \frac{W}{t} \qquad \text{(Formel 1.30)}$$

Messen der elektrischen Leistung

Durch separate Messung des Stromes und der Spannung kann indirekt die elektrische Leistung eines Bauelements innerhalb einer Schaltung bestimmt bzw. berechnet werden. Es gibt aber auch spezielle Leistungsmessgeräte. Diese verfügen über vier Anschlüsse – zur Messung muss der Stromkreis aufgetrennt werden (Abb. 1.23). Zur Sicherheit sollten vor der Leistungsmessung jeweils die Stromstärke und die Spannung bestimmt werden, damit das Leistungsmessgerät auf den passenden Messbereich eingestellt werden kann.

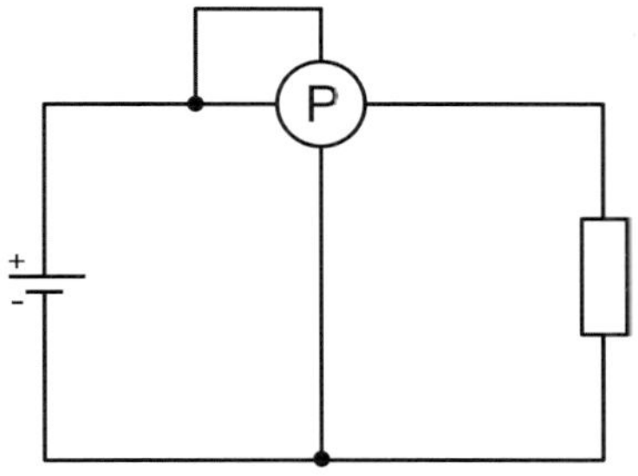

Abb. 1.23: Leistungsmessung.

Nutzleistung P_{Nutz}

Die Nutzleistung ist die elektrische Leistung, die ein Verbraucher im Normalbetrieb benötigt.

„P_{Tod}"

Elektronische Bauelemente haben Maximalwerte, innerhalb derer sie betrieben werden dürfen. Werden diese Werte überschritten, kann das zur Zerstörung des Bauteils führen. Bei der Dimensionierung von Bauelementen in elektronischen Schaltungen ist eine ausreichende Reserve bis zur Leistung P_{Tod} vorzusehen. Beispiel: Wenn an einem Widerstand eine Spannung von 10 V abfällt und dabei ein Strom von 0,5 A fließt, dann muss er eine Leistung von 5 W vertragen können (besser mehr).

Verlustleistung P_V

Die Verlustleistung ist die in einem Bauelement in Wärme umgesetzte Leistung. Sie berechnet sich aus der Differenz von zugeführter und abgegebener Leistung:

$$P_V = P_{zu} - P_{ab} \qquad \text{(Formel 1.31)}$$

Die Verlustleistung spielt hauptsächlich in Halbleiterbauelementen wie beispielsweise Transistoren eine Rolle. Bei großer Wärmeentwicklung in einem elektrischen Gerät ist für eine ausreichende Wärmeabfuhr durch Kühlbleche, Kühlkörper oder Ventilatoren zu sorgen.

Wirkungsgrad η

Die Effizienz einer Energiewandlung wird durch den Wirkungsgrad η beschrieben. Er ist das Verhältnis von abgegebener Leistung zu zugeführter Leistung:

$$\eta = \frac{P_{\mathrm{ab}}}{P_{\mathrm{zu}}} \qquad \text{(Formel 1.32)}$$

Der Wirkungsgrad ist eine dimensionslose Größe mit Werten zwischen 0 und 1 bzw. zwischen 0 und 100 %.

1.6.2 Leistung bei Wechselstrom

Da sich Strom und Spannung beim Wechselstrom mit der Zeit ändern, ist hier ebenso die elektrische Leistung eine zeitabhängige Größe:

$$p_{(\mathrm{t})} = u_{(\mathrm{t})} \cdot i_{(\mathrm{t})} \qquad \text{(Formel 1.33)}$$

Durch Induktivitäten (Spulen, s. Kap. 2.2) oder Kapazitäten (Kondensatoren, s. Kap. 2.3) in einem Wechselstromkreis entsteht zudem eine Phasenverschiebung φ zwischen Strom und Spannung (Abb. 1.24). Diese Phasenverschiebung führt dazu, dass es bei Wechselstrom mehrere Leistungsdefinitionen gibt, nämlich die Wirk-, die Blind- und die Scheinleistung.

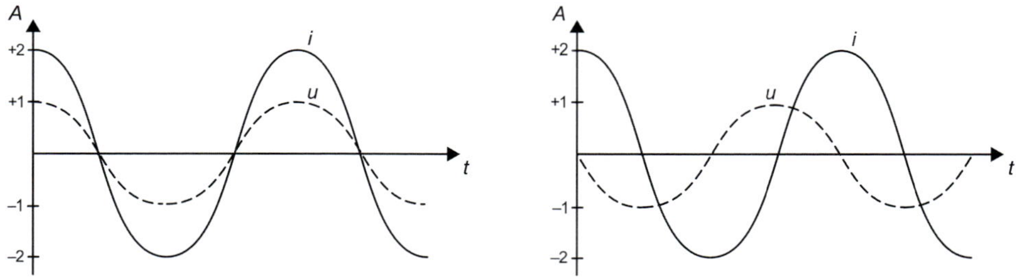

Abb. 1.24 Links: Strom i und Spannung u bei Wechselstrom in Phase (φ = 0°; die Amplitudenwerte sind willkürlich gewählt und nur als Beispiel gedacht).
Rechts: Phasenverschiebung zwischen Strom i und Spannung u (φ = 90°).

Wirkleistung P

Die Wirkleistung gibt die für einen elektrischen Verbraucher effektiv nutzbare Energie an. Berechnung:

$$P = U_{\text{eff}} \cdot I_{\text{eff}} \cdot \cos\varphi \qquad \text{(Formel 1.34)}$$

Einheit W

Die Wirkleistung ist dann am größten, wenn Strom und Spannung in Phase sind, also $\varphi = 0°$ beträgt, denn der Kosinus von 0° ist gleich 1 (Abb. 1.25). Bei einer Phasendifferenz von $\varphi = 90°$ verschwindet die Wirkleistung. (Der Kosinus von 90° ist gleich 0.)

Blindleistung Q

Die Blindleistung wird über die Sinusfunktion von φ berechnet:

$$Q = U_{\text{eff}} \cdot I_{\text{eff}} \cdot \sin\varphi \qquad \text{(Formel 1.35)}$$

Einheit var

Bei zunehmender Phasenverschiebung von Strom und Spannung nimmt der Blindleistungsanteil zu (Abb. 1.26). Bei einer Phasenverschiebung von 90° ist die Blindleistung schließlich maximal, denn der Sinus von 90° ist gleich 1 (Abb. 1.27). Bei 0° Phasendifferenz gibt es dagegen keine Blindleistung, sondern nur Wirkleistung. (Der Sinus von 0° ist gleich 0.)

Die Blindleistung ist sozusagen eine „negative Leistung", die praktisch nicht nutzbar ist. Sie wird vom elektrischen Verbraucher zwar aufgenommen, aber sofort wieder an die Quelle bzw. das Stromnetz zurückgegeben. Um dieses Hin-und-herpendeln der nicht nutzbaren Energie zu vermeiden, kann in der Nähe des Verbrauchers für die Blindleistung ein Energiespeicher installiert werden. Es handelt sich hierbei um einen entsprechend dimensionierten Kondensator (s. Kap. 2.3), der die elektrische Energie eine gewisse Zeit zwischenspeichert. Die Blindleistung pendelt jetzt nur noch zwischen Verbraucher und Kondensator, und das Stromnetz wird entlastet.

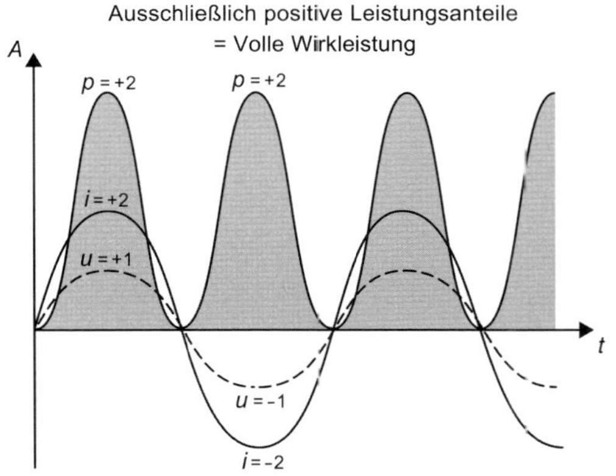

Abb. 1.25: Volle Wirkleistung bei $\varphi = 0°$.

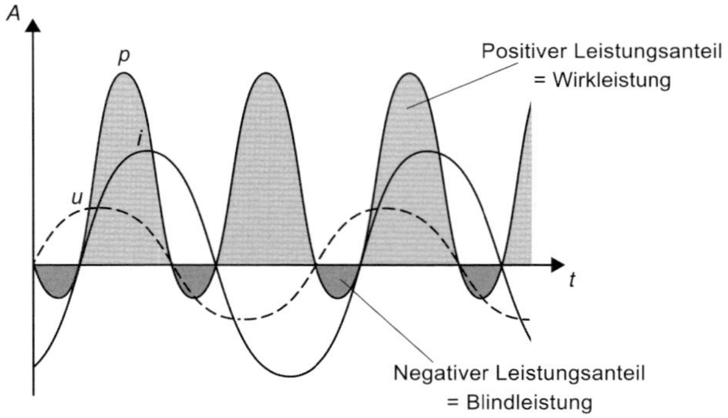

Abb. 1.26: Wirk- und Blindleistung bei φ = ca. 60°; die Wirkleistung überwiegt.

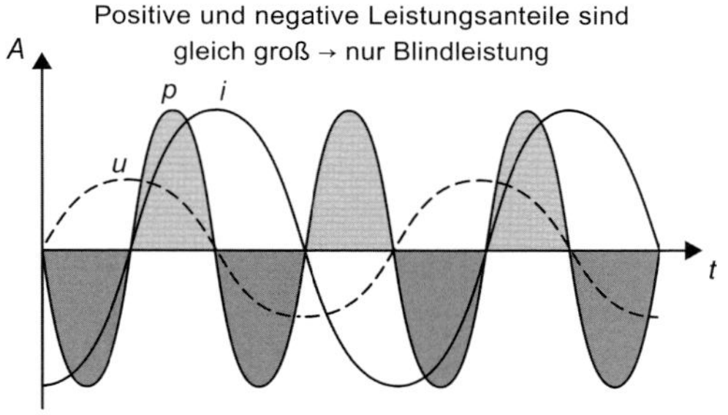

Abb. 1.27: Maximale Blindleistung bei φ = 90°.

Scheinleistung S

Die Scheinleistung S ist eine rein rechnerische Größe, die sich aus der Wirkleistung P und der Blindleistung Q ableiten lässt:

$$S = \sqrt{P^2 + Q^2} \qquad \text{(Formel 1.36)}$$

Oder auch aus den Effektivwerten der Spannung und des Stroms:

$$S = U_{\text{eff}} \cdot I_{\text{eff}} \qquad \text{(Formel 1.37)}$$

Einheit VA

Die berechnete Scheinleistung ist immer größer als der angezeigte Wert eines Leistungsmessgerätes, denn dieses zeigt die Wirkleistung an. Elektrische Leitungsnetze sind für die Belastung durch die Scheinleistung ausgelegt. Transformatoren, Schaltanlagen, Sicherungen und Leitungsquerschnitte werden entsprechend der berechneten Scheinleistung dimensioniert.

Leistungsfaktor λ und Wirkfaktor

Der *Leistungsfaktor* ist das Verhältnis vom Betrag der Wirkleistung zur Scheinleistung:

$$\text{Leistungsfaktor} = \frac{\text{Betrag der Wirkleistung}}{\text{Scheinleistung}}$$

$$\lambda = \frac{|P|}{S} \qquad \text{(Formel 1.38)}$$

Der Leistungsfaktor kann Werte zwischen 0 und 1 annehmen. Bei der Stromversorgung wird ein möglichst hoher Leistungsfaktor angestrebt, um Übertragungsverluste gering zu halten. Die Energieversorger schreiben für Großkunden meist einen Leistungsfaktor von wenigstens 0,90 und maximal 0,95 vor. Bei Unterschreiten dieses Wertes wird zusätzlich die bezogene Blindleistung in Rechnung gestellt. Dazu wird der Stromverbrauch mit speziellen Stromzählern gemessen, welche die Blindleistung bzw. -energie anzeigen. Der Kunde kann mit Hilfe von Anlagen zur Blindleistungskompensation den Leistungsfaktor in den geforderten Grenzen zwischen 0,90 und 0,95 halten.

Der *Wirkfaktor* ist das Verhältnis von Wirkleistung zu Scheinleistung. Er ist ausschließlich für sinusförmige Ströme definiert:

$$\text{Wirkfaktor} = \frac{\text{Wirkleistung}}{\text{Scheinleistung}}$$

$$\text{Wirkfaktor} = \frac{P}{S} \qquad \text{(Formel 1.39)}$$

Bei bekannter Phasenverschiebung kann der Wirkfaktor auch über den Kosinus von φ berechnet werden:

$$\text{Wirkfaktor} = \cos\varphi \qquad \text{(Formel 1.40)}$$

1.6.3 Leistungssteuerung durch Dimmer

Dimmer werden zur Steuerung der Leistungsaufnahme eines Verbrauchers – in der Regel ein Leuchtmittel wie eine Glühlampe – eingesetzt. Sie begegnen uns im Wohnbereich als Elemente der Elektroinstallation, beispielsweise in Schalterdosen. In der Veranstaltungstechnik benötigt man etwas größer dimensionierte Dimmer für die Bühnenscheinwerfer. Wie eine Dimmerschaltung für diesen speziellen Zweck aussehen kann, wird in Kap. 10.4 gezeigt. Es gibt zwei Möglichkeiten, um Wechselstrom in der Leistung zu steuern: Durch einen Phasenanschnitt-Dimmer oder durch einen Phasenabschnitt-Dimmer.

Phasenanschnitt-Dimmer: Hier wird der ansteigende Teil der Sinuswelle angeschnitten (Abb. 1.28). Der Zündwinkel α gibt an, wie viel Grad der Sinuswelle angeschnitten werden; er liegt zwischen Werten von $0° \leq \alpha \leq 180°$.

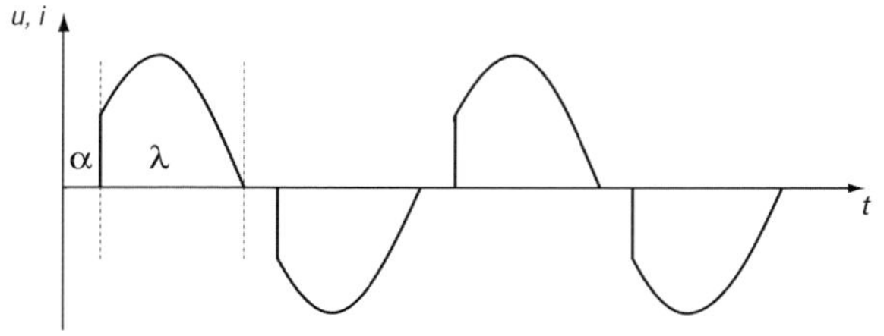

Abb. 1.28: Phasenanschnitt-Dimmer (α = Zündwinkel, λ = Stromfluss).

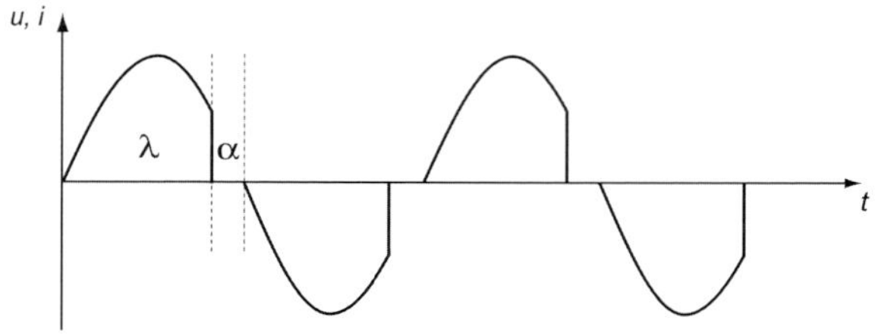

Abb. 1.29: Phasenabschnitt-Dimmer (α = Zündwinkel, λ = Stromfluss).

Phasenabschnitt-Dimmer: Hier wird der abfallende Teil der Sinuswelle abgeschnitten (Abb. 1.29). Der Zündwinkel α gibt an, wie viel Grad der Sinuswelle abgeschnitten werden; er liegt zwischen Werten von 180° ≥ α ≥ 360°.

Leuchtstoff- und Gasentladungslampen lassen sich nicht auf diese Weise herunterdimmen, da die Entladung bei einer geringen Spannung zusammenbricht. Hier müssen stattdessen besondere elektronische Vorschaltgeräte verwendet werden, die einen Abriss der Entladung verhindern. Durch Phasenan- und abschnitt entstehen sehr steile Flanken im Stromfluss bzw. in der Spannung des Versorgungsnetzes. Diese äußern sich negativ als hochfrequente Oberschwingungen, die andere Geräte der Audio- und Videotechnik stören können (Abb. 1.30). Zur Vermeidung dieser Störungen werden in Dimmern Filter eingesetzt, die das Frequenzspektrum begrenzen, allerdings sind diese Filter teuer und schwer.

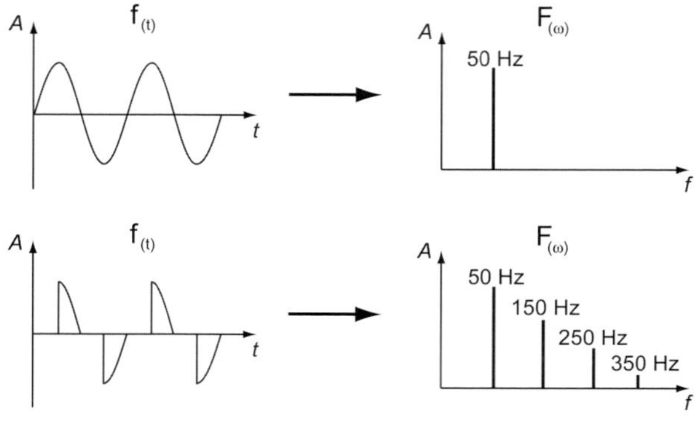

Abb. 1.30: Oberschwingungen bei Phasenanschnitt.

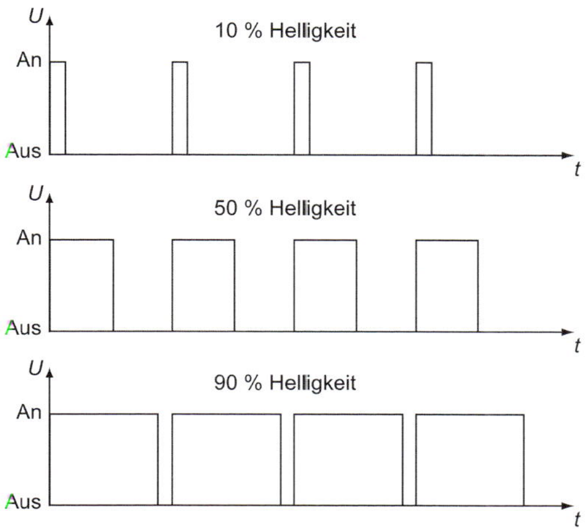

Abb. 1.31: Dimmen von LEDs mit Pulsweitenmodulation.

Leuchtdioden werden mit Gleichstrom betrieben, und daher wird hier ein gänzlich anderes Verfahren zur Leistungssteuerung eingesetzt, die Pulsweitenmodulation (PWM). Der Gleichstrom wird dabei in unterschiedlich lange Zeitabschnitte unterteilt (Abb. 1.31). Dabei entsteht eine binäre Spannung mit variablen Tastgrad; die Helligkeit der LED entspricht letztlich dem Tastgrad. Berechnung:

$$\text{Tastgrad} = \frac{t}{T_S} \qquad \text{(Formel 1.41)}$$

Der Tastgrad wird in % angegeben.
t : Impulsdauer in s
T_S : Periodendauer in s

1.7 Schaltungsarten

1.7.1 Reihenschaltung von Widerständen

Bei einer Reihenschaltung von Widerständen fließt durch jeden einzelnen Widerstand der gleiche Strom. Die Spannung U_{ges} der Spannungsquelle teilt sich allerdings gemäß dem Ohmschen Gesetz auf die Widerstände auf (= Spannungsteiler). Als Beispiel soll hier eine Schaltung mit drei Widerständen in Reihe dienen (Abb. 1.32 und Tab. 1.8).

Tab. 1.8: Reihenschaltung von drei Widerständen.

Strom	$I_{ges} = 17$ mA	$I_1 = 17$ mA	$I_2 = 17$ mA	$I_3 = 17$ mA
Spannung	$U_{ges} = 29{,}75$ V	$U_1 = 17$ V	$U_2 = 8{,}5$ V	$U_3 = 4{,}25$ V
Widerstand	$R_{ges} = 1750\ \Omega$	$R_1 = 1000\ \Omega$	$R_2 = 500\ \Omega$	$R_3 = 250\ \Omega$

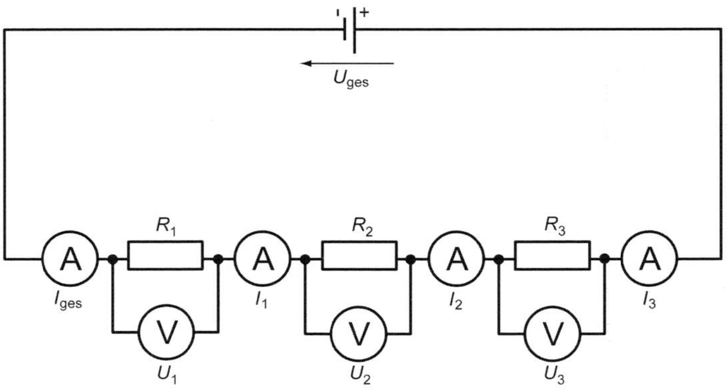

Abb. 1.32: Reihenschaltung von drei Widerständen.

Spannungen bei Reihenschaltung

Die Gesamtspannung U_{ges} teilt sich an den Widerständen in der Reihenschaltung auf. Die Summe der Teilspannungen ist gleich der Gesamtspannung:

$$U_{ges} = U_1 + U_2 + U_3 + \ldots \qquad \text{(Formel 1.42)}$$

Strom bei Reihenschaltung

Der Strom ist in der Reihenschaltung an allen Widerständen gleich groß:

$$I_{ges} = I_1 = I_2 = I_3 = \ldots \qquad \text{(Formel 1.43)}$$

Widerstände bei Reihenschaltung

Der Gesamtwiderstand der Reihenschaltung setzt sich aus den einzelnen Widerständen zusammen. Der Gesamtwiderstand ist die Summe der Teilwiderstände:

$$R_{ges} = R_1 + R_2 + R_3 + \ldots \qquad \text{(Formel 1.44)}$$

Verhältnisse

Da der Strom in der Reihenschaltung überall gleich groß ist, verursachen ungleiche Widerstände unterschiedliche Spannungsabfälle bzw. Teilspannungen. Aufgrund des Ohmschen Gesetzes ist das Verhältnis von Spannung und Widerstand immer gleich der Stromstärke I:

$$I = \frac{U_{ges}}{R_{ges}} = \frac{U_1}{R_1} = \frac{U_2}{R_2} = \frac{U_3}{R_3} = \ldots \qquad \text{(Formel 1.45)}$$

1.7.2 Parallelschaltung von Widerständen

Bei einer Parallelschaltung von Widerständen teilt sich der Stromfluss an den Knotenpunkten auf (= Stromteiler). An allen Widerständen liegt die gleiche Spannung an. Auch hier wird wieder eine Beispielschaltung mit drei Widerständen zur Verdeutlichung herangezogen (Abb. 1.33 und Tab. 1.9).

Tab. 1.9: Parallelschaltung von drei Widerständen.

Spannung	$U_{ges} = 60$ V	$U_1 = 60$ V	$U_2 = 60$ V	$U_3 = 60$ V
Strom	$I_{ges} = 70$ mA	$I_1 = 40$ mA	$I_2 = 20$ mA	$I_3 = 10$ mA
Widerstand	R_{ges} = ca. 860 Ω	$R_1 = 1{,}5$ kΩ	$R_2 = 3$ kΩ	$R_3 = 6$ kΩ

Spannungen bei Parallelschaltung

In der Parallelschaltung liegt an allen Widerständen die gleiche Spannung an:

$$U_{ges} = U_1 = U_2 = U_3 = \ldots \qquad \text{(Formel 1.46)}$$

Strom bei Parallelschaltung

Der Gesamtstrom I_{ges} teilt sich an den Knotenpunkten in mehrere Teilströme auf. Die Summe der Teilströme ist gleich dem Gesamtstrom:

$$I_{ges} = I_1 + I_2 + I_3 + \ldots \qquad \text{(Formel 1.47)}$$

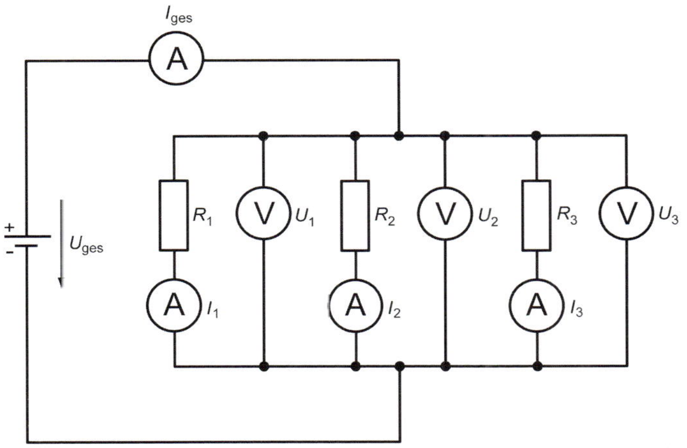

Abb. 1.33: Parallelschaltung von drei Widerständen.

Widerstände bei Parallelschaltung

Der Gesamtwiderstand der Parallelschaltung ist kleiner als der kleinste Einzelwiderstand; er wird folgendermaßen berechnet:

$$\frac{1}{R_{\text{ges}}} = \frac{1}{R_1} + \frac{1}{R_2} + \frac{1}{R_3} + \ldots \qquad \text{(Formel 1.48)}$$

Oder auch mit Hilfe des Leitwerts G:

$$G_{\text{ges}} = G_1 + G_2 + G_3 + \ldots \qquad \text{(Formel 1.49)}$$

Für eine Schaltung mit nur zwei parallelen Widerständen kann die Formel auch vereinfacht werden:

$$R_{\text{ges}} = \frac{R_1 \cdot R_2}{R_1 + R_2} \qquad \text{(Formel 1.50)}$$

Verhältnisse am Beispiel zweier parallel geschalteter Widerstände

Die Ströme verhalten sich hier umgekehrt proportional zu den jeweiligen Widerstandswerten. In hochohmigen Widerständen fließt ein kleiner Strom, in niederohmigen Widerständen ein größerer Strom.

$$\frac{R_1}{R_2} = \frac{I_2}{I_1} \qquad \text{(Formel 1.51)}$$

1.7.3 Kirchhoffsche Regeln

Die Erkenntnisse aus der Reihen- und Parallelschaltung können weiter verallgemeinert werden und führen letztlich zu den zwei *Kirchhoffschen Regeln*: Der Knotenpunktregel und der Maschenregel. Stromkreise lassen sich in die Hauptelemente Maschen und Knoten aufteilen. Eine Netzmasche ist ein geschlossener Umlauf einer Schaltung, ein Knotenpunkt ist ein Verbindungspunkt von Leitungen (Abb. 1.34).

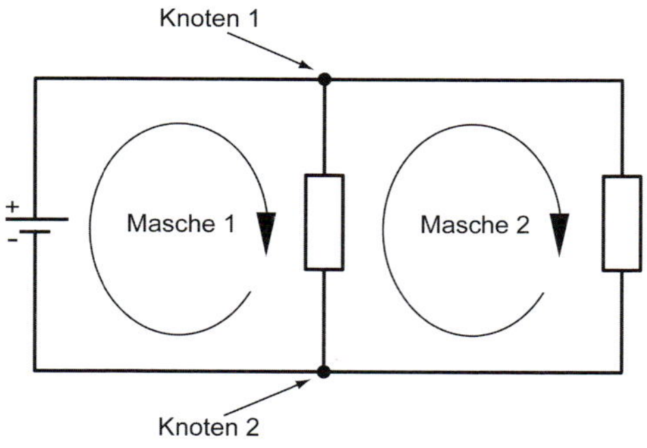

Abb. 1.34: Knotenpunkte und Maschen.

Knotenpunktregel

In einem Knotenpunkt können weder Ladungen entstehen, noch verschwinden oder gespeichert werden. Das bedeutet, dass in einem Knoten die Summe aller zufließenden und abfließenden Ströme gleich Null ist. Zufließende Ströme erhalten ein positives Vorzeichen, abfließende ein negatives Vorzeichen (Abb. 1.35 Links).

$$I_1 + I_2 + I_3 + \ldots = 0 \qquad \text{(Formel 1.52)}$$

oder vereinfacht:

$$\sum_{i=1}^{n} I_i = 0 \qquad \text{(Formel 1.53)}$$

Maschenregel

Nach einem vollen Umlauf in einer Masche ist die Ladung wieder auf ihrem Ausgangspotential. Daraus folgt: Die Summe aller Spannungen in einer Masche ist gleich Null. Im Uhrzeigersinn werden Spannungen mit einem positiven Vorzeichen versehen, gegen den Uhrzeigersinn erhält eine Spannung ein negatives Vorzeichen (Abb. 1.35 Rechts).

$$U_1 + U_2 + U_3 + \ldots = 0 \qquad \text{(Formel 1.54)}$$

oder vereinfacht:

$$\sum_{i=1}^{n} U_i = 0 \qquad \text{(Formel 1.55)}$$

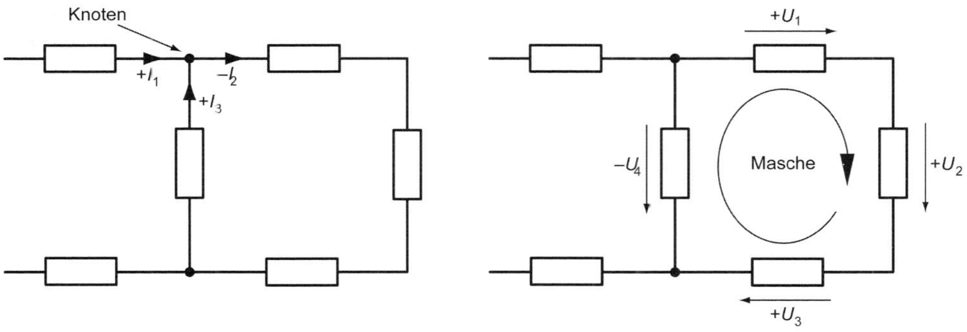

Abb. 1.35: Knotenpunkt- und Maschenregel.

1.8 Übungsaufgaben

Aufgabe 1

Erkläre die Zusammenhänge von Strom, Spannung und Widerstand anhand einer einfachen Analogie mit Wasser und zeichne hierzu eine Skizze. Wie lässt sich das Ohmsche Gesetz daraus ableiten?

Aufgabe 2

Wie ist die technische Stromrichtung definiert?

Aufgabe 3

Ein Gerät, das an die Stromversorgung angeschlossen ist, hat eine Leistungsaufnahme von 3750 W bei einem Innenwiderstand von $R = 150\ \Omega$. Wie hoch sind der Stromfluss und die Spannung im Gerät? Was kostet der Stromverbrauch dieses Geräts innerhalb von 8 Stunden bei einem Tarifpreis von 0,25 Euro pro Kilowattstunde?

Aufgabe 4

Skizziere die Schaltungen zur Strom-, Spannungs- und Leistungsmessung.

Aufgabe 5

Was ist der Unterschied zwischen Wirkleistung und Nutzleistung?

Aufgabe 6

Wie wird die folgende Formel hergeleitet?

$$R_{ges} = \frac{R_1 \cdot R_2}{R_1 + R_2}$$

Aufgabe 7

Berechne für eine Reihenschaltung von drei Widerständen U_{ges}, U_1, U_2, U_3, I_{ges}, I_1, I_2, I_3, R_2 und R_3.

Gegeben sind: $P_{ges} = 970$ W, $R_{ges} = 65\ \Omega$, $R_1 = 10\ \Omega$, P_2 an $R_2 = 595{,}984$ W.

Aufgabe 8

Berechne für eine Parallelschaltung von drei Widerständen U_{ges}, U_1, U_2, U_3, I_{ges}, I_1, I_2, I_3 und R_3.

Gegeben sind: $P_{ges} = 810$ W, $R_{ges} = 50{,}602\ \Omega$, $R_1 = 120\ \Omega$, $R_2 = 150\ \Omega$.

Literaturtipp

Bieneck W. Elektro T – Grundlagen der Elektrotechnik.
Holland + Josenhans Verlag, Stuttgart 2015

2 Widerstand, Induktivität und Kapazität

Einige Grundlagenkenntnisse in Hinblick auf Widerstand, Induktivität und Kapazität sind essentiell für das weitere Verständnis, so haben beispielsweise die in Kapitel 3 behandelten Kabel und Leitungen neben einem Ohmschen Widerstand auch ein induktives und ein kapazitives Verhalten.

Widerstände, Induktivitäten (Spulen) und Kapazitäten (Kondensatoren) sind so genannte passive elektronische Bauteile, die sich in so ziemlich allen elektronischen Schaltungen finden. Widerstände werden zum Beispiel in Spannungsteilern, Spulen und Kondensatoren in Filterschaltungen und Netzteilen eingesetzt, um nur einige der vielfältigen Anwendungen zu nennen. Passive Bauteile können den Strom oder die Spannung nicht verstärken, im Gegensatz zu einem aktiven elektronischen Bauteil wie beispielsweise dem Transistor.

2.1 Widerstand

Den Widerstand haben wir bereits im vorigen Kapitel im Zusammenhang mit dem Ohmschen Gesetz kennen gelernt. Hier folgen nun weitere Informationen zum Widerstand als Bauteil.

Fließen Elektronen durch einen elektrischen Leiter, so verlieren sie Energie, da sie mit den Atomen des Leiters zusammenstoßen. Der Leiter setzt den Elektronen also einen Widerstand entgegen. Bei diesem Vorgang wird Wärme freigesetzt. Selbst das am meisten verwendete Leitermaterial, Kupfer, ist kein idealer Leiter, sondern besitzt einen gewissen (Ohmschen) Widerstand. Andere Materialien, wie beispielsweise Kohle, sind weder gute Leiter noch gute Isolatoren. Aus solchen Stoffen werden deshalb Widerstände als Bauelemente hergestellt.

Widerstände mit festem Widerstandswert

Die Werkstoffe, die für Drahtwiderstände (Abb. 2.1 Links) eingesetzt werden, sind spezielle Legierungen, zumeist aus Kupfer (Cu), Mangan (Mn) und Nickel (Ni). Diese Widerstandslegierungen haben einen größeren spezifischen Widerstand als die jeweiligen Materialen für sich alleine. Eine oft verwendete Widerstandslegierung ist Konstantan (CuNi 44) mit einem spezifischen Widerstand (s. Kap. 3.7) von $\rho = 0{,}49\ \Omega \cdot \text{mm}^2/\text{m}$. Daneben gibt es noch Kohleschichtwiderstände und Metalloxid-Schichtwiderstände (Abb. 2.1 Rechts).

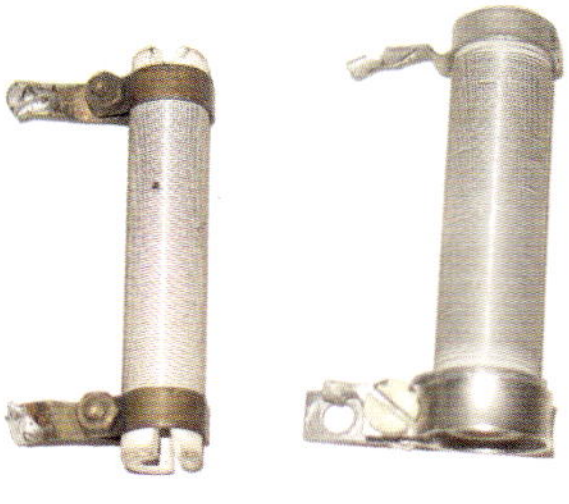

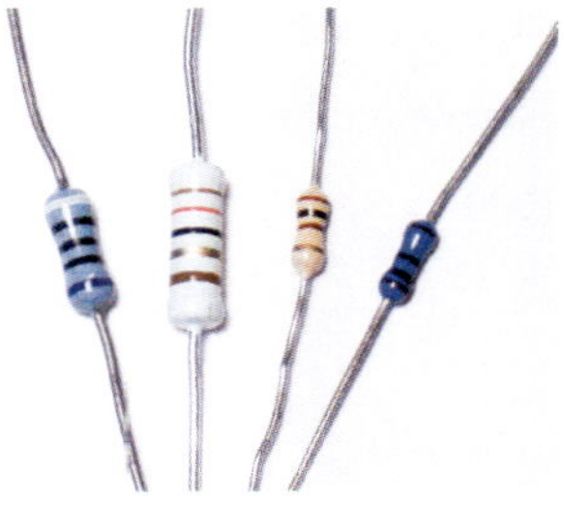

Abb. 2.1 Links: Drahtwiderstände. **Rechts:** Schichtwiderstände.

Da elektrische Widerstände sehr klein sein können, so dass ein Aufdruck des Widerstandswertes eventuell nicht mehr gut lesbar ist, werden sie mit Farbringen gekennzeichnet. Anhand der Farbringe kann der Widerstandswert berechnet werden. Metallschichtwiderstände haben fünf Ringe zur Kennzeichnung, Kohleschichtwiderstände nur vier. Manchmal findet sich auch ein sechster Farbring, der für den Temperaturkoeffizienten steht (Abb. 2.2, Tab. 2.1 und 2.2).

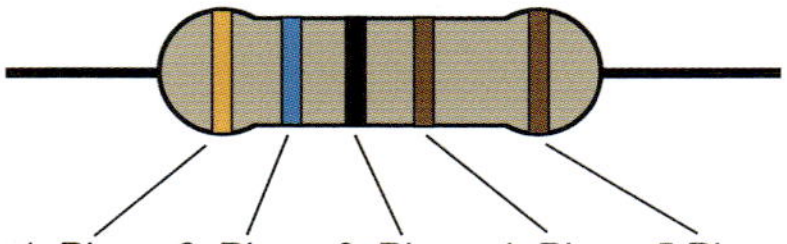

Abb. 2.2: Farbcode auf einem Metallschichtwiderstand.

Tab. 2.1: Farbcode zur Kennzeichnung von Metallschichtwiderständen.

Farbe	1. Ring = 1. Ziffer	2. und 3. Ring = 2. und 3. Ziffer	4. Ring = Multiplikator	5. Ring = Toleranz	6. Ring = Temperaturkoeffizient α
Silber			0,01 Ω	±10 %	
Gold			0,1 Ω	±5 %	
Schwarz		0	1 Ω		$\pm 250 \cdot 10^{-6}\ K^{-1}$
Braun	1	1	10 Ω	±1 %	$\pm 100 \cdot 10^{-6}\ K^{-1}$
Rot	2	2	100 Ω	±2 %	$\pm 50 \cdot 10^{-6}\ K^{-1}$
Orange	3	3	1 kΩ		$\pm 15 \cdot 10^{-6}\ K^{-1}$
Gelb	4	4	10 kΩ		$\pm 25 \cdot 10^{-6}\ K^{-1}$
Grün	5	5	100 kΩ	±0,5 %	$\pm 20 \cdot 10^{-6}\ K^{-1}$
Blau	6	6	1 MΩ	±0,25 %	$\pm 10 \cdot 10^{-6}\ K^{-1}$
Violett	7	7	10 MΩ	±0,1 %	$\pm 5 \cdot 10^{-6}\ K^{-1}$
Grau	8	8	100 MΩ		$\pm 1 \cdot 10^{-6}\ K^{-1}$
Weiß	9	9	0,1 Ω*	±10 %*	
(ohne)				±20 %	

* Gold- und Silberlack können die Leitfähigkeit stören, daher wird für den 4. Ring manchmal Gold durch Weiß (Multiplikator 0,1 Ω) und für den 5. Ring Silber durch Weiß (für Toleranz ±10 %) ersetzt.

Beispiel: Ein Widerstand ist mit den Farbringen Orange, Blau, Schwarz, Braun und Braun gekennzeichnet (s. Abb. oben).

Der Widerstandswert berechnet sich dann:

3 6 0 · 10 Ω = 3,6 kΩ, Toleranz ±1 %

Tab. 2.2: Farbcode zur Kennzeichnung von Kohleschichtwiderständen.

Farbe	1. Ring = 1. Ziffer	2. Ring = 2. Ziffer	3. Ring = Multiplikator	4. Ring = Toleranz
Silber			0,01 Ω	±10 %
Gold			0,1 Ω	±5 %
Schwarz		0	1 Ω	
Braun	1	1	10 Ω	±1 %
Rot	2	2	100 Ω	±2 %
Orange	3	3	1 kΩ	
Gelb	4	4	10 kΩ	
Grün	5	5	100 kΩ	±0,5 %
Blau	6	6	1 MΩ	±0,25 %
Violett	7	7	10 MΩ	±0,1 %
Grau	8	8	100 MΩ	
Weiß	9	9	0,1 Ω*	±10 %*
(ohne)				±20 %

* Gold- und Silberlack können die Leitfähigkeit stören, daher wird für den 3. Ring manchmal Gold durch Weiß (Multiplikator 0,1 Ω) und für den 4. Ring Silber durch Weiß (für Toleranz ±10 %) ersetzt.

Beispiel: Ein Widerstand ist mit den Farbringen Braun, Schwarz, Rot und Silber gekennzeichnet. Der Widerstandswert berechnet sich dann:

$1\ 0 \cdot 100\ \Omega = 1\ \mathrm{k}\Omega$, Toleranz ±10 %

Widerstände mit veränderbarem Widerstandswert

Widerstände mit veränderbarem Widerstandswert werden auch Potentiometer genannt. Diese bestehen aus einem Träger, auf welchem ein Widerstandsmaterial aufgebracht ist, und einem beweglichen Schleifer bzw. Gleitkontakt. Der Schleifer unterteilt den Gesamtwiderstand in zwei Teilwiderstände. Damit ist ein Potentiometer ein einstellbarer Spannungsteiler, und wirkt so wie zwei in Reihe geschaltete Widerstände (Abb. 2.3).

Es gibt eine Vielzahl von verschiedenen Potentiometern, zum Beispiel Kohleschicht-, Draht- und Wendelpotentiometer.

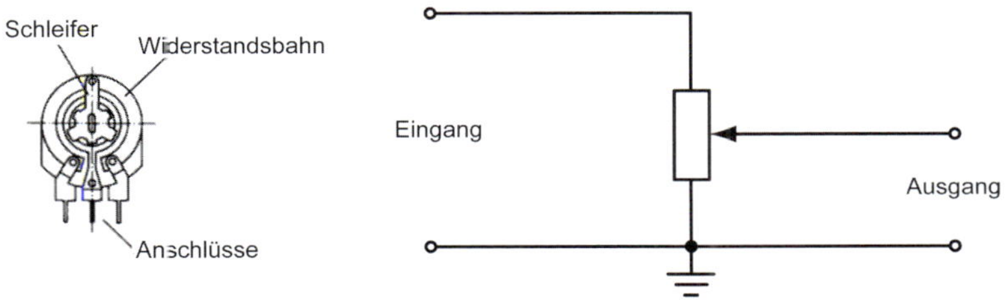

Abb. 2.3: Prinzip eines Potentiometers.

Kohleschichtpotentiometer

Die Widerstandsschicht besteht hier aus Kohle. Ein Abgriff gleitet über diese Kohleschicht, und je nach Drehwinkel ergeben sich damit unterschiedliche Widerstandswerte. Die Bauformen und Größen sind auf die jeweilige Anwendung angepasst; manche sind so winzig, dass sie nur mit einem sehr kleinen Schraubendreher einzustellen sind (Abb. 2.4).

Drahtpotentiometer

Beim Drahtpotentiometer ist ein Widerstandsdraht auf einen Keramikkörper aufgewickelt (Abb. 2.5). Der Schleifer gleitet über die Drahtwindungen, und somit werden unterschiedliche Drahtlängen bzw. Widerstandswerte abgegriffen.

Wendelpotentiometer

Hier ist die Widerstandsbahn aufgrund der Konstruktion besonders lang. Dadurch sind besonders große Widerstandswerte und genaue Widerstandseinstellungen möglich (Abb. 2.6).

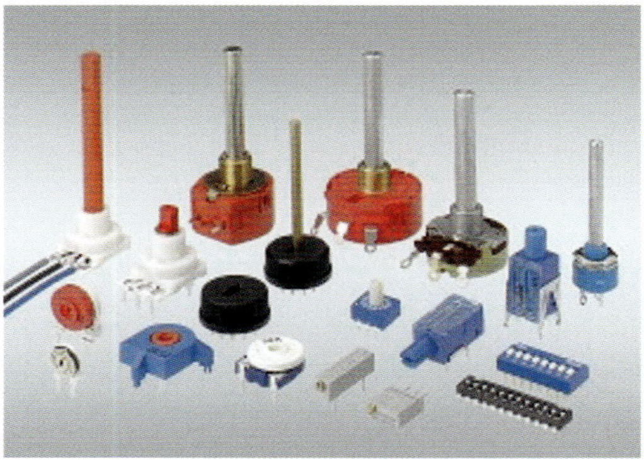

Abb. 2.4: Kohleschicht-Potentiometer verschiedener Bauformen.

Abb. 2.5: Draht-Potentiometer.

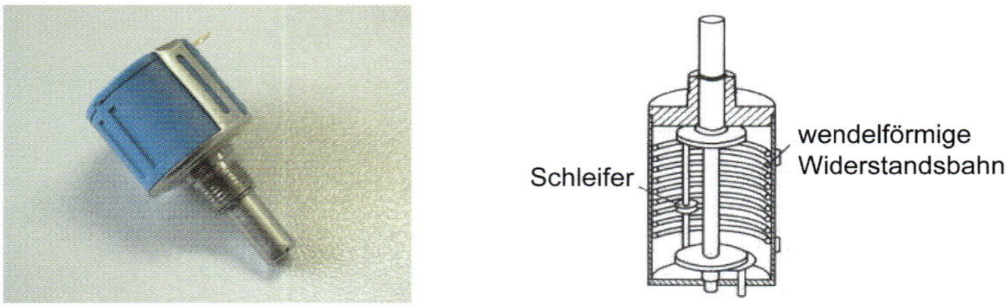

Abb. 2.6: Wendel-Potentiometer.

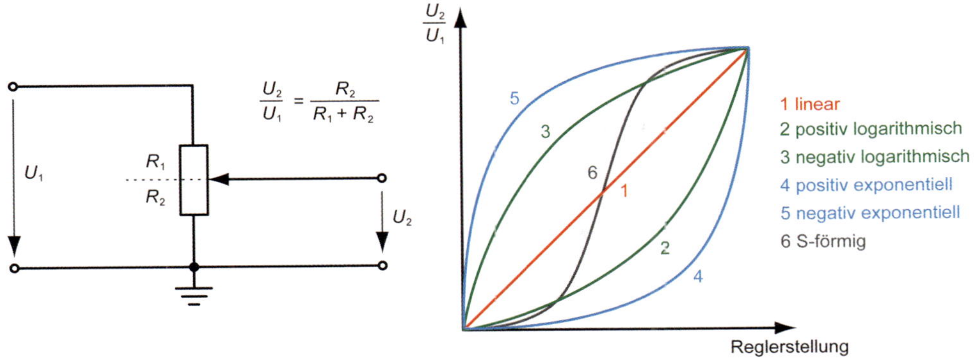

Abb. 2.7: Charakteristiken von Potentiometern.

Charakteristiken von Potentiometern

Bei Potentiometern kann die Funktion des Drehwinkels bzw. der Strecke zur Widerstandswertänderung verschiedene Charakteristiken aufweisen: Es gibt Potentiometer mit linearer, logarithmischer, exponentieller oder S-förmiger Charakteristik (Abb. 2.7).

Am häufigsten werden lineare und logarithmische Charakteristiken eingesetzt, die wie folgt gekennzeichnet werden:

- Linear = Keine Kennzeichnung bzw. „lin A" oder „1" hinter dem Widerstandswert.
- Positiv logarithmisch = „log B", „+" oder „2" hinter dem Widerstandswert.
- Negativ logarithmisch = „log C", „–" oder „3" hinter dem Widerstandswert.

Achtung: Manche Hersteller verwenden die Kennbuchstaben A und B genau andersherum, und leider gibt es noch weitere Variationen in der Kennzeichnung.

Verhalten des Ohmschen Widerstandes bei Gleich- und Wechselstrom

Der Ohmsche Widerstand R wird auch als linearer Widerstand oder Gleichstromwiderstand bezeichnet. Bei einem Ohmschen Widerstand gibt es keinen Unterschied, was das Verhalten bei Gleich- oder Wechselstrom angeht. Fließt Wechselstrom über einen Ohmschen Widerstand, so hat dies also keine Auswirkungen auf die Phase von Strom und Spannung – im Gegensatz zu Induktivität und Kapazität, die einen zeitlichen Versatz von Strom und Spannung zur Folge haben (s. Kap. 2.2 und 2.3). Die *Impedanz* Z eines Ohmschen Widerstandes ist damit über alle Frequenzen hinweg gleich, das bedeutet $R = Z$ (Abb. 2.8).

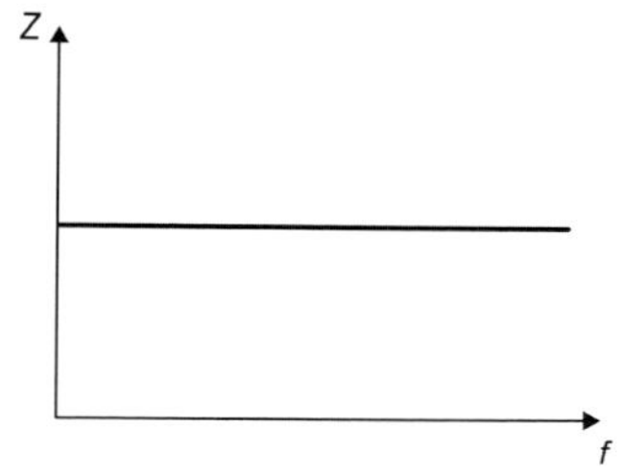

Abb. 2.8: Funktion Impedanz über die Frequenz beim Ohmschen Widerstand.

Was hat es mit der Impedanz auf sich?

„Impedanz" leitet sich aus dem lateinischen Wort „Impedire" ab, was so viel wie Hemmen oder auch Verhindern bedeutet. So sagt der Wert der Schallimpedanz aus, ob ein Medium Schall besser oder schlechter überträgt, also wie viel Widerstand der Schallausbreitung entgegen gesetzt wird (s. Kap. 2 im Band „Tontechnik für Veranstaltungstechniker", ebenfalls erschienen im S. Hirzel Verlag). Bei der elektrischen Impedanz spielt die Strom-, Spannungs- oder Leistungsübertragung eine Rolle. Letztlich wird betrachtet, in welcher Quantität (Amplitude) und Qualität (Frequenzgang) ein Signal beim Empfänger ankommt.

Die Impedanz hat eine große Bedeutung bei der elektrischen Anpassung von Hochfrequenzleitungen, aber auch bei der Wellenausbreitung im freien Raum, also bei Schall- oder elektromagnetischen Wellen. Stimmen bei der HF-Übertragung die Impedanzwerte von Sender, Antennen, Kabelstrecken und Empfänger nicht überein, so wird an den Übergängen ein Teil der Energie reflektiert.

Die Impedanz kann als ein Quotient zweier physikalischer Größen angegeben werden. Ohne Berücksichtigung von Phasendifferenzen, d. h. $\varphi = 0°$, entspricht die elektrische Impedanz Z dem Quotienten aus dem Effektivwert der Spannung U_{eff} und dem Effektivwert des Stroms I_{eff}:

$$Z = \frac{U_{\text{eff}}}{I_{\text{eff}}} \qquad \text{(Formel 2.1)}$$

Die Einheit der elektrischen Impedanz Z ist das Ω (Ohm). Diese Einheit wird ebenso für den Ohmschen Widerstand R verwendet. Den Kehrwert der Impedanz Z bezeichnet man übrigens als Admittanz Y:

$$Y = \frac{1}{Z} \qquad \text{(Formel 2.2)}$$

In den folgenden Kapiteln wird erklärt, wie sich die Impedanz berechnen lässt, wenn im Wechselstromkreis Induktivitäten (Spulen) und Kapazitäten (Kondensatoren) vorhanden sind.

2.2 Induktivität (Spule)

Neben dem Ohmschen Widerstand werden in elektronischen Schaltungen auch Induktivitäten verwendet. Das typische induktive Bauteil ist die Spule. Diese kann sehr klein gewickelt und in Kunstharz eingegossen sein, so dass sie äußerlich nicht mehr als Spule erkennbar ist. Aber natürlich gibt es auch Spulen, bei denen der gewickelte Draht zu sehen ist; meist liegt er um einen Kern aus Eisen. Spulen ohne Eisenkern nennt man auch Luftspulen (Abb. 2.9).

Um einen stromdurchflossenen Leiter herum bildet sich ein Magnetfeld. Bei einem einzelnen Leiter ist das Magnetfeld eventuell noch sehr schwach ausgeprägt, werden aber mehrere Leiter dicht nebeneinander aufgewickelt, wie bei einer Spule, dann verstärkt sich das Magnetfeld (bekannteste Anwendung: Elektromagnet). In einer Spule kann ein gewisses Maß der zugeführten elektrischen Energie über das magnetische Feld zeitlich begrenzt gespeichert werden (Abb. 2.10). Bei einer Unterbrechung des Stromkreises oder bei einer Umpolung wird die in der Spule gespeicherte Energie wieder freigesetzt – entscheidend ist also die Zustandsänderung.

Formelzeichen

Das Formelzeichen der Induktivität ist das große L.

Maßeinheit

Definition der induktiven Einheit Henry (H): Eine Spule hat eine Induktivität von 1 H, wenn bei einer gleichförmigen Stromänderung von einem Ampere in einer Sekunde eine Induktionsspannung (s. u.) von einem Volt entsteht:

$$1\,\mathrm{H} = \frac{1\,\mathrm{V}}{1\,\mathrm{A} \cdot \mathrm{s}^{-1}}$$

Abb. 2.9: Experimentierspule für elektromagnetische Versuche.

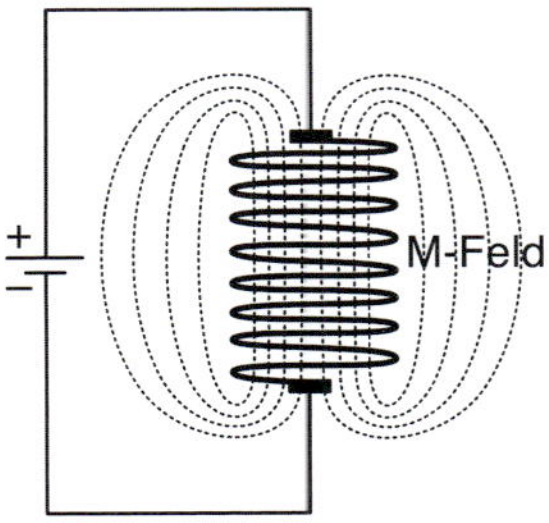

Abb. 2.10: Magnetisches Feld einer Spule.

Tab. 2.3: Maßeinheit der Induktivität.

Bezeichnung	Einheit mit Vorsatz	Wert in Henry	Wissenschaftliche Schreibweise
Henry	1 H	1 H	1 H
Millihenry	1 mH	0,001 H	10^{-3} H
Mikrohenry	1 µH	0,000 001 H	10^{-6} H
Nanohenry	1 nH	0,000 000 001 H	10^{-9} H

Verhalten der Induktivität bei Gleichstrom

Legt man eine Spannung an eine Induktivität an, so steigt der Strom kontinuierlich. Die Spannung U verhält sich antiproportional zur zeitlichen Änderung des Stromes I (Abb. 2.11). Eine Induktionsspannung entsteht immer nur dann, wenn sich die Stromstärke ändert.

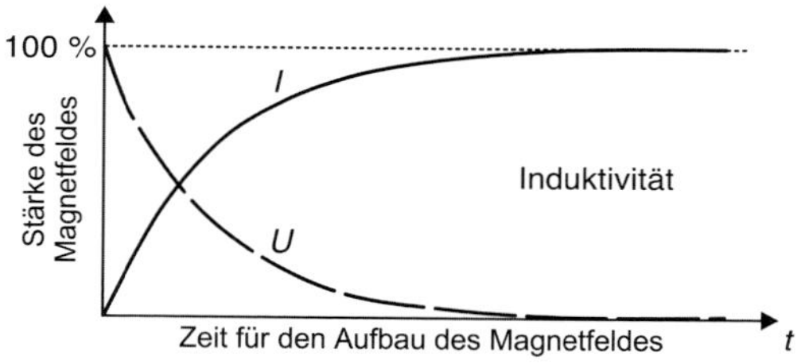

Abb. 2.11: Induktivität bei Gleichstrom (vgl. Abb. 2.19: Kapazität bei Gleichstrom).

Selbstinduktion

Ändert sich der Stromfluss durch eine Spule ständig, so entsteht ein sich ständig änderndes Magnetfeld. Dabei erzeugt jede Änderung des Stroms und damit des magnetischen Flusses eine Selbstinduktionsspannung. Eine Abnahme des Stroms hat eine Erhöhung der Spannung zur Folge, bei zunehmendem Strom nimmt die Spannung ab.

Die Selbstinduktionsspannung U_L ist umso größer...

... je größer die Induktivität L ist.

... je größer die Stromänderung ΔI ist.

... je kleiner die Dauer Δt der Stromänderung ist.

Berechnung der Induktionsspannung U_L

$$U_L = \frac{L \cdot \Delta I}{\Delta t} \qquad \text{(Formel 2.3)}$$

Verhalten der Induktivität bei Wechselstrom

Wird eine einzelne Induktivität in einen Wechselstromkreis geschaltet, so bewirkt dies eine Phasenverschiebung von Spannung und Strom. Der Spannungszeiger eilt dem Stromzeiger um $\pi / 2$ bzw. mit einer Phasenverschiebung von 90° voraus (Abb. 2.12).

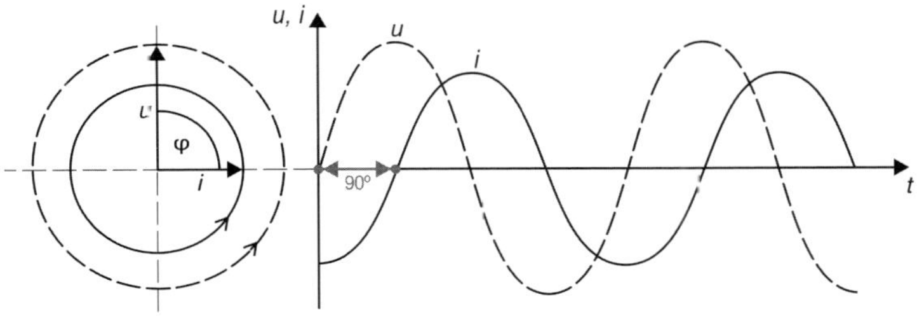

Abb. 2.12: Spannungszeiger und Stromzeiger bei einer Induktivität (vgl. Abb. 2.20: Spannungszeiger und Stromzeiger bei einer Kapazität)

Bedingt durch den Phasenwinkel φ zwischen den Momentanwerten von Strom und Spannung tritt bei der Induktivität zusätzlich zum Ohmschen Widerstand R der induktive Blindwiderstand X_L in Erscheinung. Die Impedanz Z lässt sich dann über ein Zeigerdiagramm ableiten und berechnen (Abb. 2.13):

$$Z = \sqrt{R^2 + X_L^2} \qquad \text{(Formel 2.4)}$$

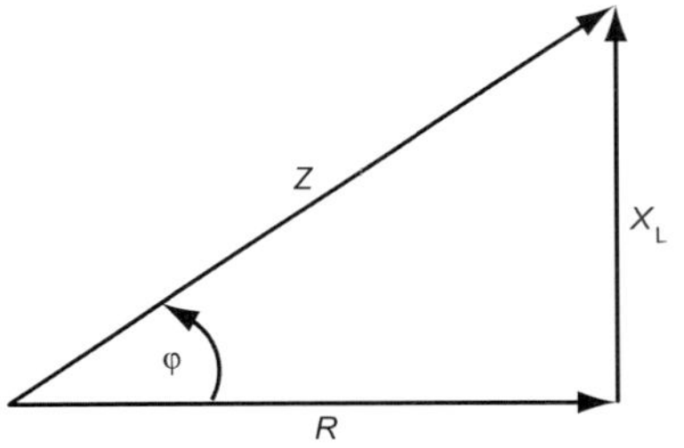

Abb. 2.13: Impedanz der Induktivität.

Der induktive Blindwiderstand X_L erhöht sich mit steigender Frequenz f:

$$X_L = 2\pi \cdot f \cdot L \qquad \text{(Formel 2.5)}$$

X_L : induktiver Blindwiderstand in Ω
f: Frequenz in Hz
L : Induktivität in H

Das bedeutet, dass hohe Frequenzen durch eine Induktivität bedämpft werden, tiefe Frequenzen aber ungehindert passieren können. Abb. 2.14 zeigt bei der Funktion der Impedanz über die Frequenz eine ansteigende Gerade, für den Amplitudenfrequenzgang ergibt sich ein umgekehrtes Bild, das bedeutet die Amplitude sinkt mit steigender Frequenz.

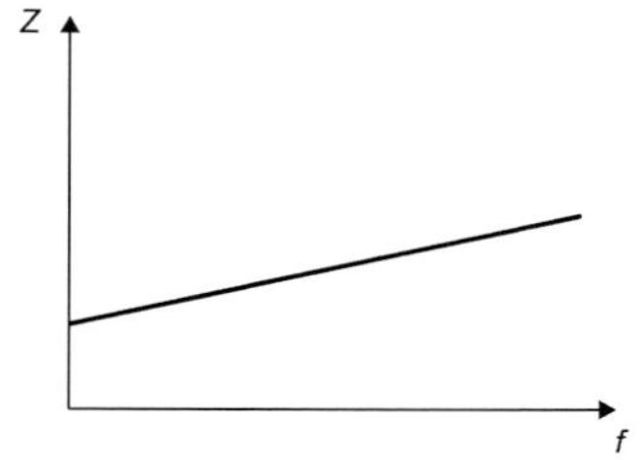

Abb. 2.14: Funktion Impedanz über die Frequenz bei einer Induktivität im Wechselstromkreis.

Reihen- und Parallelschaltung von Induktivitäten

Reihenschaltung

$$L_{\text{Ges}} = L_1 + L_2 + L_3 + \ldots + L_n \quad \text{(Formel 2.6)}$$

Parallelschaltung

$$\frac{1}{L_{\text{Ges}}} = \frac{1}{L_1} + \frac{1}{L_2} + \frac{1}{L_3} + \ldots + \frac{1}{L_n} \quad \text{(Formel 2.7)}$$

Transformatoren

Mit Hilfe eines Transformators kann eine Wechselspannung auf einen anderen Spannungswert gewandelt werden. Ein Trafo hat dazu zwei Spulenwicklungen um einen Eisenkern: Die Primärspule und die Sekundärspule.

Die vom Strom durchflossene Primärspule erzeugt ein magnetisches Feld. Der magnetische Fluss ϕ wird über den Eisenkern auf die Sekundärspule übertragen. Immer wenn sich der magnetische Fluss ändert, also bei Umpolung der Primärspule mit der Frequenz der anliegenden Wechselspannung, wird auch in der Sekundärspule eine Spannung erzeugt (Abb. 2.15).

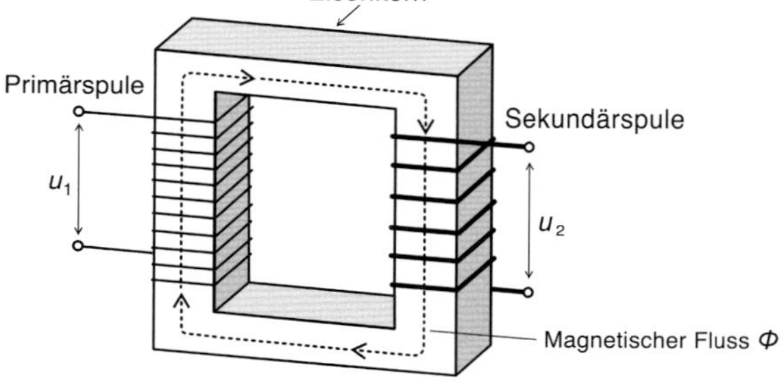

Abb. 2.15: Transformator.

Eine primäre Wechselspannung wird im Verhältnis der Windungszahlen der Spulen in eine sekundäre Wechselspannung transformiert. Das Verhältnis der Eingangsspannung zur Ausgangsspannung ist das Übersetzungsverhältnis *ü*.

$$ü = \frac{u_1}{u_2} \qquad \text{(Formel 2.8)}$$

$$\frac{u_1}{u_2} = \frac{n_1}{n_2} \qquad \text{(Formel 2.9)}$$

u_1 und u_2 : Primär- und Sekundärwechselspannung
n_1 bzw. n_2 : Primär- und Sekundärwindungszahl

Bei einem idealen Transformator erfolgt die Spannungswandlung ohne Verluste, d. h. die Ausgangsleistung ist genau so groß wie die Eingangsleistung. Bei realen Transformatoren treten aber Verluste auf.

Das sind zunächst einmal Verluste im Eisenkern des Transformators aufgrund der ständigen Ummagnetisierung und dadurch induzierte Spannungen, die Wirbelströme hervorrufen, welche sinnlos durch den Metallkörper in alle Richtungen wandern und damit keine sinnvolle Arbeit verrichten. Diese Wirbelströme erzeugen ihrerseits ein Magnetfeld, das der Änderung des Feldes der Primärspule entgegenwirkt. Diese Verluste sind konstant und entstehen auch im Leerlauf, daher werden sie auch Leerlaufverluste genannt. Sie führen zur Erwärmung des Metalls. Die Wirbelströme lassen sich gering halten, indem der Eisenkern nicht massiv aufgebaut wird, sondern aus dünnen Eisenblechen, die durch eine Lackierung voneinander isoliert sind und dadurch die elektrischen Ströme blockieren, nicht jedoch das Magnetfeld.

Beim Magnetisieren des Eisenkerns müssen die Beharrungskräfte der Eisenmoleküle überwunden werden, und bei der Ummagnetisierung kehren nicht alle von ihnen sofort wieder in einen ungeordneten Zustand zurück. Es verbleibt ein gewisser Restmagnetismus, die *Remanenz*. Das bewirkt, dass der magnetische Zustand dem elektrischen Feld immer ein wenig hinterher hängt, der physikalische Begriff dafür heißt *Hysteresis*. Die zur Überwindung der magnetischen Trägheit notwendige Arbeit nennt man Hysteresisverluste, auch sie führen letztlich zur Erwärmung des Eisenkerns.

Weiterhin wird ein Teil der Energie in den Wicklungen der Spule durch den Ohmschen Widerstand des Drahtes in Wärme umgewandelt. Die Wicklungsverluste nehmen quadratisch mit der Belastung zu und hängen somit von der Stromaufnahme des angeschlossenen elektrischen Verbrauchers ab.

Geringere Verluste entstehen dadurch, dass die magnetischen Feldlinien nicht nur innerhalb des Eisenkerns verlaufen, sondern auch außerhalb durch die Luft. Man spricht hier auch vom Streufeldlinien oder Streufluss. Aufgrund des Streuflusses benötigen Transformatoren oft eine Abschirmung, damit andere Geräte vor dem Magnetfeld geschützt werden. Außerdem bewirkt der Streufluss, dass die Sekundärspannung bei einem realen Transformator etwas geringer ausfällt als diejenige, welche für man einen vergleichbaren idealen Transformator berechnen würde.

Wirkungsgrad von Transformatoren

Bei Transformatoren wird der Wirkungsgrad über das Verhältnis von abgegebener zu aufgenommener Wirkleistung berechnet:

$$\eta = \frac{P_{ab}}{P_{zu}} = \frac{P_{ab}}{P_{ab} + P_{VFe} + P_{VWi}} \qquad \text{(Formel 2.10)}$$

P_{ab} : abgegebene Leistung
P_{zu} : aufgenommene Leistung
P_{VFe} : Eisenverlustleistung
P_{VWi} : Wicklungsverlustleistung

Transformatoren mit einer hohen Nennleistung haben einen Wirkungsgrad von mehr als 99 %, während der Wirkungsgrad von Kleintransformatoren bei etwa 90 % liegt.

Transformatorhauptgleichung

$$u = \frac{2\pi \cdot f \cdot n \cdot A \cdot B}{\sqrt{2}} \approx 4{,}44 \cdot f \cdot n \cdot A \cdot B \qquad \text{(Formel 2.11)}$$

u : sinusförmige Primärwechselspannung in V
f : Frequenz der Wechselspannung in Hz
N : Windungszahl
A : Querschnittsfläche des Eisenkerns in m^2
B : Magnetische Flussdichte im Eisenkern in N/A·m bzw. T (Tesla)

Die Transformatorhauptgleichung zeigt zum Beispiel, dass ein Transformator umso größer ausgelegt sein muss, je höher die Primärspannung ist, oder dass sich die Größe und damit das Gewicht reduzieren lassen, wenn mit einer höheren Frequenz gearbeitet wird (dies macht man sich beispielsweise bei Schaltnetzteilen zunutze).

Transformator im Leerlauf

Vom Leerlauf spricht man, wenn an der Sekundärwicklung kein elektrischer Verbraucher angeschlossen ist. Beim unbelasteten Transformator wirkt die Primärwicklung wie eine Spule mit großer Induktivität.

Transformator unter Belastung

Ein Transformator wird belastet, wenn an die Sekundärwicklung ein elektrischer Verbraucher bzw. allgemein eine Last angeschlossen ist. Unter Belastung erzeugt der Strom in der Sekundärwicklung einen magnetischen Gegenfluss, der das Magnetfeld in der Primärwicklung abschwächt. Diese nimmt daraufhin mehr Strom auf, und der magnetische Fluss erreicht dadurch wieder den ursprünglichen Wert. Bei Nennlast ist daher der Primärstrom größer als im Leerlauf.

Transformator bei einem Kurzschluss

Werden die Klemmen der Sekundärwicklung direkt miteinander verbunden, ist der Transformator kurzgeschlossen. Der einige Schwingungsperioden nach Auftreten des Kurzschlusses fließende Dauerkurzschlussstrom I_{kd} wird nur durch den Innenwiderstand des Transformators begrenzt. Der primärseitig fließende Kurzschlussstrom kann bei größerer Leistung Schäden im speisenden Netz und im Transformator verursachen, beispielsweise an Schaltern und Messeinrichtungen.

Kurzschlussspannung

Wird bei einem Kurzschluss der Sekundärseite der Strom auf der Primärseite auf Nennlast gehalten, so reduziert sich die Primärspannung. Die so eingestellte Primärspannung bezeichnet man als Kurzschlussspannung. Sie wird in der Regel als prozentuales Verhältnis zur Nennspannung angegeben. Transformatoren mit hoher Nennlast haben eine Kurzschlussspannung von weniger als 10 %, bei Kleintransformatoren liegt sie zwischen 15 und 40 %, und bei Schweißtransformatoren beträgt sie 100 %. Hohe Streuflüsse führen zu einer hohen Kurzschlussspannung. Transformatoren mit hoher Kurzschlussspannung werden als spannungsweich bezeichnet, solche mit geringer Kurzschlussspannung als spannungssteif.

Je kleiner die Kurzschlussspannung, desto höher ist der Kurzschlussstrom. Deshalb ist gerade bei Transformatoren mit kleiner Kurzschlussspannung ein Kurzschluss gefährlich. Es gibt Transformatoren, die so ausgelegt sind, dass sie im Kurzschlussfall nicht zerstört werden; diese werden als kurzschlussfest bezeichnet.

Einschaltstrom

Beim Einschalten eines Stromkreises, in welchem sich ein Transformator befindet, können sehr große Eingangsströme fließen, die kurzzeitig mehr als das 10-fache des Bemessungsstroms betragen. Der Bemessungsstrom von Schutzeinrichtungen (s. Kap. 5) muss daher etwa doppelt so groß sein wie der Bemessungsstrom des Transformators.

Materialien

Die Transformatorwicklungen bestehen meist aus massivem Kupferdraht, es kommen aber andere Leitermaterialien zum Einsatz, wie beispielsweise Aluminium bei Großtransformatoren. Ein Kunstharzlack isoliert den Wicklungsdraht. Zusätzlich können Lagenisolationen eingebracht oder der Draht beim Wickeln in nebeneinander liegende Kammern verlegt werden. Daneben werden Folienwickel eingesetzt, teilweise bei Schaltnetzteil-Transformatoren, aber auch bei Großtransformatoren. Die Art der Isolierung begrenzt die mögliche Betriebstemperatur. In Öl getränkte Wicklungen verbessern die Wärmableitung aus dem Inneren des Transformators.

So genannte Lufttransformatoren besitzen dagegen keinen Kern. Allerdings haben ferromagnetische Materialen im Spulenkern eine bessere magnetische Leitfähigkeit im Vergleich zur Luft und erlauben daher einen stärkeren magnetischen Fluss. Transformatorkerne bestehen aus Eisenlegierungen oder Stählen, je nach Einsatzgebiet.

Für Transformatoren, die bei der Netzfrequenz von 50 Hz betrieben werden, verwendet man überwiegend so genanntes Dynamoblech nach DIN EN 10 107, welches aus Eisen-Silizium-Legierungen besteht. Der Kern wird aus gestapelten Blechen aufgebaut, zwischen denen isolierende Schichten liegen. Die Flächen der Bleche liegen dabei senkrecht zur Richtung des magnetischen Flusses, um Wirbelstromverluste zu reduzieren. Je höher die Frequenz ist, desto dünner müssen die Bleche sein. Ab Frequenzen im Kilohertzbereich werden die Wirbelstromverluste aber auch bei sehr dünnen Blechen zu groß; hier verwendet man dann Ferritkerne.

Abb. 2.16 Links: Ringkerntrafo. **Rechts:** Herkömmliche Bauweise.

Als Qualitätsmerkmal für das Material des Kerns wird die magnetische Flussdichte mit der Einheit Tesla (T) herangezogen, die sich wie folgt definiert:

$$1\ \mathrm{T} = \frac{1\ \mathrm{V} \cdot \mathrm{s}}{1\ \mathrm{m}^2}$$

Bei Eisen liegt die maximale magnetische Flussdichte (Sättigungsflussdichte) bei ca. 1,5 bis 2 Tesla (T), bei Ferriten bei etwa 400 mT. Der Querschnitt des Kerns wird so gewählt, dass in möglichst allen Teilen des Kerns die Sättigungsflussdichte erreicht wird. Mit einem Ringkern sind Transformatoren mit vergleichsweise hohem Wirkungsgrad bei kleiner Baugröße möglich, allerdings ist die Herstellung aufwändiger als bei herkömmlichen Transformatoren (Abb. 2.16).

Bauarten und Anwendung von Transformatoren

- *Übertrager oder Trenntrafos:* Diese kleinste Bauweise wird in der Nachrichtentechnik als Impedanzwandler und zur galvanischen Trennung von Stromkreisen eingesetzt. Mit diesen Trafos sollen alle relevanten Signalanteile bzw. Frequenzen übertragen werden. Allerdings weist ein Transformator bei einer Ohmschen Last ein Bandpassverhalten auf, das bedeutet, dass er nur Signale in einem bestimmten Frequenzbereich übertragen kann. Sehr niedrige und sehr hohe Frequenzen werden hingegen bedämpft oder gar nicht mehr übertragen.
- *Kleintransformatoren* verwendet man, um die Netzspannung der Steckdose (230 V) auf die Betriebsspannung von Elektrogeräten zu transformieren.
- *Spartransformatoren:* Dies sind spezielle Ausführungen von Kleintransformatoren ohne galvanische Trennung und mit einer Einsparung an Kerneisen.
- *Streufeldtransformatoren* haben aufgrund eines größeren Abstandes zwischen Primär- und Sekundärwicklung eine vergleichsweise lose magnetische Kopplung über den Kern, dafür aber ein größeres Streufeld. Der Streufeldtransformator vereint die Funktionen eines Transformators, also eine Spannungstransformation und eine galvanische Trennung und die einer strombegrenzenden Drossel in einem Bauteil. Anwendungen sind zum Beispiel Vorschaltgeräte für Leuchtstoffröhren, Klingeltransformatoren und Schweißtransformatoren.

- *Messwandler* in Stromzangen dienen zur Messung hoher Stromstärken. Der Leiter, dessen Strom gemessen werden soll, wird dabei von der Primärspule in Form einer Zange umschlossen (s. Kap. 6.4). Es wird zunächst nur die induzierte Spannung in der Sekundärspule gemessen und daraus dann der Stromfluss berechnet.
- *Drehstromtransformatoren* bzw. *Leistungstransformatoren* in der Energietechnik (s. Kap. 3.10): Maschinentransformatoren im Kraftwerk transformieren die im Generator erzeugte Spannung zur Einspeisung in das Stromnetz in eine Höchstspannung von 220 kV. Transformatoren in Umspannwerken verbinden das überregionale Höchstspannungsnetz mit den regionalen Hochspannungs- und Mittelspannungsnetzen. In Transformatorenstationen wird schließlich die Spannung des regionalen Mittelspannungsnetzes von 20 bis 110 kV auf die im Ortsnetz verwendeten 230 bzw. 400 V transformiert. Leistungstransformatoren sind zur besseren Kühlung meistens mit Öl gefüllt.

2.3 Kapazität (Kondensator)

Ein weiteres elektronisches Bauelement ist die Kapazität bzw. der Kondensator. Im einfachsten Fall besteht ein Kondensator aus zwei parallelen Metallplatten. Der Raum zwischen den Kondensatorplatten wird als Dielektrikum bezeichnet, im Fall der Metallplatten ist das die Luft. Bei miniaturisierten Bauteilen wie in Abb. 2.17 sind die Kondensatorplatten und das Dielektrikum aufgewickelte Folien.

Wenn Strom in eine Kapazität fließt, wird diese geladen. Die Energie ist dann im elektrischen Feld zwischen den Kondensatorplatten gespeichert (Abb. 2.18).

Es gibt Gleichspannungs- und Wechselspannungskondensatoren. Bei Gleichspannungskondensatoren dürfen die Anschlüsse nicht vertauscht werden, sonst werden sie beschädigt. Wechselspannungskondensatoren sind ungepolt, und können daher sowohl an Wechsel- als auch an Gleichspannung betrieben werden. Bei beiden Typen ist auf die Nennspannung zu achten.

Formelzeichen

Das Formelzeichen der Kapazität ist das große *C*.

Maßeinheit

Definition der kapazitiven Einheit Farad (F): Ein Kondensator hat die Kapazität von 1 F, wenn beim Anlegen einer Spannung von einem Volt eine Ladung von einem Coulomb (A · s) gespeichert wird.

$$1\,\mathrm{F} = \frac{1\,\mathrm{A \cdot s}}{1\,\mathrm{V}}$$

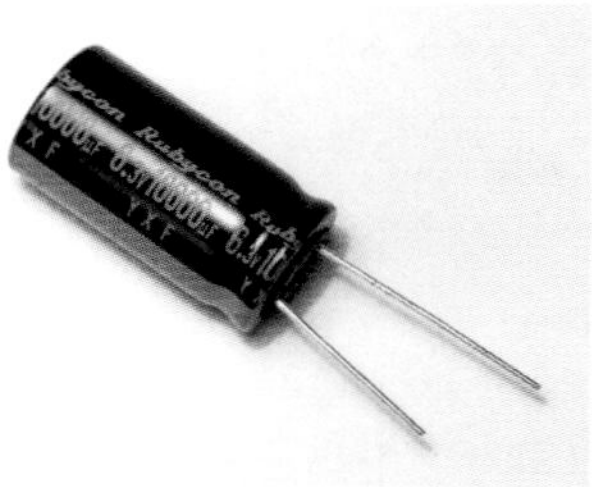

Abb. 2.17: Kondensator.

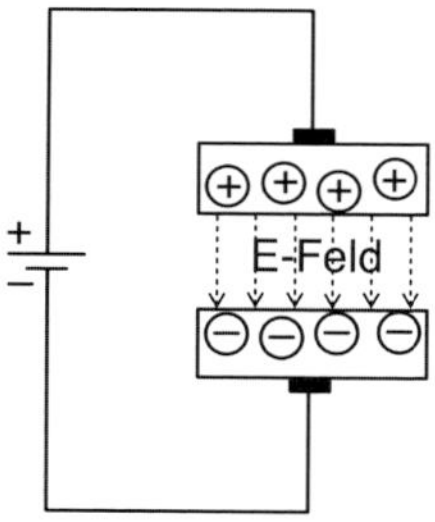

Abb. 2.18: Elektrisches Feld in einem Kondensator.

Tab. 2.4: Maßeinheit der Kapazität.

Bezeichnung	Einheit mit Vorsatz	Wert in Farad	Wissenschaftliche Schreibweise
Farad	1 F	1 F	1 F
Millifarad	1 mF	0,001 F	10^{-3} F
Mikrofarad	1 µF	0,000 001 F	10^{-6} F
Nanofarad	1 nF	0,000 000 001 F	10^{-9} F
Pikofarad	1 pF	0,000 000 000 001 F	10^{-12} F

Die Kapazität eines Kondensators wird durch die Baugröße bestimmt. Die Kapazität ist umso größer...

... je größer die Plattenoberfläche A.

... je kleiner der Plattenabstand d.

... je besser die Dipolbildung im Dielektrikum ist, d. h. je größer die Permittivitätszahl ε_r ist.

$$C = \varepsilon_0 \cdot \varepsilon_r \cdot \frac{A}{d} \qquad \text{(Formel 2.12)}$$

Q : Elektrische Ladung in C
C : Kapazität in pF
ε_0 : Dielektrizitätskonstante (= 8,85 · 10^{-12} F/m)
ε_r : Permittivitätszahl (= 1 in Luft bei 20 °C)
A : Plattenfläche in m^2
d : Plattenabstand in m

Dielektrikum

Die Permittivitätszahl ε_r gibt an, um welchen Faktor sich die Kapazität erhöht, wenn statt Luft ein anderes Material verwendet wird.

Tab 2.5: Permittivitätszahl ε_r.

Dielektrikum	ε_r
Luft	1
Papier	2
Glimmer	5
Porzellan	6
Kondensatorkeramik	60 bis 3000

Durchschlagfestigkeit

Für die am Kondensator anliegende Spannung gibt es eine Obergrenze, die nicht überschritten werden darf, da ansonsten das Dielektrikum nicht mehr isoliert. Bei zu hoher Spannung kommt es zu einem Durchschlag durch das Dielektrikum.

Kondensatorverluste

Ein Kondensator entlädt sich ständig selbst; dies erfolgt durch die Beschaltung, die Isolation und das Dielektrikum. Bei Wechselspannungskondensatoren entsteht ein hoher Verlust durch die Umpolarisierung.

Verhalten der Kapazität bei Gleichstrom

Speist man eine Kapazität mit einem konstanten Strom, so steigt die Spannung kontinuierlich an. Während der Ladezeit sinkt der Strom I antiproportional zur Spannung U. Nach Abschluss des Ladungsausgleichs fließt kein Strom mehr (Abb. 2.19). Eine Platte ist jetzt positiv geladen, die andere negativ. Das elektrische Potential ist auf beiden Seiten gleich groß.

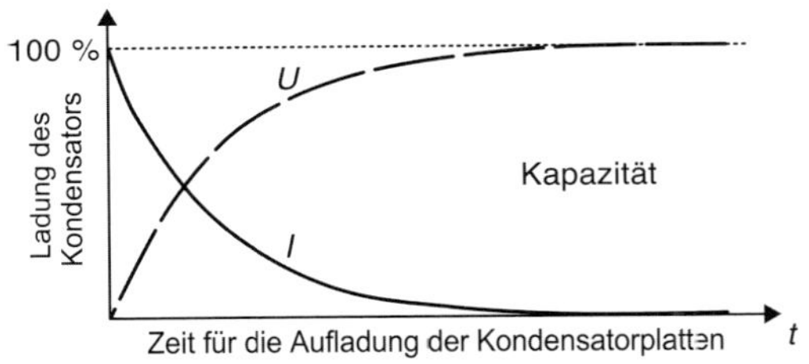

Abb. 2.19: Kapazität bei Gleichstrom (vgl. Abb. 2.11: Induktivität bei Gleichstrom).

Verhalten der Kapazität bei Wechselstrom

Wird eine einzelne Kapazität in einen Wechselstromkreis geschaltet, so bewirkt dies eine Phasenverschiebung von Spannung und Strom. Der Stromzeiger eilt dem Spannungszeiger um $\pi / 2$ bzw. um 90° voraus (Abb. 2.20).

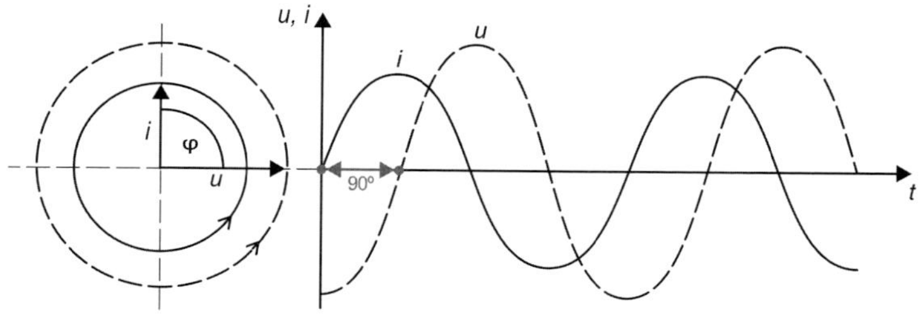

Abb. 2.20: Spannungszeiger und Stromzeiger bei einer Kapazität (vgl. Abb. 2.12: Spannungszeiger und Stromzeiger bei einer Induktivität).

Bedingt durch den Phasenwinkel φ zwischen den Momentanwerten von Strom und Spannung tritt bei der Kapazität zusätzlich zum Ohmschen Widerstand R der kapazitive Blindwiderstand X_C in Erscheinung. Die Impedanz Z lässt sich dann über ein Zeigerdiagramm ableiten und berechnen (Abb. 2.21):

$$Z = \sqrt{R^2 + X_C^2} \qquad \text{(Formel 2.13)}$$

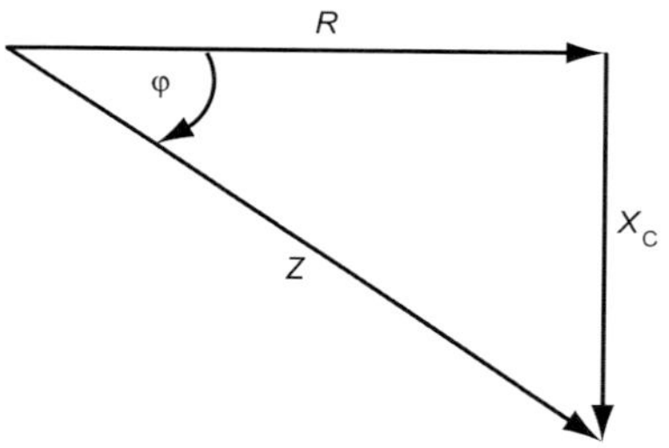

Abb. 2.21: Impedanz der Kapazität.

Der kapazitive Blindwiderstand X_C sinkt mit steigender Frequenz f:

$$X_C = \frac{-1}{2\pi \cdot f \cdot C} \qquad \text{(Formel 2.14)}$$

X_C : kapazitiver Blindwiderstand in Ω

f: Frequenz in Hz

C: Kapazität in F

(„–1" daher, da der Zeiger des Blindwiderstands noch unten zeigt.)

Tiefe Frequenzen werden also durch die Kapazität bedämpft (Gleichstrom als „tiefste" Frequenz mit 0 Hz wird sogar komplett gesperrt), hohe Frequenzen können aber ungehindert passieren

Abb. 2.22 zeigt die Funktion der Impedanz über die Frequenz. *Achtung:* Wie schon bei der Induktivität, so gilt auch hier, dass der Amplitudenfrequenzgang genau umgekehrt verläuft.

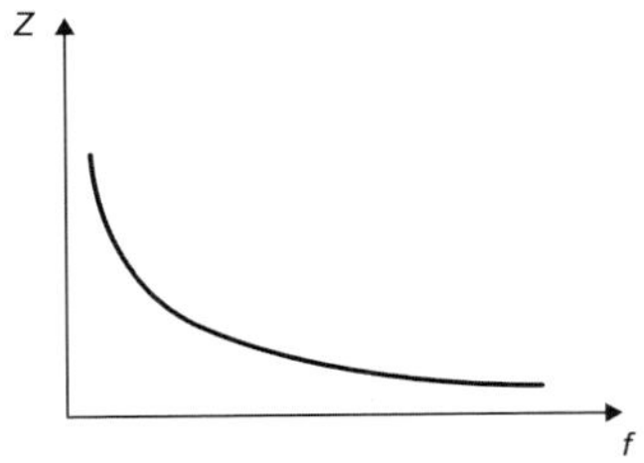

Abb. 2.22: Funktion Impedanz über die Frequenz bei einer Kapazität im Wechselstromkreis.

Reihen- und Parallelschaltung von Kapazitäten

Reihenschaltung

$$\frac{1}{C_{\text{Ges}}} = \frac{1}{C_1} + \frac{1}{C_2} + \frac{1}{C_3} - \ldots + \frac{1}{C_n}$$ (Formel 2.15)

Parallelschaltung

$$C_{\text{Ges}} = C_1 + C_2 + C_3 + \ldots + C_n$$ (Formel 2.16)

Leistungskondensatoren für die Blindleistungskompensation

Kondensatoren zur Kompensation der Blindleistung (s. Kap. 1.6.2) müssen entsprechend dimensioniert werden. Die kompensierte Blindleistung berechnet sich für einen parallel zum elektrischen Verbraucher geschalteten Kondensator wie folgt:

$$Q_{\text{C}} = C \cdot U^2 \cdot 2\pi \cdot f \cdot 10^{-9}$$ (Formel 2.17)

Q_{C} : Blindleistung des Kondensators in kvar (var = Einheit der Blindleistung)
C : Kapazität des Kondensators in µF
U : Spannung des Kondensators in V
f : Frequenz in Hz (Netzfrequenz = 50 Hz)

Wenn der Kondensator in Reihe mit dem elektrischen Verbraucher geschaltet wird, so berechnet sich die kompensierte Blindleistung nach:

$$Q_{\text{C}} = \frac{I^2}{C \cdot 2\pi \cdot f \cdot 10^{-9}}$$ (Formel 2.18)

I : Strom, der im Stromkreis mit dem Kondensators fließt in A

Beispiel: Es soll eine Blindleistung von 1 kvar bei 230 V / 50 Hz mit einem parallel geschalteten Kondensator kompensiert werden. Welche Kapazität muss der Kondensator aufweisen?

1. Schritt: Umstellen der Formel nach C

$$C = \frac{Q_C}{U^2 \cdot 2\pi \cdot f \cdot 10^{-9}}$$

2. Schritt: Einsetzen der bekannten Werte und ausrechnen

$$C = \frac{1\ \text{kvar}}{(230\ \text{V})^2 \cdot 2\pi \cdot 50\ \text{Hz} \cdot 10^{-9}} = 60\ \mu\text{F}$$

Kompensationsarten

Einzelkompensation

Die Kompensationskondensatoren (Abb. 2.23) sind hier parallel oder in Reihe zu einem elektrischen Verbraucher geschaltet. Nach dem Abschalten des Verbrauchers müssen die Kondensatoren innerhalb von 60 Sekunden auf eine für Menschen ungefährliche Spannung entladen sein (≤ 50V bei Wechselstrom). Die Entladung erfolgt über hochohmige Widerstände in einem Entladekreis oder einer Entladevorrichtung.

Bei der Reihenschaltung ist eine volle Kompensation auf $\cos\varphi = 1$ zu vermeiden, weil dann eine Resonanz zwischen den Kompensationskondensatoren und Induktivitäten im Stromkreis (z. B. Wicklungsspulen von Elektromotoren) auftreten kann. Dies führt zu Spannungsüberhöhungen, welche die Anlage beschädigen können. Bei der Kompensation wird daher ein Leistungsfaktor von etwa 0,90 bis 0,95 angestrebt.

Abb. 2.23: Kompensationskondensator zur Reihenschaltung (5,3 µF / 450 V).

Die Einzelkompensation wird bei elektrischen Verbrauchern mit großer Leistung ab ca. 30 kW und konstantem Leistungsfaktor eingesetzt. Auch bei Leuchtstoffröhren kann diese Technik zum Einsatz kommen, allerdings werden hier eher elektronische Vorschaltgeräte (EVG, s. Kap. 9.1.4) und besondere Duo-Schaltungen verwendet, mit einem induktiven und einem kapazitiven Zweig zur Kompensation.

Gruppenkompensation

Die Gruppenkompensation ist für kleinere elektrische Anlagen geeignet. Eine Gruppe von Verbrauchern wird hierbei gemeinsam an eine Kompensationsanlage angeschlossen (Abb. 2.24).

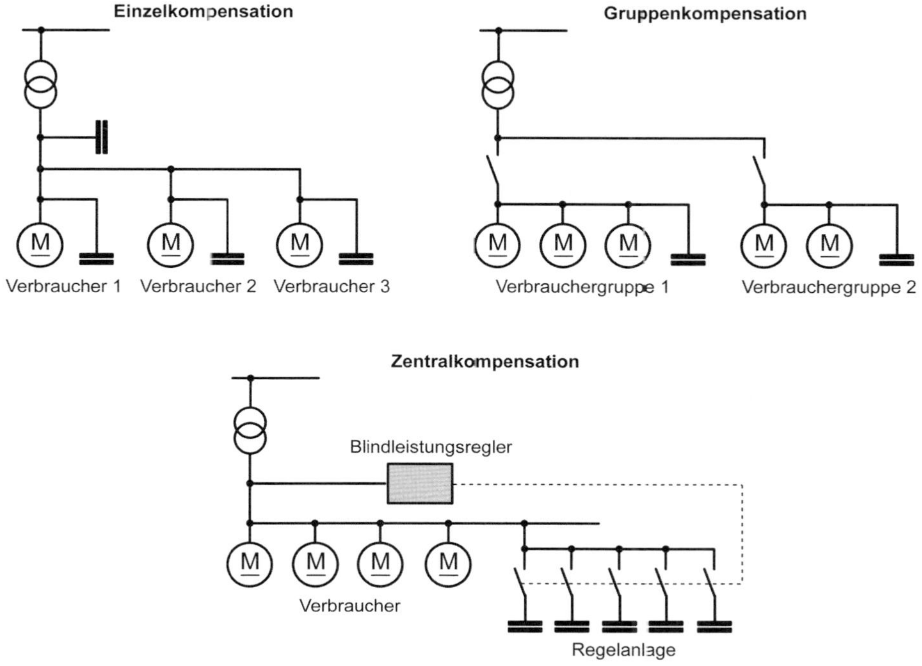

Abb. 2.24: Einzel-, Gruppen- und Zentralkompensation.

Zentralkompensation

Bei einer Zentralkompensation werden je nach augenblicklicher Blindleistung Kondensatoren aus einer Kondensatorenbatterie zu- oder abgeschaltet. Zum Einsatz kommen diese Anlagen beispielsweise für die komplette Stromversorgung einer Versammlungsstätte mit elektrischen Verbrauchern unterschiedlicher Leistung und Einschaltdauer. Die Kompensationsanlage wird an zentraler Stelle, in der Regel in der Nähe der Niederspannungs-Hauptverteilung angeordnet.

2.4 Induktives und kapazitives Verhalten von Kabeln und Leitungen

Das elektrische Verhalten eines Kabels oder ein Leitung mit zwei parallelen Leitern kann auch über folgendes Ersatzschaltbild beschrieben werden (Abb. 2.25):

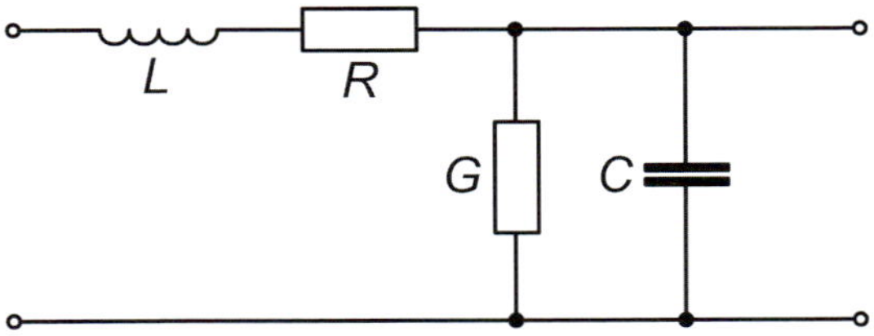

Abb. 2.25: Ersatzschaltbild für zwei parallel liegende Leiter.

Zum einen tritt hier also der Ohmsche Widerstand bzw. der Leitwert in Erscheinung (*R* und *G*), daneben aber auch induktive und kapazitive Eigenschaften (*L* und *C*).

Kapazitätsbelag *C'*

Die Platten eines Kondensators werden auch als Beläge bezeichnet, und ein Kabel oder eine Leitung hat mit den parallelen Leitern ähnliche Eigenschaften wie ein Kondensator. Dies führt zu der Beschreibung des *Kapazitätsbelags*. Die Bezeichnung „Belag" wurde aber auch für weitere elektrische Größen eines Kabels übernommen, wie dem Widerstandsbelag, dem Induktivitätsbelag und dem Ableitungsbelag (s. u.). Der Kapazitätsbelag beschreibt die Kapazität des Kabels in Farad pro Meter:

$$[C'] = \frac{\mathrm{F}}{\mathrm{m}}$$

Zwei parallel verlaufende Kabeladern wirken zusammen wie ein Kondensator. Damit ist ein Kabel ein passiver Tiefpass: Wie schon aufgezeigt, sinkt die Impedanz eines Kondensators mit steigender Frequenz (s. Kap. 2.3). Das bedeutet, dass über einen parallel geschalteten Kondensator hohe Frequenzen „kurz geschlossen" werden und somit nicht an die Ausgangsklemmen gelangen. Umgekehrt betrachtet können tiefe Frequenzen diese Schaltung ungehindert passieren. Je länger die Leitung, desto größer ist die Kapazität und desto mehr hohe Frequenzanteile werden aus dem Signal herausgefiltert. Für den „Kabel-Tiefpass" lässt sich die obere Grenzfrequenz f_g wie folgt berechnen:

$$f_\mathrm{g} = \frac{1}{2\pi \cdot Z_\mathrm{a} \cdot C' \cdot 10^{-12} \cdot l} \qquad \text{(Formel 2.19)}$$

Einheit Hz

Z_a : Ausgangsimpedanz der Signalquelle in Ω

C' : Kapazitätsbelag in pF/m

10^{-12} : Umrechnungsfaktor pF → F

l : Länge des Kabels in m

Induktivitätsbelag *L'*

Um einen stromdurchflossenen Leiter bildet sich ein Magnetfeld, demnach hat ein Kabel auch eine induktive Komponente. Der Induktivitätsbelag *L'* beschreibt die Induktivität eines Leiters in Henry pro Meter:

$$[L'] = \frac{\mathrm{H}}{\mathrm{m}}$$

Die Richtung der Feldlinien hängt dabei von der Stromrichtung ab (Abb. 2.26 Links). In einem Kabel gibt es mindestens zwei Leiter: Einer ist die Hinleitung, der andere die Rückleitung. Die magnetischen Feldlinien der beiden Leiter sind demnach immer entgegensetzt gerichtet. Die Magnetfeldlinien, die dicht am jeweiligen Leiter anliegen, verstärken sich gegenseitig und wirken auf die Leiter zurück (Abb. 2.26 Rechts). Durch das Magnetfeld wird in den Leitern ein Strom induziert, und dies hat eine Auswirkung auf den eigentlichen Stromfluss durch das Kabel, vor allem bei Wechselstrom mit hohen Frequenzen – hohe Frequenzanteile werden bedämpft. Die Dämpfung beträgt –12 Dezibel pro Oktave (Frequenzverdoppelung) oberhalb der Grenzfrequenz. Es liegt damit ein Tiefpass 2. Ordnung vor (Abb. 2.27)[1].

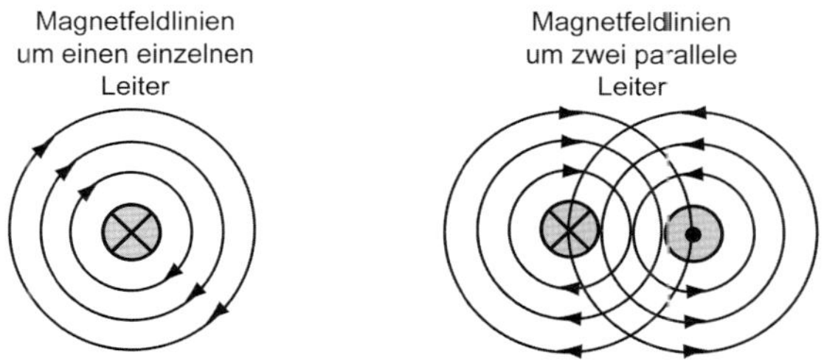

Abb. 2.26: Magnetfeld um zwei parallele Leiter.

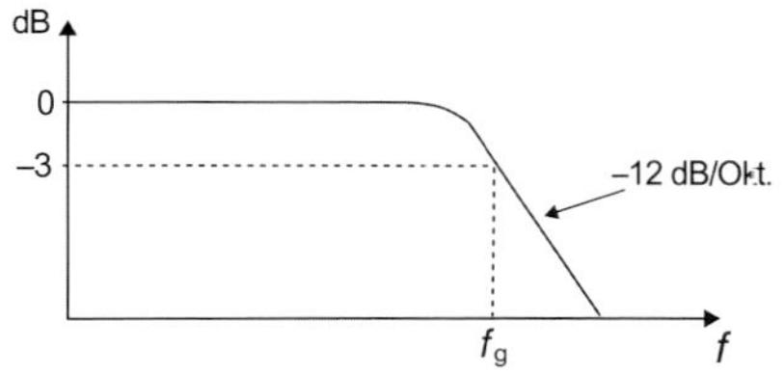

Abb. 2.27: Tiefpass 2. Ordnung.

[1] Die Begriffe Filter und Dezibel werden ausführlich im Buch „Tontechnik für Veranstaltungstechniker“ erklärt (ebenfalls erschienen im S. Hirzel Verlag).

Widerstandsbelag *R'*

Der Ohmsche Widerstand hängt vom Material, dem Querschnitt und der Länge des Leiters ab. Der Widerstandsbelag *R'* beschreibt den Ohmschen Widerstand einer Ader im Kabel pro Meter:

$$[R'] = \frac{\Omega}{\text{m}}$$

Der Widerstandsbelag wird meist in Milliohm pro Meter angegeben.

Ableitungsbelag *G'*

Der Ableitungsbelag *G'* schließlich beschreibt den Isolationsverlust einer Leitung in Siemens pro Meter.

$$[G'] = \frac{\text{S}}{\text{m}}$$

Isolationsverluste entstehen durch Leckströme, die durch die Isolation zum jeweils anderen Leiter fließen. Allerdings sind typische Isolationsmaterialien so hochwertig, das diese Verluste oft vernachlässigbar sind.

Resümee: Kabel und Leitungen unterliegen Faktoren, welche die Signalübertragung stören bzw. den Stromfluss hemmen. Daher sollten sie nur mit der jeweils benötigten Länge und mit einem zur Anwendung passenden Leitungsquerschnitt ausgelegt sein (mehr dazu im nächsten Kapitel).

2.5 Übungsaufgaben

Aufgabe 1

Der Stromfluss über einen Widerstand nimmt linear von $I_0 = 0$ A auf $I_1 = 1$ A in $t = 5$ Sekunden zu. Wie groß ist die Ladungsmenge, die bis zum Zeitpunkt $t_1 = 1$ Sekunde durch den Leiter geflossen ist? Wie viele Ladungsträger bilden diese Ladungsmenge?

Aufgabe 2

Durch einen Widerstand mit 10 Ω fließt 10 Sekunden lang ein konstanter Strom. Es wird dabei eine elektrische Energie von 1 Ws umgesetzt. Wie groß ist die Stromstärke?

Aufgabe 3

Von welchen Parametern hängt die Größe der Induktionsspannung in einer Spule ab?

Aufgabe 4

In der gezeigten Schaltung (Abb. 2.28) sind der Widerstand R und die Induktion L so dimensioniert, das bei geschlossenem Stromkreis beide Glühlampen (6 V, 3 W) gleich hell leuchten. Doch wie haben sich die Glühlampen verhalten, kurz nachdem der Schalter geschlossen wurde? Und was passiert, wenn die Gleichstromquelle durch eine Wechselstromquelle ersetzt wird?

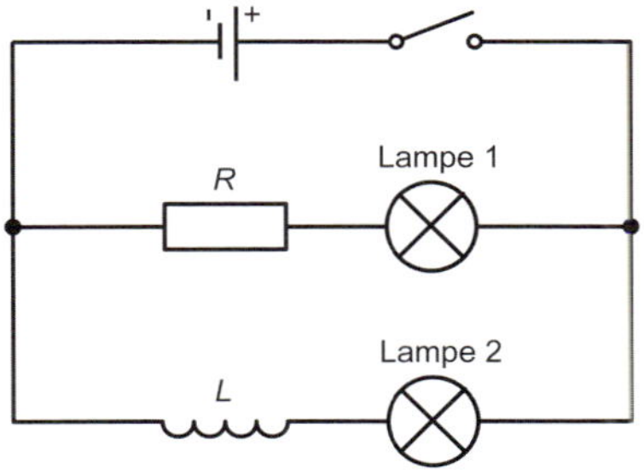

Abb. 2.28: Schaltung mit Widerstand und Induktion.

Aufgabe 5

Wodurch kann die Ladungsmenge auf einem Kondensator erhöht werden?

Aufgabe 6

Ein Plattenkondensator mit Luft zwischen den Platten ist an eine Gleichspannungsquelle angeschlossen. Der Kondensator trägt eine gewisse Ladungsmenge Q. Jetzt wird der Raum zwischen den Platten mit einem Dielektrikum mit $\varepsilon_r = 2$ gefüllt. Was passiert mit der Ladung?

Literaturtipp

Kories R, Schmidt-Walter H. Taschenbuch der Elektrotechnik.
Harri Deutsch Verlag, Frankfurt am Main 2010

Elektronik eines Moving Lights (Vari-Lite 2402 Wash).

3 Leitungen und Netzsysteme

Leitungen und daneben der Spannungsfall und die Strombelastbarkeit werden im ersten Lehrjahr unterrichtet. Das Thema Netzsysteme folgt dann im zweiten Lehrjahr.

Grundsätzlich wird zwischen Kabeln und Leitungen unterschieden. Kabel halten im Vergleich zu Leitungen höheren mechanischen Beanspruchungen stand, der prinzipielle Aufbau ist allerdings gleich: Um die Leiter, die meist aus Kupfer bestehen, befindet sich eine Isolierung, und ein Mantel umfasst mehrere isolierte Leiter. Zwischen der Isolierung und dem Mantel befindet sich oft eine zusätzliche Füllmasse, die dem Kabel oder der Leitung einen runden Querschnitt verleiht (Abb. 3.1). Der Werkstoff der Isolierung und dessen Dicke bestimmen im Wesentlichen die Nennspannung, für welche die jeweilige Kabel- oder Leitungstype ausgelegt ist.

Kabel

Kabel besitzen einen Mantel aus Kunststoff, Gummi oder Metalldrahtgeflecht. Auf dem Mantel befindet sich in regelmäßigen Abständen ein Aufdruck mit der Normnummer (s. Kap. 3.1), nach welcher das Kabel aufgebaut ist. Kabel dürfen in Innenräumen installiert, in Beton eingebettet und im Freien verlegt werden, damit also auch unter der Erde und im Wasser. Es gibt spezielle Kabel mit einem verbesserten Verhalten im Brandfall – so genannte halogenfreie Kabel. Diese sind jedoch nicht für die Verlegung im Erdreich und im Wasser geeignet. Kabel sind mindestens für eine Nennspannung von 0,6 bis 1 kV isoliert, wobei hier die zulässige Spannung eines Leiters gegen Erde 0,6 kV beträgt und die zulässige Spannung zwischen jeweils zwei Leitern 1 kV.

Leitungen

Leitungen sind meist für Nennspannungen unter 1 kV isoliert und entweder für eine feste Installation oder für den Anschluss ortsveränderlicher Betriebsmittel konzipiert; diese Leitungen sind dann mit flexiblen Leitern ausgestattet. Spezielle Leitungen, beispielsweise Baggerstromleitungen, können auch für Spannungen über 1 kV ausgelegt sein.

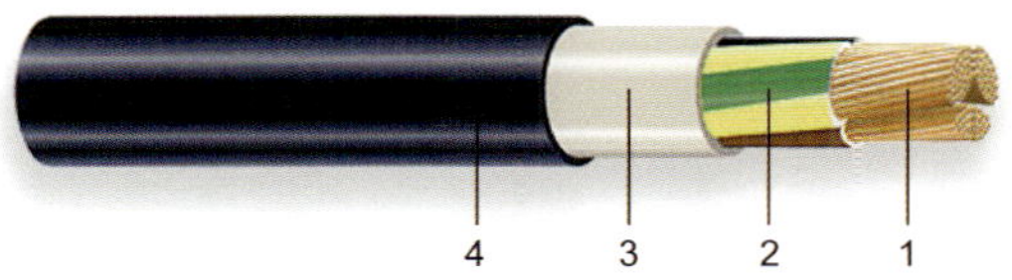

1 = Kupferleiter
2 = PVC-Isolation
3 = Füllmaterial
4 = PVC-Mantel

Abb. 3.1: Kabel mit PVC-Isolierung und -Mantel.

Der Haupteinsatzbereich von Leitungen sind Innenräume. Einige Typen dürfen aber auch im Freien verlegt werden, beispielsweise bestimmte Gummischlauchleitungen. Leitungen können ein- oder mehradrig ausgeführt sein. Einadrige Leitungen ohne Mantel werden auch als Aderleitung oder Verdrahtungsleitung bezeichnet. Diese dürfen nicht im Erdreich verlegt werden.

3.1 Kennzeichnung von Kabeln und Leitungen

Bei der Kennzeichnung von Kabeln und Leitungen wird zwischen harmonisierten und nicht harmonisierten Typen unterschieden. Harmonisierte Kabel und Leitungen sind nach europäischen Normen hergestellt (zum Beispiel harmonisierte Leitungen nach DIN VDE 0281). Nicht harmonisierte Typen sind dagegen nur nach nationalen Normen anerkannt, sie werden daher auch „normgemäße" Kabel und Leitungen genannt. Kabel und Leitungen werden mit einem Buchstaben- und Zahlencode gekennzeichnet. Aus dieser Kennzeichnung kann unter anderem der Aufbau, der Querschnitt und der Verwendungszweck abgelesen werden (Abb. 3.2; Hinweis: Im Anhang findet sich der veraltete Kennzeichnungscode).

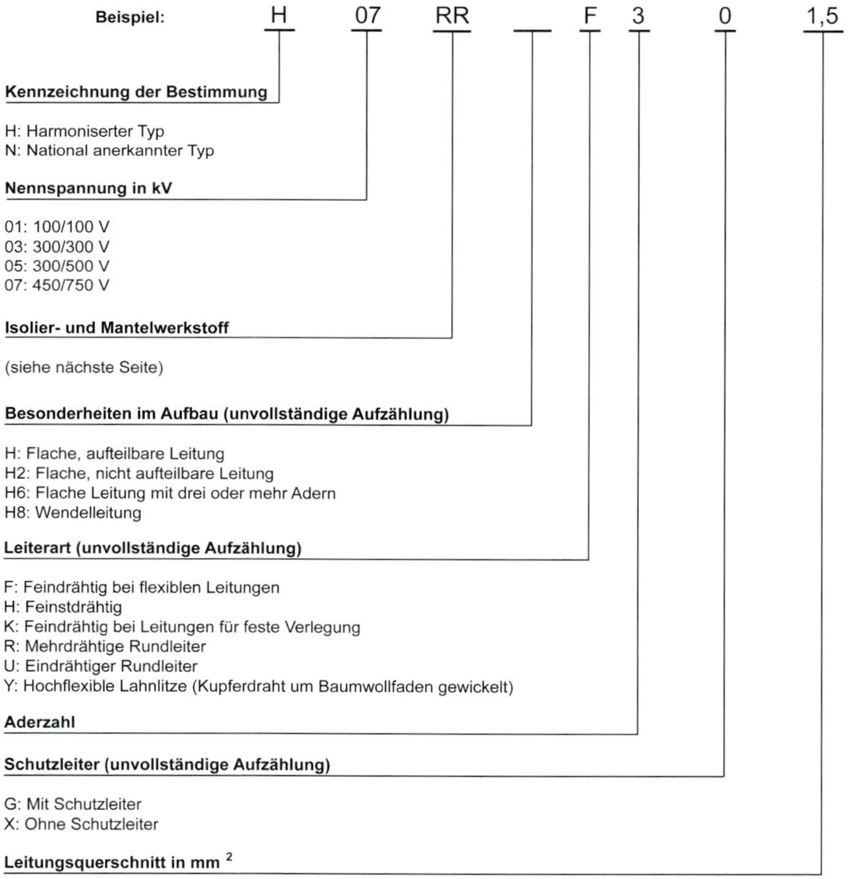

Abb. 3.2: Typenkurzzeichen anhand eines Beispiels.

Zu Abb. 3.2: Kennbuchstaben für den Isolier- und Mantelwerkstoff

Isolierwerkstoff für harmonisierte Kabel und Leitungen

B	Ethylen-Propylen-Kautschuk (EPR)
G	Ethylen-Vinylacetat-Copolymer (EVA)
N	Chloropren-Kautschuk (CR)
N2	CR für Schweißleitungen
R	Natur- und/oder synthetischer Kautschuk wie z. B. Ethylenpropylen-Gummi
S	Silikon-Kautschuk
V	Polyvinylchlorid (PVC), weich
V2	PVC mit einer Dauerbetriebstemperatur von 90 °C
V3	Kältebeständiger PVC
V4	Vernetzter PVC
Z	Vernetztes Polyethylen (PE)

Optional: Aufbauelemente

C	Schirm
Q4	Zusätzliche Polyamidaderumhüllung
T	Zusätzliches Textilgeflecht über verseilten Adern
T6	Zusätzliches Textilgeflecht über einer Einzelader

Mantelwerkstoff harmonisierte Kabel und Leitungen

A	Aluminiummantel
B	Ethylen-Propylen-Kautschuk (EPR)
C	Kupfermantel
F	Stahlmantel
J	Glasfasergeflecht
K	Zinkmantel
L	Bleimantel
N	Chloropren-Kautschuk (CR)
N2	CR für Schweißleitungen
N4	Wärmebeständiger CR
Q	Polyurethan (PUR)
R	Natur- und/oder synthetischer Kautschuk wie z. B. Ethylenpropylen-Gummi
T	Textilgeflecht
T2	Textilgeflecht mit flammwidriger Masse
V	Polyvinylchlorid (PVC), weich
V2	Wärmebeständiger PVC
V3	Kältebeständiger PVC
V4	Vernetzter PVC
V5	Ölbeständiger PVC

Zu Abb. 3.2: Leiterwerkstoff

A	Aluminium

Ohne Kennzeichnung: Kupfer

3.2 Farbkennzeichnung der Adern bei Drehstrom

Der Neutralleiter (N) muss in seinem gesamten Verlauf blau gekennzeichnet sein. Ist in einem Leitungsabschnitt kein Neutralleiter erforderlich, so darf die blaue Ader auch als Außenleiter verwendet werden (zum Beispiel bei vieradrigen Pumpenleitungen). Die grün-gelbe Ader darf nur für den Schutzleiter (PE) und als Schutzleiter mit Neutralleiterfunktion (PEN) verwendet werden; eine Verwendung für andere Zwecke ist nicht erlaubt. Bei den Außenleitern L1, L2 und L3 sind die Isolierungen entweder schwarz, braun oder grau (Tab. 3.1). Bei mehr als fünf Adern sind die Adernisolationen schwarz und mit einem Aufdruck versehen.

Tab. 3.1: Aderfarben bei Drehstromleitungen.

	Farbe	Bezeichnung	Kurzzeichen
	Schwarz, Braun oder Grau	Stromführender Leiter (Phase)	L
	Blau	Neutralleiter	N
	Grün-Gelb	Schutzleiter oder Schutzleiter mit Neutralleiterfunktion	PE od. PEN

Manchmal wird der PEN-Leiter mit einer zusätzlichen blauen Markierung gekennzeichnet (Abb. 3.3). In einigen CENELEC-Ländern ist dies wiederum genau umgekehrt, d. h. die Ader hat eine blaue Isolierung und am Ende eine Markierung in Grün-Gelb.

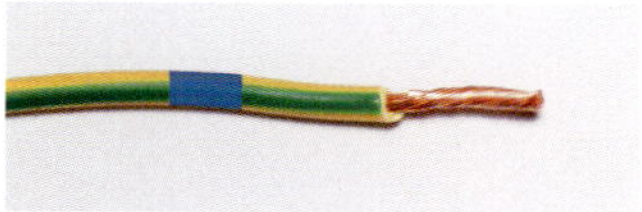

Abb. 3.3: Blaue Markierung des Ende des PEN-Leiters.

3.3 Leitungs- und Kabelarten

Aderleitungen

Da Aderleitungen vom Typ H05V und H07V (Abb. 3.4) lediglich eine Basisisolation aufweisen, muss immer ein zusätzlicher Schutz vorhanden sein. Die Verlegung erfolgt deshalb in Elektroinstallationsrohren oder Kabelkanälen. Aderleitungen dürfen auch innerhalb von elektrischen Betriebsmitteln eingesetzt werden, sofern dies die Betriebsmittelbestimmungen zulassen. Die gemeinsame Verlegung von Aderleitungen und anderen Kabeln in Installationsrohren oder Kabelkanälen ist nicht erlaubt. Bei einer Isolierung mit vernetztem Polyethylen (VPE) ist die Strombelastbarkeit deutlich höher als bei Polyvinylchlorid (PVC), da sie eine zusätzliche thermische Reserve bietet und zudem die Brandlast verringert.

Abb. 3.4: Aderleitungen H07V-U.

Mantelleitungen mit PVC-Isolierung

Die Mantelleitung mit der Bezeichnung NYM – nicht harmonisiert – ist die meist verwendete in der Wohnungsinstallation (Abb. 3.5). Die äußere Umhüllung ist grau. Die Verlegung ist auf, im und unter dem Putz zulässig und das sowohl in trockenen wie in feuchten Räumen. Die Mantelleitung darf auch im Freien verlegt werden, aber nicht im Erdreich (hier nur auf kurzen Strecken mit unterirdischen Schutzrohren). Sie muss vor direkter Sonneneinstrahlung geschützt werden. Die direkte Einbettung in Beton ist möglich, nur darf der Beton dann nicht geschüttelt, gerüttelt oder gestampft werden, denn das könnte die Leitung beschädigen. Die Befestigungsmittel, zum Beispiel Kabelklammern, müssen der Form der Leitung angepasst sein, um Druckstellen zu vermeiden. Die Befestigung mit Hilfe von Hakennägeln ist unzulässig.

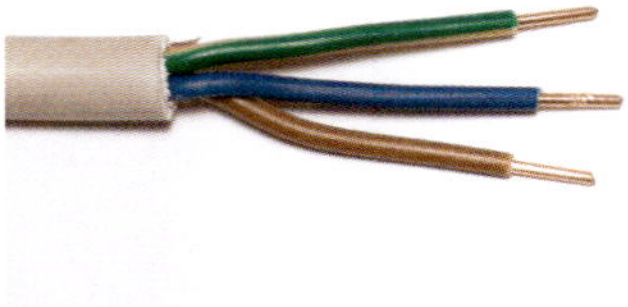

Abb. 3.5: Mantelleitung NYM-J mit PVC-Isolierung.

Starkstromkabel mit PVC-Isolierung

Robuste Starkstromkabel mit Kupferleitern der Bauart NYY-J (Abb. 3.6) können in Innenräumen und im Freien verlegt werden – für eine feste Verlegung in Kabelkanälen, in Beton und in der Erde. Daneben ist auch der Einsatz im Wasser zulässig. Kabel dieser Art werden in der Regel für Niederspannungen bis zu 1000 V verwendet, übliche Aderquerschnitte sind 1,5 mm^2, 2,5 mm^2, 4 mm^2, 6 mm^2 und 10 mm^2.

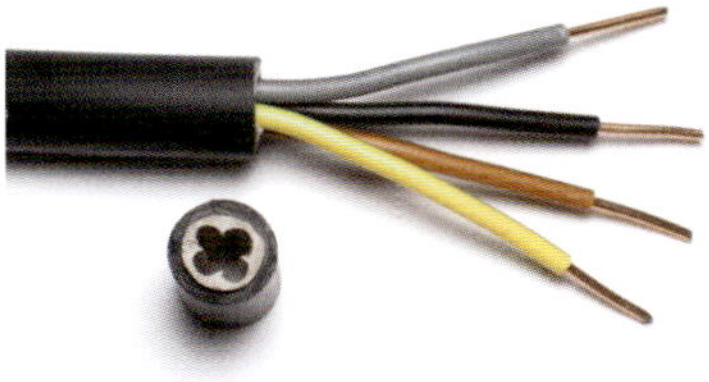

Abb. 3.6: PVC-isoliertes Starkstromkabel NYY-J.

Gummischlauchleitungen

Da Gummischlauchleitungen sehr flexibel und widerstandsfähig sind, werden sie in der Veranstaltungstechnik oft eingesetzt. Nach DIN VDE 0100 Teil 520 müssen ortsveränderliche Betriebsmittel und Betriebsmittel, die Vibrationen ausgesetzt sind, mit diesen flexiblen Leitungen angeschlossen werden. Die Bauart H05RN-F wird bei geringen mechanischen Beanspruchungen verwendet (zum Beispiel bei Elektrogeräten und -werkzeugen im Haushalt), die Bauart H07RN-F (Abb. 3.7) bei mittleren mechanischen Beanspruchungen (beispielsweise bei gewerblich genutzten Elektrogeräten und -werkzeugen). Beide Bauarten können in trockenen, feuchten und nassen Räumen sowie im Freien verlegt werden.

Abb. 3.7: Gummischlauchleitung H07RN-F.

Steuerleitungen mit PVC-Isolierung

Abgeschirmte, flexible PVC-Steuerleitungen (Abb. 3.8) werden bei mittleren mechanischen Beanspruchungen als Anschluss- und Verbindungsleitungen für Steuergräte an Betriebsmitteln in Industrie- und Gewerbebetrieben verwendet. Der Außenmantel weist eine hohe Beständigkeit gegen die Einwirkung von Feuchtigkeit, Ölen, Fetten und Chemikalien auf. Die Leiter bestehen aus fein- und mehrdrähtigen Litzen aus blanken, in Lagen verseilten Kupferdrähten. Die Verlegung dieser Steuerleitungen ist in trockenen, feuchten und nassen Räumen, aber nicht im Freien gestattet. Mit Leitungen dieser Art ist sowohl eine feste Installation als auch die flexible Anwendung bei freier Bewegung realisierbar.

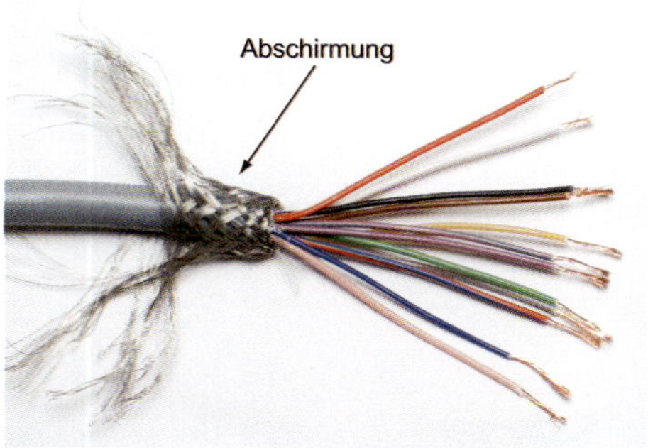

Abb. 3.8: PVC-Steuerleitung LiYCY.

Telefon- bzw. Schwachstromleitungen

Die Anwendungsbereiche von Schwachstromleitungen des Typs JY(ST)Y:

- Fernmeldeinstallationen innerhalb von Gebäuden in trockenen und feuchten Räumen sowie im Freien.

- Signal- und Messwertübertragung der Steuer- und Regeltechnik.
- Informationsübertragung in Daten- und Rechenanlagen.
- Sprechstellen- und Nebenstellenausbau.

Durch den statischen Schirm (ST) sind die Übertragungskreise gegen äußere elektrische Störfelder geschützt (Abb. 3.9). Diese Leitungen sind für eine feste Verlegung auch an Außenwänden von Gebäuden geeignet.

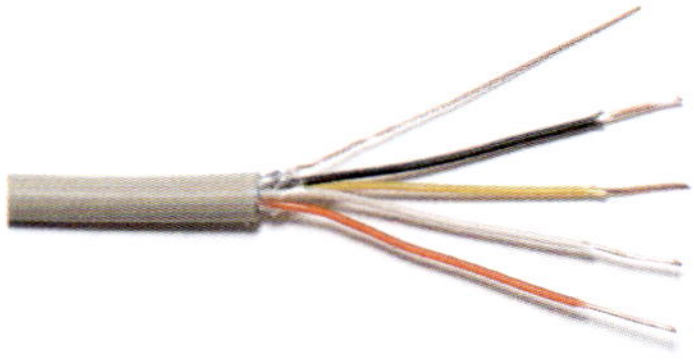

Abb. 3.9: Fernsprech-Innenkabel J-Y(ST)Y mit zwei Doppeladern (0,6 mm^2).

Lichtwellenleiter

Als Übertragungsmedium für digitale Informationen per Licht erfordern Lichtwellenleiter (LWL) eine grundsätzlich andere Technologie als die oben aufgeführten Kupferkabel. Bei der digitalen Signalübertragung gibt es einen Sender und einen Empfänger, bei langen Strecken ist eventuell auch ein zusätzlicher Leitungstreiber notwendig, also ein Verstärker, der Leitungsverluste auf der Strecke ausgleicht (Abb. 3.10). LWL bestehen aus haarfeinen, zylindrischen Fasern aus hochreinem Silikatglas oder durchsichtigen Kunststoff. Eine solche Faser hat einen Kern und einen Mantel. Das digitale Signal, also eine elektrische Spannung, wird im Sender über eine Laserdiode in Licht gewandelt (s. Kap. 9.1). Der Mantel weist eine etwas geringere optische Dichte auf als der Kern, dadurch wird das ausgesendete Licht der Laserdiode immer wieder in den Kern zurückreflektiert. Im Empfänger wird das Licht schließlich von einer lichtempfindlichen Diode wieder in eine elektrische Spannung gewandelt.

Die Lichtleitung ist in Kunststoff sehr viel schlechter als in Glas, und das begrenzt die Länge von Kunststoff-LWL auf maximal 15 Meter.

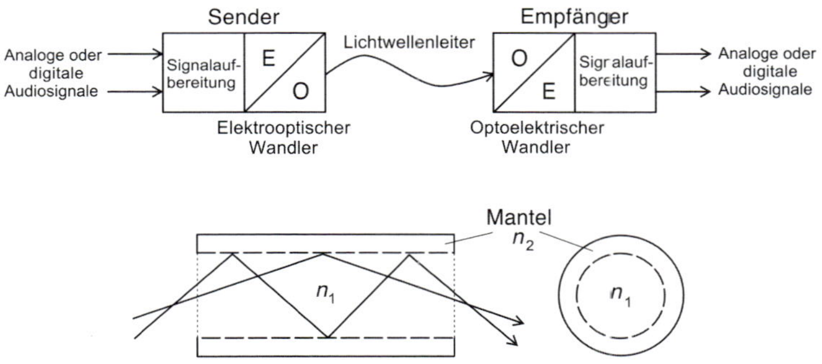

Abb. 3.10: Übertragung mit Lichtwellenleitern (n = Brechungsindex).

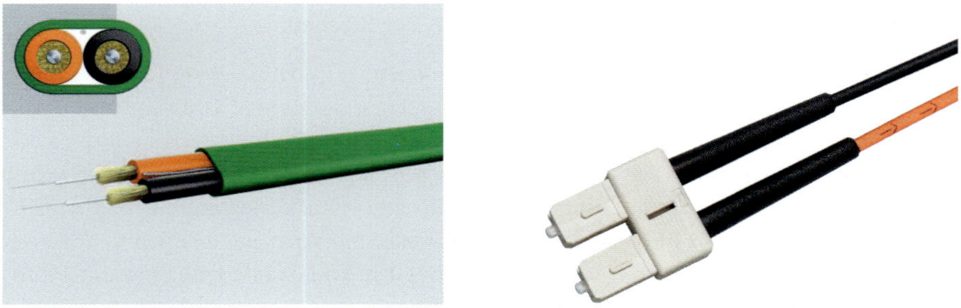

Abb. 3.11: Glasfaserkabel. **Links:** Aufbau. **Rechts:** Steckverbindung (SC-Stecker).

Zur Erhöhung der Zugfestigkeit und zum Schutz vor mechanischen Schäden sind die lichtleitenden Fasern je nach Anforderung von weiteren Hüllen umgeben (Abb. 3.11). Direkt um eine einzelne Faser befindet sich das so genannte Cladding. Dieses schützt die Faser vor Beschädigungen, sorgt aber auch dafür, dass kein Licht seitlich austritt, bzw. dass es in die Faser zurückreflektiert wird. Bei der Verlegung ist auf den minimalen Biegeradius zu achten. Dieser darf nicht unterschritten werden, sonst können die lichtleitenden Fasern im Kabel brechen. Ein großer Vorteil von Lichtwellenleitern: Sie sind unanfällig für elektromagnetische Störungen.

Multi Mode Fiber (MMF)

MMF haben einen relativ großen Kerndurchmesser von bis zu 62,5 µm. Dadurch werden die Lichtstrahlen an der Grenzschicht zwischen Kern und Mantel häufig und in unterschiedlichen Winkeln reflektiert. Die Folge sind verschiedene Laufzeiten der Lichtstrahlen, die so genannte Mehrwegeausbreitung. MMF-Lichtleiter sind daher für die Signalübertragung über große Distanzen nicht geeignet, so beträgt bei einer Gigabit-Verbindung die maximale Übertragungsstrecke etwa zwei Kilometer.

Single Mode Fiber (SMF)

SMF-Lichtwellenleiter haben einen sehr kleinen Kerndurchmesser von ca. 3 bis 9 µm. Das Licht wird dadurch mit sehr großen Winkeln reflektiert und nahezu parallel zur Achse übertragen. Die problematische Mehrwegeausbreitung wie beim MMF entfällt damit. Es sind über SMF mit bis zu 80 Kilometern wesentlich längere Übertragungsstrecken möglich. Aufgrund unterschiedlicher optischer Systeme und Filter sind MMF und SMF nicht kompatibel.

3.4 Verlegearten von Kabeln und Leitungen

Verlegung im und unter Putz

In Wohnräumen müssen Kabel und Leitungen nach DIN 18 015 unsichtbar verlegt werden. Die Verlegung im und unter Putz ist daher hier die übliche Verlegeart. Die Verlegung der Kabel und Leitungen erfolgt senkrecht oder waagerecht, parallel zu den Raumkanten innerhalb der Installationszonen. In trockenen Räumen werden überwiegend Mantelleitungen, Stegleitungen und Einzeladerleitungen in Elektroinstallationsrohren verwendet. In feuchten Räumen ist die Verlegung von Stegleitungen oder Einzeladern im Elektroinstallationsrohr aber unzulässig. Durch die notwendigen Fräs- oder Stemmarbeiten darf die Standfestigkeit von Wänden nicht beeinträchtigt werden.

Verlegung auf Putz

Die Verlegung auf Putz kommt bei der Installation von nicht zu Wohnzwecken dienenden Räumen aber auch bei der Nachinstallation in Wohnräumen in Frage. Typische Anwendungsbereiche sind zum Beispiel Keller, landwirtschaftliche Anwesen und Gewerbe- und Industrieanlagen. Der Leitungsverlauf ist senkrecht oder waagerecht, parallel zu den Raumkanten zu planen. In der Regel kommen Mantelleitungen zum Einsatz; in der Industrie werden auch Kabel verwendet. Diese können im Elektroinstallationsrohr oder auf Abstandsschellen verlegt werden (zu empfehlen in feuchten Räumen). Auch die Verlegung von Mantelleitungen mit Hilfe von Nagelschellen ist möglich. Da die Verlegung auf Putz sichtbar ist, sollte sich ein guter optischer Gesamteindruck ergeben – entsprechend sorgfältig sind die Kabel oder Leitungen einzuziehen und zu befestigen. Bei Mantelleitungen sollte der Schellenabstand in der Waagerechten 0,25 m und in der Senkrechten 0,5 m nicht überschreiten.

Verlegung in Elektroinstallationsrohren

Die Verlegung von Leitungen in Elektroinstallationsrohren bietet den Vorteil nachträglicher Änderungs- oder Erweiterungsmöglichkeiten. Außerdem ist die Leitung zusätzlich gegen mechanische Einwirkungen geschützt. Nach VDE 0605 sind Elektroinstallationsrohre mit Buchstaben gekennzeichnet, welche die möglichen Druckbeanspruchungen, den Werkstoff und das Verhalten im Brandfall wiedergeben:

- Kennzeichnung „AS“ für schwere Druckbeanspruchung, z. B. für die Verlegung in Stampf- und Schüttelbeton.
- Kennzeichnung „A“ für mittlere Druckbeanspruchung, z. B. für die Verlegung auf, unter oder im Putz.
- Kennzeichnung „B“ für leichte Druckbeanspruchung, z. B. für die Verlegung unter oder im Putz.
- Kennzeichnung „C“ für Isolierstoffrohre; vorgeschrieben für die Verlegung auf Putz und in Hohlräumen.

3.5 Leitungsverbindungen

Eine Leitungsverbindung oder das Anschließen von Leitern darf nur auf isolierenden Unterlagen oder mit isolierenden Umhüllungen vorgenommen werden. Man unterscheidet Anschlussklemmen, die nur zum Anschluss von Betriebsmitteln gedacht sind, und Verbindungsklemmen, die Abzweigungen und Verbindungen erlauben. Betriebsmittel, die durchgeschleift werden (beispielsweise Steckdosen) müssen über Verbindungsklemmen nach VDE 0620 und 0632 verfügen. Verbindungsstellen können sein: Schraubklemmen, schraubenlose Klemmen, Kerb- oder Nietverbinder, Steckverbinder, gelötete oder geschweißte Verbindungen (Abb. 3.12 und 3.13). Bei der Verbindung von elektrischen Leitern mit Klemmen oder Steckverbindern muss mittels Federn oder Schrauben ein entsprechender Kontaktdruck hergestellt werden. Ist der Kontaktdruck zu gering, erhöht sich der Ohmsche Widerstand an der Kontaktstelle und die Temperatur steigt an. Bei einem Leitungsquerschnitt von 1,5 mm^2 genügt eine Kraft von ca. 80 N, aber je größer der Querschnitt ist, desto höher muss auch der Kontaktdruck sein. So sind bei 50 mm^2 schon ca. 500 N erforderlich. Lose Klemm- oder Steckverbinder sind aufgrund der starken Wärmeentwicklung eine akute Brandgefahr (s. Kap. 4.5)!

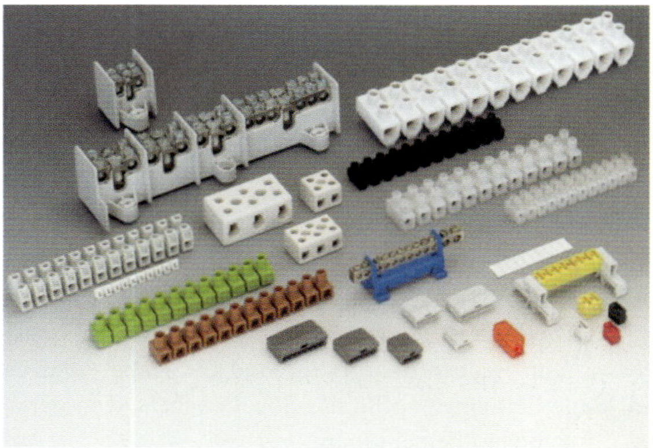

Abb. 3.12: Verschiedene Klemmen zur Leitungsverbindung.

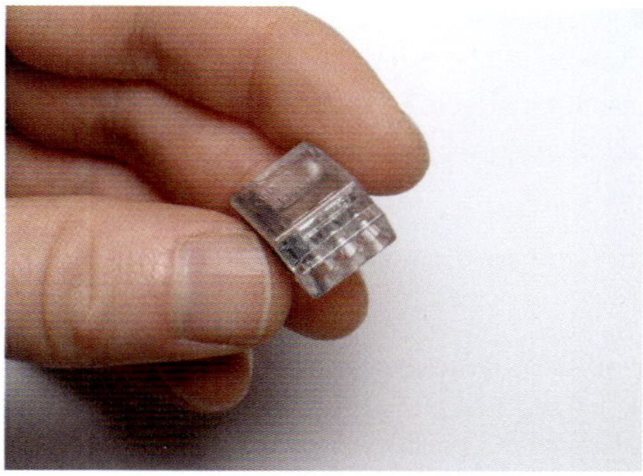

Abb. 3.13: Schraubenlose Klemme.

Zugänglichkeit von Verbindungsstellen

Grundsätzlich müssen lösbare Verbindungen wie Schraubklemmen, schraubenlose Klemmen, Press- und Steckverbinder usw. zugänglich bleiben, sofern sie sich nicht in der Erde befinden. Vergossene Verbindungsstellen, gelötete oder geschweißte Verbindungen gelten als nicht lösbar und müssen daher nicht unbedingt zugänglich sein.

Prinzipiell zugänglich sind Verbindungsstellen auch dann, wenn dabei Konstruktionselemente des Gebäudeausbaus (beispielsweise Platten einer abgehängten Decke oder eines Doppelbodens) auf einfache Weise entfernt werden können. Die Zugänglichkeit ist auch bei Verbindungsstellen der Unterflurinstallation gegeben, wenn hierfür lediglich die Einbaueinheiten entfernt werden müssen.

Für Querschnitte bis 2,5 mm können in Verbindungsdosen lose, isolierte Einzelklemmen als Verbindungsmittel verwendet werden. Bei Querschnitten ab 4 mm sind nur Klemmen zulässig, die in der Verbindungsdose in ihrer Lage fixiert sind. Im Inneren einer Anschlussdose findet sich in der Regel eine Aufschrift zum Leiterquerschnitt und der maximal zulässigen Anzahl der Klemmen und Leiter.

Zugentlastung

Bei Anschluss- und Verbindungsstellen ist besonders auf den Schutz vor zu starker mechanischer Beanspruchung zu achten. Unzulässig ist das Verknoten der Leitung in sich oder das Anbinden der Leitung am Betriebsmittel anstelle einer ordentlichen Zugentlastung. Kabelverschraubungen und Leitungseinführungen dürfen nur dann als Zugentlastungsmittel benutzt werden, wenn sie dafür vom Hersteller vorgesehen sind. Generell gilt: Kabel oder Leitungen dürfen durch die Zugentlastung nicht beschädigt werden.

Bei ortsveränderlichen Betriebsmitteln muss der Schutzleiter der Anschlussleitung länger als die stromführenden Leiter ausgeführt werden. Dies ist erforderlich, damit bei Versagen der Zugentlastung eine Belastung oder das Abreißen des Schutzleiters erst nach den stromführenden Leitern möglich ist (Abb. 3.14).

Anschluss von mehr- fein- und feinstdrähtigen Leitungen

Damit ein Abspleißen oder Abquetschen einzelner Drähte mehr-, fein-, oder feinstdrähtiger Leiter verhindert wird, muss eine der folgenden Maßnahmen ergriffen werden:

- Verwendung geeigneter Klemmen für mehr-, fein-, oder feinstdrähtige Leiter oder
- Verwendung von Aderendhülsen (Abb. 3.15). Man unterscheidet zwischen Aderendhülsen mit und ohne Kunststoffkragen für Leiterquerschnitte von 0,5 bis 10 mm^2.

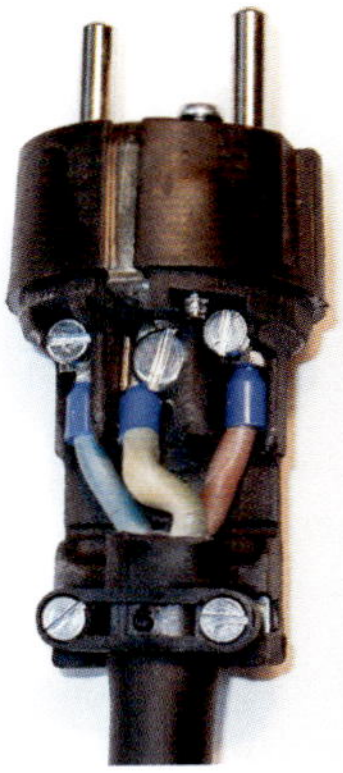

Abb. 3.14: Schutzkontakt-Stecker mit Zugentlastung für den Schutzleiter.

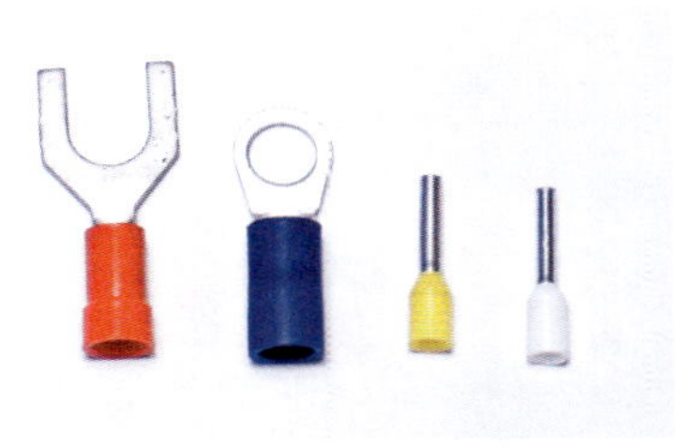

Abb. 3.15: Verschiedene Aderendhülsen.

3.6 Steckverbinder

3.6.1 CEE-Drehstromsteckverbinder

Der Dreiphasen-Wechselstrom begegnet uns in der Veranstaltungstechnik in Form von CEE-Steckverbindern (CEE = International Commission on Rules for the Approval of Electrical Equipment), die durch DIN EN 60 309 und DIN VDE 0623 spezifiziert sind. Es gibt verschiedene Ausführungen für Stromstärken von 16 A, 32 A, 63 A und 125 A.

Der höchst zulässige Strom beträgt 250 A und die maximale Spannung 690 V. Es ist dabei nicht möglich, Stecker und Kupplungen verschiedener Stromstärken zu verbinden.

Der Schutzkontakt ist bei CEE-Steckern dicker als die restlichen Kontakte ausgeführt und steht in einer bestimmten Position zur Außennase der Kupplung und des Steckergehäuses (s. nächste Seite). Die Position des Schutzkontaktes wird aufgeteilt in 30°-Schritten im Uhrzeigersinn angegeben. Die Position „6 Uhr" ist die unterste Stelle in der Steckerkupplung, und hier befindet sich auch die Außennase am Stecker. Je nach Anwendung kann diese Position variieren. Zur besseren Unterscheidung sind die Stecker und Kupplungen aber auch farblich markiert (Tab. 3.2).

Tab. 3.2: Kennfarben der CEE-Steckverbinder.

Spannung	Farbe
20 bis 25 V	Violett
40 bis 50 V	Weiß
100 bis 130 V	Gelb
200 bis 250 V	Blau
380 bis 480 V	Rot
500 bis 690 V	Schwarz

Die Kennfarbe Grün wird für eine Wechselspannung mit einer Frequenz größer als 60 Hz verwendet. Die Kennfarbe Grau wird immer dann verwendet, wenn es keine passende Kennfarbe für eine bestimmte Spannung oder Frequenz gibt.

Die am häufigsten verwendeten CEE-Steckverbinder sind sicherlich die mit der Kennfarbe Rot bei einer Nennspannung von 400 V, sowie mit der Kennfarbe Blau mit nur einem Außenleiter neben dem Neutral- und dem Schutzleiter für eine Nennspannung von 230 V (Abb. 3.16).

Abb. 3.16: Blauer CEE-Stecker („Campingstrom").

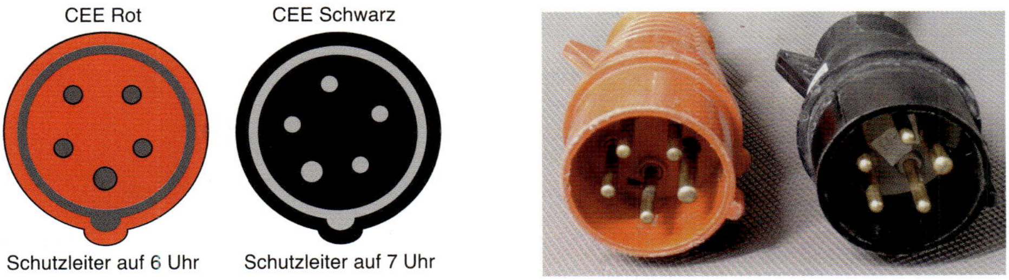

Abb. 3.17: CEE-Steckverbinder (Zeichnung links: Kupplungen, Foto rechts: Stecker).

Im Theaterbetrieb werden die roten CEE-Steckverbinder mit der 6 Uhr-Position des Schutzkontaktes von der Haus- und der Lichttechnik verwendet, die schwarzen CEE-Steckverbinder mit dem Schutzleiter auf der 7 Uhr-Position dagegen von der Tontechnik (Abb. 3.17). Dadurch werden getrennte Stromkreise realisiert und Einstreuungen von Dimmern auf die Tonanlage vermieden.

3.6.2 Schutzkontaktsteckverbinder (Schuko)

Schuko-Steckverbinder sind für maximal 230 V und 16 A ausgelegt. Sie besitzen Kontakte für einen Außenleiter, den Neutralleiter und den Schutzleiter (Abb. 3.14). In der Veranstaltungstechnik werden Schuko-Anschlusskabel mit verschiedenen Kabelkupplungen versehen, deren Gegenstück an den jeweiligen Betriebsmitteln montiert ist:

3-polige Kaltgerätekupplungen (Abb. 3.18 Links): Für einen Stromfluss bis zu 10 A bei einer maximalen Wärmeentwicklung von 70 °C an den Verbindungsstiften.

Warmgeräte- oder Heißgeräte-Steckverbinder werden dagegen für Wäremeerzeuger wie Kochplatten und Waffeleisen verwendet. Die Stecker und Kupplungen bestehen hierbei aus Keramik, Metall oder wärmefestem Kunststoff. Warmgeräte-Steckverbinder sind für eine Temperatur bis 120 °C und eine Stromstärke bis 10 A zugelassen, Heißgeräte-Steckverbinder für Betriebstemperaturen bis 155 °C und Stromstärken bis 16 A.

Powercon-Kupplungen (Abb. 3.18 Rechts) sind verriegelbar und damit gegen Herausfallen geschützt.

Vereinzelt finden sich auch *Kleingerätestecker* wie in Abb. 3.19 gezeigt, zum Beispiel an Steckernetzteilen. Kleingerätestecker haben keine Erdverbindung und sind nur für Verbraucher der Schutzklasse II (s. Kap. 5.6) bis max. 2,5 A zugelassen.

Abb. 3.18 Links: Schuko-Stecker und Kaltgerätekupplung. **Rechts:** Schuko-Stecker und Powercon-Kupplung.

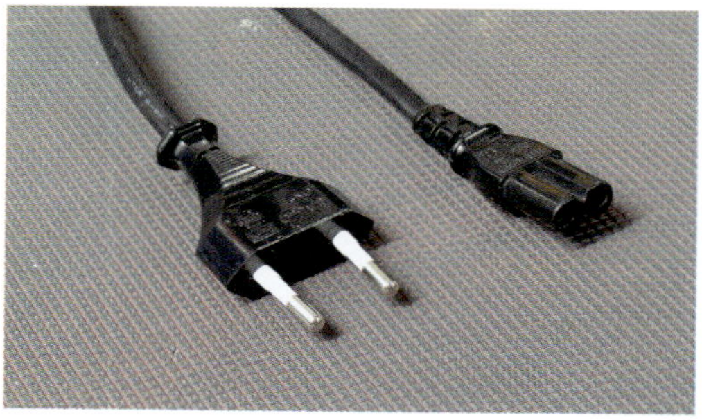

Abb. 3.19: Kleingerätestecker.

3.6.3 Lastmulticore mit Harting-Steckverbinder

Eine Einzelverkabelung von Licht- bzw. Stromkreisen vor allem bei großen Veranstaltungen ist ziemlich aufwändig und unwirtschaftlich. So wurde vor allem auf Betreiben der Rundfunkanstalten hin an einer Norm gearbeitet, die eine Zusammenfassung von Stromkreisen in einem Lastmulticore erlaubt (umgangssprachlich als „Laka" bezeichnet, von Lastkabel). In DIN 15 565 sind der Aufbau und die Beschaltung von Lastmulticores geregelt.

An Lastmulticores werden zumeist Harting-Steckverbinder („HAN") montiert, das sind schwere Metallsteckverbindungen mit einer Sicherheitsverriegelung. Hartings sind mit verschiedenen Stiftzahlen und Belastbarkeiten erhältlich, am häufigsten wird das 16-polige System für Lastmulticores mit sechs Stromkreisen verwendet (HAN16, Abb. 3.20 und 3.21).

Für die Außenleiter erfolgt die Belegung der Kontakte paarweise gegenüberliegend. Der Schutzleiter wird stets auf einen besonders gekennzeichneten Schutzleiterkontakt gelegt. Unbenutzte Kontakte bleiben frei, werden also keinesfalls auf den Schutzleiter gelegt. Das Zusammenlegen von Neutralleitern ist strikt untersagt.

Belegung Lastmulticore 6-polig/3-paarig (Kontaktbelastbarkeit 35 A)

- Außenleiter Pin 1, 3, 5.
- Neutralleiter Pin 2, 4, 6.

Belegung Lastmulticore 8-polig/4-paarig (Kontaktbelastbarkeit 16 A)

- Außenleiter Pin 1 bis 4
- Neutralleiter Pin 6 bis 9

(Das Standard-Lastmulticore für 4-Kanal-Lichtkreise bzw. 4-er Bars, s. Kap. 9.4.)

Belegung Lastmulticore 12-polig/6-paarig (Kontaktbelastbarkeit 16 A)

- Außenleiter Pin 1 bis 6
- Neutralleiter Pin 9 bis 14

(Das Standard-Lastmulticore für 6-Kanal-Lichtkreise bzw. 6-er Bars, s. Kap. 9.4.)

Belegung Lastmulticore 16-polig/8-paarig (Kontaktbelastbarkeit 16 A)

- Außenleiter Pin 1 bis 8
- Neutralleiter Pin 9 bis 16

Abb. 3.20: Harting-Steckverbinder (HAN16).

Abb. 3.21: HAN16-„Spookie": Adapterkupplung zur Verbindung zweier Stecker.

3.7 Spezifischer Widerstand

Jedes Material hat einen spezifischen Widerstand, der von der Atomdichte und Anzahl der freien Elektronen abhängig ist. Der spezifische Widerstand ist eine Materialkonstante und somit ein fest definierter Wert. Durch eine Änderung der Leitungslänge und des Querschnitts ändert sich lediglich der Ohmsche Widerstand: Je kürzer die Leitungslänge und je größer der Leitungsquerschnitt des Materials, desto geringer der Ohmsche Widerstand.

Formelzeichen

Das Formelzeichen des spezifischen Widerstands ist das griechische ρ (Rho).

Definition des spezifischen Widerstands

$$\text{Spezifischer Widerstand} = \frac{\text{Ohmscher Widerstand} \cdot \text{Leiterquerschnitt}}{\text{Leiterlänge}}$$

$$\rho = \frac{R \cdot q}{l} \qquad \text{(Formel 3.1)}$$

Die Einheit wird von einem Leiter von 1 m Länge und 1 mm Querschnitt bei 20 °C abgeleitet, und lautet:

$$\frac{\Omega \cdot \text{mm}^2}{\text{m}}$$

Beispiele für verschiedene spezifische Widerstände

- Aluminium: $\rho = 0{,}0278\ \Omega \cdot \text{mm}^2/\text{m}$
- Kupfer: $\rho = 0{,}0178\ \Omega \cdot \text{mm}^2/\text{m}$
- Silber: $\rho = 0{,}0167\ \Omega \cdot \text{mm}^2/\text{m}$
- Gold: $\rho = 0{,}0217\ \Omega \cdot \text{mm}^2/\text{m}$

Für die meisten leitenden Materialien wie beispielsweise Metalle gilt, dass sich der spezifische Widerstand mit steigender Temperatur erhöht, es handelt sich hierbei also um Kaltleiter. Bei Heißleitern sind dagegen die Verhältnisse genau umgekehrt: Der Widerstand sinkt bei steigender Temperatur, so zum Beispiel bei Kohle als Werkstoff.

Die Temperaturabhängigkeit des Widerstandes wird mit dem Temperaturkoeffizienten α ausgedrückt. Kaltleiter haben einen positiven, Heißleiter einen negativen Temperaturkoeffizienten. Bei Kupfer beträgt der Temperaturkoeffizient $\alpha = +0{,}004\ \text{K}^{-1}$ (K = Kelvin), das bedeutet, bei einer Temperaturänderung von 100 K (100 °C) ändert sich der spezifische Widerstand um 40 %.

Berechnung des spezifischen Widerstandes $\rho_{(\text{T})}$ in Abhängigkeit von der Temperatur:

$$\rho_{(\text{T})} = \rho_{(\text{T}_0)} \cdot (1 + \alpha \cdot (T - T_0)) \qquad \text{(Formel 3.2)}$$

$T_0 = 20\ °\text{C}$

Beispiel: Spezifischer Widerstand von Kupfer bei 70 °C.

$$\rho_{(70\,°C)} = 0{,}0178\ \Omega \cdot mm^2/m \cdot (1 + 0{,}004\ K^{-1} \cdot (70\ °C - 20\ °C))$$

$$\rho_{(70\,C)} = 0{,}0214\ \Omega \cdot mm^2/m$$

Kehrwert des spezifischen Widerstands: Die spezifische Leitfähigkeit γ

In manchen technischen Datenblättern findet sich auch die spezifische Leitfähigkeit γ (griechisch Gamma). Dies ist der Kehrwert des spezifischen Widerstandes (vgl. Kehrwert des Ohmschen Widerstandes ist. Kap. 1.3):

$$\text{Spezifische Leitfähigkeit} = \frac{\text{Leiterlänge}}{\text{Ohmscher Widerstand} \cdot \text{Leiterquerschnitt}}$$

$$\gamma = \frac{l}{R \cdot q} \qquad \text{(Formel 3.3)}$$

Beispiele für verschiedene Leitfähigkeiten

- Aluminium: $\gamma = 36\ m / \Omega \cdot mm^2$
- Kupfer: $\gamma = 56\ m / \Omega \cdot mm^2$
- Silber: $\gamma = 60\ m / \Omega \cdot mm^2$
- Gold: $\gamma = 46\ m / \Omega \cdot mm^2$

3.8 Spannungsfall

Aufgrund des spezifischen Widerstandes eines Leiters kommt es zu einem Spannungsfall, also einer Spannungsabnahme bei langen Kabeln und Leitungen. DIN VDE 0100 Teil 520 schreibt vor, dass der Spannungsfall zwischen dem Anfang der Verbraucheranlage (d. h. dem Hausanschluss) und dem zu versorgenden Betriebsmittel nicht größer als 4 % der Nennspannung des Stromnetzes sein darf.

Für Wohngebäude gilt darüber hinaus die DIN 18 015 Teil 1; hiernach soll der Spannungsfall hinter der Messeinrichtung nicht mehr als 3 % betragen. Die Stromversorger fordern zudem folgende Werte für den Spannungsfall zwischen Hausanschluss und Zähler:

- bis 100 kVA: 0,5 %,
- über 100 kVA bis 250 kVA: 1,0 %,
- über 250 kVA bis 400 kVA: 1,25 %,
- über 400 kVA: 1,5 %.

Bei der Bemessung von Kabeln und Leitungen ist der zulässige Spannungsfall immer zu berücksichtigen.

Berechnung des Spannungsfalls

Der Spannungsfall ΔU kann für Einphasenwechselstrom und für Gleichstrom über den spezifischen Widerstand ρ, die Stromstärke I, die Leiterlänge l und den Leiterquerschnitt q wie folgt berechnet werden:

$$\Delta U = \frac{\rho \cdot I \cdot 2l}{q} \qquad \text{(Formel 3.4)}$$

Anmerkung: Es wird mit der zweifachen Leiterlänge gerechnet, um dadurch die Hin- und Rückleitung vom und zum elektrischen Verbraucher zu berücksichtigen.

Die Leitertemperatur fließt über den Temperaturkoeffizienten α in die Berechnung ein. Dabei werden bei PVC-Leitungen 70 °C als zulässige Betriebstemperatur über eine längere Dauer angenommen. Meistens werden die Leiter aber bei etwas niedrigeren Temperaturen betrieben – maximal 50 °C.

Beispielberechnung

Ein elektrisches Gerät hat eine Stromaufnahme von 3 A. Es wird über ein 25 m langes Schuko-Verlängerungskabel mit einem Leiterquerschnitt von 2,5 mm² an einen Baustromverteiler (s. Kap. 6.1) angeschlossen. Das Kabel erwärmt sich dabei auf ca. 25 °C. Wie groß ist der Spannungsfall über das Verlängerungskabel?

Erster Rechenschritt: Spezifischer Widerstand von Kupfer bei 25 °C.

$$\rho_{(25\,°\mathrm{C})} = 0{,}0178\ \Omega \cdot \mathrm{mm}^2/\mathrm{m} \cdot (1 + 0{,}004\ \mathrm{K}^{-1} \cdot (25\ °\mathrm{C} - 20\ °\mathrm{C}))$$

$$\rho_{(25\,\mathrm{C})} = 0{,}0182\ \Omega \cdot \mathrm{mm}^2/\mathrm{m}$$

Zweiter Rechenschritt: Spannungsfall über das Kabel.

$$\Delta U = \frac{0{,}0182\ (\Omega \cdot \mathrm{mm}^2/\mathrm{m}) \cdot 3\ \mathrm{A} \cdot 2 \cdot 25\ \mathrm{m}}{2{,}5\ \mathrm{mm}^2}$$

$$\Delta U = 1{,}092\ \mathrm{V}$$

Dieser Spannungsfall beträgt ca. 0,5 % gegenüber der Netzspannung von 230 V und ist damit im zulässigen Bereich.

Weitere Formeln zur Bestimmung des Spannungsfalls

Einphasenwechselstrom:

$$\Delta U = \frac{\cos\varphi \cdot I \cdot 2l}{\gamma \cdot q}$$ (Formel 3.5)

oder

$$\Delta U = \frac{P \cdot 2l}{\gamma \cdot q \cdot U}$$ (Formel 3.6)

Dreiphasenwechselstrom

$$\Delta U = \frac{\cos\varphi \cdot I \cdot \sqrt{3} \cdot l}{\gamma \cdot q}$$ (Formel 3.7)

oder

$$\Delta U = \frac{P \cdot l}{\gamma \cdot q \cdot U}$$ (Formel 3.8)

ΔU : Spannungsfall in V
U : Netzspannung in V
I : Strom in A
P : Übertragene Leistung in W
l : Leitungslänge in m
q : Leiterquerschnitt in mm^2
γ : Spezifische Leitfähigkeit in $m/\Omega \cdot mm^2$
φ : Phasenverschiebung zwischen Strom i und Spannung u

Was tun gegen einen zu hohen Spannungsfall?

Bei Überschreitung der Grenzwerte muss ein anderes Kabel oder eine neue Leitung mit größerem Querschnitt verlegt werden. Wird ein zu hoher Spannungsfall billigend in Kauf genommen, so muss damit gerechnet werden, dass...

... die Brandgefahr stark ansteigt.

... die angeschlossenen Geräte die maximale Leistung nicht erreichen.

3.9 Strombelastbarkeit

Die DIN VDE 0298 Teil 4 enthält unter anderem Vorgaben hinsichtlich der maximalen Strombelastbarkeit einzelner Leitungen. (Manchmal ist auch von der Stromtragfähigkeit die Rede.) Kernaussage zur Strombelastbarkeit: Je höher die Anzahl der Energieleitungen und je höher die Umgebungstemperatur, desto geringer die Belastbarkeit einer Leitung.

Berechnung des zulässigen Stroms I_Z

$$I_Z = I_R \cdot f_k \cdot f_T \qquad \text{(Formel 3.9)}$$

I_Z : zulässige Strombelastung in A

I_R : Bemessungsstrom in A

f_K : Korrekturfaktor Leitungsanzahl (s. u.)

f_T : Korrekturfaktor Umgebungstemperatur (s. u.)

Anzahl der Leitungen

Werden Kabel oder Leitungen dicht zusammen verlegt, erwärmen sie sich gegenseitig. Damit die Erwärmung innerhalb der festgelegten Grenzwerte bleibt, muss sich die maximale Strombelastbarkeit mit jedem zusätzlichen Leiter um den Faktor f_K verringern. Die Faktoren für die Häufung von Kabeln und Leitungen können aus Tab. 3.3 entnommen werden.

Umgebungstemperatur

Mit steigender Umgebungstemperatur sinkt die Strombelastbarkeit des einzelnen Kabels oder der einzelnen Leitung. Der Einfluss der Umgebungstemperatur wird durch den Korrekturfaktor f_T dargestellt. Bei der Normtemperatur von 30 °C beträgt f_T = 1. Umrechnungsfaktoren für andere Temperaturen können aus Tab. 3.4 entnommen werden.

Tab. 3.3: Korrekturfaktoren für die Häufung von Stromkreisen (gemäß VDE 0298 Teil 4).

Anordnung	Anzahl der Stromkreise								
	1	2	3	4	6	9	12	16	20
Gebündelt oder umschlossen	1,00	0,80	0,70	0,65 bis 0,70	0,55 bis 0,57	0,50	0,45	0,40 bis 0,41	0,38 bis 0,40
Verlegt auf Wänden oder Fußböden	1,00	0,85	0,79 bis 0,80	0,75	0,70 bis 0,72	0,70	-	-	-
Verlegt an der Decke	0,95	0,80 bis 0,81	0,70 bis 0,72	0,68 bis 0,70	0,64 bis 0,65	0,60 bis 0,61	-	-	-
Verlegt auf Kabelrosten	1,00	0,90 bis 0,97	0,80 bis 0,87	0,75 bis 0,77	0,73 bis 0,75	0,70 bis 0,72	-	-	-
Verlegt auf Kabelpritschen oder Konsolen	1,00	0,84 bis 0,85	0,80 bis 0,83	0,80 bis 0,81	0,79 bis 0,80	0,78 bis 0,80	-	-	-

Tab. 3.4: Korrekturfaktoren bei verschiedenen Umgebungstemperaturen (VDE 0298 Teil 4).

Isolierwerkstoff	NR/SR zulässig bis 60 °C	PVC zulässig bis 70 °C	EPR zulässig bis 80 °C
10 °C	1,29	1,22	1,18
15 °C	1,22	1,17	1,14
20 °C	1,15	1,12	1,10
25 °C	1,08	1,06	1,05
30 °C	1,00	1,00	1,00
35 °C	0,91	0,94	0,95
40 °C	0,82	0,87	0,89
45 °C	0,71	0,79	0,84
50 °C	0,58	0,71	0,77
55 °C	0,41	0,61	0,71
60 °C	-	0,50	0,63
65 °C	-	-	0,55
70 °C	-	-	0,45

Umspannwerk. Hier werden Spannungen im Kilovoltbereich transformiert.

Hochspannungsmast.

3.10 Netzsysteme

3.10.1 Energieübertragung vom Kraftwerk bis zum Abnehmer

Ein Großteil der Kraftwerke wandelt Wärmeenergie, die durch Verbrennung von Kohle oder durch Kernspaltung entsteht, in mechanische Energie – die Rotationsenergie einer Turbine – und schließlich über einen angetriebenen Generator in elektrische Energie um (Abb. 3.22). Bei Wasserkraftwerken ist die kinetische Energie des Wassers die antreibende Kraft für die Turbine und damit auch für den Generator. Bei Windkraftwerken wird der Rotor durch die Strömungsenergie der Luftteilchen in Bewegung versetzt und mittels eines Übersetzungsgetriebes der Generator angetrieben.

Der Wirkungsgrad (s. Kap. 1.6.1) eines Kernkraftwerkes liegt bei ca. 37 %, der eines Steinkohlekraftwerks bei ca. 44 %; ein großer Teil der Energie geht hier als Wärme verloren. Ein Windkraftwerk hat einen Wirkungsgrad von ca. 45 bis 51 %. Theoretisch sind bis zu 59 % erzielbar – ab einem bestimmten Punkt wird dem Luftstrom durch den Rotor allerdings so viel kinetische Energie entzogen, dass er zum Stillstand abgebremst wird und keine Luft mehr nachströmt. Die Wasserkraft ist Spitzenreiter mit bis zu 90 %, aufgrund der ausgereiften und sehr effizienten Wasserturbinen und Generatoren. Die Stromerzeugung über Solarzellen (Photovoltaik) erfolgt zwar ohne bewegte Teile, dennoch liegt der Wirkungsgrad hier derzeit bei nur ca. 40 %, da ein großer Teil der Sonneneinstrahlung von der Oberfläche der Solarmodule reflektiert wird und somit nicht für die Stromwandlung nutzbar ist.

Die Energieübertragung ins öffentliche Stromnetz erfolgt vom Generator im Kraftwerk über drei Leiter ohne Rückleiter, um Rückleitungsverluste zu vermeiden. Man spricht hier auch von der Hochspannungs-Drehstrom-Übertragung (HDÜ, Abb. 3.23).

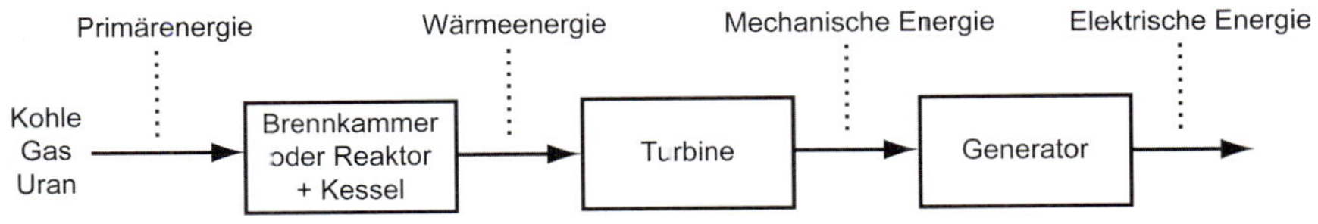

Abb. 3.22: Energieübertragung bei Wärmekraftwerken.

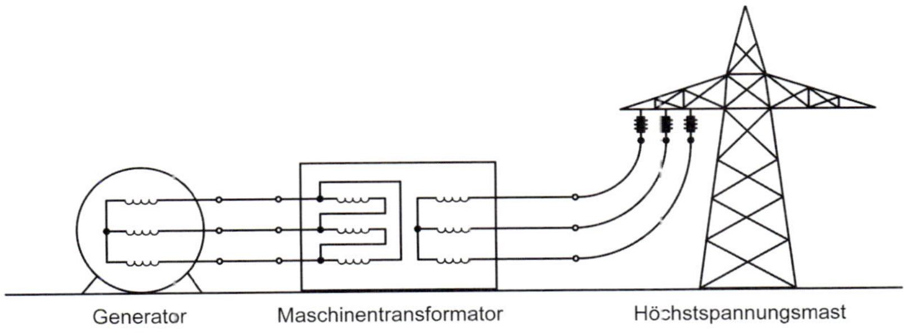

Abb. 3.23: Übergang vom Kraftwerk zur Fernleitung bei der HDÜ.

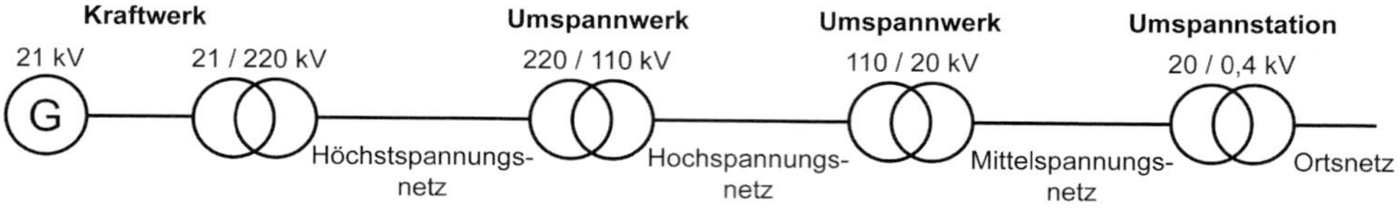

Abb. 3.24: Energieübertragung vom Kraftwerk bis zum Abnehmer.

Im kontinentalen Bereich ist HDÜ die bedeutendste Übertragungsform. Die Energieübertragung über Seekabel und sehr weite Strecken erfolgt dagegen mittels der Hochspannungs-Gleichstrom-Übertragung (HGÜ): Hier wird die vom Generator erzeugte Spannung hochtransformiert und gleichgerichtet als Gleichspannung übertragen. Der Abnehmer muss dann den Gleichstrom mit Hilfe von Wechselrichtern wieder in eine Wechselspannung zurückwandeln.

Bei der Energieübertragung vom Kraftwerk zum Abnehmer sind lange Leitungen notwendig, und daher spielt der Spannungsfall (s. Kap. 3.8) hier eine große Rolle. Je größer die Entfernung vom Stromerzeuger und Abnahmeort und je höher die zu übertragende Leistung, desto höher wird die Spannung angesetzt (Abb. 3.24). Spannungen im Bereich von 110 bis 380 kV werden Hochspannung genannt, Spannungen im Bereich von 10 bis 30 kV bezeichnet man als Mittelspannung, und Spannungen kleiner oder gleich 0,4 kV werden Niederspannung genannt.

Verteilung im Ortsnetz

Strahlennetz

Strahlennetze werden einseitig eingespeist, das bedeutet, dass die Leitungen strahlenförmig zu den Verbrauchern führen. Sie sind gut zu überwachen und leicht zu berechnen. Nachteilig an diesem Netzsystem ist, dass am jeweiligen Leitungsende eines Strahls eine begrenzte Belastbarkeit aufgrund des ansteigenden Spannungsfalls entsteht. Außerdem sind bei einem Stromausfall in der Einspeisestelle eines Verbrauchers alle weiteren folgenden Verbraucher vom Netz getrennt.

Ringnetz

Ringnetze werden von zwei Seiten eingespeist, wodurch sich die Ströme nach beiden Seiten verteilen. Im Falle einer Störung werden Teile einer Ringleitung herausgenommen. Daraus folgt, dass der Rest der Verbraucherstellen wiederum wie ein Strahlennetz funktioniert. Mit dieser Netzform ergeben sich geringere Spannungsfälle und Verluste und demzufolge eine größere Versorgungssicherheit.

Maschennetz

Die Leitungen im Maschennetz werden an den Knotenpunkten über NH-Sicherungen (Niederspannungs-Hochleistungs-Sicherung, s. Kap. 5.1) verbunden. Für den Fehlerfall sind die Leitungen so bemessen, dass sie Belastungsströme für andere Netzmaschen mitführen können. Die Verbraucher werden in Maschennetzen immer von zwei Seiten und von zwei oder mehreren Speisepunkten versorgt. Bei Netzüberlastung können weitere Speisepunkte eingefügt werden. Die Versorgungssicherheit ist bei Maschennetzen gegenüber anderen Netzformen am größten. Der Nachteil ist der höhere Kostenaufwand durch Lasttrenner, Leistungsschalter, Schutzrelais usw. (Abb. 3.25).

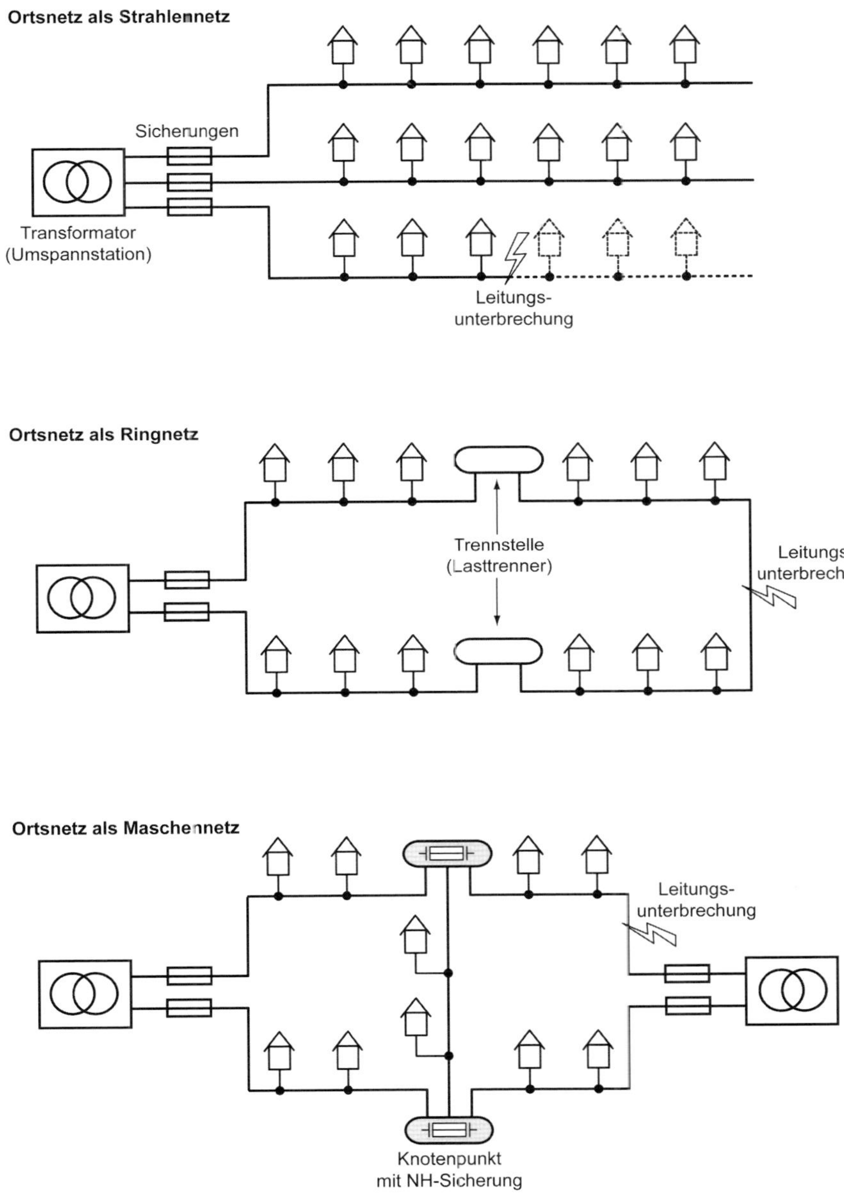

Abb. 3.25: Ortsnetz als Strahlennetz, Ringnetz oder Maschennetz.

3.10.2 Netzformen für Drehstromsysteme

Die VDE-Norm 0100 Teil 310 dient zur Beschreibung elektrischer Anlagen hinsichtlich der sicherheitstechnischen Konzeption und wird zur Bestimmung der notwendigen Schutzmaßnahmen verwendet. Diese Norm definiert Netzformen nach Art und Anzahl der Leiter und Erdverbindungen. Es wird zwischen TN-, TT- und IT-Netzen unterschieden (Abb. 3.26).

TN-Netz

Im TN-Netz werden die Gehäuse der angeschlossenen Betriebsmittel über den Schutzleiter bzw. PEN-Leiter mit einem Sternpunkt verbunden. Diese Schutzmaßnahme wird als *Nullung* bezeichnet. Die TN-Netzformen unterscheiden sich in drei Arten: TN-S-Netze, TN-C-Netze und eine Kombination aus beiden. Als Schutzeinrichtung ist eine Überstromschutz- und Fehlerstromschutzeinrichtung zulässig.

Herleitung der Bezeichnung „TN“:

- Erster Buchstabe T (= Terre): Direkte Erdung eines Netzpunktes.
- Zweiter Buchstabe N (= Neutre): Das Gehäuse ist über den PE-Schutzleiter und/oder PEN-Leiter mit dem geerdeten Netzpunkt verbunden.

TN-S-Netz: Neutralleiter N und Schutzleiter PE werden getrennt geführt (S = Séparé).

TN-C-Netz: Neutralleiter und Schutzleiter werden zusammengefasst zum PEN (C = Combiné).

Kombination aus TN-S und TN-C: In einem Teil des Netzes werden N und PE getrennt geführt, in einem anderem Teil zusammengefasst als PEN.

TT-Netz

Der Sternpunkt des Spannungserzeugers ist geerdet, der Schutzleiter wird allerdings separat direkt an das Gerätegehäuse geführt. Diese Schaltungsart bringt leider das Problem, dass zum Ansprechen des Überstromschutzes sehr hohe Ströme notwendig sind – TT-Netze werden daher nur selten verwendet.

Die Bezeichnung „TT“ hat folgende Bedeutung:

- Erster Buchstabe T (= Terre): Direkte Erdung eines Netzpunktes erforderlich.
- Zweiter Buchstabe T (= Terre): Das Gehäuse ist direkt geerdet (es ist ein zusätzlicher Potentialausgleich erforderlich, s. Kap. 5.5).

IT-Netz

Im IT-Netz ist der Sternpunkt des Spannungserzeugers nicht geerdet, dagegen sind die jeweiligen Betriebsmittel der elektrischen Anlage mit der Erde verbunden. Diese Art der Schaltung ist nur in bestimmten Anlagen mit eigenem Transformator oder Generator zulässig.

Die Bezeichnung „IT“ hat folgende Bedeutung:

- Erster Buchstabe I (= Isolé): *Keine* direkte Erdung eines Netzpunktes.
- Zweiter Buchstabe T (= Terre): Das Gehäuse ist direkt geerdet (es ist ein zusätzlicher Potentialausgleich erforderlich, s. Kap. 5.5).

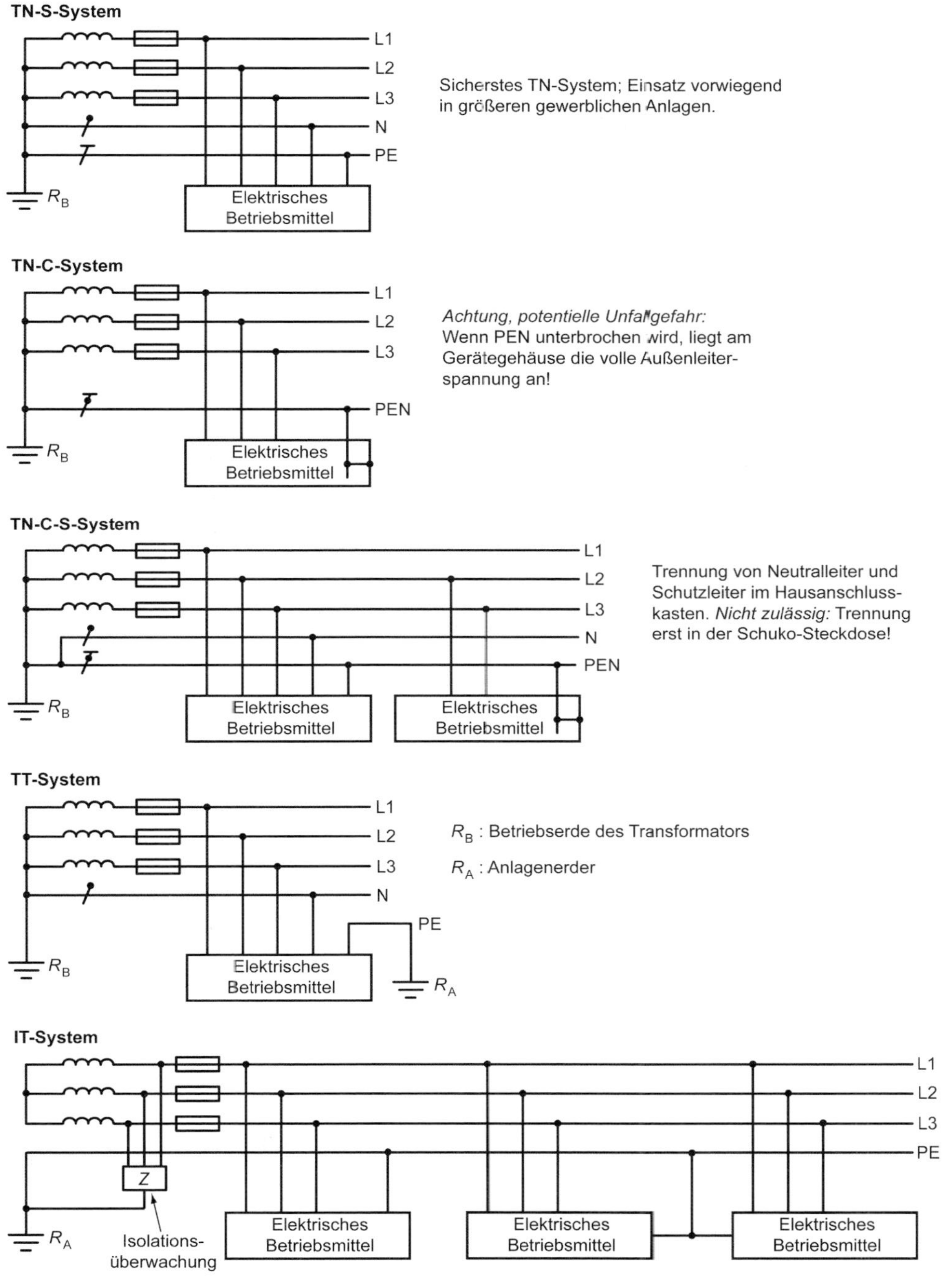

Abb. 3.26: TN-, TT- und IT-Netze (im Anhang findet sich ein Stromlaufplan eines realen TN-S-Systems).

3.11 Übungsaufgaben

Aufgabe 1

Berechne den Spannungsfall für eine Schuko-Kabeltrommel mit 50 m Länge. Der Kabelquerschnitt beträgt 1,5 mm². Die Kabeltrommel wird nicht abgewickelt und erwärmt sich daher auf annähernd 60 °C. Die angeschlossenen Verbraucher haben eine Stromaufnahme von 7 A.

Aufgabe 2

Praktische Übung: Herstellen einer Verlängerungsleitung. Die Auszubildenden sollen eigenständig eine fehlerfreie Verlängerungsleitung mit Schuko- und CEE-Steckverbindern herstellen (Abb. 3.27). Materialien: Schuko-Stecker und -Kupplung, CEE-Stecker und -Kupplung, jeweils 10 m Kabel NYY, Aderendhülsen. Werkzeuge: Kabelmesser, Seitenschneider, Abisolierzange, Aderendhülsenpresszange, Schraubendreher.

Abb. 3.27: Verlängerungsleitungen. **Links:** Schuko. **Rechts:** CEE.

Aufgabe 3

Warum muss der Schutzleiter der Verlängerungsleitungen aus Aufgabe 1 länger ausgeführt werden als die stromführenden Leiter?

Aufgabe 4

Was sind die Nachteile, wenn das Ortsnetz als Strahlennetz ausgeführt ist?

Aufgabe 5

Welches Drehstromnetz wird aufgrund seiner Sicherheit vorwiegend in gewerblichen Anlagen eingesetzt? Was ist die Besonderheit bei diesem System und welche Schutzeinrichtungen werden hier verwendet?

Literaturtipp

Europa Lehrmittel (Hrsg). Fachkunde Elektrotechnik.
Verlag Europa Lehrmittel, Haan-Gruiten 2012

4 Sicherheit beim Umgang mit Strom

Die Wirkung des elektrischen Stroms auf den Körper und die Sicherheitsvorkehrungen im Umgang mit Strom sind möglichst früh im ersten Lehrjahr zu unterrichten.

4.1 Wirkungen des elektrischen Stroms im Fehlerfall

Durch elektrischen Strom gehen im Wesentlichen drei Arten von Gefahren aus: Die Gefahr durch einen Kurzschluss, die Gefahr durch Körperdurchströmung und die Gefahr durch Sekundärunfälle (Wirkungen des elektrischen Stroms nach DIN VDE 0140).

Kurzschluss

Werden zwei Anlagenteile oder Betriebsmittel mit unterschiedlichen elektrischen Potentialen leitend verbunden, so entsteht ein Kurzschluss. Der unter Umständen sehr große Kurzschlussstrom hat kann unter anderem folgende Auswirkungen haben:

- Thermische Auswirkungen, und in der Folge Verbrennungen, Brände, Druckwellen, Schmelzen von Metall usw.
- Starke Lichtwirkung, die zu einem Blenden oder Verblitzen der Augen führen können.
- Akustische Auswirkungen, die aufgrund des hohen Lärmpegels zu einem akuten Knalltrauma und zu bleibenden Gehörschäden führen können.
- Elektrodynamische Kräfte, d. h. starke elektromagnetische Felder.

Körperdurchströmung

Fast alle Organe im menschlichen Körper werden durch elektrische Impulse gesteuert. So werden zum Beispiel Muskelbewegungen angeregt. Auch das Herz schlägt aufgrund elektrischer Ströme, die es im Sinusknoten selber erzeugt (Abb. 4.1).

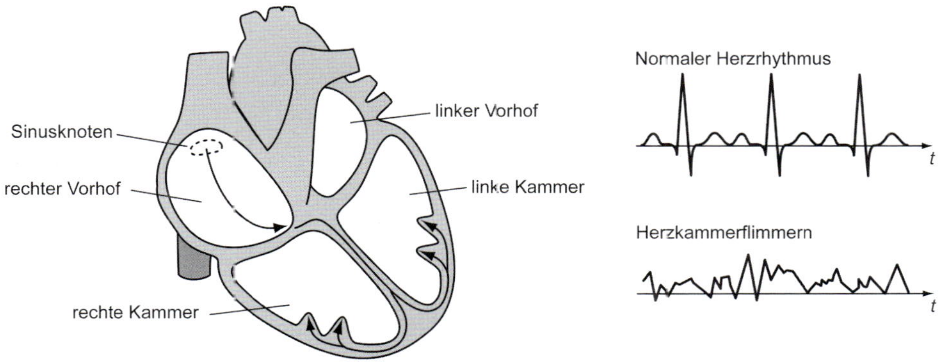

Abb. 4.1: Der Sinusknoten gibt elektrische Impulse an die Herzkammermuskeln.

Fließt nun ein von außen kommender Strom durch den Körper, so verkrampfen sich die Muskeln ab einer gewissen Stromstärke. Das geschieht auch bei Wechselstrom trotz der ständigen Polaritätsumkehr, da die kontraktionsauslösenden Nervenzellen eine gewisse Erholungszeit benötigen. Bei der Netzfrequenz von 50 Hz erteilen sie keinen „Auftrag" zur Entspannung. Fließt ein äußerer Strom durch das Herz, so entstehen Rhythmusstörungen im Herzschlag oder sogar Herzkammerflimmern. Ohne sofortige Hilfe führt dies zum Tod. Sehr hohe Ströme bringen sogar das Zellwasser zum Kochen; ganze Körperteile können so überhitzen und absterben (Tab. 4.1).

Tab. 4.1: Wirkung des Stroms auf den Körper.

Stromstärke	Auswirkung auf den Körper
bis zu 5 mA	Nur geringe Auswirkungen wie zum Beispiel ein „Kribbeln".
5 bis 15 mA	Muskeln beginnen zu verkrampfen. Loslassen der Stromquelle meist noch möglich.
15 bis 50 mA	Herzrhythmus wird gestört (das Herz arbeitet unregelmäßig und kann aussetzen). Die Muskeln verkrampfen sich stark, und die Stromquelle kann nicht mehr losgelassen werden.
Mehr als 50 mA	Sofortige Bewusstlosigkeit und Überhitzung einzelner Körperteile.
Mehr als 80 mA	Herzkammerflimmern (Fibrillieren) mit tödlicher Wirkung. Sehr starke Verbrennungen.

Ob von einer Körperdurchströmung eine Gefahr ausgeht, hängt neben der Höhe des Stroms auch von der Zeit der Einwirkung ab. In DIN IEC/TS 60479-1 wird daher näher auf die Einwirkdauer eingegangen, und zudem zwischen der Wahrnehmbarkeitsschwelle, der Loslassschwelle und der Schwelle des Herzkammerflimmerns differenziert (Abb. 4.2).

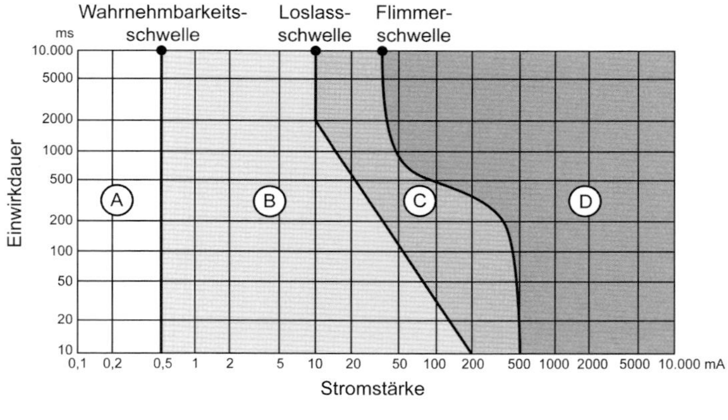

Bereich A: Keine Reaktion des Körpers.

Bereich B: Meist keine gefährliche Wirkung; der Strom wird aber wahrgenommen und kann unbeabsichtigte Muskelkontraktionen bewirken.

Bereich C: Es besteht die Gefahr von Herzkammerflimmern.

Bereich D: Herzkammerflimmern ist möglich und eine tödliche Stromwirkung wahrscheinlich.

Abb. 4.2: Wirkung des 50 Hz-Wechselstroms auf einen Erwachsenen.

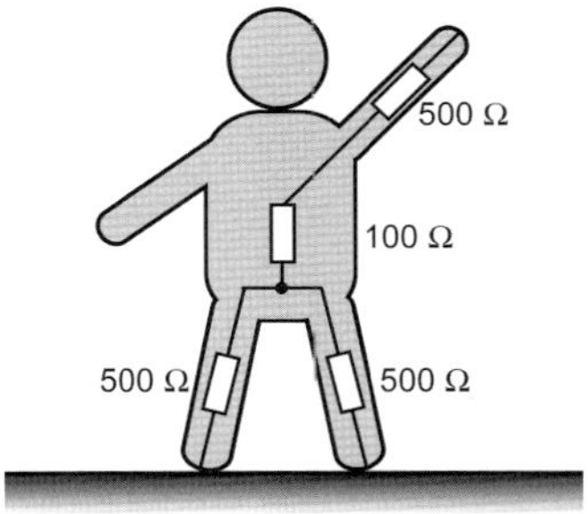

Abb. 4.3: Körperwiderstand.

Je nach Stärke des Stroms, der durch den Körper fließt, genügen also Millisekunden bis Sekunden, um schwere Verletzungen zu verursachen. Oberhalb der Loslassschwelle reagieren die Muskeln auf Strom mit deutlichen Verkrampfungen. Der Verunglückte kann sich von dem stromführenden Teil nicht mehr selbst befreien. Beim Herzkammerflimmern schließlich ziehen sich die Herzmuskelfasern völlig unabhängig voneinander zusammen, und die Pumpwirkung des Herzens wird dadurch aufgehoben. Der Blutkreislauf bricht zusammen, und es tritt ein Herz-Kreislaufstillstand ein.

Körperwiderstand

Abhängig von Kleidung und Beschaffenheit der Haut kann elektrischer Strom schwerer oder leichter in den Körper eindringen. Trockene Haut und isolierende Kleidung (speziell Gummisohlen) haben einen weitaus höheren Ohmschen Widerstand als etwa feuchte Haut und nasse Füße auf einer nassen Unterlage. Als Anhaltspunkt wird für Berechnungen ein mittlerer Körperwiderstand R_K von ca. 1 kΩ angenommen (Stromweg durch einen Arm, den Körper und ein Bein, Abb. 4.3). Bei einem Stromunfall nimmt der Widerstand des Körpers allerdings aufgrund fortschreitender Verbrennungen rasch ab. Besonders das Blut wird schnell zersetzt und leitet dadurch immer besser.

Der maximale Körperstrom I_K sollte ca. 35 mA nicht überschreiten. Stromstärken über 50 mA sind lebensgefährlich. Davon ausgehend wurde die höchst zulässige Berührungsspannung U_B wie folgt definiert:

$$\text{Berührungsspannung} = \text{Körperwiderstand} \cdot \text{Körperstrom}$$

$$U_B = R_K \cdot I_K \qquad \text{(Formel 4.1)}$$

Einsetzen der Werte 1 kΩ und 50 mA (Wechselstrom):

$$U_B = 1000\ \Omega \cdot 0{,}05\ \text{A} = 50\ \text{V}$$

Als höchstzulässige Berührungsspannung U_B wurde demnach bei Wechselstrom 50 V festgelegt. Bei Gleichstrom gilt die Obergrenze von 120 V, darüber liegende Spannungen können tödlich sein. Für Nutztiere und unter besonderen Betriebsbedingungen liegt die Grenze bei 25 V Wechselspannung und 60 V Gleichspannung.

Sekundärunfälle

Sekundärunfälle als Folge von Stromunfällen entstehen zumeist dann, wenn der elektrische Strom den menschlichen Körper nur kurzzeitig durchströmt. Aufgrund von Abwehr- oder Schreckreaktionen kommt es zu:

- Sturz oder Absturz, beispielsweise von einer Leiter.
- Verletzungen, die aus dem schnellen Zurückziehen aus dem Gefahrenbereich resultieren (Schnitte, Quetschungen etc.).
- Verletzungen durch herabfallende Gegenstände im Arbeitsbereich.

Zur Vermeidung dieser Unfälle ist vor Beginn der Arbeit an elektrischen Anlagen oder Geräten die Gefährdung zu beurteilen und einzustufen. Die Arbeit darf nur unter Einhaltung der erforderlichen Sicherheitsmaßnahmen aufgenommen werden.

4.2 Sicherheitsregeln beim Arbeiten mit elektrischen Anlagen

Damit es beim Arbeiten an und mit elektrischen Anlagen gar nicht erst zu Stromunfällen kommen kann, sind fünf Sicherheitsregeln zu beachten:

Regel 1: Freischalten!

Regel 2: Gegen Wiedereinschalten sichern!

Regel 3: Spannungsfreiheit feststellen!

Regel 4: Erden und kurzschließen!

Regel 5: Benachbarte unter Spannung stehende Teile abdecken oder abschranken!

1. Freischalten

Freischalten bedeutet, den Strom zu unterbrechen, also alle Einspeisungen zu trennen. Dies erfolgt beispielsweise dadurch, dass der RCD (s. Kap. 5.3) betätigt und die Sicherung herausgenommen wird. Teile einer Anlage oder eines Betriebsmittels, die sich nicht selbständig entladen (z. B. Kondensatoren), müssen durch einen Erdschluss entladen werden. Eventuell ist die Freischaltung zu dokumentieren, wenn dies im Rahmen einer Gefährdungsbeurteilung notwendig erscheint.

2. Gegen Wiedereinschalten sichern

Beim Arbeiten an der elektrischen Anlage müssen andere Personen daran gehindert werden, die Anlage wieder unter Strom zu setzen. Erforderliche Maßnahmen hierzu:

- Warnhinweis am Sicherungskasten anbringen (Abb. 4.4).
- Abschließen des Sicherungskastens, bzw. Sperren des Betätigungsmechanismus.
- Sicherungseinsätze entfernen und vor unbefugtem Zugriff schützen.
- Bei Fernschaltung: Sicherung vor Wiedereinschalten auch vor Ort.

Abb. 4.4: Warnhinweis.

3. Spannungsfreiheit feststellen

Bevor mit der Arbeit begonnen wird, ist mit einem Messgerät die Spannungsfreiheit der Anlage zu überprüfen. Dazu dürfen nur VDE-gemäße, zweipolige Spannungsprüfer eingesetzt werden, da einpolige Spannungsanzeiger nicht immer einen eindeutigen Anzeigewert liefern. Das Spannungsmessgerät ist vor Benutzung ebenfalls auf Funktionssicherheit zu prüfen.

4. Erden und kurzschließen

Alle Teile, an denen gearbeitet werden soll, sind sichtbar an der Arbeitsstelle zu erden und kurzzuschließen. Dabei ist immer zuerst die Verbindung zur Erde und erst anschließend die Verbindung zu aktiven Teilen herzustellen. Bei Arbeiten an Anlagen mit Spannungen bis 1000 V darf vom Erden und Kurzschließen abgesehen werden, wenn der spannungsfreie Zustand wie vorher erwähnt sichergestellt ist und nicht zu erwarten ist, dass die Arbeitsstelle unter Spannung gesetzt werden kann.

5. Benachbarte unter Spannung stehende Teile abdecken oder abschranken

Eine benachbarte Anlage, bei welcher der Strom während den Arbeiten nicht abgestellt werden kann oder darf, muss berührungssicher abgedeckt oder so abgeschrankt werden, dass kein Zugang möglich ist (Abb. 4.5).

Abb. 4.5: Abschrankung.

Für das Abdecken gibt es spezielle isolierende Gummitücher, Isolierstoffplatten, Formstücke und Hauben. Die Abdeckungen sind so zu befestigen, dass sie nicht versehentlich verschoben werden können.

Nach Beendigung der Arbeiten sind die durchgeführten Sicherheitsmaßnahmen in umgekehrter Reihenfolge wieder aufzuheben.

Allgemeine Verhaltensregeln beim Umgang mit elektrischem Strom

So genannte elektrotechnische Laien sollten sich an folgende Sicherheitsregeln halten:

- Vor der Benutzung elektrischer Geräte von deren einwandfreiem Zustand überzeugen. Keine offensichtlich beschädigten Leitungen oder Steckverbindungen benutzen.
- Bei Störungen das Gerät sofort ausschalten und die Steckverbindung trennen.
- Beim Trennen von Steckverbindungen stets am Stecker, niemals an der Leitung ziehen.
- Reparaturen und „Bastelarbeiten" unterlassen, wenn keine ausreichenden Kenntnisse vorhanden sind.
- Niemals spannungsführenden Teilen nähern oder diese gar berühren. Niemals während des Betriebs Schutzabdeckungen entfernen, und keine Schaltschränke und Verteilerkästen öffnen.
- Generell auf Warn- und Sicherheitshinweise an elektrischen Anlagen und Betriebsmitteln achten.

4.3 Hilfemaßnahmen bei Stromunfällen

Im Falle eines Unfalls ist per Gesetz prinzipiell jeder zu Hilfeleistung verpflichtet. Allerdings treten bei elektrischen Unfällen einige Probleme auf – der oder die Helfer sind durch den Strom selber gefährdet. Deshalb gibt es einige Regeln, die bei Stromunfällen zu beachten sind:

1. Stromkreis unterbrechen.
2. Sich selber und den Verletzten aus dem Gefahrenbereich bringen.
3. Erste Hilfe leisten.
4. Rettungsdienst rufen.

1. Stromkreis unterbrechen

Als Sofortmaßnahme ist der Stecker des defekten Gerätes zu ziehen und/oder der Hauptstromschalter auszuschalten. Außerdem: Den RCD (s. Kap. 5.3) betätigen und die Sicherung herausnehmen.

ACHTUNG: Niemals das defekte Gerät bzw. die elektrische Anlage anfassen!

2. Sich selber und den Verletzten aus dem Gefahrenbereich bringen...

... dabei aber immer zuerst an den Selbstschutz denken!

Bergung aus dem Niederspannungsbereich (bis 1000 Volt)

- Wenn eine Unterbrechung des Stromkreises nicht möglich ist, eine Isolierung zum Verletzten herstellen (z. B. mit Gummihandschuhen).
- Für einen isolierenden Standort sorgen.
- Unfallopfer an trockenen Kleidern aus dem Gefahrenbereich ziehen.

Bergung aus dem Hochspannungsbereich (über 1000 Volt)

- Keine Annäherung an das Opfer, solange der Strom nicht abgeschaltet ist! Unbedingt Abstand halten, da Lichtbögen mehrere Meter überspringen können.
- Die Polizei verständigen und eine Bergung von den zuständigen Fachleuten ausführen lassen.

3. Erste Hilfe leisten

Notfalldiagnose stellen

Stromunfälle erkennt man an einer Muskelverkrampfung, solange die Stromeinwirkung noch besteht. Weiterhin an „Strommarken" auf der Haut, also Brandwunden, die bei größeren Stromstärken an den Stromeintritts- uns Stromaustrittstellen entstehen. Beim Kammerflimmern treten ungeordnete und schnelle Kontraktionen des Herzens auf, dieses erbringt somit keine Pumpleistung mehr – daher ist auch kein Puls tastbar.

Lebensrettende Sofortmaßnahmen

Zuerst sollte der Verunglückte laut und deutlich angesprochen werden, um die Bewusstseinslage zu überprüfen. Reagiert er darauf nicht oder nicht angemessen, sind aber die Atmung und eine Herztätigkeit noch vorhanden, so ist der Verletzte in eine stabile Seitenlage mit überstreckter Kopfhaltung zu bringen. Bei einem Bewusstlosen fehlen die Schutzreflexe; bei einer Rückenlage oder falscher Kopfhaltung werden die Atemwege durch die mit dem Unterkiefer zurückgezogene Zunge blockiert und es droht ein Ersticken.

Wenn der Verunglückte nicht mehr atmet und der Herzschlag ausgesetzt hat, ist sofort mit der künstlichen Beatmung und der Herzdruckmassage zu beginnen – vorher aber überprüfen, ob der Mundraum frei ist! Es wird empfohlen, die Herzdruckmassage und die Beatmung im Wechsel von 30 : 2 durchzuführen.

Bei Kammerflimmern ist eine Frühdefibrillation anzuwenden. Diese kann bei halbautomatischen Geräten von entsprechend geschulten Laien durchgeführt werden und ist auch dringend anzuraten, da bis zum Eintreffen des Rettungsdienstes lebenswichtige Minuten vergehen. Mit jeder Minute des Kammerflimmerns und des Herz-Kreislaufstillstands sinkt die Überlebenschance rapide. Halbautomatische Defibrillatoren messen das Elektrokardiogramm (EKG) des Verletzten über Elektroden auf der Haut. Bei Vorliegen eines Kammerflimmerns wird vom Gerät eine Defibrillation empfohlen, den Stromstoss muss der Ersthelfer jedoch selbst auslösen.

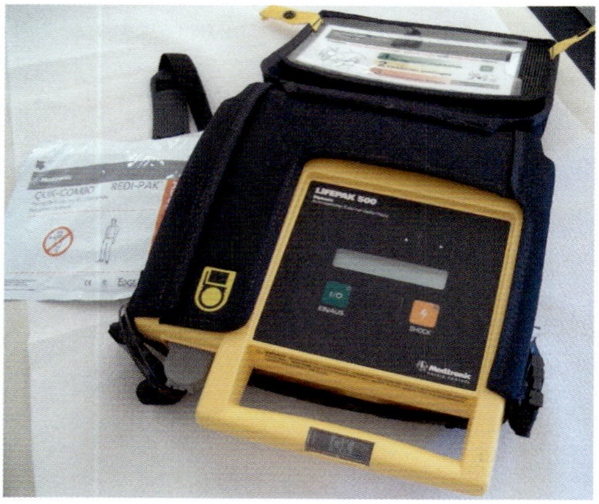

Abb. 4.6: Frühdefibrillator (Lifepak® 500).

Bei ausgedehnten Verbrennungen besteht die Gefahr eines Verbrennungsschocks und eines Nierenversagens. Als Soforthilfe ist die verbrannte Haut rasch und intensiv zu kühlen. Die Kühlung sollte je nach Umfang der Verbrennung mindestens 20 bis 45 Minuten andauern. Wenn nötig, während des Transportes die Brandstellen durch Auflegen von nassen, kalten Tüchern weiter kühlen. Erst nach abgeschlossener Kühlung einen sauberen Deckverband anlegen um einer Infektionsgefahr vorzubeugen. Verboten: Brandblasen öffnen und das Anwenden von Hausmitteln wie Brandsalben, Alkohol, Fett und Mehl.

Zumeist ist auch eine Schockbekämpfung notwendig. Diese erfolgt zunächst durch Zuspruch und Beruhigen. Daneben ist der Verletzte vor Auskühlung zu schützen. Grundsätzlich muss jeder Verunfallte mit elektrischer Einwirkung in ärztliche Untersuchung, auch wenn keine äußeren Verletzungen feststellbar sind. Herzrhythmus-Störungen können zeitlich verzögert auftreten, auch mehrere Stunden nach einem Elektrounfall. Daher ist nach jedem Stromunfall ein EKG notwendig.

4. Rettungsdienst rufen

112 oder 110 anrufen, dabei an die fünf W-Fragen denken:

Wer ruft an?	Den eigenen Namen sagen.
Was ist geschehen?	Kurz die Situation schildern, mit möglichst wenig Umschreibungen.
Wo ist es passiert?	Den Ort, die genaue oder wenigstens die ungefähre Adresse mitteilen.
Wie viele Verletzte?	Nach Möglichkeit auch die Art der Verletzungen nennen.
Warten auf Rückfragen!	Das Gespräch nicht selbst beenden, sondern weitere Rückfragen der Rettungsleitstelle abwarten.

4.4 Grundsätze der Prävention (BGV A1)

In der BGV A1, einer Unfallverhütungsvorschrift der Berufsgenossenschaften, sind die Grundsätze der Prävention von Arbeitsunfällen festgelegt. Sie gilt für Unternehmer und Versicherte der Berufsgenossenschaften, aber auch für Beschäftige die keinem Unfallversicherungsträger angehören. In der BGV A1 werden keine konkreten Erste-Hilfe-Maßnahmen beschrieben, sondern sie schafft die rechtlichen Grundlagen für die Organisation der Ersten Hilfe und das Verhalten bei Arbeitsunfällen. Die vollständige Vorschrift kann kostenlos von den Berufsgenossenschaften bezogen werden (z. B. von der Verwaltungsberufsgenossenschaft www.vbg.de), daher sollen hier nur die wichtigsten Punkte angesprochen werden.

Pflichten des Unternehmers

Jeder Unternehmer hat die Pflicht, erforderliche Maßnahmen zur Verhütung von Arbeitsunfällen, Berufskrankheiten und arbeitsbedingten Gesundheitsgefahren zu treffen. Es dürfen keine sicherheitswidrigen Weisungen erteilt werden. Durch organisatorische Maßnahmen ist sicherzustellen, dass unverzüglich die notwendige Hilfe herbeigerufen und an den Unfallort geleitet werden kann.

Daneben muss eine wirksame Erste Hilfe gewährleistet sein. Dies erfolgt vor allem dadurch, dass die zur Leistung der Ersten Hilfe notwendigen Einrichtungen, Hilfsmittel und Ersthelfer zur Verfügung stehen. Zum Beispiel ist in großen Betrieben ein Sanitätsraum erforderlich, Erste-Hilfe-Material ist in ausreichenden Mengen und in einwandfreien Zustand bereitzuhalten, und gegebenenfalls müssen Ersthelfer ausgebildet werden. Ist nicht auszuschließen, dass auch an unter elektrischer Spannung stehenden Teilen gearbeitet wird, müssen die Ersthelfer zusätzlich eine Unterweisung in der Herzdruckmassage erhalten. Die Ersthelfer müssen nach spätestens drei Jahren fortgebildet werden.

Die Mitarbeiter müssen vom Unternehmer regelmäßig über mögliche Gefahren unterwiesen werden, mindestens einmal jährlich. Die für die Tätigkeit relevanten Unfallvorhütungsvorschriften und berufsgenossenschaftlichen Regeln sowie staatliche Vorschriften sind dabei in verständlicher Weise zu vermitteln. Es reicht nicht aus, die Vorschriften lediglich zum Selbststudium auszuhändigen!

Der Unternehmer hat Fachkräfte für Arbeitssicherheit, Sicherheitsbeauftragte und Betriebsärzte zu bestellen.

Pflichten der Versicherten

Nicht nur der Arbeitgeber hat gemäß BGV A1 gewisse Pflichten, sondern auch der Arbeitnehmer bzw. jeder Versicherte. Im Wesentlichen besteht die Pflicht darin, die oben aufgezeigten Maßnahmen des Unternehmers zu unterstützen. Die Versicherten haben die entsprechenden Anweisungen des Unternehmers zu befolgen, aber natürlich besteht diese Pflicht nicht, wenn diese Anweisungen erkennbar gegen Sicherheit und Gesundheit gerichtet sind. Wird ein Schaden oder Defekt an einer Anlage oder einem Betriebsmittel festgestellt, der eine erhebliche Gefahr für die Sicherheit und Gesundheit darstellt, so ist dies unverzüglich dem Unternehmer mitzuteilen.

Versicherte dürfen sich in gefährlichen Bereichen nur im Rahmen der ihnen übertragenen Aufgaben aufhalten. Der Konsum von Alkohol, Drogen oder sonstigen berauschenden Mitteln (dazu zählen auch bestimmte Medikamente) ist zu unterlassen, da sie dadurch sich selbst und andere gefährden könnten.

Dokumentation der Erste-Hilfe-Leistungen

Jede Erste-Hilfe-Leistung ist zu dokumentieren – in der Regel in einem so genannten Verbandbuch – und die Aufzeichnungen mindestens fünf Jahre aufzubewahren. Es ist der Name der Verunfallten einzutragen, eventuelle Zeugen und die Namen derer, die eine Erste Hilfe geleistet haben. Daneben eine kurze Schilderung des Unfallhergangs und die Art und Weise der Erste-Hilfe-Maßnahmen.

Unfallmeldung

Bei einem Arbeitsunfall ist nicht die Krankenkasse, sondern die Unfallversicherung der zuständige Kostenträger für die Behandlung des Verletzten. Daher muss jeder Arbeitsunfall, der eine Arbeitsunfähigkeit von mehr als drei Tagen zur Folge hat, der zuständigen Berufsgenossenschaft angezeigt werden. Zudem hat sich der Erkrankte bei einem von der Berufsgenossenschaft bestellten Durchgangsarzt vorzustellen, wenn

- die Unfallverletzung über den Unfalltag hinaus zur Arbeitsunfähigkeit führt,
- die notwendige ärztliche Behandlung voraussichtlich über eine Woche dauert,
- Heil- und Hilfsmittel zu verordnen sind,
- es sich um eine Wiedererkrankung aufgrund von (Arbeits-)Unfallfolgen handelt.

Ein Durchgangsarzt ist ein Arzt mit speziellen unfallmedizinischen Kenntnissen. Er soll als Vertreter der Unfallversicherung das gesamte Heilverfahren steuern, also von der Erstversorgung über die Rehabilitation bis hin zur Festlegung von Entschädigungsleistungen. So entscheidet der Durchgangsarzt unter anderem, wo die weitere Heilbehandlung durchgeführt wird. Bundesweit sind über 3500 niedergelassene sowie an Krankenhäusern und Kliniken tätige Ärzte vertraglich in dieses Verfahren eingebunden.

4.5 Brandgefahr durch elektrische Anlagen und Betriebsmittel

Von elektrischen Anlagen und Betriebsmitteln geht eine große Brandgefahr aus. Zündquellen elektrischen Ursprungs sind zum Beispiel:

- *Heiße Oberflächen und Wärmestrahler:* Die Brandgefahr geht hier vor allem von leicht entzündlichen Stoffen aus, die sich zu nahe an der Strahlungsquelle befinden, beispielsweise direkt vor einem leistungsstarken Scheinwerfer. So erwärmt sich der Glaskolben einer handelsüblichen 100 W-Glühbirne auf bis zu 260 °C, was ausreicht, um bei längerer Einwirkung etwa Papier oder Holzspäne zu entzünden.

- *Falsch verwendete Elektrogeräte:* Selbst Geräte mit einer scheinbar geringen Leistung von 25 bis 30 W können leicht entzündliche Stoffe entzünden, wenn die Wärmeabfuhr behindert ist. Geräte mit einer Leistung von 100 W und mehr können bei Wärmestau auch schwer entflammbare Stoffe entzünden, wenn die Leistung längere Zeit einwirken kann.

- *Elektrische Fehler aufgrund von Beschädigung oder Alterung der Isolation:* Bei Isolationsfehlern kann es an der Fehlerstelle direkt zur Erwärmung und Entzündung kommen. Manchmal werden Isolierungen über Jahre hinweg durch Kriechströme an fehlerhaften Stellen regelrecht verkohlt. Begünstigt durch die Kohlebrücken wird der Fehlerstrom mit der Zeit immer größer. Steigt der Strom über 150 mA, ist es möglich, dass leicht brennbare Stoffe in unmittelbarer Nähe zur Fehlerstelle durch die Wärmeentwicklung entzündet werden. Ab etwa 300 bis 500 mA bilden sich zwischen den einzelnen Kohlekörnchen weißglühende Funkenbrücken, bis schließlich der Fehlerstrom als Lichtbogen überspringt (hier entstehen dann Temperaturen von 500 bis 2000 °C).
- *Kontakterwärmung durch lose Klemmschrauben (s. Kap. 3.5):* Ist der Kontaktdruck zu gering, erhöht sich der Ohmsche Widerstand an der Kontaktstelle, und die Temperatur steigt an. Außerdem kann Luftsauerstoff in eine lose Kontaktstelle eindringen, und das erwärmte Kupfer oxidiert. Dadurch steigt der Widerstand weiter. Bei großen Strömen erwärmt sich die Kontaktstelle sehr schnell, und eventuell kommt es auch zu einem Lichtbogen. Wenn also Klemmschrauben nur lose angezogen werden, ist es nur eine Frage der Zeit, bis ein brandgefährlicher Zustand eintritt.

Zur Verminderung der Brandgefahr ist ein schnelles Abschalten im Falle eines Fehlers der elektrischen Anlage wichtig. So bieten beispielsweise RCD (s. Kap. 5.3) mit einem Bemessungsfehlerstrom von ≤100 mA einen guten Brandschutz, da hierbei Fehlerströme gegen Erde schnell erkannt werden und der Stromkreis unterbrochen wird.

Ablauf eines Brandes

Brände laufen in vier Phasen ab: Entstehungsbrand, Vollbrand, abklingender Brand und Abkühlungsphase. Während eines Brandes, aber vor allem in der Entstehungsbrandphase, werden giftige Gase freigesetzt wie zum Beispiel:

- Kohlenstoffdioxid (CO_2)
- Kohlenstoffmonoxid (CO)
- Chlorwasserstoff (HCl)
- Cyanwasserstoff (HCN)

Es ist daher nicht verwunderlich, dass die meisten Brandopfer an einer Rauchgasvergiftung sterben und nicht unbedingt durch die unmittelbare Feuereinwirkung.

Brandfolgeschäden

Neben den Schäden, die das Feuer direkt verursacht hat, kommt es zu Wasserschäden infolge der Löscharbeiten. Bei der Verbrennung von PVC (zum Beispiel Kabelisolierungen) wird Chlor frei, und durch die Wasserzufuhr beim Löschen entstehen Salzsäure und Chlorwasserstoffgas. Die Säure und das Gas legen sich wie ein Nebel auf das Mobiliar und elektrische Anlagenteile, die unter der korrosiven Einwirkung leiden. Kalkhaltiger Putz und Beton geringer Dichte nehmen die Salzsäure auf, wobei Kalziumchlorid entsteht. Dieses hygroskopische Salz nimmt wiederum die Luftfeuchtigkeit auf, wodurch die Wände weiter geschädigt werden.

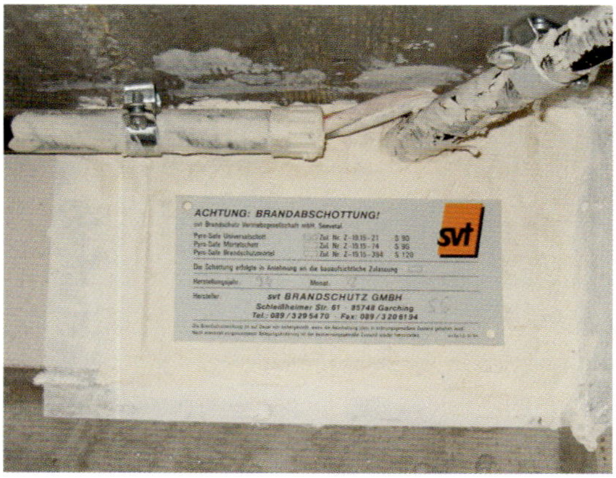

Abb. 4.7: Werden Kabel und Leitungen von einem baulichen Brandabschnitt in den nächsten geführt, so ist die Durchbruchstelle mit einem Brandschott zu verschließen.

So genannte halogenfreie Kabel und Leitungen haben gegenüber Kabeln und Leitungen mit PVC-Isolation den Vorteil der geringeren Rauchentwicklung, und es werden keine korrosiven Gase abgespalten. Zudem sind sie schwer entflammbar, und nach Entzug der Zündquelle verlischt die Isolierung nach wenigen Sekunden. PVC- und VPE-Isolierungen brennen dagegen von selber weiter.

Brandbekämpfung bei Bränden in elektrischen Anlagen oder Betriebsmitteln

Vor der Brandbekämpfung ist folgender Grundsatz zu beachten: Jede elektrische Anlage ist grundsätzlich immer als unter Spannung stehend zu betrachten! Als erstes muss also ein „Freischalten" gemäß den fünf Sicherheitsregeln erfolgen. Allerdings nur in dem vom Brand betroffenen Anlagenteil, damit Sicherheitseinrichtungen in den anderen Bereichen, wie beispielsweise eine Notbeleuchtung, funktionsfähig bleiben. Schalthandlungen in Niederspannungsanlagen bis 1000 V dürfen nur durch Elektrofachkräfte vorgenommen werden (ausgenommen sind Hausinstallationen), Hochspannungsanlagen mit über 1000 V dürfen nur vom Anlagenverantwortlichen geschaltet werden.

Für Brände in elektrischen Anlagen kommen als erstes Löschmittel Feuerlöscher in Frage, und hier bevorzugt CO_2-Löscher. Kohlendioxid ist elektrisch nicht leitend und hinterlässt keine Rückstände, es kann daher bei unter Spannung stehenden Anlagen eingesetzt werden. Allerdings besteht im Freien kaum eine Löschwirkung, da sich das Gas leicht verflüchtigt. In schlecht belüfteten Räumen wiederum besteht Lebensgefahr, da CO_2 ein Atemgift ist.

Schaumfeuerlöscher und Wasser dürfen nur in spannungsfreien Anlagen eingesetzt werden. Pulverlöscher nur mit Zustimmung des Betreibers, da die entstehenden Beläge aus Löschpulver durch den Einfluss von Strom leitfähig werden und es so zu Kurzschlüssen kommen kann.

4.6 Schalthandlungen im Notfall

Nach DIN VDE 0100 Teil 100 gilt der Grundsatz, dass im Falle einer Gefahr die Stromversorgung sofort zu unterbrechen ist, falls dies notwendig sein sollte. Einrichtungen zur Unterbrechung müssen so installiert werden, dass sie leicht erkannt und einfach und schnell bedient werden können. Geräte zum Ausschalten im Notfall müssen so direkt wie möglich auf die Stromversorgung einwirken. Eine einzige Schalthandlung muss die entsprechende Versorgung ausschalten.

Eventuell ist aber auch ein Ingangsetzen einer elektrischen Anlage im Notfall notwendig, etwa um einen Prozess in Bewegung zu bringen und um eine Gefahr zu beseitigen.

Geräte zum Schalten im Notfall

Das wichtigste Gerät zum Schalten im Notfall ist der so genannte Not-Aus-Schalter, der als Schalter im Hauptstromkreis die Versorgung direkt unterbricht. Es gibt aber auch Betätigungseinrichtungen, die über einen Steuerstromkreis die Not-Ausschaltung ferngesteuert auslösen (Fernsteuerung von Leistungsschaltern oder Schützen).

Folgende Anforderungen werden an Not-Ausschaltungen gestellt:

- Bei Not-Aus-Schaltern an Arbeitsplätzen müssen die Griffe oder Druckknöpfe eindeutig in der Farbe Rot gekennzeichnet sein, mit gelbem Untergrund.
- Die Not-Ausschaltung muss in der „Aus"-Position verriegelbar sein. Davon kann nur abgesehen werden, wenn die Geräte für die Betätigung des Not-Aus und für die Wiedereinschaltung unter Aufsicht derselben Person stehen.
- Das Loslassen des Griffes oder Druckknopfes darf den betreffenden Anlagenteil nicht wieder selbsttätig unter Spannung setzen.
- Eventuell müssen mehrere Not-Aus-Schalter für einen Anlagenteil vorgesehen werden, damit eine schnelle Abschaltung von verschiedenen Arbeitsplätzen aus möglich ist.

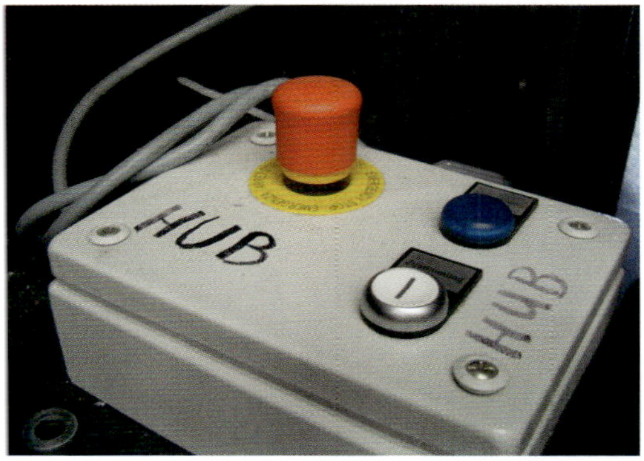

Abb. 4.8: Not-Aus-Schalter.

Unfall an einer 10 000 Volt-Mittelspannungsanlage

Artikel auf der Webseite der Unfallkasse Post und Telekom (UK PT)

Für Mittelspannungsanlagen, wie sie für die Energieversorgung großer Gebäude eingesetzt werden, gibt es sicherheitstechnische Einrichtungen, die vor Unfällen und Fehlverhalten schützen. Dazu gehört zum Beispiel eine Zwangsverriegelung, die Fehlschaltungen an der Anlage verhindert. Trotzdem sind Unfälle nie ganz auszuschließen, wie dieses sehr vereinfacht dargestellte Beispiel verdeutlicht:

Zwei Servicetechniker sind mit Wartungsarbeiten an einer Mittelspannungsanlage beauftragt. Hierbei prüfen sie unter anderem die Bauteile wie Lasttrennschalter und die Verriegelungstechnik auf korrekte Funktion. Vor Beginn der Arbeiten wurden die fünf Sicherheitsregeln der Elektrotechnik ordnungsgemäß durchgeführt. Nach Ende der Wartungsarbeiten soll die Anlage wieder in Betrieb genommen werden. Die Abdeckungen werden entfernt, die Schaltschranktür geschlossen, der Kurzschluss und die Erdung werden aufgehoben.

Nachdem die Männer den Lasttrennschalter eingeschaltet haben, ist ein "Klick" zu hören: Die Bolzen der Hochspannungssicherungen sind herausgesprungen. Dieser Vorgang ist vergleichbar mit dem Auslösen eines Sicherungsautomaten in einer Elektroverteilung zu Hause. Nur mit dem Unterschied, dass hier 10 000 statt 230 Volt geschaltet werden. Die Servicetechniker wechseln die Sicherungen, ohne die Fehlerursache zu erkennen. Als der Schalter erneut betätigt wird, schlägt ein Störlichtbogen aus der offenen Tür der Anlage heraus und verletzt einen der Techniker. Er erleidet schwere Verbrennungen im Gesicht und an den Händen sowie Verätzungen der Lunge. Einen Monat muss er in ein künstliches Koma versetzt werden. Sein Kollege, der ihm zu Hilfe eilt, verbrennt sich dabei an den Händen. Ein Störlichtbogen brennt nur wenige Sekunden, an seinem Fußpunkt entstehen Temperaturen bis über 10 000 °C. Diese enorme Hitze bringt Kunststoffe und Metalle zum Verdampfen. Wer sich in der Nähe solch eines Lichtbogens aufhält, muss mit einem Stromschlag und starken Verbrennungen rechnen. Das Einatmen heißer und aggressiver Gase kann zudem die Lunge schädigen.

Um solche tragischen Unfälle in Zukunft vermeiden zu helfen, war es für die Experten der UK PT wichtig zu klären, welche Faktoren zu der fatalen Reaktion geführt haben. Dafür waren umfangreiche Untersuchungen notwendig. Gutachter wurden herangezogen. Zur Rekonstruktion des Hergangs wurde die beschädigte Schaltanlage in einem Labor wieder aufgebaut. Nach und nach kristallisierte sich eine Fehlstellung der Kontakte des Schalters als wesentliche Unfallursache heraus. Diese Abweichung vom Normalzustand wurde von den Servicetechnikern nach dem ersten Auslösen der Hochspannungssicherungen nicht erkannt und nicht behoben. Zu einer Fehlstellung der Kontakte kann es kommen, wenn bei einem Schalter ungeeignete Schmierstoffe verwendet werden. Das führt dazu, dass die Schmierwirkung versagt. Bei einem Schalter können dann die Kontakte in einer Fehlstellung verhaken ("kleben bleiben") – mit der möglichen Folge eines Störlichtbogen-Elektrounfalls. [...]

Quelle: www.ukpt.de

4.7 Übungsaufgaben

Aufgabe 1

Welche Faktoren bestimmen die Schädigung des menschlichen Körpers bei einem Stromdurchfluss?

Aufgabe 2

Wie lange muss ein Strom mit 50 mA einwirken, bis die Loslassschwelle erreicht ist?

Aufgabe 3

Wie hoch ist der durchschnittliche Körperwiderstand eines Menschen?

Aufgabe 4

Die Gefährdung durch elektrischen Strom ist in nassen Räumen besonders hoch. Warum?

Aufgabe 5

Wie lauten die fünf Sicherheitsregeln?

Aufgabe 6

Was ist zu tun, wenn der Verunglückte bei einem Stromunfall noch unter Spannung steht?

Aufgabe 7

In welchen Zeitabständen hat eine Unterweisung der Mitarbeiter gemäß BGV A1 über mögliche Gefahren bei der Arbeit zu erfolgen? Wer trägt die Verantwortung für die Durchführung der Unterweisung?

Aufgabe 8

Warum ist eine Dokumentation von Erste-Hilfe-Leistungen bei Arbeitsunfällen notwendig?

Aufgabe 9

Welche Feuerlöscher sollten bei Bränden in elektrischen Anlagen bevorzugt verwendet werden? Welche Nachteile hat diese Art von Feuerlöschern?

Aufgabe 10

Wie sind Not-Aus-Schalter gekennzeichnet?

Literaturtipp

Biegelmeier G, Kieback D, Kiefer G. Schutz in elektrischen Anlagen, Band 1: Gefahren durch den elektrischen Strom.
VDE-Verlag, Berlin 2003

Leitungen zur Stromversorgung im Bühnenbereich eines Theaters.
Die Leitungen mit der roten Isolierung sind halogenfrei, flammwidrig und schwer brennbar.
Sie ermöglichen gemäß DIN 4102 einen Funktionserhalt von Noteinrichtungen für mindestens 90 Minuten im Brandfall.

5 Schutzeinrichtungen

Die verschiedenen Fehlerarten in Stromkreisen und die entsprechenden Schutzeinrichtungen für elektrische Anlagen und Betriebsmittel sind Thema im zweiten Lehrjahr.

Um Menschen, Tiere und Sachwerte vor Schaden bewahren, müssen entsprechende Vorkehrungen getroffen werden. Abb. 5.1 zeigt zunächst eine Übersicht der möglichen Schutzmaßnahmen gemäß DIN VDE 0100 Teil 410.

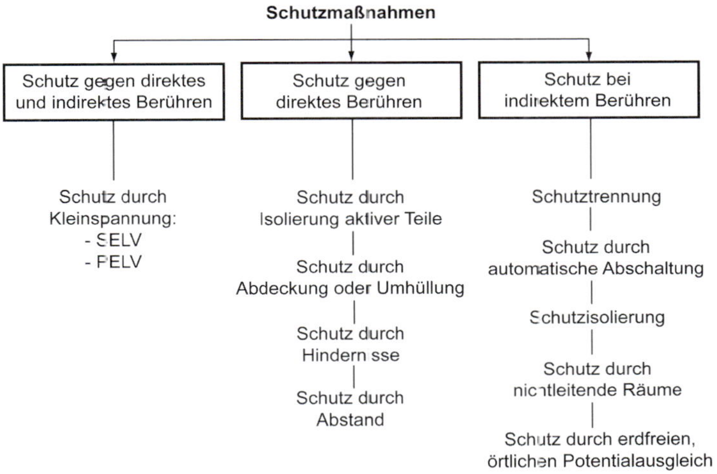

Abb. 5.1: Überblick über die Schutzmaßnahmen.

Generell muss natürlich von vornherein verhindert werden, dass ein Fehlerstrom durch den Körper fließen kann. Deshalb ist vor allem der so genannte Basisschutz wichtig, der durch Isolierung, Abdeckung oder Umhüllung elektrischer Anlagen und Betriebsmittel erfolgt und somit einen Schutz gegen direktes Berühren darstellt. Mit direktem Berühren ist hierbei gemeint, dass ein Mensch oder Tier direkten Kontakt mit einem unter Spannung stehenden Leiter hat.

Daneben gibt es noch den Begriff des indirekten Berührens; dieser Fall tritt bei einer fehlerhaften Isolierung innerhalb eines elektrischen Betriebsmittels auf, wobei Spannung an Teile gelangt, die ansonsten keine Spannung führen, beispielsweise dem Gehäuse eines Gerätes. Man spricht in diesem Fall auch von *Körperschluss* (Abb. 5.2). Von einer unzulänglichen Isolation können aber noch weitere Fehlerarten ausgehen:

- *Kurzschluss*: Ein Kurschluss ist eine leitende Verbindung zwischen unter Spannung stehenden, leitfähigen Teilen.
- *Erdschluss*: Verbindung eines aktiven Leiters oder des Neutralleiters mit der Erde oder geerdeten Teilen.

Geht der Fehlerwiderstand – also der Wirk- und Blindwiderstand (s. Kap. 2) in einem Stromkreis – gegen Null, so spricht man von einem vollkommenen Körper-, Kurz- oder Erdschluss. Ist noch ein Fehlerwiderstand im Stromkreis vorhanden, so ist der Körper-, Kurz- oder Erdschluss unvollkommen.

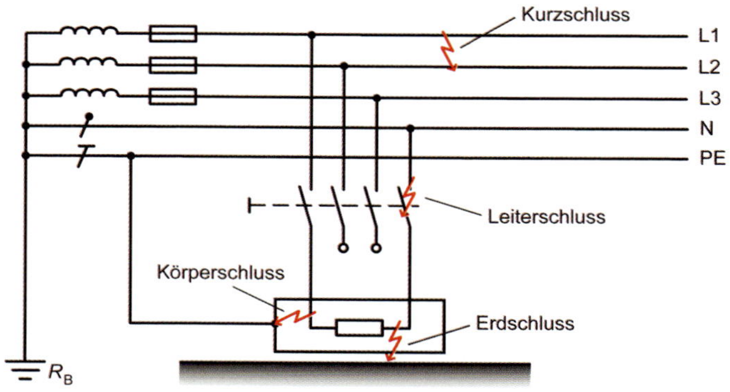

Abb. 5.2: Fehlerarten in elektrischen Anlagen.

Ein *Leiterschluss* ist eine Verbindung zwischen elektrischen Leitern. Im Fehlerstromkreis liegt aber auch noch ein Nutzwiderstand oder ein Teil des Nutzwiderstandes.

Der Fehlerstrom, der durch Isolationsfehler zustande kommen kann, ist letztlich ein Erdschluss- oder Kurzschlussstrom. Die Größe des Fehlerstroms ist vom Widerstand bzw. der Impedanz der Fehlerschleife abhängig; diese setzt sich zusammen aus dem Widerstand des Leitungsnetzes vom Stromerzeuger zur Fehlerstelle, dem Fehlerwiderstand (zum Beispiel dem Körperwiderstand) und einem eventuell noch vorhandenen Verbraucherwiderstand im Stromkreis.

Die wichtigsten Schutzeinrichtungen in Drehstromnetzen (s. Kap. 3.10.2) sind der Überstromschutz und der Fehlerstromschutz in Verbindung mit einer Erdung und dem Potentialausgleich. Weiterhin gibt es noch Isolations- und Differenzstrom-Überwachungseinrichtungen und außerdem Isolationsfehler-Sucheinrichtungen.

Im jeweiligen Drehstromnetz sind folgende Schutzeinrichtungen zulässig:

- TN-Netz: Überstromschutz und Fehlerstromschutz (Ausnahme TN-C-System: Hier ist ein Fehlerstromschutz mit RCD wie in Kap. 5.3 beschrieben nicht zulässig).
- IT-Netz: Überstromschutz und Fehlerstromschutz.
- IT-Netz: Überstromschutz, Fehlerstromschutz, Isolations- und Differenzstromüberwachungseinrichtungen, Isolationsfehler-Sucheinrichtungen.

Die verschiedenen Schutzmaßnahmen können miteinander kombiniert angewendet werden, sofern keine negative Beeinflussung auftritt.

Überstrom- und Fehlerstrom-Schutzeinrichtungen werden ausführlich in Kap. 5.2 und Kap. 5.3 behandelt. Isolations- und Differenzstromüberwachungseinrichtungen und Isolationsfehler-Sucheinrichtungen sollen im Folgenden nur am Rande Erwähnung finden.

5.1 Abschaltbedingungen in Drehstromnetzen

In den verschiedenen Drehstromnetzen müssen unterschiedliche Bedingungen zur Abschaltung bei einem Fehler oder zur Meldung eines Fehlers durch entsprechende automatische Einrichtungen erfüllt sein.

TN-Netz

Abschaltbedingung bei Schutz durch Überstrom-Schutzeinrichtungen

$$Z_S \cdot I_a \leq U_0 \qquad \text{(Formel 5.1)}$$

Z_S : Impedanz der Fehlerschleife in Ω
I_a : Strom, der das Abschalten bewirkt in A
U_0 : Spannung gegen geerdeten Leiter in V

Abschaltbedingung bei Schutz durch Fehlerstrom-Schutzeinrichtung

$$Z_S \cdot I_{\Delta n} \leq U_B \qquad \text{(Formel 5.2)}$$

Z_S : Impedanz der Fehlerschleife in Ω
$I_{\Delta n}$: Bemessungsfehlerstrom in A (bei selektiven RCD gilt der doppelte Wert, s. Kap. 5.3)
U_B : Grenze der zulässigen Berührungsspannung (50 V Wechselstrom bzw. 120 V Gleichstrom)

Bei maximal 32 A Nennstrom müssen die Schutzeinrichtungen folgende Abschaltzeiten einhalten (Tab. 5.1):

Tab. 5.1: Abschaltzeiten im TN-Netz.

Spannung	Abschaltzeit bei Wechselspannung	Abschaltzeit bei Gleichspannung
50 V < $U_0 \leq$ 120 V	0,8 s	5,0 s
120 V < $U_0 \leq$ 230 V	0,4 s	5,0 s
230 V < $U_0 \leq$ 400 V	0,2 s	0,4 s
U_0 > 400 V	0,1 s	0,1 s

Für Verteilerstromkreise und Endstromkreise mit einem Nennstrom über 32 A ist eine Abschaltzeit von max. 5 s zulässig.

TT-Netz

Abschaltbedingung bei Schutz durch Überstrom-Schutzeinrichtungen

$$Z_S \cdot I_a \leq U_0 \qquad \text{(Formel 5.3)}$$

Z_S : Impedanz der Fehlerschleife in Ω
I_a : Strom, der das Abschalten bewirkt in A
U_0 : Spannung gegen geerdeten Leiter in V

Abschaltbedingung bei Schutz durch Fehlerstrom-Schutzeinrichtung

$$R_A \cdot I_{\Delta n} \leq U_B \qquad \text{(Formel 5.4)}$$

R_A : Erdungswiderstand des Anlagenerders

$I_{\Delta n}$: Bemessungsfehlerstrom in A

U_B : Grenze der zulässigen Berührungsspannung (50 V Wechselstrom bzw. 120 V Gleichstrom)

Bei maximal 32 A Nennstrom sind folgende Abschaltzeiten einzuhalten (Tab. 5.2):

Tab. 5.2: Abschaltzeiten im TT-Netz.

Spannung	Abschaltzeit bei Wechselspannung	Abschaltzeit bei Gleichspannung
50 V < U_0 ≤ 120 V	0,3 s	5,0 s
120 V < U_0 ≤ 230 V	0,2 s	0,4 s
230 V < U_0 ≤ 400 V	0,07 s	0,2 s
U_0 > 400 V	0,04 s	0,1 s

Für Verteilerstromkreise und Endstromkreise mit einem Nennstrom über 32 A ist eine Abschaltzeit von max. 1 s zulässig.

Abschaltbedingung bei einer Fehlerspannungs-Schutzeinrichtung (Sonderfall)

R_A max. 200 Ω

R_A : Erdungswiderstand des Anlagenerders in Ω

IT-Netz

Das IT-System ist so konzipiert, dass direkten oder indirekten Berühren nur ein geringer Fehlerstrom zum Fließen kommt, und zudem keine zu hohe Berührungsspannung auftritt. In IT-Netzen dürfen daher *Differenzstrom-Überwachungseinrichtungen* (Residual Current Monitor = RCM) verwendet werden, obwohl diese keine Schutzeinrichtungen im eigentlichen Sinne sind. Sie lösen lediglich ein hörbares und/oder sichtbares Signal aus, wenn ein vorgewählter Wert des Differenzstroms überschritten wird. Erst wenn während des Betriebs ein zweites Mal ein Fehler auftritt, erfolgt eine automatische Abschaltung durch eine Überstrom- oder Fehlerstrom-Schutzeinrichtung (Abb. 5.3).

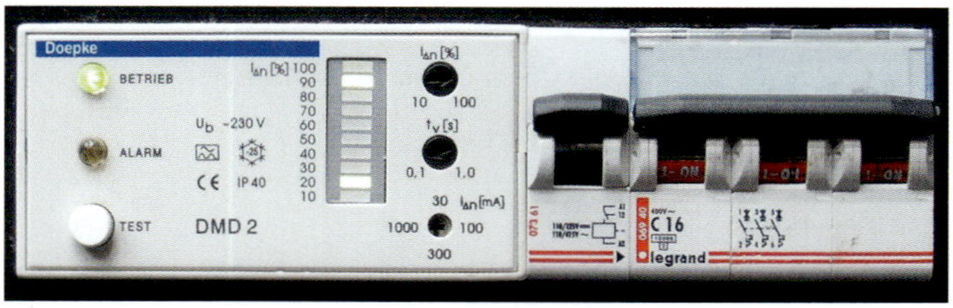

Abb. 5.3: Differenzstrom-Überwachungseinrichtung.

Meldungsbedingung durch Isolationsüberwachungseinrichtung

$$R_A \cdot I_d \leq U_B \quad \text{(Formel 5.5)}$$

R_A : Widerstand zwischen Körpern und fremden leitfähigen Teilen, die gleichzeitig berührbar sind in Ω
I_d : Strom, der die erste Meldung bewirkt in A
U_B : Grenze der zulässigen Berührungsspannung (50 V Wechselstrom bzw. 120 V Gleichstrom)

Als Abschaltzeiten beim zweiten auftretenden Fehler sind die für das TN-System vorgegebenen Werte einzuhalten (s. o.).

Wenn elektrische Geräte gruppenweise oder einzeln geerdet sind, gilt folgende Bedingung:

$$R_A < \frac{50\ \text{V}}{I_a} \quad \text{(Formel 5.6)}$$

I_a : Strom, der eine Abschaltung bewirkt in A

Für diesen Fall gelten die Abschaltzeiten wie bei einem TT-System (s. o.).

Abschaltbedingung bei einer Fehlerspannungs-Schutzeinrichtung (Sonderfall)

R_A max. 200 Ω

R_A : Erdungswiderstand des Anlagenerders in Ω

5.2 Überstrom-Schutzeinrichtungen

Überstrom-Schutzeinrichtungen (oder kurz: Sicherungen) werden in die Außenleiter eingebaut und unterbrechen den Stromkreis bei einer Stromstärke, die den Bemessungsstrom übersteigt. Sie können zwar auch einen Schutz beim indirekten Berühren darstellen, sollen aber vor allem elektrische Anlagen und Betriebsmittel vor einer Beschädigung schützen.

Beispiel: Eine Kabelerwärmung an der falschen Stelle soll unterbunden und damit eine Brandgefahr abwendet werden. Für die Bemessung einer Sicherung gelten folgende Bedingungen:

- Der Bemessungsstrom I_N des Schutzorgans muss größer sein als der zu erwartende Betriebsstrom I_B des Stromkreises, aber noch unterhalb der Strombelastbarkeit I_Z der Leitung oder des Kabels liegen:

$$I_B \leq I_N \leq I_Z \quad \text{(Formel 5.7)}$$

- Gemäß DIN VDE 0100 Teil 430 wurde für einstellbare Überstrom-Schutzorgane ein Prüfstrom festgelegt, bei dem die Sicherung auslösen muss:

$$I_{\text{Prüfstrom}} \leq 1{,}45 \cdot I_Z \quad \text{(Formel 5.8)}$$

Bei der Auswahl einer Überstrom-Schutzeinrichtung sind neben der Art des Einsatzes vor allem die Zeit-Strom-Kennlinie (Ausschaltzeit bei bestimmten Stromstärken, Abb. 5.4) und das maximale Schaltvermögen in Ampere zu beachten. Sicherungen müssen am Anfang jedes Stromkreises eingebaut werden, sowie an allen Stellen, an welchen die Strombelastbarkeit gemindert wird. Bei einer Reihenschaltung von Überstrom-Schutzeinrichtungen ist neben dem Schaltvermögen noch das selektive Verhalten bzw. die Selektivität zu berücksichtigen. Das bedeutet, dass jeweils die Sicherung abschalten muss, die der Fehlerstelle in Energieflussrichtung am nächsten liegt (Abb. 5.5). Konkretes Beispiel: Wenn in einem elektrischen Gerät ein Fehler auftritt, dann sollte zuerst die Gerätesicherung abschalten und nicht gleich der Leitungsschutzschalter im Sicherungskasten.

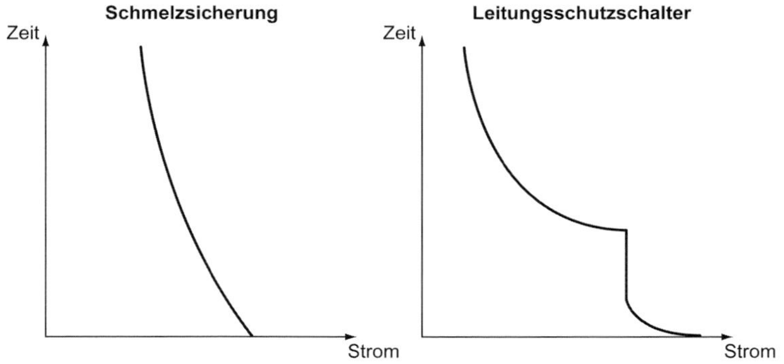

Abb. 5.4: Zeit-Strom-Kennlinien (links: Schmelzsicherung, rechts: Leitungsschutzschalter).

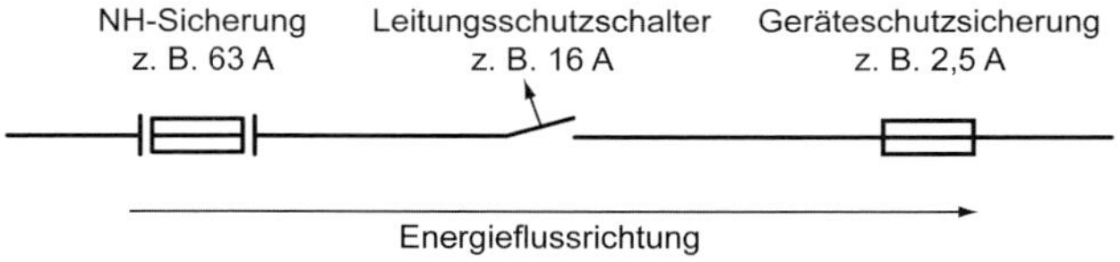

Abb. 5.5: Selektivität bei Überstrom-Schutzeinrichtungen.

Es gibt verschiedene Arten von Sicherungen, wobei im Folgenden die Niederspannungs-Hochleistungssicherung, die Schmelzsicherung, der Leitungsschutzschalter und die Feinsicherung erläutert werden.

Niederspannungs-Hochleistungssicherungen

Niederspannungs-Hochleistungssicherungen, kurz NH-Sicherungen, sind auch als Panzersicherungen oder Messersicherungen bekannt. Sie haben massive Kontaktmesser an beiden Enden und können dadurch größere Ströme führen. Im Innern des Porzellan- oder Kunststoffkörpers befinden sich ein oder mehrere in Quarzsand eingebettete, bandförmige Schmelzleiter aus verzinntem oder versilbertem Kupfer. Der Quarzsand kühlt die Sicherung beim Durchbrennen des Drahtes und löscht den entstehenden Lichtbogen.

NH-Sicherungen werden für den Anschluss ans öffentliche Stromnetz eingesetzt und trennen im Falle eines Überstroms alle drei Außenleiter gleichzeitig. Sie dürfen nur von einer Fachkraft mit geeignetem Werkzeug (Ausziehgriff) und Schutzausrüstung (Helm mit Gesichtsschutz, Isolierschutzmatte und isolierende Handschuhe) ausgetauscht werden (Abb. 5.6).

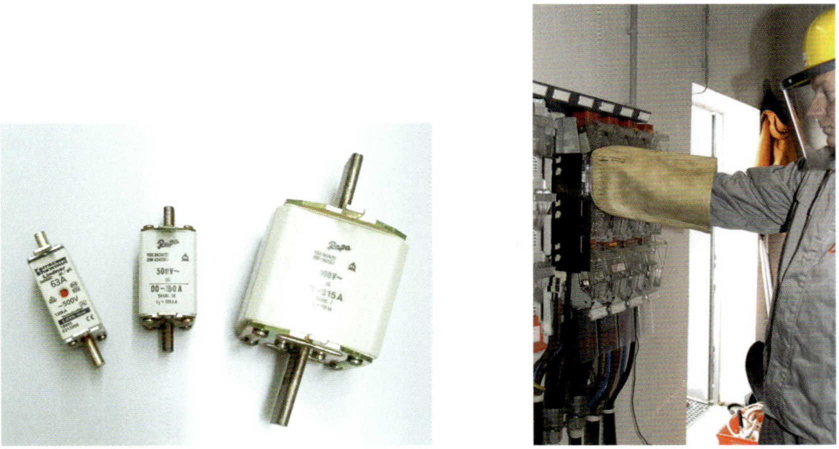

Abb. 5.6 Links: Verschiedene NH-Sicherungseinsätze. **Rechts:** Austausch einer NH-Sicherung.

Vorher müssen allerdings alle Stromkreise freigeschaltet werden, da ansonsten durch Berührung mit einem nicht freigeschalteten Nachbarstromkreis ein Kurzschluss mit der Entstehung eines Lichtbogens zu erwarten ist – was schwere bis tödliche Verletzungen zur Folge haben kann.

Bemessungsströme für NH-Sicherungen

NH-000: 6 bis 100 A

NH-00: 6 bis 160 A

NH-1: 63 bis 250 A

NH-2: 125 bis 400 A

NH-3: 315 bis 630 A

NH-4: 500 bis 1250 A

Die meisten NH-Sicherungen haben eine Anzeigevorrichtung, die den Betriebszustand (betriebsfähig oder unterbrochen) angibt, zum Beispiel in Form eines roten Stirnkennmelders, der bei einer durchgebrannten Sicherung deutlich hervorsteht.

Schmelzsicherungen

Schmelzsicherungen befinden sich im Sicherungskasten und sichern einzelne Stromkreise oder besondere elektrische Verbraucher ab. Eine Schmelzsicherung besteht aus einem zylinderförmigen, innen hohlen Keramikkörper mit zwei Metallkappen an den Enden. Zwischen den Metallkappen liegt in Quarzsand eingebettet ein Schmelzdraht. Ab der Bemessungsstromstärke erwärmt sich der Draht allmählich über seinen Schmelzpunkt und brennt bei Überlast oder Kurzschluss im Stromkreis durch. Eine Feder drückt dann einen Kennmelder aus dem Kopfkontakt heraus. Somit ist zu erkennen, dass die Sicherung ausgelöst hat. Wie bei einer NH-Sicherung dient der Quarzsand auch hier zum Kühlen der Sicherung beim Durchbrennen und Löschen des Lichtbogens. Der schmelzende Quarzsand wird zu Glas, welches den Stromfluss rasch unterbricht und einen Lichtbogen zwischen den Metallkappen verhindert (Abb. 5.7).

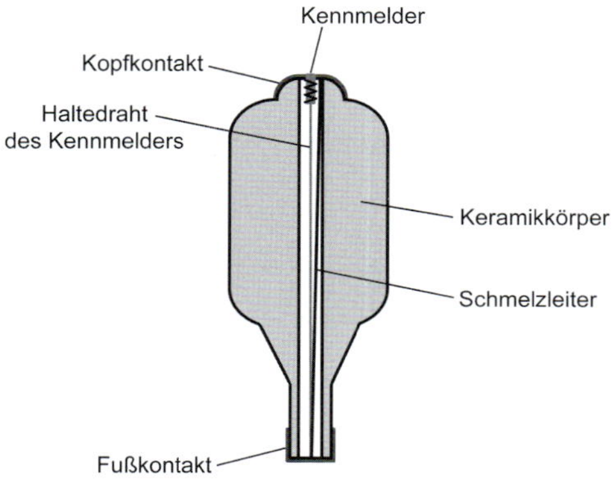

Abb. 5.7 Links: Prinzip einer Schmelzsicherung. **Rechts:** Schmelzsicherung in Schraubeinsatz.

Leitungsschutzschalter

Leitungsschutzschalter werden auch Sicherungsautomat genannt, die englische Bezeichnung ist Miniature Circuit Breaker (MCB). Leitungsschutzschalter (Abb. 5.8) befinden sich im Sicherungskasten und sichern einzelne Stromkreise oder besondere elektrische Verbraucher ab. Die Auslösung des Abschaltmechanismus erfolgt bei Überlast, bei Kurzschluss oder auch manuell zum Beispiel bei Arbeiten am Stromkreis.

Kurzschlussschutz durch unverzögerten Elektromagnetauslöser

Bei einem Kurzschluss steigt der Strom sehr schnell an, und die Abschaltung erfolgt durch einen elektromagnetischen Auslöser innerhalb weniger Millisekunden.

Überlastschutz durch verzögerten Thermo-Bimetallauslöser

Liegt die Stromstärke für längere Zeit knapp unter der Kurzschlussschwelle, erwärmt sich ein Bimetallstreifen im Leitungsschutzschalter. Durch die Erwärmung verformt sich das Bimetall, und der Abschaltmechanismus wird dadurch leicht verzögert ausgelöst.

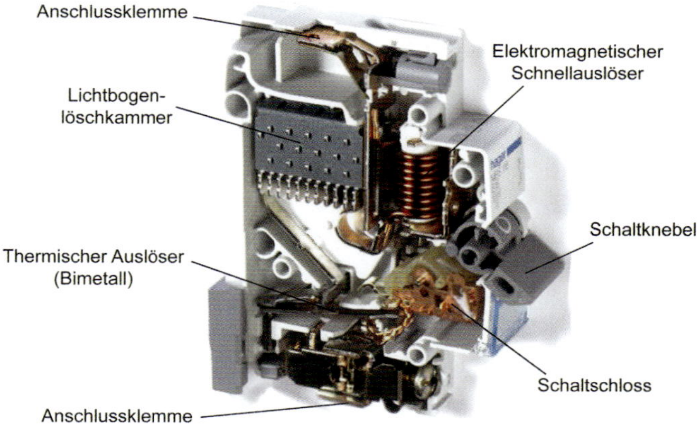

Abb. 5.8: Sicherungsautomat.

Wenn der Schaltkontakt unterbrochen wird, bildet sich durch Ionisation der Luft ein Lichtbogen zwischen dem beweglichen und festen Schaltstück, es entsteht also eine unerwünschte, leitende Verbindung. Deshalb wird der Lichtbogen in eine Funkenlöschkammer geleitet und dort von gegeneinander isolierten Metallplättchen in schwächere Lichtbögen zerlegt, bis er schließlich zusammenbricht.

Leitungsschutzschalter können nach dem Auslösen wieder eingeschaltet werden. Sie sind daher auch als betriebsmäßige Schalter zugelassen. Sie sind in ein- oder mehrpoliger Ausführung mit Bemessungsströmen bis 63 A erhältlich. Für Dreiphasenwechselstrom werden auch Leitungsschutzschalter eingesetzt, die allpolig abschalten, sobald in einem Außenleiter eine Überlast oder ein Kurzschluss auftritt.

Freiauslösung

Freiauslösung bedeutet, dass ein Auslösen auch dann möglich ist, wenn der Schalterantrieb von Hand in der Einschaltstellung festgehalten wird.

Bemessungsschaltvermögen (Kurzschlussschaltvermögen)

Auf dem Typenschild des Leitungsschutzschalters ist das Bemessungsschaltvermögen angegeben. Dieses sagt aus, welcher maximale Schaltstrom noch verkraftet wird. Die Energieversorgungsunternehmen fordern ein Bemessungsschaltvermögen von mindestens 6000 A. Damit das Schaltvermögen nicht überschritten wird und keine Zerstörung des Leitungsschutzschalters erfolgt, müssen Schmelzsicherungen mit 63 bis 100 A vorgeschaltet werden. Nur bei speziellen Leitungsschutzschaltern mit hoher Schaltgeschwindigkeit und großer Strombegrenzung kann auf eine Vorsicherung verzichtet werden.

Auslösekennlinie

Elektrische Betriebsmittel und Anlagen haben unterschiedliche Eigenschaften, die bei der Auswahl des geeigneten Leitungsschutzschalters berücksichtigt werden müssen. So haben zum Beispiel Motoren einen hohen Anlaufstrom oder Scheinwerfer hohe Einschaltspitzen. Leitungsschutzschalter werden nach der Auslösecharakteristik in verschiedene Typen unterschieden:

Typ Z:	Besonders sensible Charakteristik
Typ A:	Halbleiterschutz
Typ B:	Standardleitungsschutz
Typ C:	Schutz für Leistungsstromkreise
Typ D:	Schutz für stark induktive Verbraucher wie beispielsweise Leistungstrafos
Typ E:	Selektiver Leitungsschutzschalter
Typ K:	Überlastschutz bei hohen Einschaltströmen
Typ S:	Überlastschutz bei sehr hohen Einschaltströmen

Veraltete Typen, die nicht mehr in Neuinstallationen verwendet werden dürfen: G, H, L und U. Die Auslösekennlinie der einzelnen Typen setzt sich aus dem Überlastschutzbereich und dem Kurzschlussschutzbereich zusammen (Abb. 5.9).

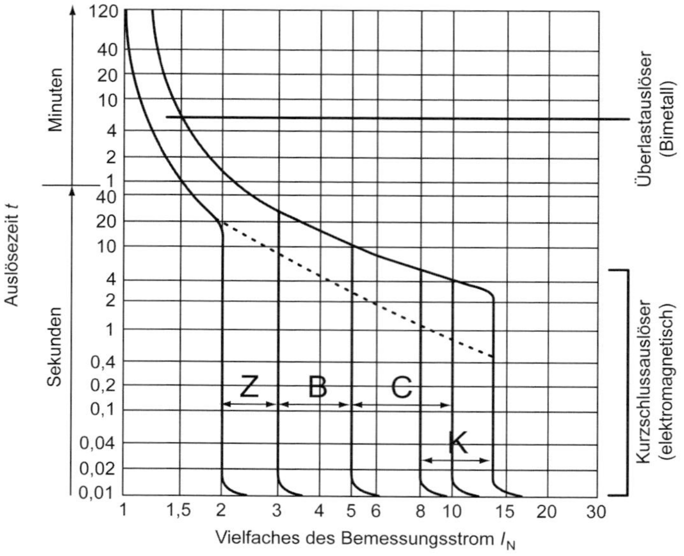

Abb. 5.9: Auslösecharakteristik (Zeit-Strom-Kennlinien) von Leitungsschutzschaltern.

Selektiver Leitungsschutzschalter

Selektive Leitungsschutzschalter schalten den Strom im Falle eines Kurzschlusses verzögert ab. Sie kommen anstelle der NH-Sicherungen vor den Stromzählern zum Einsatz (und werden daher auch selektive Haupt-Leitungsschutzschalter genannt). Selektive Leitungsschutzschalter verfügen über einen Kippschalter, und somit kann die Anlage frei geschaltet werden, ohne spannungsführende Teile freizulegen. Sie dürfen daher auch von Laien bedient werden, und nicht ausschließlich von einer Elektrofachkraft wie die NH-Sicherungen. Üblicherweise sind selektive Leitungsschutzschalter verriegelt und mit einer Plombe versehen (Abb. 5.10).

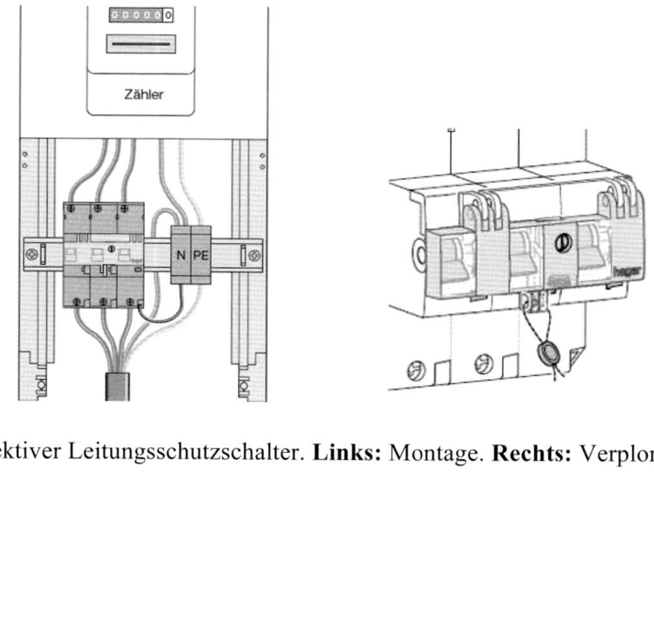

Abb. 5.10: Selektiver Leitungsschutzschalter. **Links:** Montage. **Rechts:** Verplombter Schalter.

Feinsicherungen

Feinsicherungen bzw. Geräteschutzsicherungen sollen im Fehlerfall das Gerät vor Zerstörung schützen. Bei Überlast schmilzt ein feiner Draht in einem Glas- oder Keramikkörper durch (Abb. 5.11). Der Schmelzdraht kann freiliegend oder in Quarzsand eingebettet sein. Feinsicherungen gibt es in verschiedenen Längen und Durchmessern. In Europa sind Sicherungen mit metrischen Maßen üblich, in den USA zöllige. Die gebräuchlichsten Feinsicherungen haben folgende Größen:

- Europa: 5 mm Durchmesser und 20 mm Länge
- USA: 6,3 mm Durchmesser und 32 mm Länge

Auf den Metallkappen sind die Bemessungsspannung in Volt, der Bemessungsstrom in Milliampere oder Ampere, die Auslösecharakteristik (Zeit-Strom-Charakteristik) und das Bemessungsschaltvermögen eingeprägt.

Auslösecharakteristik von Feinsicherungen

FF:	Superflink
F:	Flink
M:	Mittelträge
T:	Träge
TT:	Superträge

Bei einem ca. 10-fachen Bemessungsstrom schalten flinke Sicherungen innerhalb von weniger als 20 ms ab, mittelträge zwischen 50 und 90 ms und träge zwischen 100 und 300 ms. Das Ansprechverhalten und der Bemessungsstrom amerikanischer Feinsicherungen unterscheiden sich von dem europäischer Typen. Sie sind daher meist nicht untereinander austauschbar.

Kurzzeichen für das Bemessungsschaltvermögen

L:	Kleines Ausschaltvermögen (35 A oder 10-facher Bemessungsstrom)
E:	Erhöhtes Ausschaltvermögen (150 A)
H:	Großes Ausschaltvermögen (1500 A)

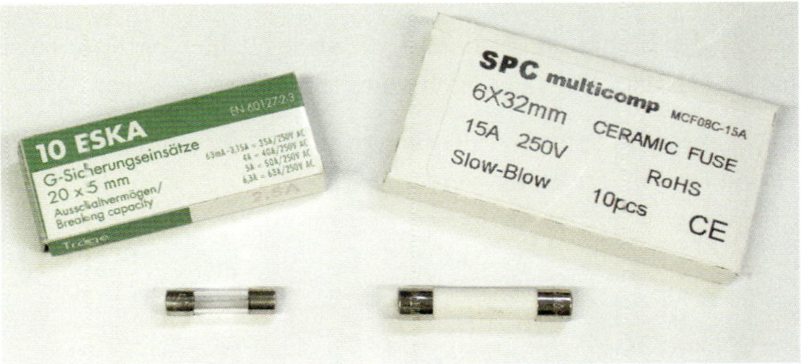

Abb. 5.11: Feinsicherungen.

Farbkennzeichnung bei Geräteschutzsicherungen

Ähnlich wie Widerstände (s. Kap. 2.1) können auch Geräteschutzsicherungen mit einem Farbcode versehen werden. Dieser besteht aus vier Ringen, wobei die ersten drei Ringe den Bemessungsstrom in Milliampere angeben und der vierte die Auslösecharakteristik (Tab. 5.3).

Tab. 5.3: Farbcode bei Geräteschutzsicherungen nach DIN VDE 0636.

Farbe	1. und 2. Ring	3. Ring = Multiplikator	4. Ring
Schwarz	0	· 1	FF
Braun	1	· 10	
Rot	2	· 100	F
Orange	3	· 1000	
Gelb	4		M
Grün	5		
Blau	6		T
Violett	7		
Grau	8		TT
Weiß	9		

Beispiel: Eine Feinsicherung ist mit den Farbringen Rot, Grün, Rot und Gelb gekennzeichnet.

Rot = 2

Grün = 5

Rot = Multiplikator · 100

Gelb = M

Es handelt sich hier also um eine mittelträge Feinsicherung mit einem Bemessungsstrom von 2500 mA bzw. 2,5 A.

Sicherheitstipps für den Umgang mit Sicherungen

Sicherungen schützen Kabel, Leitungen und Geräte vor Überlastung und Kurzschluss. Sie dürfen daher nicht überbrückt werden!

Nach dem Auslösen einer Sicherung ist immer zuerst der Fehler im Stromkreis zu suchen und zu beseitigen, erst danach darf eine neue Sicherung eingesetzt werden.

Als Ersatz für durchgebrannte Schmelzsicherungen sollten nur solche mit der gleichen Bemessungsstromstärke und Größe verwendet werden.

5.3 Fehlerstrom-Schutzeinrichtung

Der Fehlerstromschutzschalter oder auch RCD (Residual Current Protective Device) zählt zu den Schutzeinrichtungen, die gegen indirektes Berühren schützen sollen. In Neubauten und Neuanlagen sind Sicherungsautomaten mit integriertem RCD-Glied vorgeschrieben. Im Fehlerfall schaltet ein RCD allpolig ab. Dazu wird im Ringkern- bzw. Summenstromwandler *W* die Summe der fließenden Ströme verglichen. Im Normalfall ist nach der ersten Kirchhoffschen Regel (Knotenpunktregel, s. Kap. 1.7.3) die Summe der zu- und abfließenden Ströme gleich null ($I_\Delta = 0$), die magnetischen Felder der Leiter heben sich im Summenstromwandler gegenseitig auf. Im Fehlerfall, also bei Erdschluss oder Körperschluss fließt ein Fehlerstrom $I_{\Delta n}$ über die Erde oder den PE-Schutzleiter zum Spannungserzeuger zurück (Abb. 5.12). Die Summe der zu- und abfließenden Ströme ist nun größer null, und im Summenstromwandler wird durch das entstehende Magnetfeld eine Spannung induziert, die eine Schalteinrichtung ansteuert.

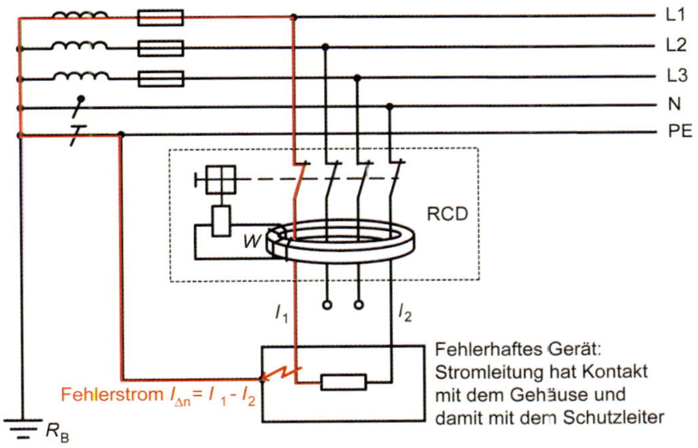

Abb. 5.12: Funktionsweise eines Fehlerstromschutzschalters.

Eine Trennung des Stromkreises erfolgt, sobald der Fehlerstrom einen bestimmten Wert erreicht. Die zulässige Abschaltzeit liegt bei $\Delta t \leq 0{,}2$ s.

Bemessungswerte von Fehlerstromschutzschaltern

Bemessungsspannungen:	230, 240, 400, 415, 500, 660, 690, 750 und 1000 V.
Bemessungsströme:	10, 13, 16, 20, 25, 32, 40, 63, 80, 100, 125, 160 und 200 A.
Schaltvermögen:	3, 6, 10, 20 und 50 kA.
Bemessungsfehlerströme:	6, 10 und 30 mA, bzw. 100, 300, 500 und 1000 mA bei selektiven RCD.
Bemessungskurzschlussströme:	3000, 4500, 6000, 10 000 und 20 000 A.

Selektive RCD haben gegenüber den Standardtypen ein verzögertes Auslöseverhalten, zudem sind sie stromfest für Spitzen bis 5000 A.

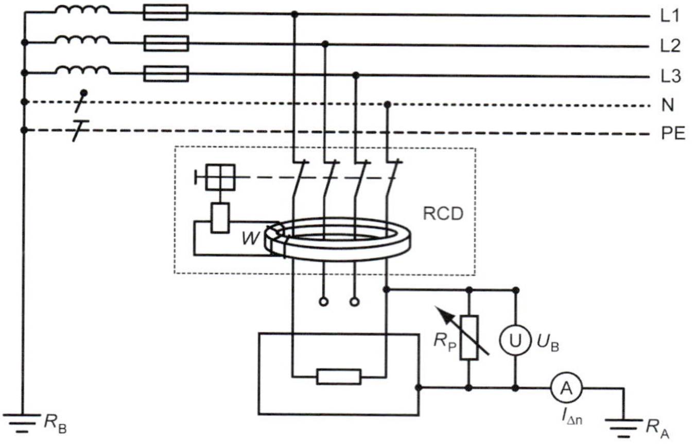

Abb. 5.13: Prüfung eines RCD.

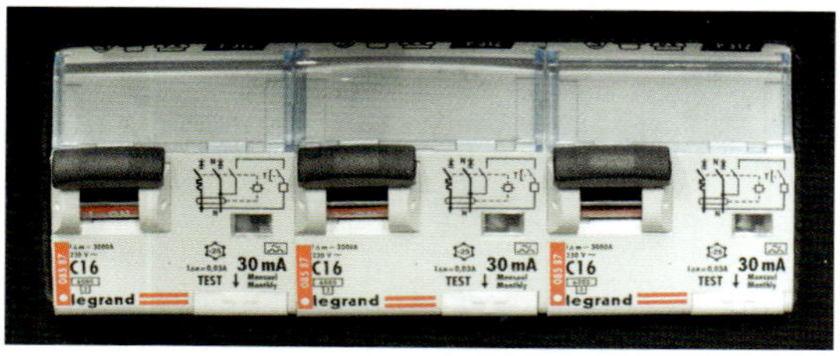

Abb. 5.14: RCD für die drei Phasen eines Drehstromanschlusses.

Mit einer Prüftaste am RCD kann ein Fehler simuliert und somit die Auslösefunktion getestet werden. Allerdings sagt dies nichts über die Wirksamkeit der Schutzmaßnahme aus. Die Funktion eines Fehlerstromschutzschalters kann aber mit Hilfe eines Messaufbaus überprüft werden. Als Beispiel soll hier eine Messung an einem handelsüblichen RCD mit einem Bemessungsdifferenzstrom von $I_{\Delta n}$ = 30 mA erfolgen (Abb. 5.13 und 5.14).

Bei der Überprüfung wird zunächst die Berührungsspannung U_B gemessen, diese darf bei der Messung nicht über 50 V ansteigen. Nun kann mit dem veränderbaren Prüfwiderstand R_P der Strom gegenüber R_A eingestellt werden: Der Strom $I_{\Delta n}$ wird langsam erhöht, bis der RCD schließlich auslöst.

Für einen normalen Fehlerstromschutzschalter liegt der Auslösestrom bei 0,5 bis 1 · $I_{\Delta n}$

Für einen selektiven Fehlerstromschutzschalter liegt der Auslösestrom bei 1 bis 1,5 · $I_{\Delta n}$

Auslösezeiten

Normale RCD sollten beim Bemessungsfehlerstrom $I_{\Delta n}$ innerhalb von $\Delta t \leq 0{,}2$ s abschalten. Beim fünffachen Bemessungsfehlerstrom beträgt die Abschaltzeit $\Delta t \leq 0{,}04$ s.

Für selektive RCD gilt eine Abschaltzeit von $0{,}15\ \text{s} \leq \Delta t \leq 0{,}5$ s als in Ordnung, und bei $I_{\Delta n} \cdot 5$ ist eine Abschaltzeit von $0{,}04\ \text{s} \leq \Delta t \leq 0{,}15$ s vertretbar.

Einsatz von Fehlerstromschutzeinrichtungen

Fehlerstromschutzschalter finden ihren Einsatz in TN-, TT-, und IT-Netzen. Dabei ist der Einsatz von RCD in TT-Netzen von besonderer Bedeutung, da es hier nicht einfach ist, den notwendigen Erdungswiderstand R_A einzuhalten, so dass eine Überstromschutzeinrichtung im Fehlerfall schnell genug auslöst.

Beispiel: Wir haben eine Anlage mit einer 16 A-Schmelzsicherung. Damit diese innerhalb von 0,4 s auslöst, muss ein Strom von 200 A fließen. Da die höchst zulässige Berührungsspannung von 50 V nicht überschritten werden darf, errechnet sich der Erdungswiderstand R_A der Anlage wie folgt (vgl. Formel 5.6 auf S. 107):

$$R_A = \frac{U_B}{I} = \frac{50\ \text{V}}{200\ \text{A}} = 0{,}25\ \Omega$$

Solch ein geringer Erdungswiderstand ist im TT-Netz praktisch nicht zu erreichen. Durch den Einsatz eines RCD mit $I_{\Delta n}$ = 30 mA ergibt sich folgender Widerstand:

$$R_A = \frac{U_B}{I_{\Delta n}} = \frac{50\ \text{V}}{30\ \text{mA}} = 1{,}67\ \text{k}\Omega$$

Dies ist ein Wert, der in der Praxis ohne weiteres einzuhalten ist.

Für die Überprüfung des RCD im TT-Netz kann eine Schaltung wie in Abb. 5.15 genutzt werden. Die Widerstände der Anlage betragen R_A = 1 kΩ und R_B = 2,2 kΩ. Für die Messung wird ein Prüf- und Messgerät der Firma ABB vom Typ M5010 verwendet. Nachdem das Messgerät durch einen Selbsttest überprüft wurde, kann schließlich eine Überprüfung des Fehlerstromschutzschalters erfolgen.

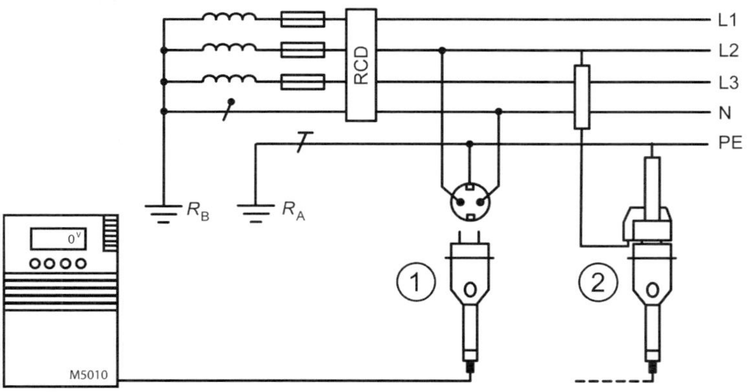

Abb. 5.15: Schaltung zur Überprüfung von RCD im TT-Netz.

Zur Überprüfung des RCD werden zwei Messungen durchgeführt (Tab. 5.5). In der ersten Messung wird die Berührungsspannung ermittelt, welche auftritt, wenn der RCD innerhalb von 20 ms auslöst. Weiterhin wird zur Kontrolle der Anlagenerdungswiderstand gemessen. In der zweiten Messung wird der tatsächliche Auslösestrom gemessen sowie die daraus resultierende Berührungsspannung. Hierbei erhöht das Messgerät den Strom kontinuierlich, bis der RCD auslöst.

Tab. 5.4: Messergebnisse.

1. Messung	2. Messung
$U_B = 34$ V	$U_B = 23$ V
$R_A = 1{,}06$ kΩ	$I_{\Delta n} = 20{,}3$ mA

Die für das Messgerät angegebenen Gebrauchsfehler für die Überprüfung von RCD werden vom Hersteller wie folgt angegeben (diese Werte werden weiter unten noch von Bedeutung sein):

$U_B = 0$ V bis 23 V → +3 Digit (Ziffernschritte auf einem digitalem Messgerät)

$U_B = 24$ V bis 70 V → 16 % vom Messwert

Anzeige der Auslösezeit → ±10 ms

Bewertung der ersten Messung

Auslösezeit

Die angezeigte Auslösezeit beträgt 20 ms. Da der Fehler des Messgerätes bei ±10 ms liegt, ist die tatsächliche Auslösezeit zwischen 10 und 30 ms anzunehmen.

Die Auslösezeit für einen RCD muss kleiner als 0,2 s sein, die tatsächliche Auslösezeit beträgt maximal 0,03 s.

→ Die Auslösezeit ist also in Ordnung.

Berührungsspannung

Die angezeigte Berührungsspannung beträgt bei der ersten Messung U_B = 34 V. Der Fehler für diesen Spannungsbereich liegt bei +16 % vom Messwert, somit ergibt sich ein maximale Berührungsspannung von:

$$\frac{U_B}{100\ \%} \cdot 16\ \% + U_B = \frac{34\ \text{V}}{100\ \%} \cdot 16\ \% + 34\ \text{V} = 39{,}4\ \text{V}$$

Die Berührungsspannung darf maximal 50 V betragen, und diese Spannung wird nicht erreicht.

→ Die Berührungsspannung ist in Ordnung.

Bewertung der zweiten Messung

Berührungsspannung

Die angezeigte Berührungsspannung beträgt U_B = 23 V. Es liegt eine Messunsicherheit von +3 Digit vor, d. h. die letzte angezeigte Stelle kann um 3 V zu groß sein. Wenn dies so wäre, läge in unserem Fall eine Berührungsspannung von 20 V vor.

Dieser Wert ist aber auch durch das Messverfahren fehlerbehaftet. Der Messfehler kommt durch einen Vorstrom in der Anlage zustande; dieser überlagert sich mit dem Fehlerstrom und verfälscht das Ergebnis. Um die genaue Berührungsspannung zu erhalten, wird eine Korrekturrechnung durchgeführt:

$$U_{\text{B Korrektur}} = U_B \cdot \frac{I_{\Delta n}}{\Delta I} = 23\text{ V} \cdot \frac{30\text{ mA}}{20{,}3\text{ mA}} = 34{,}0\text{ V}$$

→ Die Berührungsspannung ist in Ordnung.

Auslösestrom

Der Auslösestrom des RCD beträgt 20,3 mA mit einer Toleranz von ± 5% vom Messwert.

Ermittlung des maximalen Auslösestroms:

$$I_{\Delta n} = \left(\frac{20{,}3\text{ mA} \cdot 5\ \%}{100\ \%}\right) + 20{,}3\text{ mA} = 21{,}32\text{ mA}$$

Der Auslösestrom darf den 0,5 bis 1-fachen Wert von $I_{\Delta n}$ erreichen. Dies wären somit 15 bis 30 mA.

→ Der Wert ist also auch in Ordnung.

Fazit der Messungen

Der RCD erfüllt die Abschaltbedingungen in der überprüften Anlage. Die erforderlichen Abschaltzeiten werden eingehalten. Die maximale Berührungsspannung wird nicht überschritten, auch nicht der zulässige Auslösestrom.

Der Einsatz einer Fehlerstromschutzeinrichtung ist in unserer Schaltung unerlässlich – der Einsatz lediglich einer Sicherung zum Schutz gegen eine unzulässig hohe Berührungsspannung würde keinesfalls ausreichen. Aufgrund des Widerstands des Anlagenerders (R_A = 1 kΩ) kommt es nämlich zu folgendem Fehlerstrom:

$$I_{\Delta n} = \frac{U}{R_A} = \frac{230\text{ V}}{1\text{ k}\Omega} = 230\text{ mA}$$

Bei einer Sicherung mit einem Bemessungswert von 16 A reicht dieser Fehlerstrom nicht aus, um die Sicherung auszulösen. Das bedeutet, im Fehlerfall würde die Berührungsspannung 230 V betragen und damit unzulässig hoch sein.

5.4 Erdungsanlagen

Erdungsanlagen sind ein unverzichtbarer Bestandteil elektrischer Anlagen. Erden bedeutet, dass ein Punkt der elektrischen Anlage mit dem Erdreich verbunden ist. Fehlerströme können über die Erdung abfließen. In der Starkstromtechnik wird der Schutzleiter PE wird mit der Erde verbunden. Daneben gibt es spezielle Erdungsanlagen für den Blitzschutz. Während bei der Stromversorgung die Erdung ein wesentlicher Bestandteil der Schutzmaßnahmen ist (und daher auch „Schutzerdung“ genannt wird), steht in der Schaltungselektronik dagegen die elektromagnetische Verträglichkeit (EMV) im Vordergrund. Daneben sollen Erdschleifen und ein damit verbundenes Brummen auf Audio- und Videoanlagen vermieden werden. Man spricht hier daher auch von „Funktionserdung“.

Abgrenzung der Begriffe „Erdung“ und „Masse“: Als Masse bezeichnet man den gemeinsamen Bezugsleiter (0 V-Potential) für alle Spannungen in einem Stromkreis, beispielsweise innerhalb eines elektrischen Gerätes. Die Masse kann, muss aber nicht mit der Erde verbunden sein. Zur Verbindung einer elektrischen Anlage mit der Erde dient ein in das Erdreich oder das Fundament eines Gebäudes eingebrachter Leiter, der Erder.

Tiefenerder

Tiefenerder werden senkrecht in den Boden eingetrieben. Mit Längen von 1,5 bis 30 Metern erreichen sie Erdschichten, deren spezifischer Widerstand geringer ist als der von oberflächennahen. Sie können ein Rund- oder ein Kreuzprofil aufweisen, entsprechend nennt man sie dann Rohrerder oder Kreuzerder (Abb. 5.16).

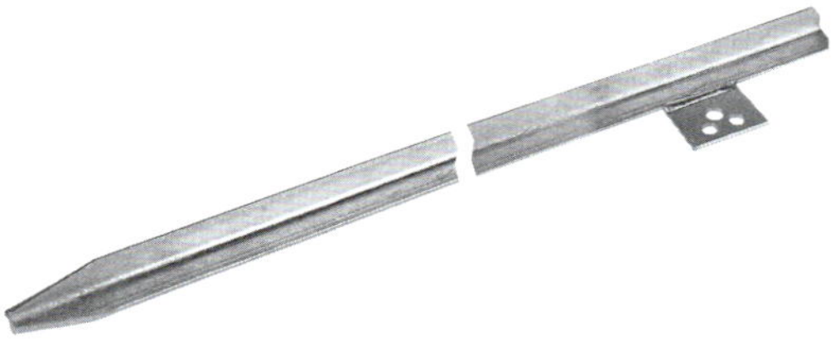

Abb. 5.16: Tiefenerder, als Kreuzerder ausgeführt.

Oberflächenerder

Oberflächenerder (Abb. 5.17) werden in geringer Tiefe bis ca. 1 m parallel zur Erdoberfläche eingebracht, wobei die Mindesttiefe 0,5 m beträgt. In der Regel befindet sich der Erder damit in der frostfreien Zone. Sie werden ausgeführt als:

- Ringerder = horizontaler Ring
- Maschenerder = horizontales Gitter
- Strahlenerder = strahlenförmig auseinander laufende Erdleiter. Winkel zwischen den einzelnen Strahlen nicht kleiner als 60°, maximale Länge der Strahlen 1,5 m

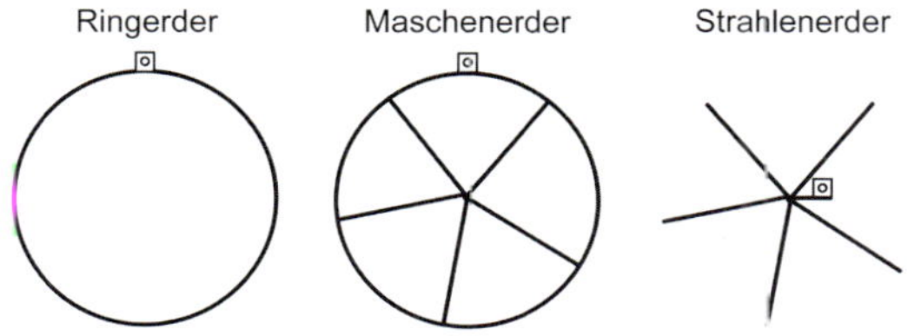

Abb. 5.17: Ringerder, Maschenerder und Strahlenerder.

Fundamenterder

Der Fundamenterder befindet sich eingeschlossen im Beton unterhalb der Feuchtigkeitsisolation der Außenwände eines Gebäudes. Eventuell kann auch die Stahlkonstruktion von Stahlbetonbauten den Fundamenterder ersetzen. Fundamenterder können für den Potentialausgleich und andere Erdungsaufgaben herangezogen werden, zum Beispiel für Schutzmaßnahmen gegen elektrischen Schlag, Blitz- und Überspannungsschutz, Erdung für Kommunikationsanlagen und Antennen. Laut DIN 18 014 sind Fundamenterder für alle Neubauten vorgeschrieben. Die Errichtung erfolgt durch eine Elektrofachkraft oder unter Aufsicht einer Elektrofachkraft.

Der geschlossene Ring im Fundament der Außenwände des Gebäudes sollte eine Maschenweite von nicht größer als 20 m x 20 m aufweisen. Bei größeren Gebäuden ist eine Aufteilung in mehrere Maschen möglich, mit Querverbindungen zwischen den Maschen. Als Verbindungsarten kommen Schweiß-, Klemm- oder Pressverbindungen in Frage. Der Fundamenterder darf nicht über Bewegungsfugen geführt werden, es ist aber möglich, ihn aus dem Fundament herausführen und Verbindungen über Dehnungsbänder herzustellen. Um den Fundamenterder vor Korrosion zu schützen, muss er allseitig von 5 cm Beton umgeben sein.

Der Anschluss der Potentialausgleichsschiene (s. Kap. 5.5) erfolgt ausschließlich durch eine Elektrofachkraft. Verbindungen zu Telekommunikations- und Antennenanlagen werden von den jeweiligen Anlagenerrichtern hergestellt. Zur Dokumentation werden das Ergebnis der Durchgangsmessung und daneben Pläne und Fotografien abgelegt (Abb. 5.18).

Abb. 5.18: Erdleitung in einem Betonfundament.

Erdermaterial

Erder bestehen meist aus feuerverzinktem Stahl, aber es gibt auch Ausführungen in Kupfer. Es ist darauf zu achten, dass der Erder nicht mit verzinkten Wasserleitungen in Verbindung steht, denn hierbei bildet sich in Verbindung mit der Erdfeuchtigkeit als Elektrolyt ein so genanntes Lokalelement (ein kurz geschlossenes galvanisches Element). In der Folge löst sich an der Kontaktstelle durch Elektronenfluss vom unedleren (Zink) zum edleren Metall (Kupfer) das Zink auf, und die Wasserleitung wird beschädigt.

Mindeststärke des Materials

- Verzinkter Stahl 3 mm
- Kupfer 2 mm

Mindestquerschnitt für Erder

- Verzinkter Stahl 100 mm²
- Kupfer 50 mm²

Durchmesser für Runderder

- Verzinkter Stahl 10 mm ∅
- Kupfer 8 mm ∅

Die Anschlussteile müssen aus nichtrostendem oder feuerverzinktem Stahl bestehen, mit zusätzlicher Kunststoffummantelung. Bei der Verlegung außerhalb des Fundaments ist ausschließlich nichtrostender Edelstahl zugelassen. Werkstoff: Rundstahl mit mind. 10 mm Durchmesser oder Bandstahl mit mind. 30 x 3,5 mm.

Anschlussfahnen: Mind. 1,5 m lang, auffällige Kennzeichnung. Der Anschluss für die Blitzschutzanlage ist nach außen zu führen.

Erderleitungen

Außerhalb der Erde müssen folgende Mindestquerschnitte eingehalten werden:

- Geschützte Verlegung im Rohr oder als Mantelleitung 2,5 mm²
- Ungeschützte Verlegung, d. h. blank oder nur mit Aderisolierung 4 mm²

Daneben muss der Querschnitt des Außenleiters der elektrischen Anlage beachtet werden (Tab. 5.6).

Tab. 5.5: Mindestquerschnitt der Erderleitung in Abhängigkeit vom Außenleiter.

Außenleiterquerschnitt q	Mindestquerschnitt Erderleitung
q kleiner oder gleich 16 mm²	q
q größer als 16 mm², aber kleiner als 35 mm²	16 mm²
q größer als 35 mm²	q / 2

Erdungswiderstand

Der Erdungswiderstand einer elektrischen Anlage ist der Widerstand zwischen der Potentialausgleichsschiene (s. Kap 5.5) und der Erde. Er setzt sich zusammen aus dem Widerstand des Erderleitung zum Anschluss der Erders und dem Ausbreitungswiderstand.

Ausbreitungswiderstand

Der Ohmsche Widerstand zwischen dem Erder und der Bezugserde wird als Ausbreitungswiderstand bezeichnet. Er errechnet sich aus dem elektrischen Strom und der elektrischen Spannung im Erdreich. Direkt am Erder ist die Stromdichte aufgrund der relativ kleinen Stromaustrittsfläche (Oberfläche des Erders) groß. Mit zunehmender Entfernung verringert sich die Stromdichte, da ein größer werdender Erdquerschnitt durchsetzt wird. Die elektrische Spannung verhält sich proportional zur Stromdichte. Den Verlauf dieser Spannung entlang der Erdoberfläche zeigt ein Spannungs-Weg-Diagramm (*U*-*s*-Diagramm); wegen der sich ergebenden Kurvenform wird dieses Diagramm auch Spannungstrichter genannt (Abb. 5.19).

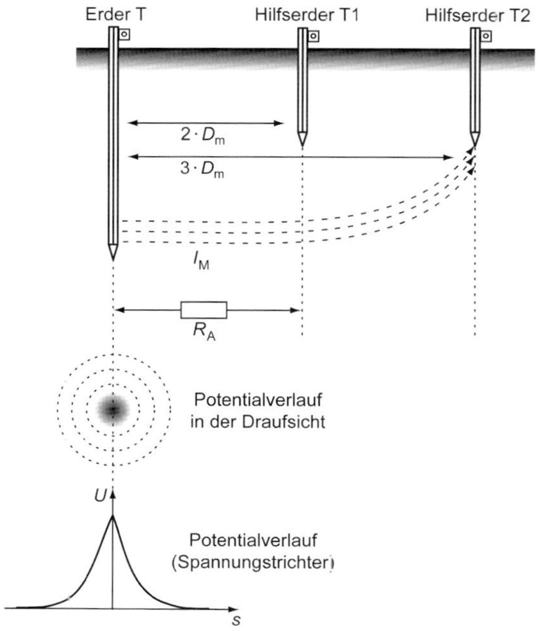

Abb. 5.19: Messung des Ausbreitungswiderstands.

D_m bezeichnet den mittleren Durchmesser der Erdungsanlage, er berechnet sich wie folgt:

$$D_m = 2 \cdot \sqrt{\frac{A}{\pi}} \qquad \text{(Formel 5.9)}$$

A : Fläche der Erdungsanlage

Die Messung des Erdungswiderstandes ist in VDE 0100 Teil 610 wie folgt definiert: Zwischen dem Erder T und einer Hilfselektrode T1 fließt ein konstanter Wechselstrom. Eine weitere Hilfselektrode T2 wird im halben Abstand zwischen dem Erder T und T1 eingebracht. Nun wird der Spannungsfall zwischen T und T2 gemessen. Der Widerstand R_A der Erdelektroden errechnet sich aus dem gemessenen Spannungsfall zwischen T und T2, dividiert durch den Messstrom, welcher zwischen T und T1 fließt.

$$R_A = \frac{\Delta U}{I_M}$$ (Formel 5.10)

R_A : Erdungswiderstand
ΔU : Spannungsfall zwischen T und T2
I_M : Messstrom zwischen T und T1

Bei der Messung ist für die Hilfselektroden ein Mindestabstand von 20 m vorgeschrieben. Damit liegen diese in einer neutralen Zone; hier beträgt der Widerstand des Erdreichs nur ca. 50 mΩ/km. Das Erdungsmessgerät enthält eine Wechselstromquelle mit Frequenzen über 50 Hz. Wechselstrom ist notwendig, um elektrochemische Einflüsse bei der Messung zu minimieren.

Der Erdungswiderstand liegt in der Praxis zwischen 1 und 10 Ω. Durch Bodenaustrocknung und Frost kann sich der Ausbreitungswiderstand aber auch so weit erhöhen, dass die Schutzwirkung beeinträchtigt oder nicht mehr wirksam ist.

5.5 Potentialausgleich

Durch einen Potentialausgleich sollen leitfähige Teile ein annähernd gleiches elektrisches Potential haben (s. Kap. 1.1). Konkret ist der Potentialausgleich eine elektrisch gut leitfähige Verbindung, die elektrische Spannungen zwischen dem PE-Schutzleiter und metallischen Teilen im Gebäude (Gehäuse elektrischer Betriebsmittel, Wasser- und Heizungsrohre, Antennen, Erdungsanlage) verhindert oder wenigstens stark reduziert. Solche Spannungen können beispielsweise durch defekte Anlagen oder Betriebsmittel verursacht werden. Daneben soll der Erdungswiderstand durch eine kurze Verbindung mit großem Querschnitt minimiert werden, damit bei Erdschluss die verbleibende Spannung begrenzt wird.

Es wird zwischen dem Hauptpotentialausgleich, dem zusätzlichen (örtlichen) Potentialausgleich und dem Blitzschutzpotentialausgleich unterschieden.

Hauptpotentialausgleich

Jedes Gebäude muss über einen Hauptpotentialausgleich verfügen. Folgende leitfähige Teile müssen mit dem Hauptpotentialausgleich verbunden werden:

- Der PE-Hauptschutzleiter bzw. der PEN-Leiter.
- Die Erdungsleitung (über die Haupterdungsklemme oder Haupterdungsschiene).
- Metallene Rohrleitungen für Wasser und Gas.
- Andere metallene Rohrsysteme, zum Beispiel der Heizung oder der Klimaanlage.

- Metallteile der Gebäudekonstruktion soweit dies technisch möglich ist, beispielsweise wesentliche metallene Verstärkungen der Gebäudekonstruktion (Stahlbetonteile).
- Antennenanlagen und Umhüllungen von Fernmeldekabeln.

Die Erdungsleitung sowie sämtliche Leitungen für den Potentialausgleich werden über eine Potentialausgleichsschiene zusammengeführt (Abb. 5.20 und 5.21).

Zusätzlicher örtlicher Potentialausgleich

Ein zusätzlicher Potentialausgleich ist notwendig für...

... Räume mit besonderer Gefährdung (zum Beispiel Bäder und Schwimmanlagen).

... IT-Systeme mit Isolationsüberwachung.

... wenn die festgelegten Bedingungen für das Abschalten beim indirekten Berühren ansonsten nicht erfüllt werden können.

Der örtliche Potentialausgleich verbindet alle leitfähigen Teile in dem jeweiligen Raum mit dem Schutzleiter.

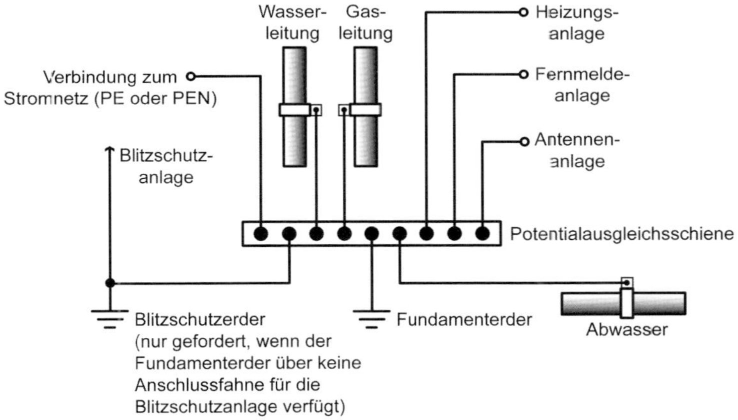

Abb. 5.20: Potentialausgleich über eine Potentialausgleichsschiene.

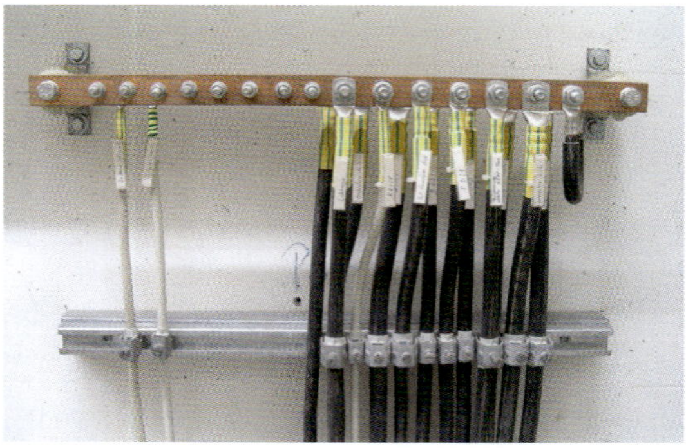

Abb. 5.21: Potentialausgleichsschiene.

Leiterquerschnitte für den Potentialausgleich

Der Querschnitt für den Potentialausgleichsleiter basiert auf dem Querschnitt des Schutzleiters der Hauptleitung (Tab. 5.6).

Es kommen sowohl massive Leiter als auch mehr- und feindrähtige Leiter in Frage. Sie dürfen blank oder isoliert sein und können direkt auf, im und unter Putz verlegt werden. Daneben ist die Verlegung in Kabelkanälen und auf Kabelträgersystemen erlaubt. Isolierte Potentialausgleichsleiter müssen in ihrem ganzen Verlauf grün-gelb gekennzeichnet sein. Bei Mantelleitungen oder einadrigen Kabeln darf auf eine durchgängige Kennzeichnung verzichtet werden, jedoch sind die Enden der Leitungen grün-gelb zu markieren (s. Kap. 3.2).

Die Wirksamkeit des Potentialausgleichs kann durch Messungen nachgewiesen werden. Der Prüfstrom beträgt hierbei mindestens 0,2 A. Mit Formel 5.11 kann der Ohmsche Widerstand R des Potentialausgleichs berechnet werden.

$$R = \frac{U_1 - U_2}{I} - R_L \qquad \text{(Formel 5.11)}$$

U_1 : Spannung bei offenem Prüfstromkreis

U_2 : Spannung bei geschlossenem Prüfstromkreis

I : Prüfstrom

R_L : Widerstand der Messleitung

Der Ohmsche Widerstand zwischen der Anschlussstelle der Potentialausgleichsleitung und der Erdungsanlage darf 3 Ω nicht überschreiten.

Tab. 5.6: Querschnitte Potentialausgleichsleitungen.

Hauptpotentialausgleich	Zusätzlicher Potentialausgleich
Mindestens 6 mm²	Mindestens 2,5 mm² mit Schutz und 4 mm² ohne Schutz
Normal 0,5 · Querschnitt des größten Schutzleiters der Anlage	Zwischen zwei Körpern: 1 · Querschnitt des Schutzleiters
Mögliche Begrenzung: 25 mm² Kupferleitung oder Material mit gleichem Leitwert	Zwischen einem Körper und einem fremden leitfähigen Teil: 0,5 · Querschnitt des Schutzleiters

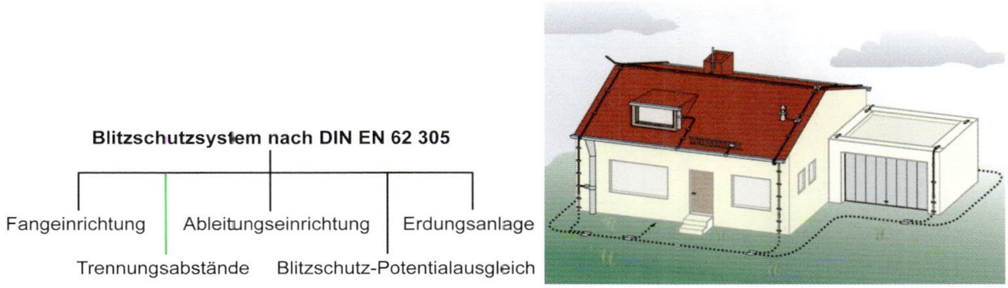

Abb. 5.22: Bestandteile einer Blitzschutzanlage.

Blitzschutz-Potentialausgleich

Der Blitzschutz-Potentialausgleich dient zur Vermeidung von Überschlägen oder Durchschlägen von Blitzen (Abb. 5.22). Im Gegensatz zum Potentialausgleich erfordert ein Blitzschutz-Potentialausgleich erweiterte Maßnahmen wie zum Beispiel Trennfunkenstrecken zum Verbinden eines Blitzschutzsystems mit Metallteilen, bei denen eine direkte Verbindung aus funktionellen Gründen nicht zulässig ist. Auch werden Ventilableiter eingesetzt; das sind zwei in entsprechender Entfernung voneinander angebrachte Elektroden – bei Überspannung erfolgt eine Oberflächenentladung mit Lichtbogen. (Die Lichtbogenkammer erfordert eine relativ große Bauform.)

In Gebäuden über 30 m Höhe muss der Blitzschutz-Potentialausgleich in Abständen von maximal 20 m wiederholt werden. Der Mindestquerschnitt für Blitzschutzleitungen beträgt bei Kupfer 16 mm^2, bei Aluminium 25 mm^2 und bei verzinktem Stahl 50 mm^2. Für Leitungen, die nur Teilblitzströme führen, sind 6 mm^2 Kupfer, 10 mm^2 Aluminium und 16 mm^2 Stahl zulässig.

Überspannungsschutz

Um eine Überspannung bei Blitzschlag zu verhindern, wird in Neubauten ein so genannter selektiver Überspannungsschutz eingebaut, der in der Lage ist, Blitzschlag gegen Erde abzuleiten. Da der Überspannungsschutz in der Regel ab ca. 255 V anspricht, kann dieser im Stromverteiler bzw. jeder Steckdose installiert werden. Er dient hauptsächlich dazu, elektronische Geräte wie Fernseher, Computer oder Lichtpulte gegen ungewollte Spannungserhöhungen zu schützen. *Achtung:* Billige Überspannungsschutzstecker sind oft nur einpolig gesichert. Dagegen sind bei den etwas teureren Modellen beide Pole im Stecker durch eine spezielle Elektronik abgesichert. In größeren Theatern oder Produktionen wird häufig eine unterbrechungsfreie Stromversorgung (USV) eingesetzt; diese bietet ebenfalls einen Überspannungsschutz.

5.6 Schutzklassen und Schutzarten

Um einen störungsfreien Betrieb einer elektrischen Anlage oder eines elektrischen Betriebsmittels gewährleisten zu können, sind in bestimmten Abständen Prüfungen vorgeschrieben. Betriebsmittel müssen einer Sichtprüfung, Funktionsprüfung und Messung unterzogen werden; hierzu ist ein spezieller Gerätetester erforderlich. Für die Messungen an ortsfesten Anlagen wird ein Installationstester verwendet.

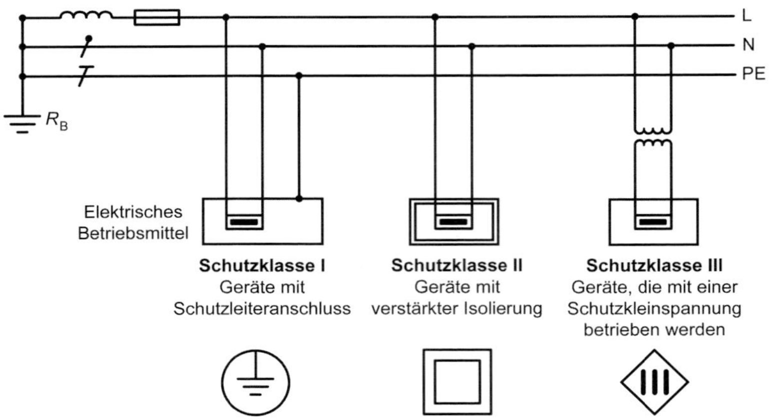

Abb. 5.23: Schutzklasse I bis III.

Elektrische Betriebsmittel werden nach DIN VDE 0140 in verschiedene Schutzklassen eingeteilt (Abb. 5.23). Hiermit wird eine Aussage darüber getroffen, mit welchen Mitteln die Sicherheit erreicht werden soll.

Schutzklasse 0

Geräte der Schutzklasse 0 haben eine einfache Basisisolierung zum Schutz gegen direktes Berühren. Diese Geräte dürfen nur in erdfreien, nicht leitenden Räumen verwendet werden, was im normalen Alltag so nicht vorkommt, denn eigentlich schaffen nur Laborräume solche Bedingungen. Die Schutzklasse 0 ist derzeit noch in der VDE 0100 Teil 200 aufgenommen, da sie auch in einigen Betriebsmittelnormen enthalten ist. Sie soll aber in Zukunft von der internationalen Normung ausgeschlossen werden.

Schutzklasse I

Der Schutz gegen einen elektrischen Schlag wird hier durch eine Basisisolation und zusätzlich durch eine Verbindung berührbarer, leitfähiger Gehäuseteile mit dem Schutzleiter erreicht. Versagt die Isolierung, erfolgt über den Schutzleiter und den RCD eine automatische Abschaltung. Geräte der Schutzklasse I haben eine dreiadrige Anschlussleitung mit einem entsprechend dreipoligen Schutzkontaktstecker (s. Kap. 3.6.2).

Schutzklasse II

Geräte der Schutzklasse II haben eine zweite, zusätzlich verstärkte Isolierung. Es besteht *kein* Schutzleiteranschluss.

Schutzklasse III

Geräte der Schutzklasse III werden nur mit einer so genannten Schutzkleinspannung betrieben. Diese beträgt max. 50 V bei Wechselspannung und 120 V bei Gleichspannung. Hierbei ist die Gefahr einer nennenswerten Durchströmung des menschlichen Körpers nicht gegeben. Bei den Schutzkleinspannungen unterscheidet man zwischen der SELV und PELV:

- SELV = Safety Extra Low Voltage. Diese ist immer isoliert von anderen Potentialen zu verlegen (Beispiel Haustürklingel). Ohne Basisisolierung darf die SELV 25 V bei Wechselstrom und 60 V bei Gleichstrom nicht übersteigen.
- PELV = Protective Extra Low Voltage. Die Masse (s. Kap. 5.4) des elektrischen Gerätes liegt auf Erdpotential. Bei PELV darf auf eine Basisisolierung verzichtet werden, wenn die Spannung 6 V bei Wechselstrom oder 15 V bei Gleichstrom nicht überschreitet. Der Anschluss eines Schutzleiters ist nicht erlaubt, und bei der Prüfung ist auf eine sichere Trennung zu anderen Potentialen zu achten. Bei der Überprüfung eines PELV-Transformators wird der Isolationswiderstand zwischen der Primär- und der Sekundärseite gemessen.
- Ein Sonderfall ist die Funktionskleinspannung (FELV = Functional Extra Low Voltage). Hier wird ein so genannter Spartrafo (s. Kap. 2.2) eingesetzt wird, bei welchem keine galvanische Trennung erfolgt. Ein Schutz wie bei SELV oder PELV ist nicht gegeben; bei der FELV liegen die Schutzmaßnahmen ausschließlich auf der Primärseite des Transformators.

Schutztrennung

Die Schutztrennung ist eine sichere Trennung von Stromkreisen mittels eines Trenntransformators. Im Gegensatz zur Schutzkleinspannung darf der Trafo eine Spannung bis 500 V bei Wechselspannung liefern. Der Schutz beruht auf der sicheren Trennung von der Erde und zu anderen Potentialen. Der Sekundäranschluss des Trenntrafos ist also erdfrei. Bei dieser Technik muss aber sichergestellt sein, dass die Kapazitäten durch lange Leitungswege zwischen Leiter und Erde klein gehalten werden. Wird am Trenntrafo nur ein einzelnes Gerät betrieben, ist ein Schutzleiter unzulässig. Werden mehrere Geräte an einem Trenntrafo betrieben, müssen die leitfähigen Gehäuseteile mit dem Schutzleiter verbunden werden – dieser darf jedoch nicht geerdet werden.

Schutzarten elektrischer Betriebsmittel

Gehäuse elektrischer Betriebsmittel werden mit IP-Schutzarten gemäß DIN EN 60529 und DIN VDE 0470-1 gekennzeichnet. Der IP-Code (International Protection Rating) gibt den Schutz gegen Eindringen fester Fremdkörper und Wasser an. Dabei darf die Bemessungsspannung der gekennzeichneten Betriebsmittel nicht über 72,5 kV liegen.

Kennzeichnung

Die erste Ziffer des IP-Codes gibt den Schutzgrad gegen das Eindringen fester Fremdkörper einschließlich Staubpartikel an, sowie den Berührungsschutz. Die zweite Ziffer gibt den Schutzgrad hinsichtlich des Eindringens von Wasser an (Abb. 5.24 und Tab. 5.7).

Beispiel

Ein Betriebsmittel ist auf dem Typenschild mit „IP 44“ gekennzeichnet (Abb. 5.24):

4x = Schutz gegen Eindringen fester Fremdkörper mit $\varnothing \geq 1$ mm.

x4 = Schutz gegen Spritzwasser aus allen Richtungen.

Abb. 5.24: Typenschild einer Lichterkette mit Schutzklasse und Schutzart.

Tab. 5.7: IP-Kennzeichnung erste und zweite Ziffer.

Erste Ziffer	Schutzgrad	Zweite Ziffer	Schutzgrad
0	Kein besonderer Schutz	0	Kein besonderer Schutz
1	Schutz gegen Eindringen fester Fremdkörper mit ∅ ≥ 50 mm	1	Schutz gegen senkrecht tropfendes Wasser
2	Schutz gegen Eindringen fester Fremdkörper mit ∅ ≥ 12,5 mm	2	Schutz gegen senkrecht tropfendes Wasser, Betriebsmittel bis 15° gekippt
3	Schutz gegen Eindringen fester Fremdkörper mit ∅ ≥ 2,5 mm	3	Schutz gegen Sprühwasser bis zu einem Winkel von 60° zur Senkrechten (Regengeschützt)
4	Schutz gegen Eindringen fester Fremdkörper mit ∅ ≥ 1 mm	4	Schutz gegen Spritzwasser aus allen Richtungen
5	Staubgeschützt (Schutz gegen Staubablagerungen), vollständiger Berührungsschutz	5	Schutz gegen Strahlwasser aus allen Richtungen
6	Staubdicht (Schutz gegen Eindringen von Staub), vollständiger Berührungsschutz	6	Schutz gegen starken Wasserstrahl oder schwere See
X	Platzhalter, wenn nur eine Ziffer benötigt wird	7	Schutz gegen Wasser bei einem zeitweisen Eintauchen des Betriebsmittels
		8 ... bar	Schutz gegen Wasser bei dauerhaften Untertauchen des Betriebsmittels
		9K	Schutz gegen Wassereindringen bei Hochdruck- und Dampfstrahlreinigung
		X	Platzhalter, wenn nur eine Ziffer benötigt wird

Ein zusätzlich an den IP-Code angehängter Buchstabe hat eine Bedeutung für den Schutz von Personen und trifft eine Aussage über den Zugang zu gefährlichen Teilen. Ein weiterer Buchstabe definiert Schutzklassifikationen oder einen Einsatzbereich (Tab. 5.8). Die Kennzeichnung in dieser Art ist freigestellt, es dürfen von Herstellern also auch andere Buchstaben verwendet werden, die beispielsweise in Produktnormen aufgeführt sind.

Tab. 5.8: IP-Kennzeichnung erster und zweiter Buchstabe.

Erster Buchstabe	Schutzgrad	Zweiter Buchstabe	Schutzgrad
A	Schutz gegen Zugang mit dem Handrücken	H	Hochspannungsgeräte
B	Schutz gegen Zugang mit dem Finger	M	Geprüft auf Wassereintritt bei laufendem Gerät
C	Schutz gegen Zugang mit Werkzeugen	S	Geprüft auf Wassereintritt bei stehendem Gerät
D	Schutz gegen Zugang mit einem Draht	W	Geeignet bei festgelegten Witterungsbedingungen

NH-Sicherungen in einem Schaltschrank.

5.7 Übungsaufgaben

Aufgabe 1

Wer darf eine NH-Sicherung wechseln? Was passiert, wenn eine NH-Sicherung unter Last gezogen wird?

Aufgabe 2

Was zeigt der Kennmelder einer Schmelzsicherung an?

Aufgabe 3

Auf welche Arten kann ein Leitungsschutzschalter auslösen?

Aufgabe 4

Welche Schutzeinrichtung gewährleistet in Drehstromnetzen mit Schutzleiter den Schutz bei indirektem Berühren?

Aufgabe 5

Was wird beim Betätigen des Testschalters eines RCD geprüft und was nicht?

Aufgabe 6

Innerhalb welcher Zeitspanne muss ein handelsüblicher RCD beim Auftreten eines Fehlerstroms auslösen?

Aufgabe 7

Wer darf eine Potentialausgleichsschiene an eine Erderanlage anschließen?

Aufgabe 8

Welche Rohrsysteme werden an eine Potentialausgleichsschiene des Hauptpotentialausgleichs angeschlossen?

Aufgabe 9

Welcher Strom muss bei der Überprüfung der Potentialausgleichsleiter mindestens fließen?

Aufgabe 10

Was ist der Unterschied zwischen Schutzarten und Schutzklassen?

Literaturtipp

Biegelmeier G, Kiefer G, Krefter KH. Schutz in elektrischen Anlagen, Band 2 bis 5. VDE-Verlag, Berlin 2003

6 Mobile Energieversorgung und Messtechnik

Mobile Energieversorgungsanlagen werden im ersten Lehrjahr behandelt, Stromaggregate und Geräte bzw. Verfahren zum Messen und Prüfen von Energieversorgungsanlagen sind Themen im zweiten Lehrjahr.

6.1 Baustromverteiler

In der Veranstaltungstechnik werden relativ oft mobile Unterverteilungen, so genannte Baustromverteiler, verwendet (Abb. 6.1). In der Regel sind die Baustromverteiler als Verteilerschrank an die Stromversorgung eines Gebäudes angeschlossen. Es gibt aber auch Kombinationen aus Anschluss- und Verteiler-Endschrank, welche direkt am öffentlichen Versorgungsnetz angeschlossen werden können.

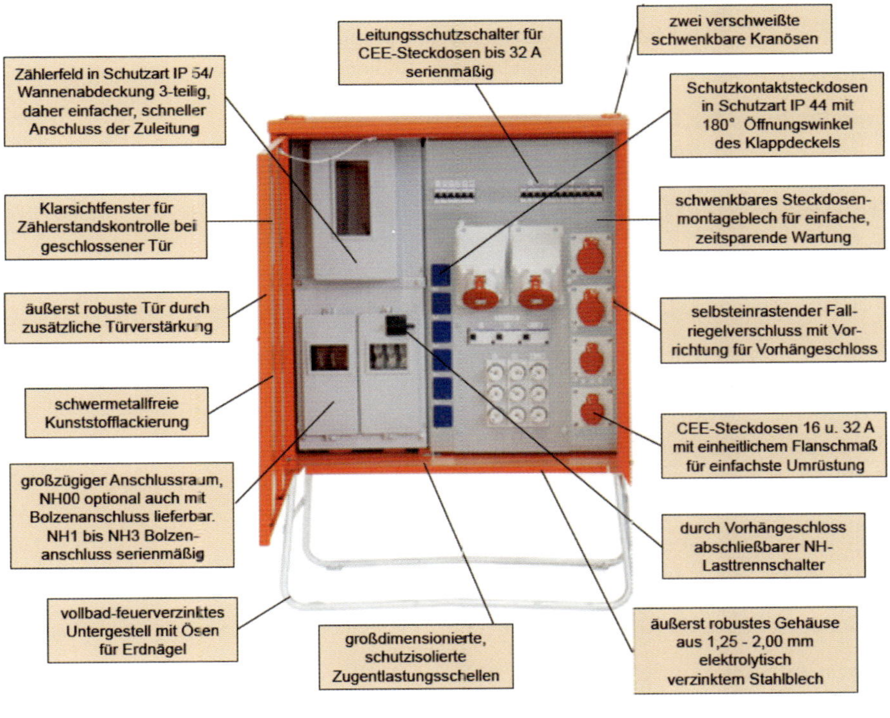

Abb. 6.1: Baustromverteiler (Anschluss-Verteilerschrank).

Anschlussschränke

Ein Anschlussschrank wird direkt an das Stromversorgungsnetz angeschlossen. In ihm befinden sich die Anschlussklemmen für die Zuleitungen, der Stromzähler, die Überstrom-Schutzeinrichtungen und die Fehlerstrom-Schutzeinrichtungen. Es gibt keine Steckdosen für die elektrischen Verbraucher. Anschlussschränke sind für Leistungen zwischen ca. 40 und 270 kW bei 400 V Drehstrom dimensioniert. An einen Anschlussschrank werden weitere Verteilerschränke angeschlossen.

Verteilerschränke

In Verteilerschränken befinden sich Überstrom-Schutzeinrichtungen, Fehlerstrom-Schutzeinrichtungen und Steckdosen für 230 und 400 V. Verteilerschränke sind für Leistungen zwischen ca. 22 und 270 kW bei 400 V Drehstrom dimensioniert.

Anschluss-Verteilerschränke (Abb. 6.1)

Dies ist eine Kombination von Anschluss- und Verteilerschrank, hier gibt es also neben den Anschlüssen und Sicherungsorganen einen Stromzähler und Steckdosen für die Verbraucher. Leistungsgrößen: 15 bis 150 kW bei 400 V Drehstrom.

Die Gehäuse von Baustromverteilern können aus schlagfestem Kunststoff oder aus verzinktem und lackiertem Stahlblech bestehen und entsprechen wenigstens der Schutzart IP 44. Die Türen sind in der Regel verschließbar, um ein unbefugtes Bedienen zu verhindern.

Schutzmaßnahmen für Baustromverteiler

Für Baustromverteiler sind folgende Schutzmaßnahmen vorgeschrieben:

- Bei Stromkreisen bis 32 A:
  - RCD mit $I_{\Delta n} \leq 30$ mA
  - Kleinspannung (SELV oder PELV)
  - Bei nur einem Betriebsmittel auch Schutztrennung möglich
- Stromkreise über 32 A: RCD mit $I_{\Delta n} \leq 500$ mA
- Wichtig bei TT-Netzen: Sicherer Erdungsanschluss (Abb. 6.2, z. B. Verbindung der Schutzleitersammelschiene im Verteiler mit der Erdungsanlage über 16 mm² H07V-K)
- Der Hauptschalter muss abschließbar sein

Kleinstbaustromverteiler

Für die Sonderbauform als Kleinstbaustromverteiler gelten besondere Sicherheitsmaßnahmen:

- Maximal zwei Steckvorrichtungen für 230 V / 16 A
- Schutzart mindestens IP 43
- RCD mit $I_{\Delta n} \leq 30$ mA
- Netzanschlussleitung H07RN-F oder gleichwertig, Mindestquerschnitt 1,5 mm², maximale Länge der Leitung: 2 m

- KEIN Anschluss des Schutzleiters, stattdessen Verbindung mit Erdungsleiter (Mindestens Querschnitt von 10 mm^2) an eine Erdungsanlage, zum Beispiel Tiefenerder

Die Schutzmaßnahmen sind mit einem Messgerät gemäß den VDE-Bestimmungen zu überprüfen (s. Kap. 7).

Abb. 6.2: Erdung eines Baustromverteilers mit einem Tiefenerder.

6.2 Stromunterverteilung

Stromkreisverteiler in der Veranstaltungstechnik

Stromkreisverteiler sind in der Veranstaltungstechnik meist für den Rack-Einbau in ein 19 Zoll-Gehäuse konzipiert (Abb. 6.3 oben). Sie können mit CEE-Abgängen, Multicorekupplungen oder Schukosteckdosen ausgerüstet sein und haben zusätzliche Überstrom- und Fehlerstrom-Schutzeinrichtungen (RCD mit $I_{\Delta n} \leq 30$ mA, max. zulässig sind $I_{\Delta n} \leq 500$ mA).

Die Freischaltung der Stromkreise muss jederzeit über gekennzeichnete Schalter am Verteiler möglich sein. Die Schalter müssen gegen unbeabsichtigtes Einschalten gesichert werden. Als Schalter dürfen Fehlerstrom-Schutzeinrichtungen (Leitungsschutzschalter bzw. Sicherungsautomaten) verwendet werden. Stromkreise, die nur während des Auf- und Abbaus benutzt werden, müssen einen eigenen Schalter erhalten, der entsprechend zu kennzeichnen ist.

Stromkreisverteiler entsprechen in der Regel der Schutzart IP 54, bei Unterbringung in trockenen Räumen ist aber auch eine geringere Schutzart zulässig. Die Schaltpläne der Stromkreisverteiler sind mitzuführen.

Gekapselte Verteiler (Campingstromverteiler)

Gekapselte Verteiler schützen gegen Verschmutzung und Feuchtigkeit und sind spritzwassergeschützt (Schutzart IP 44) oder strahlwassergeschützt (Schutzart IP 55). Der Bemessungsstrom beträgt mindestens 16 A, und die Zuleitung darf nicht länger als 20 m sein. Es ist eine schwere Gummileitung vorgeschrieben, zum Beispiel H07RN-F oder gleichwertig. Als Steckverbinder kommen an gekapselten Verteilern meist blaue CEE- oder Schuko-Steckdosen zum Einsatz (Abb. 6.3 unten).

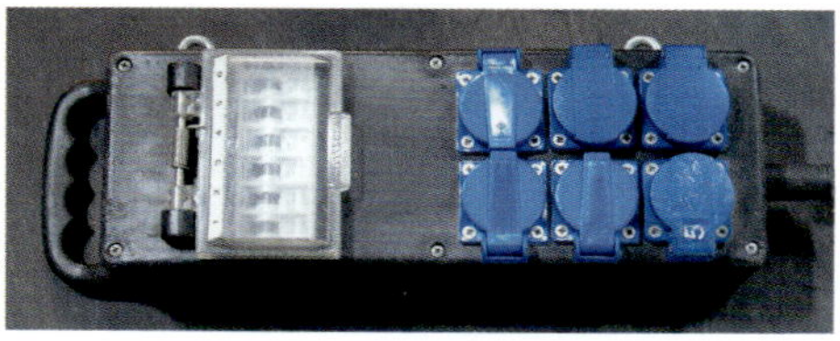

Abb. 6.3: oben: Stromkreisverteiler im 19 Zoll-Rack, unten: Gekapselter Verteiler.

Mehrfachsteckdosen für Haushaltsgeräte

Mehrfachsteckdosen aus dem Baumarkt sollten eigentlich in der Veranstaltungstechnik nicht verwendet werden, wenn doch, dann sind einige Sicherheitsregeln zu beachten:

- Es ist zwar möglich, Mehrfachsteckdosen für Haushaltsgeräte hintereinander zu schalten, allerdings ist dies nicht zulässig! Zum einen ist die Kontaktsicherheit begrenzt, und bei einer Hintereinanderschaltung addieren sich die Übergangswiderstände. Zum anderen sind Mehrfachsteckdosen nicht unbegrenzt belastbar. Weiterhin dürfen sie nicht abgedeckt betrieben werden und nicht als Ersatz für eine ortsfeste Installation dienen (DIN VDE 0620).
- Für Mehrfachsteckdosen mit VDE- bzw. VDE-GS-Zeichen dürfen keine Leitungen mit einem Leiterquerschnitt von 1,0 mm und kleiner verwendet werden, da eine unzulässige Erwärmung unter Belastung zu erwarten ist.
- Beim Einsatz von Mehrfachsteckdosen entgegen den vorgeschriebenen Sicherheitsrichtlinien kann es zu einem Kurzschluss oder sogar Schwelbrand kommen!
- In der Veranstaltungstechnik werden in der Regel nur Mehrfachsteckdosen eingesetzt, die nicht aus PVC hergestellt wurden (Bruchgefahr des Kunststoffs, Brandgefahr).

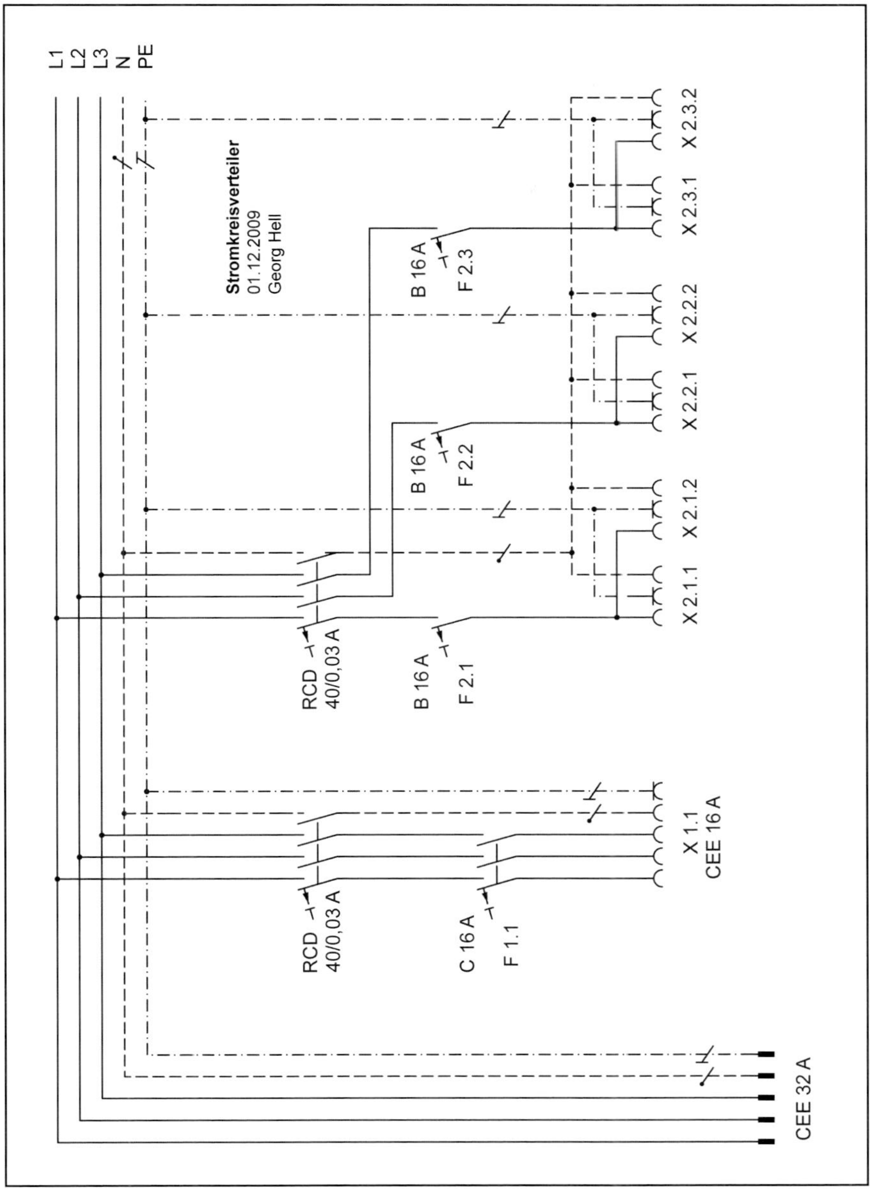

Abb. 6.4: Allpoliger Anschlussplan eines Stromkreisverteilers. (Der Plan ist Teil einer Übungsaufgabe in der Berufschule bei der Ausbildung zum Veranstaltungstechniker.)

6.3 Ersatzstromerzeuger (Stromaggregate)

Nach der BGI 867 ist der Begriff „Ersatzstromerzeuger“ wie folgt definiert: „Ersatzstromerzeuger sind Niederspannungs-Stromerzeugeranlagen für die Energieversorgung von Teilnetzen, Verbraucheranlagen oder einzelner Betriebsmittel“. Gemeinhin wird auch einfach von Stromaggregaten gesprochen (Abb. 6.5 und 6.6). Über ein Aggregat kann entweder die alleinige Energieversorgung erfolgen, oder der Ersatzstromerzeuger springt bei Ausfall der regulären Stromversorgung an.

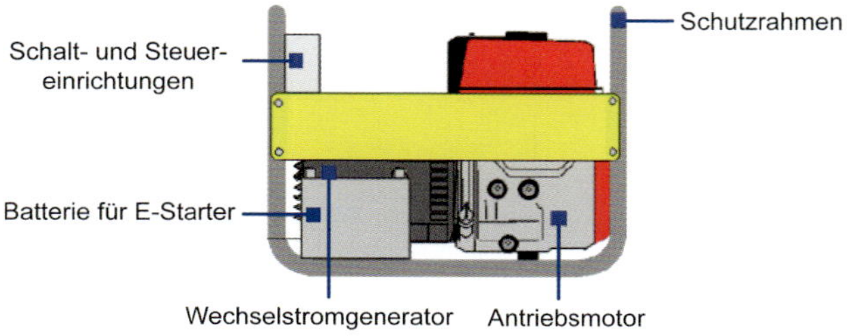

Abb. 6.5: Baugruppen eines Stromaggregats mit Verbrennungsmotor.

Baugruppen eines Aggregats

Ein Aggregat besteht primär aus einer Energiequelle, in der Regel ein Verbrennungsmotor (Benzin oder Diesel), daneben gibt es einen Generator zur Stromerzeugung. Schalt- und Steuereinrichtungen sorgen für einen konstanten Betriebszustand. Wird ein Aggregat mit Verbrennungsmotor mit einem elektrischen Verbraucher belastet, so wirkt sich das auf den Antrieb aus, der die geforderte Leistung bereitstellen muss – zunächst sinkt damit dessen Drehzahl. Die Ausgangsfrequenz des erzeugten Stroms hängt aber von der Drehzahl ab, ebenso die erzeugte Spannung. Manche elektronische Geräte reagieren sehr empfindlich auf Frequenz- und Spannungsänderungen, besonders Computer, die sich bei einer Unterspannung von selbst ausschalten. Entsprechende Steuereinrichtungen regeln daher die Motordrehzahl des Aggregats stetig nach. Elektrische Geräte mit sehr hoher Stromentnahme sollten dennoch besser an ein getrenntes Aggregat angeschlossen werden, da hier ein Nachregeln der Drehzahl beim Ein- oder Ausschalten des Verbrauchers zu einer kurzfristigen Unter- oder Überspannung führen kann, die für andere Geräte schädlich ist. Zu den zusätzlichen Hilfseinrichtungen zählen beispielsweise eine Starterbatterie, der Treibstofftank, eine Kapselung zum Schallschutz, Schutzbügel und Transporteinrichtungen.

Kennzeichnung auf dem Typenschild des Aggregats

Folgende Angaben müssen auf dem Typenschild vorhanden sein:

- Bemessungsleistung in kVA/kW und bei über 10 kVA zusätzlich der Bemessungsleistungsfaktor (Wirkfaktor cos φ, s. Kap. 1.6.2).
- Bemessungsspannung in V.
- Bemessungsstrom in A.

- Bemessungsfrequenz in Hz.
- Schutzart (mind. IP 54 für uneingeschränkte Verwendung im Freien, bei Verwendung in Gebäuden mind. IP 43).
- Umgebungstemperaturbereich in °C.
- CE-Kennzeichnung und GS-Prüfzeichen.

Aufstellung des Aggregats und Sicherheitshinweise

Aggregate müssen standsicher und gemäß der Schutzart aufgestellt werden. Bei Aggregaten mit Verbrennungsmotor ist bei Einsatz in Gebäuden für eine ausreichende Belüftung zu sorgen, oder besser die Abgase über Rohre oder Schläuche ins Freie zu führen. Andernfalls entsteht durch die Abgase akute Vergiftungsgefahr!

Weiterer wichtiger Sicherheitshinweis: Die Betankung darf nur im Stillstand und bei abgekühltem Gerät erfolgen! Zum einen können die aus einem warmen Tank austretenden Treibstoffdämpfe beim Öffnen des Tankdeckels schlagartig austreten und verpuffen, zum anderen kann nicht ausgeschlossen werden, dass beim Betanken Treibstoffspritzer auf heiße Geräteteile gelangen und sich dort entzünden.

Bei dem Einsatz eines Aggregats muss die Betriebsanleitung am Einsatzort vorhanden sein.

Elektrische Schutzmaßnahmen bei Ersatzstromerzeugern

Abgestimmt auf das jeweilige Netzsystem (s. Kap. 5) sind folgende Schutzmaßnahmen zulässig:

- Schutz durch Abschalten der Stromversorgung.
- Schutztrennung.
- Schutzkleinspannung (SELV).
- Schutzisolierung.

Auf einen zusätzlichen Baustromverteiler kann verzichtet werden, wenn der Ersatzstromerzeuger als besonderer Speisepunkt ordnungsgemäß installiert wird.

Abb. 6.6: Stromaggregate.

Schutzmaßnahmen bei Aggregaten in TN- und TT-Systemen (s. Kap. 3.10.2)

- RCD mit Bemessungsdifferenzstrom $I_{\Delta n} \leq 30$ mA.
- Erdung des Sternpunktes oder eine Außenleiters am Generator.
- Erdungswiderstand $\leq 50\ \Omega$.

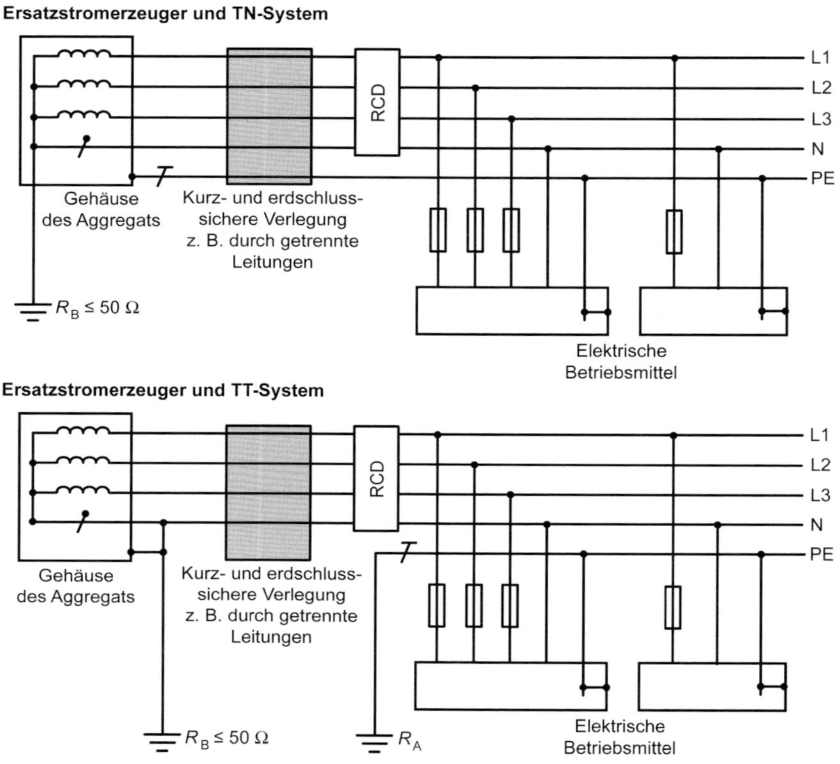

Abb. 6.7: Schutz in TN- und TT-Systemen bei Stromversorgung über ein Aggregat.

Schutzmaßnahmen bei Aggregaten in IT-Systemen (s. Kap. 3.10.2)

Im IT-System müssen Geräte der Schutzklasse I durch einen Schutzleiter und mit dem Anlagenerder verbunden sein. Der Anlagenerder muss folgende Bedingung erfüllen:

$$R_A \cdot I_d \leq 50\ \text{V}$$

R_A : Ohmscher Widerstand des Erders und der Schutzleiter

I_d : Summe der Fehlerströme im Falle des ersten Fehlers (gemessen zwischen Außenleiter und Erdpotential)

Die Anforderung gilt erfüllt, wenn $R_A \leq 100\ \Omega$.

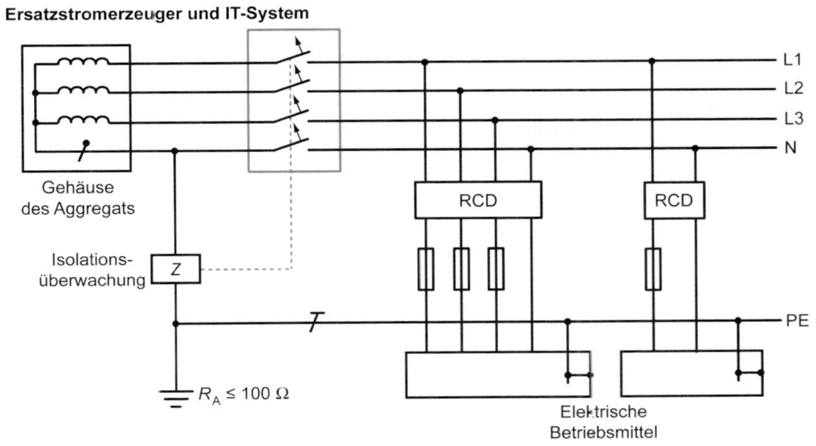

Abb. 6.8: Schutz im IT-System bei Stromversorgung über ein Aggregat

Bei einer Isolationsüberwachung zwischen aktiven Teilen und geerdetem Schutzleiter erfolgt bei Isolationswiderständen unter 100 Ω/V eine Meldung beim ersten Auftreten eines Fehlers durch ein akustisches oder optisches Signal. Eine automatische Abschaltung oder Absenkung der Spannung unter 50 V erfolgt dann beim zweiten Auftreten eines Fehlers.

Andere elektrische Schutzmaßnahmen bei Aggregaten

Trenntransformator

Es darf hierbei nur ein Betriebsmittel an den Transformator bzw. an die Sekundärwicklung angeschlossen werden.

Schutz durch Begrenzung der Netzausdehnung

Eine weitere Schutzmaßnahme ist eine Begrenzung der Ausdehnung des am Aggregat angeschlossenen Stromnetzes. Die maximale Länge lässt sich wie folgt berechnen.

$$\text{Maximale Leiterlänge} = \sum l_1 + l_2 + l_3 + \ldots + l_n \leq \frac{100.000\ \text{V} \cdot \text{m}}{U_\text{N}} \qquad \text{(Formel 6.1)}$$

l_1 bis l_n : Teillängen der einzelnen Leitungen im Stromnetz
U_N : Nennspannung in V

Die Gesamtlänge der Leitungen darf hierbei 500 m nicht überschreiten. Um gefährliche Körperdurchströmungen zu verhindern, muss eine der beiden folgenden Bedingungen erfüllt sein:

1. Nach Auftreten von zwei Fehlern muss abgeschaltet werden.
2. Bei Fehlern im Netz muss die Spannung an den Klemmen der aktiven Leiter auf ≤ 50 V absinken.

Der Hersteller des jeweiligen Aggregats muss hierzu die entsprechenden Schutzschaltungen vorsehen. Generell gilt aber: Die Überprüfung der Wirksamkeit der Schutzmaßnahmen muss durch eine Elektrofachkraft erfolgen!

6.4 Geräte und Verfahren zum Messen und Prüfen von Energieversorgungsanlagen

Es gibt eine Vielzahl von Messgeräten zur Messung elektrischer Größen, wobei wir uns hier nur die in der Praxis am gebräuchlichsten anschauen werden: Drehspulenmesswerke, Dreheisenmesswerke, Hitzdrahtmesswerke, Multimeter, Stromzangen und Oszilloskope.

Analoge Messgeräte

Drehspulenmesswerk

Beim Drehspulenmesswerk (Abb. 6.9) befindet sich eine drehbare Kupferdrahtspule im Feld eines Dauermagneten. Wird Strom durch die Spule geleitet, so entsteht ein elektromagnetisches Feld um die Spule. Durch die Kraftwirkung zwischen den beiden Feldern wird die Spule ausgelenkt, sie dreht sich im Magnetfeld. An der Spule angebrachte Federn dienen der Rückstellung. Die Spule bleibt stehen, wenn die Kraft des Magnetfeldes gleich der Rückstellkraft der Federn ist. Ein an der Spule befestigter Zeiger gibt auf einer Skala den Wert der Stromstärke an. Nach Abschalten des Stroms wird die Spule bzw. der Zeiger durch die Federn wieder in die Nullstellung zurückgezogen. Da die Federkraft proportional zum Drehwinkel und die Kraft des Magnetfeldes proportional zur Stromstärke ist, ergibt sich eine lineare Skala über einen Drehwinkel von ca. 90°.

Drehspulenmesswerke arbeiten abhängig von der Polarität, d. h. beim Umpolen des Stroms schlägt der Zeiger in die andere Richtung aus. Zudem kann der Zeiger einer schnellen Stromänderung nicht folgen, somit kann nur Gleichstrom gemessen werden. Wechselstrom kann daher nur mit Hilfe eines vorgeschalteten Gleichrichters gemessen werden. Bei Mischspannungen oder -strömen wird der arithmetische Mittelwert angezeigt. Drehspulenmesswerke zeichnen sich durch eine hohe Empfindlichkeit und Genauigkeit bei einem geringen Energieverbrauch aus und sind meist eingebaut in Schaltschränken zu finden.

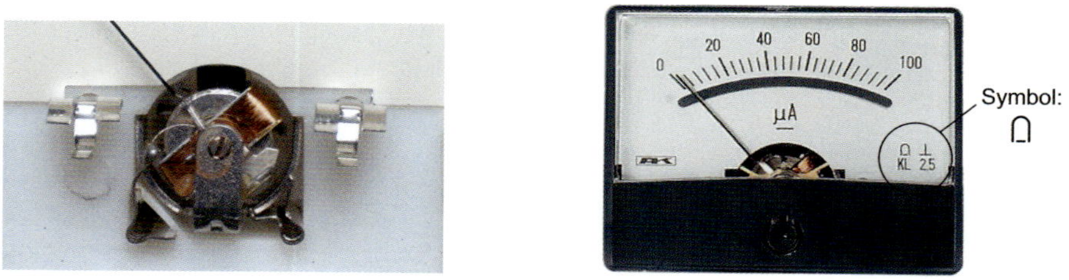

Abb. 6.9: Drehspulenmesswerk.

Dreheisenmesswerk

Hier befinden sich innerhalb einer Spule ein fest stehender und ein beweglicher Eisenkern – das Dreheisen, an dem auch der Zeiger befestigt ist (Abb. 6.10 Links). Bei Stromfluss durch die Spule werden beide Eisen gleichsinnig magnetisiert, daher stoßen sie sich gegenseitig ab und der Zeiger bewegt sich. Das Dreheisen ist an einer Feder befestigt. Der Zeiger bleibt stehen, wenn die Kraft des Magnetfeldes gleich der Rückstellkraft der Feder ist.

Beim Dreheisenmesswerk ist der Ausschlag nicht proportional zur Stromstärke, und daher ist die Skala auch nicht linear. Dies wird durch die Einteilung der Skala kompensiert (Abb. 6.10 Rechts). Das Messgerät eignet sich für Gleichstrom und Wechselstrom bis etwa 400 Hz, es wird kein Gleichrichter benötigt. Bei Mischspannungen oder -strömen wird der Effektivwert angezeigt. Dreheisenmesswerke sind meist robuster als Drehspulenmesswerke, und zudem unempfindlich gegen magnetische Fremdfelder. Allerdings haben sie einen etwas höheren Eigenverbrauch. Aufgrund des einfachen und robusten Aufbaus werden sie oft im mobilen Einsatz verwendet.

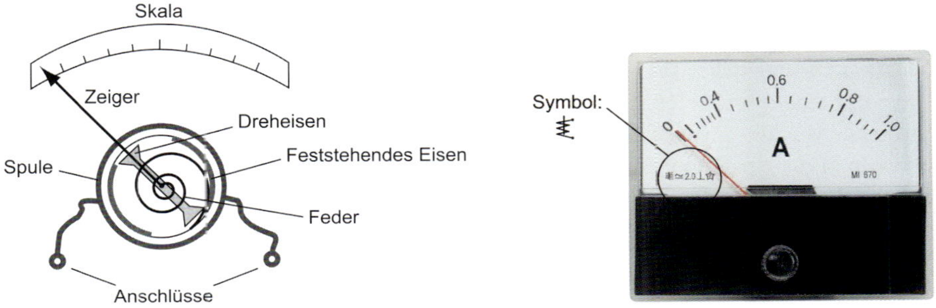

Abb. 6.10: Dreheisenmesswerk.

Hitzdrahtmesswerk

Fließt ein Strom durch einen Draht, so erwärmt sich dieser und dehnt sich aus. Dieses Prinzip wird beim Hitzdrahtmesswerk eingesetzt (Abb. 6.11). Hier wird ein am Draht befestigter Faden entsprechend der Ausdehnung über eine Rolle gezogen, auf welcher die Zeigerachse sitzt. Erwärmung und Ausdehnung des Drahtes sind proportional zum Effektivstrom. Das Messwerk eignet sich für Gleichstrom wie für Wechselstrom, allerdings nicht bei kleinen Stromstärken, da hier die Erwärmung zu gering ist. Ein Nachteil ist die Trägheit der Anzeige, da der Draht nur langsam auf eine Änderung des Stroms reagiert. Daher eignet sich ein Hitzdrahtmesswerk in erster Linie für Spezialanwendungen, wo eine konstante und ruhige Anzeige gefordert ist, beispielsweise für Luftdurchströmungsmesser in Klimaanlagen.

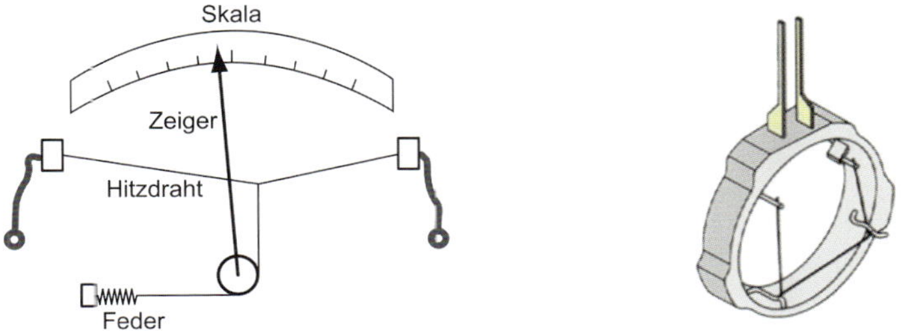

Abb. 6.11 Links: Hitzdrahtmesswerk. **Rechts:** Luftmassenmesser mit Hitzdraht.

Genauigkeitsklassen analoger Messgeräte

Die Genauigkeitsklasse wird als Ziffer auf der Anzeigeskala angegeben. Beispiel: Die Ziffer „2,5" besagt, dass der Anzeigefehler ±2,5 % vom Messbereichsendwert beträgt.

Feinmessgeräte haben einen Anzeigefehler von ±0,1 % bis ±0,5 %, *Betriebsmessgeräte* weisen Anzeigefehler von ±1 % bis ±5 % auf.

Digitale Multimeter

Digitale Multimeter (Abb. 6.12) sind eigentlich zunächst einmal nur Spannungsmesser (s. Kap. 1.1). Sie messen den Spannungsabfall über einen eingebauten Widerstand. Durch eine Kombination verschiedener Widerstandswerte sind mehrere Messbereiche einstellbar. Natürlich kann man mit einem Multimeter auch die Stromstärke messen. In diesem Fall erfolgt dies durch eine indirekte Messung, wobei der Strom über das Ohmsche Gesetz aus dem jeweiligen Widerstandswert und der Spannung berechnet und angezeigt wird. Die Messbereiche digitaler Multimeter erstrecken sich meist von 200 mV bis 100 V und von 20 μA bis 20 A. Die Messwerte werden bei einem relativ hohen Innenwiderstand von 1 bis 20 MΩ erfasst.

Multimeter haben meist viele Funktionen wie zum Beispiel: Luftfeuchtigkeit- und Temperaturfühler, Frequenzmessung, akustischer Durchgangsprüfer, Messung eines Widerstandswertes, der Kapazität und der Induktivität. Manche Messungen, besonders die Widerstandsmessung, sind nur mit einer internen Stromquelle im Messgerät möglich, in der Regel eine 9 V-Blockbatterie. Durch den zu messenden Widerstand wird vom Messgerät ein Gleichstrom geleitet und die dabei abfallende Spannung erfasst. Viele digitale Multimeter erlauben eine Speicherung der Messwerte oder eine Übertragung der Daten zu einem Computer. Hier können die Werte dann gespeichert und weiterverarbeitet werden.

Abb. 6.12: Digitales Multimeter (Fluke Serie 80V).

Stromzangen

Mit Stromzangen (Abb. 6.13) können Messungen vorgenommen werden, ohne den betreffenden Stromkreis unterbrechen zu müssen. Sie messen den Stromfluss indirekt über das elektromagnetische Feld, das jeden Leiter umgibt. Es ist kein Freischalten notwendig, solange die entsprechenden Schutzhandschuhe verwendet und ein Messgerät mit der geeigneten Überspannungs- und Messkategorie gewählt wird.

Einsatz von Stromzangen

- Überwachung von betriebsmäßigen Zuständen einer Anlage oder eines Betriebsmittels
- Analyse fehlerhafter Zustände (Feststellen von Ableitströmen, vagabundierenden Strömen im Erdreich, Lokalisierung von Isolationsfehlern)

Mögliche Fehlerquellen bei der Messung

- Externe magnetische Fremdfelder durch von hohen Lastströmen durchflossene Leiter in der Nähe der Messstelle oder durch Transformatoren mit hohen Streufeldern. Abhilfe: Stromzange mit entsprechender Qualität, d. h. mit guter Abschirmung. Wahl einer anderen Messstelle. Abschalten von Verbrauchern mit hohen Lastströmen. Tipp: Abschätzung des Messfehlers durch Annäherung mit der geschlossenen Zange an die Messstelle.
- Frequenz bzw. Oberwellen der Ableitströme: Eine Erfassung mindestens der dritten Oberwelle ist erforderlich, um eine Überlastung von Neutralleitern oder Schutzleitern zu vermeiden.
- Positionierung der Leiter in der Zangenöffnung: Leiter im Zentrum der Zange, Winkel von 90° zum Leiter. Bei der Messung von Differenzströmen: Aktive Leiter sollten so nahe wie möglich zusammen liegen.
- Höhe der Lastströme bei Differenzstrommessung bzw. verschiedene Lastströme der aktiven Leiter L1, L2 und L3 und N (Drehstrom, s. Kap. 1.4.3). Abhilfe: Verbesserung der Messposition, Beachtung der Herstellerangaben.

Abb. 6.13: Strommesszange (Fluke 902).

Oszilloskop

Mit einem Oszilloskop wird der zeitliche Verlauf einer oder mehrerer Spannungen in einem zweidimensionalen Koordinatensystem dargestellt. Die (horizontale) X-Achse steht für die Zeit, während die (vertikale) Y-Achse den Amplitudenwert anzeigt. Die zu messenden Spannungen werden über Tastköpfe und Messleitungen zum Oszilloskop geleitet. Die meisten Oszilloskope besitzen Eingänge für zwei Messspannungen. Oft können aber auch weitere elektrische Größen angezeigt werden wie zum Beispiel:

- Indirekte Strommessung durch den Spannungsabfall über einen Widerstand.
- Frequenz einer Wechselspannung.
- Phasenverschiebung zweier Signale.
- Kennlinien elektronischer Bauelemente.
- Frequenzgänge elektronischer Schaltungen.
- Impulsdiagramme.

Es gibt analoge und digitale Oszilloskope. Analoge Geräte benutzen zur Anzeige eine Kathodenstrahlröhre (Braunsche Röhre).

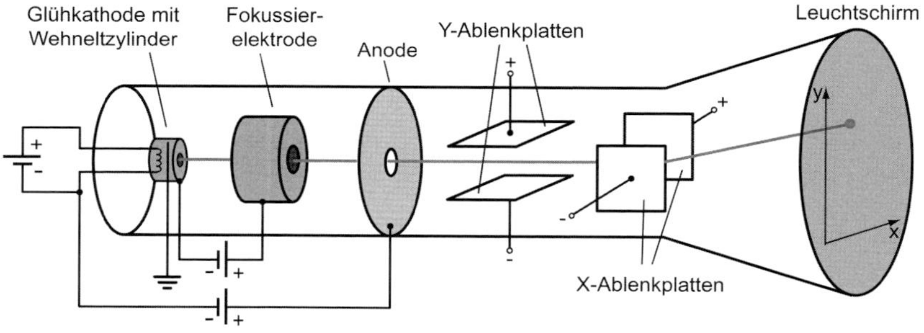

Abb. 6.14: Analoges Oszilloskop (Braunsche Röhre).

Analoges Oszilloskop

Im Hochvakuum des Glaskolbens einer Braunschen Röhre befinden sich folgende Bauteile (Abb. 6.14):

1. Glühkathode mit Wehneltzylinder: Die beheizte Kathode sendet Elektronen aus, die von der Anode angezogen werden. Der Wehneltzylinder dient als Steuerelektrode, welche die Dichte und die Geschwindigkeit des Elektronenstrahls und damit die Intensität des auf dem Bildschirm angezeigten Leuchtpunktes regelt.

2. Fokussierelektrode: Mit Hilfe der Fokussierelektrode wird der Elektronenstrahl mehr oder weniger gebündelt. Somit werden der Durchmesser des angezeigten Leuchtpunktes und damit die Abbildungsschärfe verändert.

3. Anode: Die Anode zieht den von der Kathode ausgehenden Elektronenstrahl an. Die Geschwindigkeit der Elektronen ist so hoch, dass diese durch eine Öffnung in der Anode in Richtung des Leuchtschirms schießen.

4. Ablenkplatten: Die Ablenkung des Elektronenstrahls erfolgt kapazitiv durch elektrische Felder gegenüberliegender Platten in der X- und Y-Achse. Die Elektronen werden von der positiv geladenen Platte angezogen und von der negativ geladenen Platte abgestoßen.

5. Leuchtschirm: Eine Leuchtschicht auf der Rückseite des Bildschirms macht den auftreffenden Elektronenstrahl schließlich sichtbar.

Der Elektronenstrahl wird durch die Eingangsspannung in Y-Richtung abgelenkt, bei zeitabhängiger Darstellung, also für die Anzeige von Wechselgrößen, muss für die X-Ablenkung eine Sägezahnspannung erzeugt werden. Diese steigt, durch die Triggerung ausgelöst, mit gleichmäßiger Steilheit an und dann fällt dann schnell wieder ab. Die einstellbare Anstiegsdauer entspricht dabei der angezeigten Zeitdauer des Signals. Während sich der Elektronenstrahl von links nach rechts bewegt, wird das Bild auf dem Schirm dargestellt. Anschließend kehrt der Strahl sofort zum Ausgangspunkt zurück. Dabei wird er dunkelgetastet, damit der Rücklauf des Leuchtflecks nicht sichtbar ist.

Triggerung

Um bei periodischen Signalen ein stehendes Bild zu erhalten, muss der Elektronenstrahl vor jedem Durchlauf solange aufgehalten werden, bis das zu messende Signal einen definierten Spannungswert erreicht hat. Dadurch werden die Signalperioden genau übereinander dargestellt und ermöglichen zusammen mit der relativ langen Nachleuchtdauer der Leuchtschicht ein stehendes Bild (Abb. 6.15).

Je nach Ausstattung des Oszilloskops gibt es noch weitere Triggerungsmethoden oder auch die Möglichkeit, ein externes Triggersignal zu verwenden. Digitale Oszilloskope (s. u.) können auch auf einmalige Ereignisse getriggert werden, also einen so genannten „Single Shot" eines impulshaften Signals darstellen.

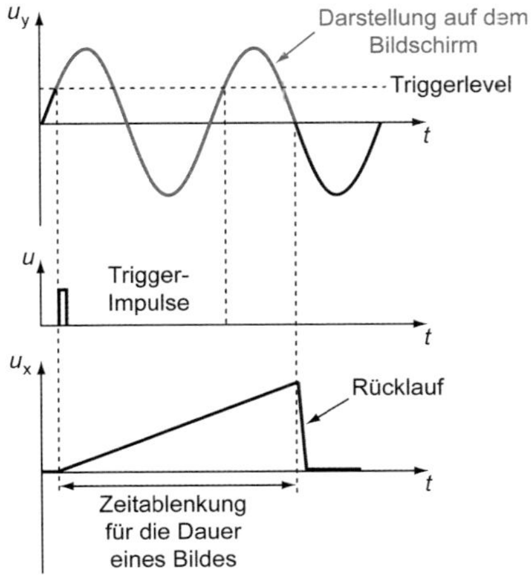

Abb. 6.15: Triggerung eines Oszilloskops.

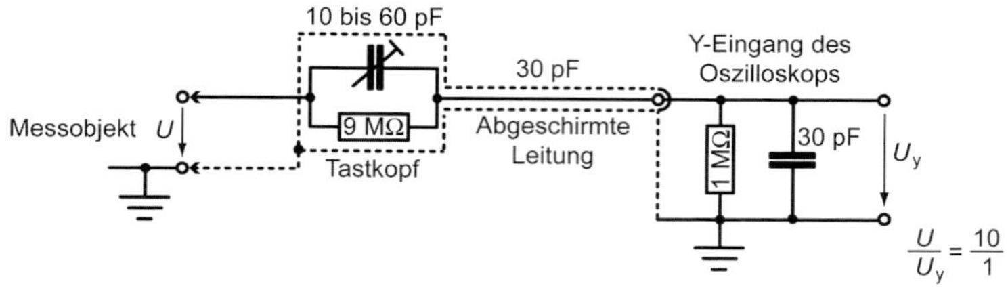

Abb. 6.16: Tastkopf.

Tastkopf

Ein Tastkopf nimmt die zu messende Spannung auf und leitet sie über ein Kabel an das Oszilloskop. Im Tastkopf befinden sich ein Vorwiderstand und eine abgleichbare parallele Kapazität. Sie bilden zusammen mit dem Eingangswiderstand und der Parallelkapazität des Oszilloskops einen Spannungsteiler (Abb. 6.16). Er muss immer dann eingesetzt werden, wenn größere Spannungen gemessen werden sollen, oder wenn der systematische Messfehler möglichst gering ausfallen muss (s. Kap. 1.1).

In der Regel wird die Amplitude der Messspannung am Eingang des Oszilloskops durch den Tastkopf um 10 % verringert. Bei hohen Frequenzen ist mit Teilungsfehlern zu rechnen, die sich durch Überschwinger oder Verschleifen der Flanken äußern. Diese Fehler lassen sich durch Abgleich der parallelen Kapazität im Tastkopf verringern. Dieser Abgleich erfolgt vor der Messung mit Hilfe einer rechteckförmigen Eichspannung.

Zweikanalbetrieb

Oft ist es notwendig, zwei Signale auf dem Schirm gleichzeitig darzustellen, zum Beispiel um sie zu vergleichen (Abb. 6.17). Dazu gibt es bei analogen Oszilloskopen verschiedene Verfahren:

- Zweikanalbetrieb mit einer Mehrsystemröhre: Hierbei befinden sich in einer Röhre mehrere Glühkathoden mit Wehneltzylindern und Y-Ablenksystemen. Auf diese Weise lassen sich zwei bis vier unabhängige Kurvenverläufe zeitgleich darstellen.
- Chopper-Betrieb: Hier wird sehr schnell zwischen den beiden Eingängen umgeschaltet. Kanal 1 wird in der oberen Bildschirmhälfte dargestellt, Kanal 2 in der unteren. Der Nachteil dabei ist, dass beide Kanäle nicht kontinuierlich dargestellt werden, sondern aus einer gestrichelten Linie bestehen. Außerdem können kurze Impulse verloren gehen, wenn der jeweils andere Kanal geschrieben wird. Daher wird diese Betriebsart meist nur für Frequenzen unter 100 Hz verwendet.
- Alternierender Betrieb: Hier wird langsamer zwischen Kanal 1 und 2 umgeschaltet, nämlich nach jedem Strahldurchlauf. In dieser Betriebsart kann allerdings eine Phasenverschiebung zwischen den beiden Signalen nur ungenau bestimmt werden, weil der Triggerimpuls nicht gleichzeitig ausgelöst wird.

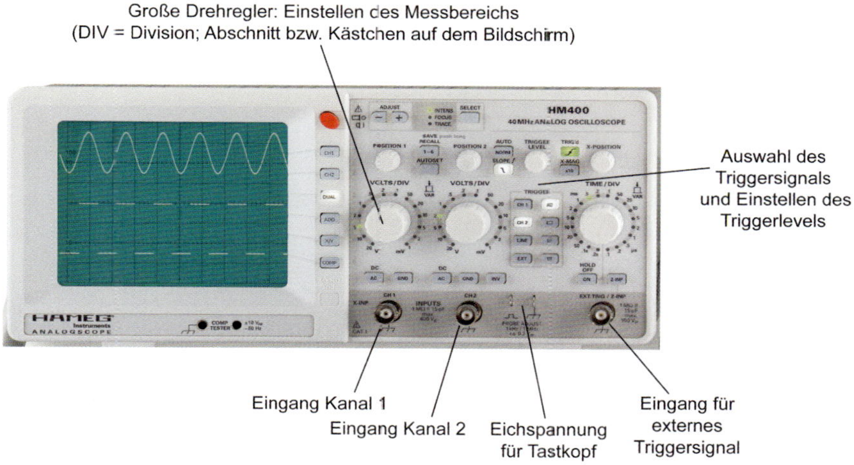

Abb. 6.17: Analoges Zweikanal-Oszilloskop (Hameg HM400).

Bandbreite

Ein Oszilloskop kann Wechselspannungen nur hinreichend genau innerhalb von etwa 10 % der vom Hersteller angegebenen Bandbreite darstellen. Wird eine Sinusschwingung mit der angegebenen Bandbreite gemessen, werden aufgrund des Tiefpassverhaltens des Oszilloskops nur ca. 70 % der tatsächlichen Spannungsamplitude angezeigt. Ein Rechtecksignal nahe der Bandbreite wird dagegen nur noch als Sinus dargestellt.

Digitales Oszilloskop

Analog-Digital-Wandler wandeln hier die Eingangsspannungen in digitale Signale, welche dann angezeigt und in einem Speicher abgelegt werden. Die Anzeige erfolgt inzwischen meist über ein Farb-LCD (Abb. 6.18), die Daten lassen sich aber auch an einen Computer übermitteln und ausdrucken.

Ein wichtiger Parameter bei digitalen Oszilloskopen ist die Abtastrate, die in Megasamples pro Sekunde (MS/s) oder Gigasamples pro Sekunde (GS/s) angegeben wird. Eine Wechselspannung sollte wenigsten mit der zehnfachen Frequenz abgetastet werden, um exakte Messwerte und eine gute Darstellung auf dem Bildschirm zu erreichen. Daneben sind die Bandbreite, die Speichertiefe und die Wandlerauflösung interessant.

Digitale Oszilloskope bieten gegenüber analogen Geräten einige Zusatzfunktionen:

- Spitzenerkennung: Spannungsspitzen werden auch bei langsameren Zeitbasiseinstellungen erfasst und angezeigt.
- Pre-Triggering bzw. Replay-Funktion zur Anzeige von gespeicherten Signalverläufen nach einem bestimmten Ereignis.
- Anzeige eines Frequenzspektrums (FFT).
- Analysesoftware und mathematische Funktionen zur Anzeige bzw. Berechnung beispielsweise der Anstiegszeit und der Impulsbreite und zur Summen-, Differenz- und Mittelwertbildung zwischen den Kanälen.
- Ausgabe von Messdaten- und Bilddateien über diverse Schnittstellen (zum Beispiel USB oder Ethernet) zur Archivierung auf externe Speichermedien.

Abb. 6.18: Digitales, tragbares Oszilloskop (Fluke ScopeMeter Serie190).

6.5 Übungsaufgaben

Aufgabe 1

Welchen Mindestdurchmesser muss eine Erdungsleitung zur Erdung eines Baustromverteilers mindestens aufweisen?

Aufgabe 2

Was ist bei Mehrfachsteckdosen „aus dem Baumarkt" zu beachten?

Aufgabe 3

Warum darf ein Stromaggregat nur im Stillstand und bei abgekühltem Motor betankt werden?

Aufgabe 4

Welche Schutzmaßnahmen sind bei Stromaggregaten zulässig?

Aufgabe 5

Warum kann mit einem Drehspulenmesswerk ohne Hilfsmittel nur Gleichstrom zuverlässig gemessen werden?

Aufgabe 6

Multimeter und Stromzangen messen jeweils die Stromstärke indirekt. Wodurch unterscheiden sich die Messverfahren der beiden Messgeräte?

Aufgabe 7

Welche drei Verfahren werden bei analogen Oszilloskopen angewandt, um zwei Signale gleichzeitig auf dem Bildschirm darzustellen?

Aufgabe 8

Welche Funktion hat der Tastkopf eines Oszilloskops?

Literaturtipp

Heuck K, Dettmann KD, Schulz D. Elektrische Energieversorgung: Erzeugung, Übertragung und Verteilung elektrischer Energie.
Vieweg + Teubner, Wiesbaden 2013

Anzeigeinstrumente auf einem Schaltschrank in einer Niederspannungs-Hauptverteilung.

7 Vorschriften zur Errichtung und Überprüfung elektrischer Anlagen

Die Prüfung elektrischer Anlagen und Betriebsmittel nach DIN VDE, BGV und TRBS sind Themen im zweiten Lehrjahr. Veranstaltungstechniker führen die Überprüfungen nicht unbedingt selber aus, allerdings wird dennoch die Kenntnis der wichtigsten Vorschriften vorausgesetzt.

Es gibt in Deutschland verschiedene Gesetze und Vorschriften zur Gewährleistung der Sicherheit elektrischer Anlagen und Betriebsmittel, die von Arbeitgebern und speziell von Elektrofachkräften zu beachten und einzuhalten sind.

Daneben sind bestimmte Berufsgenossenschaftliche Vorschriften (BGV) und Technische Regeln für Betriebssicherheit (TRBS) zu beachten, zusätzlich auch die Vorschriften des Deutschen Instituts für Normung (DIN) und des Verbands der Elektrotechnik, Elektronik und Informationstechnik (VDE).

In der Veranstaltungstechnik sind unter anderem folgende VDE-Bestimmungen von Interesse:

- VDE 0100 (Allgemeiner Teil).
- VDE 0701-0702 (Geräteschutzprüfungen).
- VDE 0108 (Notbeleuchtung).

Eine DIN- oder VDE-Bestimmung ist kein Gesetz, und daher kann die Einhaltung grundsätzlich nicht vorgeschrieben werden. Allerdings spielen sie durchaus eine bedeutende Rolle bei der Rechtssprechung, da hier auf die Normen und Bestimmungen als „anerkannte Regeln der Technik“ Bezug genommen wird.

7.1 Errichten von Niederspannungsanlagen und Erstprüfung (DIN VDE 0100)

Die DIN VDE 0100 ist ein sehr umfangreiches Werk mit vielen Teilnormen (Abb. 7.1 und Tab. 7.1), und etliche davon sind für die Veranstaltungstechnik relevant.

Wir wollen uns exemplarisch DIN VDE 0100 Teil 600 herausgreifen, denn hier sind die Erstprüfung nach der Errichtung einer elektrischen Niederspannungsanlage und wiederkehrende Prüfungen festgelegt.

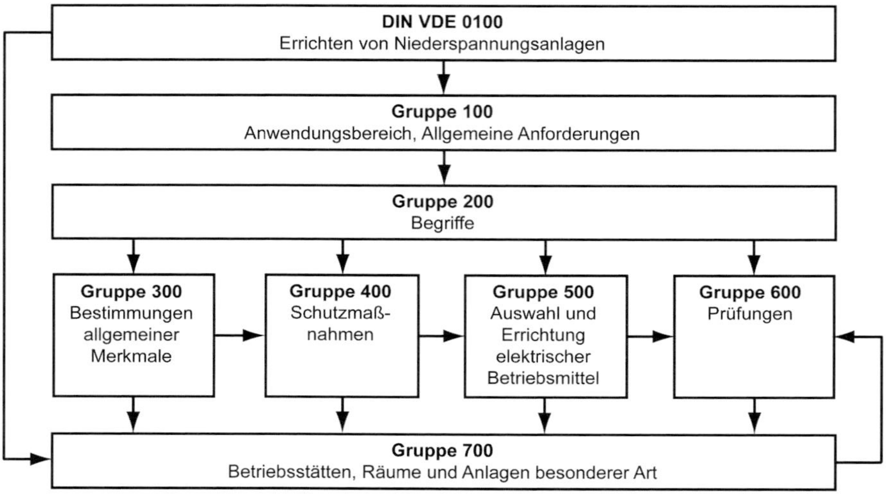

Abb. 7.1: Gliederung der DIN VDE 0100.

Tab. 7.1: Teilnormen der VDE 0100 (Auswahl).

VDE 0100	Teil 100	Errichten von Niederspannungsanlagen (Zweck und Grundsätze)
VDE 0100	Teil 200	Errichten von Niederspannungsanlagen (Begriffe)
VDE 0100	Teil 300	Planung elektrischer Anlagen
VDE 0100	Teil 410	Schutzmaßnahmen: Schutz gegen elektrischen Schlag in Niederspannungsanlagen
VDE 0100	Teil 420	Schutzmaßnahmen: Schutz gegen thermische Einflüsse in Starkstromanlagen
VDE 0100	Teil 430	Schutzmaßnahmen: Schutz von Kabeln und Leitungen bei Überstrom in Starkstromanlagen
VDE 0100	Teil 442	Schutz bei Überspannung: Schutz von Niederspannungsanlagen bei Erdschlüssen in Netzen mit höherer Spannung
VDE 0100	Teil 443	Schutz gegen Überspannung infolge atmosphärischer Einflüsse
VDE 0100	Teil 444	Schutz gegen elektromagnetische Störungen
VDE 0100	Teil 450	Schutz gegen Unterspannung
VDE 0100	Teil 460	Schutzmaßnahmen: Trennen und Schalten
VDE 0100	Teil 482	Brandschutz bei besonderen Gefahren und Risiken
VDE 0100	Teil 510	Auswahl und Errichtung elektrischer Betriebsmittel: Allgemeiner Teil
VDE 0100	Teil 520	Auswahl und Errichtung: Kabel und Leitungen
VDE 0100	Teil 537	Auswahl und Errichtung: Geräte zum Trennen und Schalten
VDE 0100	Teil 540	Auswahl und Errichtung: Erdung, Schutzleiter, Schutzpotential-Ausgleichsleiter
VDE 0100	Teil 550	Auswahl und Errichtung: Steckvorrichtungen, Schalter und Installationsgeräte
VDE 0100	Teil 559	Auswahl und Errichtung: Leuchten und Beleuchtungsanlagen
VDE 0100	Teil 560	Auswahl und Errichtung: Elektrische Anlagen für Sicherheitszwecke

VDE 0100	Teil 600	Erstprüfung und Wiederholungsprüfungen
VDE 0100	Teil 701	Bestimmungen für Räume mit Badewanne oder Dusche
VDE 0100	Teil 702	Frei- und Hallenbäder
VDE 0100	Teil 703	Sauna-Heizgeräte
VDE 0100	Teil 704	Baustellen
VDE 0100	Teil 705	Landwirtschaftliche Betriebsstätten
VDE 0100	Teil 706	Leitfähige Bereiche mit begrenzter Bewegungsfreiheit
VDE 0100	Teil 708	Campingplätze und Caravans
VDE 0100	Teil 710	Medizinisch genutzte Räume
VDE 0100	Teil 711	Ausstellungen, Shows und Stände
VDE 0100	Teil 714	Beleuchtungsanlagen im Freien
VDE 0100	Teil 718	Bauliche Anlagen für Menschenansammlungen
VDE 0100	Teil 721	Caravans, Boote und Jachten sowie ihre Stromversorgung
VDE 0100	Teil 722	Fliegende Bauten; Wagen und Wohnwagen nach Schaustellerart
VDE 0100	Teil 723	Unterrichtsräume mit Experimentierständen
VDE 0100	Teil 724	Elektrische Anlagen in Möbeln, Gardinenleisten, Dekorationsverkleidungen
VDE 0100	Teil 725	Hilfsstromkreise
VDE 0100	Teil 729	Aufstellen und Anschließen von Schaltanlagen und Verteilern
VDE 0100	Teil 731	Elektrische Betriebsstätten und abgeschlossene elektrische Betriebsstätten
VDE 0100	Teil 732	Hausanschlüsse in öffentlichen Kabelnetzen
VDE 0100	Teil 737	Feuchte und nasse Bereiche und Räume. Anlagen im Freien
VDE 0100	Teil 739	Zusätzlicher Schutz bei direktem Berühren (Schutzeinrichtungen in TN- und TT-Netzen)

DIN VDE 0100 Teil 600

Bei der Erstprüfung nach DIN VDE 0100 Teil 600 steht im Prinzip die Wirksamkeit der Schutzmaßnahmen gegen direktes und indirektes Berühren im Vordergrund. Die Erstprüfung hat zu erfolgen...

... vor der ersten Inbetriebnahme einer elektrischen Niederspannungsanlage.

... als Nachweis, dass die Anlage den Normen der Reihe DIN VDE 0100 entspricht.

Eine Erstprüfung ist auch dann erforderlich, wenn eine elektrische Anlage erweitert wird oder wenn Teile einer Altanlage anderweitig genutzt werden sollen.

Wer darf prüfen?

Die entsprechenden Prüfungen dürfen nur durch Personen mit bestimmten Befähigungen ausgeführt werden, wie sie in der DIN VDE 0105 Teil 100 definiert sind:

- *Elektrofachkraft:* Eine Elektrofachkraft darf aufgrund einer bestimmten Aus- bzw. Weiterbildung eigenverantwortlich Arbeiten an elektrischen Anlagen und Betriebsmitteln ausführen. Personen mit folgenden Ausbildungen zählen hierzu: Geselle und Elektroniker im Elektrohandwerk, Meister im Elektrohandwerk, staatlich geprüfter Elektrotechniker und Elektroingenieure. Dieser Personenkreis ist geschult in den relevanten Rechtsvorschriften, den Schaltungsgrundlagen, der Messtechnik und hat Kenntnisse über die Gefahren des elektrischen Stroms. Gefahren und Messwerte können richtig anhand der technischen Vorschriften gedeutet und beurteilt werden. Eine Elektrofachkraft darf Arbeiten an elektrischen Geräten und Anlagen auch unter Spannung durchführen, beispielsweise zur Spannungsüberprüfung und zur messtechnischen Erfassung, zur Fehlersuche und wenn durch das Abschalten elektrischer Anlagen und Betriebsmittel andere Menschen gefährdet oder Geräte zur Datenverarbeitung beschädigt werden. Die Eignung als Elektrofachkraft erlischt innerhalb von zwei Jahren, wenn die entsprechenden Tätigkeiten nicht mehr ausgeführt werden. Konkrete Aufgaben der Elektrofachkraft:

- Planen, Projektieren und Konstruieren.
- Einsetzen von Arbeitskräften.
- Errichten von elektrischen Anlagen. In der Veranstaltungstechnik erst nach dem Sicherungskasten!
- Prüfen: Besichtigen, Erproben und Messen.
- Inbetriebsetzen, Betätigen bzw. Bedienen von Dimmer- und Tonanlagen und bühnentechnischen Gerätschaften.
- Ändern / Reparieren: In der Veranstaltungstechnik erst nach der fest installierten Stromverteilung!

- *Verantwortliche Elektrofachkraft:* Eine verantwortliche Elektrofachkraft muss über mehrjährige Berufserfahrung verfügen. Sie wird vom Unternehmer (bzw. Betreiber oder Geschäftsführer) bestellt, arbeitet aber eigenverantwortlich. Die Weisungsbefugnis liegt nur beim Unternehmer, so hat zum Beispiel ein Abteilungsleiter keinerlei Weisungsbefugnis gegenüber der verantwortlichen Elektrofachkraft. Die verantwortliche Elektrofachkraft ist im Betrieb für die Elektrosicherheit in der Gesamtheit verantwortlich und übernimmt hier eine Fach- und Aufsichtsverantwortung. Bei Gefahr im Verzug, ist sie berechtigt, Anlagen und Geräte außer Betrieb zu nehmen und muss unverzüglich den Unternehmer darüber informieren. Es wird empfohlen, dies in schriftlicher Form zu tun. Vorsicht: Eine „normale" Elektrofachkraft darf Geräte und Anlagen nur bei Gefahr im Verzug außer Betrieb nehmen, wenn dies mit einem Abteilungsleiter und/oder mit dem Unternehmer abgesprochen wurde.
- *Elektrofachkraft für festgelegte Tätigkeiten:* Eine Elektrofachkraft für festgelegte Tätigkeiten darf nur Arbeiten ausführen, für die sie ausgebildet wurde. Sie verfügt aufgrund ihrer fachlichen Ausbildung über Kenntnisse und Erfahrungen, um die übertragenen Arbeiten beurteilen und mögliche Gefahren erkennen zu können. Zudem ist die Kenntnis der einschlägigen Normen gegeben. Dies bedeutet allerdings, dass laut des Berufsbilds des Veranstaltungstechnikers von diesen keine festen elektrischen Installationen ausgeführt werden dürfen (unter Festinstallationen versteht man hierbei z. B. elektrische Stromverteiler, Elektroinstallationen an und in Gebäuden sowie Anlagen, die der Energieversorgung dienen). Einfacher gesagt heißt dies, dass nur Arbeiten nach einer Steckdose oder nach einem Baustromverteiler erlaubt sind. Vor Inbetriebnahme eine Energieversorgungsanlage darf natürlich deren ordnungsgemäßer Zustand geprüft werden, hierzu dürfen aber nur die Spannungen an Steckdosen und Baustromverteilern gemessen und RCD ausgelöst werden. Eine Sicherung in einer elektrischen Anlage darf dagegen nur von einer Elektrofachkraft geschaltet werden. In eigener Fachverantwortung dürfen nur solche festgelegten Tätigkeiten ausgeführt werden, für die eine Ausbildung nachgewiesen ist. Arbeiten an Anlagen mit einer Nennspannung bis 1000 V Wech-

selspannung oder 1500 V Gleichspannung sind von einer Elektrofachkraft für festgelegte Tätigkeiten grundsätzlich nur im freigeschalteten Zustand erlaubt.

- *Elektrotechnisch unterwiesene Person:* Dies ist ein Mitarbeiter, der durch eine Elektrofachkraft über die übertragenen Aufgaben und die möglichen Gefahren bei unsachgemäßen Verhalten unterrichtet und hinsichtlich der notwendigen Schutzeinrichtungen und Schutzmaßnahmen unterwiesen wurde. Eine elektrotechnisch unterwiesene Person (z. B. ein Veranstaltungstechniker) darf elektrotechnische und messtechnische Arbeiten nur unter Beaufsichtigung einer Elektrofachkraft ausführen. Geräteschutzprüfungen dürfen durchgeführt werden, wenn das Messgerät nur einen Startknopf besitzt und nachher das Ergebnis „bestanden“ oder „nicht bestanden“ erscheint. Eine elektrotechnisch unterwiesene Person darf also keine Messwerte beurteilen.

- *Laie:* Ein elektrotechnischer Laie ist weder eine Elektrofachkraft, noch eine elektrotechnisch unterwiesene Person. Es sind keinerlei Messtätigkeiten erlaubt!

Vorgehensweise bei der Überprüfung

Die Prüfungen nach DIN VDE 0100 Teil 600 werden ausschließlich von Elektrofachkräften durchgeführt. Folgende Punkte sind abzuarbeiten:

1. Besichtigen: Sichtprüfung der Anlage, aber auch Riechen, Hören und Fühlen (im Allgemeinen bei spannungsfreier Anlage). Ohne vorheriges Besichtigen keine Erprobung und Messung! Eine Besichtigung kann eventuell schon im Laufe der Errichtung der Anlage geschehen. Hier stehen dann folgende Fragen im Vordergrund: Wurden geeignete Materialien und Betriebsmittel ausgewählt? Gibt es sichtbare Beschädigungen? Gibt es einen Schutz gegen elektrischen Schlag? Brandschutzmaßnahmen? Sind geeignete Trenn- und Schaltgeräte vorhanden und sind diese an der richtigen Position im Stromkreis installiert? Richtige Kennzeichnung von Neutral- und Schutzleiter? Kennzeichnung von Stromkreisen und Betriebsmitteln? Ordnungsgemäße Leiterverbindungen? Wie ist die allgemeine Zugänglichkeit zur Anlage bzw. dem Betriebsmittel? Anbringung von Warnhinweisen? Vollständige Schaltungsunterlagen vorhanden?

2. Erproben: Hier wird die Wirksamkeit von Schutz- und Meldeeinrichtungen überprüft. Beispielsweise durch Betätigen der Prüftaste des RCD oder des Isolationsüberwachungsgeräts, weiterhin die Funktion von Not-Aus-Schaltgeräten und von Anzeige- und Meldeeinrichtungen.

3. Messen: Die verwendeten Mess- und Überwachungsgeräte müssen den Anforderungen der Normreihe DIN EN 61557 entsprechen. Bei der Anwendung sind Messfehler zu berücksichtigen. Durch Messungen nachzuweisende Punkte:

- Durchgängigkeit der Schutzleiter, des Hauptpotentialausgleichs und des zusätzlichen Potentialausgleichs. Der Widerstandswert sollte nicht höher sein, als aufgrund der üblichen Übergangswiderstände zu erwarten ist.

- Isolationswiderstand der Anlage. Für Stromkreise bis 500 V Wechselspannung: mindestens 1 MΩ. Die Anlage muss während der Messung von Netz getrennt und spannungsfrei, aber alle vorhandenen Schalter geschlossen sein. Falls dies nicht möglich ist, sind Teilabschnitte getrennt zu messen.

- Nachweis des Schutzes durch SELV, PELV oder Schutztrennung.

- Widerstand von isolierenden Fußböden und Wänden.

- Automatische Abschaltung der Stromversorgung und Test der Meldeeinrichtungen.
- Spannungspolarität, d. h. der Nachweis, dass bei einpoligen Schalteinrichtungen nur die Außenleiter abschalten.
- Phasenfolge der Außenleiter, zur korrekten Drehfeldrichtung von Drehstromsteckdosen.
- Spannungsfall.

Wiederholungsprüfung

Zusätzlich zu den Messungen der Erstprüfung müssen hier auch die Abschaltzeiten der RCD gemessen werden.

Prüfbericht

Nach der Erstprüfung und jeder Wiederholungsprüfung ist ein Prüfbericht anzufertigen, damit ein Nachweis der erforderlichen Sorgfaltspflicht im Falle eines späteren Unfalls gegeben ist. Es ist darin dokumentiert, dass zum Zeitpunkt der Übergabe der Anlage die Errichtungsnormen eingehalten wurden. Entweder wird ein Standardprüfbericht mit Hilfe eines Vordrucks ausgestellt (Mindestanforderung) oder ein individueller Bericht für spezielle Prüfungen.

Die Dokumentation kann auch anhand von Checklisten erfolgen. Eine abschließende Bewertung der Prüfergebnisse ist Bestandteil des Berichts und die Bestätigung, dass die Anforderungen der jeweiligen Norm eingehalten werden. Die Prüfberichte müssen am Betriebsort aufbewahrt werden, sinnvollerweise zusammengefasst in einem Prüfbuch.

Abb. 7.2 Links: Universalprüfgerät gemäß DIN VDE 0100 (PROFITEST 2).
Rechts: Messgerät zur Prüfung gemäß DIN VDE 0701/0702 (METRATESTER 5 PLUS).

7.2 Prüfung nach Instandsetzung und Wiederholungsprüfungen (DIN VDE 0701/0702)

Seit Juni 2009 müssen in allen Unternehmen Wiederholungsprüfungen und Prüfungen nach Instandsetzung elektrischer Betriebsmittel nach der neuen DIN VDE 0701/0702 durchgeführt werden. Die DIN VDE 0701/0702 ist eine zusammenfassende Norm der vormals getrennten DIN VDE 0701 und DIN VDE 0702.

Folgende Prüfungen sind ausschließlich von Elektrofachkräften in der angegebenen Reihenfolge durchzuführen (Abb. 7.3):

1. Sichtprüfung: Zum Beispiel auf Schäden an den Anschlussleitungen oder an den Isolierungen. Zustand des Netzsteckers, der Anschlussklemmen und Anschlussadern. Mängel an der Zugentlastung, Schäden am Gehäuse. Anzeichen unzulässiger Eingriffe und Veränderungen, Verschmutzung. Zustand von Luftfiltern. Bedienbarkeit von Schaltern usw.

2. Ordnungsgemäßer Zustand des Schutzleiters: Wird durch eine Messung festgestellt. Während der Messung ist der Schutzleiter in Abschnitten über die gesamte Länge zu bewegen, dabei darf keine Änderung des Widerstandswerts auftreten.

3. Messung des Isolationswiderstands zwischen aktiven Teilen und jedem berührbaren Teil, einschließlich des Schutzleiters. Bei SELV/PELV zwischen aktiven Teilen des SELV- bzw. PELV-Stromkreises und den aktiven Teilen des Primärstromkreises. Schalter müssen dabei geschlossen sein.

4. Messung des Schutzleiterstroms bei allen Geräten mit Schutzleiter, des Berührungsstroms und des Ableitstroms: Entweder mit einer direkten Messung, per Differenzstrommessverfahren oder per Ersatz-Ableitstromverfahren.

5. Nachweis der sicheren Trennung bei SELV und PELV: Prüfung der Bemessungsspannungen für SELV und PELV, Messung des Isolationswiderstandes wie unter 3.

6. Nachweis der Wirksamkeit weiterer Schutzmaßnahmen wie beispielsweise Fehlerstrom-Schutzeinrichtungen und Isolationsüberwachungsgeräten.

7. Funktionsprüfung: Bei bestimmungsgemäßem Gebrauch dürfen keine Sicherheitsmängel auftreten.

8. Prüfung der Aufschriften: Lesbarkeit aller der Sicherheit dienenden Aufschriften und Symbole.

9. Dokumentation der Prüfung: Die bestandene Prüfung ist zu dokumentieren, am besten in einem Prüfprotokoll, und das Gerät sollte entsprechend gekennzeichnet werden. Bei nicht bestandener Prüfung muss dem Benutzer des Geräts die ausgehende Gefahr schriftlich mitgeteilt werden, und das Gerät ist deutlich als nicht sicher zu kennzeichnen.

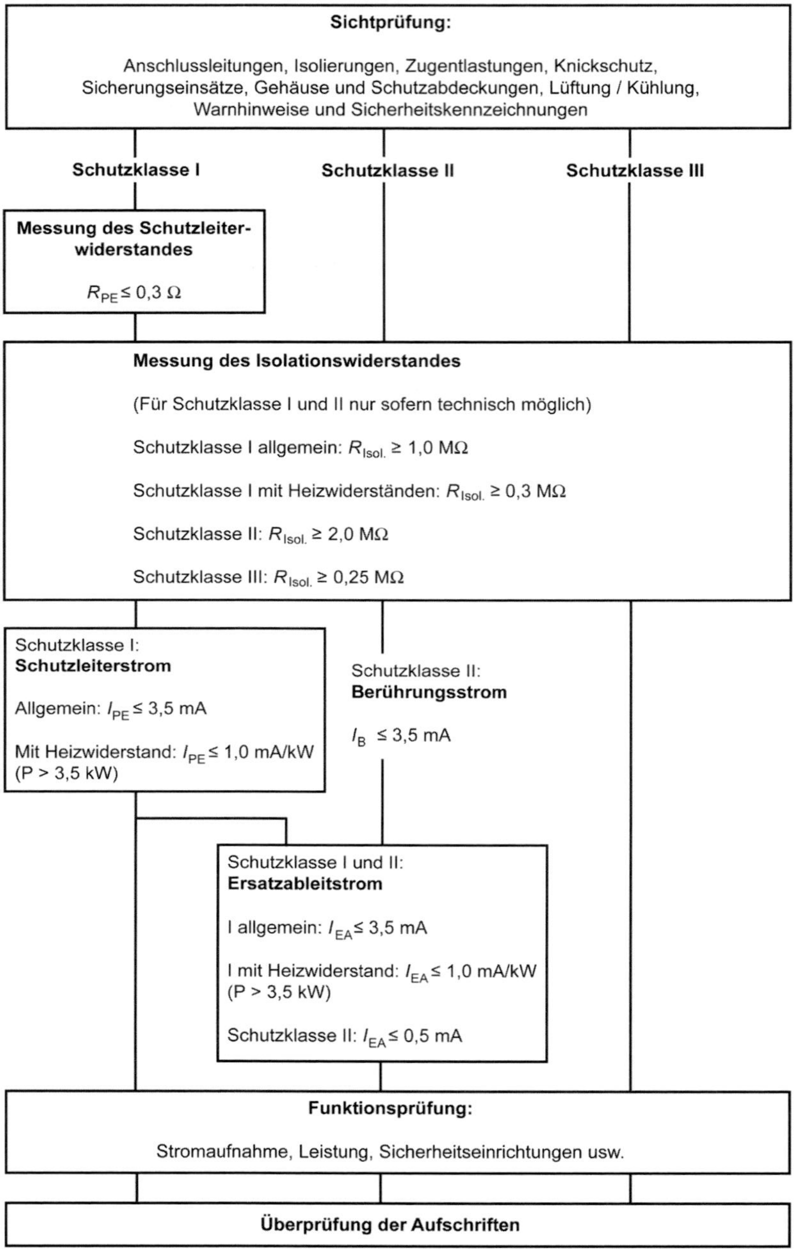

Abb. 7.3: Ablauf der Geräteprüfung gemäß DIN VDE 0701/0702.

7.3 Wiederholungsprüfungen im gewerblichen Bereich (BGV A3)

Bei der BGV A3 handelt es sich um eine Unfallverhütungsvorschrift, die von den Berufsgenossenschaften erlassen wurde. Die Regelungen gemäß der BGV A3 dienen der Sicherheit und Gesundheit der bei einer Berufsgenossenschaft versicherten Personen, also in der Regel allen Mitarbeitern in einem Unternehmen – im Gegensatz zum Beispiel zur Versammlungsstättenverordnung, welche Regeln zum Schutz des Publikums einer Veranstaltung definiert. Die Unfallverhütungsvorschrift umfasst die Unfallverhütung in elektrischen Anlagen und elektrischen Betriebsmitteln. Sie gilt aber auch für nichtelektrotechnische Arbeiten in der Nähe von elektrischen Anlagen und Betriebsmitteln. Es sollen hier nur einige Teile der BGV A3 kurz angesprochen werden, die für Veranstaltungstechniker wichtig sind. Die komplette Vorschrift kann im Internet zum Beispiel bei der Verwaltungsberufgenossenschaft (www.vbg.de) oder der Berufsgenossenschaft der Feinmechanik und Elektrotechnik (www.bgfe.de) heruntergeladen werden. *Hinweis:* Die BGV A3 wird in den nächsten Jahren aufgrund einer europaweiten Anpassung durch die Betriebssicherheitsverordnung ersetzt.

Allgemein ist in der BGV A3 der sichere Umgang mit elektrischen Anlagen und Betriebsmitteln ein Thema, speziell werden Prüfungen und Wiederholungsfristen festgeschrieben. Der Unternehmer hat dafür zu sorgen, dass elektrische Anlagen und Betriebsmittel geprüft werden, und zwar vor der ersten Inbetriebnahme, nach einer Änderung oder Instandsetzung und daneben regelmäßig in bestimmten Zeitabständen. Es handelt sich hier im Prinzip um die gleichen Prüfungen wie in der vorher aufgeführten DIN VDE 0701/0702, nur gilt die BGV A3 ausschließlich für den gewerblichen Bereich. Die entsprechenden Fristen für Wiederholungsprüfungen sind in Tab. 7.2 aufgeführt. Geräte und Betriebsmittel müssen gekennzeichnet werden, und die Prüfungen sind zu dokumentieren. Auf Verlangen der Berufsgenossenschaft ist ein Prüfbuch vorzulegen. Die Prüfprotokolle bzw. das Prüfbuch sind auch für die Berufsgenossenschaft zur Einschätzung der Versicherungspauschale maßgeblich.

Installation- und Messtätigkeiten gemäß BGV A3 dürfen nur von Elektrofachkräften und Elektrofachkräften für festgelegte Tätigkeiten durchgeführt werden. Die Verantwortung für die vorschriftgemäße Durchführung der Prüfungen obliegt aber immer einer Elektrofachkraft.

Grundsätzlich hat zunächst aber der Unternehmer dafür zu sorgen, dass die elektrischen Anlagen und Betriebsmittel im ordnungsgemäßen Zustand sind und den Regeln der Technik entsprechen. Werden an einer Anlage oder einem Betriebsmittel Mängel festgestellt, trägt der Unternehmer die Verantwortung für deren Beseitigung. Er muss sofort handeln und den defekten Anlagenteil außer Betrieb nehmen oder gegebenenfalls das defekte Betriebsmittel entsorgen. Bei Reparaturen und Instandhaltungen an Anlagen und Betriebsmitteln hat eine Elektrofachkraft die Leitung und die Aufsicht zu übernehmen.

Abb. 7.4: Prüfetikett BGV A3.

Tab. 7.2: Wiederholungsprüfungen nach BGV A3.

Art der Anlage bzw. des Betriebsmittels	Prüffrist	Was muss geprüft werden?	Prüfer
Elektrische Anlagen und Betriebsmittel allgemein	Vor der ersten Inbetriebnahme sowie nach jeder Erweiterung, Änderung und Instandsetzung	Ordnungsgemäßer Zustand: siehe Erstprüfung nach DIN VDE 0100 Teil 600.	Elektrofachkraft
Elektrische Anlagen und ortsfeste Betriebsmittel	4 Jahre	Ordnungsgemäßer Zustand	Elektrofachkraft
Ortsveränderliche elektrische Betriebsmittel, Anschluss- und Verlängerungsleitungen mit Steckverbindern, bewegliche Leitungen mit Stecker und Festanschluss	6 Monate, auf Baustellen alle drei Monate. Wird bei den Prüfungen eine Fehlerquote von unter 2 % erreicht, kann die Prüffrist auch verlängert werden (auf max. 1 Jahr auf Baustellen und in Fertigungs- und Werkstätten, auf max. 2 Jahre in Büros).	Ordnungsgemäßer Zustand	Elektrofachkraft oder Elektrofachkraft für festgelegte Tätigkeiten mit geeigneten Mess- und Prüfgeräten
Schutzmaßnahmen mit Fehlerstrom-Schutzeinrichtungen in nichtstationären Anlagen	Monatlich	Wirksamkeit der Schutzmaßnahmen	Elektrofachkraft oder Elektrofachkraft für festgelegte Tätigkeiten mit geeigneten Mess- und Prüfgeräten
Fehlerstrom-, Differenzstrom- und Fehlerspannungs-Schutzeinrichtungen bei stationären Anlagen	6 Monate	Betätigen der Prüfeinrichtung	Benutzer
Fehlerstrom-, Differenzstrom- und Fehlerspannungs-Schutzeinrichtungen bei nicht stationären Anlagen	Arbeitstäglich	Betätigen der Prüfeinrichtung	Benutzer
Spannungsprüfer, Messgeräte, Phasenvergleicher, isolierte Werkzeuge, isolierende Schutzeinrichtungen und Schutzbekleidung	Vor jeder Benutzung	Augenfällige Mängel und einwandfreie Funktion	Benutzer
Isolierende Schutzbekleidung	12 Monate, isolierende Handschuhe: 6 Monate	Einhaltung der vorgeschriebenen Grenzwerte	Elektrofachkraft
Spannungsprüfer, Messgeräte, Phasenvergleicher und Spannungsprüfsysteme für Nennspannungen über 1000 V	6 Jahre	Einhaltung der vorgeschriebenen Grenzwerte	Elektrofachkraft

7.4 Technische Regeln für Betriebssicherheit (TRBS)

Die Technischen Regeln für Betriebssicherheit sind Bestandteil der Betriebssicherheits- verordnung. Sie werden vom Ausschuss für Arbeitssicherheit erarbeitet und vom Bundesministerium für Arbeit und Soziales veröffentlicht. Langfristig werden die TRBS die BGV A3 und andere Vorschriften der Berufsgenossenschaften ablösen. Insgesamt soll dem Unternehmer durch die TRBS ein Instrument zur Ermittlung elektrischer Gefährdungen in die Hand gegeben werden, damit zum Beispiel Prüffristen festgelegt werden können. Aber es gibt noch eine Reihe weiterer Punkte, die es zu regeln gilt:

- Die Festlegung der Arbeitspflichten und die Verallgemeinerung der Betreiberpflichten mit der Vorgabe der Montage, Installation sowie den Betrieb von elektrischen Anlagen und Betriebsmitteln.
- Die eindeutige Benennung einzelner Pflichten, speziell der Arbeitgeber-, Unternehmer- und Betreiberantwortung, sowie die Verantwortung der Führungskräfte zur Durchführung und Organisation von Führungsaufgaben.
- Die schriftliche Dokumentation zum Nachweis der einzelnen Prüfschritte und Messwerte, und die genaue Bezeichnung der Betriebsmittel und Anlagen mittels Strichcode oder Transponder.
- Neben der Elektrofachkraft und der elektrotechnisch unterwiesenen Person wird eine elektrotechnisch befähigte Person definiert. Diese verfügt über eine sachbezogene Ausbildung und Berufserfahrung und wird zeitnah zur Tätigkeit weiter gebildet und geschult. In Frage kommt ein Personenkreis mit Führungsverantwortung, also mindestens mit einer Ausbildung als Meister, Techniker oder Ingenieur. Die Unternehmerverantwortung bzw. die Führungsverantwortung für die Arbeitssicherheit bleiben hierdurch aber unangetastet.

Wir wollen uns als Beispiel die TRBS 2131 herausgreifen. Hier werden zunächst vier Grundgefährdungen durch den elektrischen Strom beschrieben:

- Elektrischer Schlag: Bei Berührung aktiver Teile oder Überbrückung von unterschiedlichen elektrischen Potentialen; wenn die Isolationsfestigkeit unterschritten wird.
- Störlichtbogen: Bei Spannungen höher als 25 V Wechselspannung oder 60 V Gleichspannung, mit einem Kurzschlussstrom größer als 3 mA bei Wechselstrom oder 12 mA bei Gleichstrom, und einer Energie von mehr als 350 mJ.
- Elektrische, magnetische und elektromagnetische Felder: Beispielsweise hervorgerufen durch Anlagen der Energieübertragung und -verteilung oder durch Hochfrequenzsendeanlagen.
- Statische Elektrizität: Gefährdung, wenn eine Entladung über den menschlichen Körper einen elektrischen Schlag verursacht. Grenzwerte: 50 µC bzw. 350 mJ.

Zudem werden in der TRBS 2131 einige Begriffsbestimmungen abgegeben, wie zum Beispiel:

Elektrische Betriebsmittel = Dienen dem Zweck der Erzeugung, Umwandlung, Übertragung, Verteilung oder Anwendung von elektrischer Energie bzw. dem Übertragen, Verteilen und Verarbeiten von Informationen. Darunter zählen auch Schutz- und Hilfsmittel und daneben Arbeitsmittel. Konkret: Sicherung im Sicherungskasten, Steckdosen aller Art, Lampen etc.

Elektrische Anlagen = Gesamtheit der zusammen geschalteten elektrischen Betriebsmittel.

Aktive Teile = elektrisch leitfähige Teile, die im fehlerfreien Betrieb unter Spannung stehen können.

Elektrische Gefährdung = Möglichkeit eines Schadens oder einer gesundheitlichen Beeinträchtigung durch elektrische Energie in einer Anlage oder einem Betriebsmittel.

Elektrischer Gefährdungsbereich = Umkreis einer elektrischen Anlage oder eines Betriebsmittels, in welchem eine Gefährdung durch elektrische Energie nicht ausgeschlossen ist. Der Gefährdungsbereich wird weiter unterteilt in Gefahrenzone und Annäherungszone (Abb. 7.5 und Tab. 7.3).

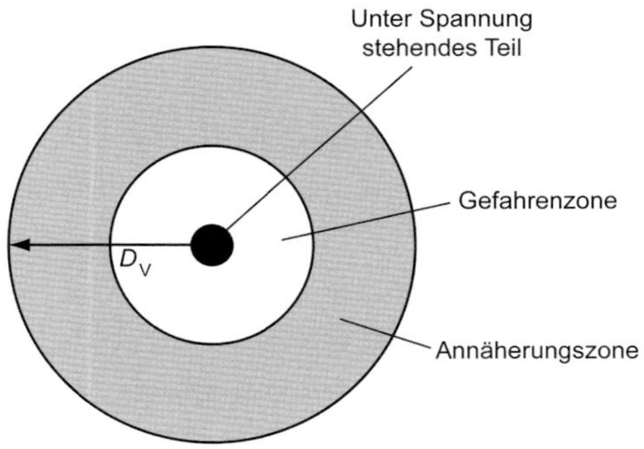

Abb. 7.5: Elektrischer Gefährdungsbereich.

Tab. 7.3: Annäherungszone in Abhängigkeit von der Nennspannung.

Nennspannung U_N (Effektivwert)	Äußere Grenze der Annäherungszone D_V (Schutzabstand in Luft)
Bis 1 kV	1 m
Über 1 bis 110 kV	3 m
Über 110 bis 220 kV	4 m
Über 220 bis 380 kV	5 m

Daneben werden in der TRBS 2131 die schon in Kap. 4.2 erwähnten fünf Sicherheitsregeln für das Arbeiten an spannungsfreien Anlagen und Betriebsmitteln konkretisiert, und die Grundanforderungen für das Arbeiten unter Spannung erläutert. Der Ablauf der Gefährdungsbeurteilung ist wiederum in der TRBS 1111 festgelegt (Abb. 7.6).

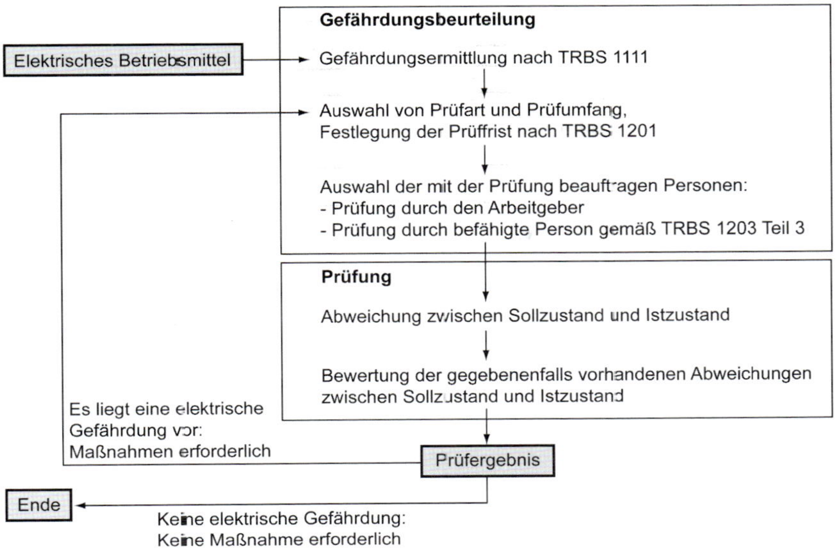

Abb. 7.6: Gefährdungsbeurteilung für ein elektrisches Betriebsmittel gemäß TRBS 1111.

7.5 Notbeleuchtung (DIN VDE 0100-718)

Bei Stromausfall ist die Orientierung im Raum aufgrund des Ausfalls der Beleuchtung häufig stark erschwert, wenn nicht gar unmöglich. Daher ist es in Deutschland Pflicht, ein zweites, komplett vom normalen Stromnetz unabhängiges Beleuchtungssystem mit eigener Stromversorgung in speziellen Gebäuden wie zum Beispiel in Geschäfts- und Hochhäusern, in Krankenhäusern, Großgaragen und auch in Versammlungsstätten zu installieren. Wie diese Notbeleuchtung auszusehen hat, ist in DIN VDE 0108 Teil 100 geregelt.

Prinzipiell wird bei der Notbeleuchtung zwischen einer Sicherheitsbeleuchtung und einer Ersatzbeleuchtung unterschieden. Bei der Sicherheitsbeleuchtung kann wiederum unterschieden werden zwischen der Sicherheitsbeleuchtung für Rettungswege, der Antipanikbeleuchtung und der Sicherheitsbeleuchtung für Arbeitsplätze mit besonderer Gefährdung (Abb. 7.7).

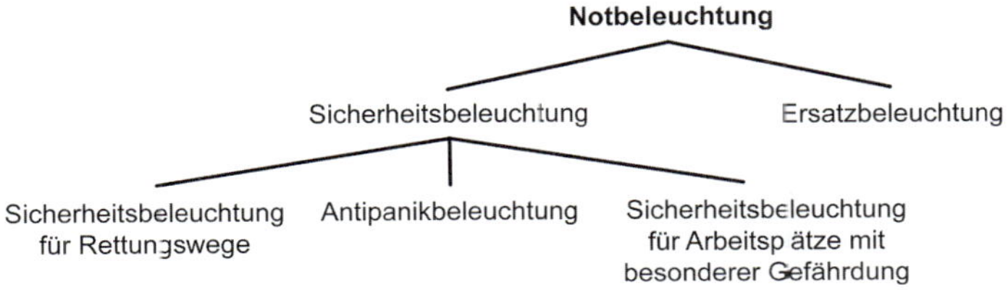

Abb. 7.7: Notbeleuchtung.

Sicherheitsbeleuchtung

Die Sicherheitsbeleuchtung ermöglicht es, einen Raum oder ein Gebäude im Gefahrenfall sicher zu verlassen und einen Notausgang zu finden, oder es kann ein gefährlicher Arbeitsablauf sicher beendet werden. Leitsysteme, zu denen auch die Leuchten mit den Piktogrammen des laufenden Männchens auf grünem Grund gehören, sind ebenfalls Teil der Sicherheitsbeleuchtung (Abb. 7.8).

Eine Sicherheitsbeleuchtung muss laut Versammlungsstättenverordnung (VStättVO) in allen Versammlungsstätten installiert sein. In verdunkelten Versammlungsräumen, auf der Bühne und auf der Spielfläche muss hierbei jeweils eine Sicherheitsbeleuchtung in Bereitschaftsschaltung vorhanden sein.

Sicherheitsbeleuchtung für Rettungswege

Die Sicherheitsbeleuchtung für Rettungswege ermöglicht es zum einen, das Gebäude bei einer Evakuierung gefahrlos zu verlassen, und zum anderen, Brandbekämpfungs- und Sicherheitseinrichtungen zu finden.

Antipanikbeleuchtung

Eine Antipanikbeleuchtung ist erforderlich für Gebäude oder Versammlungsstätten mit einer Fläche größer als 60 m^2 und ohne festgelegte Rettungswege. Im Zuschauerbereich einer Versammlungsstätte muss die Antipanikbeleuchtung gleichmäßig innerhalb der Stuhlreihen verteilt installiert sein. Das Verhältnis der größten zur kleinsten Beleuchtungsstärke (s. Kap. 8.1) im Raum darf höchstens 40 : 1 betragen, dabei ist eine Mindestbeleuchtungsstärke von 0,5 Lux (lx) auf der Bodenfläche vorgeschrieben. Fünf Sekunden nach Einschalten der Panikbeleuchtung müssen 50 % der geforderten Beleuchtungsstärke vorhanden sein, nach einer Minute 100 %. Die Nennbetriebsdauer der Antipanikbeleuchtung muss mindestens eine Stunde betragen (DIN EN 1838).

Für andere Veranstaltungsbereiche sind in der folgenden Tabelle (Tab. 7.4) die erforderlichen Mindestbeleuchtungsstärken, Umschaltzeiten und Nennbetriebsdauern angegeben.

Abb. 7.8: Beleuchtetes Piktogramm zur Kennzeichnung eines Fluchtweges.

Tab. 7.4: Antipanikbeleuchtung.

Einsatzbereich	Mindestbeleuchtungsstärke	Umschaltzeit	Nennbetriebsdauer
Rettungswege	1 lx	15 Sekunden	1 Stunde
Versammlungsräume allgemein	1 lx	1 Sekunde	3 Stunden
Bühnen und Szenenflächen	3 lx	1 Sekunde	3 Stunden

Sicherheitsbeleuchtung für Arbeitsplätze mit besonderer Gefährdung

Diese Sicherheitsbeleuchtung soll es ermöglichen, angemessene Abschaltmaßnahmen bei gefährlichen Arbeitsabläufen oder Situationen zu tätigen und den gefährdeten Bereich sicher zu verlassen.

Ersatzbeleuchtung

Die Ersatzbeleuchtung dient dazu, die Tätigkeiten im Wesentlichen unverändert fortzusetzen.

Sonderbeleuchtung

Als sicherheitstechnische Einrichtung ist eine Sonderbeleuchtung ist nach DIN VDE 0100 Teil 718 für betriebsmäßig verdunkelbare Räume vorgeschrieben, also damit in der Regel auch für Versammlungsstätten, vor allem Theater und Kinos. Sie wird über gesonderte Verteiler gespeist und muss unabhängig von der Verdunkelungsanlage jederzeit eingeschaltet werden können. In der Regel befinden sich an den Ausgängen entsprechende Schalter, die im Notfall betätigt werden können.

Stromversorgung über eine Ersatzstromquelle

Die Notbeleuchtung kann entweder in Dauerschaltung (ständiger Betrieb) oder in Bereitschaftsschaltung (Einschaltung der Notbeleuchtung bei Stromausfall) betrieben werden. Für letzteren Fall sind Ersatzstromquellen notwendig:

- Stromversorgung über Notstromgenerator (Abb. 7.9).
- Stromversorgung über Batterien[1]: Sicherheitslichtgeräte mit Zentral-, Gruppen- oder Einzelbatterien (Abb. 7.10).
- Stromversorgung aus einem besonders gesicherten Netz mit zwei voneinander unabhängigen Einspeisungen, beispielsweise eine Stromversorgung aus dem öffentlichen Netz in Kombination mit einer lokalen Kraftwerksanlage.

Wird in Versammlungsstätten eine Sicherheitsbeleuchtung in Bereitschaftsschaltung betrieben, so darf sich diese nicht automatisch abschalten, sondern darf nur von Hand auf der Schalttafel ausschaltbar sein.

---

[1] Zu Batterien und Akkus s. Kap. 7 im Band „Tontechnik für Veranstaltungstechniker“, ebenfalls erschienen im S. Hirzel Verlag

Prüfungen der Sicherheitsbeleuchtungsanlage

Die Erstprüfung der Anlage hat vor der Inbetriebnahme zu erfolgen, für anschließende Wiederholungsprüfungen gelten die folgenden Fristen:

- Betriebsbereitschaft der zentralen Stromversorgung: Täglich.
- Simulation eines Ausfalls der Allgemeinbeleuchtung, Funktion der Überwachungseinrichtung bei Zentralbatterien: Monatlich.
- Einhalten der Betriebsdauer jeder Leuchte, Funktion der Ladeeinrichtung, Funktion der Meldelampen: Jährlich.

Abb. 7.9: Stromgenerator als Ersatzstromquelle (MTU / AVK, Nennleistung 560 kW, Nennspannung 400 / 230 V, Nennstrom 1011 A).

Abb. 7.10: Batterien als Ersatzstromquelle (18 Stück mit je 12 V in Reihe geschaltet = 216 V).

7.6 Übungsaufgaben

Situation: Konzertveranstaltung in einem Festzelt

Die Bühne und das Rigging sind schon aufgebaut, und der Elektriker hat bereits einen Baustromverteiler zur Verfügung gestellt (1 x 63 A CEE, 2 x 32 A CEE, 1 x 16 A CEE und 10 x 16 A Schuko). Die Lichtanlage soll mit einem Dimmer (16 A) ergänzt werden, und bei der Tonanlage wird ein zusätzlicher Verstärker mit 1000 W Leistung benötigt. Der Dimmer ist vom Baustromverteiler ca. 25 m entfernt, der Verstärker ca. 10 m. Im Zelt soll eine Notbeleuchtung installiert werden.

Aufgabe 1

Das Rigging muss geerdet werden. Welchen Querschnitt muss die Erdungsleitung mindestens aufweisen und in welcher Vorschrift ist dies festgelegt?

Aufgabe 2

Nach welchen Vorschriften muss der Dimmer überprüft werden?

Aufgabe 3

Welche Prüfberichte müssen vorhanden sein, und wo sind diese aufzubewahren?

Aufgabe 4

Gemäß welcher Vorschrift muss die Notbeleuchtung montiert werden? Welche Helligkeitswerte müssen bei der Antipanikbeleuchtung im Zuschauerraum eingehalten werden?

Aufgabe 5

Welche persönliche Schutzausrüstung (PSA) muss von den Technikern bei dieser Veranstaltung getragen werden?

Aufgabe 6

Die amerikanische Band, welche an diesem Abend auftritt, bringt zwei eigene Scheinwerfer mit, die beide jeweils 375 W Leistung an 110 V erbringen. Wie müssen diese Scheinwerfer an das 230 V-Netz angeschlossen werden?

Aufgabe 7

Wie groß ist jeweils der Spannungsfall über die beiden Verlängerungskabel (Temperatur: 20 ° C, Querschnitt: 2,5 mm^2)? Sind die Werte im zulässigen Bereich?

Literaturtipp

Häberle GD, Häberle HO. Schutz durch DIN VDE 0100: Lehrbuch zu den Lernfeldern Elektrische Installation, Elektroenergieversorgung und Sicherheit von Betriebsmitteln. Verlag Europa Lehrmittel, Haan-Gruiten 2012

Dimmercity bei einer großen Konzertveranstaltung („Best of Musical 2007“).

8 Licht, Optik und Auge

Die Eigenschaften des Lichts und die Optik, somit also die physikalischen Grundlagen der Beleuchtungstechnik, werden im ersten Lehrjahr unterrichtet. Daneben wird auch auf die Physiologie des menschlichen Auges eingegangen.

Licht ist Träger von Energie – eine von Licht bestrahlte Fläche erwärmt sich, und eine Fotozelle gibt unter Lichteinwirkung elektrische Leistung ab.

Wissenschaftler fragten sich lange, ob sich Licht eher als eine elektromagnetische Welle beschreiben lässt, oder ob es aus Teilchen, den Lichtquanten bzw. Photonen besteht. Erst die Quantentheorie konnte eine Antwort auf diese Frage liefern, und sie lautet seltsamerweise: Beides! Dieses Phänomen wird Welle-Teilchen-Dualismus genannt. Im Folgenden werden beide Betrachtungsweisen des Lichts eine Rolle spielen – je nachdem, welcher Aspekt in einem bestimmten Sachverhalt zum Verständnis beiträgt, wird der Wellen- oder der Teilchencharakter herangezogen. Man sollte aber immer im Hinterkopf haben, dass der menschliche Geist das Wesen des Lichts im Grunde nur sehr schwer begreifen kann.

8.1 Lichttechnische Grundgrößen

Frequenz f und Wellenlänge λ

Eine wichtige lichttechnische Grundgröße ist die Lichtgeschwindigkeit im Vakuum c_0. Sie beträgt 299 792 458 m/s. Für alle elektromagnetischen Wellen gilt (siehe dazu auch Kap. 1.4.2):

$$\text{Frequenz } f = \frac{\text{Lichtgeschwindigkeit } c}{\text{Wellenlänge } \lambda} \qquad \text{(Formel 8.1)}$$

Einheit Hz

$$\text{Wellenlänge } \lambda = \frac{\text{Lichtgeschwindigkeit } c}{\text{Frequenz } f} \qquad \text{(Formel 8.2)}$$

Einheit m

Die Wellenlänge λ des für Menschen sichtbaren Lichts – Kurzbezeichnung VIS – reicht von 380 bis 780 nm (Abb. 8.1).

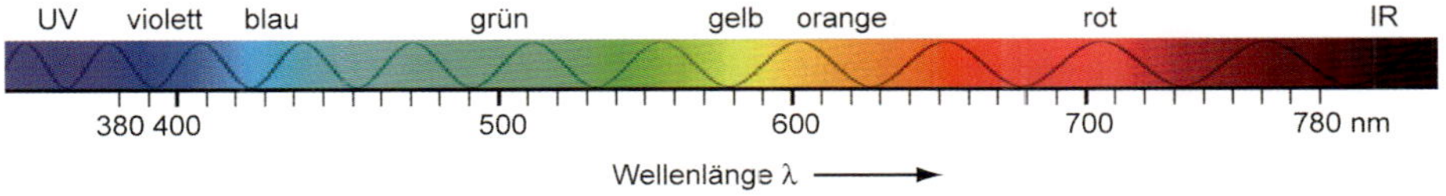

Abb. 8.1: Spektrum des Lichts.

Der nicht sichtbare, kurzwellige Bereich bis 380 nm umfasst das ultraviolette Licht (UV), der ebenfalls nicht sichtbare Bereich oberhalb von 780 nm wird als Infrarotlicht bezeichnet (IR).

Bei der spektralen Zerlegung des weißen Tageslichts mit Hilfe eines Prismas (s. Abb. 8.13 auf S. 183) werden die darin enthaltenen Spektralfarben sichtbar. Die Übergänge zwischen den Spektralfarben sind nicht klar abtrennbar, sondern fließend. Für bestimmte Spektralfarben können aber Bereichsgrenzen angegeben werden:

Violett	380 bis 424 nm
Blau	424 bis 486 nm
Blaugrün	486 bis 517 nm
Grün	517 bis 527 nm
Gelbgrün	527 bis 575 nm
Gelb	575 bis 585 nm
Orange	585 bis 647 nm
Rot	647 bis 780 nm

UV-Licht jenseits der Spektralfarbe Violett reicht von 100 bis 380 nm, unterteilt in die Bereiche UV-A (315 bis 380 nm), UV-B (280 bis 315 nm) und UV-C (100 bis 280 nm). Das ultraviolette Licht ist schädlich für die Haut und die Augen, besonders UV-B und UV-C. Die Auswirkungen reichen von Sonnenbrand und Bindehautreizung bis zu Hautkrebs und Erblindung, abhängig von der Intensität und Dauer der Einwirkung. Das Tageslicht der Sonne wird durch die Atmosphäre gefiltert, vor allem durch die Ozonschicht. Auf die Erdoberfläche treffen daher nur noch ca. 7 % UV-Licht – daneben 48 % sichtbares Licht, 45 % IR-Licht und sehr geringe Anteile von Röntgen- und Mikrowellenstrahlung. Infrarotlicht jenseits der Spektralfarbe Rot wird ebenfalls in drei Bereiche A, B und C unterteilt: IR-A = 780 nm bis 1,4 µm, IR-B = 1,4 bis 3 µm und IR-C = 3 µm bis 1 mm. Thermische Strahler wie beispielsweise Glühlampen und Heizstrahler sind IR-Quellen.

Im Folgenden betrachten wir weitere lichttechnische Größen, die in der Video- und Lichttechnik von Bedeutung sind, wie Lichtenergie, Farbtemperatur, Lichtstärke, Lichtstrom, Leuchtdichte, Beleuchtungsstärke und Belichtung.

Lichtenergie Q

Eine Möglichkeit zur Erzeugung von Licht ist die Anregung bestimmter Metalle oder Gase durch Wärme oder Elektrizität. In der Folge wechseln Elektronen in den Atomen des angeregten Stoffs von inneren auf energetisch höher liegende, äußere Umlaufbahnen. Die Energiedifferenz zwischen bestimmten Zuständen ist immer gleich und klar definiert und kann nicht jeden beliebigen Wert annehmen – sie ist *gequantelt*. Wenn ein Elektron anschließend spontan von einer Elektronenbahn mit höherem Energieniveau E_2 auf eine Bahn mit niedrigerem Energieniveau E_1 zurückfällt, kann die überschüssige Energie als Lichtquant freigesetzt werden (Abb. 8.2). Das Plancksche Wirkungsquantum h verknüpft die Wellen- und die Teilcheneigenschaften des Lichts: Die Lichtenergie Q eines Lichtquants berechnet sich aus dem Planckschen Wirkungsquantum h und der Frequenz f des abgestrahlten Lichts.

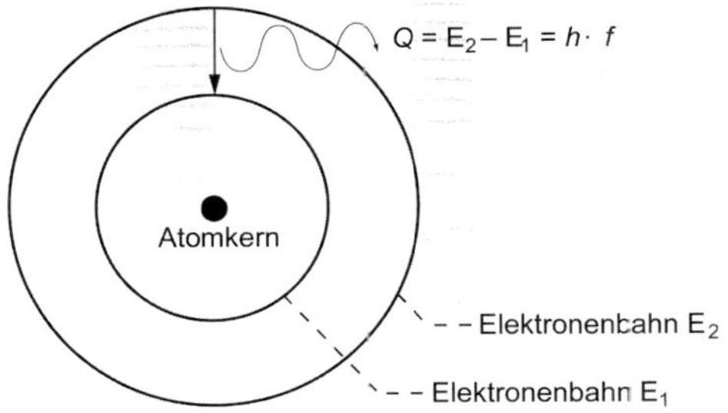

Abb. 8.2: Emission eines Lichtquants aus der Elektronenhülle eines Atoms.

$$Q = \frac{h \cdot c}{\lambda} = h \cdot f \qquad \text{(Formel 8.3)}$$

Einheit J
h : Plancksches Wirkungsquantum = 6,6261 · 10^{-34} Ws^2 oder Js
c : Lichtgeschwindigkeit in m/s
λ : Wellenlänge in m
f: Frequenz in Hz

Eine länger anhaltende Lichtabstrahlung entsteht durch zahlreiche, ständige Elektronensprünge auf tiefer gelegene Bahnen. Man spricht hier auch von einer *spontanen Emission*. Da die Elektronen sehr verschiedene Energiebeträge haben können, wird Licht mit verschiedenen Wellenlängen bzw. mit einem breiten Spektrum erzeugt. Beim Laser (Light Amplification by Stimulated Emission of Radiation) wird dagegen Licht durch *stimulierte Emission* erzeugt. Laserlicht hat aufgrund dessen ein sehr enges Spektrum, mehr dazu aber in Kap. 9.1.3.

Farbtemperatur

Die Farbtemperatur des Lichts wird durch eine ideale thermische Strahlungsquelle definiert, dem Planckschen Strahler, der auch schwarzer Körper genannt wird. Der Plancksche Strahler ist eine theoretische Referenzquelle. Er lässt sich in Wirklichkeit nicht realisieren und ist nur als Gedankenmodell relevant. Das von Planckschen Strahler abgegebene Lichtspektrum hängt ausschließlich von seiner Temperatur ab. Die maximale Energie im Spektrum verschiebt sich mit steigender Temperatur zu kürzeren Wellenlängen bzw. höheren Frequenzen (Abb. 8.3). Dieser Zusammenhang wird Wiensches Verschiebungsgesetz genannt, und mit folgender Formel kann die Wellenlänge berechnet werden, bei der die jeweilige Strahlungskurve ein Maximum aufweist:

$$\lambda_{\max} = \frac{C}{T} \qquad \text{(Formel 8.4)}$$

Einheit µm
C : Wiensche Konstante = 2897,8 µm · K
T : Temperatur in K

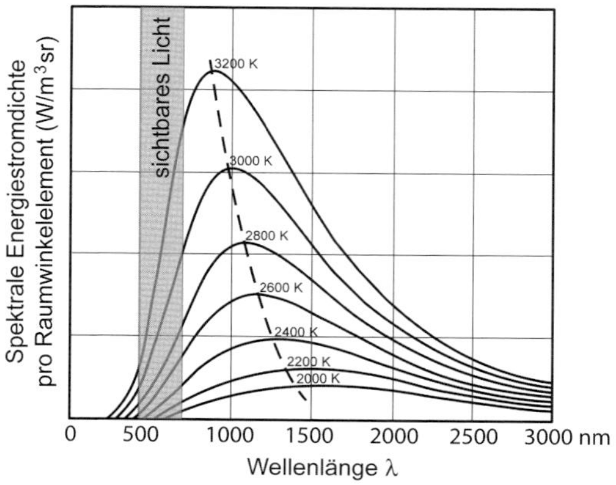

Abb. 8.3: Plancksche Strahlungskurven nach dem Wiensches Verschiebungsgesetz (Anm.: Die Einheit „sr" steht für Steradiant; Weiteres dazu wird auf S. 176 erklärt).

Wird der Plancksche Strahler auf 6500 K erhitzt, sendet er Licht mit einer Farbtemperatur aus, die der des Tageslichts in der Nachmittagssonne entspricht. Eine Kerze hat eine Farbtemperatur von ca. 1500 K, das abgestrahlte Licht erscheint dabei rötlich. Eine Glühlampe mit einer Farbtemperatur von ca. 3200 K erscheint gelblich. Der blaue Himmel weist dagegen eine Farbtemperatur von ca. 9000 bis 12.000 K auf. Erhöht sich die Farbtemperatur einer Lichtquelle also beispielsweise von 1000 bis 18.000 K, so ändert sich der Farbeindruck von Rot über Orange, Gelb, Weiß, Blau bis Violett. Zwei Körper mit der gleichen Farbtemperatur können auch bei unterschiedlicher spektraler Zusammensetzung des Lichts im Auge des Betrachters den gleichen Farbeindruck auslösen.

Normlichtarten

Lichtquellen mit einer bestimmten Spektralverteilung können einer Normlichtart zugeordnet werden. Die Normlichtarten wurden eingeführt, um reproduzierbare Farbeindrücke bei angestrahlten, farbigen Objekten zu erhalten.

- Normlichtart A: Entspricht einer Glühlampe mit 2856 K
- Normlichtart C: Entspricht Tageslicht mit 6774 K (sehr wenig UV-Anteil)
- Normlichtart D50: Entspricht mittlerem Tageslicht mit ca. 5000 K (wenig UV-Anteil)
- Normlichtart D65: Entspricht mittlerem Tageslicht mit 6504 K (viel UV-Anteil)

Wenn von einer Beleuchtung mit Tageslichtcharakter gesprochen wird, so ist damit meist die Normlichtart D65 gemeint. Licht mit dieser Farbtemperatur wird beispielsweise mit Halogen-Metalldampflampen und Xenon-Hochdrucklampen erzeugt (s. Kap. 9.1.4).

Farbwiedergabe-Index R_a

Der Farbwiedergabe-Index beschreibt die Farbverschiebung bestimmter Testfarben bei der Beleuchtung durch die untersuchte Lichtquelle im Vergleich zur Beleuchtung durch eine Bezugslichtquelle. Letztere ist eine Normlichtquelle wie z. B. der Planckscher Strahler oder das Tageslicht.

Die bestmögliche Farbwiedergabe ist bei einem Indexwert von R_a = 100 gegeben; je niedriger der Wert, desto schlechter ist die Farbwiedergabe der Lichtquelle. Die Indizes werden in verschiedene Stufen eingeteilt (Tab 8.1).

Tab. 8.1: Stufen des Farbwiedergabe-Index.

Stufe	R_a	Farbwiedergabe der Lichtquelle	Anwendung
1A 1B	90 bis 100 80 bis 89	Sehr gut	Farbbemusterung, Wohnung, Büro
2A 2B	70 bis 79 60 bis 69	Gut	Industrie (Farbverarbeitung)
3	40 bis 59	Mittel	Industrie
4	20 bis 39	Gering	Industrie
Farbwiedergabeindex einiger Lampen			
Lampe			Index R_a
Glühlampe			bis zu100
Leuchtstofflampe, weiß de Luge			85 bis 100
Leuchtstofflampe, weiß			70 bis 100
LED, weiß			70 bis 95
Leuchtstofflampe			50 bis 90
Halogen-Metalldampflampe			60 bis 95
Natriumdampf-Hochdrucklampe, warmweiß			80 bis 85
Quecksilberdampf-Hochdrucklampe			45
Natriumdampf-Hochdrucklampe, Standard			18 bis 30
Natriumdampf-Niederdrucklampe			bis zu 44

Lichtstärke *I*

Die Lichtstärke ist eine physikalische Grundgröße des Lichts. Die Einheit ist Candela (cd), da die ursprüngliche Referenz tatsächlich eine brennende Kerze war. Bis zum Jahr 1979 wurde diese Einheit gemäß des internationalen Einheitensystems durch eine Normlichtquelle definiert: 1/60 cm^2 eines Planckschen Strahlers bei 2043,15 K, die Temperatur von erstarrendem Platin. Diese Normlichtquelle sendet eine Lichtstärke von 1 cd aus.

Die derzeit gültige Definition für die Lichtstärke lautet seit 1979:

„Die Candela ist die Lichtstärke in einer bestimmten Richtung einer Strahlungsquelle, die monochromatische Strahlung der Frequenz $540 \cdot 10^{12}$ Hz [Wellenlänge 555 nm] aussendet und deren Strahlstärke in dieser Richtung 1/683 Watt durch Steradiant beträgt."

(Quelle: Physikalisch-Technische Bundesanstalt, www.ptb.de)
Anm.: Der Steradiant wird unter Lichtstrom ϕ erklärt (s. u.).

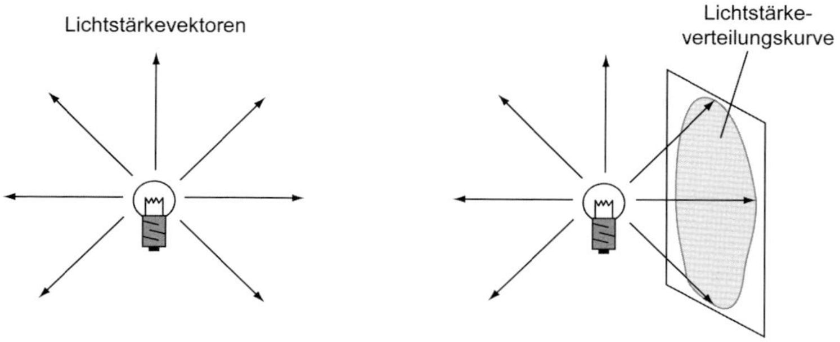

Abb. 8.4: Lichtstärkevektoren und Lichtstärkeverteilungskurve (LVK).

Die Lichtstärke ist richtungsabhängig und kann daher geometrisch durch Vektorpfeile dargestellt werden. Verbindet man die auf einer Ebene liegenden Lichtstärkevektoren einer Lichtquelle, so ergibt sich die Lichtstärkeverteilungskurve (Abb. 8.4). Quantitativ kann die Lichtstärke durch ein spezielles Messgerät, ein Photometer, erfasst werden.

Lichtstrom ϕ

Der Lichtstrom ist ein Maß für die Strahlungsleistung einer Lichtquelle im Raum. Man betrachtet hierbei die Lichtstärke über einen bestimmten Raumwinkel.

Lichtstrom ϕ = Lichtstärke $I \cdot$ Raumwinkel Ω (Formel 8.5)

Einheit lm

Definition der Einheit Lumen (lm):

$1 \text{ lm} = 1 \text{ cd} \cdot 1 \text{ sr}$

sr : Einheit des Raumwinkels (s. u.)

Raumwinkel Ω

Der Raumwinkel definiert ein Oberflächenstück einer gedachten Kugelfläche um die Lichtquelle. Er ist der Winkel, der aus einer Kugeloberfläche eine Fläche der Größe r^2 ausschneidet (Abb. 8.5) und somit ein Maß für den von der Lichtstrahlung erfüllten Raumbereich. Die Einheit ist der Steradiant (sr).

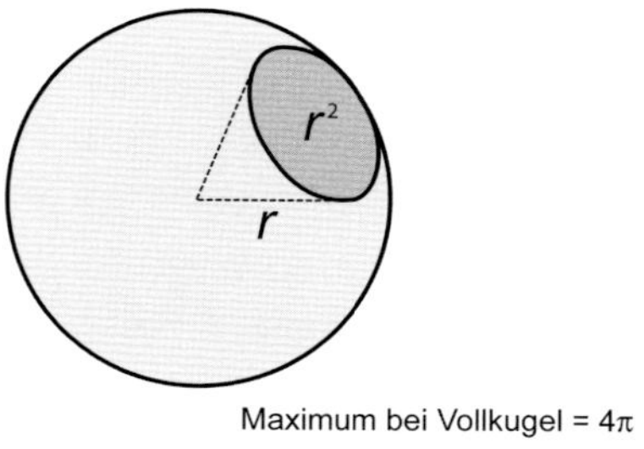

Abb. 8.5: Raumwinkel.

Lichtausbeute η

Die Lichtausbeute ist ein Maß für die Wirtschaftlichkeit oder den Wirkungsgrad eines Leuchtmittels – daher wird manchmal auch die Bezeichnung *Effizienz* benutzt. Sie wird in Lumen pro Watt (lm/W) angegeben, ist also das Verhältnis von abgestrahltem Lichtstrom zu zugeführter elektrischer Leistung:

$$\text{Lichtausbeute } \eta = \frac{\text{Lichtstrom } \phi}{\text{elektrische Leistung } P} \qquad \text{(Formel 8.6)}$$

Einheit lm/W

Die physikalische Höchstgrenze liegt bei 683 lm/W bei einer monochromen Lichtquelle, die Licht mit einer Wellenlänge von 555 nm emittiert. Die maximale Lichtausbeute eines idealen Leuchtmittels, das dieselbe Energie gleichmäßig über das gesamte sichtbare Lichtspektrum abstrahlt, beträgt 238 lm/W. Da aber nahezu alle Leuchtmittel einen Großteil der Energie in Wärme wandeln, liegt die Lichtausbeute in der Regel deutlich niedriger. So zum Beispiel bei einer Glühlampe bei ungefähr 12 lm/W. Selbst eine Energiesparlampe hat nur eine Lichtausbeute von ca. 65 lm/W (s. Kap. 9.1 „Leuchtmittel“).

Leuchtdichte L

Die Leuchtdichte einer Lichtquelle oder einer beleuchteten Fläche ist die einzige für den Menschen tatsächlich wahrnehmbare lichttechnische Größe. Sie bestimmt maßgeblich den wahrgenommenen Helligkeitseindruck. Die Leuchtdichte steigt mit der Lichtstärke, verhält sich aber antiproportional zur Fläche der Lichtquelle (Abb. 8.6).

$$\text{Leuchtdichte } L = \frac{\text{Lichtstärke } I}{\text{Fläche } A} \qquad \text{(Formel 8.7)}$$

Einheit cd/m²

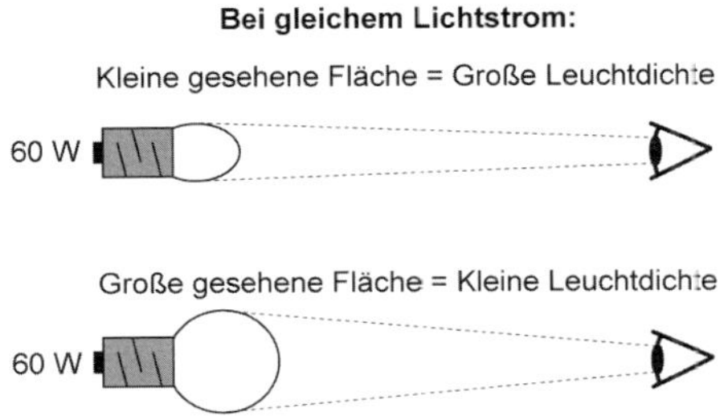

Abb. 8.6: Leuchtdichte.

Beispiele für verschiedene Leuchtdichten

Helligkeitsempfinden des menschlichen Auges:

- Nachtsehen: $3 \cdot 10^{-6}$ cd/m² bis $30 \cdot 10^{-3}$ cd/m²
- Tagsehen: über $30 \cdot 10^{-3}$ cd/m²

Bildschirmhelligkeiten:

- Farbe Weiß beim Röhrenmonitor: ca. 80 bis 200 cd/m²
- Farbe Weiß beim TFT-Monitor: ca. 150 bis 350 cd/m²

Die Einheit cd/m² wird vor allem in den USA manchmal auch mit NIT (nt) bezeichnet, abgeleitet vom lateinischen nitere = scheinen. Zudem finden sich in der englischsprachigen Fachliteratur auch noch folgende Einheiten:

$$1 \text{ Stilb (sb)} = 1 \frac{\text{cd}}{\text{m}^2} \qquad 1 \text{ Apostilb (asb)} = \frac{1}{\pi} \frac{\text{cd}}{\text{m}^2}$$

$$1 \text{ Lambert (L)} = \frac{10^4}{\pi} \frac{\text{cd}}{\text{m}^2} \qquad 1 \text{ Footlambert (fl)} = 3{,}426 \frac{\text{cd}}{\text{m}^2}$$

Beleuchtungsstärke *E*

Die Beleuchtungsstärke gibt den Lichtstrom bezogen auf die beleuchtete Fläche an, unabhängig vom Reflexionsgrad der Fläche (Abb. 8.7).

$$\text{Beleuchtungsstärke } E = \frac{\text{Lichtstrom } \phi}{\text{Fläche } A} \qquad \text{(Formel 8.8)}$$

Einheit lx

Definition der Einheit Lux (lx):

$$1 \text{ lx} = \frac{1 \text{ lm}}{1 \text{ m}^2}$$

Beispiele für verschiedene Beleuchtungsstärken

- Sonnenlicht im Sommer: 100 000 lx
- Sonnenlicht im Winter: 10 000 lx
- Arbeitsräume: 300 lx
- Grenze der Farbwahrnehmung: 3 lx
- Vollmondnacht: 0,2 lx

In englischsprachigen Ländern wird die Beleuchtungsstärke auch in footcandle (fc) angegeben, also in lm per square foot. Folgendermaßen lassen sich die Einheiten fc und lx umrechnen:

1 lx = 0,093 fc   1 fc = 10,76 lx

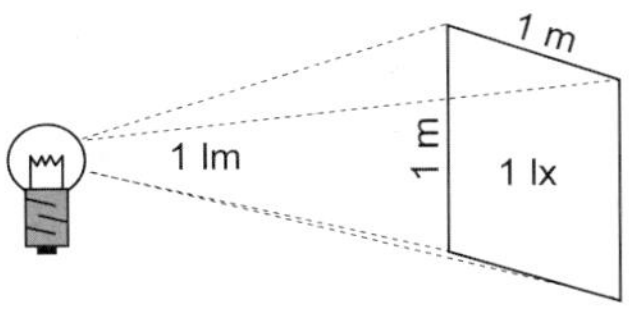

Abb. 8.7: Beleuchtungsstärke.

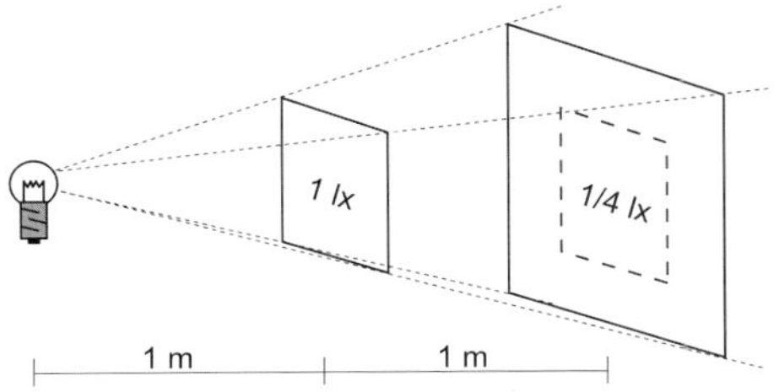

Abb. 8.8: Abnahme der Beleuchtungsstärke mit der Entfernung.

Die Beleuchtungsstärke reduziert sich antiproportional zum Quadrat der Entfernung zur Lichtquelle:

$$E \sim \frac{1}{r^2}$$ (Formel 8.9)

Die Beleuchtungsstärke nimmt somit mit zunehmender Entfernung recht schnell ab. Beispiele:

- Lichtquelle mit 1 lx, Abnahme der Beleuchtungsstärke von 1 m auf 2 m Entfernung zur Lichtquelle (so wie in Abb. 8.8 dargestellt): 1 lx → 1/4 lx.
- Lichtquelle mit 1 lx, Abnahme der Beleuchtungsstärke von 1 m auf 3 m Entfernung zur Lichtquelle: 1 lx → 1/9 lx.
- Lichtquelle mit 1 lx, Abnahme der Beleuchtungsstärke von 1 m auf 4 m Entfernung zur Lichtquelle: 1 lx → 1/16 lx.

Dieser Zusammenhang gilt für Kunstlichtquellen genauso wie für das Tageslicht. Das Sonnenlicht strahlt in alle Richtungen; da die Distanz zwischen Erde und Sonne verglichen mit den topografischen Begebenheiten auf der Erdoberfläche recht groß ist, kann davon ausgegangen werden, dass die Beleuchtungsstärke auf dem jeweils der Sonne zugewandten Teil der Erde überall annähernd gleich ist.

Nimmt man hingegen eine Glühlampe und lässt sie in einem ansonsten dunklen Raum leuchten, so macht sich das „Abstandsgesetz" viel deutlicher bemerkbar; schon in wenigen Metern Entfernung ist es praktisch unmöglich, ein Buch zu lesen, da die Beleuchtungsstärke dafür nicht mehr ausreicht. Ähnliches gilt für die Ausleuchtung einer Bühne: Die Scheinwerfer müssen aufgrund der rapide abnehmenden Beleuchtungsstärke möglichst nahe an die auszuleuchtende Szene herangebracht werden.

Reflexionsvermögen R und Reflexionsgrad ρ

Reflexionsvermögen = Reflektiertes Licht E_R im Verhältnis zum einfallenden Licht E_0:

$$R = \frac{E_R}{E_0} \qquad \text{(Formel 8.10)}$$

Der Reflexionsgrad ρ definiert sich dagegen über den Lichtstrom ϕ:

$$\rho = \frac{\phi_R}{\phi_0} \qquad \text{(Formel 8.11)}$$

Absorptionsvermögen A und Absorptionsgrad α

= Absorbiertes Licht E_A (ϕ_A) im Verhältnis zum einfallenden Licht E_0 (ϕ_0).

$$A = \frac{E_A}{E_0} \quad \text{und} \quad \alpha = \frac{\phi_A}{\phi_0} \qquad \text{(Formel 8.12)}$$

Mathematische Beziehungen zwischen den lichttechnischen Größen

1. Beleuchtungsstärke E

$$E = \frac{\phi}{A}$$

Einheit lx
ϕ : Lichtstrom in lm
A : Beleuchtete Fläche in m^2

2. Lichtstärke I

$$I = \frac{\phi}{\Omega}$$

Einheit cd
ϕ : Lichtstrom in lm
Ω : Raumwinkel in sr

3. und 4. Leuchtdichte L

$$L = \frac{E}{\Omega} \quad \text{und} \quad L = \frac{I}{A}$$

Einheit cd/m^2

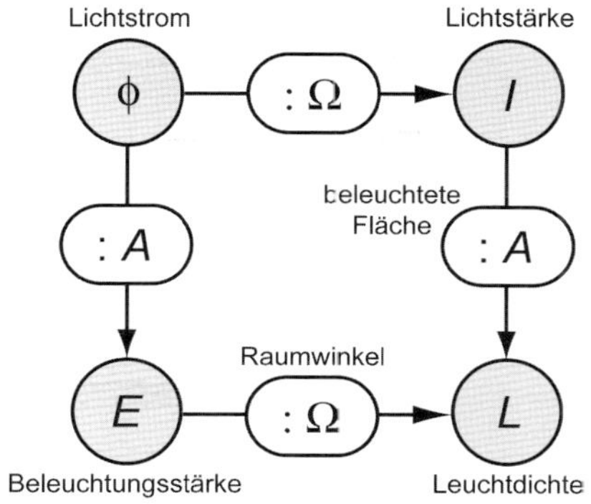

Abb. 8.9: Mathematische Beziehung zwischen E, I, L und ϕ.

Messung lichttechnischer Größen

Für Messungen der Lichtstärke und der Lichtstärkeverteilung, des Lichtstroms, der Leuchtdichte oder die Erfassung spektraler Größen und spezieller Materialeigenschaften gibt es geeignete Messmethoden. Allerdings steht in der Praxis der Veranstaltungstechnik vor allem die Messung der Beleuchtungsstärke E im Vordergrund, und daher beschränken wir uns zunächst auf diese. So genannte Luxmeter (Abb. 8.10) messen entweder das auf das Objekt einfallende Licht oder das von einem Objekt reflektierte Licht (so funktioniert ein Belichtungsmesser in einer Kamera).

Über den Diffusor bzw. die Kalotte eines Handbelichtungsmessers wird ein Mittelwert des einfallenden Lichts erfasst. Manchmal lässt sich aber auch die Kalotte abnehmen, dann kann auch das von einem Objekt reflektierte Licht gemessen werden. So genannte Spotmeter messen ebenfalls das reflektierte Licht, aber in einem relativ engen Messwinkel zwischen 1° und 5°. Sie verfügen meist über einen Sucher, mit dem ein Objekt direkt anvisiert werden kann (Abb. 8.11). Einige Belichtungsmesser bieten die zusätzliche Möglichkeit einer Farbtemperaturmessung. Dazu muss das Messgerät über drei zusätzliche Sensoren verfügen, welche die Anteile des Lichts in den Farbbereichen Rot, Grün und Blau erfassen. Die Anzeige der Farbtemperatur erfolgt direkt in Kelvin oder auch in Mired (Micro Reciprocal Degree, µrd).

Abb. 8.10: Handbelichtungsmesser (Kenko KFM-1100).

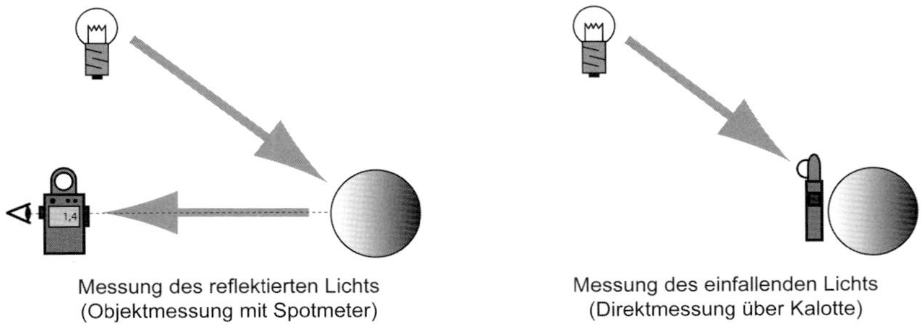

Abb. 8.11: Lichtmessungen.

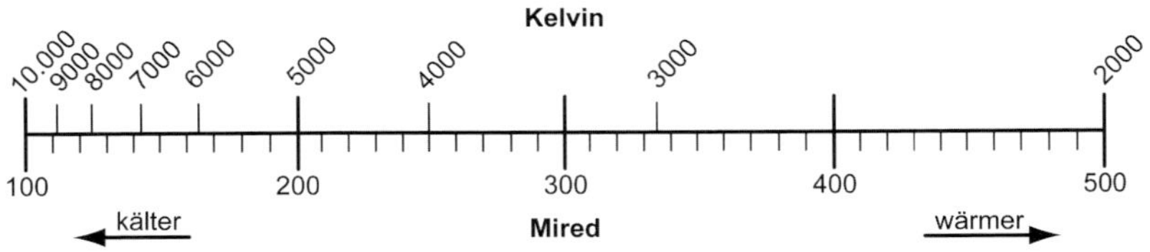

Abb. 8.12: Kelvin- und Mired-Skala.

Der Mired-Wert entspricht dem mit 1 000 000 multiplizierten Kehrwert der Farbtemperatur in Kelvin:

$$\text{Mired } (\mu\text{rd}) = \frac{1\,000\,000 \text{ Kelvin}}{\text{Farbtemperatur in Kelvin}} \qquad \text{(Formel 8.13)}$$

Der Mired-Wert vereinfacht beispielsweise die Berechnung für Werte von Filtern zur Korrektur der Farbtemperatur. Sie bietet zwei Vorteile:

1. Gleiche Abstände auf der Mired-Skala (Abb. 8.12) entsprechen gleichen Abweichungen der menschlichen Farbempfindung. Die Mired-Skala ist also der Physiologie des Auges angepasst.

2. Subjektiv als wärmer empfundenes Licht entspricht einem hohen Mired-Wert, kälteres Licht einem niedrigen Mired-Wert.

Belichtung H

Die Belichtung H ist das Produkt aus der (zeitlich unveränderten) Beleuchtungsstärke E und der Zeit t:

$$\text{Belichtung } H = \text{Beleuchtungsstärke } E \cdot \text{Zeit } t \qquad \text{(Formel 8.14)}$$

Einheit Luxsekunde (lxs)

Mit Hilfe von Belichtungsmessern wird in Kameras die optimale Belichtungs- bzw. Verschlusszeit bei gegebener Beleuchtungsstärke ermittelt. Auch für Museen ist dieser Wert interessant, um Expositionszeiten für lichtempfindliche Ausstellungsstücke festlegen zu können. So werden beispielsweise manche alte Aquarellfarbengemälde mit gerade mal 50 bis 100 lx angeleuchtet, damit die Farben während der Ausstellungsdauer nicht ausbleichen.

8.2 Grundlagen der Optik

8.2.1 Geometrische Optik

Für viele praktische Aufgabestellungen reicht es aus, lediglich die geometrischen Linien der Lichtausbreitung – die geradlinigen Lichtstrahlen – heranzuziehen. Die Lichtstrahlen sind hierbei ein Modell zur Darstellung des Weges, den das Licht zurücklegt. (Diese geometrische Optik liefert allerdings nur dann richtige Ergebnisse, wenn die Objekte im Strahlengang, wie zum Beispiel Spiegel und Linsen, wesentlich größer sind als die Wellenlänge des Lichts.)

Brechung und Dispersion

Das Licht breitet sich je nach Art des lichtleitenden Mediums unterschiedlich schnell aus. Die Lichtgeschwindigkeit im Vakuum haben wir bereits am Anfang von Kap. 8.1 kennen gelernt, sie beträgt näherungsweise 300 000 km/s. Das Verhältnis von der Vakuumlichtgeschwindigkeit c_0 zu der Lichtgeschwindigkeit c in einem beliebigen anderen Medium nennt man Brechzahl oder Brechungsindex n:

$$n = \frac{c_0}{c} \qquad \text{(Formel 8.15)}$$

Die Lichtgeschwindigkeit in der Luft weicht nur unwesentlich von der Vakuumlichtgeschwindigkeit ab, daher hat hier die Brechzahl n annähernd den Wert 1. (Der genaue Wert beträgt 1,000 278 bei 15 °C und einem Luftdruck von 1000 hPa.) Optisch dichtere Stoffe weisen höhere Brechzahlen auf. Zum Beispiel:

Wasser	n = 1,33
Glas	n = 1,45 bis 1,80
Plexiglas	n = 1,50
Diamant	n = 2,42

Fällt Licht von einem optisch dünneren Medium auf ein dichteres Medium, so wird der Lichtstrahl im dichteren Medium zum Lot hin gebrochen (Abb. 8.13 Links).

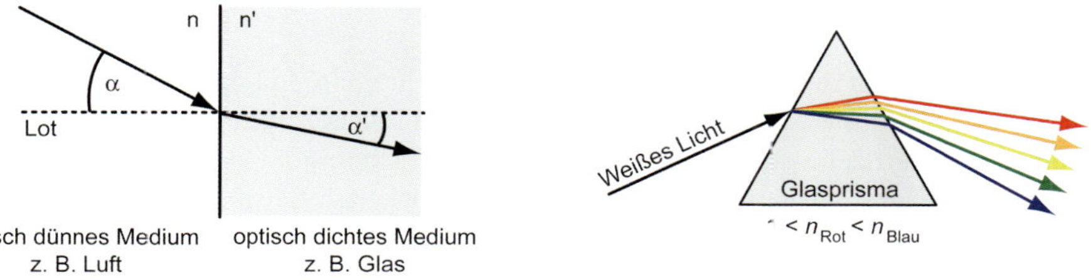

Abb. 8.13 Links: Brechungsgesetz. **Rechts:** Dispersion.

Abb. 8.14: Prisma.

Das Lot ist hierbei eine gedachte Linie, senkrecht zur Oberfläche des Mediums. Beim Übergang von einem optisch dichten Medium in ein dünneres Medium wird das Licht vom Lot weg gebrochen. Dieser Zusammenhang wird durch das Brechungsgesetz dargestellt:

$$\frac{\sin\alpha}{\sin\alpha'} = \frac{n'}{n} \qquad \text{(Formel 8.16)}$$

Die Brechzahl n ist auch von der Wellenlänge bzw. der Frequenz des einfallenden Lichts abhängig. Beispielsweise steigt die Brechzahl von Glas mit zunehmender Frequenz. Diesen Effekt nennt man *Dispersion*. Er lässt sich mit einem Glasprisma zeigen, welches das durchscheinende weiße Licht in die verschiedenen Spektralfarben zerlegt (Abb. 8.13 Rechts; $f_{\text{Blau}} > f_{\text{Rot}}$ und Abb. 8.14). Das Phänomen der Brechung macht man sich auch in Linsen zunutze (s. Kap. 8.2.5), hier möchte man allerdings den Effekt der Dispersion möglichst gering halten, um Farbfehler bzw. Farbsäume des durchscheinenden Lichts zu vermeiden.

Reflexion

Trifft Licht auf eine reflektierende Oberfläche, so wird der Lichtstrahl in einem bestimmten Winkel zurückgeworfen. Das Reflexionsgesetz besagt, dass hierbei der Winkel des einfallenden Lichts zum Lot gleich dem Winkel des ausfallenden Lichts zum Lot ist (Abb. 8.15):

$$\beta = -\beta' \qquad \text{(Formel 8.17)}$$

Je nach Beschaffenheit der Materialoberfläche wird aber nur ein Teil des Lichts reflektiert. Der *Reflexionsgrad* gibt an, wie viel Prozent des einfallenden Lichts zurückgeworfen wird. Bei Körpern mit rauer Oberfläche und dunkler Farbe ist der Reflexionsgrad eher niedrig, helle Körper mit glatter Oberfläche haben meist einen hohen Reflexionsgrad. Beispiele für verschiedene Reflexionsgrade:

Silber, poliert (s. Kap. 8.2.4):	fast 100 %	Schnee:	60 bis 70 %
Aluminium, hochglänzend:	80 bis 85 %	Grüne Blätter:	15 bis 30 %
Weißes Papier:	70 bis 75 %	Schwarzer Samt:	1 %

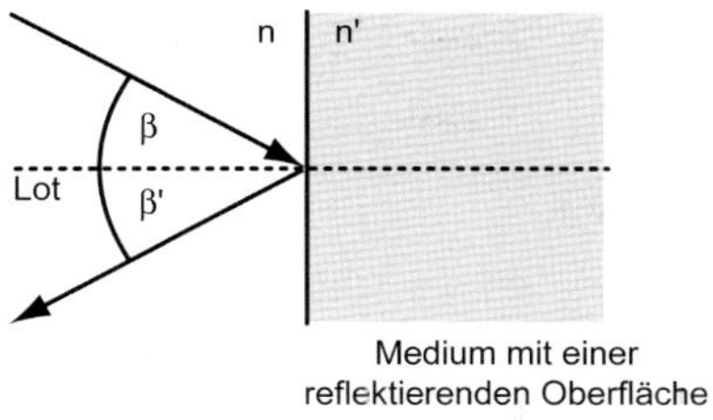

Abb. 8.15: Reflexionsgesetz.

Streuung, Transmission und Absorption

Von einer rauen Oberfläche wird Licht mehrfach gebrochen reflektiert, es wird also in verschiedene Richtungen *gestreut* (Abb. 8.16).

Den Durchgang von Licht durch ein Medium wie beispielsweise Glas nennt man *Transmission*. Es geht bei diesem Vorgang allerdings ein Teil der Energie verloren und wird in Wärmeenergie umgewandelt (*Absorption*, s. u.).

Der *Transmissionsgrad* resultiert aus dem Verhältnis vom durchgelassenen Lichtstrom zum einfallenden Lichtstrom und wird in Prozent angegeben. Beispiele für verschiedene Transmissionsgrade für sichtbares Licht:

Klarglas (Dicke 1 bis 4 mm)	90 bis 92 %
Milchglas (Dicke 2 bis 3 mm)	36 bis 66 %
Baumwollstoff	30 bis 70 %

Licht kann von einem Körper aber auch komplett „verschluckt“ bzw. *absorbiert* werden. Die Lichtenergie wird in diesem Fall in eine andere Energieform umgewandelt, in der Regel in Wärme oder im Falle einer Photovoltaikanlage in elektrischen Strom.

Prinzipiell sind Reflexion, Transmission und Absorption vom Material des Mediums und von der Wellenlänge des Lichts abhängig.

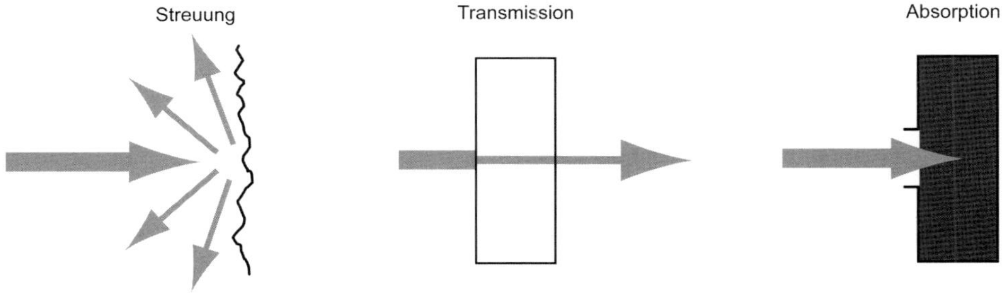

Abb. 8.16: Streuung, Transmission und Absorption.

Schatten

Fällt Licht auf ein lichtundurchlässiges Objekt, so wird auf der von der Lichtquelle abgewandten Seite ein Schatten geworfen. Eine einzelne, nahezu punktförmige Lichtquelle wirft einen harten Schatten mit scharfen Übergängen, einen Schlagschatten. Man spricht hierbei aufgrund der Charakteristik des Schattens auch etwas missverständlich von „hartem Licht“. Überlagern sich die Strahlen mehrerer Lichtquellen, so entstehen auch mehrere Schatten. Der Überlappungsbereich, in den das Licht keiner dieser Lichtquellen fällt, ist der Kernschatten. Dagegen wird ein Bereich im Halbschatten noch von einem Teil der Lichtquellen bestrahlt. Ist die Lichtquelle nicht punktförmig, sondern weiter ausgedehnt, so hat der Schatten weiche Abstufungen. Entsprechend ist hier der Begriff „weiches Licht“ gebräuchlich. Diffus gestreutes Licht, das durch eine Milchglasscheibe fällt, erzeugt weiche Schatten, ebenso wie die langen Röhren von Leuchtstofflampen (Abb. 8.17).

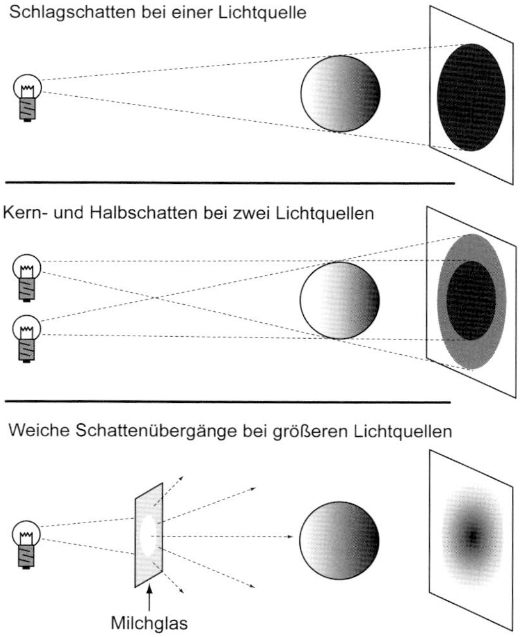

Abb. 8.17: Schatten bei verschiedenen Lichtquellen.

Die Schattenlinien künstlicher Lichtquellen streben auseinander, ganz im Gegensatz zu denen des Sonnenlichts – diese scheinen alle parallel in dieselbe Richtung zu laufen. Für künstliche Lichtquellen ist es daher typisch, dass Schatten in alle Richtungen geworfen werden, wobei der Schlagschatten immer heller und unschärfer wird, je weiter er sich ausdehnt.

Natürlich folgen sowohl das Kunstlicht wie auch das Sonnenlicht den gleichen physikalischen Regeln. Der Eindruck der parallelen Schattenlinien beim Sonnenlicht entsteht dadurch, dass die Erde im Vergleich zur Sonne relativ klein und noch dazu sehr weit von der Sonne entfernt ist. Der Winkel, mit dem die Sonnenstrahlen auseinanderstreben, ist daher sehr gering und kaum wahrnehmbar.

8.2.2 Farbmodelle

Dass bestimmten Lichtwellenlängen Spektralfarben zugeordnet werden können, haben wir bereits am Anfang dieses Kapitels gesehen (s. Kap. 8.1). Neben den Spektralfarben und deren Zwischentöne können wir aber eine noch weitaus größere Vielzahl von Farben wahrnehmen – beispielsweise Farben, die durch eine additive oder subtraktive Mischung entstehen. Darüber hinaus ist das Farbempfinden höchst subjektiv und hängt von der Lichtfarbe des Beleuchtungslichts (Farbtemperatur und Spektrum, s. Kap. 8.1 und 9.1), dem Adaptionszustand des Auges (skotobisches und photobisches Sehen, s. Kap. 8.3.1) und von den Umfeldfarben (Simultankontrast, s. Kap. 11.1) ab. Mit Hilfe von Farbmodellen wird versucht, diese Faktoren in Einklang zu bringen und Farben nach mathematischen oder geometrischen Gesetzen einzuordnen und eindeutig zu benennen. Aus der Vielzahl der Farbmodelle, die in den letzten Jahrhunderten entwickelt wurden, wollen wir drei herausgreifen, die speziell in der Lichttechnik relevant sind: den RGB-Farbraum, den CMY-Farbraum und den CIE-Farbraum.

RGB-Farbraum

Der RGB-Farbraum beruht auf der additiven Mischung der drei Primärfarben Rot, Grün und Blau. Nach diesem Prinzip funktionieren selbstleuchtende bzw. farbdarstellende Systeme wie beispielsweise Videobildschirme. Die additive Farbmischung lässt sich auch mit farbigem Scheinwerferlicht demonstrieren: Rotes, grünes und blaues Licht wird auf eine Fläche gerichtet, in den Schnittflächen der Lichtkegel entstehen die additiven Mischfarben (Abb. 8.18 Links). Vermischt man zwei Grundfarben zu gleichen Anteilen, ergibt sich eine der Komplementärfarben Gelb, Cyan oder Magenta.

Fällt zum Beispiel rotes und grünes Licht auf eine weiße Fläche, entsteht als Mischfarbe Gelb. Werden alle drei Primärfarben zu gleichen Anteilen gemischt, ergibt sich Weiß. Wenn kein Licht vorhanden ist, gibt es auch keine Farbmischung, das Resultat ist Schwarz. Zur Darstellung des kompletten RGB-Farbraums wird meist ein Würfel herangezogen (Abb. 8.18 Rechts). Innerhalb dieses Würfels kann durch die Angabe einer Koordinate jeder beliebige Farbanteil bestimmt werden. Der Eckpunkt mit den Koordinaten 1, 1, 1 steht für Weiß, die Koordinaten 0, 0, 0 für Schwarz.

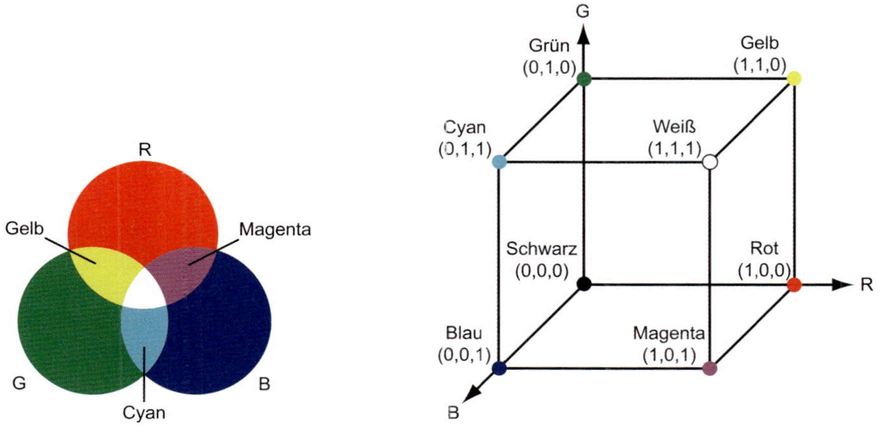

Abb. 8.18: Additive Farbmischung und RGB-Farbwürfel.

CMY-Farbraum

Der CMY-Farbraum beruht auf der subtraktiven Mischung der Farben Cyan, Magenta und Gelb (Yellow), und somit auf den Komplementärfarben des RGB-Farbraums. Alle übrigen Farbnuancen erhält man durch Subtraktion bzw. Filtern dieser Farben von Weiß. So absorbiert eine cyanfarbene Fläche vom auftreffenden weißen Licht den Rotanteil, Blau und Grün werden aber reflektiert und ergeben zusammen den Farbeindruck Cyan. Eine magentafarbene Fläche absorbiert den Grünanteil, und eine gelbe Fläche absorbiert den Blauanteil. Werden alle drei Komplementärfarben von Weiß abgezogen, so entsteht Schwarz, d. h. von einer schwarzen Fläche werden alle Farbanteile absorbiert und keine zurückgestrahlt (Abb. 8.19 Links).

Die Entwicklung dieses Farbmodells geht auf den Farbdruck zurück. Die Tinte folgte allerdings nicht immer exakt der Vorgabe, und die Mischung war oft nicht dunkel genug. Aus diesem Grund wurde das CMY-Modell um eine weitere Primärfarbe, nämlich Schwarz (K), erweitert. Es ergibt sich dadurch das CMYK-Farbmodell. In der Beleuchtungstechnik wird die subtraktive Farbmischung zum Beispiel in Moving Lights (s. Kap. 9.2.5) eingesetzt. Hier können drei dichroitische Glasfilter in den Strahlengang geschwenkt werden, die jeweils Cyan, Magenta und Gelb herausfiltern.

Auch der CMY-Farbraum kann als Würfel dargestellt werden (Abb. 8.19 Rechts). Weiß hat hier das Koordinatentripel 0, 0, 0, Schwarz wird mit 1, 1, 1 beschrieben.

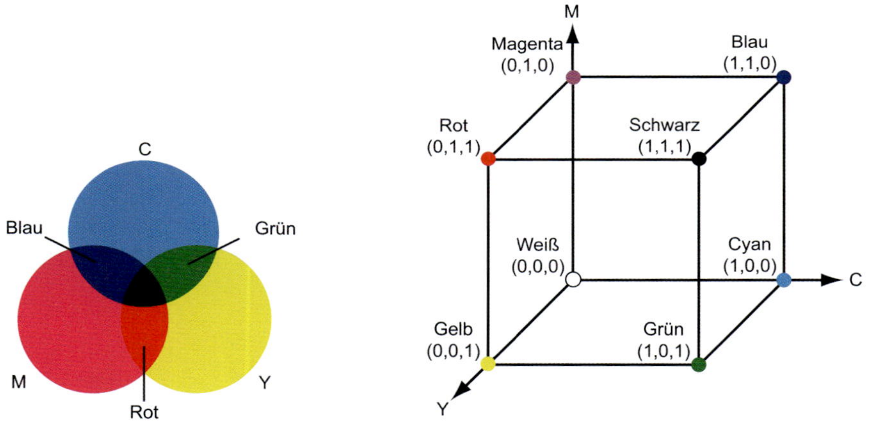

Abb. 8.19: Subtraktive Farbmischung.

CIE-Farbraum

Der Farbraum der CIE (Commission Internationale de l'éclairage) wurde bereits 1931 entwickelt und ist nach DIN 5033 genormt. Er wird häufig in der Licht- und Projektionstechnik herangezogen, beispielsweise um Farbprofile von Displays oder Videoprojektoren vergleichen zu können. (Hinweis: Die farbige Darstellung des CIE-Farbraums in gedruckter Form, also auch in diesem Buch, ist zwangsläufig fehlerbehaftet, da ein Printmedium Farben außerhalb des CMY-Farbraums nicht wiedergeben kann). Der Farbort innerhalb des CIE-Raumes ist durch die Koordinaten x, y und z festgelegt; diese werden aus dem in Abb. 8.18 gezeigten Farbwürfel mit den Raumkoordinaten RGB abgeleitet.

Zunächst müssen aber die RGB-Werte über einen Zwischenschritt in die so genannten Norm-Primärvalenzen XYZ transformiert werden. Diese Transformation erfolgt durch eine Umrechnungsmatrize:

$$\begin{pmatrix} X \\ Y \\ Z \end{pmatrix} = \begin{pmatrix} 0{,}490 & 0{,}310 & 0{,}200 \\ 0{,}177 & 0{,}812 & 0{,}011 \\ 0{,}000 & 0{,}010 & 0{,}990 \end{pmatrix} \cdot \begin{pmatrix} R \\ G \\ B \end{pmatrix} \qquad \text{(Formel 8.18)}$$

Dabei wurden die folgenden Wellenlängen für RGB zugrunde gelegt: Rot 700,0 nm, Grün 546,1 nm Blau 435,8 nm.

Beispiele für die Umrechnung:

$$\text{Rot} \begin{pmatrix} 1 \\ 0 \\ 0 \end{pmatrix}_{RGB} = \begin{pmatrix} 0{,}490 \\ 0{,}177 \\ 0{,}000 \end{pmatrix}_{XYZ} \qquad \text{Grün} \begin{pmatrix} 0 \\ 1 \\ 0 \end{pmatrix}_{RGB} = \begin{pmatrix} 9{,}319 \\ 0{,}812 \\ 0{,}010 \end{pmatrix}_{XYZ} \qquad \text{Blau} \begin{pmatrix} 0 \\ 0 \\ 1 \end{pmatrix}_{RGB} = \begin{pmatrix} 0{,}200 \\ 0{,}011 \\ 0{,}990 \end{pmatrix}_{XYZ}$$

Die Werte für XYZ werden anschließend noch zu xyz normiert. Es gelten dabei folgende Zusammenhänge:

$$x = \frac{X}{X+Y+Z} \qquad y = \frac{Y}{X+Y+Z} \qquad z = \frac{Z}{X+Y+Z} \qquad \text{(Formel 8.19)}$$

und

$$x + y + z = 1 \qquad \text{(Formel 8.20)}$$

Durch die Normierung soll eine Farbrichtung erfasst werden, die Helligkeit spielt jetzt keine Rolle mehr. Dadurch fällt allerdings der Farbwert für Schwarz heraus, da Schwarz durch die Koordinaten $(0, 0, 0)_{XYZ}$ definiert ist und bei der Matrizierung alle Werte durch Null dividiert würden (eine Division durch Null ist mathematisch nicht definiert).

Anmerkung: Bitte die Helligkeit nicht mit der Lichtstärke verwechseln. (Helligkeit = Visuelle Zuordnung einer Farbe zu einer als gleich hell empfundenen Graustufe.)

Der CIE-Farbraum wird zur Vereinfachung als zweidimensionale Farbtafel dargestellt, an der sich für alle sichtbaren Farben eindeutige xy-Werte ablesen lassen, d. h. die z-Werte werden ignoriert. Weiß mit den Farbwerteanteilen x = y = 0,333 liegt hierbei in der Mitte des Farbdreiecks. Oft wird der Plancksche Kurvenzug in das CIE-Farbdiagramm eingetragen, um aufzuzeigen, in welchem Spektral- bzw. Farbbereich bestimmte Lichttemperaturen zu finden sind (Abb. 8.20).

Die gekrümmte Außenlinie des CIE-Farbraums nennt man Spektralkurvenzug, hier finden sich sämtliche Spektralfarben. Auf der geraden Verbindungslinie zwischen 435 und 700 nm befinden sich die nicht im Spektrum vorkommenden Purpurfarben, daher wird diese Linie auch Purpurgerade genannt.

Der CIE-Farbraum ist allerdings keine vollständige Farbpalette, da nicht alle Helligkeitswerte erfasst werden. Das 1976 entwickelte CIE-Lab-System berücksichtigt diesen Umstand mit den drei Dimensionen Helligkeit (Luminanz L), der Achse Rot-Grün (a) und der Achse Gelb-Blau (b). Für L sind Werte von 0 = Schwarz bis 100 = Weiß vorgesehen, Negative a-Werte tendieren nach Grün, positive a-Werte gehen ins Rötliche. Negative b-Werte sind bläulich, positive b-Werte gelblich (Abb. 8.21).

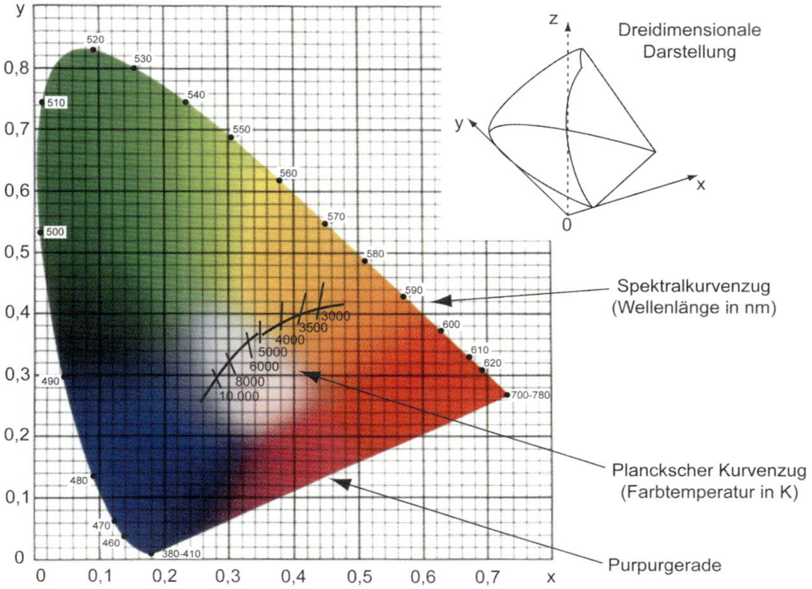

Abb. 8.20: CIE-Farbraum.

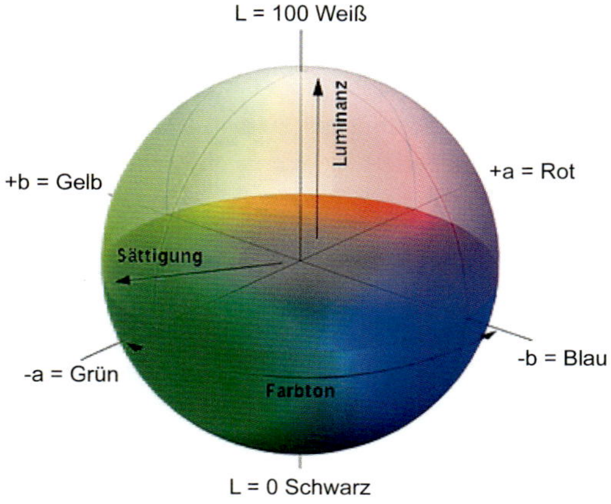

Abb. 8.21: CIE-Lab-System mit Parametern für Farbton, Sättigung und Luminanz.

8.2.3 Optische Filter

Im Gegensatz zur oben aufgeführten geometrischen Optik, bei der die Ausbreitung von Lichtstrahlen betrachtet wird (s. Kap. 8.2.1), spielt bei optischen Filtern der Wellencharakter des Lichts eine größere Rolle.

Farbfilter

Farbfilter aus Glas, Kunststoff oder Gelatine lassen entweder nur eine bestimmte Farbe (Licht einer bestimmten Wellenlänge) passieren oder filtern eine bestimmte Farbe heraus (Abb. 8.22).

Die Komplementärfarben Cyan (Komplementär zu Rot), Magenta (Komplementär zu Grün) und Gelb (Komplementär zu Blau) entstehen, indem man die jeweilige Spektralfarbe Rot, Grün oder Blau aus dem Lichtspektrum herausfiltert. Werden beispielsweise die rotwelligen Anteile aus dem Spektrum entfernt, so ergibt die Summe der verbleibenden bläulichen und grünlichen Anteile nicht mehr Weiß, sondern einen grün-blauen Farbton, Cyan genannt.

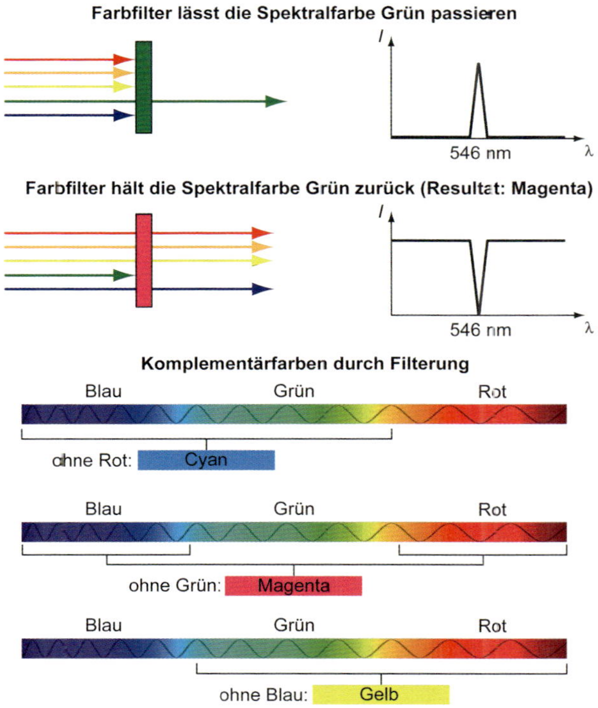

Abb. 8.22: Farbfilter.

Interferenzfilter

Ein Interferenzfilter lässt nur Wellen eines bestimmten Frequenzbereiches durch, ist damit also ein optisches Bandpassfilter (Abb. 8.23). Diese Filter bestehen aus einem Trägermaterial (meist Glas) mit mehreren dünnen Beschichtungen mit unterschiedlicher Brechzahl. Die Schichten haben eine Dicke von einer Viertelwellenlänge oder einem Vielfachen der jeweiligen Frequenz, die sich durch destruktive Interferenz innerhalb der Beschichtungen auslöschen soll.

Korrekturfilter

Mit Korrekturfiltern kann man die Farbtemperatur anpassen, man spricht daher auch von Konversionsfiltern. Von diesen gibt es zunächst zwei Arten: Erhöhung der Farbtemperatur mit bläulich gefärbten Filtern und Absenkung der Farbtemperatur mit rötlich gefärbten Filtern. In der Praxis werden diese Filter beispielsweise eingesetzt, um bei einer Bühnenbeleuchtung bestimmte Tages- oder Nachtlichtstimmungen zu erzeugen (s. Kap. 11.1).

Daneben gibt es spezielle Konversionsfilter, die auf die Verwendung von Leuchten mit diskontinuierlichem Spektrum (Leuchtstofflampen) abgestimmt sind (Abb. 8.24).

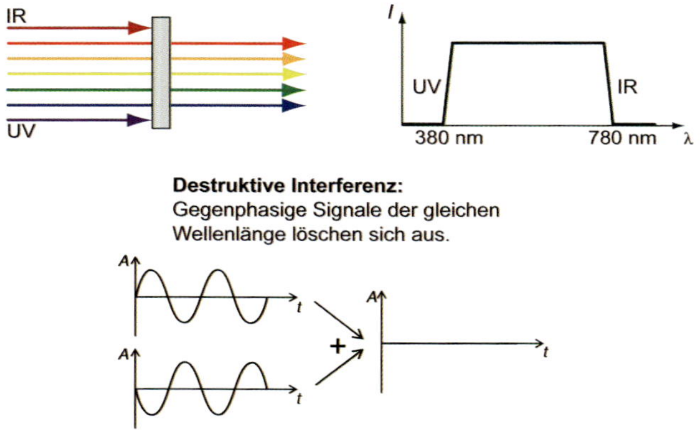

Abb. 8.23: Interferenzfilter (UV- und IR-Sperrfilter).

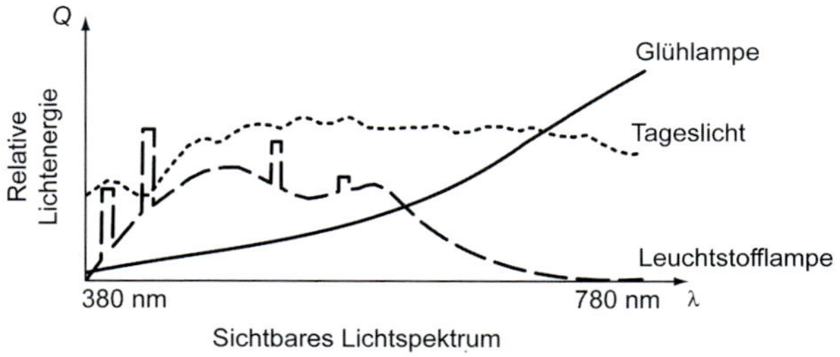

Abb. 8.24: Sichtbare Spektren verschiedener Leuchtmittel.

Polarisationsfilter

Betrachtet man Licht als (sinusförmige) elektromagnetische Welle, lässt es sich durch diverse Eigenschaften beschreiben: Die Amplitude, die Wellenlänge bzw. Frequenz, die Ausbreitungsgeschwindigkeit, die Ausbreitungsrichtung und die Phase. Daneben gibt es aber noch ein weiteres Kennzeichen: Die Polarisation.

Eine Transversalwelle schwingt senkrecht zur Ausbreitungsrichtung. Die Polarisation beschreibt die Richtung dieser Schwingung. Kunstlicht von Glühlampen und natürliches Licht der Sonne ist *unpolarisiert*, die elektromagnetischen Wellen schwingen in allen Richtungen. Ein Polarisationsfilter lässt dagegen nur Licht einer bestimmten Schwingungsrichtung passieren (Abb. 8.25). Sie sind als Glas- oder Folienfilter erhältlich, und erst durch Polarisationsfilter funktionieren LCD-Displays bzw. LCD-Videoprojektoren (s. Kap. 12.3).

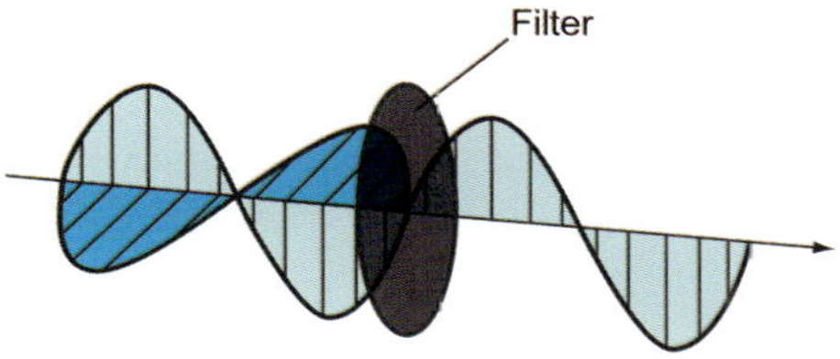

Abb. 8.25: Polarisationsfilter.

Neutraldichtefilter (ND-Filter)

ND-Filter aus Glas oder Folie haben eine gleichmäßige Durchlässigkeit für ein breites Lichtspektrum, schwächen die Lichtstärke aber über den gesamten Bereich ab (Abb. 8.26). Es gibt sie in verschiedenen Schwächungsstufen mit der Bezeichnung Ndx, wobei hier das „x" für die Abschwächung steht, die sich wie folgt berechnen lässt:

$$x = \log \frac{I}{I_0} \qquad \text{(Formel 8.21)}$$

I : Hinter dem Filter messbare Lichtstärke

I_0 : Einfallende Lichtstärke

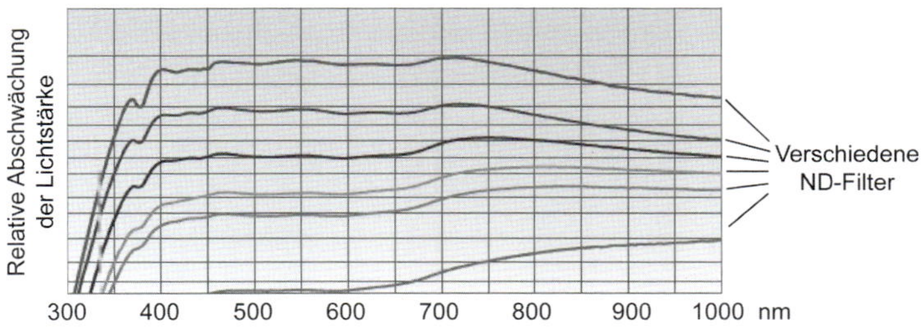

Abb. 8.26: Charakteristiken verschiedener Neutraldichtefilter.

So bedeutet zum Beispiel die Angabe „ND2“ eine Abschwächung der Lichtstärke um den Faktor 100:

$$2 = \log \frac{1\ \text{Cd}}{100\ \text{Cd}}$$

Filterfolien und Glasfilter

Filterfolien sind farbig bedruckte oder eingefärbte Thermoplastfolien (PET), die dem Licht eine Farbe verleihen (s. Seite 191). Es gibt aber auch so genannte Frostfilterfolien, die lediglich die Lichtintensität reduzieren und das Licht streuen. Da die Oberflächen von Folien meist nicht besonders resistent gegen mechanische Beanspruchung sind, gibt es besondere Folien, die als Schutz zusätzliche, durchsichtige Beschichtungen aufweisen (Abb. 8.27).

Als Material für Glasfilter werden Grundgläser, ionengefärbte Gläser sowie Anlaufgläser genutzt.

- Grundglas: Farbloses optisches Glas mit spezieller Absorptionsfähigkeit zum Beispiel für UV-Licht.
- Ionengefärbte Gläser: Bei der Fertigung werden Schwermetallionen zugefügt, dies bewirkt eine Färbung des Glases (Abb. 8.28).
- Anlaufgläser: Hier wird das Glas durch eine nachträgliche Temperaturbehandlung eingefärbt.

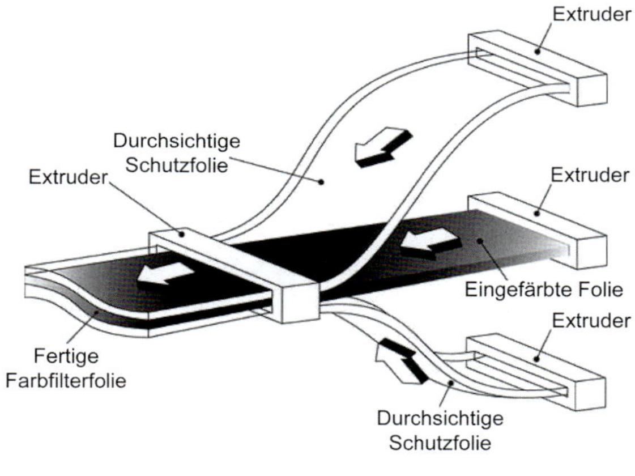

Abb. 8.27: Herstellungsprozess einer Filterfolie (Rosco Supergel).

Abb. 8.28: Glasfilter.

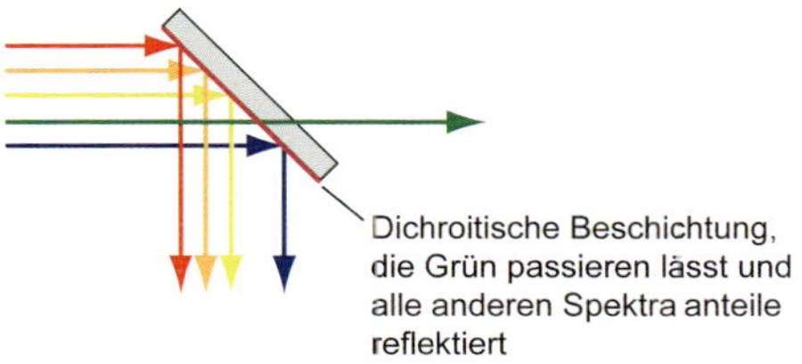

Abb. 8.29: Dichroitische Beschichtung auf einem Glasfilter.

Beschichtungen bei Glasfiltern

Die Lichtdurchlässigkeit von Glas kann durch dünne Metall- oder Metalloxidschichten verändert werden. Eine Anwendung dafür sind so genannte dichroitische Beschichtungen bei Farbteilerspiegeln. Je nach Einfallswinkel wird Licht einer bestimmten Spektralfarbe durchgelassen, während die anderen Lichtanteile reflektiert werden. Somit entstehen unterschiedliche Farben in Transmission und Reflexion (Abb. 8.29).

8.2.4 Spiegel

Poliertes Silber ist im sichtbaren Bereich mit einem Reflexionsgrad von nahezu 100 % ein sehr guter Spiegel. Allerdings oxidiert es an der Luft und läuft schnell an, wodurch es schwarz aussieht und somit kaum noch Licht reflektiert. Daher werden Spiegel aus Glas gefertigt: Auf eine Oberfläche des Glases, der Spiegelrückseite, wird eine sehr dünne Schicht Silber und darüber Lack aufgebracht (Abb. 8.30). Das Glas und der Lack schützen die Silberschicht, zudem muss nicht so viel teures Silber verbraucht werden. Es gibt aber auch preisgünstigere Spiegel aus hochglänzendem Aluminium. Diese können leichter in spezielle Formen gebogen werden, weisen aber einen etwas geringeren Reflexionsgrad von ca. 80 bis 85 % auf.

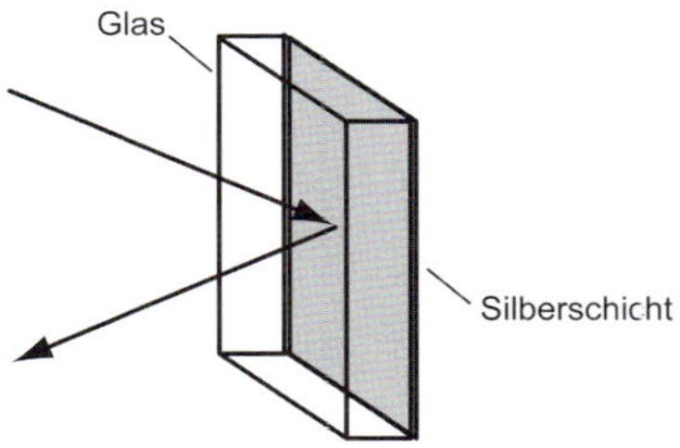

Abb. 8.30: Glasspiegel mit Silberbeschichtung auf der Rückseite.

Kugelspiegel

Hier ist die Spiegelfläche ein Ausschnitt aus einer Kugeloberfläche. Die Wirkung eines Kugelspiegels hängt von der Position der Lichtquelle zum Reflektor ab. Befindet sich die Lichtquelle genau im Mittelpunkt der Kugel, wird das Licht wieder zum Mittelpunkt reflektiert, der Kugelspiegel wirkt somit als Lichtsammler. Ist die Lichtquelle im halben Radius angeordnet, so verlassen alle achsnahen Lichtstrahlen den Reflektor parallel (Abb. 8.31).

Parabolspiegel

Ein Parabolspiegel ist ein innen verspiegeltes Rotationsparaboloid, also der Rotationskörper einer Parabel. Lichtstrahlen parallel zur Achse werden so reflektiert, dass sie sich in einem Brennpunkt kreuzen (Abb. 8.32).

Ellipsenspiegel

Der Spiegel ist hier ein Abschnitt eines rotationssymmetrischen Ellipsoids. Eine Ellipse hat zwei Brennpunkte, und ein Lichtstrahl, der von einem Brennpunkt ausgeht wird immer so reflektiert, dass er auch durch den zweiten Brennpunkt verläuft (Abb. 8.33).

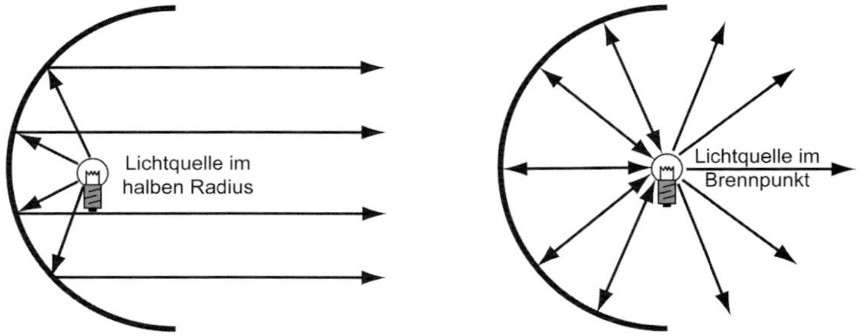

Abb. 8.31: Kugelspiegel.

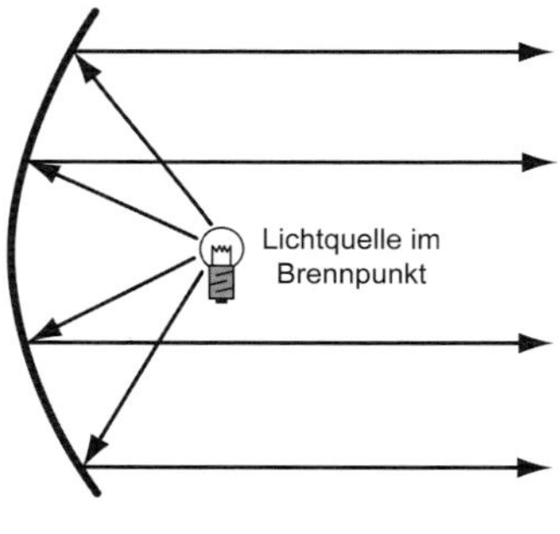

Abb. 8.32: Parabolspiegel.

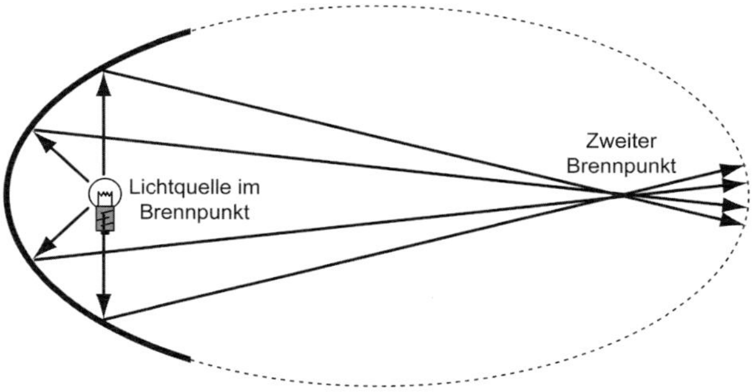

Abb. 8.33: Ellipsenspiegel.

Abb. 8.34: Rinnenspiegel eines asymmetrischen Fluters.

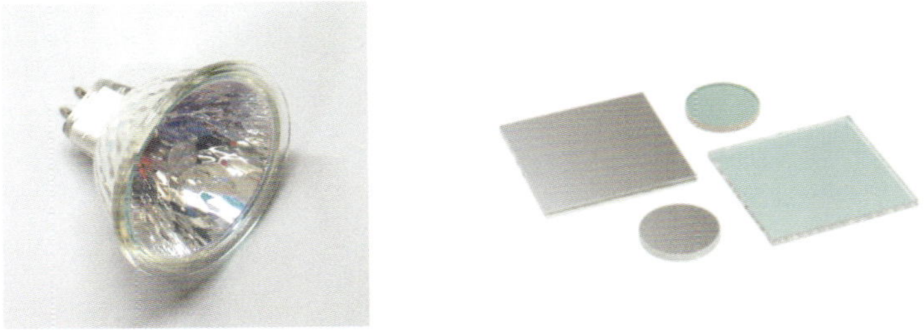

Abb. 8.35: Halogenglühlampe mit Kaltlichtreflektor und Kaltlichtspiegel für Projektoren.

Rinnenspiegel

Ein Rinnenspiegel ist ein lang gestreckter Reflektor, der nur in einer räumlichen Ebene eine gezielte optische Wirkung hat. Rinnenspiegel werden für linienförmige, zylindrische Leuchtmittel wie beispielsweise Leuchtstoffröhren eingesetzt. Rinnenspiegel können eine symmetrische oder eine asymmetrische Form haben (Abb. 8.34).

Kaltlichtspiegel

Kaltlichtspiegel reflektieren sichtbares Licht, lassen aber IR-Licht passieren. Sie reduzieren damit die Wärmebelastung der Leuchtmittel in optischen Systemen und Geräten wie beispielsweise Projektoren (allerdings müssen dann weiter Maßnahmen getroffen werden, um die Kaltlichtspiegel bzw. das Gehäuse zu kühlen). Im Alltag begegnet uns der Kaltlichtspiegel häufig in Form von Halogenglühlampen mit integriertem Kaltlichtreflektor (Abb. 8.35).

8.2.5 Linsen und Blenden

Linsen funktionieren durch Brechung (s. Kap. 8.2.1): Wenn ein Lichtstrahl von der Luft in die Linse eintritt, wird er gebrochen und ändert seine Richtung, und das gleiche passiert, wenn er die Linse wieder verlässt. Linsen sammeln oder streuen Lichtstrahlen, je nachdem wie sie geschliffen wurden. Es gibt die unterschiedlichsten Linsenformen, hier soll zunächst zwischen den sphärischen und den asphärischen Linsen unterschieden werden.

Sphärische Linsen

Sphärische Linsen haben Oberflächen, die einem Ausschnitt aus einer Kugeloberfläche entsprechen. Konvexe Linsenflächen sind nach außen gewölbt, konkave nach innen. Sammellinsen brechen das Licht zur optischen Achse hin und vereinigen die Lichtstrahlen in einem Brennpunkt, Zerstreuungslinsen lenken das Licht nach außen ab, weg von der optischen Achse (Abb. 8.36).

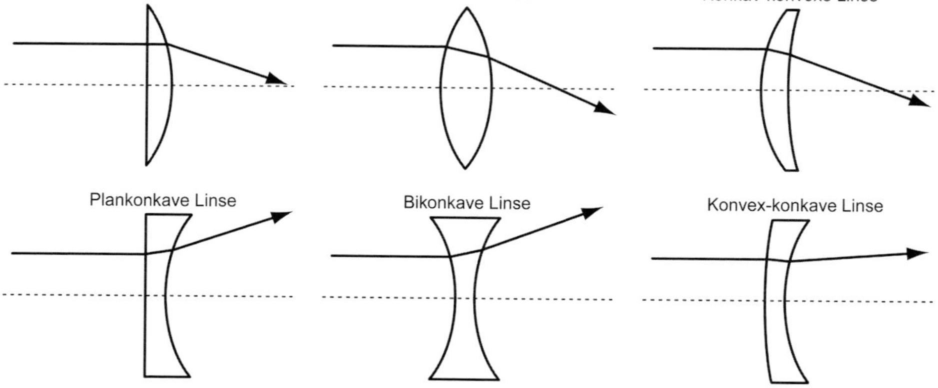

Abb. 8.36: Verschiedene sphärische Linsen, oben: Sammellinsen, unten: Zerstreuungslinsen.

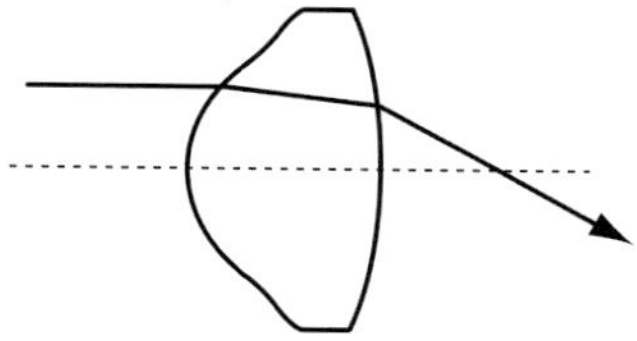

Abb. 8.37: Beispiel für eine asphärische Linse.

Asphärische Linsen

Bei asphärischen Linsen sind die Oberflächen keine Ausschnitte einer Kugel, sondern rotationssymmetrische Ausschnitte aus Ellipsen, Parabeln oder Hyperbeln (Abb. 8.37). Darüber hinaus gibt es nichtrotationssymmetrische asphärische Linsen, bei denen die Oberflächen außeraxiale Ausschnitte der oben genannten Körper sind, sowie Freiform-Asphären, mit frei definierten optischen Flächen. In der Regel brechen asphärische Linsen das Licht stärker, und das bei einem geringeren Materialaufwand im Vergleich zu sphärischen Linsen.

Stufenlinse

Augustin Jean Fresnel erfand um 1822 die Stufenlinse für den Einsatz in Leuchttürmen (sie wird daher auch Fresnellinse genannt). Sein Ziel war es, Gewicht und Volumen großer und dicker Linsen einzusparen. Der Brechungswinkel ist ausschließlich von der Linsenoberfläche und nicht von der Dicke der Linse abhängig. Deshalb kann eine Linse in ringförmige Stufen unterteilt werden (Abb. 8.38).

Die Brennweite bleibt bei dieser Technik erhalten, allerdings verschlechtert sich durch die Stufenstruktur die Abbildungsqualität. Meist ist die Glasoberfläche der Stufenlinse auch aufgeraut, um einen eher diffusen Lichtstrahl zu erreichen.

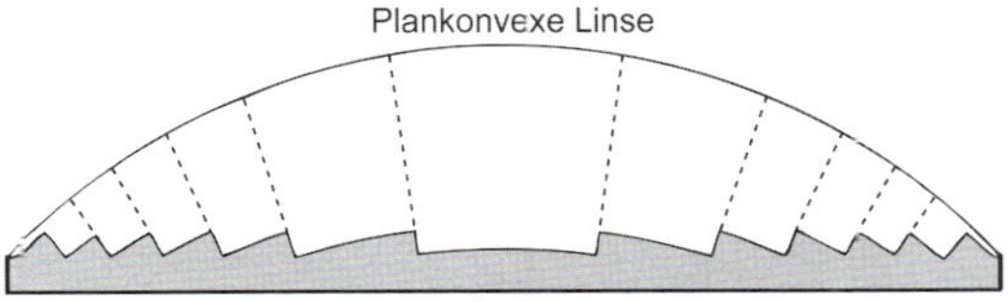

Abb. 8.38: Konstruktion einer Stufenlinse aus einer plankonvexen Linse.

Abb. 8.39: Farbfehler bei einer bikonvexen Sammellinse.

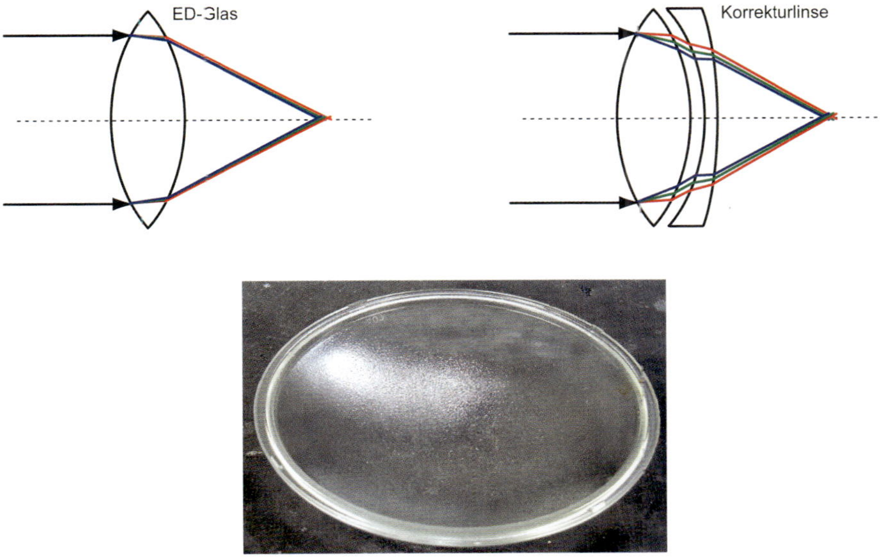

Abb. 8.40 Oben: ED-Glaslinse und Linse aus normalen Glas mit zusätzlicher Korrekturlinse.
Unten: Linse mit strukturierter Oberfläche.

Farbfehler bei Linsen

Wie schon gesehen, wird Licht mit verschiedener Wellenlänge in Glas und auch in anderen Materialien unterschiedlich stark abgelenkt (Dispersion). Die Farben haben verschiedene Brennpunkte. Dies führt bei Linsen zur chromatischen Aberration, einem Farbsaum am Rand des durchscheinenden Lichtkegels (Abb. 8.39). Es gibt spezielle Linsen, die entweder aufgrund bestimmter Strukturen auf der Oberfläche oder durch besondere Materialien den linsentypischen Farbsaum vermindern. Beispielsweise wird als Material ED Glas (Extra Low Dispersion Glas) mit einer relativ geringen Brechkraft verwendet. Außerdem können auch zusätzliche Korrekturlinsen eingesetzt werden, oder so genannte achromatische Doppellinsen aus verschiedenen Glassorten mit unterschiedlicher Dispersion (Abb. 8.40).

Brennweite f

Der Abstand des Brennpunktes von der Hauptebene einer Linse oder eines Hohlspiegels ist die Brennweite f (bitte nicht mit dem Formelzeichen der Frequenz *f* verwechseln). Bei Sammellinsen ist die Brennweite positiv, bei Zerstreuungslinsen negativ (Abb. 8.41). Die Brechwerte von optischen Systemen und auch des Auges werden in Dioptrien angegeben. Der Brechwert in dpt errechnet sich aus dem reziproken Wert der Brennweite:

$$\text{Brechwert in dpt} = \frac{1}{\text{Brennweite in m}} \qquad \text{(Formel 8.22)}$$

Die Dioptrie D ist damit also der Kehrwert der Maßeinheit Meter (1 dpt = 1 m^{-1}). Sammellinsen haben einen positiven, Zerstreuungslinsen einen negativen Brechwert. Vor allem in der Augenoptik ist die Verwendung der Einheit dpt sehr praktisch, weil bei einer Hintereinanderreihung von Linsen deren Brechwerte einfach addiert werden können, und auf diese Weise bei Sehtests die Dioptrienzahl von Korrekturlinsen bei Weit- oder Kurzsichtigkeit relativ einfach ermittelt werden kann:

$$\frac{1}{f_{\text{normalsichtig}}} = \frac{1}{f_{\text{fehlsichtes Auge}}} + \frac{1}{f_{\text{Brillenglas}}} \qquad \text{(Formel 8.23)}$$

Bei einem normalsichtigen Menschen beträgt der Brechwert des Auges ca. 60 dpt bei einer Fokussierung auf weit entfernte Objekte. Dies entspricht einer Brennweite von 16,6 mm, das ist die ungefähre Augentiefe von der Linse bis zur Netzhaut. Zur Korrektur von Weitsichtigkeit werden Sammellinsen verwendet, zur Korrektur von Kurzsichtigkeit dagegen Zerstreuungs-linsen (s. Kap. 8.3.1).

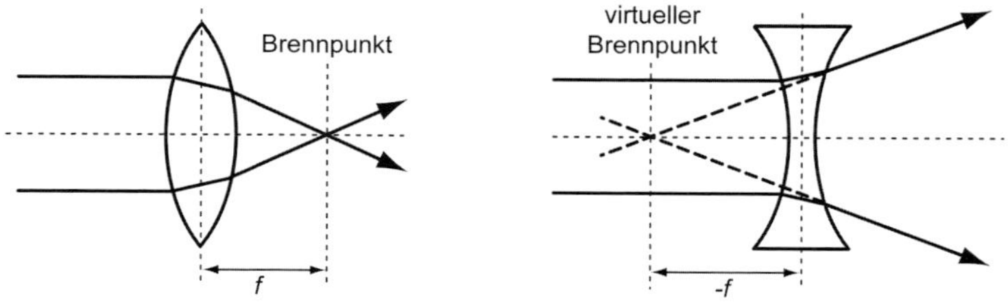

Abb. 8.41: Lage des Brennpunktes bei Sammel- und Zerstreuungslinsen.

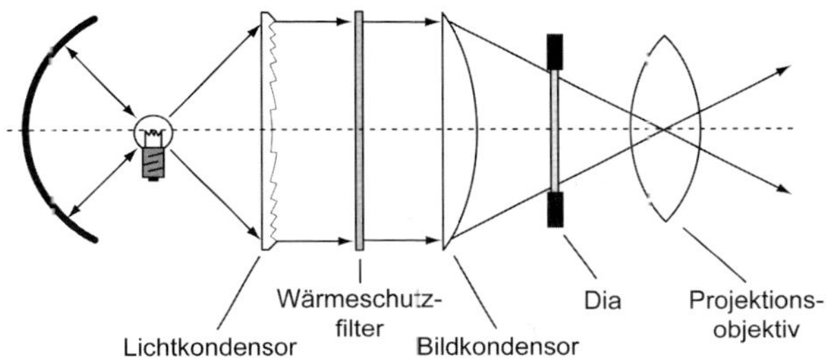

Abb. 8.42: Kondensoroptik mit Kugelspiegel am Beispiel eines Diaprojektors.

Kondensoroptiken

Eine Kondensoroptik besteht aus einem Sammelspiegel und einer oder mehreren Linsen (Abb. 8.42). In der Beleuchtungstechnik finden sich Kondensoroptiken in Projektoren und speziellen Scheinwerfern, wie beispielsweise Verfolgern (s. Kap. 9.2.3). Das Ziel ist bei diesen Anwendungen die möglichst homogene Ausleuchtung ohne unterschiedlich helle oder gefärbte Stellen.

Eine Kondensoroptik setzt sich zusammen aus:

- *Lichtquelle*, z. B. Halogenglühlampe, Xenon-Gasentladungslampe oder Halogenmetalldampflampe (HMI, s. Kap. 9.1.4).
- *Sammelspiegel* hinter der Lichtquelle, entweder ein Kugel- oder Ellipsenspiegel. Oft ist dieser als dichroitischer Spiegel ausgeführt, der einen Teil der Infrarot-Wärmestrahlung hindurchlässt.
- *Lichtkondensor* = Asphärische Linse, die das Licht zu einem parallelen Strahl zusammenführt; meist eine Stufenlinse.
- *Wärmeschutzfilter*, der das Infrarotlicht zurückhält und nur das sichtbare Licht passieren lässt.
- *Bildkondensor* = Sphärische Sammellinse. Kondensoroptiken mit Ellipsenspiegel sind meist einfacher aufgebaut als solche mit Kugelspiegel und kommen ohne Bildkondensor aus.
- Zusätzlich ein *Objektiv* und eine Aufnahmevorrichtung für ein Dia oder die Bildwandlerchips bei LCD-Videoprojektoren (s. Kap. 12).

Kondensoroptik mit Kugelspiegel in einem Profilscheinwerfer

Ein Profilscheinwerfer (s. Kap. 9.2.3) mit Kugelspiegel hat im Prinzip den gleichen optischen Aufbau wie ein Diaprojektor. Im so genannten Lampenhaus sitzen das Leuchtmittel und die Kondensoroptik sowie das Projektionsobjektiv (Abb. 8.43).

Die Kondensoroptik kann eine feste Brennweite haben oder auch mit veränderlicher Brennweite ausgeführt sein:

- Feste Brennweite = Nur eine Linse ist beweglich.
- Veränderliche Brennweite = Zwei bewegliche Linsen, es entsteht dadurch ein Zoomprofilscheinwerfer (ähnlich dem Zoomobjektiv einer Kamera).

Abb. 8.43: Kondensoroptik in einem Lampenhaus (ADB Profilscheinwerfer ohne Leuchtmittel).

Blenden

Bei fotografischen Systemen wird zwischen Aperturblenden und Feldblenden unterschieden (Abb. 8.44).

Aperturblende (Öffnungsblende)

Die Aperturblende begrenzt ringförmig die Größe des optischen Systems bzw. des Strahlenbündels und bestimmt damit die Helligkeit und die Schärfentiefe des projizierten Bildes oder der optischen Abbildung. Bei Verkleinerung der Blendenöffnung nimmt die Helligkeit ab und die Schärfentiefe wird größer, die Abbildungsgröße bleibt aber erhalten.

Die Objektseite der Aperturblende heißt Eintrittspupille, die Bildseite nennt man Austrittspupille. Eine Aperturblende kann nicht beliebig im Strahlengang positioniert werden, sondern muss sich immer abseits der Bildebene befinden (hier soll eine scharfe Abbildung des Objekts erfolgen).

Feldblende

Die Feldblende ist in der Bildebene im Brennpunkt angeordnet und beschneidet somit das nutzbare Sichtfeld. Sie begrenzt das Hauptbündel der Lichtstrahlen und damit den Durchmesser des Bildes. Zudem reduziert sie das Streulicht des Objektivs, also das diffuse, ungerichtete Licht, welches durch Brechung im Randbereich der Linsen hervorgerufen wird.

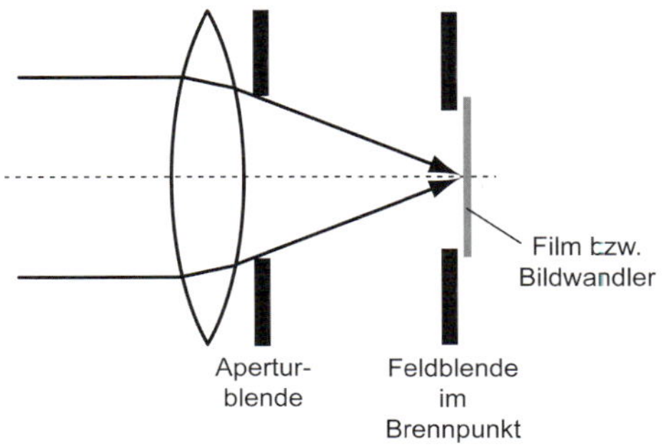

Abb. 8.44: Apertur- und Feldblende eines fotografischen Systems.

Blenden bei Beleuchtungssystemen

Die vorher beschriebene Kondensoroptik bietet bei Scheinwerfern die Möglichkeit, weitere Blenden in den Strahlengang zu bringen:

- Blende außerhalb des Brennpunktes = Aperturblende → Regelung der Helligkeit.
- Irisblende und Blendenschieber im Brennpunkt (Abb. 8.45 Links) = Feldblende → Regelung der Spotgröße des Lichtkegels.

Außerdem gibt es noch Torblenden, die vor dem optischen System angebracht sind, also auch wie eine Feldblende wirken (Abb. 8.45 Rechts).

Abb. 8.45 Links: Profilscheinwerfer mit Blendenschiebern. **Rechts:** Scheinwerfer mit Torblenden.

8.3 Das Auge und der Gesichtssinn

Die meisten Lebewesen besitzen Lichtrezeptoren, die es ihnen ermöglichen, auf Helligkeitsunterschiede oder Bewegungen zu reagieren und gerichtete Bewegungen auszuführen. Eine echte Sehfähigkeit und einen Gesichtssinn haben aber nur höher entwickelte Lebewesen wie beispielsweise Wirbeltiere und Insekten. Die grundlegenden Prinzipien des Gesichtsinns sind vermutlich bei allen Wirbeltieren, und somit auch beim Menschen, gleich.

8.3.1 Physiologischer Aufbau und Sehvermögen

Das menschliche Auge (Abb. 8.46) hat einen Durchmesser von ca. 24 mm und liegt in der Augenhöhle, beweglich in einen Fettkörper eingebettet.

Die Hülle des Augapfels unterteilt sich in drei Schichten:

- Die äußere Augenhaut: Diese untergliedert sich in die weiße Lederhaut im hinteren Augapfelbereich – hier greifen auch die Augenmuskeln – und die ebenfalls weiße Bindehaut im vorderen Bereich, welche in die durchsichtige Hornhaut übergeht. Durch die Hornhaut tritt das Licht in das Auge ein.
- Die mittlere Augenhaut: Diese besteht aus drei Abschnitten.
  - Die Aderhaut: Hier befindet sich der Hauptteil der Blutgefäße, die das Auge mit Nährstoffen versorgen.
  - Dem Ziliarmuskel, welcher die Linse verformt und somit durch eine Veränderung des Brechwertes ein Scharfstellen auf verschiedene Entfernungen (Akkommodation) ermöglicht.
  - Der Regenbogenhaut, die auch Iris genannt wird. Über die größenveränderliche Pupillenöffnung reguliert der Schließmuskel der Iris den Lichteinfall in das Auge, ähnlich einer Blende. Durch die Iris wird der Raum zwischen der Hornhaut und dem Innenraum des Augapfels in eine vordere und hintere Augenkammer unterteilt. Die vordere Augenkammer ist mit Kammerwasser gefüllt, in der hinteren Augenkammer befindet sich die Linse.
- Die innere Augenhaut, die auch Netzhaut genannt wird. In ihr befinden sich die Sehsinneszellen. Nur dort, wo der Sehnerv das Auge verlässt, befinden sich keine Sinneszellen, dies ist der so genannte blinde Fleck. Im gelben Fleck bzw. der Sehgrube genau in der optischen Achse des Auges ist die Stelle des schärfsten Sehens. Hier sind die Schichten der Netzhaut reduziert und die abgehenden Nervenfasern zur Seite verlagert; das Licht kann so die Sehsinneszellen besser erreichen.

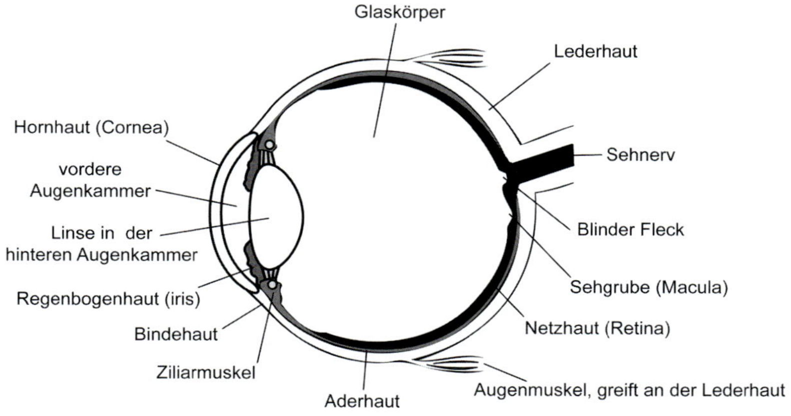

Abb. 8.46: Anatomie des Auges (horizontaler Schnitt durch das Auge).

Der Innenraum des Augapfels schließlich enthält den Glaskörper als weitaus größten Teil des Auges. Der Glaskörper füllt den Raum zwischen Linse und Netzhaut mit einer farblosen, glasklaren Substanz aus, einer gallertartigen Masse, die zu ca. 98 % aus Wasser besteht. Es finden sich aber immer auch winzig kleine Trübungen oder Reste von Gefäßen im Glaskörper, die sich mit zunehmenden Alter ansammeln und zum so genannten „Mückensehen“ bei Müdigkeit oder beim Blick auf helle Flächen führen können.

Brechkraft des Auges

Am stärksten wird das Licht am Übergang von der Luft zur Hornhaut gebrochen ($n_{\text{Luft}} = 1$ und $n_{\text{Hornhaut}} = 1{,}376$). Die Brechzahl der bikonvexen Linse unterscheidet sich nur gering von der der Hornhaut: $n_{\text{Augenlinse}} = 1{,}386$ bis 1,406. Die Brechzahl des Kammerwassers und des Glaskörpers beträgt 1,336 und ist damit mit der von normalem Wasser vergleichbar.

Sehvorgang

Ein Auge funktioniert ähnlich wie ein Fotoapparat, es ist also sozusagen ein lichtundurchlässiger Kasten mit einem Linsensystem, durch das Licht auf eine lichtempfindliche Schicht fällt und dort ein Bild erzeugt. Das einfallende Licht wird von speziellen Pigmenten (Sehfarbstoffen) in den Sehsinneszellen aufgenommen und über eine photochemische Reaktion in ein elektrisches Nervensignal gewandelt. Diese Signale werden aber nicht von den Sehsinneszellen selbst erzeugt, sondern von nachgeschalteten Nervenzellen in der Netzhaut. Selbst im nicht erregten Zustand – also bei geschlossenen Augen oder völliger Dunkelheit – werden über die Nervenenden (Synapsen) ständig Botenstoffe (Neurotransmitter) an die Schaltzellen ausgeschüttet. Bei einer Erregung durch Licht erhöht sich die Ausschüttung der Neurotransmitter. Die Signale der Nervenzellen werden anschließend im Gehirn verarbeitet und erst dort in Bilder umgesetzt.

Es gibt zwei Arten von Sehsinneszellen: die Zapfen und die Stäbchen (Abb. 8.47). Für das Farbensehen sind die ca. 6,5 Millionen Zapfen als spezielle Sinneszellen in der Netzhaut zuständig. Im gelben Fleck, also dem Punkt des schärfsten Sehens, befinden sich fast ausschließlich Zapfen. Es gibt drei Arten von Zapfen, die danach unterschieden werden, auf welche Lichtwellenlänge sie reagieren (Abb. 8.48):

- S-Typ (Short Wavelength): Höchste Empfindlichkeit bei ca. 445 nm = Blau.
- M-Typ (Middle Wavelength): ca. 535 nm = Grün.
- L-Typ (Long Wavelength): ca. 570 nm = Rot.

Die Wahrnehmung der drei Primärfarben reicht aus, um nach dem Prinzip der additiven Farbmischung alle anderen Farbtöne abzuleiten. Die Zapfen sind nur für starkes Licht empfindlich, also für das so genannte photobische Sehen. Das führt dazu, dass mit zunehmender Dunkelheit vermehrt nur Grautöne wahrgenommen werden.

Daneben gibt es in der Netzhaut aber noch ca. 130 Millionen Stäbchen, die Sinneszellen für das Helligkeitsempfinden bei schwachen Leuchtdichten und somit für das skotobische Sehen. Die maximale Helligkeitsempfindlichkeit des Auges liegt etwa zwischen 500 und 550 nm und damit ungefähr im Bereich der Primärfarbe Grün. Die wahrgenommene Helligkeit eines Objekts entspricht dabei dem Logarithmus der Lichtstärke.

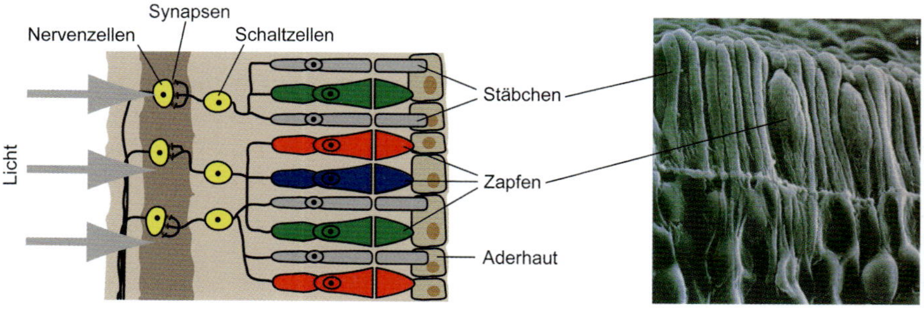

Abb. 8.47: Sinneszellen in der Netzhaut. **Links:** Schema. **Rechts:** Elektronenmikroskopische Aufnahme (die Stäbchen haben nur einen Querschnitt von ca. 1 μm^2).

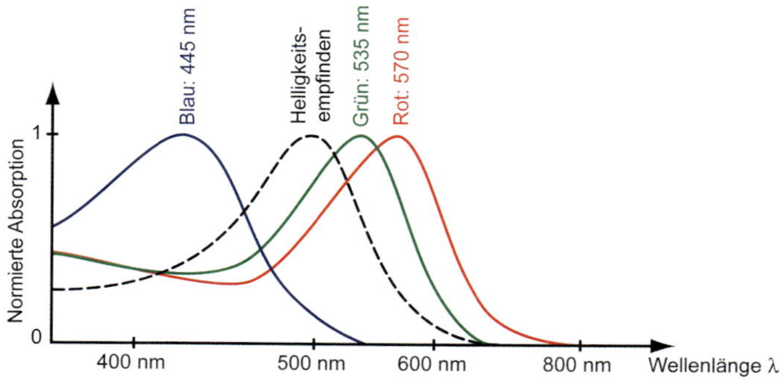

Abb. 8.48: Empfindlichkeitskurven des Auges für Licht verschiedener Wellenlänge.

Latenz und Persistenz

Die Sehsinneszellen in der Netzhaut reagieren erst mit einiger Verzögerung auf Lichtreize. Die verstreichende Zeit bis zur Reaktion wird *Latenz* genannt. Unter *Persistenz* versteht man, dass die Reaktion nicht sofort endet, wenn der Lichtreiz vorbei ist. Es entsteht also ein Nachbild, das zwischen 1/25 s bei schwacher Beleuchtung und bis zu 1/50 s bei höherer Lichtintensität andauern kann. Letztlich erscheinen uns Bewegungsvorgänge durch die Persistenz als fließend, und die kinematografische Wiedergabe bzw. ein bewegtes Videobild werden dadurch erst möglich. So beträgt beispielsweise die Bildwiedergaberate beim Film 24 und beim europäischen Standardfernsehen 25 Bilder in der Sekunde (s. Kap. 22 im Band „Tontechnik für Veranstaltungstechniker", ebenfalls erschienen im S. Hirzel Verlag).

8.3.2 Verarbeitung der Lichtreize im Gehirn

Da nur in der Sehgrube ein scharfes Abbild entsteht, muss das Auge die Umgebung ständig abtasten, d. h. sich bewegen und in verschiedene Richtungen blicken (Abb. 8.49). Dies geschieht unbewusst und automatisch, und nur so gelangen immer andere Teile des Bildes in die Sehgrube. Wir erfassen also immer nur kleine Fragmente unserer Umwelt, und erst das Gehirn erzeugt ein zusammenhängendes Bild. Durch die Augenlinse wird auf der Netzhaut ein umgekehrtes Bild projiziert, welches erst durch die Verarbeitung im Gehirn korrigiert wird.

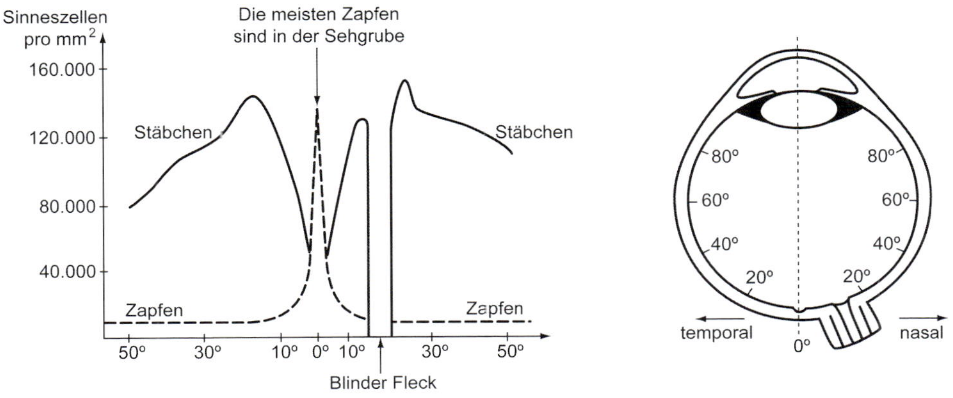

Abb. 8.49: Verteilung der Zapfen und Stäbchen am Äquator des Augapfels.

Die Signale aus beiden Augen gelangen über die Sehnerven zu einer Kreuzungsstelle nahe der Hypophyse am unteren Rand des Gehirns. Dort trennen sich die Signale, und die der nasalen (auf der Seite der Nase liegenden) Hälften der Netzhaut werden in die jeweils gegenüberliegende Hälfte des Gehirns geleitet. Die Signale aus der temporalen Hälfte der Netzhaut werden aber auf der Hirnseite verarbeitet, von der sie auch stammen (Abb. 8.50). Ein Zweig der Sehnervenbahnen führt ins Mittelhirn; dieses steuert die Augenbewegungen, den Lidschluss- und den Pupillenreflex. Der andere Zweig mündet im Thalamus, dort werden die Lichtreize zu Bildern zusammengesetzt.

Die Nervenbahnen ziehen sich weiter bis in den visuellen Cortex der Großhirnrinde. Hier werden schließlich die Reize der erzeugten Bilder mittels Assoziationen, Emotionen und Erinnerungen vielschichtig verarbeitet. Der primäre visuelle Cortex interpretiert die Lichtreize so, dass eine Tiefenwahrnehmung entsteht und Farben und Bewegungen sichtbar werden. Im Schläfenlappen werden Formen wahrgenommen, und im Scheitellappen liegt das visuelle Kurzzeitgedächtnis. Der Scheitellappen koordiniert auch die Bewegungen des Körpers in Bezug auf wahrgenommene Objekte.

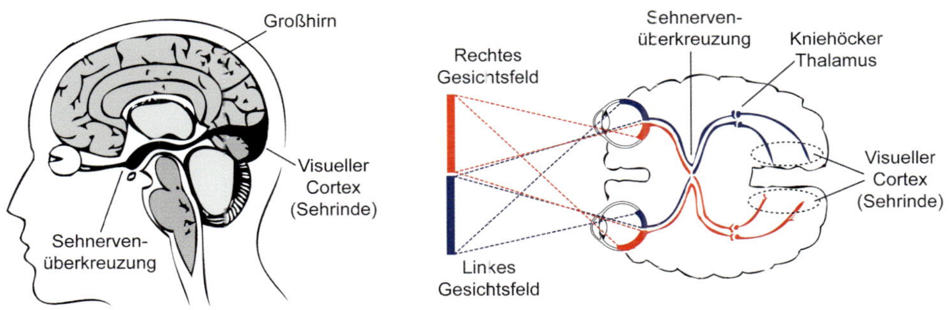

Abb. 8.50: Sehnervenbahnen und Signalverteilung im Gehirn.

Visuelle Signale beeinflussen maßgeblich viele Gehirnfunktionen – daher dürfte der Gesichtssinn der wichtigste Sinn des Menschen sein. Andererseits wirken aber auch andere Gehirnleistungen auf den Gesichtssinn ein. Kleinkinder lernen beispielsweise durch Ertasten von Gegenständen Assoziationen mit deren Aussehen herzustellen. Auch die Entfernung eines Gegenstandes erkennt ein Mensch erst durch Lernen und Erfahrung. Dass Bilder nicht einfach nur wahrgenommen, sondern im Gehirn verarbeitet werden, zeigt sich bei optischen Täuschungen.

Optische Täuschungen

Bei optischen Täuschungen handelt es sich um visuelle Illusionen bzw. Wahrnehmungstäuschungen des Gesichtssinns. So kommt es zum Beispiel zu Tiefenillusionen, Farbillusionen, geometrischen Illusionen und Bewegungsillusionen. Optische Täuschungen beruhen auf der Tatsache, dass die Wahrnehmung subjektiv ist und vom Gehirn beeinflusst wird. Das Sehsystem trifft sozusagen falsche Annahmen über die Natur und physikalische Verhältnisse. Manchmal können optische Täuschungen nur unter Zuhilfenahme weiterer Sinne aufgelöst werden. In der Gestaltpsychologie und in der Wahrnehmungspsychologie werden systematisch optische Täuschungen produziert und analysiert, da sich aus ihnen Rückschlüsse über die Verarbeitung von Sinnesreizen im Gehirn ziehen lassen (Abb. 8.51, weitere schöne Beispiele für optische Täuschungen finden sich auf der Webseite von Michael Bach unter http://michaelbach.de/ot/).

Räumliches Sehen

Mit Hilfe unser beider parallel liegenden Augen mit überlappenden Gesichtsfeldern können wir räumlich sehen. Jedes Auge nimmt ein Objekt im Gesichtsfeld aus einem etwas anderen Blickwinkel wahr, und daher werden auf der jeweiligen Netzhaut leicht unterschiedliche Bilder erzeugt (stereoskopisches Sehen, Abb. 8.52).

Das Gehirn setzt diese beiden Bilder zu einem Gesamtbild mit räumlicher Tiefenwahrnehmung zusammen. Allerdings ist dieses räumliche Sehen nur im mittleren Bereich des Gesichtsfelds möglich, also im Bereich, der von beiden Augen abgedeckt wird. In den Randbereichen (monokularen Zonen) wird nur ein zweidimensionales Bild ohne Tiefeninformation wahrgenommen.

Abb. 8.51: Beispiele für optische Täuschungen. **Links:** die waagerechten Linien verlaufen genau parallel. **Rechts:** Der Balken in der Mitte hat überall den gleichen Grauwert.

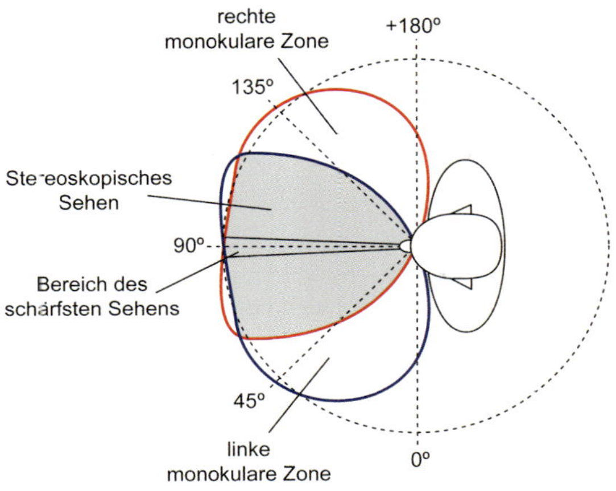

Abb. 8.52: Räumliches Sehen.

Beeinträchtigung der Sehleistung und Augenerkrankungen

Vorübergehende Beeinträchtigungen der Sehleistung

Bei Erschütterung des Kopfes sieht man im Blickfeld weiße Punkte aufflimmern, die nach kurzer Zeit wieder verschwinden (Photopsie). Außerdem kann es vor allem bei niedrigem Blutdruck vorkommen, dass einem bei plötzlicher starker Beanspruchung des Körpers „schwarz vor Augen" wird. Dabei wird das Gehirn nicht ausreichend mit Blut versorgt, um die Sehleistung voll aufrechtzuerhalten. Aber auch dieser Effekt verschwindet schnell wieder; die volle Sehleistung kehrt zurück, sobald sich der Kreislauf stabilisiert hat.

Weit- und Kurzsichtigkeit

Normalerweise beträgt die Länge des Strahlengangs von der Hornhaut bis zur Netzhaut ca. 24 mm. Bei dieser Länge des Augapfels liegt der Brennpunkt auf der Netzhaut im Punkt des schärfsten Sehens, der Sehgrube (Abb. 8.53).

Bei Weitsichtigkeit ist der Augapfel allerdings zu kurz. Betrachtet ein Weitsichtiger ein Objekt aus der Nähe (z. B. beim Lesen eines Buches, Abb. 8.54), gelingt es dem weitsichtigen Auge nicht, das Licht stark genug zu bündeln – der Brennpunkt liegt hinter dem Augapfel, und auf der Netzhaut entsteht ein unscharfes Bild. Das Licht, welches das Auge aus der Ferne erreicht, wird dagegen ausreichend gebündelt, und entfernte Objekte können scharf gesehen werden. Um diesen Sehfehler zu korrigieren, wird dem Auge eine künstliche Linse vorgeschaltet – eine Lesebrille. Zur Korrektur der Weitsichtigkeit benötigt man eine konvex geformte Sammellinse mit positiver Dioptrienzahl (Abb. 8.36 auf S. 198). Eine anatomische Achsenverkürzung des Auges um einen Millimeter bewirkt eine Weitsichtigkeit von ungefähr +3 dpt. Man sieht einem Brillenträger an, dass er weitsichtig ist; die Augen erscheinen durch die Brille größer.

Bei kurzsichtigen Menschen ist der Augapfel zu lang – der Brennpunkt liegt damit vor der Netzhaut. Lediglich das Licht, das aus kurzer Entfernung das Auge erreicht, wird so gebrochen, dass es auf der Netzhaut richtig abgebildet wird. Objekte in der Ferne werden dagegen unscharf gesehen. Zur Korrektur der Kurzsichtigkeit werden konkav geformte Zerstreuungslinsen mit einer negativen Dioptrienzahl eingesetzt.

Schaut man einem Weitsichtigen durch die Brille in die Augen, so erscheinen die Schläfen ein wenig nach innen versetzt, zudem sehen die Augen bei besonders starker Kurzsichtigkeit klein aus.

Zerr- oder Stabsichtigkeit

Zerr- oder Stabsichtigkeit wird auch als Astigmatismus bezeichnet. Bei diesem weit verbreiteten Sehfehler wird ein Punkt nicht punktförmig, sondern leicht verzogen und damit strichförmig abgebildet. Dies kommt durch unterschiedliche Krümmungsradien der lichtbrechenden Strukturen des Auges zustande, zumeist in der Hornhaut. Der Astigmatismus kann durch spezielle Brillengläser behoben werden, die in der vertikalen Ebene einen anderen Krümmungsradius als in der horizontalen Ebene aufweisen.

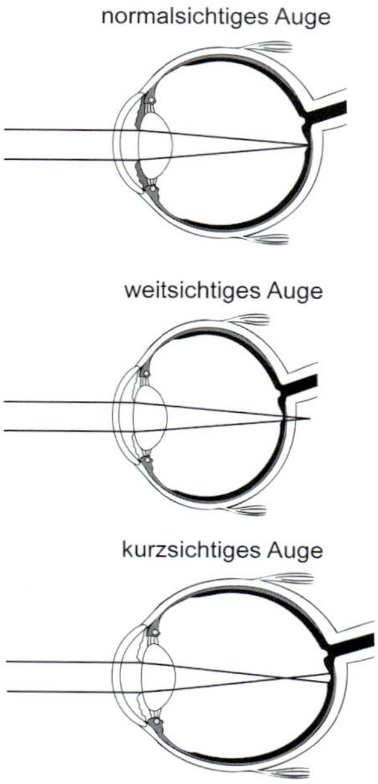

Abb. 8.53: Normal-, Weit- und Kurzsichtigkeit.

Abb. 8.54: Lesebrille zur Korrektur von Weitsichtigkeit.

Erkrankungen des Auges

Häufigste Gründe für eine Sehschärfenminderung aufgrund einer Erkrankung des Auges sind der Katarakt (Grauer Star), das Glaukom (Grüner Star) und die altersbedingte Makula-Degeneration.

Ein Katarakt ist eine Trübung der Augenlinse. Sie ist aufgrund der Linsenalterung an sich etwas Natürliches und daher nicht krankhaft, stellt aber für die Betroffenen eine erhebliche Belastung dar. Durch die getrübte Linse wird das einfallende Licht diffus reflektiert, und es entsteht vor allem im hellen Tageslicht ein Blendungsgefühl. Bei bewölktem Himmel oder in der Dämmerung ist dagegen ein besseres Sehen möglich. Der Katarakt ist in der Regel erfolgreich behandelbar, indem die Augenlinse entfernt und durch eine Kunstlinse ersetzt wird.

Weit schwerer zu heilen sind Erkrankungen der Netzhaut, wie das Glaukom und die Makula-Degeneration, weil die Netzhaut weder regenerationsfähig noch ersetzbar ist. Für beide Krankheiten vermutet man als Ursache Altersveränderung auf der Grundlage genetischer Veranlagung.

Bei einem Glaukom ist der Augeninnendruck erhöht, da das Kammerwasser, das vom Auge ständig nachgebildet wird, nicht mehr richtig abfließen kann. Durch den erhöhten Druck auf den Sehnerv wird dieser irreversibel geschädigt (Abb. 8.55, hier ist allerdings ein gesunder Sehnerv zu erkennen). Wenn ein Glaukom schließlich entdeckt wird, dann meist in einem fortgeschrittenen Stadium, in dem bereits Sichtfeldausfälle auftreten. Ein weiteres Fortschreiten der Erkrankung lässt sich aber verhindern, etwa durch Medikamente oder Augentropfen, die den Augeninnendruck ausreichend senken.

Bei der altersbedingen Makula-Degeneration sterben die Sehsinneszellen in der Sehgrube (Makula) ab. Durch die lebenslange Belastung sind die Stoffwechselzellen nicht mehr in der Lage, verbrauchte Bestandteile der Sehsinneszellen (die Sehfarbstoffe) abzutransportieren. Die Zerfallsprodukte häufen sich an, und die Sinneszellen gehen dadurch zu Grunde. Bei manchen Netzhauterkrankungen, so auch der Makula-Degeneration, hofft man in der Zukunft eine Wiederherstellung der Sehfunktion durch ein Netzhautimplantat zu erreichen.

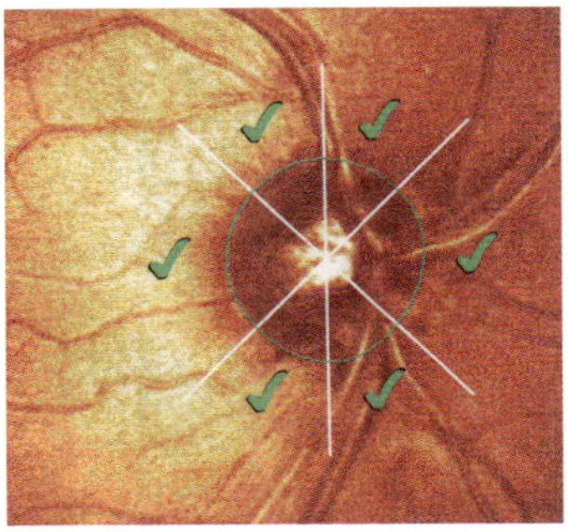

Abb. 8.55: Spezielle Laseraufnahme des blinden Flecks im Rahmen einer Glaukomvorsorgeuntersuchung; die Messung des Augeninnendrucks alleine reicht hierbei nicht aus (die grünen Häkchen zeigen an, dass alles in Ordnung ist und der Sehnervkopf nicht geschädigt ist).

8.4 Übungsaufgaben

Aufgabe 1

Die Lichtstärke in Candela (cd) ist als SI-Einheit definiert. Was ist eine SI-Einheit?

Aufgabe 2

Ein Lichtstrahl trifft von Luft ($n = 1$) in einem Winkel von 30° auf eine Glasscheibe ($n = 1{,}45$). Wie groß ist der Brechungswinkel im Glas, und in welche Richtung wird der Lichtstrahl gebrochen?

Aufgabe 3

Was versteht man unter dem Begriff Dispersion?

Aufgabe 4

Nenne fünf Arten von optischen Filtern. Wofür werden ND-Filter verwendet?

Aufgabe 5

Was charakterisiert einen Kaltlichtspiegel?

Aufgabe 6

Was sind die Vor- und Nachteile einer Stufenlinse im Vergleich zu einer normalen Linse?

Aufgabe 7

Warum fällt es uns unter Wasser schwer, scharf zu sehen? Warum erleichtert eine Taucherbrille das Sehen unter Wasser?

Aufgabe 8

Welche Arten von Sehsinneszellen besitzt der Mensch? Welcher Typ ist für das Farbensehen zuständig und welcher für die Helligkeitswahrnehmung? Warum können wir in der Dämmerung nur sehr schwer Farben erkennen bzw. warum sieht alles grau aus?

Aufgabe 9

Wieso kann der Mensch räumlich sehen? Warum ist der Bereich des räumlichen Sehens auf einen Bereich von ca. 90° eingeschränkt?

Literaturtipps

Falk DS, Brill DR, Stork DG. Ein Blick ins Licht.
Birkhäuser Verlag, Basel 1990

Junker W. Physik für Ahnungslose.
S. Hirzel Verlag, Stuttgart 2013

9 Leuchtmittel und Scheinwerfer

Die Themenbereiche Leuchtmittel und Scheinwerfer sowie die Sicherheitsmaßnahmen beim Umgang damit sind im ersten Lehrjahr zu unterrichten.

9.1 Leuchtmittel

Es gibt eine Vielzahl verschiedener Leuchtmittel, und Abb. 9.1 gibt zunächst einen Überblick über die derzeit am häufigsten verwendeten Arten. In den folgenden Kapiteln werden wir uns diese näher ansehen. Eine Übersicht über wichtige Daten der einzelnen Leuchtmittel liefert Tab. 9.1 am Ende dieses Kapitels.

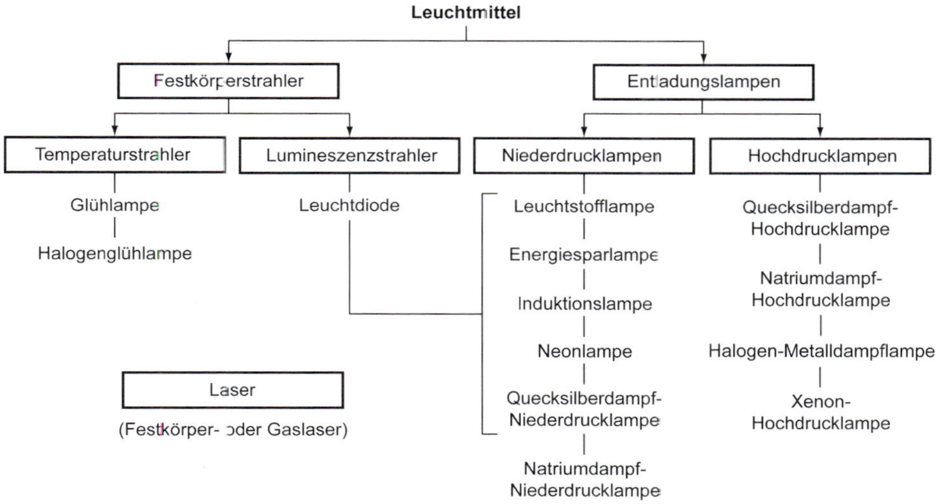

Abb. 9.1: Übersicht über die verschiedenen Leuchtmittel.

9.1.1 Temperaturstrahler

Glühlampe

Das Funktionsprinzip der Glühlampe beruht auf der so genannten spontanen Emission. Durch einen Wolfram-Glühfaden im Inneren der Glühlampe wird elektrischer Strom geleitet. Die Elektronen in den Wolframatomen gewinnen dadurch an Energie und werden zum Wechsel in höhere Energieniveaus angeregt. Beim Zurückfallen emittieren sie Lichtquanten bzw. Photonen über einen weiten Frequenzbereich, darunter auch den des sichtbaren Lichts. Der Faden glüht – je höher die Temperatur des Fadens, desto heller strahlt er. Die Lichtausbeute und die Farbtemperatur sind direkt abhängig vom angelegten Strom. Zu beachten ist, dass der Glühfaden einen Schmelzpunkt hat und somit nur eine begrenzte Helligkeit zu erreichen ist. Bei Glühfäden aus

Wolfram liegt der Schmelzpunkt bei 3658 K. (Bitte nicht verwechseln mit der Farbtemperatur.) Die Glühlampe sollte aber nicht zu nahe am Schmelzpunkt betrieben werden, da der Faden dann sehr schnell aufgebraucht wird und seine Lebensdauer abnimmt. Die Wendeltemperatur beträgt daher üblicherweise maximal 3200 K. Um Oxidation und Verdampfungseffekte zu vermindern, werden verschiedene Gase in den Glaskolben eingefüllt. Für die normale Haushaltsglühlampe ist dies in der Regel ein Argon-Stickstoff-Gemisch. Für Theater- und Studiolampen werden zumeist Halogenverbindungen verwendet (s. u.).

Ein einzelner Glühfaden allein erreicht keine große Leuchtdichte. Diese wird durch das Aufwickeln des Glühfadens erhöht. Dabei dürfen sich die Wendeln des Glühfadens nicht berühren und müssen einen Mindestabstand zueinander haben, da es ansonsten zu einem elektrischen Überschlag kommt. Je enger der Faden aufgewendelt ist, desto kleiner kann auch der Leuchtkörper sein. Kleine Bauformen werden oft in Kombination mit einem Reflektorspiegel und einer Linse betrieben (Abb. 9.2). Das Licht kann dadurch besser auf eine bestimmte Position ausgerichtet werden. Der Wirkungsgrad von Glühlampen ist sehr gering; nur ca. 5 % der aufgenommenen Energie werden in Licht umgewandelt, dies entspricht einer Lichtausbeute von ungefähr 12 lm/W. Die maximale Betriebsstundenzahl beträgt ca. 750 Stunden bei Reflektorlampen und ca. 1000 Stunden bei Standardlampen. Die Helligkeit von Glühlampen kann mit allen erhältlichen Dimmern (s. Kap. 10.4) reguliert werden, dabei bleibt das Spektrum kontinuierlich (Abb. 9.3), allerdings ändert sich die Farbtemperatur und das Licht erscheint gelblicher.

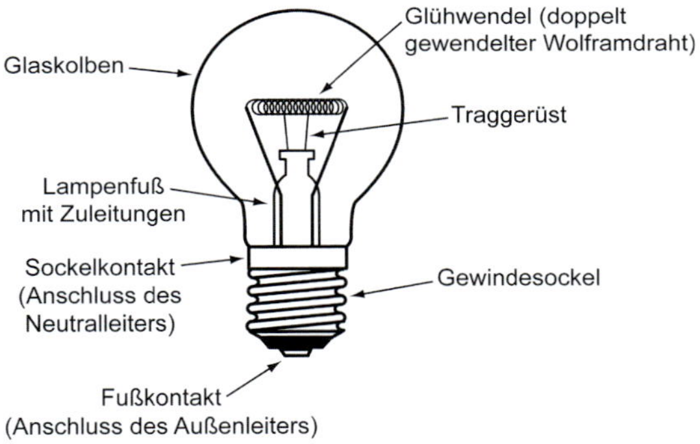

Abb. 9.2 Links: Aufbau einer Standardglühlampe („Glühbirne“). **Rechts:** Reflektorglühlampe.

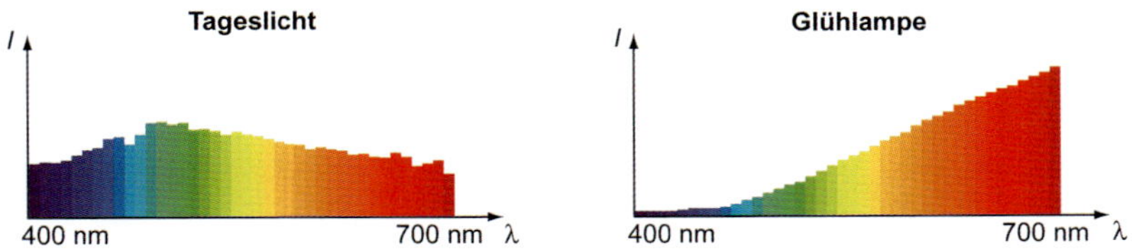

Abb. 9.3: Spektrum des Tageslichts im Vergleich zu dem einer Glühlampe.

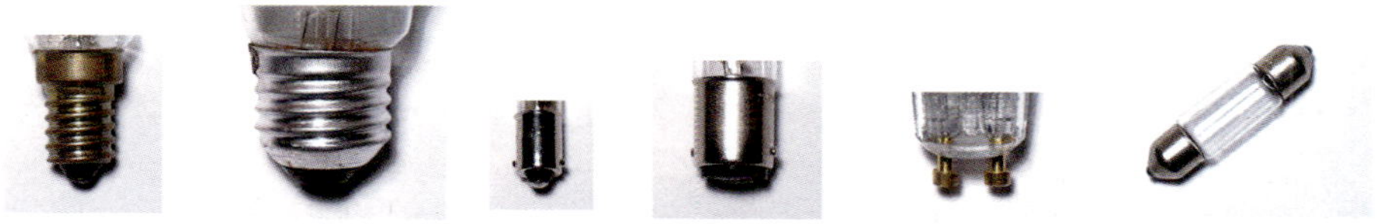

Abb. 9.4: Glühlampen mit Edison-Gewinde, Bajonettsockel und Stecksockel; Sofittenlampe.

Die Farbtemperatur (s. Kap. 8.1) von Glühlampen liegt je nach Leistungsaufnahme zwischen 2200 und 3200 K und ist damit im Vergleich zum Tageslicht (5600 bis 6500 K) relativ niedrig.

Die übliche Bauform der Glühlampe hat ein Edison-Gewinde (Kurzbezeichnung „E"), das es in verschiedenen Durchmessern gibt:

- E 5,5: Niedervoltlampen, beispielsweise für Taschenlampen
- E 10: Niedervoltlampen
- E 14: Kleine Haushaltsglühlampen (Kerzenlampen)
- E 27: Normale Haushaltsglühlampen
- E 40: Große Glühlampen mit mehr als 200 Watt Leistungsaufnahme, z. B. für Baustrahler

Weiterhin sind auch Glühbirnen mit Bajonettsockel (BA), Stecksockel (GU) und so genannte Sofittenlampen erhältlich (Abb. 9.4).

Verbot von Glühlampen geringer Energieeffizienz durch die EU

Aufgrund des äußerst schlechten Wirkungsgrades gilt bereits seit September 2009 ein Produktions- und Einfuhrverbot für sämtliche mattierte Glühlampen. Diese lassen sich nach Auffassung der EU-Kommission in der Regel problemlos durch Energiesparlampen (s. Kap. 9.1.4) ersetzen. Ebenfalls seit diesem Stichtag dürfen auch keine 100 Watt-Glühlampen mit klarem Glaskörper mehr verkauft werden. Für andere Glühlampen mit klarem Glaskörper galten folgende Fristen:

- 75 Watt-Glühlampen: Verkaufsverbot ab September 2010.
- 60 Watt-Glühlampen: Verkaufsverbot ab September 2011.
- 25 Watt-Glühlampen: Verkaufsverbot ab September 2012.

Seit September 2016 dürfen nur noch Glühlampen und Halogenglühlampen der Energieeffizienzklasse B im Handel angeboten werden (s. u.). Lagerbestände dürfen aber auch noch nach den genannten Terminen ausverkauft werden. Nicht betroffen vom Verbot sind Reflektorlampen mit einem gerichteten Lichtstrahl, bei dem mindestens 80 % des Lichts in einem Öffnungswinkel von maximal 120° austreten. Ebenso dürfen Speziallampen weiterhin verkauft werden, darunter fallen in der Veranstaltungstechnik u. a. Bühnen- und Studiolampen, Lampen für die Theaterbeleuchtung, Fotolampen und Projektionslampen. Für diese Lampen gibt es bisher keine ausreichenden Alternativen.

Energieeffizienzklassen für Leuchtmittel

Auf der Produktverpackung von Leuchtmitteln finden sich einheitliche Kennzeichnungen zur Energieeffizienz. Die Energieeffizienzklassen reichen von „A“ (sehr effizient) bis „G“ (wenig effizient). Daneben werden der Lichtstrom in Lumen, die elektrische Leistungsaufnahme in Watt und die durchschnittliche Lebensdauer in Stunden angegeben (Abb. 9.5).

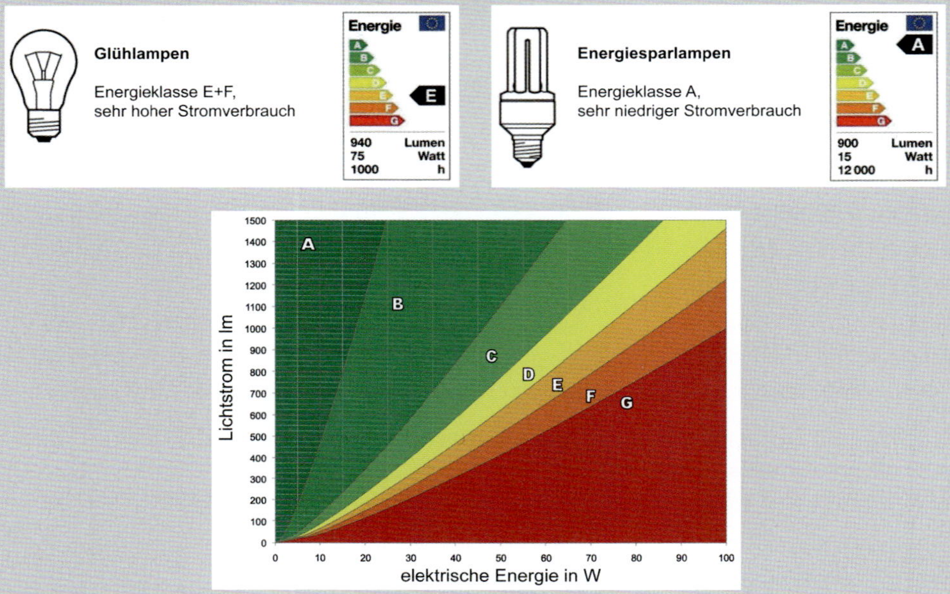

Abb. 9.5: Energieeffizienzklassen für Leuchtmittel.

Halogenglühlampe

Halogenglühlampen sind eine Weiterentwicklung der normalen Glühlampe. Sie haben ebenfalls eine Glühwendel, werden aber zusätzlich mit Halogengasen (Brom, Jod und Fluor) gefüllt, was dazu führt, dass die Lampe während ihrer gesamten Lebensdauer einen konstanten Lichtstrom und eine konstante Farbtemperatur abgeben kann. Es findet der so genannte Halogenkreisprozess statt: Verdampfende Wolframpartikel der Wendel gehen eine Verbindung mit dem Halogengas ein, und diese Moleküle lagern sich auf der heißen Glühwendel ab, wobei das Halogengas wieder freigesetzt wird, die Wolframatome aber auf der Wendel verbleiben. Das freie Halogen kann nun wieder verdampfende Partikel aufnehmen, und der Kreislauf beginnt von vorne (Abb. 9.6).

Nebeneffekt des Halogenkreisprozesses: Durch die „Säuberung“ des Gases von Wolframpartikeln tritt keine Schwärzung des Kolbens auf, wie es bei normalen Glühlampen der Fall sein kann. Allerdings setzt der Halogenkreisprozess eine hohe Temperatur des Lampenkolbens von über 470 K voraus. Leider lagern sich die Partikel beim Halogenkreisprozess nicht gleichmäßig auf der Glühwendel ab, so dass bereits eine geringe Betriebsbelastung (z. B. durch Transporterschütterung) ausreichen kann, um den gewickelten Glühfaden zum Reißen bzw. Abschmelzen zu bringen.

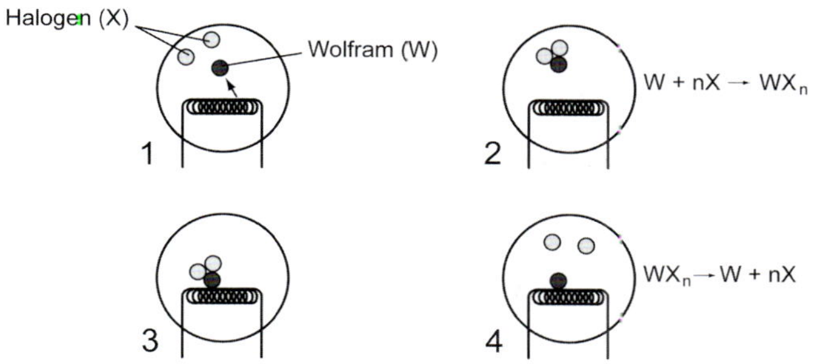

Abb. 9.6: Halogenkreisprozess.

Bei Halogenglühlampen kann es auch zu weiteren Defekten kommen: Luftzieher durch feine Risse im Kolben, verunreinigte Gasfüllungen oder unterbrochene Stromzufuhr durch defekte Leiter im Sockel. Dennoch liegt die Lebensdauer von Halogenglühlampen etwas über der normaler Glühlampen.

Halogenglühlampen haben eine Farbtemperatur zwischen 2800 und 3300 K und ein ähnliches Lichtspektrum wie herkömmliche Glühlampen, allerdings mit einem etwas größeren UV-Anteil. Daher werden sie meist mit einem UV-Filter betrieben. Die Lichtausbeute ist mit bis zu 37 lm/W größer als bei der Glühlampe. Das Licht einer Halogenglühlampe wird oft subjektiv als etwas kälter im Vergleich zum warmen Licht einer Glühlampe beschrieben.

Halogenglühlampen sind dimmbar (s. Kap. 10.4) und benötigen in der Hochvolt-Variante für 230 V (Abb. 9.7 Links) normalerweise keine zusätzlichen Betriebsgeräte; allerdings müssen Niedervolt-Halogenlampen (Abb. 9.7 Rechts) über einen Transformator an das 230 V-Netz angeschlossen werden, da sie mit 6, 12 oder 24 V betrieben werden.

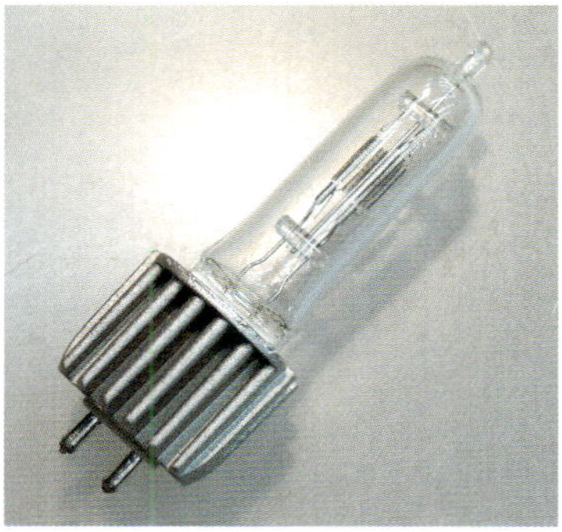

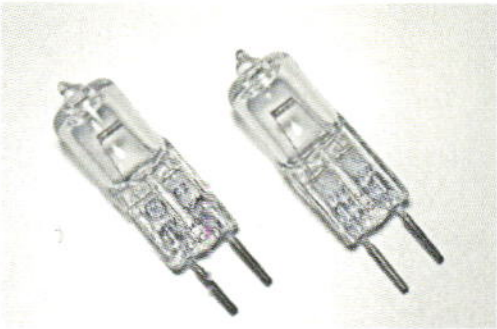

Abb. 9.7 Links: Halogenglühlampe für 230 V (575 W). **Rechts:** Niedervolt-Halogenglühlampen.

9.1.2 Leuchtdiode

Eine Leuchtdiode oder kurz LED (Light Emitting Diode) wird aus Halbleitermaterialien hergestellt. Ein p-dotierter und ein n-dotierter Halbleiter bilden zusammen eine Diode, mit einer Durchlass- und einer Sperrrichtung für elektrischen Strom. Der p-Leiter ist hierbei die Anode und der n-Leiter die Kathode (Abb. 9.8). Liegt an der Kathode eine negative Spannung an, ist die LED in Durchlassrichtung beschaltet. Es fließt Strom, und an der Übergangsschicht zwischen p und n werden durch die Rekombination der Ladungsträger Photonen freigesetzt, damit also Energie in Form von Licht. Dabei ist die Wellenlänge des abgestrahlten Lichts proportional zur Dicke der Übergangsschicht. Da die Abmessung konstant ist, ist auch die Wellenlänge konstant – somit handelt es sich bei einer LED um einen monochromatischen Strahler, d. h. sie emittiert Licht in einem begrenzten Spektralbereich (Abb. 9.9). Typische Farben bzw. Wellenlängen hängen vom verwendeten Halbleitermaterial ab. Beispiele:

- Aluminium-Indium-Gallium-Phosphat (AlInGaP) für Rot, Rot-Orange und Amber.
- Indium-Gallium-Nitrogen (InGaN) für Grün, Cyan, Blau und Ultraviolett.
- Galliumnitrid (GaN) für Blau.
- Galliumphosphid (GaP) für Grün, Gelb und Rot.
- Gallium-Aluminium-Arsenid (GaAlAs): Infrarot.

LEDs, die mehrere Farben wiedergeben können, bestehen aus mehreren Dioden in einem Gehäuse (Multi-LED). So kann nach dem Prinzip der additiven Farbmischung aus einer Kombination von Rot, Grün und Blau eine RGB-LED konstruiert werden, die weißes Licht abstrahlt (Abb. 9.10 Links). RGB-LEDs werden oft für Videoleinwände genutzt. Der Zuschauer erkennt aus großer Entfernung nicht mehr die einzelne LED bzw. Bildpunkt, sondern sieht ein Gesamtbild, welches sich aus einer Vielzahl von Bildpunkten zusammensetzt.

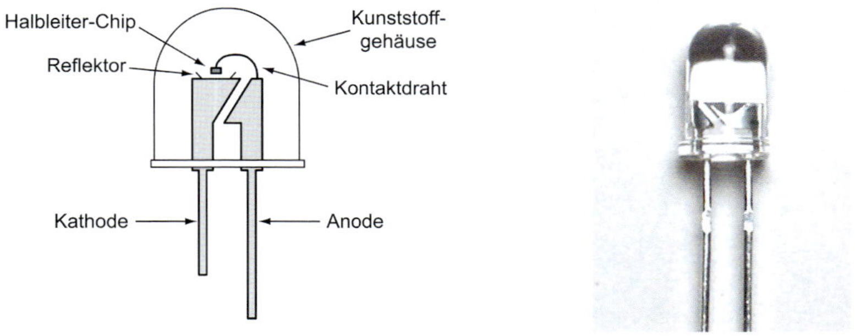

Abb. 9.8: Einfache LED. Den „LED-Kern" umgibt ein Kunststoffgehäuse, das wie eine Optik wirkt: Die fast punktförmige Lichtquelle zwischen Anode und Kathode kann so je nach Bauweise auf Abstrahlwinkel von ca. 10° bis 110° gebündelt werden. Für sehr enge Abstrahlwinkel benötigt man einen so genannten Kollimator, eine optische Lichtführungsplastik aus Acryl, die vor die LED gesetzt wird.

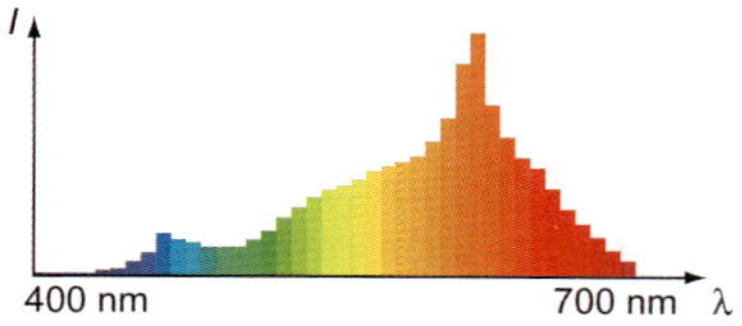

Abb. 9.9: Spektrum einer roten LED (Maximum bei $\lambda = 630$ nm).

Abb. 9.10 Links: RGB-LED. **Rechts:** Hochleistungs-LED.

Es gibt aber auch Leuchtdioden, die Lumineszenzfarbstoffe im Leuchtkörper zur Erzeugung verschiedener Farben nutzen. So wird beispielsweise eine blaue LED mit einem Farbstoff kombiniert, der gelbes Licht abgibt. Aufgrund der additiven Farbmischung ergibt sich aus Blau und Gelb letztlich auch Weiß. Das weiße Licht dieser LED hat eine Farbtemperatur von 5000 bis 8000 K, liegt also in einem ähnlichen Bereich wie Tageslicht. Standard-LEDs mit einem Durchmesser von 5 mm werden mit einer Stromstärke von ca. 15 mA betrieben, sie leuchten dann mit ihrer hellsten Leuchtstärke. Low-Current-LEDs haben einen Durchmesser von 3 mm und leuchten schon bei 2 bis 4 mA mit der gleichen Leuchtstärke wie Standard-LEDs. Bei Hochleistungs-LEDs (H-LED, Abb. 9.10 Rechts) ist der Betriebsstrom mit bis zu 2,8 A deutlich größer. Allerdings bewirkt ein stärkerer Strom auch eine erhöhte Wärmeentwicklung, daher entstehen besondere Anforderungen an die Wärmeableitung. Die Wärmeenergie kann entweder über die Reflektorwanne und die Stromzuleitungen oder über in den LED-Körper eingearbeitete Wärmeleiter abgeführt werden.

Die Hersteller geben für LEDs eine Lebensdauer von 15 000 bis 30 000 Stunden an. Mit besonders niedrigen Strömen betriebene LEDs sollen sogar eine Lebensdauer von bis zu 100 000 Stunden haben. LEDs fallen meist nicht plötzlich aus, sondern werden nach und nach schwächer. Im Vergleich zu einer Glühlampe verbraucht eine LED bei gleicher Lichtmenge weniger Energie und erzeugt weniger Wärme. Der Wirkungsgrad ist mit derzeit ca. 30 % schon relativ groß, die Hersteller arbeiten aber dennoch fortlaufend an der weiteren Erhöhung des Wirkungsgrades. LEDs werden mit Gleichstrom betrieben und benötigen daher für den Anschluss an das Wechselstromnetz ein entsprechendes Netzteil. Das Dimmen von LEDs ist nur mit besonderen Vorschaltgeräten möglich, welche die Leistung des angelegten Gleichstroms durch Pulsweitenmodulation (PWM) regulieren (s. Kap. 1.6.3).

9.1.3 Laser

Ein Laser (Light Amplification by Stimulated Emission of Radiation) ist eine künstlich gerichtete Strahlungsquelle, deren Licht durch stimulierte Emission erzeugt wird. Die Anregung der Elektronen auf ein höheres Energieniveau kann durch Xenon-Blitzlampen, elektrische Gasentladungen, chemische Reaktionen oder einen anderen Laser erfolgen. Im Gegensatz zur spontanen Emission bei Glühlampen (s. o.) fallen beim Laser aber die meisten angeregten Elektronen nicht von selbst in ihren ursprünglichen Zustand zurück, sondern werden von anderen Photonen dazu veranlasst. Jedes auf diese Weise erzeugte Photon kann in einer Art Kettenreaktion angeregte Elektronen zum Zurückfallen und damit zur Abgabe eines weiteren Photons veranlassen. Es ergibt sich eine Verstärkung der Strahlung. Ein Resonator oder die Gestalt des aktiven Mediums sorgen dafür, dass diese Verstärkung rückgekoppelt und in einer bevorzugten Richtung erfolgt. Die Strahlung wird in einem Rohr mit Spiegeln an beiden Enden mehrmals reflektiert. Einer der beiden Spiegel ist teildurchlässig, so dass das nutzbare Laserlicht hier den Aufbau verlässt (Abb. 9.11).

Die emittierten Photonen besitzen die gleichen Eigenschaften (Frequenz, Phase, Polarisation und Ausbreitungsrichtung) wie das anregende Photon. – das Laserlicht ist damit kohärent. Es kann daher außerordentlich intensiv sein und lässt sich sehr scharf bündeln. Im Gegensatz dazu sendet eine Glühlampe inkohärentes Licht aus, also Lichtwellen, die nicht dieselbe Phasenlage und Wellenlänge aufweisen.

Als Lasermedium werden Festkörper (z. B. ein Rubinkristall), Halbleiter, Flüssigkeiten (z. B. gelöste Farbstoffe) oder Gase verwendet. Gaslaser sind mit einem Gasgemisch gefüllt, zum Beispiel auf Helium- oder Neonbasis mit Beimischungen von Halogenen (Fluor), Edelgasen (Argon, Krypton oder Xenon), Stickstoff, Kohlenmonoxid oder Kohlendioxid (Abb. 9.12). In der Veranstaltungstechnik begegnen uns Laser als spezielle Lichteffekte oder in Laserprojektoren. Es gibt aber auch Infrarotlaser, ultraviolette Laser und Laser mit einer Wellenlänge, die im Bereich der Röntgenstrahlung liegt.

Der nutzbare Wellenlängenbereich liegt derzeit etwa zwischen 200 und 10 000 nm (bei sehr großen Wellenlängen spricht man auch vom „Maser“ = Microwave Amplification by Stimulated Emission of Radiation). Sehr billige und robuste Laser lassen sich, ähnlich wie LEDs, aus Halbleiterdioden herstellen. Sichtbare Laser dieser Art sind beispielsweise in einfachen Laserpointern oder in Entfernungsmessgeräten eingebaut und werden auch in der Lichtwellenleitertechnik (s. Kap. 3.3) eingesetzt.

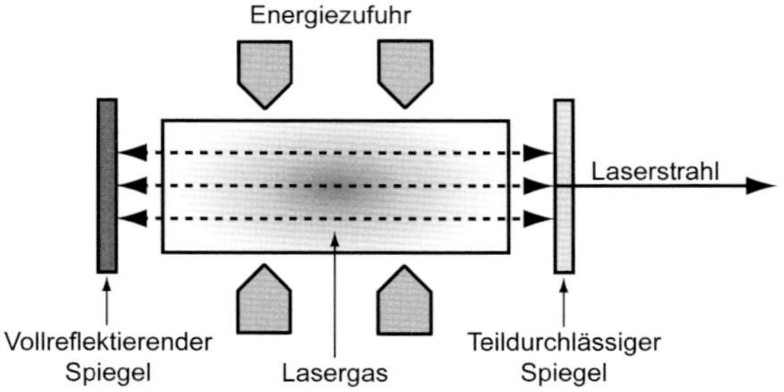

Abb. 9.11: Funktionsprinzip eines Lasers.

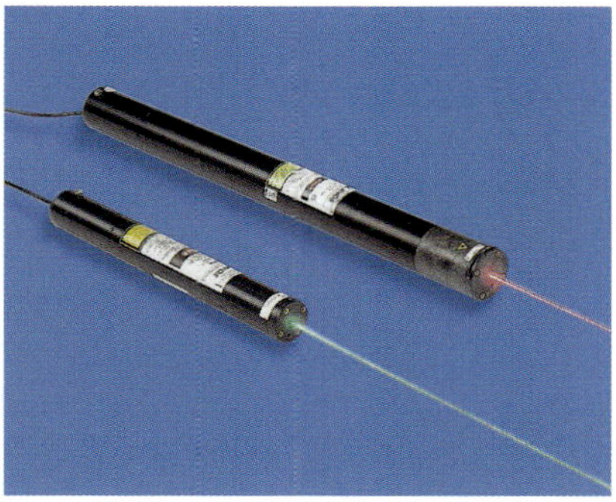

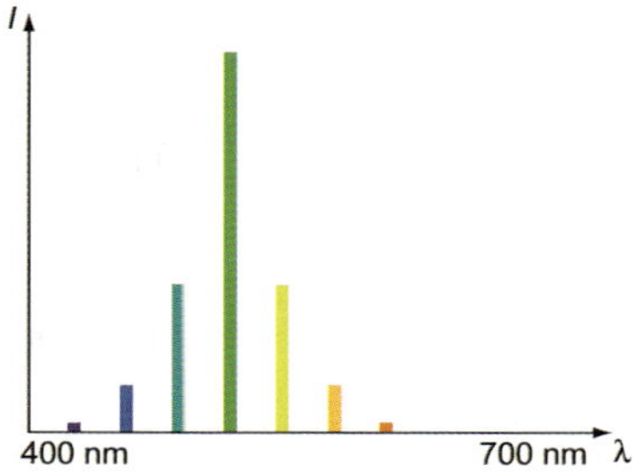

Abb. 9.12 Links: Helium-Neon-Laser in Rot und Grün. **Rechts:** Spektrum eines grünen Lasers.

9.1.4 Entladungslampen

Entladungslampen bestehen aus einer mit Gas gefüllten Glasröhre und zwei Elektroden. Eine dort angelegte Spannung regt einzelne Elektronen in den Gasatomen an, auf ein höheres Energieniveau zu wechseln. Beim Zurückspringen auf das ursprüngliche Energieniveau wird ein Photon abgestrahlt (spontane Emission).

Die meisten Endladungslampen benötigen spezielle Vorschaltgeräte (s. S. 231), können also nicht direkt an das Stromnetz angeschlossen werden. Das Vorschaltgerät ist zum einen notwendig, da zur Zündung einer Entladungslampe ein ausreichender Elektronenstrom im Entladungsgefäß (Brenner) fließen muss. Zum anderen muss nach dem Zünden der Strom begrenzt werden, da es ansonsten zu einer lawinenartigen Ionisierung des angeregten Gases und zu einem ständig steigenden Strom kommen würde, der die Zerstörung der Lampe zur Folge hätte. Endladungslampen sind nur bedingt elektronisch dimmbar, da unterhalb einer gewissen Spannung der Elektronenstrom abreißt und die Lampe erlischt (ohne weitere Maßnahmen meist bei ca. 50 % der Lampenleistung). Zudem führt ein Rückgang des Lichtstroms zu einer Veränderung der Farbwiedergabequalität, und bei geringerer Leistung steigt die Farbtemperatur, das Licht erscheint bläulicher. Ursache hierfür: Beim gedimmten Betrieb wird der Glaskolben kälter – die Metallverbindungen, die für den Rotanteil im Lichtspektrum ausschlaggebend sind, kondensieren als erste am Glaskolben und stehen damit für die Lichterzeugung nicht mehr zur Verfügung. Die Regulierung des Lichtstroms erfolgt daher bei Bühnenscheinwerfern mit diesen Leuchtmitteln meist über mechanische Blenden.

Man unterscheidet Niederdrucklampen mit Gasdrucken weit unter 1 bar und Hochdrucklampen mit wesentlich höheren Drucken im Brenner (s. S. 226).

Niederdrucklampen

Leuchtstofflampe

Leuchtstofflampen werden in der Regel als Glasrohr gebaut, mit Stromzuführungen und Elektroden an beiden Enden. Im Rohr befindet sich ein Edelgas mit einer kleinen Menge Quecksilber, dessen Dampf bei der Anregung zunächst unsichtbares ultraviolettes Licht abstrahlt. Das UV-Licht führt zur Anregung eines fluoreszierenden Leuchtstoffs bestehend aus Sulfiden, Silikaten und anderen chemischen Substanzen, der als eine dünne Beschichtung auf der Innenseite des Glasrohres angebracht ist. In der Folge wird durch den Leuchtstoff sichtbares Licht emittiert (Abb. 9.13). Bei gealterten Leuchtstofflampen sieht man Streifen unterschiedlicher Helligkeit, die als Dunkelräume bezeichnet werden – von Kathode zur Anode: Astonscher Dunkelraum, Kathodendunkelraum, Faradayscher Dunkelraum und Anodendunkelraum. Besonders im Faradayschen Dunkelraum stauen sich die Gas-Ionen und bilden eine Art Schirm, durch den sich die an der Kathode emittierten Elektronen nur mühsam den Weg zur Anode bahnen, wodurch hier entsprechend wenig Leuchteffekte entstehen.

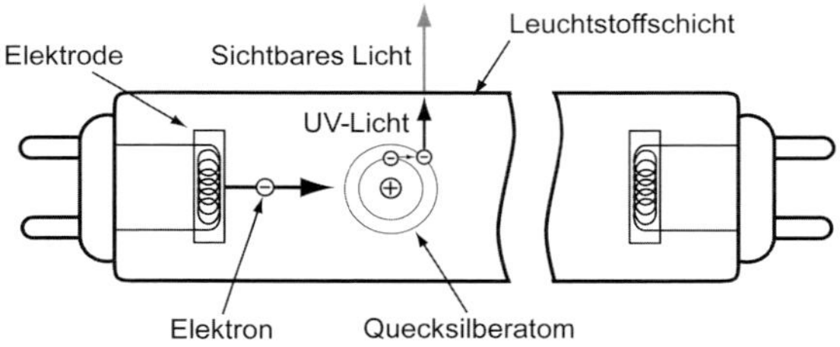

Abb. 9.13: Prinzip einer Leuchtstofflampe. Die Elektrode links nennt sich auch Kathode; sie emittiert Elektronen, welche durch das Gas zur Anode (rechte Elektrode) wandern.

Die gebräuchlichste Bauform von Leuchtstofflampen ist die Röhrenform; diese Lampen tragen den Kennbuchstaben „T" mit einer zusätzlichen Ziffer:

- T2-Leuchtstofflampen mit 7 mm Rohrdurchmesser, Leistungen: 6 W, 8 W, 11 W und 13 W
- T5-Leuchtstofflampen mit 16 mm Rohrdurchmesser
  - Typ „Höchste Effizienz", Leistungen: 14 W, 21 W, 28 W, 35 W
  - Typ „Höchster Lichtstrom", Leistungen: 24 W, 39 W, 49 W, 54 W, 80 W
  - Ringförmige Ausführung, Leistungen: 22 W, 40 W, 55 W, 60 W
- T8-Leuchtstofflampen mit 26 mm Rohrdurchmesser, Leistungen: 18 W, 30 W, 36 W, 58 W
- T12-Leuchtstofflampen mit 38 mm Rohrdurchmesser, Leistungen: 20 W, 40 W, 65 W

Meist sind Leuchtstofflampen stabförmig (Abb. 9.14 Links), aber es gibt auch U-förmige oder ringförmige Ausführungen, wobei die Lichtleistung immer von der Länge der Lampe abhängt. Das fluoreszierende Licht hat je nach verwendetem Leuchtstoff eine andere Farbtemperatur, zudem ist das Farbspektrum nicht kontinuierlich (Abb. 9.14 Rechts).

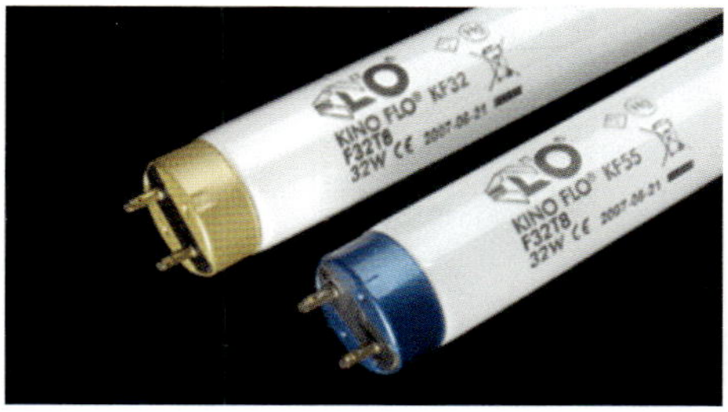

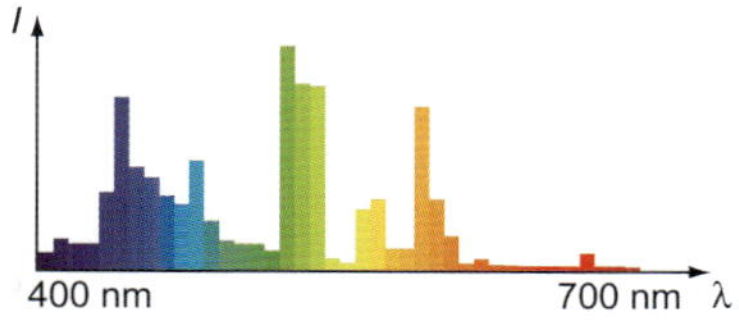

Abb. 9.14 Links: Leuchtstofflampen. **Rechts:** Spektrum.

Es sind Leuchtstofflampen mit verschiedenen Lichtfarben erhältlich; eine einfache Einteilung hierzu sieht wie folgt aus:

- Warmweiße Leuchtstofflampen mit 3300 K und weniger
- Neutralweiße Leuchtstofflampen mit 3300 bis 5300 K
- Tageslicht-Leuchtstofflampen mit mehr als 5300 K

Inzwischen bietet die Firma Kino Flo auch Leuchtstofflampen für professionelle Beleuchtungssysteme an, die durch spezielle Phosphorverbindungen der Innenbeschichtung den ansonsten charakteristischen Magenta-Grün-Farbstich nicht mehr aufweisen. Im Angebot sind verschiedene Typen mit Tageslicht- und Kunstlichtcharakteristik. Werden mehrere Leuchtstofflampen in einem Gehäuse eingesetzt, können auch verschiedene Typen eingebaut werden, durch deren Mischung sich eine mittlere Farbtemperatur erzielen lässt. Natürlich kann eine Konvertierung auch über Filterfolien geschehen, so wie es bei herkömmlichen Lampen üblich ist. Mit speziellen Vorschaltgeräten lassen sich Leuchtstofflampen inzwischen auch relativ weit herunterdimmen (bis auf 1 % der Lampenleistung), ohne eine erkennbare Veränderung der Lichtfarbe zu zeigen. Die Hersteller geben eine Lebensdauer von 6000 bis zu 25 000 Stunden an. Die Lichtausbeute ist bei Leuchtstofflampen von deren Farbwiedergabeeigenschaften abhängig und beträgt zwischen 60 und 100 lm/W. Die Lichtausbeute hängt auch leicht von der Umgebungstemperatur ab, da diese einen Einfluss auf den Innendruck der Lampe hat.

Energiesparlampe

Energiesparlampen (Abb. 9.15) sind nichts anderes als Leuchtstofflampen in sehr kleiner und kompakter Form, die mit handelsüblichen Glühlampenfassungen ausgestattet sind (E 14 oder E 27). Im Sockel befindet sich ein elektronisches Vorschaltgerät (s. S. 232) in miniaturisierter Form. Der Vorteil der Energiesparlampe gegenüber der Glühlampe ist der höhere Wirkungsgrad mit durchschnittlich 25 % – es wird also weniger Energie in Wärme umgewandelt – und die höhere Lebensdauer. Je nach Hersteller werden 3000 bis 15 000 Stunden angegeben. Energiesparlampen sind mit Farbtemperaturen zwischen 2300 K und 7000 K erhältlich, die Lichtausbeute beträgt dabei bis zu 65 lm/W.

Abb. 9.15: Energiesparlampen.

Induktionslampe

Eine Induktionslampe ist eine Leuchtstofflampe, die keine Elektroden im Glasrohr besitzt. Das Gas wird von außen durch starke Magnetfelder angeregt: Durch ein elektronisches Vorschaltgerät (s. S. 232) wird ein Hochfrequenzstrom mit einer Frequenz von ca. 250 kHz erzeugt, der durch zwei Spulen mit Ferritkern fließt und ein elektrisches Feld im ringförmigen, mit Gas gefüllten Glaskolben erzeugt (Abb. 9.16). Die Gasatome werden dadurch ionisiert und strahlen in Folge UV-Licht ab, das durch die Leuchtstoffschicht im Glaskolben in sichtbares Licht umgewandelt wird. Induktionslampen strahlen mit einer Farbtemperatur von 3000 bis 4000 K, die Lichtausbeute beträgt 80 lm/W. Da es keine Verschleißteile gibt, ist die Lebensdauer dieser Lampen sehr hoch und wird von den Herstellern mit maximal 100 000 Stunden angegeben.

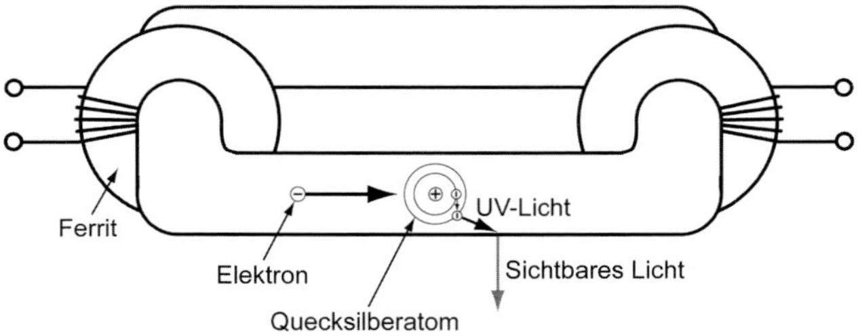

Abb. 9.16: Induktionslampe.

Neonlampe

Der Begriff „Neonröhre“ wird oft als Synonym für Leuchtstofflampen verwendet, beide Arten unterscheiden sich aber in einem wesentlichen Punkt: Neonröhren sind mit dem Edelgas Neon gefüllt, welches nach der Anregung sichtbares Licht emittiert. Sie benötigen daher nicht unbedingt eine Beschichtung auf der Innenseite der Glasröhre wie die mit Quecksilberdampf betriebenen Leuchtstoffröhren. Ansonsten ist das Funktionsprinzip aber das gleiche, d. h. zwei Elektroden im Leuchtkörper regen das Gas zur spontanen Lichtemission an. Neonröhren erzeugen ein orangerotes Licht. Möchte man zum Beispiel für eine Leuchtreklame andere Farben benutzen, muss auf Leuchtröhren mit anderen Gasfüllungen zurückgegriffen werden:

- Neon mit Quecksilber in einem grüngelbem Rohr = Grün (Abb. 9.17)
- Helium = Weißrosa
- Helium in einem gelbem Rohr = Gelb
- Stickstoff = Gelbrosa
- Kohlenstoffdioxid = Bläulichweiß
- Krypton = Weiß
- Argon = Blau

Abb. 9.17: Grüne Neonröhren einer Leuchtreklame.

Quecksilberdampf-Niederdrucklampe und -Mitteldrucklampe

Quecksilberdampf-Niederdrucklampen benötigen wie Leuchtstoffröhren eine Beschichtung auf der Glasinnenseite, um sichtbares Licht abgeben zu können. Ohne den Leuchtstoff haben sie nur einen geringen sichtbaren Lichtanteil, allerdings einen sehr großen Anteil an Ultraviolettstrahlung (Abb. 9.18). Quecksilberdampf-Niederdrucklampen werden als leistungsstarke UV-Lampen für Spezialanwendungen eingesetzt, zum Beispiel zur Entkeimung von Trinkwasser. Quecksilberdampf-Mitteldrucklampen werden beispielsweise zur Aushärtung UV-reaktiver Lacke und Klebstoffe eingesetzt.

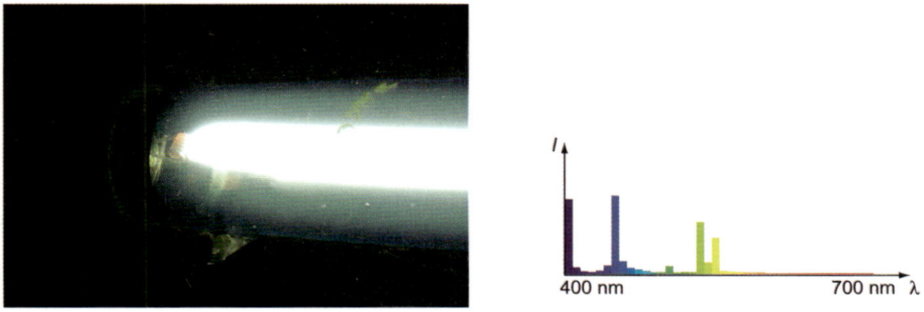

Abb. 9.18 Links: Bogenentladung einer Quecksilberdampf-Mitteldrucklampe. **Rechts:** Spektrum.

Natriumdampf-Niederdrucklampe

Derzeit ist die Natriumdampf-Niederdrucklampe das effizienteste und sparsamste Leuchtmittel, die Lichtausbeute beträgt bis zu 150 lm/W. Jedoch gibt sie nur ein monochromatisches, gelbes Licht ab (Abb. 9.19). Die Farbtemperatur liegt bei 2000 K. Um die Lichtemission der Gasatome anzustoßen, genügen bei manchen Typen schon die 230 V-Netzspannung. Im Gegensatz zur Natriumdampf-Hochdrucklampe (s. u.) ist die Niederdrucklampe nach dem Ausschalten sofort wieder zündbar. Der Glaskolben kann mit einer Infrarotlicht reflektierenden Beschichtung versehen sein, welche die Betriebstemperatur hoch hält. Zumeist findet man Natriumdampf-Niederdrucklampen als Straßenbeleuchtung, neben der hohen Lichtausbeute auch aus folgendem Grund: Trotz des eingeschränkten Spektrums werden sie werden als sehr hell wahrgenommen, da die maximale Helligkeitsempfindlichkeit des Auges in einem ähnlichen Bereich liegt (s. Kap. 8.3.1).

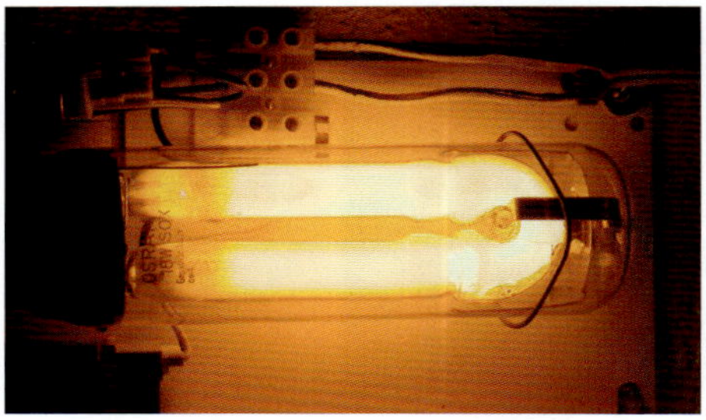

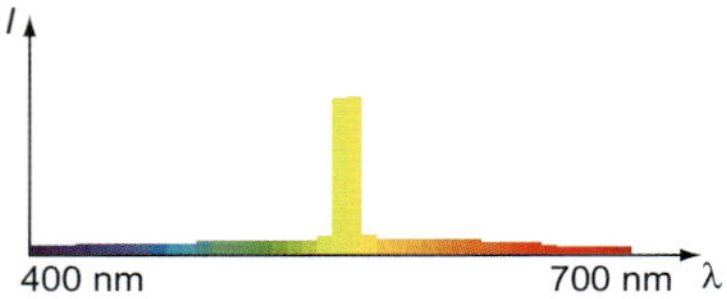

Abb. 9.19 Links: Natriumdampf-Niederdrucklampe. **Rechts:** Spektrum.

Hochdrucklampen

Durch einen höheren Druck und höhere Temperaturen (daher auch die Bezeichnung „Brenner“) in den Leuchtkörpern wird erreicht, dass das Licht nicht mehr in schmalen Spektrallinien wie bei Niederdrucklampen abgegeben wird, sondern in einem breiteren Frequenzbereich. Außerdem verschiebt sich die Strahlung in einen längerwelligen Bereich des Spektrums.

Quecksilberdampf-Hochdrucklampe und -Höchstdrucklampe

Quecksilberdampf-Hochdrucklampen weisen hohe Betriebsdrucke bis etwa 10 bar auf. Sie benötigen ein Vorschaltgerät (s. S. 231), jedoch kein so genanntes Zündgerät, da das Entladungsgefäß eine eigene Zündelektrode besitzt (Abb. 9.20). Bei ausgeschalteten und kalten Lampen liegt ein Teil des Quecksilbers im Brenner in flüssiger Form vor. Nach dem Starten (Anschalten) strahlen Quecksilberdampf-Hochdrucklampen zunächst fast kein Licht ab, bis eine nennenswerte Menge Quecksilber verdampft und der Innendruck gestiegen ist. Nach ca. 3 bis 5 Minuten ist die volle Betriebstemperatur erreicht, und es wird ein blaugrünes Licht abgestrahlt (Abb. 9.21). Wird das Prinzip der Quecksilberdampf-Hochdrucklampe mit geeigneten Leuchtstoffen kombiniert, kann die Farbwiedergabe verbessert werden. Sie können Farbtemperaturen zwischen 2900 und 4200 K aufweisen, die Lichtausbeute ist mit 36 bis 58 lm/W relativ gering. Die Lebensdauer beträgt ca. 20 000 Stunden. Quecksilberdampf-Hochdrucklampen haben oft ein Edison-Gewinde, wie es bei normalen Glühlampen üblich ist.

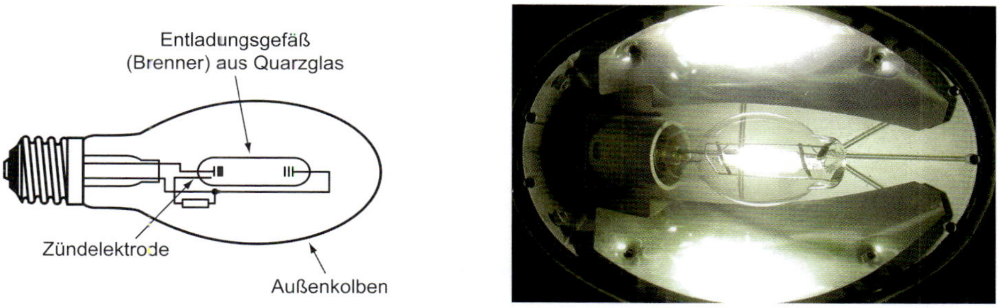

Abb. 9.20: Quecksilberdampf-Hochdrucklampe.

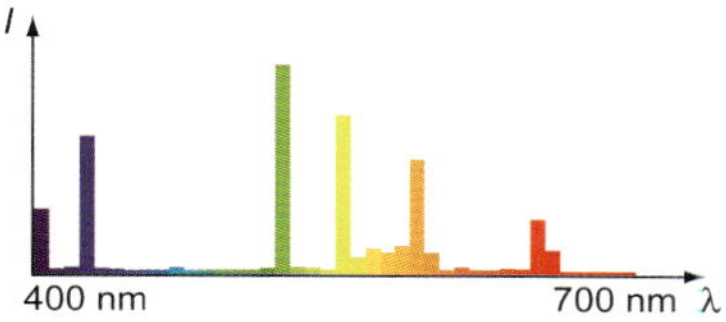

Abb. 9.21: Spektrum einer Quecksilberdampf-Hochdrucklampe.

Quecksilberdampf-Höchstdrucklampen haben einen Betriebsdruck bis 100 bar. Die Farbwiedergabe ist erheblich besser, und sie weisen eine sehr hohe Leuchtdichte auf. Diese Lampen dienen als intensive UV-Quelle zum Beispiel in der Fotolithografie. Sie besitzen massive Wolfram-Elektroden und haben meist Schraubklemmen als Anschlüsse.

Natriumdampf-Hochdrucklampe

Bei Natriumdampf-Hochdrucklampen ist das Entladungsgefäß bzw. der Brenner mit Natrium und einem zusätzlichen Edelgas gefüllt. Der Brenner besteht aus einer hochreinen, transparenten Aluminiumoxid-Keramik, die der hohen Betriebstemperatur von ca. 1300 K standhält. Die Elektrodenanschlüsse bestehen aus Niob. Der schützende Außenkolben erreicht im Betrieb immerhin noch Temperaturen von über 600 K. Zum Zünden einer Natriumdampf-Hochdrucklampe wird eine hohe Spannung von bis zu 5 kV benötigt. Direkt nach dem Zünden leuchtet die Lampe zunächst nur schwach, erst nach ca. 15 Minuten ist das gesamte Natrium angeregt und die volle Helligkeit erreicht. Die Lampe muss nach dem Ausschalten auskühlen, bevor sie sich mit einem Standardzündgerät wieder zünden lässt. Allerdings gibt es auch so genannte Heißzündgeräte, die Natrium-Hochdrucklampen wieder zünden können, die gerade erst ausgeschaltet wurden. Heißzündgeräte geben eine wesentliche höhere Spannung von über 30 kV ab. Die Lebensdauer der Lampen wird von den Herstellern mit bis zu 30 000 Stunden angegeben, allerdings verkürzen häufiges Ein- und Ausschalten und besonders Heißstarts die Lebensdauer beträchtlich. Tritt von selbst ein periodisches Verlöschen und Wiederzünden („Cycling“) auf, so ist das Gebrauchsende erreicht. Manche Vorschaltgeräte verfügen über eine automatische Cycling-Erkennung; die Lampe wird hierbei ausgeschaltet und weitere manuelle Zündversuche unterbunden.

Wie bei Natriumdampf-Niederdrucklampen entsteht auch hier ein warmes, gelbliches Licht (Abb. 9.22). Die Farbtemperatur von Natriumdampf-Hochdrucklampen ist aber mit 2500 K etwas höher wie bei der Niederdruck-Variante. Die Lichtausbeute beträgt bis zu 130 lm/W und ist damit doppelt so groß wie bei Quecksilberdampf-Hochdrucklampen. Bei einer ausschließlichen Beleuchtung mit Natriumdampflampen verschwindet fast alle Farbigkeit in der Umgebung. Dies kann als beabsichtigtes Stilmittel beispielsweise bei einer Bühnenbeleuchtung im Theater eingesetzt werden. Auch das langsame Aufglühen nach dem Einschalten ist schön als Lichteffekt nutzbar.

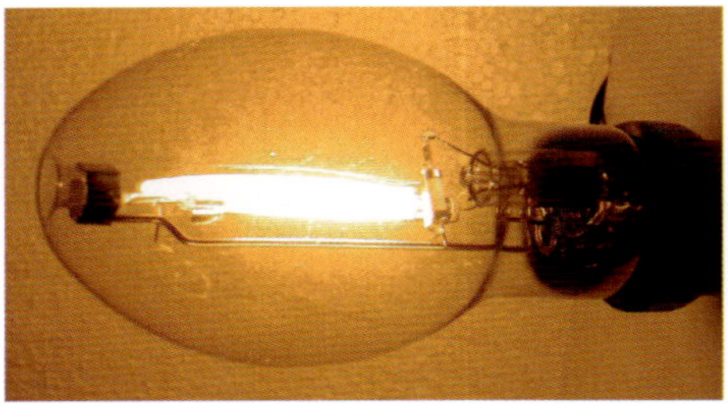

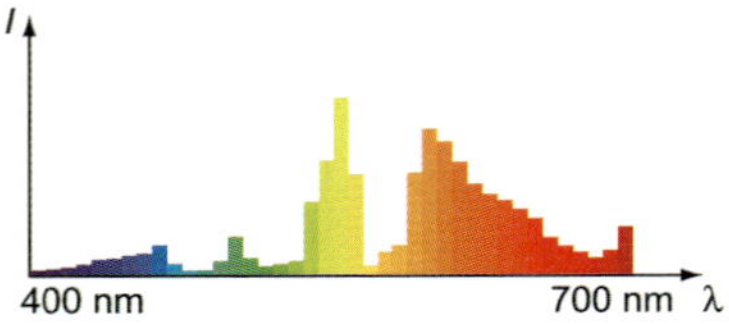

Abb. 9.22 Links: Natriumdampf-Hochdrucklampe. **Rechts:** Spektrum.

Halogen-Metalldampflampe

Leistungsstarke Lampen im Veranstaltungsbereich sind inzwischen sehr oft Halogen-Metalldampflampen, welche eine Weiterentwicklung der Quecksilberdampf-Hochdrucklampen sind. Diese Entladungslampen sind mit Halogenen und Metalldämpfen (Quecksilber und andere Metalle) gefüllt. Sie erreichen eine gute Farbwiedergabe über das ganze Spektrum und haben einen hohen Wirkungsgrad mit einer Lichtausbeute bis ca. 95 lm/W (Abb. 9.23 und 9.24).

Die Farbtemperatur liegt zwischen 6000 und 7200 K, also in einem ähnlichen Bereich wie das Tageslicht. Erst nach einer Anlaufzeit von ca. 3 bis 5 Minuten ist das volle Spektrum vorhanden. Leider variiert die Farbwiedergabe aber zwischen einzelnen Halogen-Metalldampflampen und verändert sich auch abhängig von der Betriebsdauer. Der Leuchtbogen zwischen den Elektroden im Brenner ist bei Halogen-Metalldampflampen relativ lang und beträgt je nach Typ zwischen 10 und 30 mm; man spricht daher auch von Langbogenlampen. Die Farbtemperatur kann sich über die Länge des Lichtbogens verändern, was dazu führt, dass bei Scheinwerfern mit Reflektor- und Linsenkonstruktionen nur ein Teil des Bogens verwendet werden kann und die Lampe sehr genau im optischen System positioniert werden muss. Ein Wiederzünden einer Halogen-Metalldampflampe ist erst nach einigen Minuten, also nach dem Abkühlen möglich, aber auch hier gibt es wie für Natriumdampf-Hochdrucklampen spezielle Heißzündgeräte.

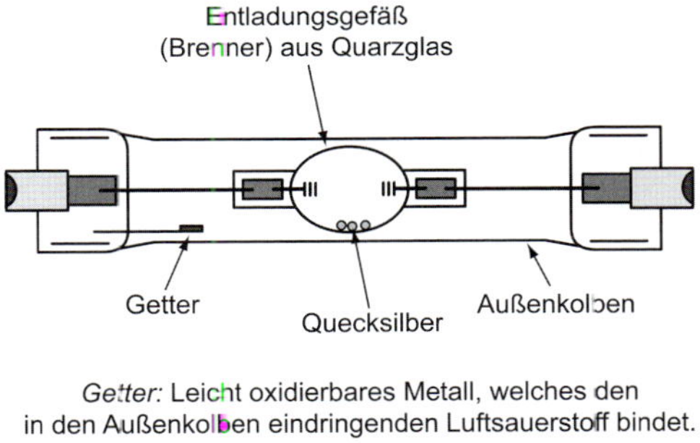

Abb. 9.23 Links: Prinzip einer Halogen-Metalldampflampe (zweiseitig gesockelte Ausführung). **Rechts:** Einseitig gesockelte Ausführung.

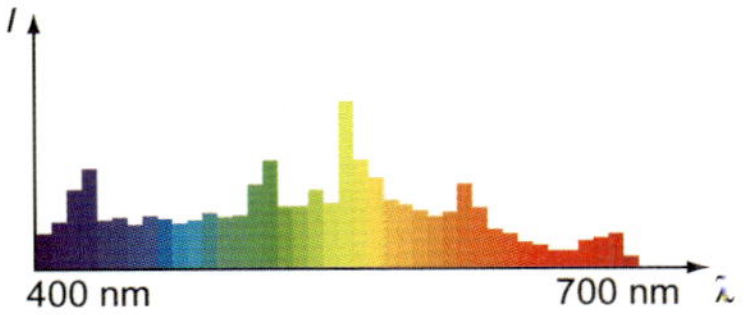

Abb. 9.24: Spektrum einer Halogen-Metalldampflampe.

Die Hersteller versehen diese Lampen mit unterschiedlichen Kürzeln wie beispielsweise HMI, HTI, HMP, HSR, HSD (Osram), MSA, MSI, MSD, MSR oder MHD (Philips). Was verbirgt sich hinter diesen Bezeichnungen?

Halogen-Metalldampflampen von Osram

D = Durable (Langlebig)

H = Hydrargyrum (Quecksilber)

I = Iodide (Halogenverbindungen)

M = Metall

P = Projection (Projektionslampe)

Q = Quarz (Glas des Brenners)

R = Rare Earth Metals (seltene Erden)

S = Safe (einfacher Umgang)

T = Tageslicht

Halogen-Metalldampflampen von Philips

D = Daylight (Tageslicht)

H = Halide (Halogenverbindungen)

HR = Hot Restrike (heiß wiederzündbar)

I = Iodide (Halogenverbindungen)

MS = Medium Source (mittlerer Elektrodenabstand)

M = Metall

P = Projection (Projektionslampe)

R = Reflektor

SA = Short Arc (kurzer Elektrodenabstand)

Xenon-Hochdrucklampe

Xenon-Hochdrucklampen (Abb. 9.25 Links) nutzen die Strahlungsemission eines mit wenigen Millimetern sehr kurzen Lichtbogens (daher auch die Bezeichnung Kurzbogenlampe), wobei der Punkt der größten Leuchtdichte direkt an der Anode liegt. Die geringe Größe der Lichtquelle und ihre große Intensität erlaubt wirkungsvolle Bündelung, daher sind sie besonders als Projektorlampen geeignet. Xenon-Hochdrucklampen haben eine Stromaufnahmeleistung bis zu 15 kW und müssen mit einer Spannung von bis zu 50 kV gezündet werden. Nach der Zündung entsteht zwischen den Elektroden ein ionisierter Gasbogen, der durch einen Gleichstrom aufrechterhalten wird. Der Druck der Gasfüllung steigt von etwa 8 bar im kalten Zustand auf bis zu 40 bar während des Betriebs an. Die hohen Temperaturen und der Druck führen dazu, dass der Betrieb einer Xenon-Hochdrucklampe mit einem relativ großen Aufwand verbunden ist. Sie benötigen zum Betrieb Kühlungsvorrichtungen und ein explosionssicheres Gehäuse.

Xenon-Hochdrucklampen sind auch im warmen Zustand jederzeit wieder zündbar (s. Blitzlicht, Kap. 11.3.5). Sie haben allerdings im Vergleich zu anderen Hochdrucklampen eine eher geringe Lebensdauer von nur 1000 Betriebsstunden. Xenon-Hochdrucklampen haben besonders hohe Leuchtdichten im sichtbaren Bereich bei einem nahezu kontinuierlichen Spektrum, allerdings haben sie auch einen hohen UV-Anteil (Abb. 9.25 Rechts). Die Lichtausbeute beträgt wie bei Halogen-Metalldampflampen bis zu 95 lm/W. Die Farbtemperatur liegt bei 6500 K und ist damit vergleichbar mit der des Tageslichts. Xenon-Hochdrucklampen werden aus beschichtetem Quarzglas hergestellt, das die starke UV-Strahlung zurückhält. Spezielle Xenon-Gasentladungslampen ohne UV-Filter werden zur Herstellung von Platinen oder zur Entkeimung von Trinkwasser verwendet.

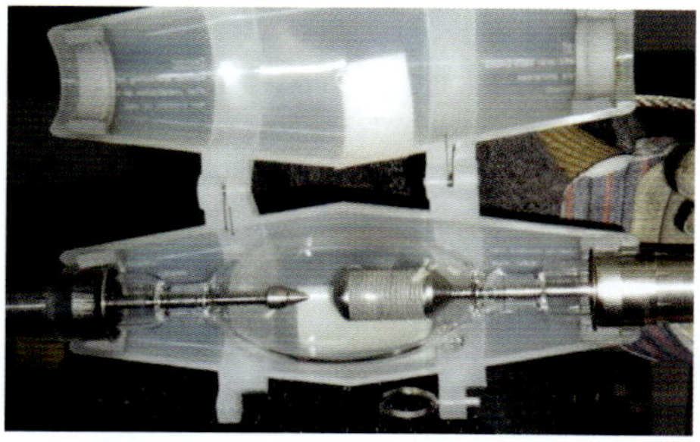

Abb. 9.25 Links: Xenon-Hochdrucklampe. **Rechts:** Spektrum (vgl. Tageslichtspektrum, Abb. 9.3)

Spezielle Lampensockel

Ein Lampensockel hat die Aufgabe, den elektrischen Strom an die Wendel oder die Elektroden zu leiten und soll weiterhin die Lampe in der vorgesehenen Brennlage halten. Neben dem schon erwähnten Edisonschraubgewinde (siehe Glühlampe, Kap. 9.1.1) kommen vor allem bei Hochdrucklampen auch andere Sockelkonstruktionen zum Einsatz, wie Stift-, Klemm- und Kabelsockel (Abb. 9.26).

Stiftsockel mit der Kennzeichnung „G“

- Gute elektrische Kontaktgabe
- Perfekt justierte Lagen in der Fassung
- Verkehrtes Einsetzen wird durch unterschiedlich dicke Stifte verhindert

Klemmsockel

- Hoher mechanischer Druck bei Übergang des Kontakts zur Fassung
- Sicherung durch Bügelverschluss oder Rändelmutter

Kabelsockel mit der Kennzeichnung „K“

- Lampenhalterung getrennt von der elektrischen Einspeisung
- Schraubverbindung über Kabelschuhe
- Anwendung bei hohen Leistungsstärken

Hinweis: Im Anhang finden sich Beispiele für einige gebräuchliche Lampensockel.

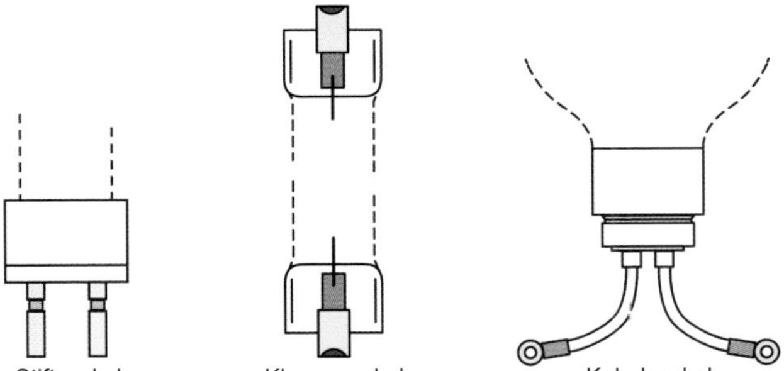

Abb. 9.26: Stift-, Klemm- und Kabelsockel.

Vorschaltgeräte

Bei Entladungslampen sind zur Strombegrenzung Vorschaltgeräte notwendig, da ansonsten der Entladungsstrom bei der Ionisation des Gases immer weiter ansteigen würde, bis die Lampe schließlich zerstört oder eine Sicherung ausgelöst wird. Daneben ist in Vorschaltgeräten die erforderliche Zünd- und Starteinrichtung integriert. Je nach Lampentyp sind zur Zündung Spannungsimpulse von einigen hundert Volt bis mehreren Kilovolt notwendig bzw. auch kontinuierliche Spannungen zur Vorheizung der Kathode. Ein Vorschaltgerät kann ein separates Gerät, als Bauelement im Scheinwerfer eingebaut oder auch direkt im Leuchtmittel integriert sein (z. B. bei Energiesparlampen).

Konventionelle Vorschaltgeräte (KVG)

Ein konventionelles Vorschaltgerät (Abb. 9.27) ist in Reihe zur Lampe geschaltet. Bei Lampen, die ein Zündgerät erfordern, liegt zusätzlich auch der Zündstromkreis in Reihe zur Lampe. Konventionelle Vorschaltgeräte bestehen im Wesentlichen aus einem Transformator (s. Kap. 2.2). Bedingt durch den Ohmschen Widerstand des Kupfers und die Ummagnetisierungs- und Wirbelstromverluste im Eisenkern des Transformators kommt es zu Wärmeentwicklung und Leistungsverlusten von etwa 10 bis 20 % der Lampenleistung. Konventionelle Vorschaltgeräte verursachen aufgrund ihrer Induktivität eine Blindleistung. Manche Vorschaltgeräte sind daher mit einem Kompensationskondensator ausgestattet (s. Kap. 2.3).

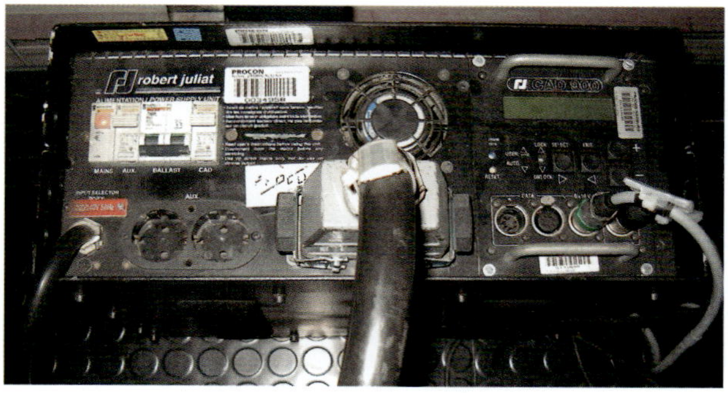

Abb. 9.27: Vorschaltgerät für eine HMI-Lampe (Robert Juliat CAD900).

Elektronische Vorschaltgeräte (EVG) für Leuchtstofflampen

Elektronische Vorschaltgeräte (Abb. 9.28) betreiben die Leuchtstofflampe mit einer höheren Frequenz von etwa 40 kHz. Sie sind klein und leicht und haben geringere Verluste als konventionelle Vorschaltgeräte. Man unterscheidet Kaltstart- und Warmstart-EVG:

Kaltstart-EVG zünden die Leuchtstoffröhre sofort nach dem Einschalten mit einer hohen Spannung. Allerdings werden die Kathoden beim Start stark beansprucht, und daher reduziert sich die Lebensdauer der Lampe erheblich. Sie werden daher meist nur in billigen Leuchtstofflampen eingesetzt.

Bei *Warmstart-EVG* werden die Glühkathoden bis zu 2 Sekunden lang vorgeheizt, und dann erst wird die Leuchtstofflampe gezündet. Der Zündvorgang erfolgt dabei flackerfrei.

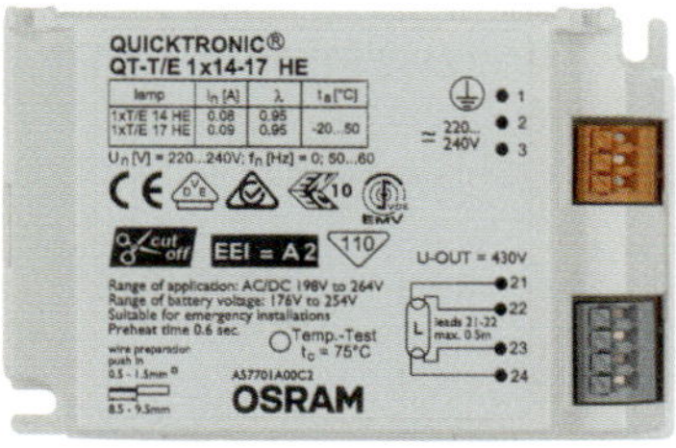

Abb. 9.28: Elektronisches Vorschaltgerät für eine Leuchtstofflampe.

Tab. 9.1: Daten der Leuchtmittel.

Leuchtmittel	Lichtausbeute	Wirkungsgrad	Farbtemperatur	Lebensdauer	Spektrum
Glühlampe	12 lm/W	5 %	2200 bis 3200 K	750 bis 1000 h	
Halogen-glühlampe	37 lm/W	15 %	2800 bis 3300 K	750 bis 1000 h	
Leucht-diode	70 lm/W	30 %	RGB-LED: 5000 bis 8000 K	15 000 bis 30 000 h	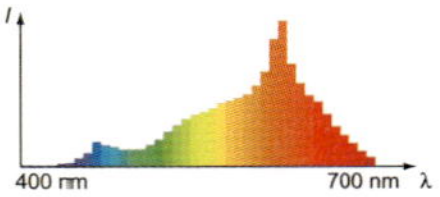 (rote LED)
Leucht-stofflampe /Neonröhre	60 bis 100 lm/W	25 %	unter 3300 bis über 5300 K	6000 bis 25 000 h	
Energie-sparlampe	65 lm/W	25 %	2300 bis 7000 K	3000 bis 15 000 h	
Induktions-lampe	80 lm/W	30 %	3000 bis 4000 K	100 000 h	
Natrium-dampf Niederdruck	150 lm/W	60 %	2000 K	20 000 h	
Natrium-dampf Hochdruck	130 lm/W	55 %	2500 K	30 000 h	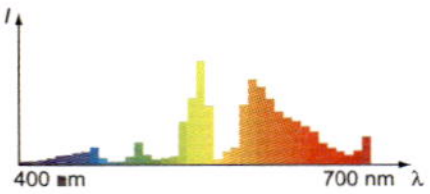
Quecksilber-dampf Hochdruck	36 bis 58 lm/W	30 %	2900 bis 4200 K	20 000 h	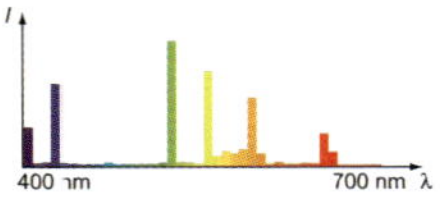
Halogen-Metalldampf	95 lm/W	40 %	6000 bis 7200 K	2000 h	
Xenon-Hochdruck	95 lm/W	40 %	6500 K	1000 h	

9.2 Scheinwerfer

In diesem Kapitel geht es nicht darum, jeden erdenklichen Scheinwerfertyp vorzustellen, denn dies wäre ein Unterfangen, das den Rahmen des Buches sprengen würde. Vielmehr sollen die wichtigsten Bauarten erklärt werden, die in der Veranstaltungstechnik zum Einsatz kommen: PAR-Scheinwerfer, Plankonvexlinsen- und Stufenlinsen-Scheinwerfer, Profilscheinwerfer, Flächenleuchten und Moving Lights (einige Beispiele, wie diese Scheinwerfer in der Praxis eingesetzt werden können, finden sich in Kapitel 11.3.4).

9.2.1 PAR-Scheinwerfer

Die Abkürzung „PAR" steht für Parabolic Aluminized Reflector, also für Scheinwerfer mit einem Parabolspiegel als Reflektor (Abb. 9.29 und 9.30; Parabolspiegel s. Kap. 8.2.4). Der Lampenkörper mit Leuchtmittel, Reflektor und Glaskolben bilden eine Einheit. Die Leuchtmittel sind meist kopfverspiegelt. Sie haben eine Lampenleistung von 500 bis 1000 W bei Spannungen von 120, 230 und 240 V, wobei aber auch PAR-Leuchtmittel mit geringerer Leistung in der Niedervoltvariante für 28 V erhältlich sind. Diese Niedervoltlampen kommen übrigens aus der Luftfahrt und heißen auch Aircraft Landing Lights, kurz ACL. Jeweils acht ACL können in Reihe geschaltet auch an die üblichen 230 V angeschlossen werden.

Das Leuchtmittel sitzt unter der Kappe am hinteren Ende des PAR-Scheinwerfers. Es ist in der Längsachse drehbar, um bei asymmetrischen Leuchtmitteln den Lichtstrahl ausrichten zu können. Vorne befinden sich Halterungen für Farbfilter und Torblenden. PAR-Scheinwerfer werden sehr oft hängend in Vierer- oder Sechsergruppen in eine Traverse montiert (4er- oder 6er-Bars). Es gibt aber auch PAR-Scheinwerfer als so genannte Floorspots, die mit zwei beweglichen Bügeln zum Aufstellen auf dem Boden versehen sind (s. Abb. 9.57 auf S. 251).

Abb. 9.29 Links: PAR-Scheinwerfer mit Farbwechsler (ETC). **Rechts:** PAR-Scheinwerfer mit Farbfolienrahmen (ASC).

Abb. 9.30 Links: Leuchtmittel eines PAR-Scheinwerfers (General Electrics PAR 64 MFL).
Rechts: Nicht mehr ganz alltäglicher PAR-Scheinwerfer (kopfverspiegeltes Leuchtmittel mit Edison-Gewinde).

PAR-Scheinwerfer gibt es der kurzen Form (Shortnose) oder in der langen Form (Longnose). Der Durchmesser des Lampengehäuses wird in Achtelzoll angegeben. Gebräuchlich sind PAR-Scheinwerfer mit 16, 20, 30, 36, 38, 56 und 64 Achtelzoll. Am häufigsten werden sicherlich PAR 64 in der langen Variante mit guter Lichtbündelung und Streulicht-Abschattung und PAR 56 in der kurzen Variante für eine eher flächige Ausleuchtung verwendet, daneben die kleineren PAR 36 mit einem eng gebündelten Lichtstrahl für speziellen Anwendungen wie beispielsweise Audience Blinder und Light Curtains (s. Kap. 9.2.6).

Es gibt verschiedene Kurzbezeichnungen für PAR-Scheinwerfer, welche die Ausdehnung des Lichtkegels beschreiben:

PAR FL = Flood

PAR MFL = Medium Flood

PAR WFL = Wide Flood

PAR XWFL = Extra Wide Flood

PAR SP = Spot

PAR NSP = Narrow Spot

PAR VNSP = Very Narrow Spot

9.2.2 Plankonvexlinsen- und Stufenlinsen-Scheinwerfer

Bei Plankonvexlinsen-Scheinwerfern (kurz PC-Scheinwerfer) befindet sich das Leuchtmittel im Brennpunkt eines Kugelspiegels, davor ist eine Plankonvexlinse angebracht (Abb. 9.31 Links, zu Spiegeln und Linsen s. Kap. 8.2.4 und 8.2.5). Der Austrittswinkel des Lichts lässt sich durch den Abstand zwischen Leuchtmittel und Linse verändern, wobei es aber auch PC-Scheinwerfer mit festgelegten Abstrahlwinkeln gibt, die von 5° (Parallel-Spot) bis zu 60° (Middle Flood) reichen. PC-Scheinwerfer unterscheiden sich in der Qualität ihrer Abbildung, die von der Beschaffenheit des Lampenreflektors und der planen Seite der Linse abhängt.

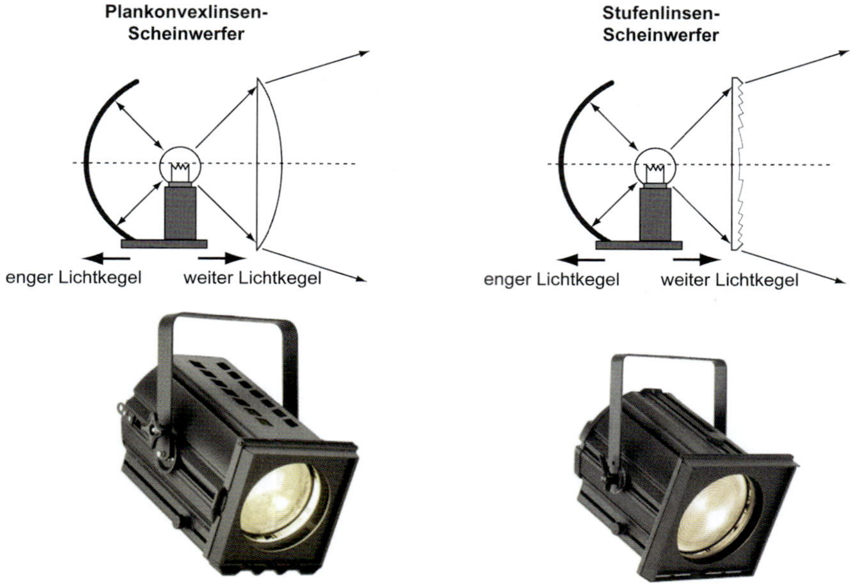

Abb. 9.31 Links: Plankonvexlinsen-Scheinwerfer. **Rechts:** Das gleiche Modell mit Stufenlinse (Strand Selecon Arena).

Linsen mit glatter Rückseite erzeugen einen scharfen Lichtstrahl (unter Umständen ist hier sogar die Glühwendel des Leuchtmittels sichtbar), Linsen mit rauer oder strukturierter Oberfläche geben einen eher weichen Lichtstrahl ab. Der Lichtstrahl bleibt aber immer klar definiert mit nur sehr wenig Streulicht. Mit vorgehängten Frost-Filtern kann auch ein Licht mit etwas weicheren Kanten erzeugt werden. Durch zusätzliche Torblenden wird der Lichtstrahl begrenzt.

Der Aufbau von Stufenlinsen-Scheinwerfern (Abb. 9.31 Rechts) ist prinzipiell der gleiche wie bei Plankonvexlinsen-Scheinwerfern, allerdings ist die Linse hier – wie der Name schon sagt – eine Stufenlinse (s. Kap. 8.2.5). Die Stufenlinse und damit der ganze Scheinwerfer ist etwas leichter als ein vergleichbarer Plankonvexlinsen-Scheinwerfer gleicher Baugröße. Der Rand des Lichtkegels ist bei Stufenlinsen-Scheinwerfern allerdings eher verschwommen mit viel Streulicht, wodurch aber eine einfache Überlagerung von Lichtkegeln mehrerer Scheinwerfer möglich ist. Mit vorgesetzten Farbfiltern werden Stufenlinsen-Scheinwerfer daher oft als allgemeine, farbige Grundbeleuchtung eingesetzt. Sowohl bei Plankonvexlinsen-Scheinwerfern als auch bei Stufenlinsen-Scheinwerfern können Leuchtmittel von 300 W bis zu 5 kW eingesetzt werden. Es gibt günstigere Varianten mit Halogenglühlampen, in professionellen Scheinwerfern werden aber in der Regel Entladungslampen verwendet.

9.2.3 Profilscheinwerfer

Profilscheinwerfer mit Kondensoroptik

Profilscheinwerfer mit Kondensoroptik (Abb. 9.32) haben ein optisches System ähnlich wie Projektoren und sind daher ideal für Goboprojektionen (s. Kap. 11.3.5). Das Licht des Leuchtmittels wird über einen Kugelspiegel auf eine asphärische Kondensorlinse reflektiert. Eine zweite Linse bündelt das Licht und verteilt es gleichmäßig in der Blende. Über Blendenschieber oder eine Irisblende kann dann der Lichtkegel begrenzt werden. Hinter der Blende fällt das Licht auf ein doppeltes, variables Linsensystem, mit dem der Lichtstrahl fokussiert werden kann.

Profilscheinwerfer mit Kondensoroptik erzeugen ein scharf abgegrenztes Licht mit einer sehr gleichmäßigen Lichtverteilung über den gesamten Durchmesser des Lichtkegels. Die Lichtverteilung kann aber auch durch Verschieben der hinteren Kondensorlinse verstellt werden, so dass der mittlere Bereich des Lichtkegels heller wird (Einstellung „Peak"). Diese Einstellung kann helfen, wenn mehrere Profilscheinwerfer mit Kondensoroptik eine Fläche gleichmäßig ausleuchten sollen, ohne dass hellere Stellen (Hotspots) entstehen dürfen. Zusätzlich werden dann auch oft Frost-Filter vorgesetzt. Spezielle Gobohalter klemmen das Gobo entlang des gesamten Umfangs fest, damit es sich durch die Hitzeeinwirkung nicht verformt. Deformierte Gobos erzeugen ein verzerrtes projiziertes Bild und unerwünschte Reflexionen.

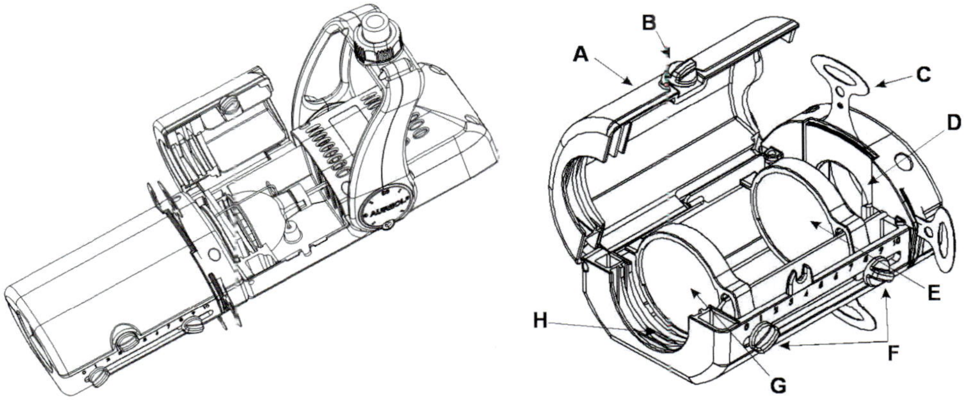

A : Wartungsklappe der Kondensoroptik
B : Verschluss der Klappe
C : Blendenschieber
D : Gobo-Halterung
E : hintere Linse
F : Feststellschrauben der Linsen
G : vordere Linse
H : Halterungen für Filter und Anbauteile

Abb. 9.32: Profilscheinwerfer mit Kondensoroptik (Strand Selecon Aureol BeamShaper). Links ist der komplette Scheinwerfer mit geöffnetem Lampenhaus zu sehen, rechts die abmontierte und geöffnete Optik.

Profilscheinwerfer mit elliptisch-optischem System (Zoomspot-Profilscheinwerfer)

Bei Zoomspot-Profilscheinwerfern (Abb. 9.33) wird zur Bündelung des Lichts ein elliptischer Reflektor benutzt. Mittels zweier unabhängig voneinander beweglicher Linsen lässt sich der Durchmesser des Lichtstrahls variieren und die Brennweite einstellen. Zwischen dem Leuchtmittel und den Linsen liegt eine Blendenöffnung. Die Größe dieser Öffnung kann durch vier Blendenschieber verändert werden. Die Lichtverteilung von Zoomspot-Profilscheinwerfern weist eine Peak-Charakteristik (s. o.) auf, der Lichtkegel hat also einen helleren Bereich im Zentrum. Mehrere Lichtkegel von Zoomspot-Profilscheinwerfern können so zu einer flächigen, gleichmäßigen Ausleuchtung verschmelzen. Aber sie können auch sehr gut als Gobo-Projektoren eingesetzt werden (Gobos s. Kap. 11.3.5).

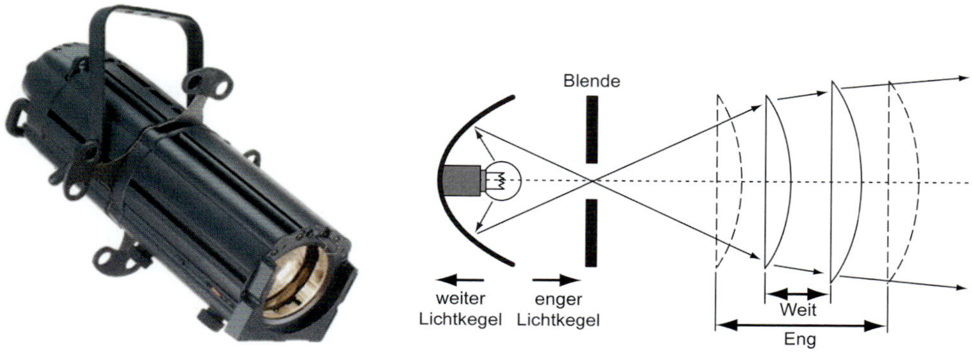

Abb. 9.33: Profilscheinwerfer (Strand Selecon Acclaim Axial Zoomspot).

Verfolger

Ein Verfolger (Followspot, Abb. 9.34) ist ein Profilscheinwerfer für einen bestimmten Verwendungszweck: Mit ihm soll jeweils ein sich bewegender Darsteller auf der Bühne „ins richtige Licht“ gesetzt werden. Ein Verfolger wird von Hand durch eine Person (Spotfahrer) bedient, die den Bewegungen des Akteurs folgt. Verfolgerscheinwerfer werden auf speziellen Stativen mit Drehzapfen (s. auch Abb. 9.56 auf S. 251) montiert, welche eine entsprechende Beweglichkeit in horizontaler und vertikaler Richtung ermöglichen. Durch eine Blende kann die Größe des Lichtkegels eingestellt werden, und mit mechanischen Dimmern lässt sich die Lichtintensität abschwächen. Verfolger verfügen häufig auch über mehrere Farbfilter. Diese können bei Bedarf zum Beispiel über ein Wechselsystem in den Lichtstrahl geschwenkt werden.

Kleinere Verfolger sind schon mit einer Leistung ab 650 W erhältlich, es gibt aber auch leistungsstarke Modelle mit 4000 W (hier werden dann Xenon-Hochdrucklampen als Leuchtmittel eingesetzt), die für sehr große Distanzen bis zu 300 m eingesetzt werden. Die hohe Leistung ist notwendig, damit der Lichtkegel eines Verfolgers besonders bei einer hellen Bühnenbeleuchtung noch gut auszumachen ist.

Abb. 9.34: Verfolgerscheinwerfer (Niethammer Unispot).

Spot fahren

von Kerstin Wagner

Streng genommen, ist die Bezeichnung „Verfolger" natürlich absolut falsch. Jemanden zu verfolgen bedeutet im eigentlichen Sinn, einer Person hinterher zu laufen. Wenn ich nun aber mit meinem Lichtkegel dem Darsteller hinterher bin, bekomme ich einen auf den Deckel, weil er/sie dunkel ist. Also, was lernen wir daraus? Genau! Der Darsteller darf niemals, aber auch wirklich niemals, im Dunkeln stehen, außer es ist natürlich explizit gewollt. Um dies zu erreichen, empfiehlt es sich, mit Blick auf die Bühne zu arbeiten, nebenbei keine Zeitschriften oder Bücher zu lesen und die Unterhaltung mit den Kollegen so zu gestalten, dass sie a) nicht lauter ist, als das Geschehen auf der Bühne selbst und b) nicht die eigene Konzentration stört. Nur so ganz nebenbei für das Protokoll: Zeitschriften und Bücher bitte niemals runterwerfen. Das kann böse enden... Und ein Blackout ist ein Blackout. Ja, ich weiß, der Darsteller ist in einem solchen Fall dunkel, was auch gut so ist.

Hat man nun einmal dummerweise die zu verfolgende Person verloren, ist unter allen Umständen zu vermeiden, einen Live-Schwenk über die Bühne zu machen. In diesem Fall sieht die Vorgehensweise wie folgt aus: Wir gehen langsam aus, zielen auf die neue Person und gehen ebenso dezent wieder an – das merkt kein Mensch.

Aber mal ganz ehrlich: Live-Schwenks kennen wir doch alle. Die Aufführung der Theatergruppe X in der Turnhalle Y mit einem, wohlgemerkt *einem*, Verfolger, der von irgendeinem Menschen gesagt bekommen hat, dass er Darstellerin A hell machen und wenn diese weg ist, sofort auf Darsteller B gehen soll, der genau in diesem Moment auch schon den alles entscheidenden Satz sagt. Was macht man in solch einer Situation? Ganz klar, man zieht einfach rüber. Diese Schwenks, auch gerne liebevoll „UFOs" genannt, lenken den geneigten Zuschauer aber nur unnötig vom Stück ab und sollten lediglich auf den außerordentlichen Wunsch des Lichtdesigners geleuchtet werden. Und wirklich nur dann!

Damit kommen wir auch gleich zum absolut wunden Punkt dieses Berufes. Wirklich gute Arbeit am Verfolger wird im Normalfall nicht wahrgenommen. Warum? Weil sie im Idealfall nur unterstützt. Überflüssigerweise auch noch auf eine Art und Weise, die sich gänzlich harmonisch in das Gesamtbild einfügt. Gerne darf Musik, so es sich denn um Musiktheater handelt, auch benutzt werden, um Fades dynamisch zu gestalten, oder gar Ein- bzw. Aus-Fades zu setzen. Der Zuschauer wird dies, außer er/sie ist völlig gelangweilt vom Stück und jeglicher Ablenkung gegenüber aufgeschlossen, oder selbst beleuchtenderweise unterwegs, nicht bemerken. Er bemerkt nur, meist glücklicherweise ohne genau sagen zu können was eigentlich war, dass da gerade etwas gestört hat.

Um noch eben kurz auf die Gestaltung zurückzukommen. Es gibt in der Tat noch mehr als „Licht an" und „Licht aus". Den Fade! Die Zeitspanne, um von beispielsweise 0 % auf 60 % zu gelangen, kann durchaus auch einmal mehr als 0,5 Sekunden in Anspruch nehmen. Einfach mal ausprobieren was passiert, wenn man das Hebelchen beim Faden nicht abreißt. Das Ergebnis ist geradezu erstaunlich...

Nun gibt es auf dieser Welt verschiedene Vortragsformen, die einen unterschiedlichen Einsatz der Mittel erfordern. So ist zum Beispiel beim Ballett grundsätzlich alles dermaßen hell, dass man den eigenen Lichtkegel nicht mehr sieht und ein Problem hat, wenn man die Zielperson verloren hat. Es wird munter in der Gegend herumgerührt, und so Fortuna gerade nicht anderweitig beschäftigt ist, findet man den Tänzer auch wieder. An dieser Stelle sei gleichfalls gesagt, dass der „Rührvorgang" so dezent wie möglich vonstatten gehen sollte.

Bei einer Revue wird gerne mit einem scharf begrenzten Lichtkegel verfolgt. Was natürlich zur Folge hat, dass man jede klitzekleine Bewegung des Spots sieht. Auch sollte die Größe so gewählt werden, dass nicht wahlweise der Kopf oder die Füße abgeschnitten werden. Im alltäglichen Einsatz wird aber zumeist Weichzeichner eingesetzt, der einem das Arbeitsleben erheblich erleichtert. Der Lichtkegel läuft schön aus, so dass kleinere Ruckler kaschiert werden können. Dennoch sollte man sich auch in diesem Fall nicht dem Studium anderer Tätigkeiten widmen. Es gibt böse Dinge wie Kulissenteile, die unvermutet rein- und rausgefahren bzw. geflogen werden, nur um einem Beleuchter das Leben schwer zu machen. Man kann natürlich den Abend zur persönlichen Sternstunde des Kollegen aus dem Malersaal werden lassen und alles hell machen, was einem gerade so im Weg steht. Man *kann*, muss aber nicht. Es gibt an jedem Verfolger eine Einstellmöglichkeit für die Größe. Will sagen, man kann auch kleiner ziehen und die Dekoration nicht wegbraten. Richtig prima wird das Leuchterlebnis, wenn in den ganzen Ablauf von größer oder kleiner ziehen auch noch der Dimmer mit einbezogen wird. Damit wird es dann heller und dunkler. Sollte der Darsteller anstelle seines Gesichts nur eine weiße Fläche besitzen, ist dieses Hebelchen die richtige Wahl.

Es gibt unzählige Möglichkeiten, einen Abend zum absoluten Horrortrip für die Abendspielleitung und den Beleuchtungsmeister werden zu lassen. Es gibt deren aber mindestens genauso viele, wirklich gute Arbeit abzuliefern. Meine Empfehlung ist: Hinsetzen, Gerät kennen lernen und Spaß haben. Wenn man wach für die Situation ist und auch mit den Kollegen an den anderen Verfolgern Hand in Hand arbeitet, kann man Schönes leuchten und einen nicht ganz unwichtigen Beitrag zum Gesamteindruck leisten.

9.2.4 Flächenleuchten

Fluter

Fluter sind für die Ausleuchtung von Flächen konzipiert und werden zum Beispiel für die Grundbeleuchtung (s. Kap. 11.3.2) einer Bühne eingesetzt. Die einfachsten Fluter bestehen im Grunde nur aus einem Leuchtmittel und einem Reflektor. Meist haben sie eine stabförmige Halogenglühlampe als Leuchtmittel, so genannte Softlichtfluter arbeiten dagegen mit Leuchtstofflampen. Der Reflektor kann symmetrisch oder asymmetrisch ausgeführt sein. Fluter mit symmetrischem Reflektor strahlen das Licht in beide Richtungen ab und in einem etwas größeren Winkel. Asymmetrische Fluter können zum Beispiel auf dem Boden stehen und trotzdem eine senkrechte Fläche relativ gleichmäßig ausleuchten. Fluter werden oft als so genannte Lichtrampen in Dreier- oder Vierergruppen eingesetzt, und mit verschiedenen Farbfolien vor jeder Lampe. Sie können auch mit Torblenden ausgestattet sein, nicht gewünschtes Licht kann so einfach „weggeklappt" werden (Abb. 9.35).

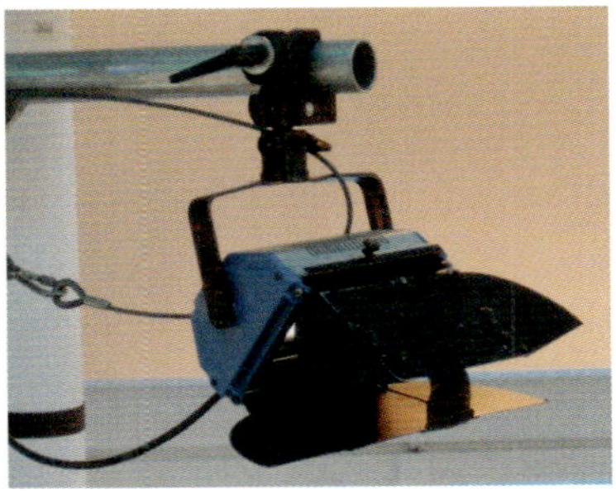

Abb. 9.35 Links: Dreier-Fluter mit Farbfolien (Strand Selecon Aurora). **Rechts:** Fluter mit Torblenden (Arri Miniflood 1000).

Flächenleuchten mit Leuchtstofflampen

Frieder Hochheim und Gary Swink, Mitarbeiter der Beleuchtungscrew beim Kinofilm „Barfly", entwickelten während den Dreharbeiten spezielle Scheinwerfer mit Leuchtstofflampen als Leuchtmittel und mit getrennt angebrachten Netzteilen. Diese Systeme ermöglichen auf eine einfache Art die Ausleuchtung mit weichem und flächigem Licht. Sie erzeugen im Vergleich zu den sonst üblichen Halogen-Metalldampflampen sehr viel weniger Hitze und lassen sich aufgrund der kompakten Bauform auch in kleineren Filmsets nahe an der Szenerie einsetzen. Die Systeme sind zudem sehr leicht und flach und können dadurch sogar einfach an eine Wand gehängt werden. Auch andere Filmleute entdeckten in den folgenden Jahren dieses Beleuchtungsmittel für sich. Hochheim und Swink gründeten daher eine eigene Firma und vertreiben ihr Beleuchtungssystem seither unter dem Namen „Kino Flo", in Anlehnung an den Film findet sich im Programm auch ein Scheinwerfer mit der Bezeichnung „BarFly". Neuere BarFly-Systeme sind für eine größere Lichtintensität optimiert und arbeiten mit höheren Wechselstromfrequenzen, um dadurch ein Flackern zu verhindern (Abb. 9.36). Ähnliche Systeme werden inzwischen auch von anderen Herstellern angeboten.

Abb. 9.36: Flächenleuchten mit Leuchtstofflampen (BarFly 400).

9.2.5 Moving Lights

Kopfbewegte Systeme (Spot und Wash)

Kopfbewegte Scheinwerfer sind Multifunktionsscheinwerfer, die um alle Achsen schwenken (Abb. 9.37 Links). Über ein optisches System lässt sich der Lichtaustritt regulieren. Es wird zwischen Spot-Lights und Wash-Lights unterschieden. Spot-Lights haben eine Kondensoroptik und entsprechen damit einem Profilscheinwerfer, während Wash-Lights eher mit Stufenlinsen-Scheinwerfern vergleichbar sind. Letztere eignen sich daher nicht zur Projektion von Gobos (s. Kap. 11.3.5) und sind meist nur mit einem Farbwechsler ausgestattet (subtraktive Farbmischung über die Farben CMY). Für einige Wash-Lights gibt es aber auch Umrüst-Kits, so dass diese auch als Spot-Light einsetzbar sind. So bietet beispielsweise der Hersteller Martin für sein Wash-Light MAC250 ein Umrüst-Kit an, das aus einer Stufenlinse, Irisringen und Halterungen für Gobos besteht.

Abb. 9.37 Links: Kopfbewegtes Moving Light mit geöffnetem Gehäuse bei der Reparatur (Martin MAC2000). **Rechts:** Kopfbewegter LED-Scheinwerfer (Martin MAC301).

Ein kopfbewegtes Moving Light besteht aus drei Baugruppen:

- Sockel (Base): Hier finden sich die Anschlüsse für die Stromversorgung und DMX (s. Kap. 10.3.2) und daneben die Antriebseinheit für horizontale Drehbewegungen → „Pan" über einen Bereich von üblicherweise 540° (1,5-fache Drehung um die Achse).
- Arm oder Bügel (Yoke): Im Arm ist die Antriebseinheit für vertikale Neigebewegungen untergebracht → „Tilt" über einen Bereich von ca. 320°.
- Kopf (Head): Der Kopf ist der eigentliche Scheinwerfer.

Durch die ständige Bewegung sind alle Teile im Kopf einer hohen mechanischen Belastung und damit einem großen Verschleiß unterworfen. Kopfbewegte Moving Lights sind daher entsprechend wartungsintensiv.

Bei Moving Lights wird der Lichtstrom über einen mechanischen Dimmer gesteuert, und natürlich gibt es im Strahlengang auch eine Blende, um die Größe des Lichtkegels einstellen zu können. Die Blende kann bei manchen Typen sehr schnell geschlossen und geöffnet werden, so dass dadurch Stroboskopeffekte möglich werden. Als Leuchtmittel werden Halogen-Metalldampflampen und Xenon-Hochdrucklampen mit einer Leistungsaufnahme von 150 bis 2000 W eingesetzt.

In letzter Zeit werden verstärkt kopfbewegte Moving Lights mit LEDs als Leuchtmittel angeboten (Abb. 9.37 Rechts). Durch eine Vielzahl von LEDs jeweils in Rot, Grün und Blau oder durch spezielle RGB-LEDs wird hier eine additive Farbmischung ermöglicht. Moving Lights mit LED-Technik sind bisher ausnahmslos Wash-Lights. Sie sind robuster als herkömmliche Moving Lights und die Lebensdauer der LED übersteigt die von anderen Leuchtmitteln bei weitem. Insgesamt betrachtet sind Moving Lights mit LEDs daher wesentlich wartungsärmer.

Spiegelbewegte Systeme (Spot)

Spiegelbewegte Moving Light werden auch Scanner genannt (Abb. 9.38). Hier wird der Lichtstrahl über einen elektromechanisch beweglichen Spiegel abgelenkt, die Lampe selber bewegt sich also nicht. Die Spiegelkonstruktion eines Scanners weist eine erheblich geringere Masse auf als der Kopf eines kopfbewegten Moving Lights. Aufgrund der geringeren Massenträgheit des Spiegels kann der Lichtstrahl in Sekundenbruchteilen in eine andere Richtung gelenkt werden. Insgesamt ist auch der Verschleiß gegenüber einem kopfbewegten Moving Light geringer, da das Gehäuse des Scanners nicht bewegt werden muss und weniger mechanische Komponenten vorhanden sind. Vor allem das Leuchtmittel wird weniger beansprucht. Ein Nachteil ist allerdings die eingeschränkte Positionierbarkeit des Lichtstrahls; Pan- und Tilt-Bewegungen sind auf ca. 180° beschränkt.

Scanner verfügen über eine Kondensoroptik oder ein elliptisch-optisches System wie Profilscheinwerfer. Sie haben meist ein CMY-Farbmischsystem und mehrere eingebaute Gobos. Bei einigen Scannern kann ein Prisma in den Strahlengang geschwenkt werden, welches die projizierten Gobo-Muster multipliziert, also mehrfach darstellt. Über eine Irisblende kann die Größe des Lichtkegels eingestellt werden, und ein mechanischer Dimmer reguliert den Lichtstrom – mit diesem sind wie bei kopfbewegten Moving Lights auch Stroboskopeffekte machbar.

Abb. 9.38: Scanner (Eurolite TS-5).

Für jede Funktion ist ein eigener DMX-Kanal mit einer Auflösung von 8 Bit notwendig (s. Kap. 10.3.2), somit lassen sich beispielsweise die Blende oder Goboräder mit 256 Schritten positionieren. (Bezogen auf eine ganze Umdrehung von 360° bedeutet das eine Genauigkeit von ca. 1,5°.) Üblicherweise benötigt ein Moving Light 20 DMX-Kanäle und mehr, um alle Funktionen ansteuern zu können.

9.2.6 Besondere Bauformen

Audience Blinder

Audience Blinder sind Scheinwerfer zum Blenden des Publikums. Meist werden dafür als Leuchtmittel ACL (Aircraft Landing Lights) eingesetzt, also die Niedervoltvariante der PAR-Scheinwerfer (Abb. 9.39). Am häufigsten werden sicherlich die Audience Blinder des Herstellers Litecraft eingesetzt, die ihre Geräte mit PAR 36 ACL (250 W / 28 V) oder mit PAR 36 DWE (650 W / 120 V) ausstatten. Audience Blinder können auch in Kombination mit Farbfolienwechslern (s. Kap. 9.3) betrieben werden.

Abb. 9.39: Blinder (Litecraft 8-Lite-Blinder).

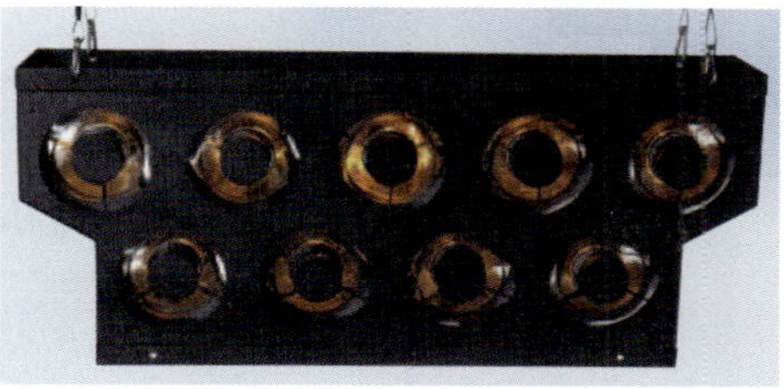

Abb. 9.40: Svoboda-Rampe (ADB Lighting Technologies).

Rampen und Lichtvorhänge (Light Curtains)

Lichtvorhänge bestehen aus einer Reihe von Parabolscheinwerfern, die nebeneinander angebracht sind. Oft werden sie so aufgehängt, dass ihr Lichtstrahl als Gegenlicht zum Publikum hin gerichtet ist. Die so genannten Svoboda-Rampen sind nach dem tschechischen Bühnenbildner Josef Svoboda benannt und werden von ADB Lighting Technologies gebaut (Abb. 9.40). Es handelt sich hier um neun oder zehn PAR-Niedervoltlampen, die in Zweierreihen angeordnet sind und so sehr dichte Lichtvorhänge mit einer Gesamtleistung von bis zu 2500 W bilden.

Space Flower

Der Space Flower (Abb. 9.41) ist ein Lichteffekt, der meistens bei Veranstaltungen im Freien zum Einsatz kommt, sich aber auch auf großen Bühnen in Veranstaltungshallen oder Theatern findet. Dieses Scheinwerfersystem erzeugt mit einer 3000 W-Halogen-Metalldampflampe (Osram STI3000) 36 Lichtstrahlen, die bis zu 10 km weit sichtbar sind. Durch Öffnen und Schließen des Strahlenkreises wird eine „Zoomwirkung" erzeugt. Die Rotation des Strahlenkreises und die Zoomgeschwindigkeit sind dabei steuerbar, weiterhin eine horizontale Bewegung von maximal 150°. Der Space Flower hat eine eingebaute Steuereinheit, kann also autark ohne Lichtsteuerpult betrieben werden, aber natürlich ist das Gerät auch über DMX fernsteuerbar. Space Flower gibt es in drei verschiedenen Ausführungen: Mit oder ohne Jalousieblende, mit oder ohne DMX-Board. Für die Anwendung im Theater oder auf Konzertbühnen wird die Variante mit Blende und DMX-Anschlüssen bevorzugt.

Abb. 9.41: Space Flower.

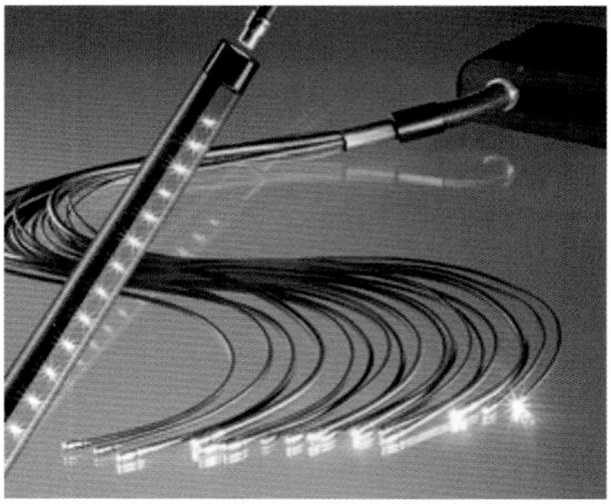

Abb. 9.42: Faseroptisches Beleuchtungssystem.

Faseroptische Beleuchtungssysteme

Geräte mit Faseroptik enthalten Stränge biegsamer Lichtwellenleiter (LWL, s. Kap. 3.3). Das Licht einer Halogenglühlampe oder Halogen-Metalldampflampe wird über eine Optik in die Lichtwellenleiter geleitet. Am anderen Ende tritt das Licht wieder aus. Die einzelnen Fasern sind bis zu 30 m lang, bei einem Durchmesser von 3, 4 oder 5 mm (Abb. 9.42).

Diese Technik ist vor allem für Spezialanwendungen geeignet. Die typische Anwendung im Veranstaltungsbereich ist der Sternenhimmel-Vorhang, bei dem nur wenige Lichtquellen hunderte oder sogar tausende von kleinen Lichtpunkten auf einem schwarzen Stoff zum Leuchten bringen. Da über einen Lichtwellenleiter kein Strom geleitet wird, sind diese Systeme auch sehr gut zum Einsatz unter Wasser geeignet. Außerdem wird kaum Infrarot- und UV-Strahlung übertragen.

Dedolights

Dedolights (Abb. 9.43) wurden bisher hauptsächlich bei Film- und Fernsehdreharbeiten eingesetzt, inzwischen werden sie aber auch als Architekturleuchten verwendet, beispielsweise in Museen zur Beleuchtung der Exponate. Es sind eher kleine und damit handliche Lampen mit einem Reflektorspiegel und Kondensoroptik (Doppel-Asphärenoptik).

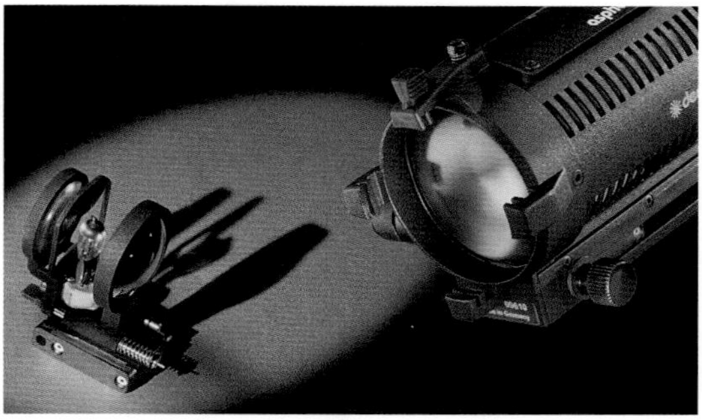

Abb. 9.43: Dedolight (Classic Series Tungsten 100/150 W).

Was Dedolights auszeichnet, ist die gleichmäßige Licht- und Farbverteilung im ganzen Fokussierbereich. Für diese Leuchten wird ein umfangreiches Sortiment an Zubehörteilen angeboten, wie zum Beispiel Torblenden, Irisblenden, Gobo-Halterungen und diverse Filter (s. Kap. 9.3). Die Projektionsvorsätze bieten eine sehr gute Farb-, Kontrast- und Schärfewiedergabe.

Reportageleuchten

Reportageleuchten (Abb. 9.44) sind für den mobilen Einsatz bei Dreharbeiten konzipiert und werden über Akkus mit Strom versorgt. Mit einem entsprechenden Vorschaltgerät können sie aber auch am Netzanschluss betrieben werden. Die meisten Modelle verfügen über einen Handgriff, können aber auch direkt auf die Kamera montiert werden.

Abb. 9.44: Reportageleuchte (Sachtler Reporter 250H).

LED-Scheinwerfer

Zur Drucklegung der ersten Auflage dieses Buches (Sommer 2010) gab es über LED-Scheinwerfer im professionellen Einsatz noch nicht sehr viel zu berichten. Es gab gerade einmal Fluter, Hintergrundleuchten und Moving-Washlights in dieser Technik. Doch schon ein Jahr später waren so ziemlich alle Scheinwerfertypen mit LEDs als Leuchtmittel erhältlich. So gibt es inzwischen zum Beispiel auch kopfbewegte Moving-Spotlights oder Profilscheinwerfer mit so genannten LED-Weißlicht-Arrays anstatt herkömmlicher Brenner. Der Vorteil ist offensichtlich: Zum einen sind LEDs langlebiger, zum anderen weisen sie einen wesentlich höheren Wirkungsgrad auf. Scheinwerfer mit einer Vielzahl roter, grüner und blauer LEDs können aufgrund des Prinzips der additiven Farbmischung (s. Kap. 8.2.2) fast jede Farbe erzeugen, es werden also keine zusätzlichen Farbwechsler benötigt (Abb. 9.45).

Spezielle LED-Infrarotscheinwerfer sind schon länger auf dem Markt. Diese werden eingesetzt, um auch bei völliger Dunkelheit das Sichtfeld von IR-Überwachungskameras auszuleuchten.

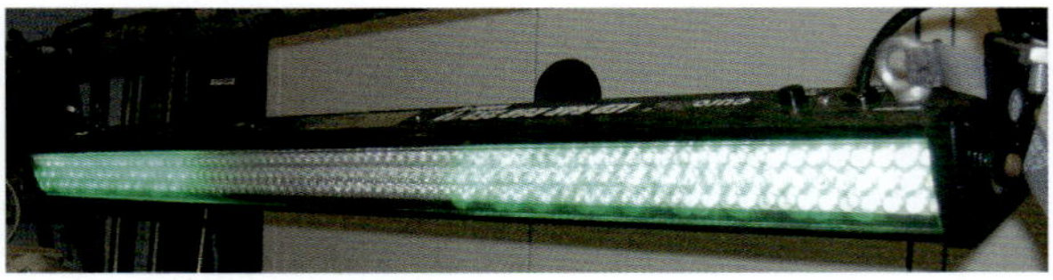

Abb. 9.45: Preisgünstige Scheinwerfersysteme mit LEDs als Leuchtmittel, die gerne als Effektscheinwerfer eingesetzt werden.

9.3 Anbauteile für Scheinwerfer

Für fast alle konventionellen Scheinwerfer ist Zubehör erhältlich, das sich zusätzlich am Gehäuse anbringen lässt. Das sind zum Beispiel Halterungen für Filter oder einen Farbwechsler, Torblenden oder konische Tubus-Vorsätze.

Aufnahme für Filter

In die Aufnahmen können Glasfilter mit Metallrahmen, Folien in Filterhaltern (Abb. 9.46) oder Wabenfilter (verringern die Lichtintensität) gesetzt werden.

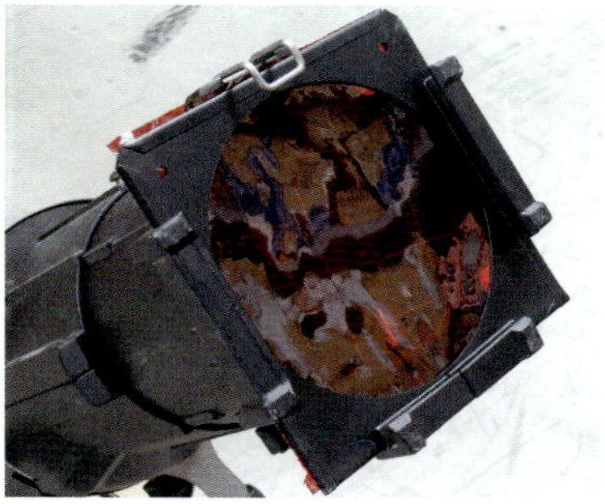

Abb. 9.46: Filterhalter an einem Zoomspot-Profilscheinwerfer.

Farbwechsler

Farbwechsler gibt es in zwei Ausführungen:

- Als motorisches Farbrad.
- Als ansteuerbarer, motorischer Rollenfarbwechsler (Scroller) mit aneinander geklebten und auf angetriebenen Rollen gewickelten Filterfolien (Abb. 9.47). Sie sind sehr wartungsintensiv, da sich schnell Staub und Dreck an den Klebestellen und in der Mechanik festsetzt.

Bei beiden Systemen erfolgt die Motorsteuerung über ein DMX-Signal. Um den Lichtkegel des Scheinwerfers möglichst gering zu beeinflussen, sollte der Farbwechsler entsprechend größer als die Lichtaustrittsöffnung des Schweinwerfers dimensioniert sein.

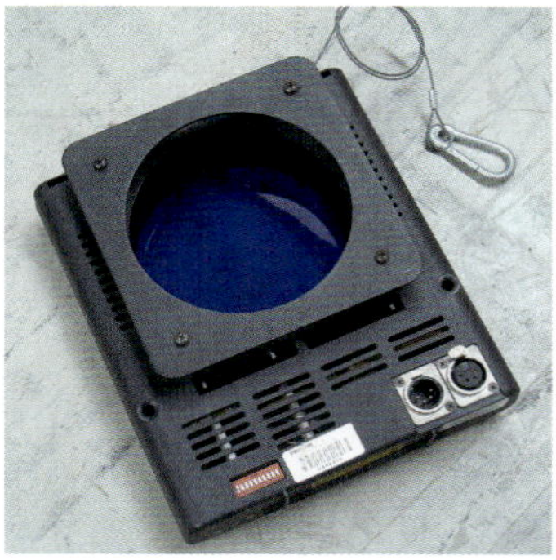

Abb. 9.47: Rollenfarbwechsler.

Abb. 9.48: Torblende mit vier Flügeln.

Torblenden (Flügeltore)

Torblenden begrenzen den Lichtkegel auf bestimmte Bereiche. Es gibt Ausführungen mit zwei, vier oder mehr Flügeln, drehbar oder fest positioniert. Sie werden meist in die Filterhalter-aufnahmen gesetzt (Abb. 9.48). Sollten die Torblenden zu Begrenzung des Lichtkegels alleine nicht ausreichen, so kann zusätzlich auch eine spezielle, schwarz eingefärbte Alufolie („Black Wrap Folie") verwendend werden.

Tubusvorsätze

Ein geschwärzter Tubus vor einem Scheinwerfer verringert das Streulicht, verengt aber auch den Lichtstrahl und begrenzt ihn damit auf bestimmte Bereiche. Es gibt verschiedene Ausführungen: Top Hats (mit und ohne Rasterblenden) und Half Hats. Ein spezieller Linsentubus erhöht den Kontrast und die Kantenschärfe und verbessert damit die Abbildungsqualität (Abb. 9.49). Ein Tubus, der zudem als Abstandshalter für Farbfolien ausgeführt ist, verlängert die Lebensdauer der Folien.

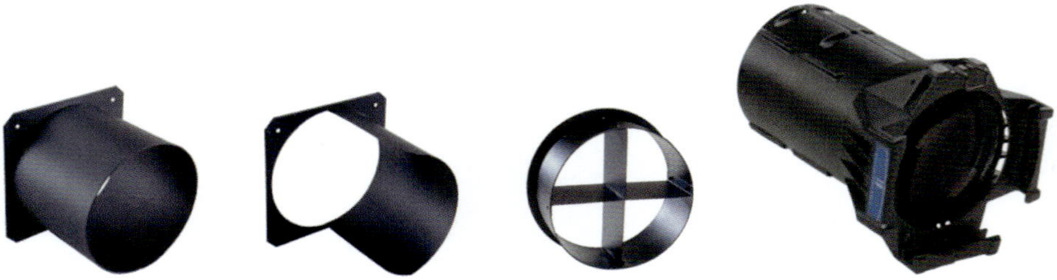

Abb. 9.49: Von links nach rechts: Top Hat, Half Hat, Top Hat mit Kreuzblende, Linsentubus.

Mechanische Blende

Mechanische, über DMX gesteuerte Jalousieblenden werden bei Scheinwerfern oder Projektoren mit Entladungslampen eingesetzt, die nur in einem begrenzten Bereich elektronisch gedimmt werden können. Abb. 9.41 (Rechts) zeigt solch eine mechanische Blende vor einem Space Flower.

9.4 Scheinwerferinstallation

Bars

Bars sind rechteckige oder runde Metallrohre, die aus Gewichtsgründen meist aus Aluminium bestehen, und an die meist vier oder sechs Scheinwerfer montiert werden – daher auch die Bezeichnung 4-er Bar und 6-er Bar (Abb. 9.50 Links).

Viele Bars sind bereits mit einem Eingang für ein Lastmulticore (s. Kap. 3.6.3) ausgestattet, es können aber auch so genannte Lastsplitterboxen mit Schuko-Steckdosen für die einzelnen Lichtkreise bzw. Scheinwerfer verwendet werden. Die Scheinwerferbügel sind entweder fest mit dem Bar verschraubt – dann muss die Bar entsprechende Bohrungen für die Schrauben aufweisen – oder es können G-Klemmen (Theaterhaken) und spezielle Rohrschellen verwendet werden (Abb. 9.50 Rechts).

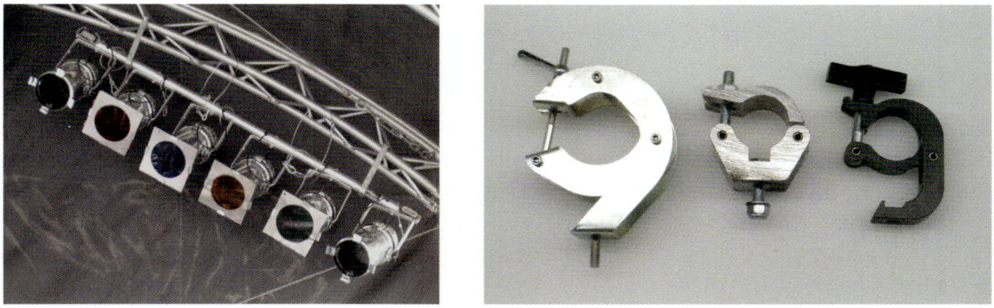

Abb. 9.50 Links: 6-er Bar. **Rechts:** Rohrschellen.

Stative

Die Anbringung von Bars oder einzelnen Scheinwerfern auf einem Stativ ist sicherlich die flexibelste und preisgünstigste Art und Weise der Installation. Stative sind höhenverstellbar und können schnell auf eine andere Position gestellt werden, wenn dies erforderlich sein sollte (das natürlich nur, wenn das Gewicht des Stativs dies noch zulässt).

Bei der Auswahl eines Stativs ist auf die maximale Tragfähigkeit zu achten, dies ist in der Regel auf einem Typenschild am Stativ vermerkt. Gegebenenfalls sind Stative gegen Umkippen zu sichern (s. Kap. 9.4) und die Stativbeine mit schwarz-gelbem oder rot-weißem Klebeband sichtbar zu kennzeichnen, um auf die Stolpergefahr hinzuweisen. Bei einer Veränderung der Höhe immer an den Sicherungsbolzen zu denken, der ein Absacken des Scheinwerfers verhindert, falls die Klemmschraube des Auszugrohres versehentlich nicht fest genug angezogen wurde. Sehr praktisch sind auch Kurbelstative, die vor allem bei schweren Scheinwerfern die Höhenjustage erleichtern. Allerdings sind die Kurbelstative wiederum selbst sehr schwer und auch teuer in der Anschaffung (Abb. 9.51).

Abb. 9.51: Scheinwerfer auf Stativen (Arri 6 kW und Sachtler 4 kW bei einem Außendreh des SWR für „Strasse der Lieder“).

Traversen

In vielen Produktionen sind ganze Traversensysteme wesentlicher Bestandteil des Bühnendesigns, und tragen neben den Scheinwerfern (Abb. 9.52) auch Nebelmaschinen, Projektoren, Lautsprecher und Vorhänge. Traversen werden entweder auf mindestens zwei stabilen Stativen montiert (so genannte Traversenlifte) oder über starke Drahtseile und Ketten von der Decke abgehängt bzw. geflogen.

Abb. 9.52: Scheinwerfer eingehängt in Alu-Traversen (unten hängen Martin MAC2000 und Light Curtains).

Große Open-Air-Produktionen nutzen senkrecht aufgestellte Traversen (Traversen-Tower), um ein waagrecht montiertes und als Dach genutztes Traversensystem über Kettenzüge mit Elektromotoren anzuheben. Die Scheinwerfer wiederum werden in den Traversen mit Hilfe der schon erwähnten Rohrschellen und G-Klemmen befestigt. Die Installation von Traversensystemen erfordert ein umfangreiches Fachwissen und Praxis im Bereich des Riggings und darf daher nur von ausgebildeten Spezialisten ausgeführt werden.

Laststangen

In Theatern werden verfahrbare Laststangen (Abb. 9.53) als Prospektzüge oder eben auch als Lichtzüge verwendet. Laststangen sind Rohre oder zusammengefügte Rohrabschnitte mit einer Länge, die sich über die gesamte Bühnenbreite erstreckt (meist zwischen 15 und 18 m). Aber auch verfahrbare Leiter-, Dreiecks- oder Kastentragwerkskonstruktionen werden als Laststangen bezeichnet. Für das Austauschen und Warten der aufgehängten Scheinwerfer müssen sie abgesenkt werden. Um die Kraft zum Senken oder Heben zu verringern, sind Laststangensysteme mit Gegengewichten ausgestattet, diese reduzieren das effektive Gewicht der Gesamtkonstruktion. Laststangensysteme haben eine oder mehrere Sperrvorrichtungen, davon wenigstens eine Form einer Überlastungsbegrenzungsvorrichtung.

Da bei bewegten Lichtzügen beträchtliche dynamische Kräfte auftreten können, sind hier viele Sicherheitsrichtlinien einzuhalten. Es ist daher die Lektüre der Berufsgenossenschaftlichen Vorschrift BGV C1 und der dazugehörigen Erläuterung SP 25.1/2-3 (BGI 810-2) „Aufhängungen" zu empfehlen. Hier werden alle weiteren relevanten Normen für Anschlagsmittel, Tragmittel, Lastaufnahmemittel, Verbindungselemente und Sicherungsseile aufgelistet.

Abb. 9.53: Laststangen in einem Theater.

Feste Installationen

Bei festen, unbeweglichen Installationen (Abb. 9.54) treten keine so großen Kräfte auf wie bei den vorher erwähnten, verfahrbaren Laststangen. Aber natürlich sind auch hier gewisse Sicherheitsstandards einzuhalten, damit eine Gefährdung durch herab fallende Scheinwerfer oder Zubehörteile ausgeschlossen ist. Daher sei auch hier auf die BGV C1 verwiesen.

Abb. 9.54 Links: Lichtleiter in der Gasse einer Theaterbühne. **Rechts:** Scheinwerfer an der Brüstung des Ranges im Zuschauerraum.

Pantograph (Scherenleuchtenhänger) und Drop Arm (Teleskopstange)

An einen Pantographen oder einem Drop Arm (Abb. 9.55) wird ein einzelner Scheinwerfer aufgehängt, der dadurch individuell in der Höhe einstellbar ist. Beide Aufhängungsarten werden hauptsächlich in Film- und Fernsehstudios eingesetzt und hier meist in Verbindung mit einem fest an der Studiodecke installierten Schienensystem, welches auch die notwendige Verkabelung trägt.

Die Auszugslänge eines Pantographen wird meistens von Hand mit Hilfe einer langen Kurbelstange verändert, aber es gibt auch motorbetriebene Pantographen. Die maximale Auszugslänge beträgt bei den meisten Bauarten ca. 5 m.

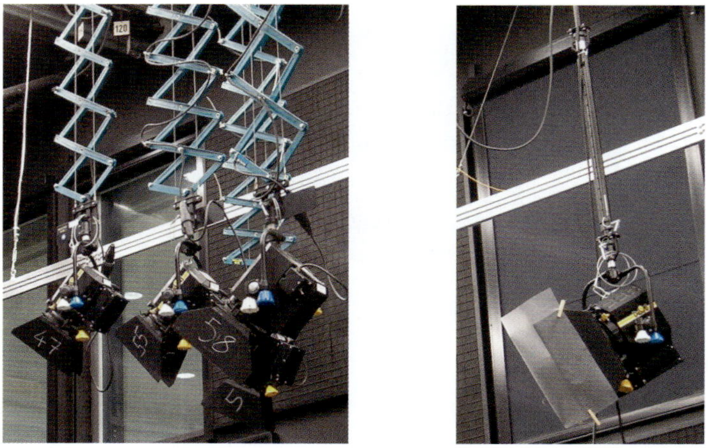

Abb. 9.55 Links: Scheinwerfer an Pantographen. **Rechts:** Scheinwerfer an einem Drop Arm.

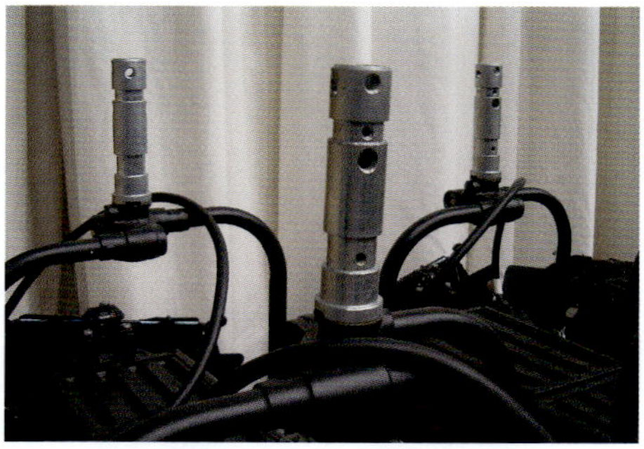

Abb. 9.56: Zapfen zur drehbaren Aufhängung von Scheinwerfern.

Teleskopstangen gibt es in verschiedene Längen, beispielsweise ausziehbar von 0,5 bis 1 m oder von 1 bis 2 m. Die Höhenverstellung von Hand gestaltet sich hier aber eher schwierig, da zum einen eine stabile Leiter oder sogar ein Steiger benötigt wird, zum anderen sind mindestens zwei Personen notwendig – einer hält den Scheinwerfer, der andere verändert die Auszugslänge. Sehr schwere Scheinwerfer werden besser während der Justage abgehängt. Komfortabler ist natürlich auch hier eine Motorsteuerung, die Auszugsgrenze liegt dann bei ca. 8 m. Der Scheinwerfer wird an einen Pantographen oder einem Drop Arm mit Hilfe von Leuchtenhängern gemäß DIN 15 560 befestigt. Es handelt sich hier um eine drehbare Aufhängung mit Hülse und Zapfen, letzterer wird auch „Spigot“ genannt (Abb. 9.56).

Aufstellung auf dem Boden

Zum einen gibt es spezielle PAR Floorpots, die zur Aufstellung auf dem Boden vorgesehen sind (Abb. 9.57), aber es ist natürlich auch möglich, jedes beliebige Leuchtmittel in dieser Weise zu verwenden und dessen Licht von unten auf die Szene strahlen zu lassen. So werden sehr häufig kopfbewegte Moving Lights entweder direkt auf den Boden gestellt oder auch leicht erhöht zum Beispiel auf der Transportkiste. Bei der Aufstellung ist darauf zu achten, dass die Akteure auf der Bühne oder auch Zuschauer den Scheinwerfern nicht zu nahe kommen können, um ein Umstoßen oder Verbrennungen zu vermeiden.

Abb. 9.57: PAR Floorspot.

9.5 Sicherheitsmaßnahmen beim Umgang mit Leuchtmitteln und Scheinwerfern

Sicherheitsstandards für Leuchtmittel und Scheinwerfer sind zum Beispiel in der DIN VDE 0711 und in der Berufsgenossenschaftlichen Schriftenreihe Prävention SP 25.1/7 festgelegt. Letztere ist für Fernsehen, Hörfunk und Film konzipiert, kann aber als allgemeine Handlungsgrundlage für die Veranstaltungstechnik herangezogen werden.

Berufsgenossenschaftliche Schriftenreihe Prävention SP 25.1/7

In der Präventionsschrift SP 25.1/7 wird gefordert, dass Scheinwerfer grundsätzlich dem Geräte- und Produktsicherheitsgesetz (GPSG) und gegebenenfalls auch dem Gesetz über elektromagnetische Verträglichkeit (EMVG) entsprechen müssen. Ein CE-Prüfzeichen und eine EG-Konformitätserklärung müssen vorhanden sein, und eine Bedienungs- und Montageanleitung sollte vorliegen (die wichtigsten Prüfzeichen finden sich im Anhang).

Scheinwerfer müssen so gebaut sein, dass Glassplitter beim Zerplatzen der Lampe im Gehäuse zurückgehalten werden. Dies wird entweder durch ein Metallgitter oder eine zusätzliche Schutzscheibe vor der Linse erreicht (Abb. 9.58). Bei Flächenleuchten soll ein Schutzgitter zudem eine Beschädigung der Leuchtmittel von außen verhindern.

Wird eine Arbeitsspannung von 1000 V überschritten (beispielsweise bei Entladungslampen mit Vorschaltgeräten), darf das Scheinwerfergehäuse nicht ohne Werkzeug zu öffnen sein. Alternativ kann der Scheinwerfer mit einem Schalter ausgerüstet sein, der beim Öffnen des Gehäuses den Stromkreis allpolig unterbricht.

Die Anschlussleitungen müssen für Nennströme bis 3 A einen Querschnitt von mindestens 1,0 mm^2 aufweisen, bei Strömen über 3 A mindestens 1,5 mm^2. Empfohlen wird ein Kabel vom Typ H07RN-F oder gleichwertiger Art. In der Nähe von heißen Gehäuseteilen sollten aber temperaturbeständige Kabel, zum Beispiel solche mit Silikonummantelung, verwendet werden.

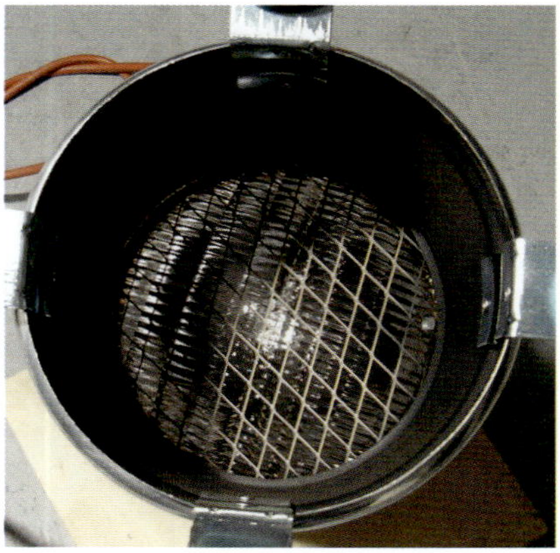

Abb. 9.58: Schutzgitter vor der Scheinwerferlinse (PAR64).

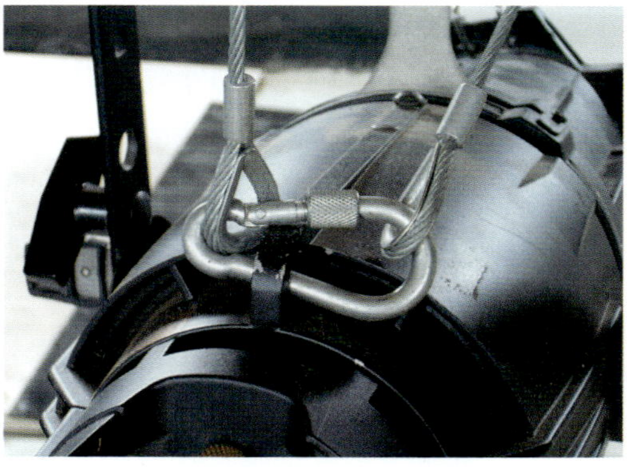

Abb. 9.59: Sicherungsseil (Safety) an einem Scheinwerfer.

Scheinwerfer stellen aufgrund der starken Wärmestrahlung eine nicht unerhebliche Brandgefahr dar. Daher sollten sie immer so angebracht werden, dass Dekoration und Ausstattungsteile nicht einer unzulässig hohen Temperatur ausgesetzt sind. Auch können sich durchleuchtete Glas- flächen und Fenster so stark erwärmen, dass es zum Bersten kommen kann. Also ist auch hier ein ausreichender Abstand zu wählen.

Scheinwerfer müssen durch zwei unabhängig voneinander wirkende „Einrichtungen" gegen ein Herabfallen gesichert sein. Der vorrangige Schutz gegen Herabfallen sind zunächst einmal der Befestigungsbügel und das Anschlagmittel. Der Befestigungsbügel muss die 10-fache Masse des Scheinwerfers tragen können, ohne dass dabei eine bleibende Verformung eintritt. Der zweite Schutz wird über ein Sicherungsseil („Safety", Abb. 9.64) gewährleistet, das den Anforderungen gemäß BGI 810-3 entsprechen muss. Auch das Sicherungsseil muss mindestens eine 10-fache Sicherheit aufweisen. Befinden sich am Scheinwerfer Anbauteile wie beispielsweise Torblenden oder Farbwechsler, so sind diese zusätzlich mit einem Sicherungsseil zu versehen. Scheinwerfer im Handbereich und bis zu 2,5 m über dem Fußboden erfordern besondere Schutzmaßnahmen gegen Manipulation, zudem sollte eine Verbrennungsgefahr für Personen durch eine Absperrung des Bereichs ausgeschlossen sein.

Scheinwerferstative müssen standsicher aufgestellt werden und sind zusätzlich zu sichern, wenn damit zu rechnen ist, dass sie umgestoßen werden. Bei Aufstellung im Freien kann auch der Winddruck eine Gefahr darstellen. Geeignete Sicherungsmaßnahmen sind in beiden Fällen zum Beispiel Gewichte zum Beschweren der Stativfüße und Abspannungen zu standsicheren Bauteilen. Stative dürfen natürlich nicht in Flucht- und Rettungswegen aufgestellt werden.

Allgemein geht von Scheinwerfern die nicht zu unterschätzende Gefahr der Blendung aus. Damit ist nicht nur gemeint, dass akute oder bleibende Schäden der Augen die Folge sein können, sondern auch, dass geblendete Personen Hindernisse und Gefahrenstellen übersehen können. Beim Einleuchten sind daher gegebenenfalls Lichtschutzbrillen zu tragen. Da das Licht von Entladungslampen einen hohen Anteil an schädlicher UV-Strahlung aufweist (HMI-Lampen emittieren bis zu 10 % der aufgenommen Leistung im UV-Bereich), dürfen sie nur mit vorgesetzten UV-Filtern betrieben werden!

Generell ist vor jeder Benutzung eine Sichtprüfung durchzuführen, und Scheinwerfer mit sicherheitsrelevanten Mängeln dürfen natürlich nicht verwendet werden. Nach einer umfangreichen Reinigung oder Reparatur ist der Scheinwerfer grundsätzlich hinsichtlich der Punkte in Tab. 9.2 zu überprüfen.

Tab. 9.2: Prüfungen an Scheinwerfern.

Was ist zu prüfen?	Wie ist zu prüfen?
Anschlusskabel	Sichtprüfung
Zugentlastung	Sichtprüfung und Funktion
Steckverbinder	Sichtprüfung und Funktion
Leuchtmittel	Sichtprüfung und Funktion
Einhaltung der Schutzart und Schutzklasse	Sichtprüfung
Schutzmaßnahmen gegen elektrischen Schlag	Wirksamkeit und Messung
Aufhängung und Befestigung	Sichtprüfung und Funktion
Zubehör	Sichtprüfung und Funktion

Natürlich unterliegen Scheinwerfer als elektrische Betriebsmittel auch den in Kapitel 7 dargestellten Prüfungen, beispielsweise den Wiederholungsprüfungen nach BGV A3.

Umgang mit Leuchtmitteln allgemein

Beim Leuchtmitteltausch sollte man die neue Lampe nur am Sockel und nicht am Glaskolben anfassen. Es empfiehlt sich der Gebrauch von Handschuhen, um Fettrückstände auf dem Glaskolben zu vermeiden. Fetthaltige Verunreinigungen durch Fingerabdrücke brennen sich durch die hohen Temperaturen in das Glas ein. Dies verursacht Streulicht oder Lichtreflexe und führt zu einer Verminderung der Lichtausbeute. Sollte der Kolben einmal mit den blanken Fingern berührt worden sein, dann ist der Schweiß mit einem fusselfreien Tuch und etwas Alkohol vom Glas zu entfernen. Die Leuchtmittelhersteller geben an, in welcher Position bzw. in welchem Neigungswinkel die jeweilige Lampe betrieben werden darf, damit sich der Sockel durch die Abwärme nicht überhitzt. Entsprechende Hinweise hierzu sind zu beachten.

Umgang mit Hochdrucklampen im Speziellen

Hochdrucklampen kommen in Scheinwerfern und Projektoren zum Einsatz. In Hochdrucklampen herrscht, wie der Name schon sagt, ein Überdruck. Dieser beträgt je nach Bauart und Betriebstemperatur zwischen ca. 8 und 40 bar. Bekommt eine solche Lampe einen Schlag, einen Kratzer oder verformt sie sich während des Betriebs, so kann sie unter Umständen zerplatzen. Es ist daher auf einen behutsamen Transport und eine gute Verpackung des Scheinwerfers oder des Projektors zu achten. Beim Zerplatzen einer Quecksilberdampf-Hochdrucklampe strömt der entweichende Quecksilberdampf durch die Lüftungsschlitze des Gehäuses aus. Dieses Gas darf nicht eingeatmet werden und sollte nicht an Augen und Mund gelangen.

Beim Austausch der Hochdrucklampen ist geeignete Schutzkleidung zu tragen (Helm mit Gesichtsschutz, robuste Arbeitsjacke und Handschuhe), da beim Bersten der Lampe Glassplitter mit hoher Geschwindigkeit umherfliegen. Vor dem Herausnehmen des Leuchtmittels muss der Strom abgestellt und die Lampe abgekühlt sein.

9.6 Übungsaufgaben

Aufgabe 1

Worin unterscheiden sich Temperaturstrahler und Entladungslampen? Warum sind für Entladungslampen Vorschaltgeräte notwendig, und welche Arten von Vorschaltgeräten gibt es?

Aufgabe 2

Erkläre den Halogenkreisprozess.

Aufgabe 3

Warum lassen sich LEDs nicht über Phasenanschnitt oder Phasenabschnitt dimmen? Warum lassen sich die meisten Entladungslampen nur bis ca. 50 % elektronisch dimmen?

Aufgabe 4

Was ist der Unterschied zwischen einer Leuchtstofflampe und einer Neonlampe?

Aufgabe 5

Worin unterscheiden sich Plankonvexlinsen-Scheinwerfer und Stufenlinsen-Scheinwerfer?

Aufgabe 6

Was bedeuten die Bezeichnungen „Spot“ und „Wash“ bei Moving Lights?

Aufgabe 7

Was bewirkt ein Tubusvorsatz?

Aufgabe 8

Welche Filter dürfen bei Scheinwerfern mit Entladungslampen keinesfalls entfernt werden und warum?

Aufgabe 9

Welche Schutzmaßnahmen sind beim Austausch von Hochdrucklampen notwendig?

Literaturtipps

Mueller J. Handbuch der Lichttechnik.
PPV Medien, Bergkirchen 2014

Ebner M. Lichttechnik für Bühne und Disco.
Elektor-Verlag, Aachen 2011

Studiobeleuchtung einer Rundbühne, hauptsächlich mit 2 und 5 kW-Kunstlicht-Stufenlinsen (Aufbau der SWR-Produktion „Was passiert wenn... ?“).

10 Lichtsteuerung

In diesem Kapitel geht es um Lichtstellpulte und um die analoge und digitale Lichtsteuerung. Diese Themen sollten im dritten Lehrjahr unterrichtet werden. Die Leistungssteuerung über Dimmer ist dagegen schon ein Thema im zweiten Lehrjahr.

10.1 Lichtstellpulte

Ein Lichtstellpult ist die Schaltzentrale einer Beleuchtungsanlage. Dabei kann das Pult zum einen Dimmer (s. Kap. 10.4) bzw. konventionelle Scheinwerfer steuern, zum anderen aber auch Moving Lights und Spezialeffekte wie zum Beispiel Nebelmaschinen. Darüber hinaus werden zunehmend auch Mediaserver gesteuert, zum Beispiel zur Ausspielung von Videosequenzen für eine Projektion (s. Kap. 12.5). Die Kommunikation erfolgt über analoge oder digitale Protokolle, also letztlich über elektronische Steuersignale. Welches Protokoll zur Anwendung kommt, hängt von den eingesetzten „Endgeräten" ab. Noch immer werden viele Dimmer über analoge Steuerspannungen geregelt, Standard ist aber das digitale DMX512-Protokoll (s. Kap. 10.3.2).

Preset-Lichtstellpulte

Lichtstellpulte dieser Bauart stellen die einfachste Variante dar. Sie ermöglichen die manuelle Kontrolle mehrerer Dimmer bzw. Lichtkreise mit Hilfe von Schiebereglern (Fadern) – über diese kann die Lichtintensität stufenlos von 0 bis 100 % eingestellt werden. Jedem Fader ist ein Dimmer zugeordnet, und mehrere Fader können zu einer Gruppe zusammengefasst werden. Unter jedem einzelnen Fader befindet sich ein so genannter Flash-Taster, mit welchem auf Knopfdruck der volle Helligkeitswert aufgerufen wird. Über Gruppenregler (auch Sub Master genannt) oder Summensteller (Grand Master) kann man mehrere Fader als Einheit steuern.

Preset-Lichtstellpulte kommen meist bei kleineren Installationen zum Einsatz, zum Beispiel in Diskotheken und Clubs. Sie sind einfach zu bedienen und flexibel einsetzbar, werden aber dennoch zusehends von programmierbaren Pulten verdrängt. Mit Preset-Lichtstellpulten werden in der Regel nur konventionelle Scheinwerfer gesteuert, prinzipiell lassen sich darüber aber auch Moving Lights bedienen, sofern das Pult DMX-Signale ausgibt. So können diese Pulte ganz praktisch sein, um die Funktion von Moving Lights zu testen, beispielsweise zur Fehlersuche bei einer Reparatur.

1-Preset-Lichtstellpulte

1-Preset-Lichtstellpulte weisen nur eine Fader-Reihe (Bank) auf. Über einen Summenregler wird die eingestellte Lichtstimmung als Ganze auf- oder abgeblendet. Viel mehr Funktionalitäten bieten diese einfachen Pulte meist nicht. Sie sind daher leicht zu bedienen und leicht zu erklären (Abb. 10.1).

Abb. 10.1: 1-Preset-Lichtstellpult (Pulsar 18 Channel 1 Preset).

Abb. 10.2: 2-Preset-Lichtstellpult (Pulsar 18 Channel 2 Preset).

2-Preset-Lichtstellpulte

Hier können über zwei Bänke Lichtstimmungen eingestellt werden (Abb. 10.2). Mit den Gruppenstellern bzw. einem Crossfade-Master ist dann eine Überblendung zwischen diesen Presets möglich. Manchmal gibt es auch eine Funktion für eine automatische Überblendung mit einstellbarer Geschwindigkeit und einen zusätzlichen Blackout-Taster (DBO = „Dead Blackout") für jedes Preset. Bei einer Veranstaltung mit mehreren Szenen bzw. Lichtstimmungen wird mit Hilfe von schriftlichen Aufzeichnungen der Fader-Einstellungen in einer Szenenliste das jeweils folgende Preset eingestellt. Nach dem Szenenwechsel kann dann mit der frei gewordenen Fader-Bank das nächste Preset eingestellt werden – es ist bei diesen Pulten also noch viel „Handarbeit" notwendig.

Programmierbare Preset-Lichtstellpulte mit Szenenspeicher

Bei größeren Installationen finden sich in der Regel programmierbare Preset-Lichtstellpulte, die weitaus fortschrittlicher sind als rein manuell zu bedienende Pulte. Verschiedene Lichtszenen werden hier einfach und schnell per Knopfdruck aufgerufen. Im Programmiermodus kann man mit den Fadern eine bestimmte Lichtstimmung einstellen und im Speicher als Szene oder Cue ablegen. Im Betriebsmodus lassen sich die gespeicherten Stimmungen dann wieder abrufen. Besonders für den Einsatz im Theater sind diese Lichtstellpulte aufwändig konzipiert; sie können hier neben DMX-fähigen Dimmern auch Nebelmaschinen, Farbwechsler und weitere Geräte fernsteuern. Oft sind zusätzliche Kontrollmonitore an das Pult angeschlossen, auf welchen die Intensität der einzelnen Lichtkreise und weitere Informationen angezeigt werden.

Hinweis: Praxistipps für die Programmierung von Lichtstellpulten finden sich im „Kreativkapitel" 11.6; hier soll es zunächst um die technischen Grundlagen gehen.

Beispiel: Übersicht über das Lichtpult MA Lighting Lightcommander II 24/6

Dieses Pult ist nicht unbedingt das aktuellste Modell, dennoch wird es für kleinere Bühnen und Veranstaltungen immer noch gerne genutzt. Im Folgenden soll die Bedienoberfläche kurz erläutert werden (Abb. 10.3). (Siehe auch „Erste Schritte mit dem Lightcommander" im Anhang.)

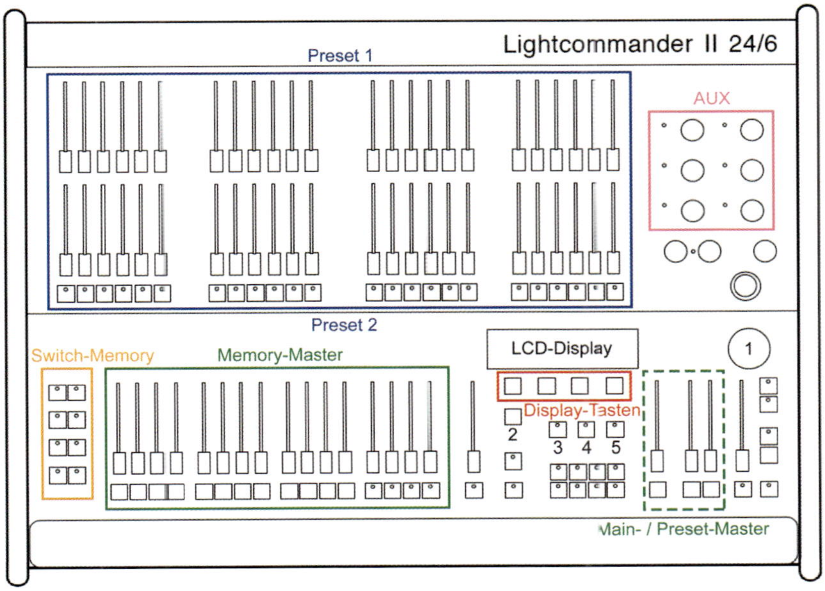

Abb. 10.3: MA Lighting Lightcommander II 24/6.

In der Abbildung mit Ziffern gekennzeichnet:

1. Encoder-Rad: Verändern numerischer Parameter, die im LCD-Display angezeigt werden.
2. QUIT-Taste: Schaltet auf die oberste Ebene des Menüs.
3. PREVIEW-Taste: Vorschaufunktion zur Überprüfen von Lichtszenen.
4. SWOP-Taste: Volle Einblendung einzelner Kanäle in Abhängigkeit vom Main Master.
5. BLIND-Taste: Die angezeigte Programmierung wird nicht auf die Bühne übertragen; durch die Preview-Funktion wird automatisch die Blind-Funktion aktiviert.

Im blau gekennzeichneten Bereich befinden sich zwei Reihen mit jeweils 24 Reglern (Preset 1 und Preset 2) und eine Reihe mit 24 Flash-Tasten. Diese Regler und Tasten dienen der Einzelkanalsteuerung. Das bedeutet, dass pro Kanal ein oder mehrere Dimmer angesprochen werden können und somit ein entsprechender Scheinwerfer oder eine Scheinwerfergruppe aufleuchtet. Im rosa Bereich rechts daneben finden sich sechs Zusatzkanäle (Auxiliaries = AUX). Diese sind unabhängig vom Main Master, den Preset Mastern und der Blackout-Taste (im Bild grün gestrichelt umrandet) und werden meistens für die Steuerung von Nebelmaschinen oder des Saallichts genutzt.

Im grün markierten Bereich sind 16 Memory Master-Regler mit Flash-Tasten angeordnet. Hier werden die einzelnen Lichtbilder gespeichert. Insgesamt acht Switch Memory-Tasten befinden sich links daneben im orange gekennzeichneten Bereich. Hier können 64 weitere Bilder abgespeichert werden. Im roten Bereich befinden sich vier Display-Tasten. Durch diese können Funktionen, die im LCD-Display darüber erscheinen, ausgeführt werden.

Das Lichtpult sollte man vor jeder neuen Pogrammierung initialisieren, um alle gespeicherten Scheinwerferzuweisungen und Programme zu löschen. Falls das Pult bereits eine Ablaufprogrammierung enthält und nur die Scheinwerfer neu zugewiesen werden müssen, kann auf eine Initialisierung verzichtet werden. Beim MA Lighting Lightcommander II 24/6 wird so zurückgesetzt: Bei ausgeschaltetem Pult die vier Display-Tasten gedrückt halten, das Pult einschalten und mit „Yes“ bestätigen (erste Display-Taste).

Abb. 10.4: Programmierbares Preset-Lichtstellpult (MA Lighting Lightcommander).

Prinzipiell können Lichtszenen auf zwei verschiedene Arten abgerufen werden:

- Mit „Stack Control“: Die meisten modernen Lichtstellpulte besitzen einen mit „Stack Control“ oder einfach nur mit „GO“ beschrifteten Taster, über welchen vorprogrammierte Szenen abgerufen werden können. Die Szenen müssen hierzu in der richtigen Reihenfolge in einer Szenenliste (Cuelist) sortiert sein. Für jeden Szenenübergang kann eine Zeitspanne definiert werden, in welcher der Wechsel der Lichtstimmung erfolgen soll (Timing, s. u.).
- Mit „Sub Master Control“: Eine andere Möglichkeit, gespeicherte Szenen aufzurufen, ist die Steuerung über Sub Master-Regler. Viele Pulte haben eine zusätzlich Fader-Bank, die als Sub Master bezeichnet wird. Mehrere DMX-Kanäle werden hier mit dem vorher programmierten Wert auf einen Fader zusammengefasst. Beim Einsatz mehrerer Sub Master können Lichtstimmungen auch ohne aufwändige Programmierung jederzeit geändert werden. Manche Pulte haben Sub Master verteilt über mehrere, umschaltbare Ebenen (Layer), und oft wird eine Sub Master-Steuerung mit einer Stack Control kombiniert. Somit können über die Sub Master auch so genannte *Chases* abgefahren werden, das sind ganze Sequenzen verschiedener abgespeicherter Szenen.

Timing der Szenenwechsel

Alle Lichtstellpulte mit Stack Control und einer „GO”-Taste sind in der Lage, dynamische Überblendungen zwischen den Lichtszenen zu realisieren. Dabei kann die Überblendungszeit als „Up Time“ oder „Down Time“ definiert werden:

- Up Time: Zeitspanne in Sekunden, in welcher eine neue Szene eingeblendet wird.
- Down Time: Zeitspanne in Sekunden, in welcher die vorige Szene abgeblendet wird.

Bei Preset-Lichtstellpulten ist oft nur für den Master Fader eine dynamische Steuerung vorgesehen. Bei Pulten mit Sub Master spielen dagegen vordefinierte Überblendungen eher eine untergeordnete Rolle, da man hier eher die manuelle Kontrolle über die Szenenwechsel haben möchte. Werden aber Moving Lights eingesetzt, ist eine zeitabhängige Parametersteuerung selbstverständlich.

Effekte

Einige Lichtstellpulte verfügen auch über interne Effektprogramme. Das kann im einfachsten Fall eine automatische „Blitzlichtsteuerung" für konventionelle Scheinwerfer sein, aber auch komplexe, vordefinierte Bewegungen und Farbwechsel bei Moving Lights. Die Effekte können beispielsweise über ein Audiosignal getriggert werden. Diese Pulte verfügen aber auch über Presets für Effektwechsel, die einfach ausgewählt werden können. In der Regel gibt es weitere Master Fader, welche die Steuerung der Effektparameter erlauben.

Steuerung für Moving Lights

Moving Lights lassen sich über die vorher aufgeführten Lichtstellpulte zwar auch, aber nicht sehr individuell bedienen, hierfür werden daher spezielle Pulte eingesetzt (Abb. 10.5). Diese müssen in der Lage sein, über zusätzliche Bedienelemente die vielfältigen Parameter eines Moving Lights zu steuern: Drehung und Neigung (Pan & Tilt), Fokus, Farbe, Gobo etc. In der Regel erfolgt das so: Das betreffende Moving Light wird am Pult über eine Select-Taste angewählt, und die betreffenden Parameter können dann per Joystick oder Encoder-Rad verändert werden. Da ein Joystick oder Encoder-Rad zunächst keinen genauern visuellen Anhalt über den eingestellten Wert bzw. die Position geben, ist hier ein zusätzliches Display zur Anzeige der Daten essentiell. Meist ist dieses als LCD-Display ausgeführt, bei manchen Lichtstellpulten als Touchscreen.

Da es kein Standardverfahren zu Steuerung von Moving Lights gibt, haben viele Pulte Voreinstellungen für die Geräte verschiedener Hersteller. Dem Operator bleiben dabei die eigentlichen Steuerbefehle verborgen, d. h. er muss sich keine Gedanken darüber machen, das eine Drehung um 95° in Wirklichkeit vielleicht „sende den Wert 125 an Kanal 05" bedeutet. Wird ein Moving Light durch das eines anderen Herstellers ersetzt, muss hierfür im Pult nur das Preset geändert werden, die neue Lampe sollte dann ebenfalls die gewünschten Bewegungen ausführen.

Abb. 10.5: Steuerpult für Moving Lights (MA Lighting Scancommander).

Abb. 10.6: Hybridstellpult (MA Lighting grandMA2).

Hybridstellpulte

Hybridstellpulte sind in der Lage, ein gemischtes Setup von konventionellem Licht und Moving Lights zu steuern (Abb. 10.6). Diese Pulte haben meist einen großen Kanalumfang mit der Möglichkeit, mehrere DMX-Datenströme parallel zu bearbeiten und diese über ein Netzwerk zu übertragen.

Bei großen Konzerten und in größeren Theatern, bei Multimedia-Shows und in TV-Studios werden inzwischen fast ausschließlich Hybridpulte eingesetzt. Vor allem deshalb, da diese Pulte neben MIDI- und Timecode-Anschlüssen über weitere systemübergreifende Schnittstellen verfügen, welche im Systemverbund mit Tonpulten und Steuerpulten der Bühnentechnik aufwändige, synchrone Showabläufe erst möglich machen. Hybridstellpulte werden in der Regel mit einer zusätzlichen PC-Software angeboten, mit der man ganze Shows offline am Computer bearbeiten kann.

10.2 Computergestützte Lichtsteuerung

Die Lichtsteuerung kann auch ganz ohne Lichtstellpult und nur mit einem PC oder Laptop erfolgen. Die computergestützte Lichtsteuerung ist nicht so ganz neu, und es gibt inzwischen eine Reihe von Programmen und Hardware für diesen Zweck. Die entsprechende Software kann die Möglichkeit der Programmierung ganzer Shows bieten, und das oft mit Funktionen, die sonst nur sehr teure Lichtstellpulte mitbringen. Es gibt hierzu entsprechende DMX-Hardware in Form von PCI-Steckkarten oder als USB-Interface (Abb. 10.7).

Der Anwender kann sich ein entsprechendes System zusammenstellen, welches die gewünschten Funktionen zur Steuerung erfüllt, und das auch bei einem geringen Budget, da sogar kostenlose Open Source-Software für diesen Zweck erhältlich ist. Die Funktionalitäten der computergestützten Lichtsteuerung sind meist erweiterbar bzw. skalierbar, beispielsweise wenn doch mehr DMX-Ausgänge benötigt werden – es wird in diesem Fall einfach zusätzliche DMX-Hardware integriert. Dennoch wird häufig noch parallel zur Computersteuerung ein klassisches Lichtstellpult eingesetzt, da dieses mit der Steuerung über echte Schieberegler und Tasten eine schnellere und direktere Kontrolle und einen spontanen Eingriff erlaubt.

Von vielen Lichtstellpult-Herstellern gibt es Software mit der Funktion eines Offline-Editors, es werden aber auch Programme mit zusätzlichen Features angeboten, die über die reine Lichtsteuerung hinausgehen Zum Beispiel Integrated Light-Planning and Steering-Systems (ILPS), bei welchen Lichtplanung und Simulation ein integraler Bestandteil des Gesamtsystems sind (s. Kap. 11.4.2). Mit Hilfe der Simulation können ganze Shows offline programmiert und vorab am Bildschirm dargestellt werden. Dies ist sehr hilfreich, da bereits im Vorfeld Programmierfehler erkannt und behoben werden können, lange bevor die reale Beleuchtungsanlage aufgebaut ist.

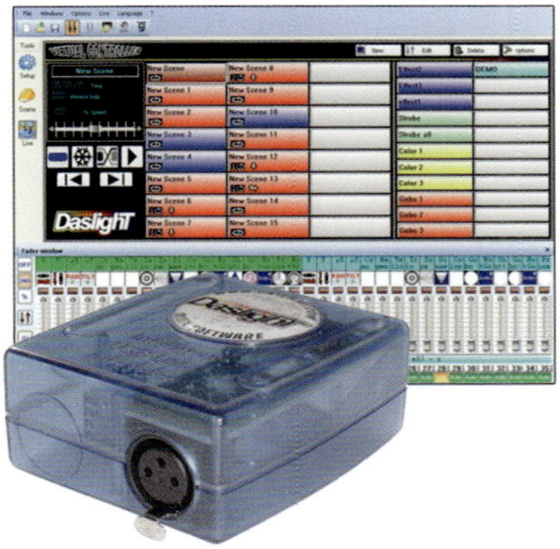

Abb. 10.7: DMX-USB-Interface (Daslight DVC128-M).

10.3 Protokolle zur Lichtsteuerung

10.3.1 AMX

Wird eine analoge Spannung zur Ansteuerung eines Dimmers genutzt, benötigt eigentlich jeder Dimmerkreis eine eigene Steuerleitung. Sollen also bei einer großen Beleuchtungsanlage viele Dimmer gesteuert werden, braucht man entsprechend viele Leitungen, die meist über Multicores zusammengefasst wurden. Mit AMX können dagegen mehrere Steuersignale zusammen auf einer einzigen Leitung übertragen werden, und je nach Standard können so zwischen 192 und 384 analoge Dimmer angesteuert werden. Die Abkürzung AMX steht für „Analogue Multiplex". Hierbei werden die analogen Spannungswerte der einzelnen Lichtkreise nacheinander über eine einzige Leitung gesendet, es wird also ein Zeitmultiplex-Verfahren angewandt (Abb. 10.8 und 10.9). Im Dimmer wird das Signal dann über einen Demultiplexer wieder in einzelne Spannungswerte zerlegt.

AMX erfordert eine regelmäßige Nachjustierung der Steuerspannungen und ist eher störanfällig. Zudem hat sich nie ein richtiger Standard herausgebildet, so gibt es zum Beispiel die Verfahren S20 (ADB Lighting), D54 (Strand Lighting) und AMX192 (USITT). Letztlich wurde AMX deshalb durch die digitale Variante – DMX – verdrängt.

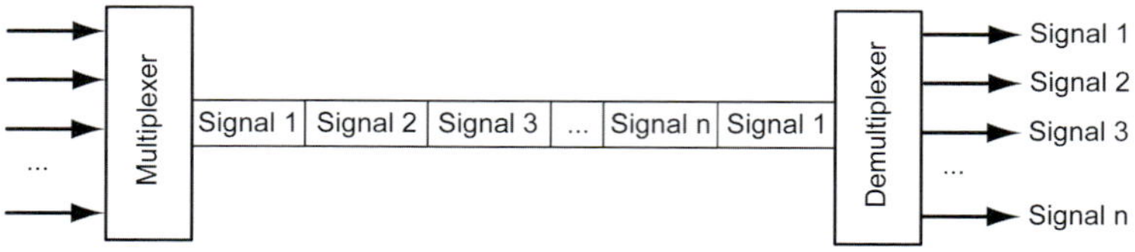

Abb. 10.8: Zeitmultiplex.

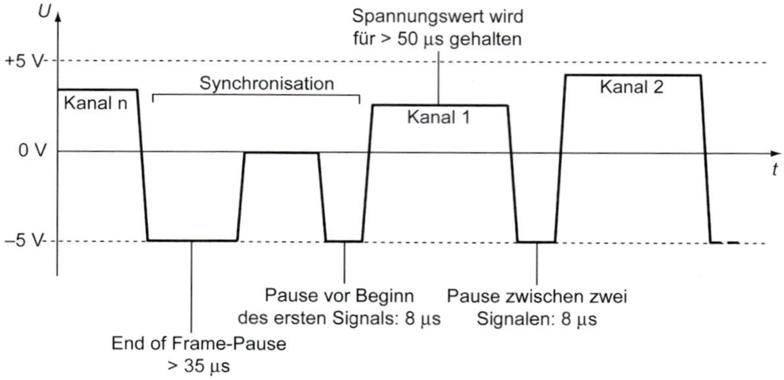

Abb. 10.9: Zeitmultiplex bei AMX D54.

10.3.2 DMX

Die Abkürzung DMX bedeutet „Digital Multiplex". Es handelt sich um ein digitales Datenformat speziell zur Steuerung von Lichtanlagen, das vom USITT entwickelt wurde und seit 1990 in Gebrauch ist. Die genaue Bezeichnung des Standards lautet „DMX-512/1990", wobei die Ziffer „512" besagt, dass gleichzeitig bis zu 512 Reglerkreise bedient werden können. Über eine maximal 300 m lange DMX-Leitung können bis zu 32 in Reihe geschaltete Empfänger angesteuert werden. Leitungsabzweigungen sind nicht erlaubt. Für Verzweigungen werden stattdessen spezielle DMX-Splitter eingesetzt (Abb. 10.10). Am letzten empfangenden Gerät muss ein Abschlusswiderstand angeschlossen werden (120 Ω / 0,3 W), um Reflexionen des hochfrequenten digitalen Signals zu vermeiden (s. Abb. 10.12). Die Spannung des 8-Bit-Signals (= 256 Werte) beträgt zwischen 2 und 5 V, die Übertragungsrate 250 kBit/s. Die Datenbytes für jeden Kanal werden nacheinander im Zeitmultiplex übertragen, beginnend mit Kanal 1 und aufsteigend bis Kanal 512. Die minimale Zeitspanne, die für einen Durchlauf mit 512 Kanälen benötigt wird, beträgt 22,668 Millisekunden.

Abb. 10.10: DMX-Splitter.

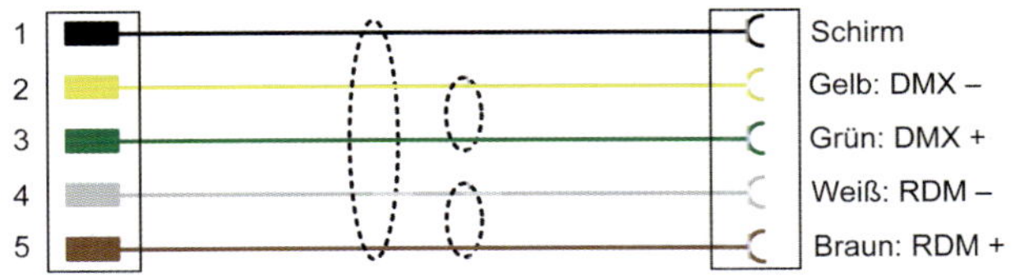

Abb. 10.11: DMX-Leitung.

Tab. 10.1: Pin-Belegung DMX-Steckverbinder.

Pin	3-poliger XLR-Stecker	5-poliger XLR-Stecker
1	Abschirmung	Abschirmung
2	Invertiertes Signal: DMX –	Invertiertes Signal: DMX –
3	Signal: DMX +	Signal: DMX +
4	nicht verbunden	Invertiertes Signal (Return): RDM –
5	nicht verbunden	Signal (Return): RDM +

Aufgrund der symmetrischen Signalführung besitzen DMX-Kabel eine hohe Störsicherheit. Es werden zumeist fünfpolige XLR-Steckverbinder verwendet, allerdings manchmal auch die dreipolige Variante, obwohl dies dann schnell zu Verwechslungen mit Audiokabeln führen kann. Entgegen der in der Audiotechnik üblichen Praxis wird aber für einen DMX-Ausgang eine weibliche Steckverbindung (Buchse) und für einen Eingang eine männliche Steckverbindung (Stecker) verwendet. DMX-Verbindungen sind impedanzangepasste Kabel mit 110 Ω Wellenwiderstand und einer Kapazität von 65 pF/m von Ader zu Ader (Leitungsquerschnitt 0,34 oder 0,5 mm^2). Jeweils zwei Adernpaare sind miteinander verdrillt. Sie sind zu 100 % geschirmt, allerdings wird der Kabelschirm nicht mit dem XLR-Gehäuse verbunden, sondern liegt nur auf Pin 1 an. Audiokabel sind für die DMX-Übertragung eher nicht geeignet, werden aber leider dennoch (aus Kostengründen) oft für diesen Zweck verwendet. Über kurze Distanzen mag das noch gut gehen, aber wenn längere Signalwege überbrückt werden sollen, ist dringend davon abzuraten, da aufgrund der falschen Impedanz das digitale Signal zu sehr bedämpft wird. DMX wurde ursprünglich als unidirektionales Protokoll entwickelt, das später aber mit einem Rückkanal, dem so genannten Remote Device Management (RDM) erweitert wurde. Für RDM werden zusätzlich Pin 4 und 5 verwendet (Tab. 10.1 und Abb. 10.11).

An jedem Gerät, das über DMX ferngesteuert werden soll, ist eine Busadresse einzustellen. Dabei können auch zwei oder mehr Geräte die gleiche Adresse erhalten, wenn diese auf das gleiche Steuersignal reagieren sollen. Inzwischen können fast alle Geräte der Bühnen- und Effektbeleuchtung per DMX angesteuert werden: Dimmer, Farbwechsler, Moving Lights und viele mehr. Speziell Moving Lights benötigen gleich mehrere DMX-Kanäle zur Steuerung der vielfältigen Funktionen. Die DMX-Signale kommen in der Regel von einem Lichtstellpult (s. Kap. 10.1), daneben gibt aber auch Software zur Lichtsteuerung, die DMX über spezielle Rechnerschnittstellen ausgeben (s. Kap. 10.2). Ein störungsfreier Betrieb ist nur mit der in Abb. 10.12 dargestellten Bus- oder Sterntopologie möglich, die DMX-Verbindungen dürfen also nicht in Form einer Ringtopologie zum Sender zurückgeführt werden. Sollen mehr als 32 Geräte gesteuert werden, muss ein Splitter verwendet werden. Bei sehr langen Leitungswegen kann ein Signalverstärker (Booster) notwendig sein. Mit Hilfe eines Mergers können auch DMX-Signale von mehreren Quellen zusammengefasst werden (Abb. 10.13).

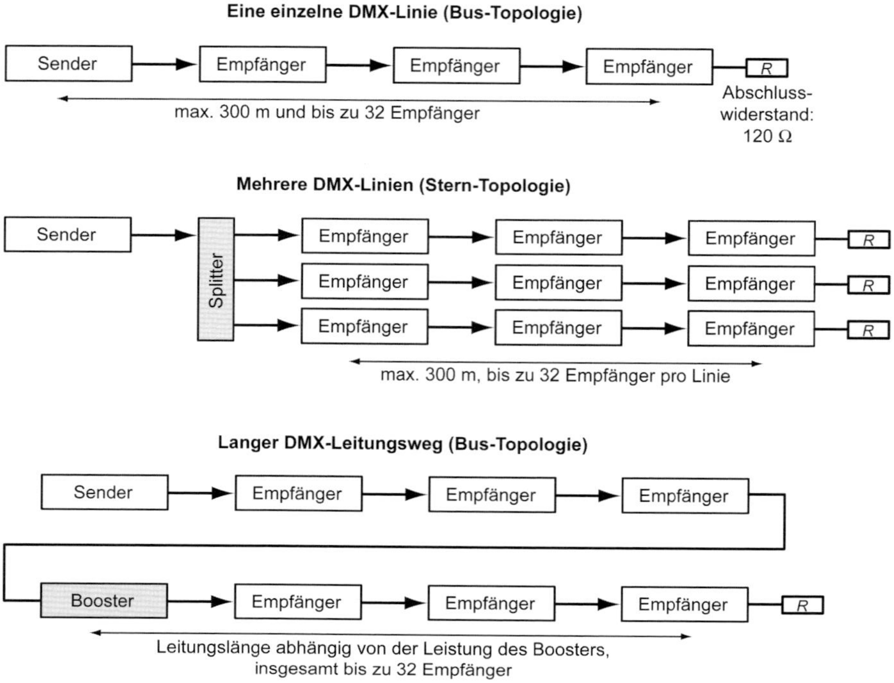

Abb. 10.12: DMX-Signalverteilung (Bus- oder Stern-Topologie).

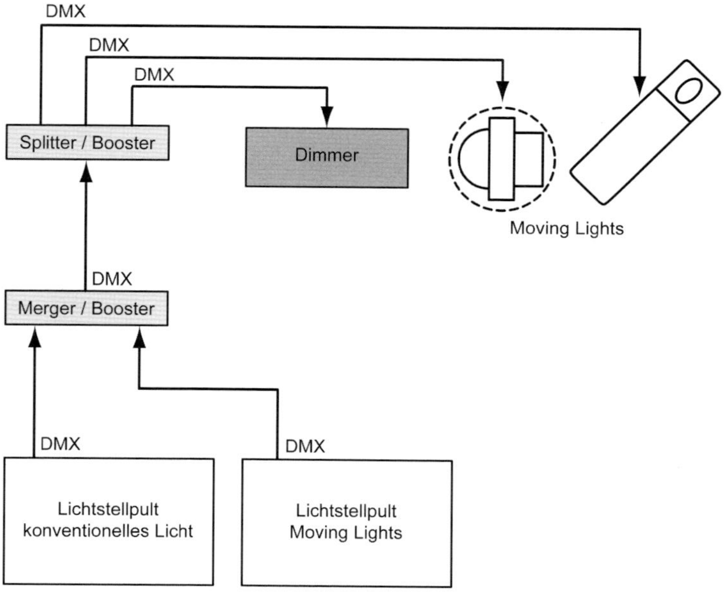

Abb. 10.13: DMX-Signalfluss bei einer Showproduktion.

DMX-Adresse einstellen

Nehmen wir an, dass zum Beispiel ein Farbwechsler auf die Adresse 245_{Dec} reagieren soll.

- Erster Schritt: Umrechnung der Dezimalzahl in eine Binärzahl.

  $245_{Dec} = 1 \cdot 2^7 + 1 \cdot 2^6 + 1 \cdot 2^5 + 1 \cdot 2^4 + 0 \cdot 2^3 + 1 \cdot 2^2 + 0 \cdot 2^1 + 1 \cdot 2^0$

  Die Binärzahl lautet also „1111 0101".

  Kleiner Tipp: Mit dem Software-Rechner von Windows kann man einfach die dezimale Zahl eingeben und dann auf den Binär-Modus umschalten. Die entsprechende Binärzahl wird dann angezeigt.

- Zweiter Schritt: Die Dip-Switches (Abb. 10.14) am Farbwechsler entsprechend der binären Zahlenfolge einstellen.

  Achtung: Bei vielen Geräten wird die binäre Zahlenfolge durch die Dip-Switches verkehrt herum dargestellt. Für das Beispiel 245_{Dec} muss dann der erste, dritte, fünfte, sechste, siebte und achte Dip-Switch auf „On" gestellt werden.

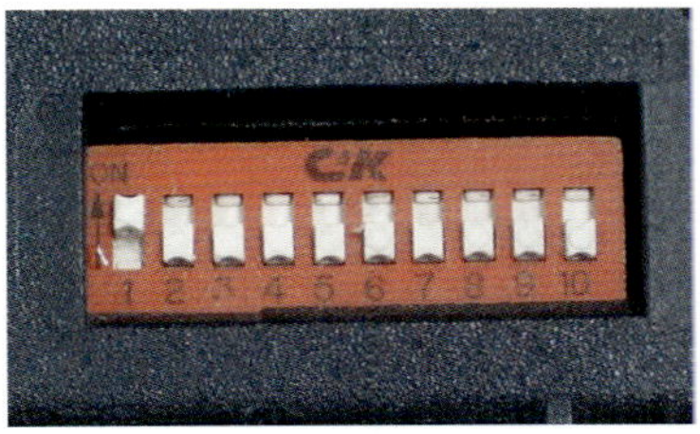

Abb. 10.14: Dip-Switches („Mäuseklavier") an einem Farbwechsler.

10.3.3 Ethernetbasierte Protokolle

Immer häufiger kommen vor allem bei festen Installationen netzwerkfähige Lichtsteuerungen zum Einsatz. Das Ethernet bietet den Vorteil einer bidirektionalen Kommunikation der Netzwerkteilnehmer (also der angeschlossenen Geräte wie Lichtstellpulten, Dimmern und Moving Lights), es können preisgünstige und standardisierte Netzwerkkabel verwendet werden, und es lassen sich über eine Kabelverbindung gleich eine Vielzahl von DMX-Datenströmen parallel übertragen (der größte Vorteil). Darüber hinaus ist zum Beispiel die Übertragung kompletter Showdaten, die Steuerung von Mediaservern, die Dezentralisierung von Rechenleistung und die Einbindung weiterer Protokolle wie MIDI oder SMPTE-Timecode möglich. Die Datenübertragung erfolgt dabei im LAN oder WLAN. Über WLAN lassen sich Lichtstellpulte fernsteuern, was vor allem beim Einrichten der Beleuchtung und bei den Proben eine Hilfe sein kann, denn manchmal ist es nicht möglich, das Lichtstellpult im Zuschauerraum aufzustellen. Die wichtigsten Funktionen des „großen" Pults im Stellwerk können dann über ein Laptop oder einen PDA bedient werden. Eine Netzwerkarchitektur erlaubt zudem ein redundantes Havariesystem mit einem zweiten Lichtpult, welches beim Ausfall des Hauptpultes die Steuerung übernimmt. Oder es wird ein paralleles Arbeiten von Technikern an zwei Pulten ermöglicht – der eine Techniker steuert das konventionelle Licht, der andere die Moving Lights (Abb. 10.15).

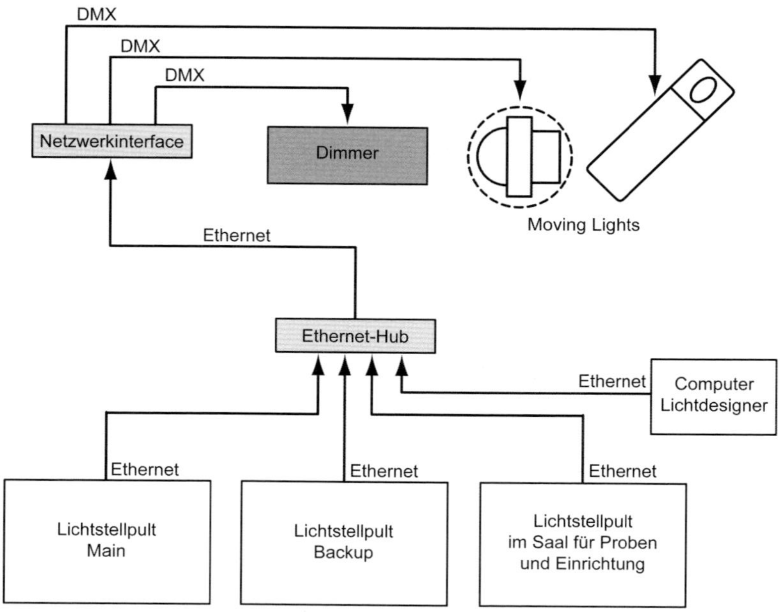

Abb. 10.15: Ethernet zur Übertragung von DMX-Datenströmen.

In Zukunft wird wahrscheinlich die ethernetfähige Lichtsteuerung sowohl die analoge Lichtsteuerung wie auch das DMX-Protokoll ablösen, wobei die derzeit angebotenen Netzwerklösungen aber noch darauf setzen, das DMX-Signal in das Ethernetprotokoll TCP/IP einzubetten. Vor den Endgeräten wie beispielsweise Dimmer oder Moving Lights müssen dann Ethernet-zu-DMX-Konverter geschaltet werden. Ein echtes netzwerkfähiges Moving Light, das komplett auf DMX verzichtet, lässt noch auf sich warten.

Herstellerunabhängiges Ethernet-Protokoll: ACN

Die Abkürzung ACN steht für „Architecture for Control Networks". Es ist ein Netzwerkprotokoll, welches von der Entertainment Services and Technology Association (ESTA) entwickelt wurde. So wie DMX erlaubt auch ACN, dass Geräte verschiedener Hersteller Steuersignale austauschen können. Die Verwendung von ACN muss nicht auf Steuersignale für die Beleuchtungstechnik beschränkt bleiben, es sind weitere Anbindungen beispielsweise für die Video- und Tonsteuerung vorgesehen.

Innerhalb eines ACN-Netzwerks regelt eine Device Description Language (DDL) den Aufbau und den Inhalt der zu übertragenden Daten. In einer DDL-Datei ist zum Beispiel der Funktionsumfang eines Gerätes festgelegt, durch Verändern von Parametern in dieser Datei können jederzeit neue Funktionen aufgenommen werden – sofern die Hardware die geforderten Funktionen auch tatsächlich ermöglicht (Abb. 10.16). Die Verbindung ist bidirektional, und so können die angesteuerten Geräte auch eine Rückmeldung geben (einfaches Beispiel: Anzeige der Temperatur in einem Dimmermodul).

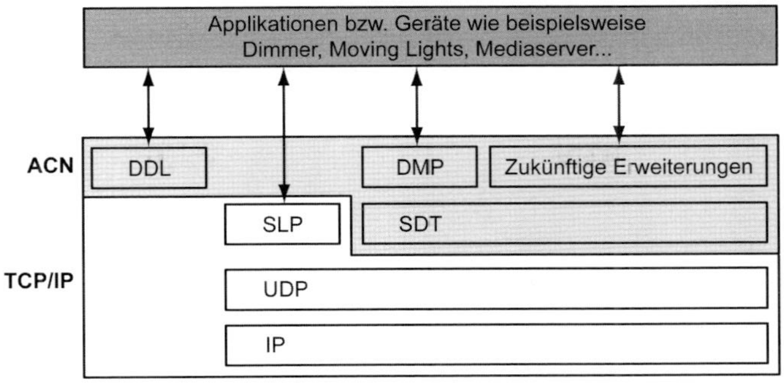

DMP : Device Management Protocol
SDT : Session Data Transport
SLP : Service Location Protocol
UDP : User Datagram Protocol
TCP/IP : Transmission Control Protocol/Internet Protocol

Abb. 10.16: ACN.

Mit ACN ist man nicht mehr auf lediglich 8 Bit-Dimmerwerte oder auf eine Bewegungsauflösung von 16 Bit für Pan und Tilt bei Moving Lights beschränkt. ACN ist ein skalierbares Netzwerk, das selbst bei 32 oder sogar 64 Bit noch nicht am Ende ist. Theoretisch ist es auch möglich, Wertebereiche mit Fließkommazahlen, als Winkelkodierung, oder auch beliebige andere Definitionen zu übertragen. Denkbar wäre beispielsweise, ein Moving Light nicht mehr mit Pan- und Tilt-Werten zu steuern, sondern stattdessen Zielkoordinaten im dreidimensionalen Raum anzugeben.

Herstellerspezifische Ethernet-Protokolle

ArtNet II (Artistic Licence)

Das Datenprotokoll von ArtNet steht unter der Public Domain, d. h. jeder kann es kostenfrei benutzen. Viele Gerätehersteller nutzen daher das ArtNet-Protokoll und implementieren dieses in ihre Produkte (u. a. ADB, Barco, ELC Lighting, MA Lighting, Martin Professional). Mit einer ebenfalls kostenlosen Software kann das ArtNet überwacht und konfiguriert werden. Über ArtNet II können bis zu 256 DMX-Datenströme parallel übertragen werden. Diese Datenströme können zudem gepatcht und gemergt werden. Weiterhin ist die Übertragung von Videodaten möglich, so kann beispielsweise das Bildschirmsignal des Lichtstellpults an einem beliebigen Punkt im Netzwerk abgegriffen werden.

Geräte, die vorrangig Daten empfangen, werden in diesem Netz als Netzwerkknoten (Nodes), bezeichnet; solche, die vorrangig Steuerdaten senden, heißen Server. Im ArtNet ist eine Kommunikation zwischen Netzwerkknoten, normalen Servern und speziellen Mediaservern möglich. Für Lichtstellpulte, die lediglich DMX-Anschlüsse, aber keinen Netzwerkanschluss haben, sind entsprechende Konverter erhältlich (Abb. 10.17).

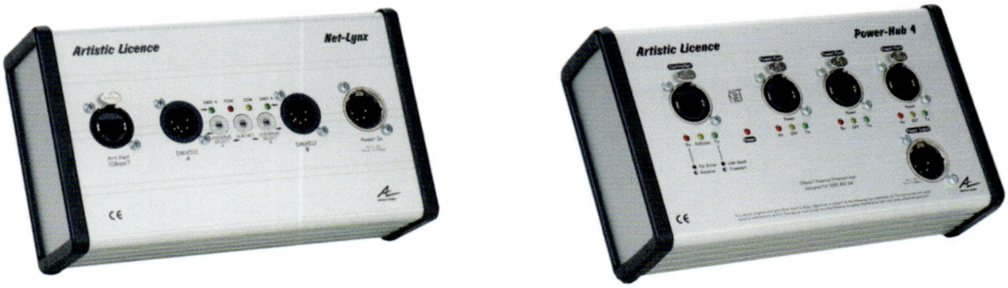

Abb. 10.17: ArtNet Net-Lynx I/P und Power-Hub 4.

ADB Ethernet-Netzwerk

Wenn es um die Übermittlung von DMX-Signalen geht, funktioniert das ADB Ethernet-Netzwerk ähnlich wie das ArtNet, allerdings mit einer geringeren Datenrate von nur 10 MBit/s. Dadurch lassen sich aber immerhin 16 parallele DMX-Datenströme übertragen. Andere Daten, zum Beispiel VGA-Monitorbilder oder MIDI, erhalten dagegen mit 100 MBit/s erheblich größere Ressourcen. Die Geräte kommunizieren untereinander auf Basis der ACN-Festlegung. Neu angeschlossene Geräte melden sich mit ihren IP-Adressen als Netzwerkknoten (Node) automatisch am Lichtstellpult an. Der Anwender kann dann bestimmen, welche Funktionen des Netzwerkknotens übernommen, also welche Gerätefunktionen ferngesteuert oder angezeigt werden sollen. Es können dabei auch Geräte eines ArtNet eingebunden werden.

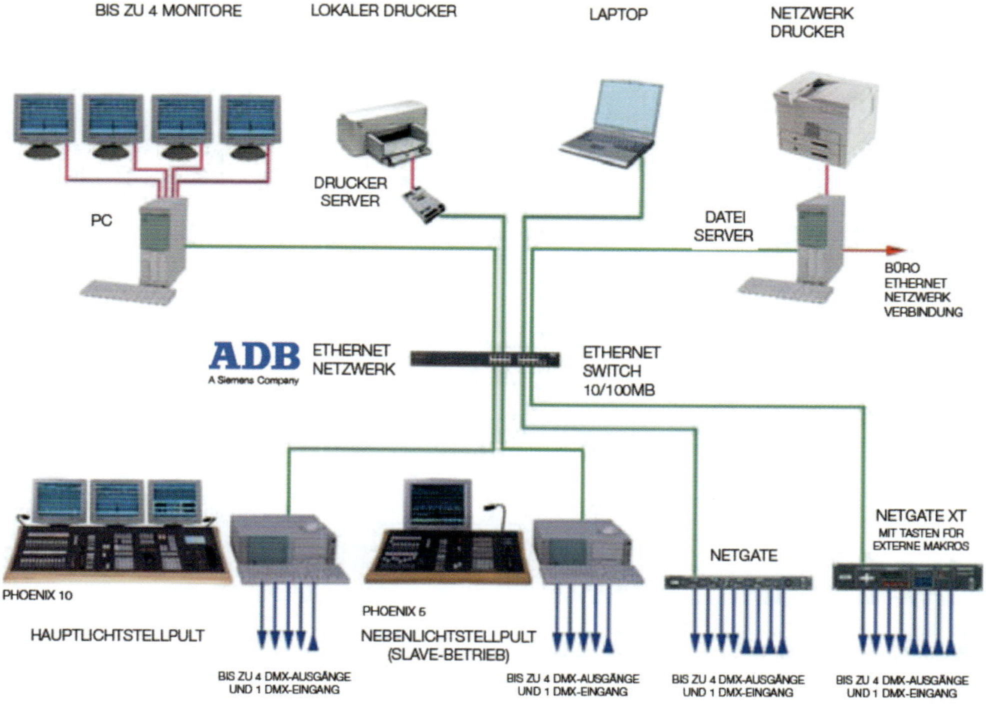

Abb. 10.18: ADB Ethernet-Netzwerk.

Über ein ADB Ethernet-Netzwerk können zwei Lichtstellpulte synchronisiert werden (Abb. 10.18). Wenn auf beiden Pulten die gleiche Show programmiert ist, kann im Falle einer Havarie ohne merklichen Übergang zwischen den beiden Pulten umgeschaltet werden. Es ist aber auch möglich, beide Pulte getrennt zu bedienen, zum Beispiel eines für das konventionelle Licht und das andere zur Steuerung der Moving Lights, wobei aber beide Pulte dennoch auf dasselbe Showfile zugreifen.

MA-Net2 (MA Lighting)

Die wichtigsten Eckdaten von MA-Net2:

- Übertragungsrate 1 Gbit/s
- 256 DMX-Datenströme mit 24 Bit Auflösung
- Synchronisation aller Geräte über Timestamps im Datenstrom
- Einbindung von Mediaservern (grandMA Video und grandMA 3D)
- Rückmeldungen von Dimmern (dimMA)
- Unterstützung von Visualisierungsprogrammen
- Nebenpultanbindung über einen Netzwerkknoten, Havarieschaltung oder paralleles Arbeiten möglich (Abb. 10.19)
- Verriegelungen von bestimmten Einstellungen zum Beispiel für ein Panik-, Proben- oder Arbeitslicht
- Übertragung von MIDI und SMPTE Timecode (s. Kap. 13 und 14 im Band „Tontechnik für Veranstaltungstechniker“, ebenfalls erschienen im S. Hirzel Verlag)
- Versenden von Textnachrichten an andere Pulte
- Kommunikation mit anderen Netzwerken wie zum Beispiel ETCNet3, Pathport und Strand Shownet (s. u.); MA-Net2 ist „ACN-Ready“

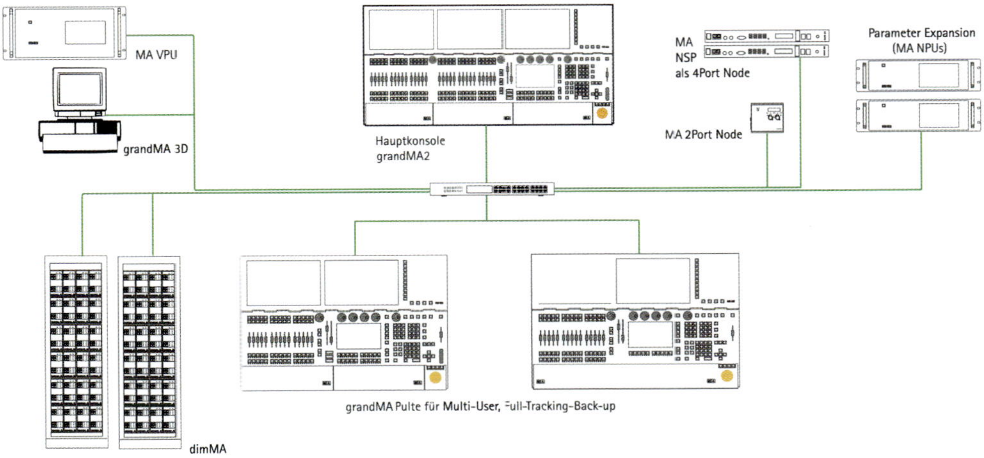

Abb. 10.19: MA-Net2

ETCNet3

Dieses Netzwerk bietet 20 Prioritäten auf Kreisbasis. Ein Anwendungsbeispiel hierfür: Die Hauslichtsteuerung erhält eine kleinere Priorität als das Show-Lichtstellpult, das auf die gleichen Dimmer zugreift. Wenn das Lichtstellpult eingeschaltet wird, übernimmt es die Kreise der Hauslichtsteuerung, wenn es ausgeschaltet wird, übernimmt wieder die Hauslichtsteuerung (Abb. 10.20). Beim ETCNet3 werden die DMX-Werte nur bei einer Änderung versendet, spätestens nach fünf Sekunden erfolgt aber ein Update der Daten. Es sind Schnittstellen zu speziellen Anwendungen oder anderen Netzsystem implementiert, wie beispielsweise WYSIWYG (s. Kap. 11.4.2), Sandnet, MA-Net2 oder ACN. Über ETCNet3 ist die Synchronisierung von zwei Pulten und/oder eine Havarieschaltung möglich, ebenso wie die Übertragung von Statusmeldungen, MIDI- und Videodaten.

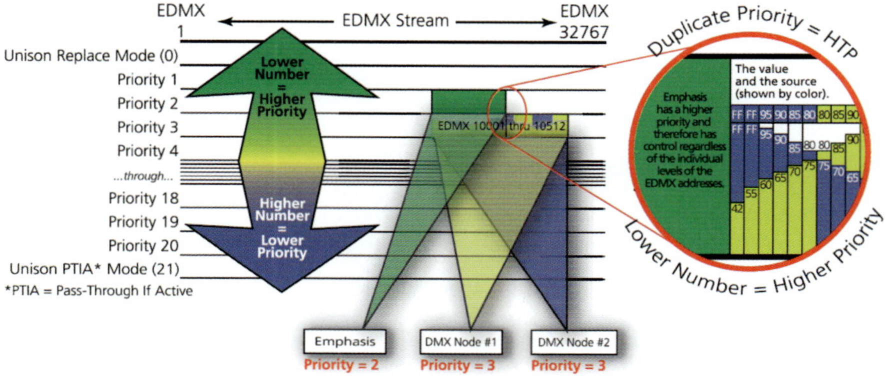

Abb. 10.20: Prioritäten im ETCNet3.

ShowNet (Strand Selecon)

Das ShowNet-System von Strand Selecon hat im Wesentlichen folgende Leistungsmerkmale:

- Synchronisation von Strand-Lichtstellpulten
- Pro Netzwerkknoten (Abb. 10.21) bis zu vier DMX-Kanäle
- Konfiguration mit ShowNet Pro Software oder beliebigem Webbrowser
- Monitoring von Netzwerkfunktionen
- MIDI- und RS-232-Schnittstellen

Abb. 10.21: ShowNet N21 Node.

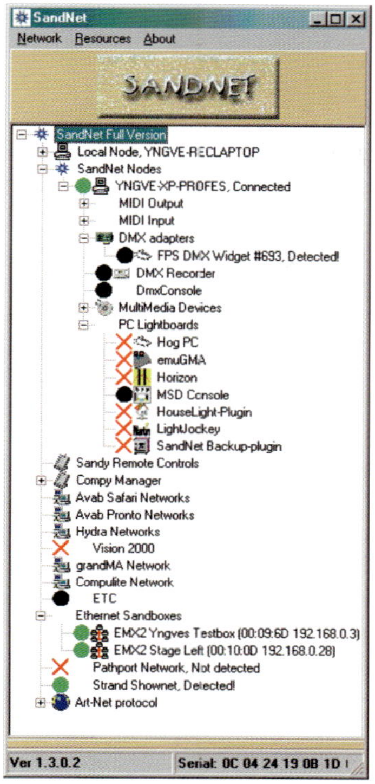

Abb. 10.22: SandNet.

SandNet (SAND Network Systems)

Dieses Netzwerk basiert hauptsächlich auf ACN. Neben der Übertragung von 64 DMX-Datenströmen, MIDI und RS-232 ermöglicht es auch die Anbindung von Visualisierungsprogrammen wie beispielsweise dem Martin Show Designer, WYSIWYG oder Capture (s. Kap. 11.4.2).

Zudem stellt es die Verbindung zu Mediaservern her. SandNet erleichtert die Netzwerkadministration durch die Visualisierung von Systemprozessen und Vorgängen während einer Show (DMX-Monitoring). Die Anzeige kann als Timeline oder in einer Baumstruktur erfolgen (Abb. 10.22). Es erlaubt ein Patching, Merging und die Signalverteilung von DMX, MIDI und RS-232. SandNet kann als Trigger über einen Timecode synchronisiert bestimmte Ereignisse auslösen.

10.4 Dimmer

Dimmer können entweder direkt im Scheinwerfergehäuse untergebracht sein, oder sie werden in Gruppen zu vier, sechs oder zwölf Kanälen in einem Rack installiert. Für jeden Lichtkreis ist dann jeweils ein Stromkabel notwendig. Um die Verkabelung übersichtlich und den Installationsaufwand gering zu halten, erfolgt die Verbindung zu den Scheinwerfern aber meist über Lastmulticores. Befindet sich zwischen Dimmer und Lastmulticore ein Steckfeld, spricht man von einem „Hot Patch“. Ein „Cold Patch“ liegt dagegen vor, wenn das analoge Steuersignal oder das DMX-Signal über ein Steckfeld oder eine Kreuzschiene geleitet wird – heutzutage sicherlich der gängigste Fall, denn Hot Patch-Systeme sind teuer, da die Steckverbinder auf Netzspannung und Laststrom ausgelegt sein müssen.

Analoge Dimmer

Die einfachste Dimmerschaltung ist ein variabler Vorwiderstand. Allerdings funktioniert dieses Prinzip eigentlich nur für Leuchtmittel mit kleiner Leistung, zum Beispiel bei Niedervoltglühlampen, wie sie in Taschenlampen eingebaut sind. Man stelle sich aber vor, eine 100 W-Glühlampe mit Vorwiderstand komplett herunterdimmen zu wollen – das wäre zwar möglich, aber der Widerstand müsste dann die volle Leistung aufnehmen und würde sich dadurch sehr stark erhitzen. Eine etwas bessere Methode ist die Verwendung spezieller Stelltrafos, die allerdings sehr schwer und träge im Ansprechverhalten sind. Durchgesetzt hat sich daher letztlich das Prinzip der Leistungssteuerung, wie es bereits in Kapitel 1.6.3 erklärt wurde. Dimmer zur Leistungssteuerung werden aufgrund der verwendeten elektronischen Bauteile auch als Triacsteller bezeichnet. Ein Triac kann sehr schnell zwischen den Zustanden „Ein“ und „Aus“ hin- und herschalten. Durch die angelegte Steuerspannung kann das Verhältnis der beiden Schaltzustände stufenlos geregelt werden.

Ein sehr einfach aufgebauter Dimmer besteht lediglich aus vier Bauteilen: Einem Widerstand mit veränderlichem Wert, einem Kondensator, einem Diac und einem Triac (Abb. 10.24). Der Widerstand teilt die Netzspannung herunter, und der Kondensator verschiebt die Phase der Wechselspannung um 90° (s. Kap. 2.3). Wenn diese „Steuerspannung“ die Durchschaltespannung des Diacs erreicht, schaltet auch das Triac durch. Für geringe Widerstandswerte gilt, dass die Spannung nur wenig heruntergeteilt und somit der Zündzeitpunkt dieser Dimmerschaltung früh erreicht wird – die Lampe leuchtet hell. Wird der Widerstandwert erhöht, wird die Spannung mehr heruntergeteilt und durch den verzögerten Zündzeitpunkt wird die Lampe heruntergedimmt.

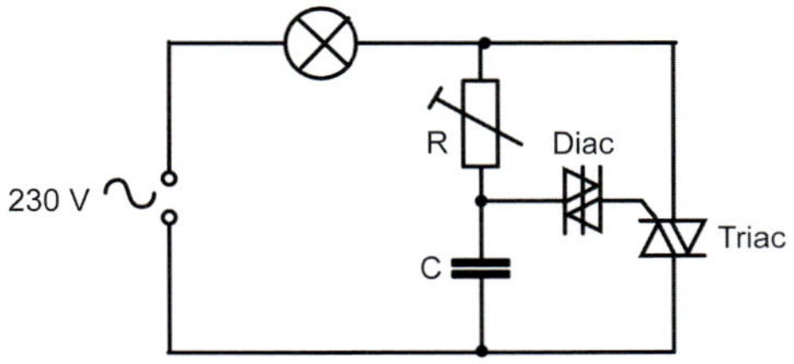

Abb. 10.23: Einfache Dimmerschaltung.

In der professionellen Beleuchtungstechnik werden analoge Dimmer über DMX ferngesteuert (s. Kap. 10.3.2); das digitale DMX-Signal mit quantisierten Werten von 0 bis 255 muss hier aber zunächst in eine analoge Steuerspannung von 0 bis 10 V umgewandelt werden. 10 V Steuerspannung entsprechen 100 % Helligkeit, 0 V bedeutet, dass das Licht vollständig heruntergedimmt werden soll.

Zunächst wird das Steuersignal über einen Komparator geleitet, der es mit einer netzsynchronen, gespiegelten Sägezahnspannung vergleicht (Abb. 10.25). Sobald die Sägezahnspannung kleiner wird als die Steuerspannung, schaltet der Komparator durch und löst somit den Zündimpuls aus (Phasenanschnitt-Dimmer). Um Störungen gering zu halten, ist die Steuerelektronik über einen Optokoppler vom Stromnetz getrennt. Weiterhin bedämpft das LC-Glied als Tiefpass hochfrequente Störsignale, die beim Dimmen entstehen.

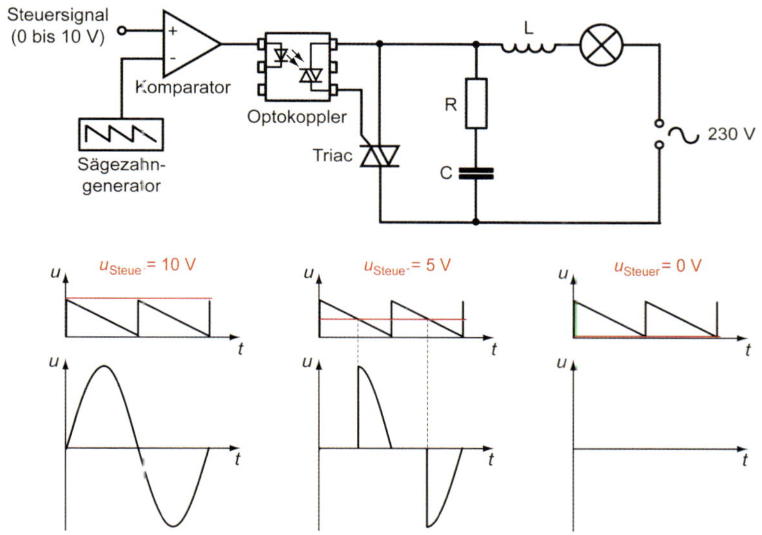

Abb. 10.24: Spannungsgesteuerter Phasenanschnitt-Dimmer.

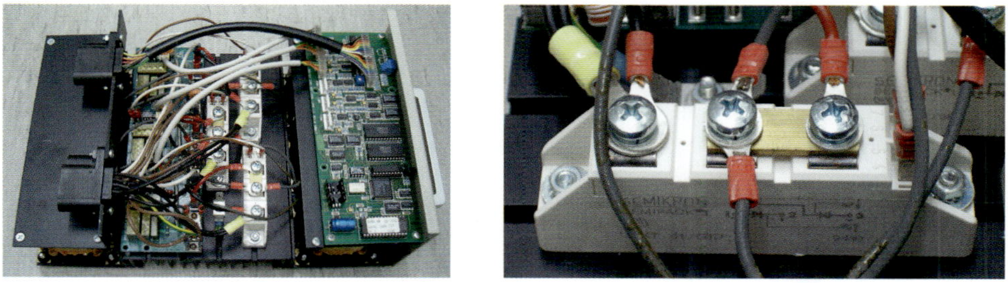

Abb. 10.25 Links: Dimmermodul. **Rechts:** Detailaufnahme eines Triacs.

Digitaldimmer

Ein Digitaldimmer arbeitet ebenfalls mit einem Triac zum Phasenanschnitt, nur wird keine Sägezahnspannung zur Ermittlung des Zündzeitpunkts benötigt. Stattdessen zerteilen Digitaldimmer die Netzspannungshalbwelle in gleichmäßig große Zeitabschnitte und weisen jedem Zeitabschnitt ein digitales Datenwort zu. Eine Netzspannungshalbwelle dauert 10 ms; wenn zur Steuerung digitale Worte mit 8 Bit verwendet werden, müssen diese 10 ms in $2^8 = 256$ Zeiteinheiten unterteilt werden. Die erste Zeiteinheit bekommt das digitale Datenwort 1111 1111 (= 256_{Dec}) zugewiesen, die letzte Zeiteinheit wird mit 0000 0000 (= 0_{Dec}) adressiert. Der jeweils aktuelle digitale Wert der Netzspannung wird ständig mit einem anliegenden DMX-Steuersignal verglichen. Sobald beide Bitmuster identisch sind, wird der Zündimpuls für den Triac ausgelöst.

Digitale Dimmer haben den Vorteil, dass sie auch nach etlichen Jahren im Gebrauch noch zuverlässig und genau arbeiten und keinerlei Justage erfordern. Sie bieten Zusatzfunktionen wie die Programmierung beliebiger Dimmerkurven und die Kompensation von Leitungslängen. Zudem lassen sich Funktionen über ein Netzwerk fernsteuern.

Digitale Dimmer verfügen über interne Speicherchips, auf denen sich Lichtszenen, zum Beispiel als Notlichtstimmungen, ablegen lassen. Diese können auch ohne Lichtstellpult aufgerufen werden. Moderne Digitaldimmer arbeiten inzwischen intern mit 16 Bit (= 2^{16} Werte) und ermöglichen so eine stufenloses Auf- und Abblenden.

10.5 Fehler bei der Lichtsteuerung und ihre Behebung

DMX ist inzwischen das am weitesten verbreitete Steuerungsprotokoll in der Beleuchtungstechnik, und in der Regel ist ein DMX-System recht einfach aufgebaut und sehr störungsunanfällig. Falls aber dennoch ein Problem auftreten sollte, ist es leider nicht immer einfach, schnell den Fehler zu finden. Eine DMX-Signalkette besteht im Prinzip nur aus der Quelle für das Steuersignal (also dem Lichtstellpult), dem Kabel und dem angesteuerten Gerät. Genau in dieser Reihenfolge gehen wir auf Fehlersuche.

Problem: Ausfall oder Fehler in der Steuerung

Falls ganze Lichtkreise nicht auf DMX-Steuersignale reagieren, so könnten folgende Gründe dafür vorliegen:

- Grand-Master-Regler oder Blackout-Taste (DBO) stehen auf „Off".
- Falsches Patching der DMX-Ausgänge des Lichtstellpultes.
- Die Signalkette ist nicht vollständig geschlossen, d. h. eine Steckverbindung wurde einfach nicht verbunden oder ein DMX-Kabel ist defekt und die Leitungen unterbrochen.
- Sind an den Enden der Signalketten die DMX-Abschlusswiderstände vorhanden?

Problem: Defektes DMX-Kabel

Die meisten Fehler in der Lichtsteuerung beruhen auf defekten DMX-Kabeln. Vor allem bei Störungen, die immer mal wieder zufällig und unregelmäßig auftreten, kann die Steuerkabelverbindung die Ursache sein.

Überprüft werden kann dies, indem an einen Lichtkreis konstant der gleiche Steuerbefehl gesendet wird, beispielsweise dass mit offenem Shutter alle Moving Lights die gleiche Bewegung in der gleichen Zeitspanne wiederholt ausführen sollen. Wo genau der Fehler liegt, lässt sich daran erkennen, dass eine oder mehrere Lampen „aus der Reihe tanzen".

Jedes Moving Light oder andere steuerbare Geräte haben einen DMX-Eingang und einen DMX-Ausgang. Die Schaltungen, die zwischen diesen Buchsen liegen, können natürlich auch einmal ausfallen. Der Lichtkreis funktioniert dann nur noch bis zu dem betreffenden Gerät mit dem defekten DMX-Board. Überprüfen kann man diese Fehlfunktion, indem die DMX-Leitungen vom vermutlich defekten Gerät abgesteckt und direkt miteinander verbunden werden. Jetzt müsste der ganze Lichtkreis fehlerfrei funktionieren – ausschließlich des abgesteckten, defekten Geräts.

Bei der Suche nach einem defekten DMX-Kabel beginnt man am besten am Anfang der Signalkette. Nach und nach wird jedes Kabel durch ein neues ersetzt, bis der Fehler nicht mehr auftritt. Ein DMX-Splitter verstärkt das DMX-Signal – somit können Kabelprobleme quasi „maskiert" werden. Ein defektes Kabel kann oft leichter identifiziert werden, wenn der entsprechende Lichtkreis direkt mit dem Lichtstellpult verbunden wird, also ohne den Splitter im Signalweg. Defekte Kabel, die nicht sofort aus einer Traverse entfernt werden können, sollten eindeutig als fehlerhaft markiert werden (Stecker abkleben oder gleich ganz abzwicken).

Die Fehlersuche wird auch etwas erleichtert, wenn ein großes Rig von vornherein in zwei Lichtkreise aufgeteilt wird. So kann die Position des defekten Kabels schon einmal auf jeweils einen der beiden Lichtkreise eingegrenzt werden.

Problem: Ausfall oder Fehler des angesteuerten Geräts

- Bei Ausfall ganzer Lichtkreise: Haben die Schutzeinrichtungen in der Stromversorgung ausgelöst?
- Ausfall eines einzelnen Scheinwerfers: Leuchtmittel defekt? Defekt im Stromanschlusskabel? Defektes DMX-Kabel? Defekter Dimmer?
- Wenn ein ganzer Kreis Moving Lights auf DMX-Steuerbefehle reagiert, aber dennoch ungewollte Bewegungen ausführt, könnte das daran liegen, dass der DMX-Ausgang des Lichtstellpults mit dem falschen Stellkreis verbunden ist oder falsche DMX-Adressen eingestellt sind.
- Eine falsch eingestellte DMX-Adresse ist auch meist die Ursache, wenn nur ein einzelnes Moving Light aus der Reihe schlägt.
- Moving Light reagiert überhaupt nicht auf DMX-Befehle: Falsches Startbyte im Datenstrom. „0" wird hierbei für Dimmer verwendet, aber auch für fast alle Steuerungsfunktionen von Moving Lights. Bei einem falschen DMX-Befehl reagieren Moving Lights recht unterschiedlich; manche bleiben in der Position des letzten gültigen Befehls stehen, andere fangen beispielsweise an, in der Bewegung zu ruckeln.

10.6 Übungsaufgaben

Aufgabe 1

Was bedeutet die Abkürzung DBO? Welche Funktion verbirgt sich dahinter?

Aufgabe 2

Wie unterscheiden sich eine Szenensteuerung über Sub Master und Stack Master?

Aufgabe 3

Welchen entscheidenden Vorteil hat die computergestützte Lichtsteuerung gegenüber herkömmlichen Lichtstellpulten?

Aufgabe 4

Welches Multiplexverfahren wird bei AMX und DMX eingesetzt?

Aufgabe 5

Warum benötigt eine DMX-Leitung einen Abschlusswiderstand?

Aufgabe 6

Welche Vorteile bietet die ethernetbasierte Lichtsteuerung?

Aufgabe 7

Warum werden bei Scheinwerfern Dimmer eingesetzt, die nach dem Prinzip des Phasenanschnitts oder Phasenabschnitts (s. Kap. 1.6.3) arbeiten, und nicht etwa eine viel einfachere Schaltung mit einem Vorwiderstand?

Aufgabe 8

Welche Zusatzfunktionen bieten digitale Dimmer?

Aufgabe 9

Welche Defekte kommen für den Ausfall eines Scheinwerfers in Frage?

Literaturtipps

Huntington J. Show Networks and Control Systems: Formerly Control Systems for Live Entertainment. Focal Press, Oxford 2012

Cadena R. Automated Lighting.
Focal Press, Oxford 2013

11 Künstlerischer Einsatz von Licht

Im dritten Lehrjahr soll den Auszubildenden vermittelt werden, wie man Licht als dramaturgisches Mittel einsetzt, und welche Beleuchtungsstile es gibt. Daneben lernen sie verschiedene Lichteffekte kennen.

Die Beleuchtung einer Bühne erfüllt bestimmte Funktionen: Das Licht muss Personen und Objekte sichtbar machen, die in der Szene auch als sichtbar erscheinen sollen. Ebenso sollen andere Bereiche im Dunkeln liegen und so optisch abgetrennt werden. Licht gestaltet den Raum der Bühne durch seine formgebenden Eigenschaften und die Farbe. Eine entsprechende Beleuchtung gibt Personen, Objekte und das Bühnenbild in einer natürlichen Dreidimensionalität – soweit gewünscht – wieder. Darüber hinaus wird Licht aber auch zur Erzeugung von Stimmungen eingesetzt und um den dramaturgischen Verlauf einer Inszenierung zu unterstützen.

Licht verändert Orte und Menschen. Es kann dicke Wangen schmal wirken lassen oder müden Augen einen lebendigen Glanz verleihen. Unscheinbare Menschen werden im richtigen Licht plötzlich interessant. Eine hell erleuchtete Szenerie strahlt Freundlichkeit und Übersichtlichkeit aus. Eine dunkle Szene erzeugt dagegen eher Spannung und Unsicherheit. Die Wirkungsweise des Lichts beruht dabei auf folgenden Eigenschaften:

- Die Lichtquantität = Größe der Lichtquelle und Helligkeit bzw. Intensität
- Die Lichtqualität = Farbton und Farbsättigung
- Der Lichtverteilung und dem Diffusionsgrad = Hartes oder weiches Licht bzw. harte und weiche Schattenübergänge
- Der Lichtrichtung und der Bewegung = Zum Beispiel Ober-, Unter-, Seiten-, Vorder-, Gegenlicht

Diese Merkmale lassen sich gezielt einsetzen, um das Aussehen eines Objekts zu gestalten und Stimmungen zu erzeugen. Jede der genannten Eigenschaften kann sich schnell oder langsam ändern, zudem können fließende Übergänge geschaffen werden. Neben dem Licht erzielen auch Dunkelheit oder Schatten eine Wirkung. Licht und Schatten schaffen nur zusammen Atmosphäre und unterstützen somit die Dramaturgie.

Licht wirkt nicht auf jeden gleich. Manche Menschen verkriechen sich bei Gewitter, andere finden die Mischung aus Donner und Blitz aufregend und interessant. Im Prinzip verhält sich dies auch so bei einem Lichtdesign für eine Bühnenaufführung: Die Zuschauer reagieren (un)bewusst emotional auf Ton und Licht, und das oft sehr unterschiedlich. Dass Musik eine (un)bewusste emotionale Wirkung auf den Empfänger hat, ist leicht nachvollziehbar. Man denke nur an ein Rockkonzert, wo sich wohl niemand aufgrund der Musik selig schlafen legt. Hingegen ist bei einem klassischen Schlaflied kaum daran zu denken, Menschenmassen zu bewegen.

Um die emotionale Wirkung von Licht etwas deutlicher zu machen, folgt ein kleines Beispiel: Man stelle sich einen wunderschönen Strand an tropischen Gewässern vor, mit wolkenverhangenem Himmel und dunklem, blaugrauem Wasser. Die hervorgerufene Stimmung wird voraussichtlich genauso dunkel sein wie der Himmel und das Meer. Jetzt das Ganze noch einmal mit strahlend blauem Himmel. Das Wasser „verfärbt“ sich von einem dunklen Blaugrau zu einem hellen, türkisfarbenen Blau – und die Stimmung steigt!

Wir werden uns nun in den folgenden Kapiteln ansehen, wie Schritt für Schritt ein Lichtdesign für ein Bühnenstück entsteht:

- Schritt 1: Szenen mit Stimmungen assoziieren (Kap. 11.1)
- Schritt 2: Kombination von Lichtfarbe, Kulissen und Kostümen (Kap. 11.2)
- Schritt 3: Scheinwerferpositionen auswählen (Kap. 11.3)
- Schritt 4: Erstellung der Beleuchtungspläne und Simulation des Lichtdesigns (Kap. 11.4)
- Schritt 5: Aufhängen der Scheinwerfer und Einleuchten (Kap. 11.5)
- Schritt 6: Programmieren des Lichtstellpultes (Kap. 11.6)

Die Begrifflichkeiten bei der Bühnenbeleuchtung sind eng mit den Bezeichnungen der Filmbeleuchtung verbunden; diese wiederum sind in den USA und England entstanden. Daher werden im Weiteren auch immer wieder englische Fachbegriffe verwendet und daneben auch Beispiele für eine szenische Beleuchtung beim Film und Fernsehen aufgeführt.

11.1 Szenen mit Stimmungen assoziieren

Es gibt verschiedene Wege, sich einem Lichtdesign zu nähern. Ausprobieren ist einer davon. Vielfach wird aber eher empfohlen, sich zuerst mit den einzelnen Szenen des Stückes auseinander zu setzen. Zunächst ist es dabei nicht notwendig, den Text des Stückes Wort für Wort durchzugehen. Wichtiger ist es, sich erst einmal einen Überblick über die Handlung zu verschaffen. Bewährt hat sich, für jede einzelne Szene eine dreispaltige Tabelle anzulegen (Tab. 11.1). Die erste Spalte gibt dabei wieder, was auf der Bühne passiert, die zweite ist mit „Emotionsworten“ zu füllen und die dritte ist für weitere Informationen, die bei der Umsetzung des Lichtdesigns wichtig sein könnten.

Tab. 11.1: Auszug aus einem Stück von „Art of Musical“ (www.art-of-musical.de).

Szene	Stimmung	Notizen
1: Teen Angel singt „Beauty School Dropout” auf Showtreppe mit Girls Chor	Bedrückt bis hoffnungsvoll	Regen
Szenenwechsel	Blackout	Gaze, Umbau
2: Reiseleiter erzählt Reisegruppe von ihrer nächsten Station Paris	Neutral bis aufgeregt	Spielszene
3: Lucy und Girls Chor singt “Schafft die Männer ran“	Verrucht, stark, Sex	Nachtlaterne

Die hierbei gefundenen Attribute für verschiedene Emotionen können mit den Farben einer farbigen Szenenausleuchtung assoziiert werden (siehe auch „Grundlicht“ Kap. 11.3.2; diese Scheinwerfer werden meist für farbiges Licht verwendet, mit welchem die ganze Bühne ausgeleuchtet werden soll). Farben erzeugen beim Zuschauer Wirkungen auf unterschiedlichen Ebenen (s. auch Tab. 11.2):

- Symbolische Wirkung: Blau besaß in der Malerei lange Zeit einen höheren Stellenwert als andere Farben. Das lag daran, dass ein spezielles Blau, das Ultramarinblau, aus dem Halbedelstein Lapislazuli hergestellt wurde und dieser schwer zu beschaffen und entsprechend kostspielig war. Blau wurde als wertvolle Farbe daher für Motive verwendet, deren besondere Bedeutung hervorgehoben werden sollte. (Ähnliches gilt für Rubinrot oder Purpur; auch diese Farbstoffe waren selten und teuer.)
- Kulturelle Wirkung: Farben werden in den jeweiligen Kulturen unterschiedlich interpretiert. In Deutschland bedeutet „blau sein", dass jemand betrunken ist. In Großbritannien bedeutet dagegen das Adjektiv „blue" Schwermut und Melancholie.
- Traditionelle Wirkung: Die Bezeichnung „Blaustrümpfe" bezog sich auf die blauen Herrenstrümpfe, die Ende des 18. Jahrhunderts zu Kniebundhosen getragen wurden. Da die wohlhabenderen Herren eher teure, schwarze Strümpfe aus reiner Seide trugen, die Arbeiter dagegen blaue Strümpfe aus Wolle, wurde die Farbe Blau im Laufe der Zeit zu einem gesellschaftlichen (aber auch politischen) Bekenntnis.
- Psychologische Wirkung: Farben können unbewusste Reaktionen oder individuelle Erinnerungen hervorrufen.

Tab. 11.2: Bedeutung und Wirkung verschiedener Farben und Helligkeitstöne.

Gelb	Sonne, Wärme, Übersteigerung, Erleuchtung, Wahnsinn, Neid, Gier, Eifersucht. Gelb ist eine Signalfarbe und bedeutet „Achtung!"
Orange	Freude, Lust, Reife, Entspannung, Zerstreuung, Erleichterung. Orange ist eine Signalfarbe und bedeutet „Giftig!"
Rot	Lebenskraft (Blut), Energie, Wärme, Dynamik, Aggression, Zorn, Sexualität, Liebe. Die Farbe Rot signalisiert Gefahr.
Violett	Spannung, Unbehagen, Extravaganz, Originalität, Würde, Macht, Ordnung, Gerechtigkeit, Luxus, Emanzipation, Kreativität.
Blau	Ordnung, Vernunft, Wissen, Beständigkeit, Harmonie, Sympathie, Zufriedenheit. Die Farbe Blau erzeugt eine räumliche Tiefe.
Grün	Hoffnung, Lebensfreude, Entspannung, Frische. Ein fahles Grün oder Giftgrün steht dagegen für Krankheit und Zerfall.
Braun	Unreinheit, Erdhaftigkeit, Biederkeit, Behäbigkeit. Als Kennfarbe des Nationalsozialismus in Deutschland sehr negative Bedeutung.
Weiß	Stärkster Kontrast zu Schwarz. Offenheit, Reinheit, Vollkommenheit, Unsterblichkeit, Unschuld, Leere.
Grau	Neutralität, Gleichgültigkeit, Indifferenz. Grau ist weder Schwarz noch Weiß, und damit ein Zwischenton.
Schwarz	Stärkster Kontrast zu Weiß. Leere, Tod, Trauer, Finsternis, aber auch Eleganz, Seriosität und Machtanspruch.

Anmerkung: Die Darstellung der Farben wie in dieser Tabelle und die Farbkreise in Abb. 11.1 haben keinerlei physikalische oder physiologische Begründung, sondern definieren lediglich das Aussehen der Farben, beurteilt durch einen Betrachter.

Meistens ändert sich die Empfindung der Ursprungsfarbe, sobald man Schwarz oder Weiß untermischt. Als deutlichstes Beispiel sei hier die Farbe Rot angeführt. Je heller der Rotton wird, desto mehr schwenkt die hervorgerufene Stimmung ins Heitere. Je kräftiger der Rotton wird, desto aggressiver wirkt er und entsprechend schlägt die Stimmung um, eventuell ins Negative.

Mit Farbempfindungen hat sich bereits Goethe auseinandergesetzt, und seither folgten viele weitere Studien und Farbtheorien. Die gewonnenen psychologischen Erkenntnisse werden sehr oft – und für uns meist unbewusst – eingesetzt. Man nehme beispielsweise die Werbung: Sowohl die Verpackung für ein Waschmittel als auch der dazugehörige Werbespot haben stets einen hellen Hintergrund und als Hauptfarbe pastellige Töne oder gar Weiß. Dies soll beim Rezipienten die Assoziation von Reinheit und Sauberkeit hervorrufen. Würde das Produkt dagegen hauptsächlich mit der Farbe Grau präsentiert – wenig Konsumenten würden wohl erwägen, dieses Waschmittel zu kaufen.

Zurück zu den Szenenbeispielen aus Tab. 11.1, und zu einer ersten Zuweisung von Lichtfarben:

- Davon ausgehend, dass kein natürliches Licht dargestellt werden soll, kann für die erste Szene zunächst ein neutrales Grau und später ein helles Frühlingsgrün verwendet werden.
- Zwischen Szene 1 und 2 muss relativ weit vorne an der Bühnenkante eine Gaze heruntergelassen werden, damit der Umbau beim Szenenwechsel unsichtbar bleibt. In diesem Moment muss die Bühne komplett dunkel sein – ein so genannter *Blackout*.
- Für die zweite Szene bietet es sich schließlich an, natürliches Tageslicht darzustellen.
- In der dritten Szene sind als Grundtöne Schwarz (damit also ausgedehnte Schattenpartien) und Rot zu wählen. Zum Rot können auch noch weitere harmonische Farben (s. u.) hinzukommen.

Hierbei muss aber auch die Wirkung des farbigen Lichts in Kombination mit den Farben der Kulissen und der Kostüme beachtet werden (s. Kap. 11.2).

Direktes und indirektes natürliches Licht

In der Natur kommt das direkte Licht von der Sonne, und es gelangt ohne Umwege auf eine Szenerie. Alles was dagegen durch reflektiertes Licht erhellt wird, wird indirekt und meistens diffus beleuchtet. Das indirekte Licht stammt von Flächen bzw. Gegenständen, die Teilmengen des Lichts reflektieren. Beispiel sonniger Sandstrand: Die größte Teilmenge an reflektiertem Licht liefert hier der Himmel (Reflexionslicht der Atmosphäre), weitaus weniger das Wasser oder der Strand. Soll nun für eine Szene natürliches, neutrales Licht mit Scheinwerfern simuliert werden, so wird warmes oder kaltes, weißes Licht verwendet. Warmes Weiß steht für einen sommerlichen Sonnentag, kaltes Weiß eher für einen bedeckten Wintertag.

Warme und kalte Farben

Warme Farben werden mit der Sonne assoziiert, sie enthalten immer Gelb. Kalte Farben enthalten Blau und werden beispielsweise mit der bläulichen Farbe von kaltem Stahl in Verbindung gebracht. Die Farbe Grün nimmt eine Sonderstellung ein; sie kann sowohl als warm wie auch als kalt empfunden werden, tendiert aber öfter zur kalten Richtung (Abb. 11.1 Links).

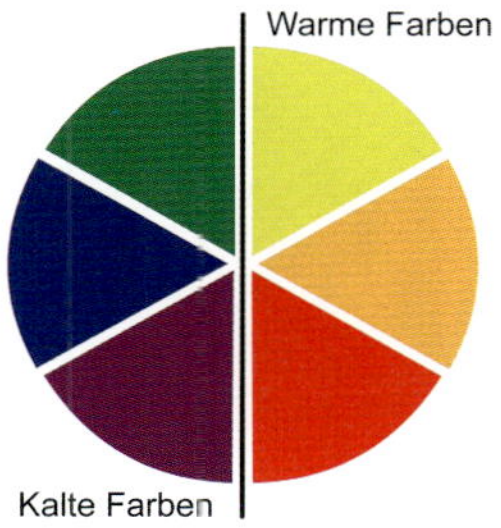

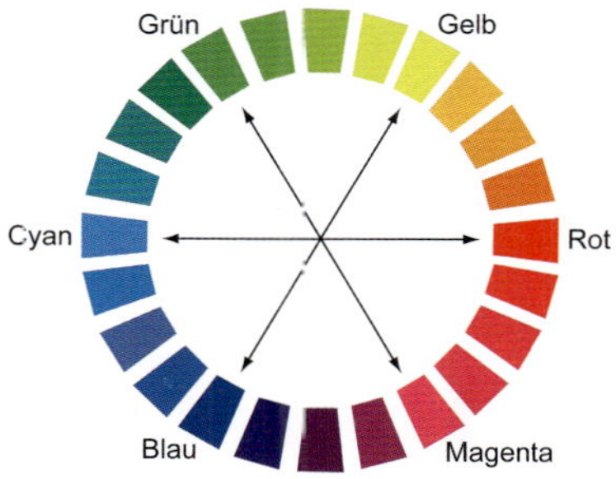

Abb. 11.1 Links: Beispiele für warme und kalte Farben in einem einfachen Farbkreis.
Rechts: Farbkreis mit gegenüberliegenden Komplementärfarben.

Harmonische Farbgestaltung

Farben, die miteinander harmonieren, führen zu einem positiven Gesamtbild, wogegen Farben, die nicht miteinander harmonieren, eine gewisse Disharmonie und Spannung erzeugen. Eine harmonische Farbgestaltung zeichnet sich beispielsweise aus durch eine Kombination benachbarter Farbtöne oder eine Kombination ausschließlich warmer Farben bzw. ausschließlich kalter Farben (Abb. 11.1 Rechts).

Farbkontraste

Farbkontraste verdeutlichen Unterschiede, erzeugen Spannung und ziehen die Aufmerksamkeit auf sich. Sie wirken erfrischend oder aber auch anspannend. Eine kontrastreiche Farbgestaltung wird zum Beispiel erzielt durch:

- Verwendung von Komplementärfarben (Komplementärkontrast)
- Verwendung von warmen und kalten Farben (Warm-Kalt-Kontrast)
- Eine Kombination von aufgehellten Farbtönen und den entsprechenden Vollfarben (Hell-Dunkel-Kontrast)
- Verschiedene Reinheitsgrade der Farben, d. h. bunte Farben im Vergleich zu unbunten Farben (Qualitäts-Kontrast). Unbunte Farben sind Weiß, Schwarz und alle Grautöne dazwischen
- Verschiedene Größenverhältnisse von farbigen Flächen (Quantitäts-Kontrast)

Je nachdem ob Tag, Nacht, Drinnen oder Draußen dargestellt werden soll, werden die Farben und die notwendige Beleuchtungsart gewählt. Die Gesichter von Darstellern werden meist eher mit helleren, zarteren Farbtönen ausgeleuchtet (Abb. 11.2). Kräftige, farbige Beleuchtung kommt beim Gegenlicht zum Einsatz, da dieses in der Regel nicht auf die Gesichter trifft. Es folgen einige Tipps, wie verschiedene Tageszeiten durch eine künstliche Beleuchtung nachgestellt werden können.

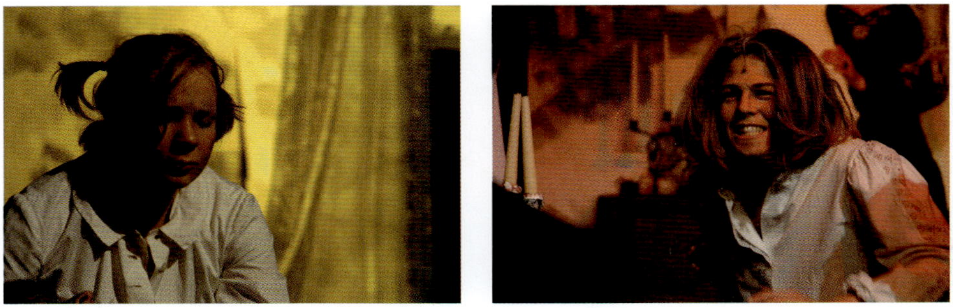

Abb. 11.2: Szenenausleuchtung mit warmen Farben („Die Spielverderber", Hochschule der Medien 2002).

Sonnenaufgang und -untergang: Das Licht der flach stehenden Sonne legt hier eine längere Wegstrecke durch die Erdatmosphäre zurück, und es werden dadurch mehr kurzwellige Spektralanteile absorbiert. Es entsteht ein warmes, rötliches Licht, das dem ähnlich ist, wie es Glühlampen erzeugen (Abb. 11.3 Links).

Szene bei Tag: Die Erdatmosphäre streut bei Tag vor allem blaues Licht, entsprechend wirken angestrahlte Objekte bläulich. Bevorzugt sollten hierfür Scheinwerfer mit Halogen-Metalldampflampen oder Xenon-Hochdrucklampen eingesetzt werden, da deren Lichtspektrum und Farbtemperatur am ehesten dem des Tageslichts entsprechen. Vor Kunstlichtscheinwerfern mit Halogenglühlampen als Leuchtmittel müssen bläuliche Korrektur- bzw. Konversionsfilter angebracht werden, um einen ähnlichen Effekt zu erzielen (Abb. 11.3 Rechts, Tab. 11.3).

Nachtszene: Im Prinzip verlöschen unter Mondlicht alle Farben und erscheinen hell- bis dunkelgrau, allerdings behauptet sich die Farbe Blau noch am ehesten. Nachtszenen werden auf der Bühne daher mit einem blauen, diffusen Grundlicht nachgestellt, zum Beispiel durch Halogen-Metalldampflampen mit zusätzlichen Filterfolien. Nicht geeignet sind hier allerdings sattblaue Filter, es ist eher ein hellblauer Farbton erwünscht (Abb. 11.3 unten). Für Szenen auf einer nächtlichen, beleuchteten Straße sind Natriumdampflampen mit ihrem typisch gelblichen Licht die richtige Wahl. Oft wird bei Nachtszenen zusätzlich der Mond von hinten auf den Hintergrund projiziert oder zumindest mit dem gelblichen, kreisrunden Licht eines einzelnen Scheinwerfers angedeutet. Zu beachten ist, dass der Schlagschatten eines Objekts bei Mondlicht wesentlich dunkler ist als bei Tag. Und das natürliche Mondlicht wirft übrigens keine komplementärfarbigen Schatten (s. Kap. 11.2). Viele kleine Lichtpunkte auf einem dunklen Hintergrund erzeugen die Illusion eines Sternenhimmels (in der Regel mit faseroptischen Systemen erzeugter Effekt, s. Kap. 9.2.6).

Abb. 11.3: Entwicklung der Tageszeit durch verschiedene Lichtfarben.
Links oben: Morgenstimmung. **Rechts oben:** Tageslicht. **Unten:** Nachtstimmung.
(„Die Spielverderber“, Hochschule der Medien 2002.)

Tab. 11.3: Filter für verschiedene Beleuchtungssituationen mit Kunstlichtlampen.

Beleuchtungssituation	Filter von Lee	Filter von Rosco
Warmes Tageslicht	103 (Straw) 159 (No Color Straw) 205 (Half CTO) 206 (Quarter CTO) 212 (CT Yellow)	Cinegel 3134 (Tough MT54 Arc Light) Roscolux 6 (No Color Straw) Cinegel 3408 (1/2 CTO) Cinegel 3409 (1/4 CTO) Cinegel 3106 (Tough MTY)
Kaltes Tageslicht	117 (Steel Blue) 201 (Full Blue) 202 (Half CTB) 203 (Quarter CTB) 218 (Eighth CTB)	E-Colour 117 (Steel Blue) Cinegel 3202 (Full Blue) Cinegel 3204 (Half CTB) Cinegel 3208 (Quarter CTB) Cinegel 3216 (Eighth CTB)
Mondlicht	143 (Pale Navy Blue) 161 (State Blue) 174 (Dark Steel Blue) 183 (Moonlight Blue)	E-Colour 143 (Pale Navy Blue) E-Colour 161 (State Blue) E-Colour 174 (Dark Steel Blue) E-Colour 183 (Moonlight Blue)
Innen	103 (Straw) 151 (Gold Tint) 152 (Pale Gold) 153 (Pale Salmon) 154 (Pale Rose) 162 (Bastard Amber)	Cinegel 3134 (Tough MT54 Arc Light) E-Colour 151 (Gold Tint) E-Colour 152 (Pale Gold) E-Colour 153 (Pale Salmon) E-Colour 154 (Pale Rose) E-Colour 162 (Bastard Amber)
Landschaft / Wald	Mischung aus Amber und Gold	
CTB = Conversion To Blue CTO = Conversion To Orange		

11.2 Kombination von Lichtfarbe, Kulissen und Kostümen

Beim Einsatz verschiedener Lichtfarben sollte man sich immer auch fragen: Gibt es Probleme bei meinen Farbvorstellungen in Kombination mit den Kulissen oder Kostümen?

Um das beurteilen zu können, muss man wissen, welche Kulissen und Requisiten auf die Bühne kommen und wie die Farben des Lichts auf den verschiedenen Oberflächen wirken. Trifft Licht auf eine Oberfläche, wird ein bestimmter Teil absorbiert, reflektiert und transmittiert (s. Kap. 8.2.1). Von einem Objekt kann nur der spektrale Anteil reflektiert werden, der auch in den auftreffenden Lichtwellen enthalten ist. Rotes Licht hat beispielsweise so gut wie gar keine blauen Anteile. Scheint rotes Licht auf ein blaues Objekt, so wird demnach fast kein Licht reflektiert, das Objekt erscheint Schwarz (s. auch Prinzip der subtraktiven Farbmischung in Kap. 8.2.2). Solche Effekte sind natürlich bei der Wahl der Lichtfarben zu berücksichtigen. Daher ist es wichtig, sich bereits ganz am Anfang der Planung mit dem Kreativteam auseinander zu setzen, um zu klären, welche Farben bei den einzelnen Szenen vertreten sein werden.

Beim Ausleuchten ist auch darauf zu achten, dass der Schatten einer farbigen Lichtquelle nicht immer als schwarz wahrgenommen wird, sondern in der jeweiligen Komplementärfarbe erscheint (Simultan-Kontrast). Eine Ausleuchtung beispielsweise mit rotem Licht hat einen grünen Schatten zur Folge und umgekehrt (Abb. 11.4). Kreuzen sich verschiedenfarbige Schatten, so entstehen zudem neue Mischfarben. Um unerwünschte Auswirkungen im Gesamtbild zu vermeiden, kann dieser Effekt schon im Vorfeld bei der Auswahl der Farben berücksichtigt werden. Farbige Schatten können aber auch bewusst als Stilmittel eingesetzt werden.

Kreuzen sich die farbigen Lichtkegel zweier Scheinwerfer, entstehen ebenfalls Mischfarben. Trifft beispielsweise die Lichtfarbe Blau auf die Lichtfarbe Gelb, ergibt das zusammen die Farbe Weiß. Auch wenn farbiges Licht auf einen weißen Grund trifft (z. B. Nebel oder weiße Gaze), ist dies zu berücksichtigen.

Abb. 11.4: Grünlicher Schatten bei roter Beleuchtung.

11.3 Scheinwerferpositionen auswählen

In diesem Kapitel soll es zunächst nicht um die exakte Planung auf dem Papier oder am Computer gehen, sondern eher darum, welche prinzipiellen Effekte durch verschiedene Scheinwerferpositionen erzielt werden können.

11.3.1 Aktionslicht (Acting Area Lighting / Figure Lighting)

Unter Aktionslicht versteht man die Beleuchtung der Akteure im Vordergrund. Ein gut eingerichtetes Aktionslicht unterstützt aber auch die Stimmung und Atmosphäre des Bühnenbildes. Doch wo bringt man die Scheinwerfer an, um

a) die Sichtbarkeit des Darstellers zu gewährleisten und

b) die gewünschte Stimmung umzusetzen?

Um das zu klären, gehen wir auf ganz grundsätzliche Dinge zurück. Ein Beispiel: Ein Schauspieler steht in der Mitte, an der Bühnenkante einer ansonsten dunklen Bühne. Ein Spotlight ist auf ihn gerichtet, er ist somit gut erkennbar und sticht hervor. Schaltet man nun aber alle zur Verfügung stehenden Scheinwerfer an, sieht es so aus, als ob der Darsteller mit dem Hintergrund verschmilzt, er zeigt keinerlei Konturen.

Was lernt man daraus? Um etwas sichtbar zu machen, braucht man Kontraste. Und das erreicht man, indem man mit den *Schatten* spielt! Wie geschieht das bei einer Bühnenbeleuchtung? Wir nähern uns der Sache etwas unkonventionell: Zunächst sehen wir uns die Ein-, Zwei-, Drei- und Vierpunktbeleuchtung an, wie sie bei der Ausleuchtung eines Film- oder Fernsehsets üblich sind. Anschließend werden wir sehen, wie sich die prinzipiellen Erkenntnisse aus diesen Verfahren auch für eine Mehrpunktbeleuchtung bei einem Bühnenstück anwenden lassen.

Einpunktbeleuchtung (Single Source Lighting)

Anhand einer Einpunktbeleuchtung aus verschiedenen Beleuchtungsperspektiven lassen sich die Lichtverhältnisse auf einer Bühne sehr anschaulich erklären. Jede Beleuchtungsrichtung erzeugt eine andere Atmosphäre und verändert die Dimensionen und den Charakter der Umgebung und der angeleuchteten Person.

Unterlicht (Below-front)

Unterlicht erscheint unnatürlich, da Licht in der Natur nicht von unten scheint, außer es wird von einer Fläche reflektiert. Wie zum Beispiel, wenn man bei Sonnenschein über eine Eisfläche geht: Die Schatten unter den Augenbrauen, Nase und Kinn werden „beleuchtet“. Diesen natürlichen Effekt könnte man so auch auf der Bühne einsetzen. Weiteres Beispiel: Personen rund um ein Lagerfeuer. Die Beleuchtung von unten ergibt hier einen eher finsteren und unrealistischen Effekt. Bei einem solchen Unterlicht entstehen übermächtige Schatten und damit eine mysteriöse oder gar bedrohliche Atmosphäre (Abb. 11.5 Links).

Als Licht auf Fußhöhe kann ein Unterlicht dazu benutzt werden, den Fußboden farbig zu beleuchten, oder auch, um farbige Schatten auf den Kulissen zu erreichen. Fußlicht wird auch eingesetzt, wenn Bodennebel (s. Kap. 11.3.5) eingefärbt werden soll.

Abb. 11.5 Links: Unterlicht. **Rechts:** Oberlicht senkrecht von oben.

Oberlicht / Kopflicht (Toplight)

Ein Oberlicht ist ein von oben auf die Szene gerichtetes Licht. Der Schatten befindet sich direkt unter der angeleuchteten Person und ist von den Abmessungen her minimal (Abb. 11.5 Rechts). Allerdings werfen der Kopf und vor allem die Nase lange Schatten nach unten, große Partien der Person bleiben daher dunkel. Licht, das von oben kommt, wird meist als natürlich empfunden, da dies der üblichen Situation bei Tageslicht (Mittagssonne) entspricht. Diese Art von Licht kann man aber auch als Aufheller einsetzen, oder um den Darsteller gedrungener wirken zu lassen.

Vorderlicht (Flat Lighting)

Mit einem horizontalen Vorderlicht (Horizontal-front / Eyelevel) ist das Gesicht der Person zwar gut ausgeleuchtet, allerdings werden bei direkt frontal einfallendem Licht die Strukturen unterdrückt. Gesichtszüge werden geebnet, der Ausdruck erscheint eher langweilig, und die Szene wirkt flach und ausdruckslos (Abb. 11.6 Links). Die Tiefenwirkung des Raums geht dabei verloren, der Schatten hinter dem Darsteller ist sehr groß und kann eventuell die Dekoration berühren, was meist nicht erwünscht ist. Je höher das Vorderlicht angebracht wird, desto mehr werden jedoch die Strukturen herausgearbeitet (Abb. 11.6 Mitte und Rechts). Ein weitgehend natürlicher Eindruck entsteht, wenn der Scheinwerfer ungefähr 45° über dem und 40° seitlich vom Gesicht des Darstellers angebracht wird. Das 45°-Grad Licht ist somit auch die klassische Beleuchtungssituation zur Ausleuchtung eines Darstellers. Je steiler das Licht auf den Darsteller oder die Kulisse strahlt, desto weniger Schatten gibt es, allerdings werden tief liegende Augen betont.

Je nach baulichen Gegebenheiten kann es vorkommen, dass kein winkliges Licht von vorne auf den Darsteller treffen kann, sondern nur frontales Vorderlicht. Dann sollte diese Position nur sparsam eingesetzt und Seiten- und Kopflicht verstärkt genutzt werden. Man nutzt horizontales Vorderlicht auch oft, um die Bühne mit einer Farbe zu fluten, dann aber nicht zwingend auf Augenhöhe.

Abb. 11.6 Links: Vorderlicht aus fast horizontaler Richtung. **Mitte:** Vorderlicht im Höhenwinkel von ca. 30°. **Rechts:** Vorderlicht im Höhenwinkel von ca. 50°.

Gegenlicht (Backlight)

Ein mit Gegenlicht beleuchtete Person ist nur am Umriss in seiner Gestalt erkennbar, es betont die Kanten und damit die Form. Die meisten Details gehen jedoch im Schatten verloren. Akteure und die Umgebung wirken voneinander getrennt, und es wird dadurch eine gewisse Bühnentiefe erzeugt (Abb. 11.7). Die gesamte Stimmung einer Szene kann durch den Gebrauch von unterschiedlich farbigem Gegenlicht verändert werden. Werden Objekte nicht direkt mit einem Scheinwerfer von hinten beleuchtet, sondern stattdessen nur der Hintergrund, so erscheinen Personen und Dinge lediglich als Schattensilhouetten. Schlecht eingestelltes Gegenlicht verursacht unter Umständen unerwünschtes Streulicht im Zuschauerraum, daher sollte man sich beim Einrichten bzw. Einstellen zur Kontrolle auch einmal in die erste Reihe setzen.

Abb. 11.7: Gegenlicht.

Seitenlicht (Sidelight)

Dieses Licht arbeitet alle Ecken und Kanten heraus und wird viel für Tanzaufführungen genutzt (s. Kap. 11.3.6). Je weiter der Darsteller sich von der Lichtquelle entfernt, desto mehr wirkt seine Silhouette, insbesondere wenn das Licht nur von einer Seite kommt. Es können jedoch bei dieser Beleuchtungsrichtung Schatten auf die „Mitspieler" geworfen werde, so dass für schauspielerische Szenen diese Lichtart eher über Kopfhöhe mit einem 45°-Winkel angebracht wird.

Bewertung der Einpunktbeleuchtung

Natürlich wäre es manchmal wünschenswert, bei einer Bühnenbeleuchtung mit nur einem Scheinwerfer auskommen zu können – und das nicht nur aus ökonomischen Gründen. Sonnen- und Mondlicht kommen schließlich auch jeweils von nur einer einzigen Lichtquelle, und oft wird versucht, eben diese beiden Lichtstimmungen nachzuahmen. Allerdings scheitert dieses Vorhaben alleine schon daran, dass Scheinwerfer im Vergleich zum natürlichen Licht eine zu geringe Intensität bzw. Leistung aufweisen, denn selbst für eine kleine Theaterbühne werden 10.000 W und mehr für eine ausreichende Beleuchtung benötigt.

Will man übrigens die Wirkung von Sonnenlicht glaubhaft mit einem Scheinwerfer nachempfinden, so muss dieser möglichst weit weg von der Szene positioniert werden. Zum einen, damit die erzeugten Schatten nicht zu sehr auseinander laufen (die Schatten des Sonnenlichts verlaufen nahezu parallel), und zum anderen, da die Beleuchtungsstärke antiproportional zum Quadrat der Entfernung abnimmt (s. Kap. 8.1). Je weiter eine punktförmige Lichtquelle entfernt ist, desto weniger fällt die Abnahme der Beleuchtungsstärke auf. Die Einpunktbeleuchtung wird daher meist nur zu dem Zweck eingesetzt, in bestimmten Szenen einen dramaturgischen Effekt zu erzielen, so wie oben dargestellt.

Zweipunktbeleuchtung (Two Point Lighting)

Hier werden zwei Scheinwerfer aus verschiedenen Richtungen kombiniert. Meist in der Konstellation Führungslicht mit Gegenlicht, alternativ aber auch als Führungslicht mit Aufhellung (Abb. 11.8). Oder auch mit zwei Scheinwerfern gleicher Beleuchtungsstärke in einer symmetrischen Anordnung, meist von oben in 45° zur Betrachtungsrichtung. Mit dieser Methode werden zu scharfe Schatten vermieden.

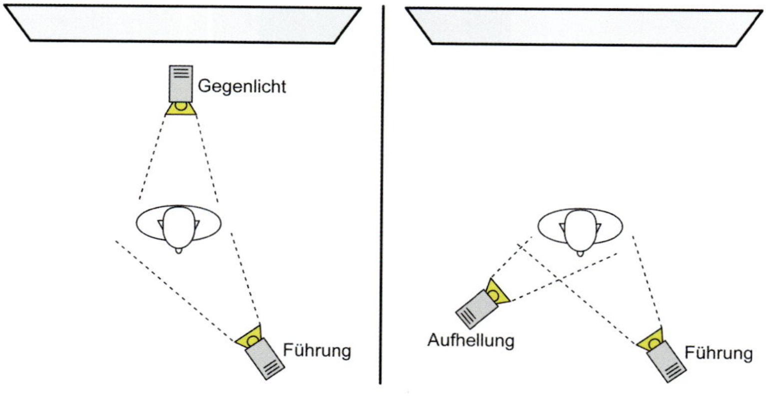

Abb. 11.8: Varianten einer Zweipunktbeleuchtung.

Hier sei auch die Methode von Stanley McCandless vorgestellt, die gerade für Anfänger einen guten Leitfaden darstellt. Nach McCandless wird ein Darsteller bereits gut ausgeleuchtet, wenn zwei Scheinwerfer aus verschiedenen Richtungen in Winkeln von 45° auf ihn treffen (Abb. 11.9 und Artikel im folgenden Kasten).

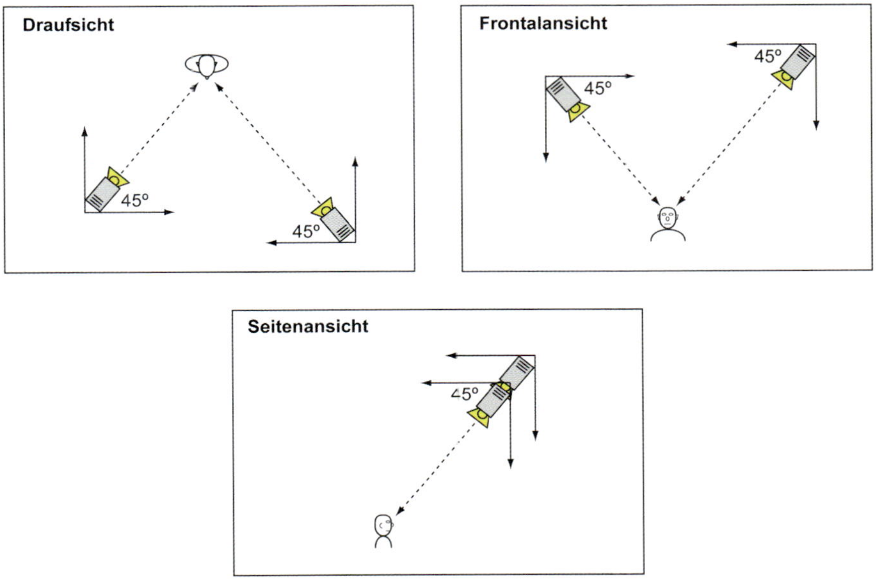

Abb. 11.9: McCandless-Methode.

The McCandless Method and „Jewel" Lighting

Artikel von Rob Sayer auf der Webseite OnStageLighting (www.onstagelighting.co.uk)

If you are really new to stage lighting, you probably haven't heard of Stanley McCandless who wrote the book „A Method of Lighting The Stage" in the 1930's. The book describes angles and positions used to light the stages of professional American theatres, and McCandless is credited with recording „the method" – though perhaps not inventing it. The McCandless method for lighting the stage became the basis of lighting design in proscenium theatres and is still taught to students today.

The McCandless lighting layout is based on division of the stage into areas, with each area lit by two front light sources. Each light source arrives on stage from an angle roughly 45 degrees from the stage floor, and is separated 45 degrees either side of „straight on". Other lighting angles such as backlight, sidelight etc. fill in, giving the actors on stage some form. Warm and cold colours are used in opposite sides to create key and fill lights that can be balanced depending on the scene. If you want to learn about the McCandless method of lighting the stage, pretty much every book on stage lighting design has details. There are also some notes at Larry Wild's „An Approach to Stage Lighting".

The thing to keep in mind is that the subject is front lit from two positions, from an audience point of view. Light arriving at 45 degrees up delivers lighting that is not too harsh, steep or flat. Three dimensions are sculpted by light from on stage angles at the back and side of stage.

„Jewel" lighting refers to a phrase coined by Howard Bay, who described a method of lighting the actor like a jewel display – from as many angles as possible. This method could use more front light angles; colours and face shadows were often filled in using floats (footlights). This multi-angled approach is what we in the UK sometimes think of as Broadway lighting.

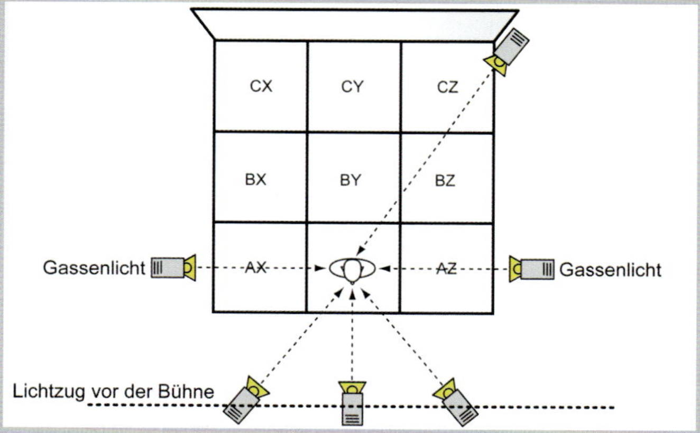

Abb. 11.10: Jewel Lighting (Howard Bay).

Both these methods of lighting a stage have an emphasis on front light – lighting arriving from the audience. Light that comes from an audience's viewpoint reflects back to them making it easy to see detail in faces and read lips speaking. Natural warm and cold colour filters such as straws, pale blues and lavenders provide some simulated sunlight and skylight in traditional theatre methods. Lighting a choir or a graduation ceremony, the lighting designer may not need this colour flexibility, keeping front lighting in Open White – no colour at all.

45°-Regel gemäß Richard Pilbrow

Pilbrow lehnt sich eng an die McCandless-Methode an; auch er empfiehlt die 45°-Regel. Weiterhin geht er in seinem Buch „Stage Lighting Design" (Erstveröffentlichung in den 1970er Jahren) näher auf die Situation ein, wenn zusammengehörige Scheinwerferpaare gleiche Entfernungen zur Spielfläche aufweisen. Das Problem hierbei: Sind die beiden Scheinwerfer so eingestellt, dass sie gleichstark auf dem Punkt ankommen, wird der Darsteller eher zweidimensional erscheinen (Abb. 11.12 Links). Man hat zwei Möglichkeiten, hier mehr Dreidimensionalität zu erreichen: Entweder man ändert die Intensität eines Scheinwerfers durch Herunterdimmen, oder man setzt unterschiedliche ND-Filter vor die Scheinwerfer. Oft ist auch der eine Scheinwerfer mit einer kalten Farbe bestückt (z. B. blasses Blau) und der andere mit einer warmen Farbe (z. B. Gold). Die Größe der weich gezogenen Lichtkegel hängt davon ab, ob sich der Darsteller ohne Sichtbarkeitsprobleme von einem Spielort zum nächsten bewegen kann. Wenn man die Lichtkegel nicht größer ziehen kann, da dann eventuell die Kulissen beleuchten würden, ist ein weiteres Scheinwerferpaar notwendig.

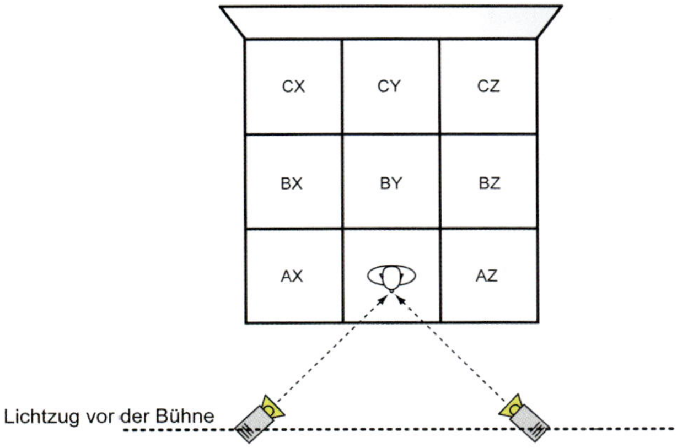

Abb. 11.11: 45°-Scheinwerferpaar mit gleichem Abstand zum auszuleuchtenden Bereich.

Abb. 11.12 Links: Zwei Lichtquellen aus 45° zur Betrachtungsrichtung gemäß McCandless.
Rechts: Zwei Seitenlichter aus 90° zur Betrachtungsrichtung.

Das Seitenlicht (Side Lighting) mit Lichtquellen von beiden Seiten ist eine weitere Spielart der Zweipunktbeleuchtung. Dadurch wird ein plastischer Effekt erzeugt und die räumlichen Dimensionen stark betont (Abb. 11.12 Rechts). Das Gesicht eines Darstellers wird nur vollständig beleuchtet, wenn er sich zur Seite wendet. Klassisches Seitenlicht kommt von schräg oben, das Gassenlicht im Theater hat dagegen eine geringere Höhe (unter ca. 3 m) und damit einen geringeren Einfallswinkel. Der plastische Effekt wird dadurch noch etwas verstärkt und der Schattenwurf minimiert.

Dreipunktbeleuchtung (Three Point Lighting)

Die Dreipunktbeleuchtung besteht aus einem Führungslicht, einer Aufhellung und einem Gegenlicht (Abb. 11.13). Verwendet werden hierbei beispielsweise Zoomspot-Profilscheinwerfer und Stufenlinsenscheinwerfer. Mit einer Dreipunktbeleuchtung sollen zunächst die Darsteller beleuchtet werden, eine Beleuchtung des Hintergrunds wird meist vermieden. Um dies zu erreichen, müssen Position, Höhe und Winkel jedes Scheinwerfers sorgfältig ausgewählt bzw. eingestellt werden. Die Einrichtung der Scheinwerfer erfolgt in der Reihenfolge:

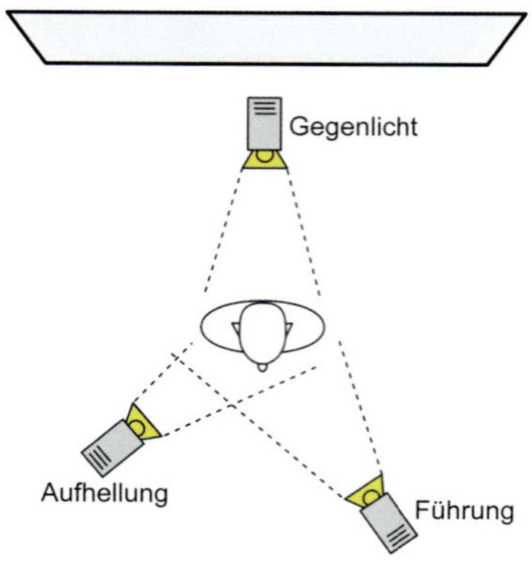

Abb. 11.13: Dreipunktbeleuchtung.

1. Führungslicht (Key Light): In der Regel beginnt die Planung einer Ausleuchtung mit dem Einrichten des Führungslichts, da dieses für die Lichtstimmung ausschlaggebend ist. Es ist die Hauptbeleuchtung in der Szene, welche auch die dominanten Schatten wirft. Das Führungslicht wird direkt auf die auszuleuchtende Person gerichtet, meist aber nicht frontal, sondern erhöht und von der Seite. Der Neigungswinkel für das Führungslicht beträgt dabei zwischen 45° bis 60° oder auch mehr, je nach Höhe des Scheinwerfers. Je größer der Winkel, desto mehr Schattenwurf ist auf den angeleuchteten Personen zu erwarten, und es wird eine gewisse Dramatik erzeugt, wie wir sie schon beim reinen Oberlicht gesehen haben. Bei kleinerem Winkel bzw. tieferen Positionen werden vor allem bei Hutträgern die Augen besser ausgeleuchtet.

2. Aufhellung (Fill Light): Wenn das Führungslicht steht, wird mit einem etwas schwächeren Scheinwerfer die dunklere Gesichts- bzw. Körperhälfte aufgehellt. Die Aufhellung ist notwendig, da ein hartes Seiten- oder Oberlicht, wie es eine Führung meistens ist, den beleuchteten Flächen zwar eine ausgezeichnete Form und Struktur verleiht, aber auch große dunkle Bereiche hervorruft.

3. Gegen- oder Spitzlicht (Back Light): Zuletzt wird das Gegenlicht hinter den Akteuren positioniert. Das Gegenlicht erzeugt einen hellen Rand um die angeleuchteten Personen und hebt sie so vom Hintergrund ab. Es ist in der Regel die stärkste Lichtquelle, mit einem möglichst harten Licht. Seltener wird weiches Licht einer großen, diffusen Lichtquelle für diesen Zweck eingesetzt. Hier wirken die Umrisse dann aber weniger stark definiert.

Vierpunktbeleuchtung (Four Point Lighting)

Mit dem Begriff der Vierpunktausleuchtung ist zumeist eine Erweiterung der vorher gezeigten Dreipunktbeleuchtung um ein Grundlicht gemeint, welches zusätzlich den Hintergrund aufhellen soll. Bei Film- oder Fernsehaufnahmen versteht man unter einer Vierpunktbeleuchtung dagegen auch die Ausleuchtung einer klassischen Dialogsituation mit zwei Führungslichtern, die zugleich aber auch Fülllichter sind, und einem doppelten Gegenlicht („Beleuchtungsschere", Abb. 11.14). Eine weitere Variante ist in Abb. 11.15 zu sehen: Eine Ausleuchtung mit Führungslicht, zwei Seitenlichtern als Aufhellung und einem Gegenlicht.

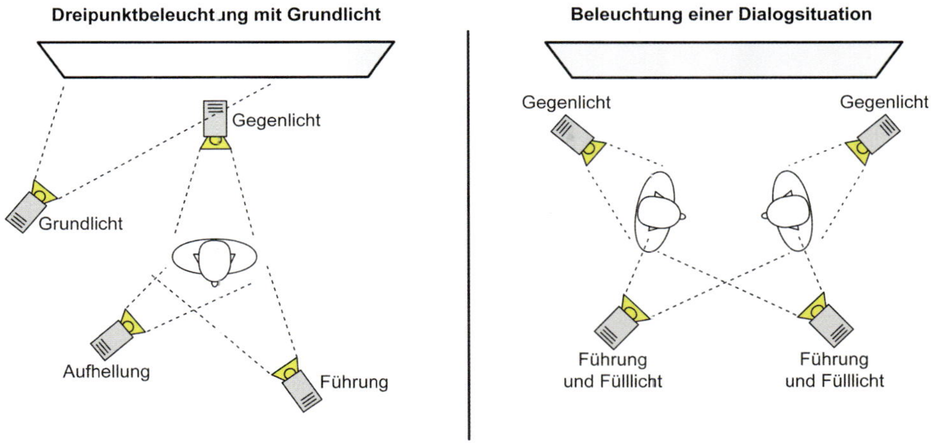

Abb. 11.14: Vierpunktbeleuchtung.

Abb. 11.15: Führungslicht, zwei Seitenlichter und Gegenlicht.

Mehrpunktbeleuchtung (Multi Source Lighting)

Schon auf kleinen Bühnen werden in der Regel mehr als vier Scheinwerfer benötigt und das aus folgendem Grund: Beim Einrichten der Beleuchtung muss eine Bewegung der angeleuchteten Personen durch den Raum berücksichtigt werden. Eine wichtige Fragestellung lautet hierbei: Wo wird sich der Schauspieler während des Stückes aufhalten? Diese Bereiche müssen dann auch nach dem Prinzip der „Darsteller-Ausleuchtung" erhellbar sein. Dabei entsteht das besondere Problem, dass ein Akteur, der sich auf eine Lichtquelle zu bewegt, immer heller wird bewegt er sich von der Lichtquelle fort, wird er immer dunkler. Vor allem Scheinwerfer in Bodennähe haben diesen Effekt. Das Problem lässt sich zum Beispiel durch von oben kommendes, diffuses Licht von mehreren Scheinwerfern lösen, die um ca. 45° nach unten geneigt sind (in Abb. 11.16 vereinfacht mit einer Scheinwerferreihe dargestellt, entsprechendes gilt aber auch für Scheinwerferpaare gemäß der McCandless-Methode). Wenn aber mehrere Führungslichter in dieser Art eingesetzt werden, müssen natürlich auch zusätzliche Lichtquellen als Aufhellung und Gegenlicht eingeplant werden, und somit erhöht sich sehr schnell die Anzahl der notwendigen Schweinwerfer.

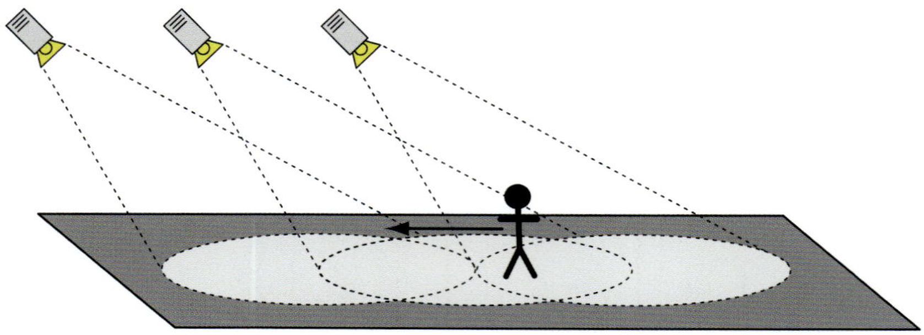

Abb. 11.16: Drei Führungslichter im Winkel von 45° mit überlappenden Beleuchtungszonen.

Üblicherweise wird eine Bühne in Beleuchtungszonen eingeteilt, deren Position und Größe sich an den Lichtkegeln der Scheinwerfergruppen ausrichtet. Beispielsweise könnten die Lichtkegel auf dem Boden einen Durchmesser von 4 m aufweisen. Da sich die Lichtkegel überlappen sollten, sind für eine Bühne mit 9 x 9 m Spielfläche mindestens neun Beleuchtungszonen notwendig. Jeder dieser neun Zonen erhält ihr eigenes Vorder-, Gegen- und Oberlicht. In der Regel wird die Bühnenbreite immer in eine ungerade Zonenzahl eingeteilt, damit der wichtige mittlere Bereich gut abgedeckt wird und hier keine Lücke entsteht.

Hinweis: Im Anhang findet sich eine Methode, mit der die Anzahl der für eine lückenlose Beleuchtung benötigten Scheinwerfer berechnet werden kann.

Kennzeichnung der Beleuchtungszonen

Bewährt hat sich hier ein logisches System mit Koordinaten für Links/Rechts und Vorne/Hinten, zum Beispiel in der Form wie in Abb. 11.17 dargestellt. „AZ" ist vom Zuschauerraum aus gesehen immer vorne rechts. Dieses System hat gewisse Vorteile gegenüber anderen Methoden, beispielsweise einer Kennzeichnung mit aufsteigenden Nummern:

- Durch die Buchstabenkennzeichnung wird die Bühne sowohl in lange Streifen unterteilt, als auch in kleine Quadrate.
- Geht die Größe der Bühne über die übliche Einteilung hinaus, so fügt man einfach weitere Buchstaben für die zusätzlichen Felder hinzu (Abb. 11.17 Rechts).
- Die Bewegung der Darsteller kann einfach in der Form „Hans geht von AX nach BY" ausgedrückt werden; die Verwechslungsgefahr „rechts" und „links", je nach Position des Betrachters, entfällt.
- Insgesamt wird die Kommunikation mit den Kollegen erheblich erleichtert.

Für eine größere Spielfläche sind entsprechend mehr Zonen notwendig, sehr große Bühnen werden in bis zu 100 Zonen unterteilt. Um den Anforderungen einer Mehrpunktbeleuchtung mit vielen Zonen gerecht zu werden, verfügen moderne Veranstaltungshallen oder große Theater über 400 bis 500 mögliche Positionen für Scheinwerfer mit den entsprechenden Stromanschlüssen, wobei idealerweise jeder Anschluss einzeln dimmbar ist.

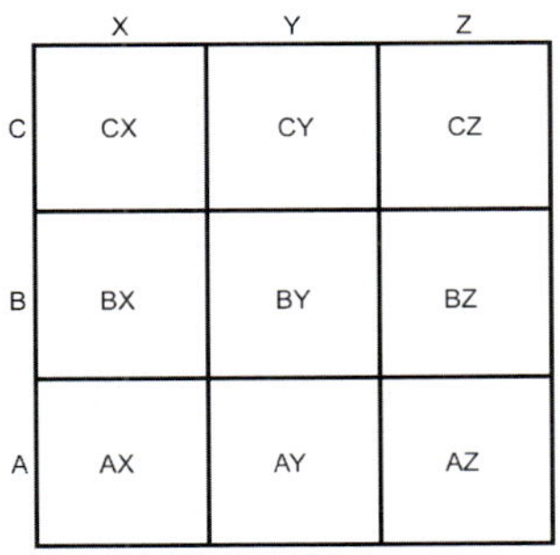

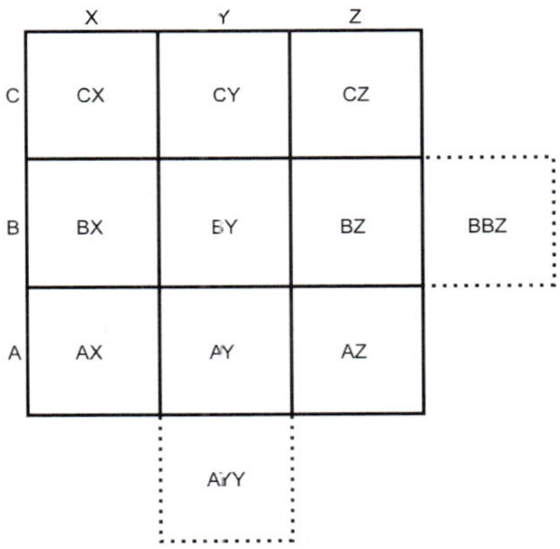

Abb. 11.17 Links: Kennzeichnung der Beleuchtungszonen. **Rechts:** Erweiterung der Bühne.

Viele Lichtdesigner nutzen zunächst für jede ihrer Inszenierungen die gleichen Positionen, um eine immer möglichst ähnlich aussehende und reproduzierbare Grundlichtstimmung zu erzeugen. Für das Aktionslicht oder für Specials (s. Kap. 11.3.3) werden dann szenenbezogen weitere Scheinwerfer hinzugefügt. Allerdings ist dies nur ein möglicher Ansatz, denn natürlich gibt es auch Lichtdesigner, die jedes Mal ein komplett neues Konzept umsetzen. Begrenzt wird die „künstlerische Freiheit" aber meist durch das vorhandene Material bzw. das Budget für Neuanschaffung oder Miete weiterer Scheinwerfer und von den verfügbaren Hängepunkten.

Wie und wo bringe ich meine Scheinwerfer an, um einen bestimmten Effekt zu erzeugen? Hierzu in Abb. 11.18 ein kleines Beispiel: Zunächst werden ausreichend viele Scheinwerfer so installiert, dass die vorderen drei Beleuchtungszonen, in welchen sich der Darsteller bewegen wird, gut ausgeleuchtet sind. Hier sind im Lichtzug vor der Bühne (Position 1) zunächst drei Scheinwerferpaare für die Zonen AX bis AZ vorgesehen.

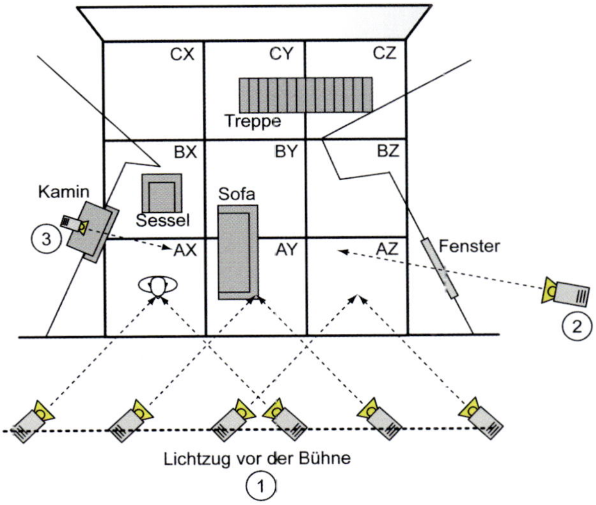

Abb. 11.18: Beispiel einer realen Spielfläche (vgl. Pilbrow, 2000).

Sollen auch die anderen Zonen beleuchtet werden, sind entsprechend weitere Scheinwerferpaare notwendig. Nicht eingezeichnet ist das zusätzlich notwendige Grundlicht, hierauf wird im folgenden Kap. 11.3.2 eingegangen. Als erstes Szenario nehmen wir einen sonnigen Tag an. Das Licht wird hier natürlicherweise durch das Fenster scheinen. Der Darsteller wird von dort in warmen Farben wie Gold, hellem Gelb oder ganz ohne Filter angestrahlt, von einem hinter dem Fenster installierten Scheinwerfer (Position 2). Die Spielorte AX und BX sind in dieser Szene eher kühl auszuleuchten, die Lichtfarbe sollte den Reflexionsfarben der Kulissenwände entsprechen.

Sehen wir uns diesen Bühnenaufbau bei Nacht an: Der Mond strahlt durch das Fenster und lässt die linke Seite der Bühne (Zone AX und BX, teilweise AY und BY) eher kühl erscheinen. „Brennt“ noch zusätzlich ein Kaminfeuer (welches aus Gründen des Brandschutzes durch künstliches Licht erzeugt wird: Position 3), muss es aussehen, als ob von dort warmes Licht auf den Darsteller fällt. Die Scheinwerfer, die von links nach rechts auf die Positionen AX, AY, BX und BY scheinen, sind somit mit orangen oder gelben Farbfiltern auszustatten.

Unterschiedliche Farben auf einer Position (wie beispielsweise AX: Licht von links kalt am Tag, warm in der Nacht), kann man erreichen mit:

- Moving Lights mit eingebauten Farbfiltern.
- Scheinwerfer mit vorgebauten Farbwechslern (Scroller).
- zwei Scheinwerfern nebeneinander, die auf die gleiche Position leuchten aber mit unterschiedlichen Farbfolien bestückt sind.
- nur einem Scheinwerfer: Hier muss ein Kompromiss der gewünschten Farben gefunden werden. Oft wählt man beispielsweise eine Farbfolie aus, die bei 100 % Leuchtkraft einem natürlichen, warmen Ton nahe kommt und bei weniger Leuchtkraft einem eher kühlen Ton (Low-Budget-Lösung).

11.3.2 Grundlicht (Diffused Lighting / Background Lighting)

Das Grundlicht wird auch Allgemeinbeleuchtung oder Gesamtaufhellung genannt. Es handelt sich hier um eine diffuse und gleichmäßige Beleuchtung der gesamten Szenerie, die eine Zeichnung in den szenenwichtigen Schatten ermöglicht. Das Grundlicht dient also in erster Linie der Übersichtlichkeit und Orientierung und sorgt dafür, dass Menschen und Gegenstände erkannt werden können. Aber es erzeugt auch eine gewisse räumliche Tiefe, vor allem bei variierender Lichtintensität, dramaturgisch abhängig von der jeweiligen Szene. Bei gemalten Bühnenbildern als Hintergrund kann eine sorgfältige Ausleuchtung eine gesteigerte Dreidimensionalität, speziell den Eindruck von mehr Tiefe, erzeugen.

Das Einrichten des Grundlichts erfolgt in der Regel nachdem das Aktionslicht eingerichtet wurde, denn erst dann kann die Entscheidung getroffen werden, ob und mit welcher Beleuchtungsstärke zusätzliches Licht notwendig ist. Bei sehr kleinen Spielorten wird das Aktionslicht eventuell auch schon zur Beleuchtung des Bühnenbildes ausreichen, da das Licht vom Boden diffus reflektiert wird und somit die Szenerie aufhellt. Das funktioniert aber nicht bei einem matten und schwarzen Bühnenboden, wie er oft anzutreffen ist. Oft wird das Grundlicht daher zunächst durch diffuses Licht senkrecht von oben realisiert, um den Boden aufzuhellen, und anschließend wird auch der Hintergrund diffus ausgeleuchtet (Abb. 11.19).

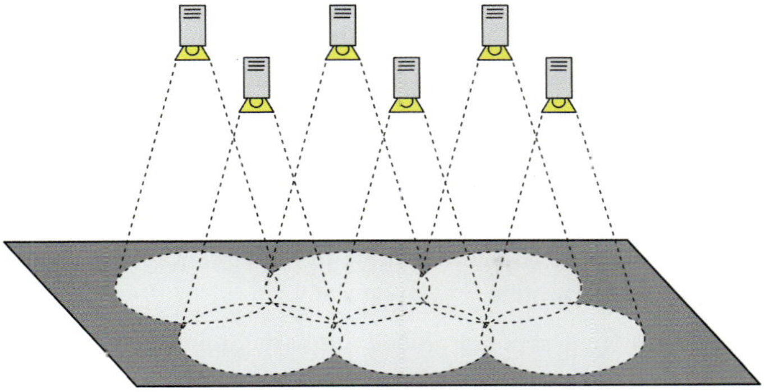

Abb. 11.19: Beleuchtung senkrecht von oben als Grundlicht für einen dunklen Bühnenboden.

Dazu werden in der Regel Fluter eingesetzt, manchmal aber auch Lichtwannen mit Leuchtstofflampen, wenn ein weicheres Licht gefordert ist. Im Prinzip lässt sich aber das Licht jedes Schweinwerfers weich machen, indem eine Streufläche vor die Lichtquelle platziert wird, beispielsweise in Form einer Gaze oder einer Frostfolie.

11.3.3 Akzentbeleuchtung (Specials)

Eine Akzentbeleuchtung betont einzelne Objekte oder Raumbereiche. Meist wird sie als Lichtspitze direkt von oben oder leicht schräg von oben gesetzt, mit eng gebündeltem Lichtkegel. Durch unterschiedliche Helligkeiten verschiedener Akzentbeleuchtungen schafft man beim Betrachter optische Anziehungspunkte. Sehr helle Beleuchtungsakzente ziehen den Blick des Zuschauers automatisch an. Ein typisches Beispiel für so ein Special ist ein Scheinwerfer, der auf eine Wanduhr oder ein Gemälde im Bühnenbild fokussiert ist. Specials werden vor allem aber auch für Personen eingesetzt, wobei die Funktion eines Specials hier nicht mit dem nachführbaren Spot eines Verfolgers verwechselt werden sollte. Bei den Proben ist für die Einrichtung von Specials genügend Zeit einzuplanen, damit der jeweilige Akteur „seine" Specials kennen lernen und sich die Positionen einprägen kann (Abb. 11.20). Oft werden auch Bodenmarkierungen verwendet.

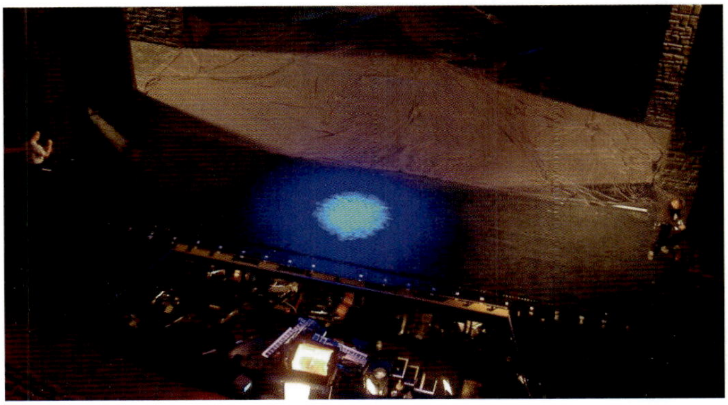

Abb. 11.20: Einleuchten eines Specials.

Meist wird für die Akzentbeleuchtung ein Profilscheinwerfer verwendet, dessen Lichtkegel sich gut ausrichten, fokussieren und in der Größe verändern lässt. Für einen Special mit einem eher „soften" Lichtkegel eignet sich eventuell auch ein PAR-Scheinwerfer.

11.3.4 Welche Scheinwerfer für welche Zwecke?

In Kapitel 9.2 haben wir bereits gesehen, welche Scheinwerfertypen es gibt, aber auf welchen Positionen und für welche Zwecke setzt man diese bevorzugt ein? Ein paar Beispiele wurden auch schon genannt, hier folgen weitere Empfehlungen:

- Für das Führungslicht nimmt man bei großen Distanzen am besten Profilscheinwerfer. Ob mit Ellipsenspiegel oder Kondensoroptik hängt davon ab, ob man über weite Strecken noch viel Licht braucht (Ellipsenspiegel) oder ob Streulicht stören kann (dann besser Kondensoroptik). Bei beiden Typen sind im Normalfall Abblendschieber vorhanden, die das Licht sehr gut begrenzen können.

- Geht es darum, eine Fläche aus geringer Distanz auszuleuchten, kann man sehr gut Stufenlinsenscheinwerfer benutzen. Hierbei ist der Lichtkegel diffus zu stellen. Weiterhin können Moving Lights eingesetzt werden. Allerdings ist darauf zu achten, dass diese meist nicht an die Lichtstärke der konventionellen Scheinwerfer heranreichen.

- Hinzu kommen spezielle Spielflächenleuchten und Proszeniums-Scheinwerfer sowie Plankonvexlinsen-Scheinwerfer, wobei für das Ausleuchten der Spielfläche Stufenlinsen-Scheinwerfer und Fluter am häufigsten benutzt werden. Plankonvexlinsen-Scheinwerfer werden aufgrund ihres geringen Streulichtes für größere Entfernungen verwendet, Stufenlinsen-Scheinwerfer dagegen insbesondere, um Dekorationsteile zu beleuchten, da die Lichtkegel sehr weiche Außenränder haben. Moving Lights werden auch immer häufiger als Flächenleuchten benutzt, gerade im Show- und Musicalbereich.

- Um Plastizität durch Seitenlicht zu erreichen, werden Profil-, Stufen- und Plankonvexlinsen-Scheinwerfer eingesetzt. Auch hier gilt, dass für eine Flutung der Flächen Stufenlinsen meist genügen, möchte man jedoch ein Dekorationsteil oder einen Darsteller genau erfassen, muss man Profilscheinwerfer benutzen.

- Für Gegenlicht werden, abgesehen von den universal einsetzbaren PAR-Scheinwerfern (gerade bei gering budgetierten Produktionen) und den Moving Lights, wieder Linsenscheinwerfer benutzt. Man findet aber auch Niedervolt-Parabolspiegelscheinwerfer, die für große zu überbrückende Entfernungen benutzt werden (zum Beispiel vom Schnürboden aus).

- Für die Hintergrundbeleuchtung werden inzwischen oft LED-Paneele eingesetzt. Konventionell wird der Hintergrund jedoch mit Flächenstrahlern beleuchtet, um eine gleichmäßige Ausleuchtung zu gewährleisten. Zur Hintergrundbeleuchtung zählt ebenfalls das Beleuchten einer Gaze von hinten; hierfür werden jedoch auch Videoprojektoren benutzt.

Es ist sinnvoll, dass Lichtdesigner, Bühnenbildner und Regisseur bereits zu Beginn der Planung zusammenkommen und sich absprechen. Gerade Informationen über die Kulissen, verfahrbare Bühnen und spezielle Dekorationsteile wie beispielsweise Spiegel sind wichtige Anhaltspunkte für die Planung der Beleuchtung.

Verfahrbare Bühnen können zum einen die Scheinwerferpositionen einschränken, andererseits aber auch selbst als „mobile“ Scheinwerferpositionen genutzt werden. Manche Kulissen können bestimmte Scheinwerferpositionen unmöglich machen. Spiegel auf der Bühne können bei bestimmten Positionen der Scheinwerfer das Publikum blenden.

11.3.5 Lichteffekte

Lichteffekte dienen der Erzeugung visueller Reize oder einer bestimmten Atmosphäre. Dabei werden zunächst Farben und Formen eingesetzt, aber auch Spezialeffekte wie zum Beispiel Stroboskoplicht und Schwarzlicht.

Formen bzw. Lichtmuster, erzeugt durch Gobos

Gobos aus Metall oder Glas werden in den Strahlengang eines Scheinwerfers gebracht (z. B. bei Profilscheinwerfern, s. Kap. 9.2.3) und formen den Lichtstrahl oder erzeugen Muster auf einer angeleuchteten Fläche. Gobos werden manchmal so vorsichtig eingesetzt, dass die Zuschauer davon kaum etwas mitbekommen. Dann wieder kann der Einsatz so auffällig sein, dass sie selbst zu einem Effekt werden. Sie sind aber nicht allein ein Spezialeffekt, sondern gehören häufig auch überhaupt zur Beleuchtung einer Szene. Gobomuster sind genauso wichtig wie Farben, da sie eine ebenso subtile oder dramatische Wirkung erzeugen. Sie verleihen dem Raum Struktur, Tiefe und eine dreidimensionale Charakteristik. So werden Gobos beispielsweise benutzt, um Schattenrisse von Fenstern, Ästen oder Blättern zu projizieren; diese Muster sorgen für eine „Auflockerung“ auf der Bühne, besonders bei einem glatten, strukturlosen Boden. Beinahe jede Form kann mit Gobos projiziert werden, allerdings sind bei Gobos, die aus Blech geschnitten werden, bestimmte Formen nicht darstellbar; beispielsweise der Buchtstabe „O“. Bei bemalten oder geätzten Glasgobos stellt dies wiederum kein Problem dar, zudem ermöglichen Glasgobos auch farbige Darstellungen (Abb. 11.21 und 11.22).

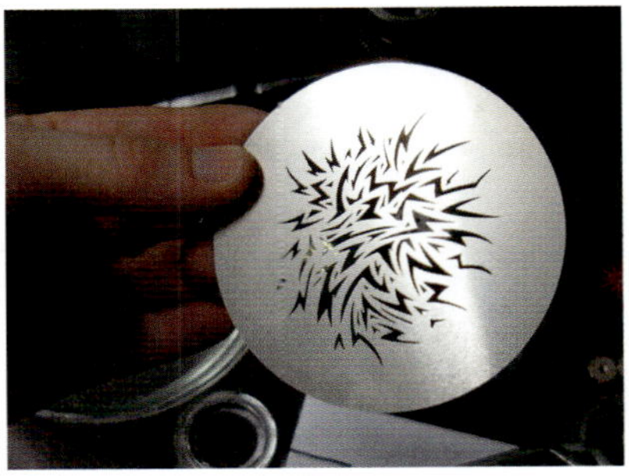

Abb. 11.21 Links: Stahlgobo für Profilscheinwerfer. **Rechts:** Gobos für Moving Lights.

Abb. 11.22: Einsatz von Gobos in Moving Lights.

Dunst, Rauch und Bodennebel

Dunst, Rauch und Nebel sind notwendig, um Lichtstrahlen sichtbar zu machen und um eine räumliche Tiefe zu erzeugen. Bei zu viel davon sinkt allerdings die allgemeine Helligkeit, da das Kondensat einen Großteil der Lichtstrahlung absorbiert (Abb. 11.23).

Nebelmaschinen verdampfen unter Druck und Hitze ein ungiftiges Fluid. Hauptbestandteile des Fluides sind destilliertes Wasser und Glykol-Verbindungen im Mischungsverhältnis 1 : 4 bis 1 : 1. Je nach Zusammensetzung können leichte Schwaden (Haze), dunstiger Rauch (Smoke) oder dichte Nebelwände (Fog) erzeugt werden. Im Verdampfer presst eine Pumpe die flüssige Mischung in ein Heizelement mit einer Temperatur von ca. 290 °C. Anschließend wird das erhitzte Fluid durch eine feine Düse ausgestoßen. Sobald der heiße Dampf an die kalte Luft gelangt, entsteht ein Aerosol aus Mikrotröpfchen, die das auftreffende Licht stark streuen und so den Nebel- bzw. Raucheffekt bewirken.

Abb. 11.23: Lichtstrahlen im Nebel.

Dicker Nebel, der sich auf dem Boden ausbreitet, wird mit Trockeneis oder Stickstoff erzeugt. Trockeneis ist gefrorenes Kohlendioxid (CO_2) mit einer Temperatur von -78,5 °C. Es geht beim Verdampfen direkt in den gasförmigen Zustand über. Wird Trockeneis in warmes Wasser mit einer Temperatur von 35 bis 70 °C gegeben, werden durch die Verdampfung kleine Wassertropfen in die Luft gesprüht. Daneben kondensiert in der Luft enthaltener Wasserdampf am kalten Kohlendioxidgas zu kleinen Tropfen. Der dadurch entstehende kalte, feuchte Nebel ist schwerer als die Umgebungsluft und breitet sich daher am Boden aus. Je feuchter und wärmer die Umgebungsluft, desto besser funktioniert diese Methode der Nebelproduktion. Der äußerst trockene und dichte Stickstoffnebel wird dagegen mit -196 °C kaltem, flüssigem Stickstoff und beheiztem Wasser in speziellen Nebelgeräten erzeugt.

Achtung bei der Handhabung von Stickstoff und Trockeneis!

Trockeneis darf nur mit Handschuhen angefasst werden. Beim Einatmen geruchs- und geschmacklosen Kohlendioxidgases besteht Erstickungsgefahr. Dieses Gas breitet sich am Boden aus und sammelt sich in Vertiefungen an. Trockeneis darf daher nur in gut belüfteten Räumen verwendet werden. Es darf nicht in dicht schließenden Behältern gelagert werden, da durch die Verdampfung ein Überdruck entsteht, der das Gefäß zum Bersten bringen kann. Flüssiger Stickstoff wird in Druckbehältern ausgeliefert und gelagert. Hier sind die entsprechenden Sicherheitshinweise des Herstellers zu beachten.

Blitzlicht

Eine Stroboskoplampe (Abb. 11.24) erzeugt Lichtblitze in sehr regelmäßigen und kurzen Zeitabständen. Dadurch erscheinen Bewegungen in einer dunklen Umgebung abgehackt und als Abfolge stehender Bilder. Die durch den stroboskopischen Effekt verursachte optische Täuschung wird auf die Nachbildwirkung (Persistenz, s. Kap. 8.3.1) zurückgeführt.

Daneben werden zur Erzeugung einzelner Blitze, ähnlich, wie sie in der Natur während eines Gewitters vorkommen, Xenon-Höchstleistungsblitzlampen eingesetzt. Sie erzeugen also eine kurze, drastische Aufhellung der Szenerie. Die dazu benötigten Scheinwerfer dürfen für die Zuschauer nicht direkt einsehbar sein, zum einen, da die hohe Beleuchtungsstärke die Netzhaut schädigen kann, zum anderen um die Illusion zu wahren. Zusätzlich zum eigentlichen Blitzlicht können Projektionen mit Blitz-Gobos auf den Hintergrund eingesetzt werden, die aber erst in Kombination mit Wolkenprojektionen und einem simulierten Wetterleuchten realistisch wirken.

Achtung: Bei manchen Menschen können Stroboskopblitze epileptische Attacken auslösen! Sie dürfen daher nur für kurze Zeit verwendet werden, und der Einsatz ist anzukündigen.

Abb. 11.24: Stroboskoplampe.

Schwarzlicht

Trifft die UV-Strahlung spezieller Schwarzlichtlampen auf UV-aktive Materialien wie beispielsweise weiße Bekleidung oder bestimmte Farben, so wird das ultraviolette Licht in sichtbares Licht umgewandelt, und die angestrahlten Gegenstände leuchten (Prinzip der Fluoreszenz). Allerdings ist das fluoreszierende Licht nur bei einer eher dunklen Grundbeleuchtung richtig sichtbar – dann lassen sich aber eindrucksvolle Effekte erzielen (Abb. 11.25).

Spiegelkugel

Spiegelkugeln gibt es mit einem Durchmesser von 10 bis 100 cm und größer. Die aufgeklebten Spiegelfragmente haben eine Abmessung von ca. 1 x 1 cm (Abb. 11.26). Wenn Licht auf eine Spiegelkugel fällt, wird der Lichtstrahl in verschiedene Richtungen gespiegelt. Der Effekt wird verstärkt, wenn die Kugel sich dreht, und bei einer wechselnden Anstrahlung mit Scheinwerfern verschiedener Farben und aus verschiedenen Richtungen.

Abb. 11.25: UV-aktive Farben („Blue Man Group“, Venetian Las Vegas 2007).

Abb. 11.26: Spiegelkugel.

Elektrolumineszenzfolien (EL-Folien)

Die leuchtende Substanz bei EL-Folien ist Zinksulfid, ein Halbleiter. Die Leuchtpigmente sind in einem transparenten, organischen oder keramischen Bindemittel eingebettet, das sich in einem elektrischen Feld zwischen zwei flächigen Elektroden befindet. Die Front- und die Rückelektroden bestehen aus einer sehr dünnen und transparenten Metallschicht, dazwischen befinden sich eine Reflexions- und eine Isolierschicht. Dieser Schichtaufbau, einschließlich der Anschlussleitungen, wird in transparente PE-Folien einlaminiert, um sie vor Feuchtigkeit und sonstigen Einflüssen zu schützen (Abb. 11.27). Alternativ können auch Glasplatten als Schutz verwendet werden.

Eigenschaften dieser EL-Systeme:

- Folien: Zuschneidbar, stoßunempfindlich, trittfest und biegbar; Stärke ca. 1 mm, maximale Größe 92 x 60 cm
- Glasplatten: Unterschiedliche Plattengrößen; Stärke 4 bis 12 mm
- Daneben: Leuchtbänder oder Leuchtschnüre
- Die Systeme sind stufenlos dimmbar von 0 bis 100 %
- Batteriebetrieb möglich, daher gut für die Anbringung auf mobilen Bühnenteilen geeignet

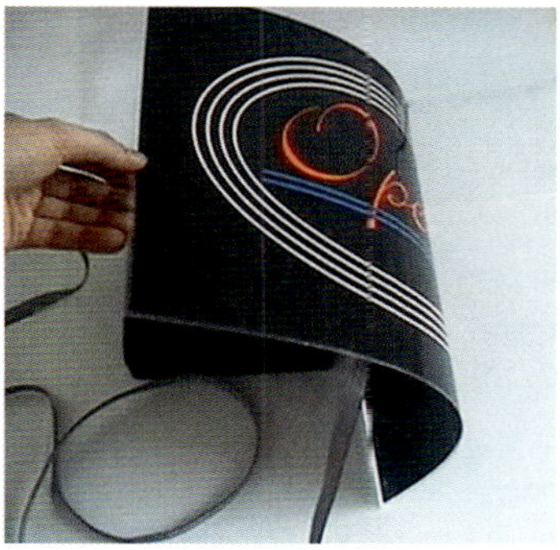

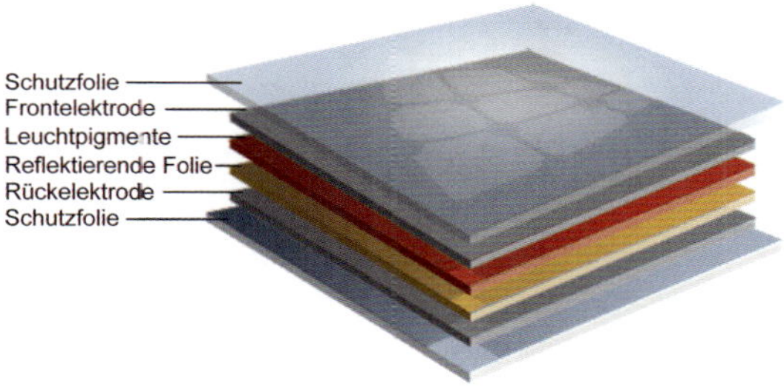

Abb. 11.27: EL-Folie.

Leuchtreklamen

Leuchtreklamen sind Alltagskunst und stehen für bestimmte Orte oder Epochen. Vor allem wenn der Broadway als Spielort dargestellt werden soll, dürfen die entsprechenden Leuchtreklamen nicht fehlen:

> „Der Times Square im Manhattan, die ‚Kreuzung der Welt', gilt als das Zentrum von New York. An der Kreuzung von Broadway und Seventh Avenue bildet er mit dem angrenzenden Bezirk ein Theater-, Kino- und Amüsierviertel, einen dreieckförmigen Platz. Die unzähligen Leuchtreklamen auf den Gebäuden sind das Markenzeichen des Times Square. Sie sind sogar gesetzliche Vorschrift – Gebäude am Times Square müssen Leuchtreklame aufweisen."
>
> Quelle: www.usa.de/portal/usade/app/content/resourceId/times-square-in-new-york.html

Abb. 11.28: Leuchtreklame mit Glühlampen.

Leuchtreklamen spiegeln die technische Entwicklung wider: In der Anfangszeit bestanden sie lediglich aus vielen einzelnen Glühlampen, die erst aus einiger Entfernung betrachtet zusammen einen Schriftzug ergaben (Abb. 11.28). Später wurden dann Leuchtstoff- oder Neonlampen eingesetzt. Als Abdeckung wird meist Acrylglas verwendet, das opak oder in verschiedenen Farben erhältlich ist. Heutzutage trifft man oft LEDs als Leuchtreklame an. Mit der LED-Technik werden auch Laufschriften oder sogar bewegte, farbige Bilder möglich.

Laser-Lichteffekte

Neben der Variante, die Laserstrahlen auf einer Projektionsfläche sichtbar zu machen, gibt es noch die Möglichkeit, sie in den Raum hinein zu projizieren. Dadurch können beispielsweise flächige Muster dargestellt werden (Abb. 11.29).

Die Leistung von Showlasern reicht von wenigen Milliwatt bis zu 100 Watt. Laser sind monochrom, also einfarbig, jedoch wirken mehrfarbige Effekte attraktiver. Deshalb werden in den geringeren Leistungsklassen Mischgaslaser eingesetzt (zum Beispiel Argon-Krypton-Laser bis etwa 20 W) oder eine Kombination verschiedenfarbiger Diodenlaser bis ca. 3 W. Wird eine höhere Leistung benötigt, werden mehrere Gaslaserstrahlen miteinander kombiniert. Mit einem Laser Moving Head können auch bewegte Figuren oder Muster realisiert werden.

Abb. 11.29: Showlaser.

Da Laser ab einer bestimmten Leistung sowohl schädlich für die Augen, als auch für die Haut sein können, müssen viele Vorschriften und DIN-Normen eingehalten werden. Showlaser verfügen über ein Sicherheitselement: Ein entsprechender Spiegel kann im Falle einer Fehlfunktion den Laserstrahl ablenken, weg von den Zuschauern und Darstellern.

11.3.6 Stilkunde

Besonders „Lichttechnik-Neulinge" sollten sich darüber schlau machen, wie welche Sparten bzw. Stücke üblicherweise ausgeleuchtet werden. Hierzu folgen einige Beispiele.

Ballett und Tanz

Um den Tänzern möglichst viel Raum zu geben, verzichtet man beim Ballett auf umfangreiche Kulissen. Klassisch wird die Priorität der Beleuchtung auf Beine und Füße gelegt, meist wird mit Gassenlicht gearbeitet. Beim Tanztheater (Modern, Jazz u. ä.) werden diese „Regeln" meist abgeschwächt. Die Beleuchtung beim Jazztanz orientiert sich eher an Musical und Operette, wobei Moderndance-Aufführungen eher dem Licht einer Oper gleichkommen.

Zusammengefasst: Der Körper des Tänzers steht im Vordergrund, und das Gassenlicht ist das A und O. Meist werden die Scheinwerfer in Hebehöhe, Kopfhöhe, Bauchhöhe und Fußhöhe angebracht. Dreidimensionaler wirkt das Ganze bei flächigem Grundlicht von oben. Mit letzterem sollte man aber sparsam umgehen, sobald Tütüs zum Einsatz kommen, da die Tänzer dann schnell gedrungen wirken können. Wichtig ist hierbei, auf die Belange des Ensembles und des Choreographen hören. Das schönste Licht nutzt nichts, wenn ein Tänzer stürzt, weil er stark geblendet wurde oder auf der falschen Position tanzt, da er die Markierungen auf dem Bühnenboden nicht erkennen kann.

Oper

Hier sind die wichtigsten Akteure die Sänger. Bei einem zusammen stehenden Chor muss nicht jedes Gesicht ausgeleuchtet sein, aber sehr wohl ein einzelner Solist. Die Blicke des Zuschauers sollen dorthin gelenkt werden, woher der solistische Gesang kommt.

Opernbühnen sind oft tief und die Bühnenaufbauten minimalistisch im Bezug zur Raumgröße bzw. in Leichtbauweise gefertigt. Im normalen (Tages-)licht wirken diese Gegenstände eher „wacklig" und sehen „unstabil" aus. Dies gilt es durch ein gekonntes Lichtdesign zu ändern. Oft wird auch mit einem Rundhorizont oder Portalschleier gearbeitet. Bei letzterem ist es nicht möglich, frontal zu beleuchten, er ist aber hervorragend für eine Projektion geeignet.

Damit die Darsteller auch nahe der Bühnenkante noch ausreichend Licht abbekommen, dürfen sie die vorgeschriebenen Wege nicht verlassen oder müssen mit Verfolgerscheinwerfern beleuchtet werden.

Schauspiel

Permanente Lichtwechsel oder eine Ausleuchtung der Füße und Beine wie beim Ballet sind hier fehl am Platz. Der Zuschauer möchte vor allem die Mimik im Gesicht der Darsteller sehen können, und entsprechend müssen die Scheinwerfer ausgerichtet werden.

Show

Hier verändert sich das Licht auf der Bühne im Takt der Musik. Musikalische Highlights wie Trommelwirbel oder Gitarrensoli werden mit Lichteffekten unterstrichen. Bei großen Shows sind programmierbare Lichtanlagen üblich. Nur so können Lauf-, und Blinklichter, Moving Lights, Stroboskopeffekte und auch Videoprojektoren von einem Operator gesteuert werden. Gerade in den letzten Jahren haben im Show-Bereich auch LED-Paneele Einzug gehalten.

Musical

Hat meist von allem etwas. Hier gibt es viel mehr Szenen- und Stimmungswechsel, die gewünschtermaßen durch die Lichtkompositionen zu unterstützen sind. Der materielle Aufwand ist oft immens, bei kleineren Produktionen mit wenig Budget sind daher Kompromisse unumgänglich.

Film, TV und Fotografie

Bei der Ausleuchtung einer Szene kann hier zwischen drei grundsätzlichen Arten unterschieden werden: Der Low Key-Stil, der Normalstil und der High Key-Stil. Die Orientierung zur Unterscheidung der einzelnen Stile ist hierbei die Sehgewohnheit des Zuschauers.

Low Key-Stil

Szenen im Low Key-Stil weisen ausgedehnte und wenig oder gar nicht durchgezeichnete Schattenflächen auf (Abb. 11.30). Es liegt also ein Großteil der Szene im Dunkeln, der Schatten ist sozusagen der inszenatorische Schwerpunkt. Der Low Key-Stil kann in einen reinen, einen aufgehellten und einen unaufgehellten Stil unterteilt werden. Die verschiedenen Varianten unterscheiden sich hauptsächlich durch die Steilheit des Übergangs zwischen den Schatten, Mitteltönen und Lichtern, sowie den Grad der Allgemeinaufhellung.

- Reiner Low Key Stil: Harte Kontraste werden beim reinen Low Key-Stil vermieden, die Schatten werden daher weich ausgeleuchtet. Die Gesichter der Darsteller werden mit einem Führungslicht normal beleuchtet.
- Aufgehellter Low Key-Stil: Hier sind die dunklen Bildpartien nur schwach durchzeichnet, d. h. es entsteht ein „Dämmerungscharakter“, und es zeigen sich zudem keine ausgeprägten Lichterdetails.
- Unaufgehellter Low Key-Stil: Hier gibt es extrem harte Übergänge von Hell zu Dunkel, Mitteltöne fehlen fast ganz. Der Schatten überwiegt in der Szene.

Normalstil

Beim Normalstil hat die ausgeleuchtete Szene einen durchschnittlichen Anteil heller und dunkler Elemente. Die Kontraste bzw. die Leuchtdichteunterschiede entsprechen denen der Objekte in der Natur. Sie größte Zahl der Film- und Fernsehproduktionen ist im Normalstil gehalten, aber auch viele Theaterstücke (Abb. 11.31).

High Key-Stil

Beim High Key-Stil ist die Szene gleichmäßig hell ausgeleuchtet, fast ohne Schatten oder sogar ganz ohne Schatten, wodurch ein Effekt wie bei einem überbelichteten Bild erzeugt wird

(Abb. 11.32). Eine Spielart des High Key-Stils ist die so genannte Limbo-Beleuchtung mit einem einheitlich hellen Hintergrund. Die Objekte im Vordergrund werden dagegen normal beleuchtet (Anwendung vor allem in der Werbung).

Abb. 11.30: Low Key-Stil („We Will Rock You", Apollo Theater Stuttgart 2009).

Abb. 11.31: Normalstil („We Will Rock You", Apollo Theater Stuttgart 2009).

Abb. 11.32: High Key-Stil („Ich war noch niemals in New York", TUI Operettenhaus Hamburg 2008).

11.4 Beleuchtungspläne erstellen und Lichtdesigns simulieren

Vor der Erstellung eines Beleuchtungsplans stehen einige Überlegungen: Welche Scheinwerfer sind im Lichtpark vorhanden, und an welchen Hängepunkten können diese angebracht werden? Hat man sich für die Scheinwerfer entschieden, muss man herausfinden: Kann ich diese auch alle anschließen? Sind ausreichend Dimmerplätze vorhanden oder können diese geschaffen werden? Wenn nicht, muss das Lichtkonzept entsprechend angepasst werden. Spätestens dann sollte man sich weitere Fragen stellen: Warum brauche ich so viele Scheinwerfer? Kann ich vielleicht auf ein paar Positionen verzichten?

Wenn man erst beim Einrichten der Beleuchtungsanlage merkt, dass „es eng wird" und sich aus den oben genannten Gründen das gewünschte Lichtdesign nicht umsetzen lässt, ist es oft zu spät – es lassen sich nur noch unbefriedigende Kompromisslösungen realisieren. Mit Simulationsprogrammen lassen sich schon im Vorfeld, bequem am Schreibtisch, verschiedene Alternativen ausprobieren.

11.4.1 Beleuchtungspläne erstellen

Für kleinere Produktionen ist ein Beleuchtungsplan vielleicht nicht immer notwendig, aber für größere Veranstaltungen oder Theateraufführungen ist er ein Muss. Ein Beleuchtungsplan zeigt die Art der Scheinwerfer, ihre Anzahl, wie sie angeordnet und ausgerichtet werden und an welchen Lichtkreis sie angeschlossen werden. In sehr ausführlichen Lichtplänen sind beispielsweise auch die verwendeten Farbfilter oder sonstige Zubehörteile eingezeichnet. Der Beleuchtungsplan ist in der Vorplanung das wichtigste Werkzeug für den Beleuchter. Die Planungsarbeit beginnt in der Regel mit einer Grundriss- und Schnittzeichnung der Spielfläche inklusive Bühnenbild und Zuschauerraum im Maßstab 1 : 25, 1 : 50 oder 1 : 100. Daneben mit einer Auflistung der vorhandenen oder gewünschten Scheinwerfer und sonstigen lichttechnischen Anlagen, einschließlich der Anschlüsse für die Lichtkreise (Versätze). Die Versatzanschlüsse werden mit einer systematischen Nummerierung versehen, damit bei der Programmierung des Lichtstellpultes eine schnelle Zuordnung erfolgen kann. Patch-Listen für die Verkabelung, Montagepläne für Traversen, Bestückungslisten der Goboräder von Moving Lights und bei Bedarf weitere Unterlagen vervollständigen die Dokumentation.

Lange Zeit wurden Beleuchtungspläne von Hand oder mit Scheinwerferschablonen gezeichnet, heutzutage ist es sicherlich die Regel, CAD-Programme wie AutoCAD oder Vectorworks zu verwenden. Für jeden Scheinwerfertyp wird ein bestimmtes Symbol verwendet, das man im Prinzip selbst definieren oder auch als fertiges CAD-Zeichenelement von der Webseite des jeweiligen Scheinwerferherstellers herunterladen kann (Beispiele finden sich im Anhang). Es gibt aber auch standardisierte Zeichenelemente. Zwei Standards sollen hier kurz vorgestellt werden: Die Symbole der Zeichenschablone gemäß DIN 15 560 und die Symbole nach den Empfehlungen des United States Institute for Theatre Technology (USITT). Welche Symbole letztlich verwendet werden, ist dem Anwender überlassen. Es ist daher auf jeden Fall empfehlenswert, zu jedem Beleuchtungsplan eine Legende zu erstellen, in der alle verwendeten Symbole aufgeführt und erläutert werden.

Die Symbole der DIN-Schablone (Abb. 11.33 und Tab. 11.4) werden schwerpunktmäßig für Studioscheinwerfer eingesetzt, weniger für die Theater- oder Konzertbeleuchtung. Die waagerechten Linien stehen für die Aufhänghöhe des Scheinwerfers in Metern, die senkrechten Linien für den Abstand zum Scheinwerfer, ebenfalls in Metern. Die schrägen Linien geben den Neigungswinkel des Scheinwerfers an. Die vom Aufhängepunkt des Scheinwerfers ausgehenden Kreisbogen geben die tatsächliche Entfernung zum angeleuchteten Objekt an. Sie sind dann interessant, wenn die Beleuchtungsstärke in Abhängigkeit von der Entfernung berechnet werden muss.

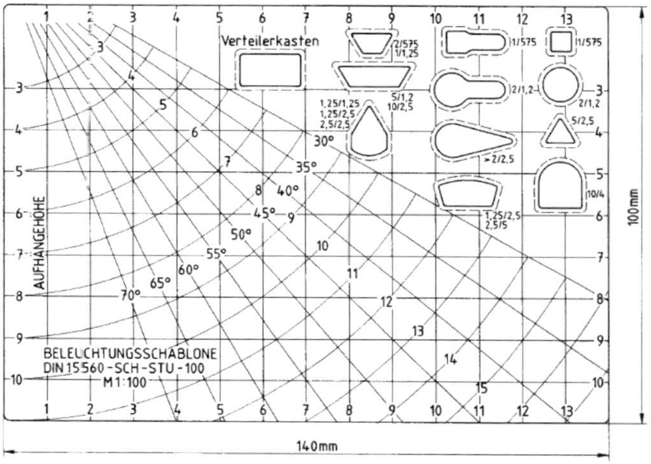

Abb. 11.33: Beleuchtungsschablone im Maßstab 1 : 100 gemäß DIN 15 560.

Tab. 11.4: Legende zur Schablone.

Symbol	Benennung	Symbol	Benennung
	Flächenleuchten	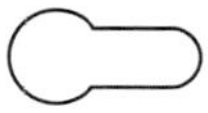	Verfolger-Scheinwerfer

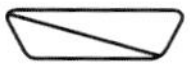			Stufenlinsen-Scheinwerfer
	Horizontleuchte	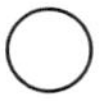	
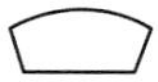	Weichstrahler		
	Mehrzweck-Scheinwerfer		
	Diaprojektor	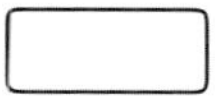	Verteilerkasten

USITT Graphics Standard

Auch das USITT definiert Graphic Standards, also Richtlinien für die graphische Darstellung von Zeichenelementen für Licht-, Bühnen- und Tontechnik. Hier soll nur eine kleine Auswahl vorgestellt werden (Abb. 11.34 bis 11.40). Eine ausführliche Beschreibung des Standards RP-2 „Recommended Practice for Theatrical Lighting Design Graphics" kann unter folgendem Link abgerufen werden (letzter Seitenaufruf Februar 2010):
www.usitt.org/bookstore → Downloads.

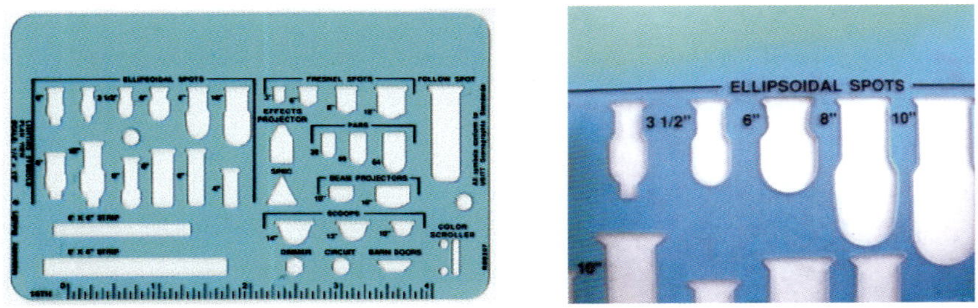

Abb. 11.34: Schablone mit einigen Symbolen, wie sie auch von der USITT empfohlen werden.

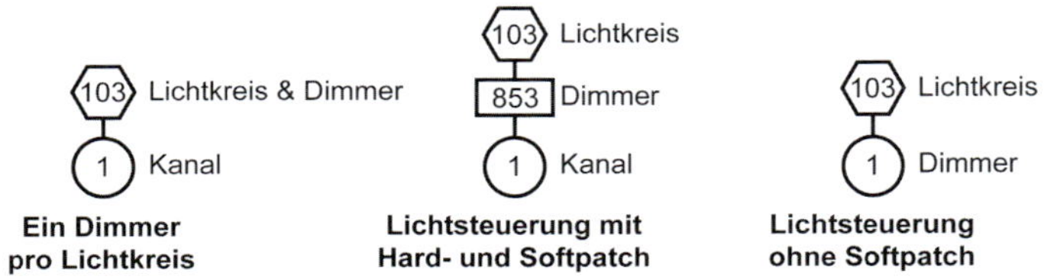

Abb. 11.35: Nummerierung von Kanälen, Dimmern und Lichtkreisen.

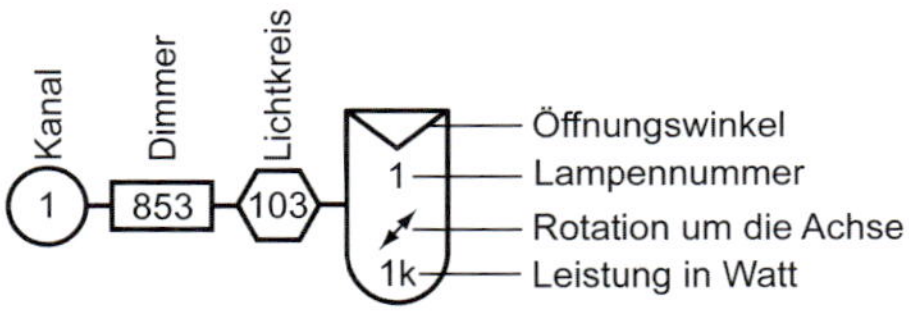

Abb. 11.36: PAR-Scheinwerfer.

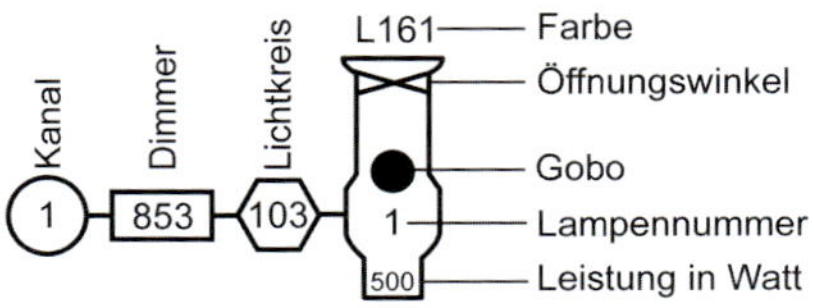

Abb. 11.37: Profilscheinwerfer.

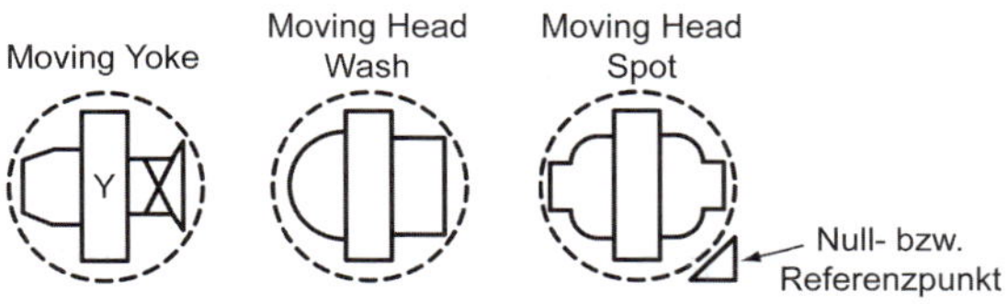

Abb. 11.38: Kopfbewegte Moving Lights.

Abb. 11.39: Spiegelbewegtes Moving Light (Scanner).

Abb. 11.40: Symbole für Zubehörteile.

Beispiele für Beleuchtungspläne

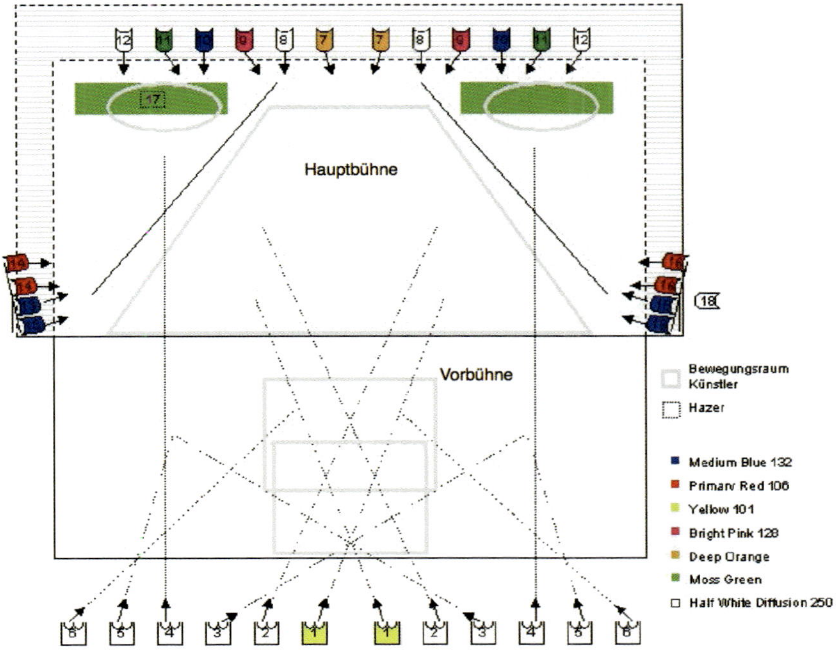

Abb. 11.41: Beleuchtungsplan für eine Aufführung von „Art of Musical".

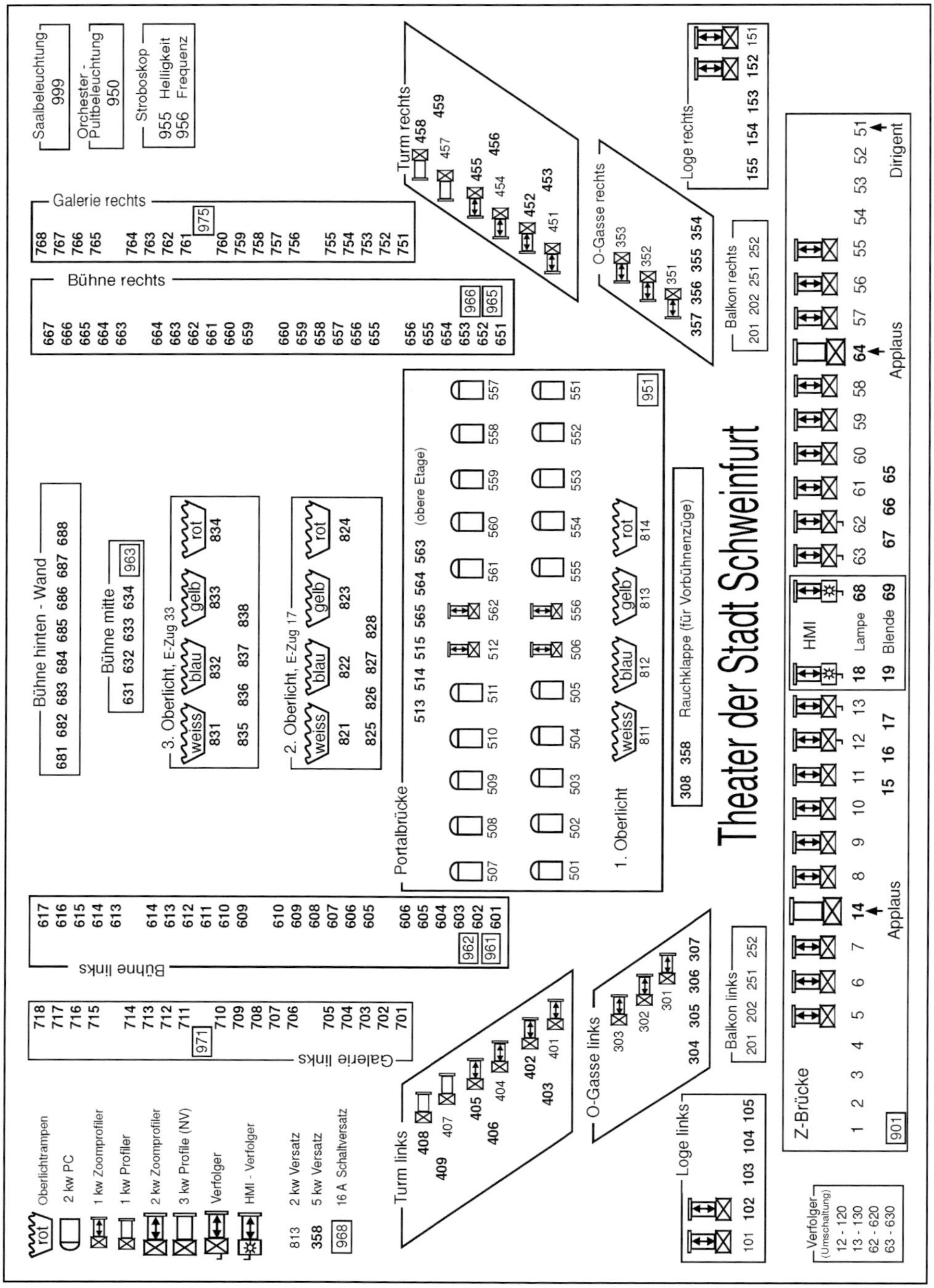

Abb. 11.42: Beleuchtungsplan Stadttheater Schweinfurt.

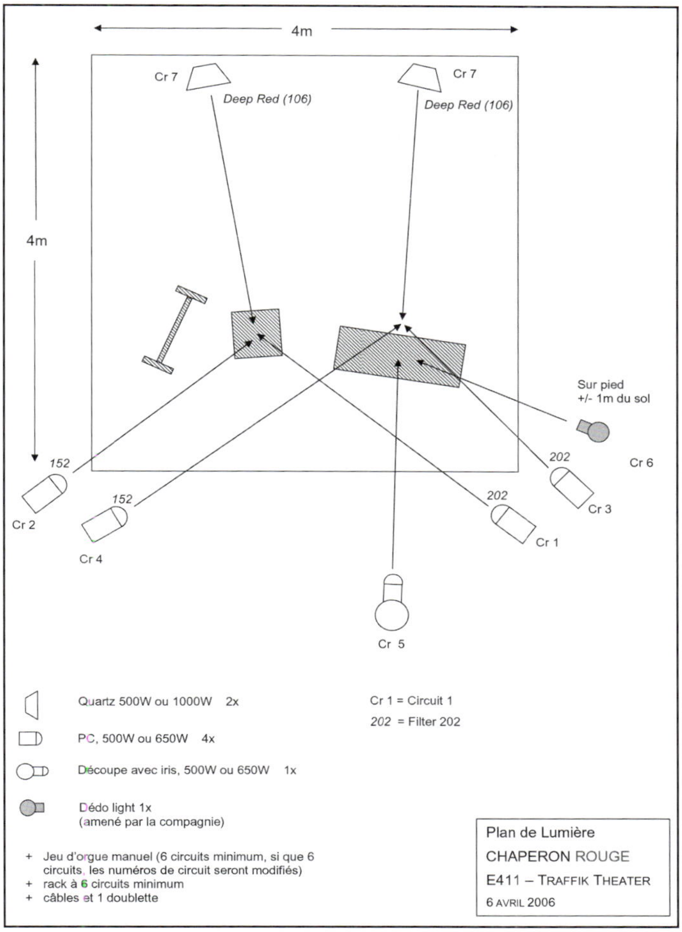

Abb. 11.43: Beleuchtungsplan für „Chaperon Rouge“ (Traffik Theater).

Abb. 11.44: Daniel Tanson und Michel Boulanger in „Chaperon Rouge“.

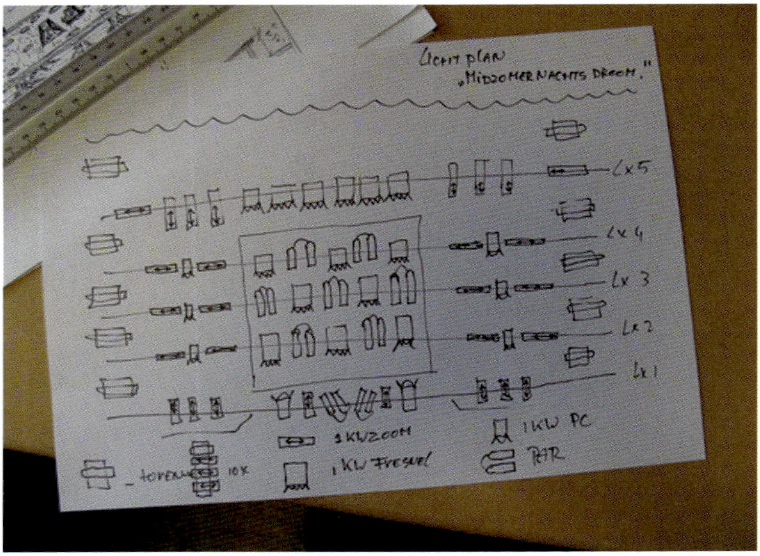

Abb. 11.45: Schönes Beispiel dafür, dass ein Beleuchtungsplan nicht immer mit Schablone oder CAD-Programm erstellt werden muss.

11.4.2 Simulation des Lichtdesigns

Visualisierungsprogramme

Visualisierungsprogramme ermöglichen ein virtuelles Ablaufen des Lichtdesigns und eine Programmierung des Lichtstellpultes mit Hilfe einer Simulation am Bildschirm. Als Beispiele sollen hier WYSIWYG („What you see is what you get"), ShowDesigner und Capture angeführt werden.

WYSIWYG (Cast Lighting)

Mit der Software WYSIWYG (Abb. 11.46) lassen sich Beleuchtungspläne und die weitere Dokumentation eines Lichtdesigns erstellen. Es gibt derzeit drei Module: WYSIWYG Report, WYSIWYG Design und WYSIWYG Perform.

WYSIWYG Report ist eine CAD-Anwendung mit integrierten Zeichenvorlagen für alle wichtigen Beleuchtungsgeräte inklusive Traversen, Anschlagmitteln, Farbfolien und Gobos. Nach einem Rendering ist eine photorealistische Ansicht des Lichtdesigns möglich.

Als 3D-CAD-Programm beinhaltet WYSIWYG Design zusätzlich dreidimensionale Ansichten mit realistischem Schattenwurf.

WYSIWYG Perform schließlich bietet noch eine Simulationskomponente, d. h. es gibt hier eine Schnittstelle für ein Lichtstellpult oder einen Offline-Editor. In Abhängigkeit von den DMX-Befehlen des Pultes bzw. des Editors wird das Lichtdesign in Echtzeit auf dem Bildschirm Szene für Szene nachgestellt. Ziel ist hierbei letztlich, durch diese Vorarbeit die Einricht- und Probenzeiten zu verkürzen.

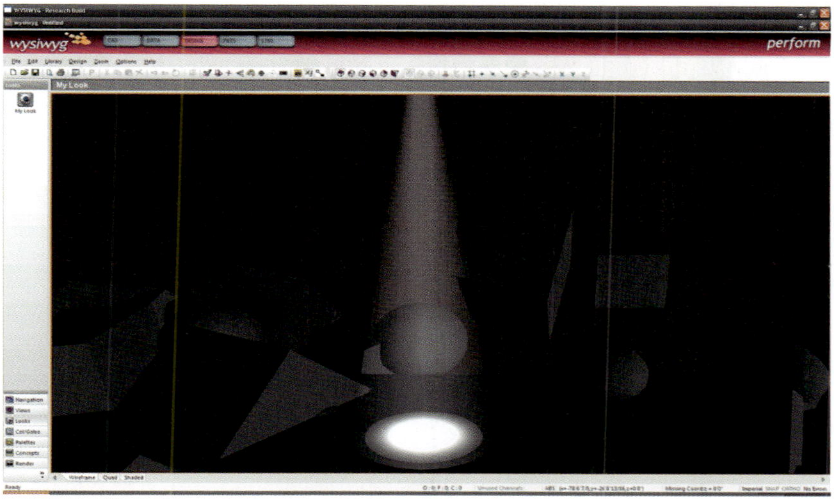

Abb. 11.46: Screenshot Cast Lighting WYSIWYG Perform.

ShowDesigner (Martin)

Mit dem ShowDesigner können 3D-Lichtsimulationen erstellt werden (Abb. 11.47). Neben Licht und Schatten werden Reflektionsvermögen und Transparenz eines Objekts bei der Berechnung berücksichtigt, daneben der Einsatz von Bühnennebel. ShowDesigner erlaubt einen Import von 2D- und 3D-AutoCAD-Dateien (.dxf). Natürlich kann aber auch direkt im Programm eine CAD-Zeichnung erstellt werden; dabei kann auf eine umfangreiche Bibliothek mit Zeichenvorlagen zurückgegriffen werden. Das Programm erlaubt die Berechnung verschiedener lichttechnischer Größen. Ein optionales 3D-Visualizer-Modul ermöglicht das Offline-Programmieren mit Hilfe eines angeschlossenen DMX-Lichtstellpults.

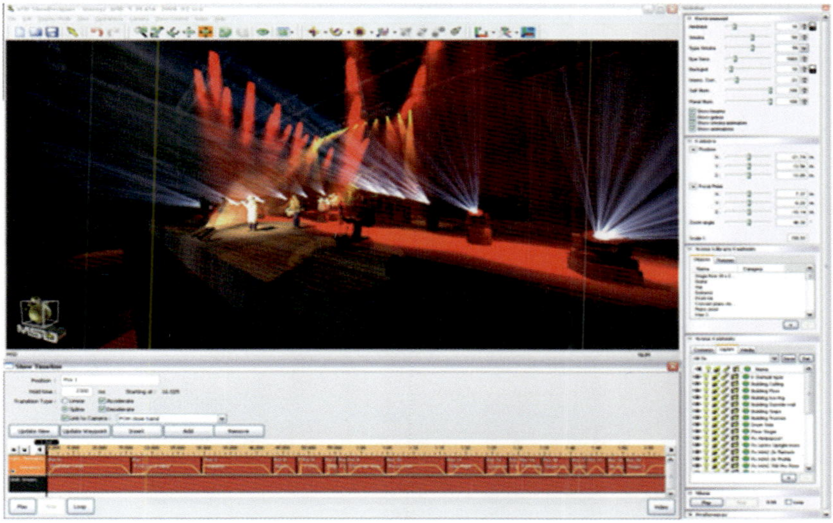

Abb. 11.47: Screenshot Martin ShowDesigner.

Capture (Audio Visual Lighting)

Mit Capture, eine Software für Windows, lassen sich Beleuchtungsanlagen simulieren und die entsprechenden Beleuchtungspläne erstellen (Abb. 11.48). Derzeit werden drei Versionen angeboten: Die Polar Basic Edition, die Polar Extended Edition und die Polar SmartSoft Edition.

Capture Polar Basic Edition

In der Basisversion stehen folgende Funktionen zur Verfügung:

- Erstellen von Beleuchtungsplänen
- Erstellen der weiteren Dokumentation
- Echtzeitsimulation eines Lichtdesigns

Capture Polar Extended Edition

Diese Version bietet einige Zusatzfunktionen:

- Echtzeitsimulation eines Lichtdesigns mit einem angeschlossenem Lichtstellpult (DMX)
- Import und Export von .dwg und .dxf-Dateien
- Erstellen von Demonstrationsvideos für eine Präsentation des Lichtdesigns

Capture Polar SmartSoft Edition

Die SmartSoft Edition ist im Prinzip die Basisversion, nur mit dem Unterschied, dass diese lediglich eine Anbindung von SmartSoft-Controllern der Firma Electronic Theatre Controls (ETC) vorsieht. SmartSoft ist eine kostenfreie Software zur graphischen Erweiterung des Lichtstellpults SmartFade ML, das 24 Moving Lights und 48 Dimmerkreise ansteuern kann. Die Steuerdaten werden an einem externen Bildschirm angezeigt, und diese können dann über die Capture Polar SmartSoft Edition in Echtzeit beeinflusst werden. Der Vorteil, die graphische Software auf einem separaten Computer zu betreiben, liegt in der Qualität der Darstellung. Andere Lichtpulte in der Preisklasse eines SmartFade ML sind in der Regel mit eher schlechten Displays ausgestattet.

Abb. 11.48: Audio Visual Lighting Capture.

Bühnenbildmodelle

Visualisierungsprogramme und Computeranimationen werden immer besser und leistungsfähiger, dennoch verzichten viele Lichtdesigner nicht auf eine Erprobung im maßstabsgetreuen Modell. Es handelt sich hier um eine Nachbildung der jeweiligen Produktion im Maßstab 1 : 4, 1 : 25, 1 : 50 oder 1 : 100 mit entsprechend verkleinerten Leuchtmitteln. Anhand des Modells lässt sich die räumliche Wirkung der Beleuchtung besser beurteilen, und außerdem können technische und szenische Vorgänge simuliert werden. Man kann sich so auch vergewissern, dass kein Scheinwerfer von der Bühnendekoration verdeckt wird und dass auch tatsächlich der gewünschte Teil der Bühne beleuchtet wird.

Ein Beispiel für ein sehr kompaktes Bühnen- und Beleuchtungsmodell ist das System „Lightbox“ im Maßstab 1 : 25. Über LEDs und Glasfaser können auf diesem Teststand Beleuchtungskonzepte im Vorfeld realistisch erarbeitet und erprobt werden (Abb. 11.49). Dabei erfolgt die Steuerung wie in der Realität über ein Lichtpult und das DMX-Protokoll. Ein zusätzlicher Computer bietet auch die Möglichkeit, WYSIWYG einzubinden.

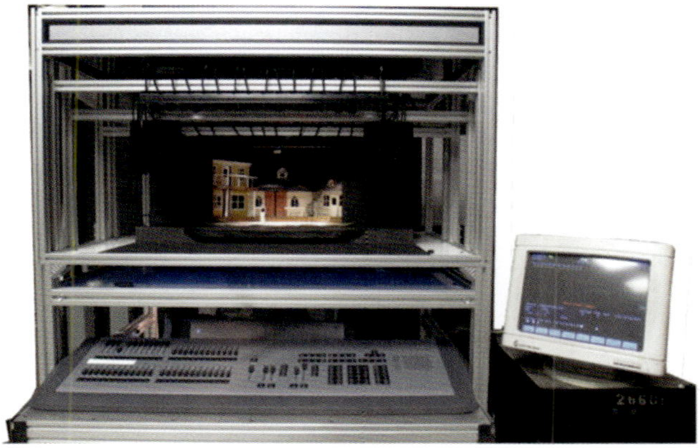

Abb. 11.49: Lightbox-System mit 36 Dimmern und 180 Lichtquellen (Nachbildung der Bühne der Syracuse University, USA).

11.5 Aufhängen der Scheinwerfer und Einleuchten

Man hat sich – meist nach langen Hin und Her – auf eine bestimmte Anzahl von Scheinwerfern geeinigt, es sind ausreichend Dimmerplätze vorhanden, und der Beleuchtungsplan ist gezeichnet. Vor dem eigentlichen Einleuchten auf der Bühne sollten allerdings alle Scheinwerfer einem so genannten Bench Focusing unterzogen werden. Anhand des Lichtkegels an der Wand lässt sich einiges erkennen: Zunächst, ob der Scheinwerfer bzw. das eingesetzte Leuchtmittel überhaupt seinen Dienst tut und ob sich der Hot Spot wirklich im Zentrum des Lichtkegels befindet. Notwendige Justagen lassen sich auf der Lichtbank leichter ausführen als im aufgehängten Zustand auf der Bühne. Bei PAR-Scheinwerfern kann zumeist noch nicht gesagt werden, ob und wie das Leuchtmittel gedreht werden muss, und asymmetrische Fluter sind dementsprechend zu behandeln. Noch vor der Installation werden Torblenden angebracht und Profilscheinwerfer mit passenden Tuben versehen.

Nun kann also mit dem Hängen der Scheinwerfer begonnen werden. Diese Positionen können bereits vom Lichtdesigner oder seinem Assistenten mit weißem Stift oder farbigen Wachsmarkern gezeichnet sein. Ansonsten empfiehlt es sich, den Beleuchtungsplan zu studieren. Wenn der Beleuchtungsplan maßstabsgerecht gezeichnet wurde, dürfte es den Lichttechnikern leicht fallen, die gewünschten Installationspositionen zu finden. Viele Lichtdesigner zeichnen die Maßstabsskala auf ihren Plänen parallel zur Bühnenkante. Die Position der Scheinwerfer und deren Abstand nebeneinander werden somit auf einen Blick sichtbar. Neben dem Beleuchtungsplan gibt es meist noch einen Verkabelungsplan oder eine entsprechende Liste, auf der die Lichtkreise vermerkt sind.

Zwischen den Lampenaufhängungen sollte ein Abstand von wenigstens 40 bis 50 cm bleiben. Manchmal wird das aber nicht eingehalten, und dies macht das spätere Verkabeln und Einleuchten nicht gerade einfacher. Noch ein Tipp zum Verkabeln: Die Schuko-Buchse des Stromzuführungskabels möglichst nahe an der Aufhängung anbringen; somit bleibt das Anschlusskabel lang genug, und die Lampe ist in alle Richtungen schwenkbar.

Einleuchten

Nach der Installation und Verkabelung der Beleuchtungsanlage folgt das Einleuchten. Die Scheinwerfer werden dabei so ausgerichtet, dass sie in die vorgesehene Richtung bzw. auf die dafür vorgesehenen Flächen leuchten, und mit dem gewünschten Fokus, also einer weichen oder scharfen Abgrenzung des Lichtkegels. Um an die installierten Scheinwerfer zu gelangen, werden Trittleitern und Hubwagen verwendet. Eventuell muss auch auf die Hilfe eines professionellen Riggers mit Kletterzeug zurückgegriffen werden.

Das Einleuchten erfolgt in der Reihenfolge:

1. Haupt- / Führungs- / Spiellicht
2. Aufhell- / Hintergrund- / Konturenlicht
3. Effektlicht

Das Spiellicht steht an erster Stelle, da es dann bereits bei technischen Proben genutzt werden kann.

Die Lichtkegel werden einzeln, also Lampe für Lampe beurteilt. Nur wenn jeweils ein Scheinwerfer an ist, kann sicher dessen Fokussierung eingestellt werden. Aber natürlich sollte man zwischendurch auch das Zusammenspiel aller bisher eingestellten Lampen begutachten.

Lichtdesigner gehen beim Einleuchten oft so vor: Sie stellen sich auf die Bühne, mit dem Rücken zum Scheinwerfer, und betrachten den Schatten auf dem Boden und auf den Kulissen. Befindet sich die Schattensilhouette genau in der Mitte des Lichtkegels, so ist der Scheinwerfer direkt auf die Person und somit korrekt ausgerichtet. Ist die Silhouette dagegen lang gezogen und berührt den Rand des Lichtkegels, ist der Scheinwerfer zu niedrig angebracht.

Ob das Aktionslicht einer Bühne gleichmäßig gesetzt ist, lässt sich so überprüfen: Alle Scheinwerfer voll aufblenden und quer über die Bühne gehen. Die Schattensilhouette verändert sich, je nachdem in welchem Lichtkegel man sich befindet. In schlecht ausgeleuchteten Bereichen „verschwindet" der Schatten. Sind dagegen zwei fast deckungsgleiche Schatten sichtbar, dann überlappen die Lichtkegel zweier Scheinwerfer zu sehr (diese Scheinwerfer sollten dann etwas weiter auseinander positioniert werden).

Abb. 11.50: Einleuchten einer Theaterbühne mit einem Lichtdouble.

Die Ausrichtung des Grundlichts lässt sich durch den „Schattentest“ in ähnlicher Weise beurteilen. Der Schattenwurf des Grundlichts sollte nicht weiter als bis zu ersten Sitzreihe reichen, ansonsten werden die Zuschauer zu sehr geblendet. Damit Flächenausleuchtung keine Dunkelfelder aufweist, kann man „The Slinky Method“ anwenden: Hierbei dient der Fokuspunkt eines Scheinwerfers gleichzeitig als Randmarkierung für den daneben liegenden Scheinwerfer (s. auch Abb. 11.16). Dies funktioniert jedoch nur bei Profilscheinwerfern einwandfrei, bei Flutern ist diese Vorgehensweise nicht so gut geeignet, da diese sich weniger exakt ausrichten lassen.

Ein besonderes Augenmerk sollte auch auf das Proszenium (das ist die frontseitige Bühnenumrandung) und auf die Gassen gerichtet werden. In der Regel sollen diese Bereiche nicht beleuchtet werden, und daher dürfen hier auch keine Schattenwürfe sichtbar sein.

Die Fokussierung wird wünschenswerterweise mit einem Lichtdouble, das vorzugsweise die Größe des Darstellers hat, vorgenommen (Abb. 11.50). So kann leicht erkannt werden, ob der Ausrichtungswinkel stimmt und keine Körperpartien im Schatten sind. Die Ausrichtung kann auch mit einem Grauglas kontrolliert werden; mit diesem kann man direkt in die Lichtquelle schauen. Ein Helfer bewegt die Lampe so lange, bis das Licht im Grauglas deutlich heller erscheint – die Lampe ist somit eingerichtet. Bitte nie ohne Schutz für die Augen längere Zeit in einen Scheinwerfer blicken!

Einleuchten bei Film und TV

An Film- und TV-Sets ist es nicht unüblich, Lichtstärken an den einzelnen Positionen der Darsteller mit dem Luxmeter zu messen. Das Ziel sind gleiche oder ähnliche Lichtstärken, damit alle Personen gleich hell ausgeleuchtet sind und Helligkeitssprünge beim Schwenken der Kamera vermieden werden. Eine große Hilfe beim Ausleuchten sind auch hier Lichtdoubles; das Luxmeter wird dann vor das Gesicht des Doubles gehalten und in die Blickrichtung der ausgeleuchteten Person eingedreht. Ein Techniker am Lichtstellpult dimmt die entsprechende Lampe so lange, bis das Luxmeter auf allen Positionen des Sets gleiche Werte anzeigt.

Filmmaterial und auch elektronische Bildsensoren haben einen eingeschränkten Kontrastumfang, d. h. wenn das Helligkeitsverhältnis zwischen den hellsten und dunkelsten Partien eines Motivs bestimmte Werte übersteigt, werden helle oder dunkle Motivteile strukturlos wiedergegeben. Daher werden Schatten oft gezielt aufgehellt, um den Kontrast im Bild gering zu halten.

Noch ein Tipp aus der Praxis: Mit zusammengekniffenen Augen über das Set blicken – so fallen sehr starke Helligkeitsunterschiede schnell auf. Oder durch ein Grauglas auf die Szene schauen: Jetzt trifft weniger Licht auf das Auge, die Pupille erweitert sich. Auch das ergibt eine gesteigerte Kontrastwahrnehmung.

Sicherheitshinweise beim Einleuchten

Neigung einstellen: Beim Lösen der Feststellschrauben am Haltebügel darauf achten, dass der Scheinwerfer nicht plötzlich nach unten kippt. Am besten den Scheinwerfer mit einer Hand halten und mit der anderen Hand die Schrauben lösen.

Hitze: Vorsicht vor Verbrennungen durch das heiße Lampenhaus! Beim Fokussieren wird die Verwendung von Lederhandschuhen empfohlen.

11.6 Programmieren des Lichtstellpultes

Welche programmierbaren Lichtstellpulte es gibt, und wie diese prinzipiell funktionieren, wurde bereits in Kapitel 10.1 gezeigt. Hier geht es nun um konkrete Tipps für die Programmierung.

Position des Lichtstellpultes beim Programmieren

Nicht ganz unwichtig ist die Frage, wo das Lichtstellpult während der Einrichtungsphase aufgestellt wird. Am besten ist eine Position in der Mitte des Zuschauerraums, hoch genug, dass von dort der Bühnenboden sichtbar ist. Mit dem Bühnenboden im Blickfeld lassen sich die Lichtkegel besser beurteilen. Nach dem Programmieren wandert das Pult an die endgültige Position, in der Regel ins Lichtstellwerk. Von diesem Raum am hinteren Ende des Zuschauerraums hat man meist eine weniger gute Sichtlinie, was die Korrektur zum Beispiel von Fokuseinstellungen schwierig macht. Es zahlt sich auf jeden Fall aus, das Lichtstellpult für die Programmierung auf einer guten Position im Zuschauerraum einzurichten, denn nur so halten sich spätere Korrekturen in einem vernünftigen zeitlichen Rahmen.

Patch-Liste

Bevor man mit der Programmierung von Lichtbildern beginnt, sollte man ein individuelles Soft-Patching vornehmen. Hierbei werden den einzelnen Scheinwerfern, die auf unterschiedlichen DMX-Kanälen liegen, Preset-Kanäle des Pultes zugewiesen (unter Berücksichtigung von DMX-Adressen, Reihenfolge der Scheinwerfer, Farb- und Gobo-Paletten etc.).

Nach Einrichten des Soft-Patching im Pult empfiehlt es sich, ein „leeres“ Show File mit eben diesen Daten abzuspeichern. Dieses File ist die Basis für die weitere Programmierung, und sollte das Pult in einer frühen Phase der Arbeit „abstürzen“, so kann jederzeit darauf zurückgegriffen werden, ohne komplett von vorne beginnen zu müssen. Zur besseren Übersicht sollte man sich vor dem Patching die gewünschten Kanäle im Lichtplan notieren.

Gruppen einrichten

Unerfahrene Programmierer tendieren dazu, jedes Moving Light als ein "Individuum" anzusehen und stellen die Parameter wie Farbe und Pan-/Tilt-Positionen für jede Lampe einzeln ein. Wesentlich effektiver ist es aber, sinnvolle Gruppen zu bilden, beispielsweise mit allen Moving Lights in einem Lichtzug. So wird das anschließende Arbeiten wesentlich beschleunigt; beispielsweise werden vor dem Fokussieren jedes Moving Lights einfach alle Lampen der betreffenden Gruppe mit wenigen Handgriffen auf die gewünschte Farbe und Position gestellt. Sogar der Fokus mehrerer Moving Lights lässt sich über Gruppierungen recht einfach justieren: Gruppe anwählen und das Encoderrad so lange nach links drehen, bis alle Lampen auf der „Nullposition" sind. Encoderrad nach rechts drehen – die Parameter aller Lampen laufen jetzt synchron. Auch wenn sich das Lichtstellpult auch ohne Gruppen „komfortabel" bedienen lässt, sollte man nicht darauf verzichten. Es empfiehlt sich aber immer, zuerst die grundlegenden Einstellungen vorzunehmen, die alle Scheinwerfer betreffen, und dann erst Gruppen einzurichten.

Spickzettel

Etwas Papierarbeit kann beim Programmieren eines Lichtstellpultes und auch später sehr nützlich sein. Auf „Spickzetteln" aller Art und Größe kann alles vermerkt werden, was die tägliche Arbeit erleichtert, zum Beispiel die Gruppenzuordnungen oder Kanalnummern (Abb. 11.51). Mit der Zeit wiederholen sich bestimmte Arbeitsabläufe beim Programmieren, und Spickzettel sind irgendwann nicht mehr notwendig, da man „alles im Kopf" hat. Nützlich ist auch ein Notizbuch, in welchem alle möglichen neuen Ideen notiert werden, die während des Programmierens in den Sinn kommen. Oft lassen sich solche Einfälle in stressigen Arbeitsprozessen nicht sofort umsetzen, aber vielleicht zu einem späteren Zeitpunkt oder bei der nächsten Produktion.

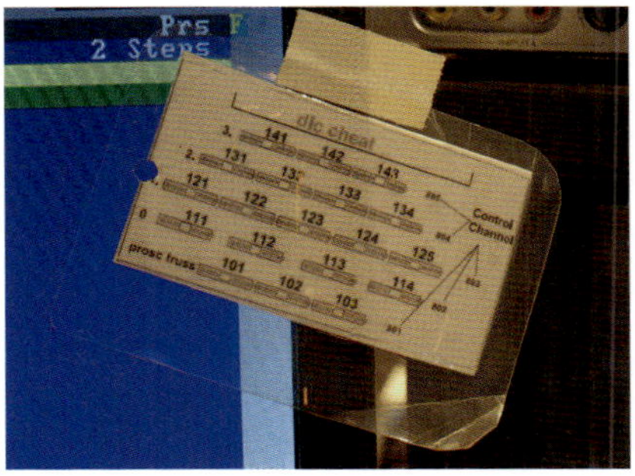

Abb. 11.51: Spickzettel mit Kanalnummern.

Das Lichtpult: Ein großer Lichtschalter

von Matthias Strobel

Es sind noch fünf Minuten bis zum Vorstellungsbeginn – Generalprobe. Die Stimmung ist angespannt. Da erscheint der Lichtdesigner nochmals am Pultplatz; die Zusammenarbeit mit ihm war sowieso schon die ganze Zeit über schwierig, und nun fragt er, ob man auch wirklich nochmals alle Moving Light-Presets überprüft habe. Ja, ja. Klar. Aber was sind eigentlich „Presets" noch mal? Egal, es geht los. Man möchte sich beim Inspizienten über die Intercom anmelden, aber leider hat man diese vorher nicht auf Funktion überprüft. Der Beginn verzögert sich also, während der Regisseur, die Künstler und der Lichtdesigner dabei zusehen, wie man zusammen mit dem herbeigerufenen Tonmann hektisch an der Intercom rumfummelt.

Die ersten paar Szenen funktionieren gut; hierfür war die Programmierzeit schließlich noch üppiger. Erst nach einer Weile startet man hier und da aus Versehen mal einen falschen Effekt, weil man aus Zeitmangel auf das Beschriften der Sequenzen und Stimmungen verzichtet hat. Schade. Zum Ende der Vorstellung soll Nebel zum Einsatz kommen. Gerade als man mit Freude dem Ausstoßen großer Nebelschwaden zusieht, erinnert man sich jedoch, dass der Hallenmeister vorher nicht darüber informiert wurde. Schnell erklärt man die Sachlage noch den Inspizienten – wobei beinahe das direkt neben dem Pult geparkte Cola auf eben dieses verschüttet wird – da ertönt auch schon der schöne Klang des Rauchmelders. So, Probe zu Ende. Vorzeitig. Und das, obwohl man sich so viel Mühe gegeben hatte beim Programmieren: Allerlei neue Effekte und Funktionen wurden – teils auch unaufgefordert – mit eingebaut. Extra hatte man dafür noch die Software-Version des Pultes auf eine brandneue Beta-Version aktualisiert. Gelegentlich führte dies zu Abstürzen - natürlich ohne vorheriges Abspeichern. Also alles noch mal...

Du wirst jetzt vermutlich denken: „Diese ganzen Anfängerfehler werde ich doch nicht machen." Zugegeben: In der obigen Zusammenfassung konzentrieren sich viele Fehler auf eine kurze Zeit. Doch gerade als Anfänger im Umgang mit vor allem größeren Lichtstellpulten, wie zum Beispiel den so genannten Hybridkonsolen, unterschätzt man leicht die Komplexität dieser Geräte.

Aber jeder fängt mal klein an; hier ein paar Dinge, die ich aus meinen Anfängerfehlern gelernt habe: Ordnung halten! Ich empfehle dringend, gespeicherte Stimmungen, Gruppen, Sequenzen und Positionen direkt nach dem Speichern zu beschriften! Gerade im schnellen „Rock'n'Roll"-/Eventbereich hilft das enorm beim Wiederfinden. Dann solltest du dir ein sinnvolles Layout am Pult überlegen, das Dir logisch erscheint und das Du immer wieder nutzen kannst; zum Beispiel Bildschirmansichten oder die Definition von Reglern als Master/Submaster/Effektmaster an immer den selben Stellen.

Falls Geräte mit mehreren einstellbaren Funktionen, beispielsweise Moving Lights oder Farbwechsler, zum Einsatz kommen, empfehle ich „Presets" oder „Paletten" zu nutzen. Darunter versteht man gespeicherte Pan-/Tilt-Positionen, Farb- oder Lichtkegeleinstellungen, welche man wiederum zum Speichern von Lichtstimmungen nutzt. So kann man mehrmals auf zum Beispiel die gleiche Pan-/Tilt-Position „Bühne Mitte" oder eine Farbe zurückgreifen, ohne sie jedes Mal von neuem einstellen zu müssen.

Falls man Korrekturen bei Presets vornimmt, korrigiert man auch gleichzeitig alle Stimmungen, die auf dieses Preset zugreifen. Unglaublich Zeit sparend!

Schließlich ist zur Ordnung noch zu sagen: Nimm Dir im Vorfeld Zeit für dein Pult-Setup! Ich kann problemlos stundenlang die Grundeinstellungen des Pultes meinen Bedürfnissen anpassen, ohne bis dahin auch nur einen Scheinwerfer eingeschaltet zu haben. Das macht Sinn, weil man dadurch beim eigentlichen Programmieren weniger Zeit pro Arbeitsschritt benötigt.

Natürlich sind dazu häufig gute Kenntnisse des jeweiligen Systems notwendig. Wie eigne ich mir diese an? Durch Ausprobieren! Aber bitte in der Werkstatt oder am probenfreien Nachmittag.... Um ein neues Lichtpult zu lernen schaue ich mir zunächst die Grundfunktionen an: Wie bekomme ich ein Gerät gepatcht? Wie schalte ich dieses dann an und wieder aus? Wie kontrolliere ich die weiteren Funktionen wie Pan/Tilt? Wie kann ich mein Experiment dann schließlich als Stimmung („Cue") festhalten? Für den Anfang reicht das völlig; nicht immer ist der komplizierteste Effekt der Welt oder eine aufwändige Bitmap-Matrix das erste, was man braucht.

Häufig denke ich mir dann ein virtuelles Projekt aus und programmiere es dann. Dabei kommen immer wieder ganz von alleine neue Aufgaben, die bewältigt werden müssen. Ich lerne quasi „spielerisch" die einzelnen Funktionen, die ich bei meiner Arbeit brauche. Viele der großen Lichtpulte, die derzeit von unterschiedlichen Herstellern zum Einsatz kommen, sind sehr komplex und haben meist mehr Funktionen als ein einzelner Anwender braucht, da sie in unterschiedlichen Bereichen eingesetzt werden. Ein Stellwerker im Theater arbeitet anders als ein Operator im „Rock'n'Roll"-Bereich. Lerne die Funktionen zu nutzen, die Dir für Dein Einsatzgebiet sinnvoll und nützlich erscheinen.

Wenn Du schließlich das erste richtige Projekt mit dem Lichtpult programmierst, empfehle ich, trotz großer (und auch berechtigter) Aufregung darüber nicht den großen Rahmen der Veranstaltung aus den Augen zu verlieren. Für den Rest der Beteiligten ist das Lichtpult selbst eher uninteressant; der Anwender muss es (am besten schnell und unauffällig) bedienen können und seinen Arbeitsplatz im und rund ums Pult entsprechend organisieren. Das Austesten aller Funktionen oder gar neuer Software-Versionen ist übrigens eher was für die Tagdienste.

Und hier noch der einfachste aber vielleicht wichtigste Hinweis: Regelmäßiges Speichern sollte zur Angewohnheit werden...

11.7 Übungsaufgaben

Aufgabe 1

Welcher subjektiver Farbeindruck wird vom Schatten einer blauen Lichtquelle hervorgerufen?

Aufgabe 2

Wozu wird eine reine Einpunktbeleuchtung eingesetzt? Nenne ein Beispiel.

Aufgabe 3

Erkläre den Begriff „Dreipunktbeleuchtung".

Aufgabe 4

Warum wird eine Bühne in der Breite in eine ungerade Anzahl von Beleuchtungszonen eingeteilt?

Aufgabe 5

Nenne Beispiele, wo der Low Key-Stil angewandt wird.

Aufgabe 6

Was ist ein Gobo, und mit welchem Scheinwerfertyp kann man Gobos projizieren?

Aufgabe 7

In diesem Kapitel ging es hauptsächlich um die Umsetzung eines Lichtdesigns. Wie bei allen praktischen Fertigkeiten braucht man auch hier viel Erfahrung, um schnell zu guten Ergebnissen zu gelangen. Die nötigen Erfahrungswerte erlangt man natürlich nicht durch das Lösen theoretischer Aufgaben. Daher eine Anregung für eine erste praktische Tätigkeit: Mache Dich mit den verschiedenen Scheinwerfertypen und Lichtstellpulten vertraut, zum Beispiel mit einem kleinem Testaufbau. Drehe an allen Schrauben jedes Scheinwerfers und finde heraus, wie der Lichtkegel fokussiert werden kann. Mach Dich schlau darüber, welche Funktion jeder Schalter und Regler am Lichtstellpult hat. Viel Spaß!

Literaturtipps

Redler D. Stage Lighting: The CD-Rom.
Danor Theater Systems Ltd, Tel Aviv 1997

Hillmar G. Light Plot Deconstructed.
Nemetschek Vectorworks Training, München 2013
(http://www.vectorworks.net/training/guides/Light-Plot-Deconstructed)

Shelley SL. A practical Guide to Stage Lighting.
Focal Press, Woburn 2014

12 Projektionstechnik

Projektionsgeräte und Projektionsverfahren stehen im 3. Lehrjahr auf dem Lehrplan. *Hinweis:* Die Grundlagen der Videotechnik finden sich im Band „Tontechnik für Veranstaltungstechniker", ebenfalls erschienen im S. Hirzel Verlag

Ein Projektor ist ein optisches Gerät, das auf eine Bildfläche, meist eine Leinwand, ein vergrößertes Abbild wirft. Praktische Anwendungsfälle sind die Präsentation von Dias, einem Film, oder digitalen Bildern. Im Theater kann beispielsweise eine Standbildprojektion einen ansonsten aufwändig von Hand gemalten Hintergrund ersetzen. Aber oft sind es doch komplexere Anforderungen, beispielsweise mit Live-Kameras, die das Bühnengeschehen verfolgen und deren Bilder in Kombination mit Videoclips auf verschiedene Leinwände projiziert werden.

12.1 Diaprojektion

Schon sehr bald nachdem die Firma Leica die erste Kleinbildkamera auf den Markt brachte (im Jahr 1925), wurden auch Kleinbild-Diaprojektoren verkauft. Inzwischen gibt es allerdings nur noch wenige Hersteller dieser Geräte. Diaprojektoren haben eine Kondensoroptik, wie sie bereits in Kap. 8.2.5 beschrieben wurde (Abb. 12.1). Das Dia befindet sich hier dicht vor dem Brennpunkt des Objektivs, und es wird vom Licht einer Halogenglühlampe oder HMI-Lampe beleuchtet. Durch das Projektionsobjektiv entsteht ein seitenverkehrtes Abbild auf der Leinwand. Die Wiedergabe als Dia ist die qualitativ hochwertigste Art der Projektion – gut gemachte Fotos vorausgesetzt. Die gesamte Informationsfülle des aufgenommenen Bildes findet sich auf der Leinwand wieder, und selbst aus kürzestem Betrachtungsabstand wirkt das Foto scharf und lässt feinste Details erkennen. Diaprojektoren für das Mittelformat und spezielle Typen mit extremer Leistung stellen selbst hochwertige Videoprojektoren buchstäblich in den Schatten. Allerdings erfordern multimediale Diavorführungen mit mehreren Projektoren und komplexen Trickszenen einen enormen Aufwand, sowohl in Hinblick auf die benötigten Geräte als auch bei der Herstellung der Dias. Hier sind digitale Bilderschauen wiederum klar im Vorteil.

Abb. 12.1: Geöffneter Kleinbildprojektor.

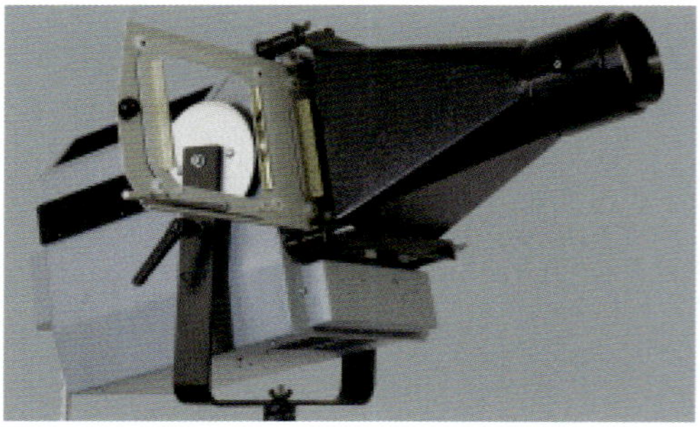

Abb. 12.2: Hochleistungs-Diaprojektoren (links: Pani AP2, rechts: Vicom WEGA1200).

Brennweiten bei Diaprojektoren

Das Dia muss weit genug vom Leuchtmittel entfernt sein, damit es nicht zu heiß wird und sich verformt. Dabei sollte die Temperatur am Dia auf ca. 60 bis 70 °C reduziert sein. Bei einer zu großen Entfernung wäre eine Projektion mit Normalobjektiven oder Weitwinkelobjektiven aber auch nicht ohne weiteres möglich. Es gibt für Diaprojektoren also verschiedene Brennweiten.

- Weitwinkeltyp: Kombination aus konkav-konvexem und plankonkavem Kondensor. Brennweiten unter 90 mm (z. B. 35 oder 70 mm).
- Normalprojektion: Einfacher, plankonvexer Kondensor. Die Normalbrennweite für Kleinbildprojektoren beträgt 90 mm.
- Langbrennweitige Projektoren: Konkav-konvexer Kondensor. Brennweiten über 90 mm (z. B. 135 oder 150 mm). Man spricht hier auch von Tele-Objektiven.

Abschätzung der Brennweite

$$\text{Brennweite}\, f = \frac{\text{Objekt}\, O \cdot \text{Distanz}\, D}{\text{Bild}\, B + \text{Objekt}\, O} \qquad \text{(Formel 12.1)}$$

O : Größe des Dia-Einschubes bzw. des durchleuchteten Objektes. Zum Beispiel gilt für die Projektoren der Firma Pani: 15,5 cm Filmdia, 17 cm Glasdia, 21,5 cm Filmdia und 23 cm Glasdia
D : Abstand Projektor zur Abbildungsfläche
B : Größe des erzeugten Bildes

Allerdings liefert diese Formel nur ungefähre Werte, da unterstellt wird, dass sich das Dia genau im Brennpunkt befindet. Dies ist technisch aber nicht machbar; das Dia würde dann nicht projiziert, da die Strahlen in einem Punkt zusammenlaufen und somit kein Bild erzeugen. Zudem würde das Dia die Hitze nicht überstehen und verbrennen.

Manchmal wird die Brennweite auch als Verhältniszahl angegeben, zum Beispiel „Objektiv mit Festbrennweite 3,3 : 1. Das bedeutet, dass bei einer Projektionsdistanz von 3,3 m eine Bildbreite von 1 m resultiert. Möchte man mit dieser Brennweite eine Bildbreite von 5 m erreichen, muss der Projektor in 3,3 · 5 m = 16,5 m Entfernung aufgestellt werden.

Brennertypen für Diaprojektoren

Halogenglühlampen

- 24 V / 250 W oder 36 V / 400 W für Kleinbildprojektion (Bildformat 24 x 36 mm)
- 82 V / 300 W für Kleinbild, Mittel und Vollformat (36 x 36 mm und größer)

Alle Typen mit Halogenglühlampen sind elektronisch dimmbar (Leistungssteuerung durch Phasenanschnitt, s. Kap. 1.6.3).

Gasentladungslampen

Für Kleinbild-, Mittelbild- und Hochleistungs-Projektoren mit größeren Formaten werden Halogen-Metalldampflampen oder Xenon-Hochdrucklampen mit 575 W oder 1000 W eingesetzt. Projektoren mit Gasentladungslampen sind nur bedingt elektronisch dimmbar, die Regulierung des Lichtstroms erfolgt daher über mechanische Blenden. Während Gasentladungslampen problemlos im Brennpunkt des Kugelspiegels in der Kondensoroptik eingesetzt werden können, müssen Halogenglühlampen so justiert werden, dass das reflektierte Licht knapp an der Glühwendel vorbeistrahlt. Dadurch lässt sich eine übermäßige Erhitzung vermeiden, welche die Lebensdauer des Leuchtmittels stark vermindern würde (Abb. 12.3).

Einige Diaprojektoren sind auch mit einer Mechanik zum automatischen Lampenwechsel ausgestattet. Brennt die Projektionslampe durch, schwenkt ein Spiegel um, und die Ersatzlampe schaltet sich ein.

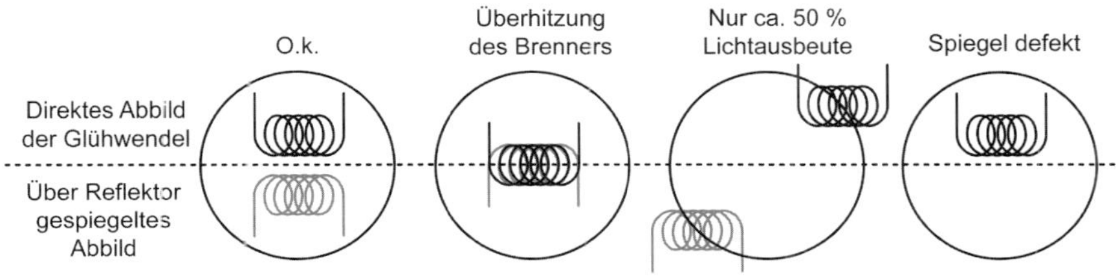

Abb. 12.3: Justage von Halogenglühlampen im Brennpunkt eines Kugelspiegels.

Diaprojektion und Audiovision

Artikel auf der Webseite des Photoindustrie-Verbandes e. V.

Die Diaprojektion ist sicher eine der hochwertigsten Formen der Bildpräsentation, denn Schärfe und Brillanz liegen auf unerreicht hohem Niveau. Dabei ist es so einfach, ein paar Dias zu rahmen und mit dem Diaprojektor auf eine Leinwand zu projizieren. Der verdunkelte Raum lenkt die Aufmerksamkeit der Zuschauer auf die Bilder und begünstigt deren intensive Wahrnehmung. Wer seine Diaserie auch noch unter ein Motto stellt, nach einem "roten Faden" strukturiert und vielleicht noch zu Musik überblendet, dem ist der Erfolg schon fast sicher.

Schon bei der Projektion einzelner Dias mit einem Projektor kann die hohe Bildqualität sichtbar werden. Moderne Diaprojektoren besitzen einen aktiven Autofokus mit Override-Funktion, der für automatische Scharfstellung der Dias sorgt, aber auch manuelles Fokussieren per Fernbedienung ermöglicht. Mit fast allen Projektormodellen können mehrere Arten von Diamagazinen benutzt werden, wobei grundsätzlich zwischen Stangenmagazin- und professionellen Rundmagazinprojektoren unterschieden wird. In einigen Magazintypen sind die Dias verschüttgesichert, was zum Teil spezielle Diarahmen erfordert. Die Diarahmung kann man entweder bei der Entwicklung des Films gleich mitbestellen oder später selbst erledigen, was für Puristen und anspruchvolle AV-Anwender selbstverständlich ist. Für eine optimale Randschärfe verwendet man verglaste Rahmungen. Um Dias in der Qualität zu beurteilen und Bildfolgen festzulegen, sind Lupen und Leuchtpulte wichtige Hilfsmittel.

Bei der Einzelprojektion wirkt der harte Bildwechsel oft störend, denn die Dunkelphase lässt die Augen der Zuschauer vorzeitig ermüden. Sicherlich ein Grund, warum einige Leute den letzten Diaabend vielleicht in nicht so guter Erinnerung haben. Hier hilft Überblendprojektion mit zwei Projektoren, die auf Tastendruck oder per Schieberegler die Bilder weich und ohne Dunkelpause wechseln. Doch eine Überblendung kann auch kreativ genutzt werden, wenn die Motive geschickt ausgewählt oder schon passend photographiert worden sind. Eine echte Steigerung erfährt eine Dia-Show, wenn sie passend vertont und die Dias synchron zum Musiktakt überblendet werden.

Am einfachsten gelingt eine Überblendprojektion mit speziellen Doppelprojektoren, die zwei Projektionssysteme und die nötige Steuertechnik in einem Gerät vereinen. Über eine serielle Schnittstelle lassen sich diese Projektoren auch per Computer steuern. Da ein Doppelprojektor die Dias aus einem Magazin projiziert, ist die Wechselzeit von einem Dia zum nächsten mit rund vier Sekunden recht lang, was rasanten Bildfolgen gewisse Grenzen aufzeigt. Aus diesem Grund wird von anspruchsvollen Anwendern der Einsatz einzelner Komponenten bevorzugt. Eine Anlage besteht dann aus zwei, drei oder mehr Projektoren, einem Steuergerät und gegebenenfalls noch einem Audio-Player, der Musik und Steuersignale zur synchronen Wiedergabe liefert. Als Player kommen [...] CD-Player oder spezielle MP3-Player in Frage. Letztere gibt es auch mit integriertem Steuergerät für die Projektoren. Sie eignen sich auch ausgezeichnet für Schauen, mit synchron zur Musik laufenden und manuell gesteuerten Passagen.

Wenn man eine ansprechende Dia-Show mit raffinierten Überblendungen und Titeleinblendungen sowie einem emotional wirkenden Soundtrack aus Musik, Sprache und Originalgeräuschen gestalten möchte, kommt der richtigen AV-Software eine Schlüsselstellung zu. Moderne Software bietet nahezu unbegrenzte Möglichkeiten, Überblendfolgen und Ton zu bearbeiten und zu synchronisieren. Fast immer kann mit Vorschaubildern die Überblendwirkung auf einer virtuellen Leinwand im Computer betrachtet werden. Auch die Tonbearbeitung ist sehr komfortabel und bietet Überblendungen, Schnitte und das Zusammenmischen verschiedener Tonelemente. Wie aus anderen Programmen gewohnt, können fehlerhafte Bearbeitungen per Mausklick jederzeit wieder rückgängig gemacht werden, so dass auch Einsteiger kreativ experimentieren können. [...]

Quelle: www.prophoto-online.de

12.2 Filmprojektion

Über hundert Jahre waren Filmprojektoren zur Projektion von Bewegtbildern ohne Konkurrenz, aber inzwischen stellen viele Kinos auf digitale Film- bzw. Videoprojektoren um (das so genannte Digital Cinema). Daher soll hier nur kurz auf die Filmprojektion eingegangen werden. Das optische System eines Filmprojektors ist ähnlich aufgebaut wie bei einem Diaprojektor, es kommt hier ebenso eine Kondensoroptik zum Einsatz – damit hat es sich aber auch schon mit den Gemeinsamkeiten. Da zur Erzeugung flüssiger Bewegungsabläufe eine Bildwechselrate von mindestens 24 bis 25 Bildern pro Sekunde notwendig ist, muss eine entsprechende Mechanik zum Filmtransport vorhanden sein (Kinofilm = 24 Bilder pro Sekunde, Europäisches Standardfernsehen = 25 Bilder pro Sekunde). Neben dem Objektiv sind daher die wichtigsten Bauteile eines Filmprojektors (Abb. 12.4):

- Die Abwickel- und Aufwickelspulen.
- Die Filmbahn mit Bildfenster – dem entsprechenden Ausschnitt für das jeweilige Filmformat.
- Der Antrieb. Ein Greifer bewegt den Filmstreifen über die Perforation in der Dunkelphase ruckartig vor dem Bildfenster, während der Lichtstrom von einer Umlaufblende unterbrochen wird. In der Hellphase wird ein stillstehendes Bild projiziert.
- Die Umlaufblende. Diese unterbricht den Lichtstrahl sowohl während des Filmtransports als auch während der Projektion. Jedes Bild wird somit zweimal gezeigt, pro Sekunde erscheinen 48 Bilder, und dadurch flimmert die Wiedergabe weniger.
- Die Lichtquelle, in der Regel Xenon-Hochdrucklampen mit bis zu 10 kW Leistung, teilweise auch leistungsstarke Halogenglühlampen.
- Die Lichtklappe, die bei einem Filmriss automatisch zufällt, aber ansonsten vom Vorführer manuell bedient wird.
- Die Vorrichtungen zur Tonwiedergabe (Lichtton, Magnetton und/oder digitale Formate).

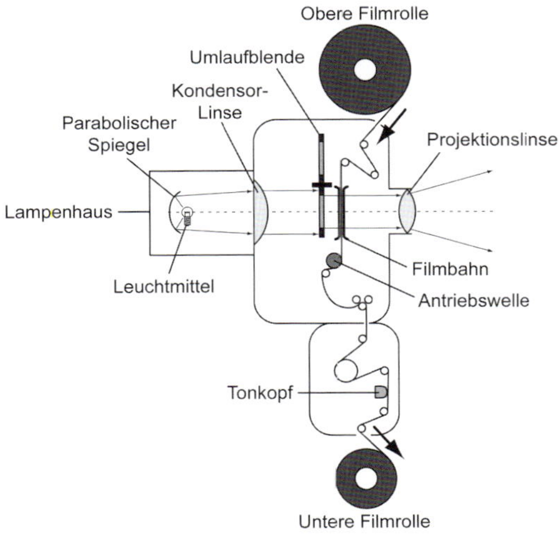

Abb. 12.4: Prinzip eines Filmprojektors.

Filmbildformate

Eine Auflistung sämtlicher bisher verwendeter Filmformate erscheint wenig sinnvoll und würde auch den Rahmen dieses Kapitels sprengen. Im Folgenden sollen daher nur die wichtigsten und am häufigsten verwendeten Formate kurz vorgestellt werden.

16 mm

- 16 mm-Film, Seitenverhältnis 1 : 1,37 (Bildfenster der Kamera 10,3 x 7,5 mm): Dieses Format wird vor allem für Fernsehproduktionen und Dokumentationen verwendet. Für eine Kinoprojektion lässt sich der 16 mm-Film auch mit qualitativen Verlusten auf 35 mm „aufblasen“ (Blow-up).
- Super 16, Seitenverhältnis 1 : 1,66 (Bildfenster der Kamera 12,35 x 7,42 mm): Ein Schmalfilmformat, das ebenfalls für Fernsehproduktionen eingesetzt wird. Im Unterschied zum 16 mm-Film verfügt Super 16 über keine Tonspur, hat dafür aber mehr nutzbare Negativbildfläche, und somit eine bessere Auflösung.

35 mm

- Normalfilm, Seitenverhältnis 1 : 1,37 (Bildfenster der Kamera 22 x 16 mm): Wird auch Standardformat oder Academy-Format genannt.
- Breitwand, Seitenverhältnis 1 : 1,66 (Bildfenster der Kamera 22 x 13,25 mm): Hat ein gegenüber dem Normalfilm verbreiterten schwarzen Streifen zwischen den Bildern. Daher wird dieses Format auch als "maskiertes" Format bezeichnet.
- Breitwand, Seitenverhältnis 1 : 1,85 (Bildfenster der Kamera 22 x 11,89 mm): Hier ist das Bild noch etwas schmaler als bei 1 : 1,66 und wird aufgrund einer etwas kürzeren Brennweite noch breiter projiziert.
- Cinemascope, Seitenverhältnis 1 : 2,35 (Bildfenster der Kamera 22 x 18,6 mm): Durch die anamorphe Optik wird der Film auf die Hälfte seiner Breite gestaucht.
- Super 35, Seitenverhältnis 1 : 1,33 (Bildfenster der Kamera 18,67 x 24,89 mm ohne Tonspur): Hier wird mit einem Normalfilm aufgenommen, aber nur ein begrenzter Breitwand-Ausschnitt verwendet, d. h. oben und unten wird ein Streifen nicht genutzt. Beim Umkopieren vor der Projektion werden dann die überflüssigen Teile geschwärzt. Alternativ kann der Film bei der Projektion durch schwarze Stoffbahnen an der Leinwand oder am Projektionsauslass kaschiert werden. Der Vorteil liegt in der besseren Umarbeitung für die Fernsehwiedergabe mit dem Format 4 : 3. Die bei der Kinoprojektion nicht sichtbaren Teile werden hier dann wieder teilweise gezeigt. (Interessante Streitfrage, die hier oft aufkommt: Sieht man dann noch den selben Film?)

70 mm

Der 70 mm-Film hat ein Seitenverhältnis von 1 : 2,2 (Bildfenster der Kamera 52,5 x 23 mm). Die durchleuchtete Fläche ist doppelt so groß wie beim 35 mm-Film, dadurch wird die Projektion etwas schärfer und brillanter. Allerdings sind die Produktionskosten auch in etwa doppelt so hoch.

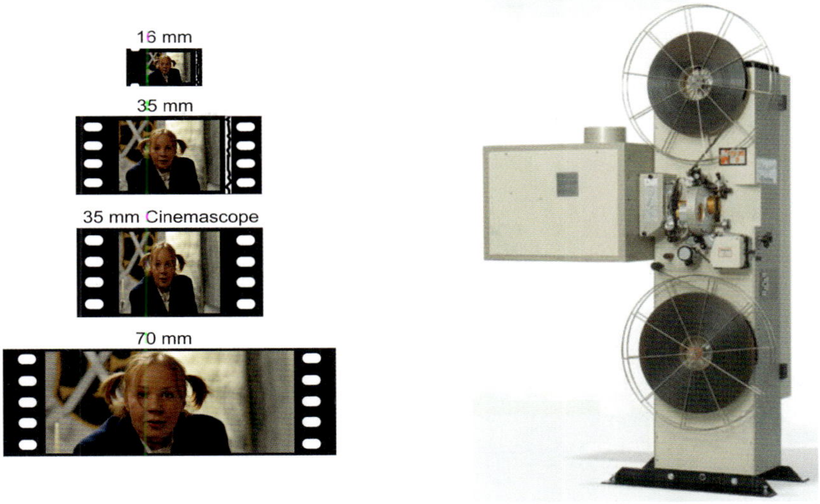

Abb. 12.5: Einige Filmformate im Vergleich und ein moderner Filmprojektor (Kinoton FP30D).

Filmtonformate

Für die Audiowiedergabe mit einem Filmprojektor gibt es unterschiedliche analoge und digitale Verfahren. In Tab. 12.1 finden sich die derzeit gebräuchlisten Filmtonformate. Anmerkung: THX ist kein eigenes Tonsystem, sondern ein Zertifizierungsverfahren für die Tonanlage, die Akustik und die Optik in Kinosälen.

Tab. 12.1: Aktuelle Filmtonformate im Überblick.

Verfahren	Audiokanäle	Frequenzgang	Dynamik	Auflösung	Kompression
Stereo-Lichtton	2	40 Hz bis 10 kHz	ca. 50 dB	(analog)	-
Dolby Stereo (SR)	2	30 Hz bis 12,5 kHz	ca. 60 dB	(analog)	-
Dolby Digital	5.1	20 Hz bis 20 kHz LFE: 3 Hz bis 120 Hz	über 90 dB	20 Bit Datenrate: 320 kBit/s	17 : 1 LFE: 14 : 1
Digital Theatre System (dts)	5.1	20 Hz bis 20 kHz LFE: 3 Hz bis 80 Hz	über 90 dB	20 Bit Datenrate: 1.411 kBit/s	4 : 1
Sony Dynamic Digital Sound (SDDS)	7.1	20 Hz bis 20 kHz LFE: 3 Hz bis 120 Hz	über 90 dB	15 Bit Datenrate: 1.411 kBit/s	10 : 1

Abb. 12.6 zeigt den Signalweg der verschiedenen Tonformate vom „Tonträger" (also dem Film bzw. bei dts einem speziellen, synchronisierten CD-Player) über die Digital-Analog-Wandlung in den Decodern bis zu den Lautsprechern.

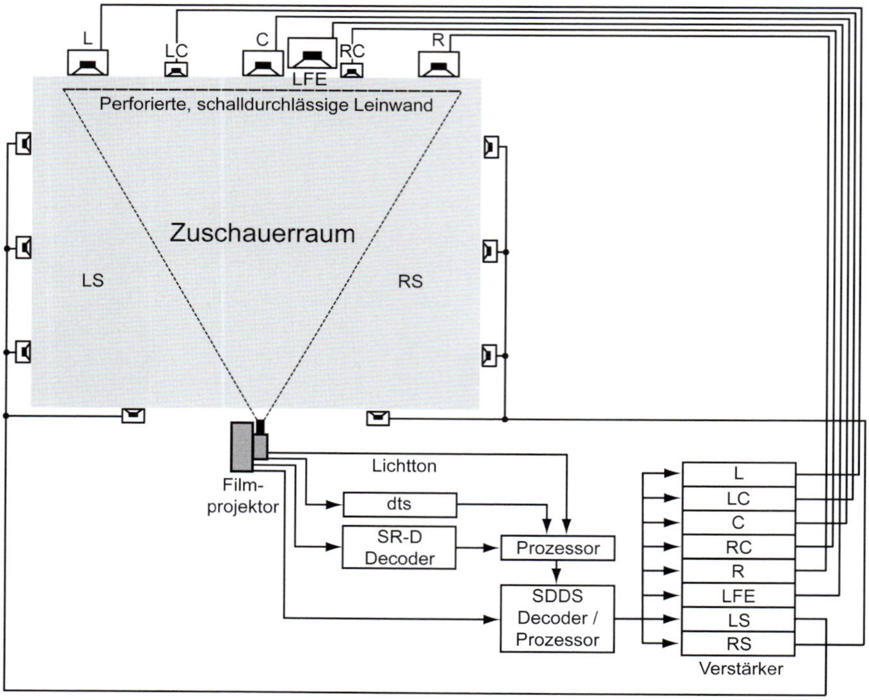

L = Left
LC = Left Center
C = Center
RC= Right Center
R = Right
LFE = Low Frequency Effect / Enhancement
LS = Left Surround
RS = Right Surround

Abb. 12.6: 7.1-Tonanlage in einem Kino.

12.3 Videoprojektion

Sowohl Dia- als auch Filmprojektoren werden zunehmend durch Videoprojektoren ersetzt. Hauptgrund ist deren vielfältiger Einsatzbereich – dieser reicht von einfachen Präsentationen direkt von PC oder Laptop bis hin zum Kino-Feeling in den eigenen vier Wänden und nicht zuletzt zum Digital Cinema, welches mit Sicherheit irgendwann das Zelluloid im echten Kino ablösen wird. Leuchtkraft und Bildqualität der Videoprojektoren wurden in den letzten Jahren entscheidend verbessert, dennoch können sie ihre volle Stärke nur in abgedunkelten Räumen ausspielen. Ist der Raum nicht vollständig abgedunkelt, verringert sich der Kontrastumfang des projizierten Bildes. Videoprojektoren arbeiten nach verschiedenen Systemen: DLP, LCD und LCoS.

Als Leuchtmittel kommen Halogenglühlampen, Metalldampflampen, Xenon-Hochdrucklampen oder Quecksilberdampf-Hochdrucklampen in Frage, in Zukunft eventuell auch leistungsstarke LEDs. Daneben gibt es die noch recht teuren und daher selten eingesetzten Laserprojektoren.

DLP-Projektoren

Die Abkürzung DLP steht für Digital Light Processing. Ein DLP-Chip oder auch DMD (Digital Micromirror Device) besteht aus bis zu zwei Millionen beweglichen, 16 µm kleinen Spiegeln, die über elektromagnetische Felder in wenigen Mikrosekunden über eine Drehachse ausgelenkt werden können. Je nach Stellung der Spiegel wird das Licht der Projektorlampe entweder durch die Optik zur Leinwand oder seitlich auf einen Lichtabsorber reflektiert (Abb. 12.7 und 12.8). Im Prinzip kann jeder Bildpunkt also nur hell oder dunkel sein, Grauwerte werden durch die entsprechend schnelle Bewegung der Spiegel unter Ausnutzung der Trägheit des Auges hervorgerufen. Je länger ein Spiegel in der Projektionsstellung steht, umso heller erscheint dem Betrachter der Bildpunkt. Die Spiegel eines DLP-Chips sind mit einem Abstand von 1 µm sehr eng zusammen angeordnet, und daraus ergibt sich ein hoher Füllfaktor von ca. 88 % der Bildfläche. Es treten daher nur geringe Lichtverluste auf.

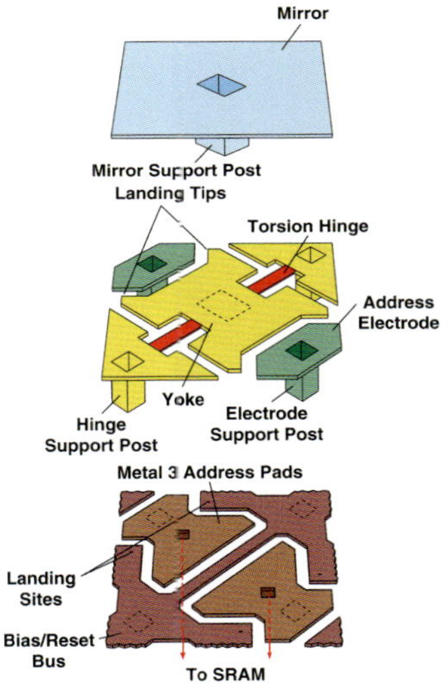

Abb. 12.7 Links: Aufbau eines einzelnen Spiegels. **Rechts:** Größenvergleich zwischen einem Ameisenbein und den Spiegeln eines DLP-Chips.

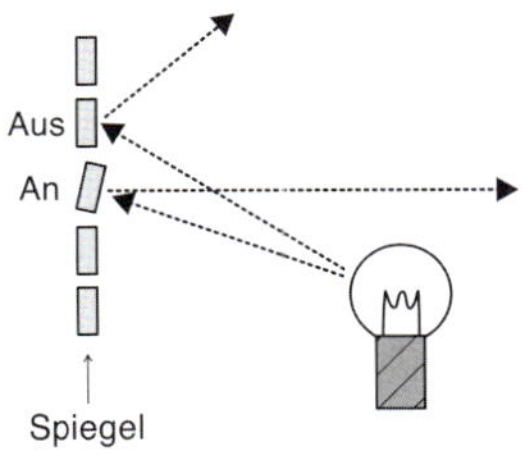

Abb. 12.8: Prinzip DLP-Chip.

Farbwiedergabe bei DLP-Projektoren mit einem Chip

Ein angetriebenes Filterrad mit den Primärfarben Rot, Grün und Blau, das den gesamten Chip abdeckt, lässt zu einem bestimmten Zeitpunkt immer nur Licht einer Farbe passieren. Zur gleichen Zeit sind die Spiegel zur Wiedergabe genau dieses Farbkanals eingestellt, die Bewegungen der Spiegel müssen also mit dem Antrieb des Filterrades synchronisiert sein. Die Farbwiedergabe erfolgt somit sequenziell, die Bilder der einzelnen Primärfarben werden nacheinander wiedergegeben (Abb. 12.9). Nachteil des Projektionsverfahrens mit einem Chip: Es entsteht ein sichtbarer Farbsaum an hellen bewegten Objekten auf dunklem Hintergrund, der so genannte Regenbogeneffekt. Dieser Fehler tritt immer dann auf, wenn die Bewegungsphasen des wiedergegebenen Bildes schneller ablaufen als ein vollständiger Durchlauf des Filterrades. Technisch machbar sind Farbräder mit dreifacher Geschwindigkeit in Bezug auf die Bildwechselfrequenz und doppelten Farbsegmenten, pro Videobild fährt jede Farbe also sechsmal durch den Lichtweg. Neben den Primärfarben wird manchmal auch noch Weiß auf dem Filterrad integriert, um die Lichtleistung zu erhöhen. Die Folge sind allerdings verfälschte Farben und ein schwacher Schwarzwert, da mehr Restlicht die Optik passiert.

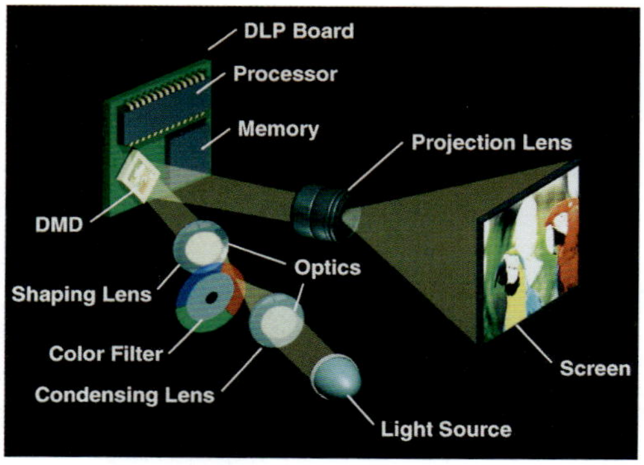

Abb. 12.9: DLP-Projektor mit einem Chip.

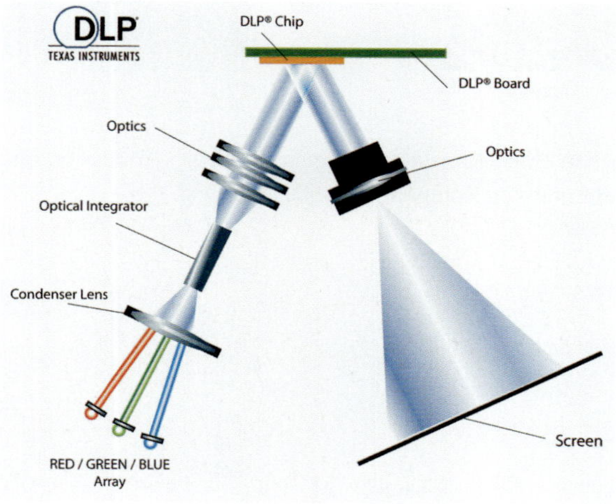

Abb. 12.10: DLP-Projektor mit LED-Leuchtmittel.

DLP ohne Regenbogeneffekt

Die Firma Texas Instruments möchte in Zukunft den Regenbogeneffekt bei Ein-Chip-Projektoren durch den Einsatz von LED-Technik vermeiden. Wie dies aussehen kann, zeigt Abb. 12.10: Bei dieser Technik kann auf eine rotierende Farbblende verzichtet werden. Eine jeweils rote, grüne und blaue LED werden im Wechsel ein- und ausgeschaltet, pro Videovollbild 48mal. Es ist möglich, dass die LED-Lichtquelle in Projektoren irgendwann andere Leuchtmittel, wie beispielsweise die Quecksilberdampf-Hochdrucklampe, komplett verdrängen wird. Vor allem auch deshalb, da übliche Lampen mit 1500 und 8000 Stunden (je nach Hersteller) eine begrenzte Lebensdauer aufweisen, LEDs aber nur einer geringen Abnutzung unterzogen sind und eine Lebensdauer von ca. 30 000 Stunden haben.

DLP-Projektoren mit drei Chips

Das weiße Licht der Projektionslampe wird hier durch ein Strahlteilerprisma in die drei Primärfarben zerlegt und zu jeweils einem DLP-Chip gespiegelt. Das reflektierte Licht der Chips wird anschließend über ein Prisma wieder zusammengeführt und über die Projektoroptik auf die Bildwand geworfen (Abb. 12.11). Drei-Chip-Projektoren sind hinsichtlich der Bildqualität deutlich besser, aber auch etwas teurer als Ein-Chip-Geräte.

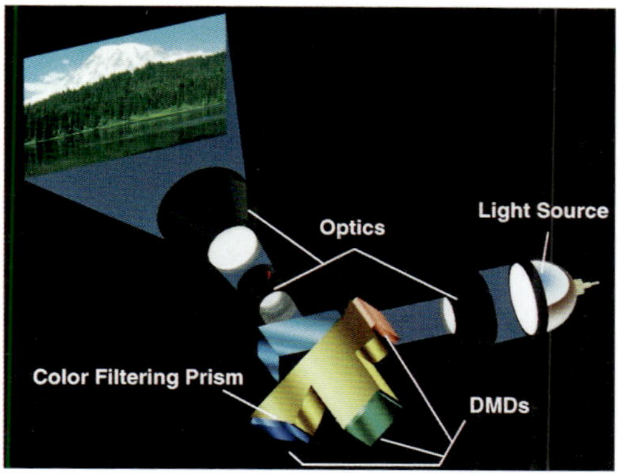

Abb. 12.11: DLP-Projektor mit drei Chips.

Abb. 12.12: Professioneller 3-Chip-DLP-Projektor (Barco SLM R12+).

LCD-Projektoren

Flüssigkristalle (Liquid Crystals, LC) sind chemische Verbindungen, die zwar flüssig sind, zugleich aber eine kristallähnliche Ordnung anstreben. Bestimmte Flüssigkristalle können zudem die Ausbreitungsebene von Lichtwellen beeinflussen. Außerdem lassen sie sich durch elektrische Felder beeinflussen. Ein LCD (Liquid Crystal Display) ist folgendermaßen aufgebaut: Zwischen zwei Glasplatten befindet sich eine dünne Schicht Flüssigkristalle. Durch eine feine Rillenstruktur auf den Glasplatten werden die LC-Moleküle so ausgerichtet, dass sie sich zwischen den Platten um 90° verdrehen. Polarisiertes Licht (s. Kap. 8.2.3) folgt den verdrehten Molekülen und wird folglich ebenfalls um 90° gedreht. Um das LC-Element elektrisch steuern zu können, werden auf den Glasplatten elektrische leitende, lichtdurchlässige Schichten angebracht. Das elektrische Feld zwischen diesen Schichten ändert die Ausrichtung der Moleküle, wodurch die Drehung der Polarisationsebene des Lichts aufgehoben wird. Ein einzelner Bildpunkt des LCD wird mit Hilfe eines Dünnfilmtransistors gesteuert, der gut vor Licht geschützt werden muss und zudem nicht beliebig klein konstruiert werden kann. Er beansprucht also immer einen kleinen Teil der Fläche eines jeden Bildpunktes. Transistoren und Leiterbahnen reduzieren die Nutzfläche um ca. 40 bis 60 %, und genau dieser Anteil der Lichtenergie wird absorbiert und in Wärme umgewandelt. Eine zu große Erwärmung kann allerdings das LCD zerstören, und daher wird UV- und IR-Licht vor dem Panel herausgefiltert. Das dadurch entstehende Kaltlicht belastet das LCD nicht so stark. Die Rasterung und der Abstand zwischen den Pixeln durch die Schaltkreise führt zu einem deutlichen „Fliegengittereffekt“, es entsteht bei der Projektion also ein sichtbares Gittermuster (Abb. 12.13).

Ein-Panel-LCD-Projektor

Eine einzelne LC-Zelle ist nicht in der Lage, Farbe zu produzieren. Deshalb wird bei Ein-Panel-LCD-Projektoren mit vorgeschalteten Farbfiltern gearbeitet. Jeweils drei Bildpunkte werden zusammengefasst, welche ein vorher gefiltertes Licht in den Primärfarben Rot, Grün und Blau passieren lassen (Abb. 12.14).

Drei-Panel-LCD-Projektor

Eine weitere Möglichkeit der farbigen Projektion bietet sich durch die additive Farbmischung: Das weiße Licht der Projektionslampe wird mittels dichroitischer Filter (s. Kap. 8.2.3) in die drei Farbanteile zerlegt. Das Licht in den Primärfarben strahlt dann jeweils durch separate LCD-Panel. Anschließend werden die drei Bildauszüge in einem Prisma zur Deckung gebracht und gelangen dann über das Objektiv auf die Projektionsfläche (Abb. 12.15).

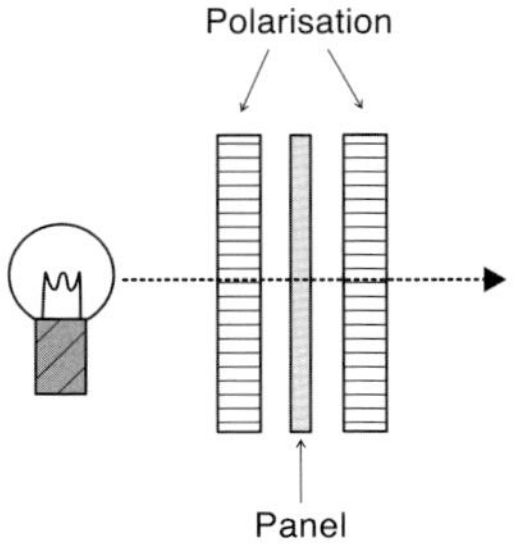

Abb. 12.13: Prinzip LCD.

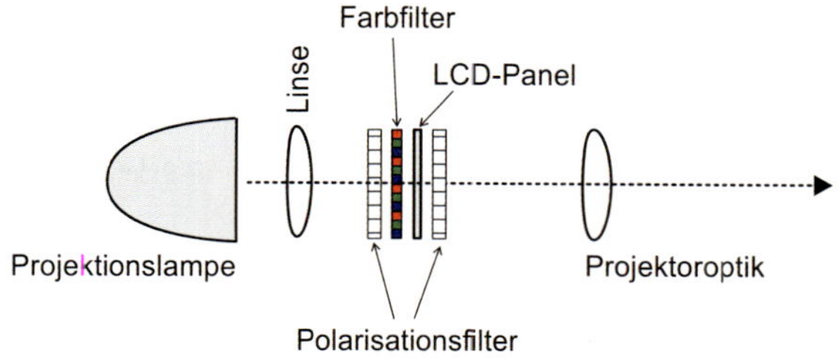

Abb. 12.14: Ein-Panel-LCD-Projektor.

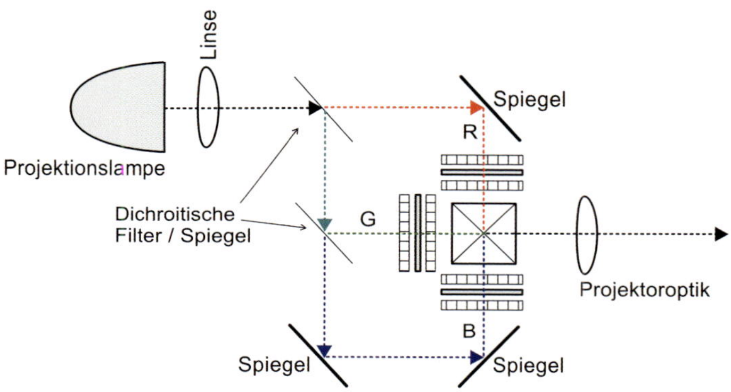

Abb. 12.15: Drei-Panel-LCD-Projektor.

Vier-Panel-LCD-Projektor (QuaDrive)

Besonders bei lichtstarken LCD-Projektoren gehen durch Strahlteilung und Filterung gewisse Spektralanteile verloren. Besonders der Verlust der gelben Spektralanteile macht sich hier bemerkbar. Daher gehen die Hersteller lichtstarker Projektoren meist einen Kompromiss ein: Die Primärfarbe Grün wird nicht absolut rein gemäß der Videonorm gefiltert, sondern ein Teil gelber Spektralanteile passiert ebenfalls das grüne LCD-Panel. Dadurch gewinnt der grüne Farbkanal deutlich an Helligkeit, und das Bild wird insgesamt leuchtender. Allerdings erscheinen grüne Farbtöne immer leicht gelblich.

Bei der neuen von Sanyo entwickelten QuaDrive-Technik werden die gelben Spektralanteile gesondert von den grünen Spektralanteilen über ein zusätzliches LCD-Panel moduliert (Abb. 12.16). Im Ergebnis wird das projizierte Bild heller bei einer ähnlich guten Farbdarstellung.

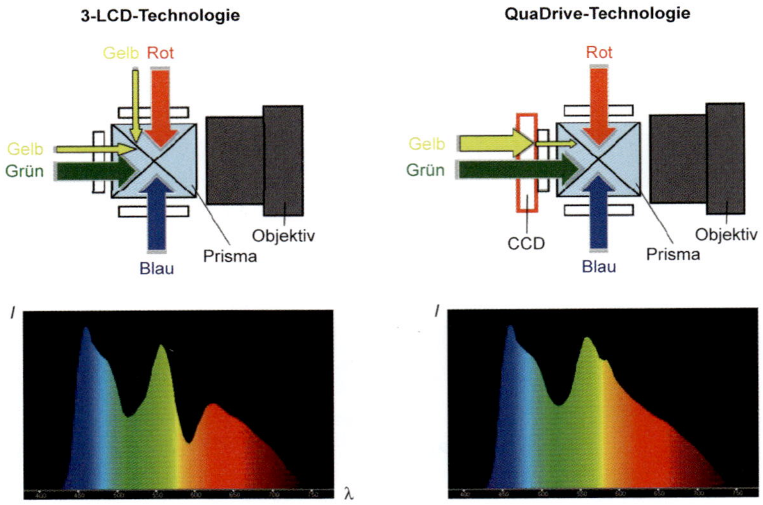

Abb. 12.16 Links: Herkömmliche 3-Panel-LCD. **Rechts:** QuaDrive-Technik.

Schwachpunkte von LCD-Projektoren

Die Bildpunkte können beim LCD nicht richtig schwarz geschaltet werden, da sie nicht komplett lichtdicht sind. Dies hat im Vergleich zu anderen Videoprojektionstechniken ein geringeres Kontrastverhältnis zur Folge. Allerdings verbessern die Hersteller ständig ihre LCD-Panels, und durch Optimierung der Strukturen der Ausrichtungsschichten konnte der Bildkontrast in den letzten Jahren stark verbessert werden. Inzwischen lassen sich Kontrastverhältnisse von bis zu 1500 : 1 realisieren.

Zur besseren Lichtnutzung wird jeweils eine kleine Linse direkt vor jedem Bildpunkt angebracht, das Licht wird so auf den aktiven Bereich konzentriert (Microlens-Technik). Es lassen sich so die durch die Leiterbahnen und Transistoren hervorgerufenen Verluste reduzieren.

Ein weiteres Problem ist die begrenzte Lebensdauer der LCD-Panels. Trotz Filterung des IR- und UV-Strahlungsanteils können durch die Wärmeentwicklung bei der Lichtabsorption irreparable Schäden entstehen. Epson und Sony, die einzigen Hersteller von LCD-Panels, nutzen daher seit einiger Zeit so genannte anorganische Panels, um der hitzebedingten Alterung vorzubeugen. Sony arbeitet auch an einer neuen Generation von LCD, bei dem der Polarisationseffekt nicht durch Absorption, sondern durch Brechung des Lichts erfolgt.

LCoS-Projektoren

Die Abkürzung LCoS steht für Liquid Crystal on Silicon. Diese Projektionstechnik ist auch bekannt unter der Abkürzung D-ILA (Direct Driven Image Light Amplifier) bei JVC-Projektoren oder als SRXD von Sony (Sony X-tal Reflective Display). Die LCoS-Technologie ist im Prinzip eine Mischung aus LCD- und DLP-Technik: Wie bei der LCD-Technologie sorgen auch hier kleine Flüssigkristalle für die Bilderzeugung, allerdings werden diese nicht durchleuchtet, sondern reflektieren das Licht, ähnlich wie bei der DLP-Technik. Ein LCoS-Chip setzt sich aus drei Schichten zusammen: Die äußerste, der Lichtquelle zugewandte Schicht, besteht aus Glas, welches mit einer transparenten Elektrode ausgestattet ist. Die mittlere Schicht beinhaltet die

Flüssigkristalle, und die letzte Schicht ist wiederum eine Elektrodenschicht, die jedoch nicht durchsichtig, sondern reflektierend ist (Siliziumfolie mit einem Reflexionsgrad von 91 %).

Der Vorteil dieses Aufbaus ist, dass die Leiterbahnen hinter dem Spiegel verlaufen und sich daher nicht wie bei der LCD-Technik im Lichtweg befinden (Abb. 12.17). Durch diesen Aufbau können die einzelnen Bildpunkte näher zusammenrücken, und der Füllfaktor steigt auf ca. 92 % der Bildfläche. Es sind also kaum noch erkennbare Abstände zwischen den Bildpunkten vorhanden. Ein weiterer Pluspunkt von LCoS-Projektoren ist der sehr große Farbumfang und die natürliche Farbdarstellung, allerdings nur bei der 3-Chip-Technologie.

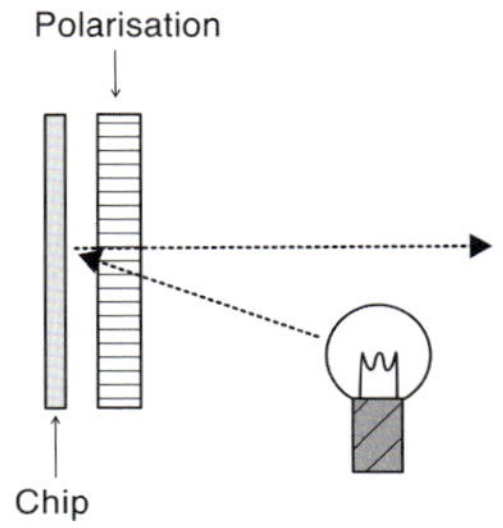

Abb. 12.17: Prinzip LCoS.

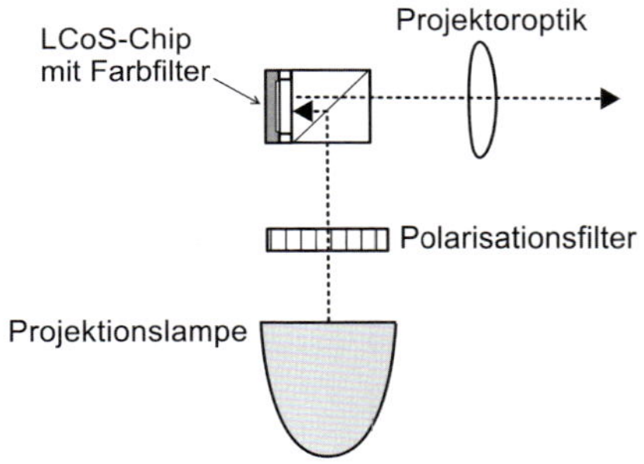

Abb. 12.18: LCoS-Projektor mit einem Chip.

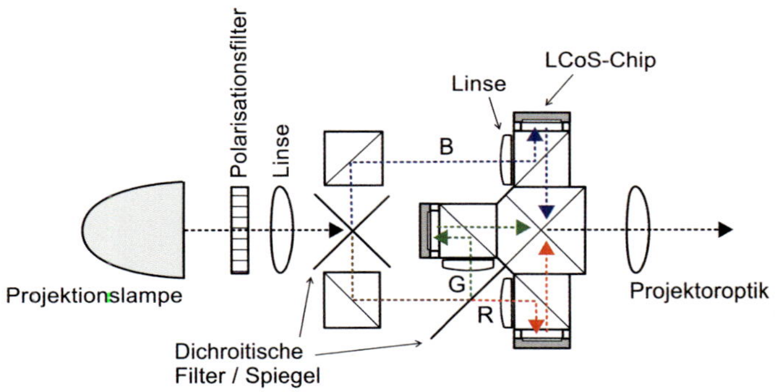

Abb. 12.19: LCoS-Projektor mit drei Chips.

Da bei der Ansteuerung der Bildpunkte Wärme- und Lichteinflüsse keine Rolle mehr spielen, wird eine größere Präzision in dunklen Bildpartien und ein guter Kontrastumfang erreicht. Ein Nachteil des LCoS-Verfahrens ist allerdings ein Nachzieheffekt durch eine gewisse Trägheit der LCD-Elemente. Um bei einem LCoS-Projektor mit nur einem Chip Farbe darstellen zu können, muss wie beim Ein-Chip-LCD-Projektor ein RGB-Farbfilter vorgeschaltet werden (Abb. 12.18). LCoS-Projektoren mit drei Chips arbeiten dagegen mit verschiedenen Strahlengängen. Für Rot, Grün und Blau steht jeweils ein eigener LCoS-Chip zur Verfügung. Auf dem Lichtweg wird das Bild zunächst durch dichroitische Spiegel in die drei Primärfarben aufgeteilt, dann von den LCoS-Chips reflektiert und anschließend wieder durch ein Prisma zu einem Bild zusammengefügt (Abb. 12.19).

Laserprojektoren

Drei Laserstrahlen in den Spektralfarben Rot, Grün und Blau werden über dichroitische Spiegel zu einem Strahl zusammengeführt. Das Bild wird zeilenweise, also ähnlich wie bei einem Fernsehbildschirm, projiziert (Zeilensprungverfahren, s. Kap. 22 im Band „Tontechnik für Veranstaltungstechniker", ebenfalls erschienen im S. Hirzel Verlag). Das Laserlicht eines einzelnen Strahls hat einen parallelen Strahlengang, und dadurch ist das projizierte Bild an jeder Stelle im Raum fokussiert. Dies ermöglicht scharfe Projektionen auf unterschiedlichsten Oberflächenformen und über große Entfernungen. Weitere Vorteile der Laserprojektion sind die hohen Bildfrequenzen und die hohe Auflösung. Die Modulation der Helligkeit des Laserlichts kann auf zwei Arten erfolgen:

Akustisch-Optisch mit Hilfe hochfrequenter Schallwellen, welche die Dichte von Piezokristallen beeinflussen, durch die das Laserlicht geleitet wird.

Elektro-Optisch: Ein elektrisches Feld ändert die Polarisation von Kristallen, die dann mehr oder weniger Licht passieren lassen.

Aufgrund einiger Nachteile wird die Laserprojektion derzeit aber noch eher selten eingesetzt: Es sind große Geräte mit aufwändiger Kühlung, und sie benötigen eine Stromversorgung bis zu 100 kW. Insgesamt ist die Technik sehr teuer. In Zukunft könnten aber kostengünstige Laser-LED-Beamer eine gewisse Rolle spielen, doch diese sind im Moment aufgrund der geringen Bildhelligkeit der Projektion noch nicht praxistauglich (Stand: 2011).

Objektive für Videoprojektoren

Bei Videoprojektoren kommen ähnliche Objektive zum Einsatz wie bei Diaprojektoren (s. Kap. 12.1), also Weitwinkel-, Standard- und Tele-Objektive. Zusätzlich aber auch Zoom-Objektive.

- Weitwinkel-Objektive: unter ca. 90 mm Brennweite.
- Standard-Objektive: ca. 90 mm Brennweite.
- Tele-Objektive: über ca. 90 mm Brennweite.
- Zoom-Objektive (Standard / Weitwinkel / Tele): Mit einem Zoom-Objektiv lässt sich das projizierte Bild variabel an die Leinwandgröße anpassen. Ohne Zoom-Objektiv muss der Abstand des Projektors zur Leinwand geändert werden, um die Bildgröße einzustellen. Je weiter entfernt das Gerät steht, desto größer ist das Bild.

Brennweite bei Videoprojektor-Objektiven

Die Brennweite gibt Auskunft über den Öffnungswinkel des Projektionslichtstrahls. So muss beispielsweise bei Projektionsoptiken mit „Normal-Brennweite" im Vergleich zu einem Weitwinkelobjektiv zur scharfen Bildwiedergabe ein größerer Abstand zur Projektionsfläche eingehalten werden. Hier kann bei einem geringeren Abstand zur Leinwand eine große Fläche ausgeleuchtet werden. Die Brennweite von Videoprojektoren lässt sich folgendermaßen berechnen:

$$f = \frac{b}{1 + (B/G)} \qquad \text{(Formel 12.2)}$$

f: Brennweite
b : Abstand Projektor – Leinwand
B : Bilddiagonale der Projektion
G : Diagonale des Bildwandler-Chips

Die Diagonale der vorher aufgeführten Chips (DLP, LCD und LCoS) beträgt zum Beispiel 1,3 Zoll oder 1,8 Zoll, je nach Hersteller. Aufgrund unterschiedlicher Konstruktionen der Projektoren liefert die Formel zur Berechnung der Brennweite oft nur eine Annährung an den wirklichen Wert. In der Regel geben die Hersteller daher die Brennweiten als Verhältnis von der Projektionsentfernung zur Bildbreite an. Zum Beispiel bedeutet die Angabe „3 : 1", dass bei einer Entfernung von 3 m zur Projektionsfläche die Bildbreite 1 m beträgt. Demnach wird bei 24 m Entfernung das projizierte Bild 8 m breit.

Autofokus-Einstellung

Manche Projektoren ermöglichen ein automatisches Einstellen der Schärfe, nachdem bei festgelegtem Projektionsabstand eine Grundeinstellung für die Bildschärfe manuell vorgenommen wurde.

Lichtdurchlässigkeit

Die Lichtdurchlässigkeit wird mit Hilfe der Blendenzahl (F) beschrieben. Je kleiner die Blendenzahl ist, desto lichtstärker ist das Objektiv. Der Lichtverlust kommt durch Absorption in den Gläsern und durch Reflexionen an den Oberflächen zustande und ist abhängig von der Wellenlänge des eintretenden Lichts. Eine gute Lichtdurchlässigkeit über das ganze sichtbare Spektrum haben nur optische Gläser mit einer hochwertigen Vergütung (Entspiegelung) der Oberflächen.

ANSI-Lumen

Ein wichtiger Parameter zur Beurteilung von Projektoren ist das ANSI-Lumen, welches ein Messverfahren beschreibt, mit dem die Bildhelligkeit der Projektion ermittelt wird. Bei der Messung wird die Leinwand in neun gleiche Rechtecke unterteilt und jeweils im Zentrum jedes Rechteckes die Beleuchtungsstärke in Lux (lx) ermittelt. Der Mittelwert der neun Messwerte, multipliziert mit der Fläche des Projektionsbildes, ergibt dann das ANSI-Lumen (Abb. 12.20):

$$\text{ANSI-Lumen} = \frac{E_1 + E_2 + E_3 + E_4 + E_5 + E_6 + E_7 + E_8 + E_9}{9} \cdot A \qquad \text{(Formel 12.3)}$$

$E_{1 \text{ bis } 9}$: Messwerte in lx
A : Gesamtfläche der Leinwand in m^2

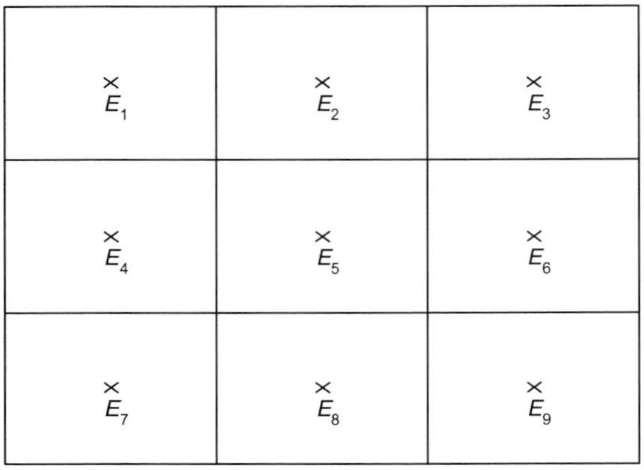

Abb. 12.20: Einteilung der Leinwand bei der ANSI-Messung.

Projektoren der gehobenen Preisklasse haben Werte bis 7000 ANSI-Lumen, preisgünstigere Modelle meist nur Werte unter 1000 ANSI-Lumen. Hochleistungsprojektoren erreichen inzwischen sogar Werte bis ca. 24 000 ANSI-Lumen.

Der Umstand, dass bei der Projektion in der Bildmitte (Messwert E_5) ein hellerer Bereich (Hotspot) entsteht, wird mit dem Zahlenverhältnis „Edge to Center Ratio" angegeben:

$$\text{Edge to Center Ratio} = \frac{E_1}{E_5} \qquad \text{(Formel 12.4)}$$

Bei qualitativ hochwertigen Projektoren liegt dieses Verhältnis zwischen 0,7 und 1, damit ist der Hotspot kaum noch sichtbar. Erreicht wird dies durch eine zusätzliche Integrationslinse im Strahlengang, die das Licht vor dem Bildwandlerchip gleichmäßig verteilt.

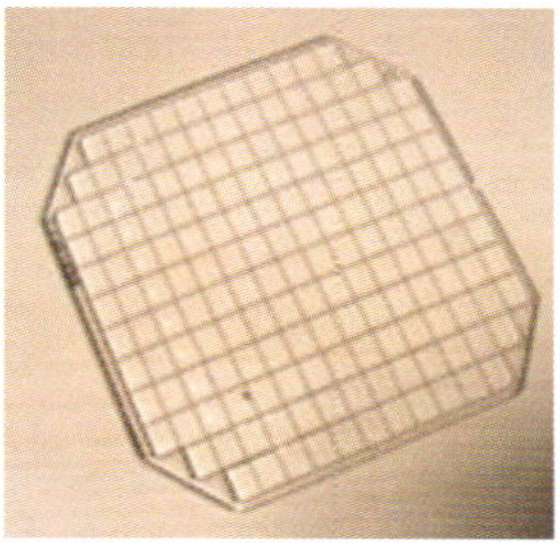

Abb. 12.21: Integrationslinse.

Kontrastverhältnis

Ebenso wichtig wie die erreichbare Helligkeit ist das Kontrastverhältnis, also der Bereich zwischen dem hellsten und dem dunkelsten Punkt, in dem Graustufen darstellbar sind. Die maximale Helligkeit entspricht Weiß, die minimale Helligkeit Schwarz. Bei einem geringen Kontrastverhältnis wird zum Beispiel Schwarz nicht richtig dargestellt, und es ist ein Grauschleier im Bild zu sehen. Gute professionelle Projektoren erreichen ein Kontrastverhältnis bis zu 3000 : 1, preisgünstige Modelle liefern ein Kontrastverhältnis von nur ca. 500 : 1. Diese Werte beziehen sich auf eine vollkommen dunkle Umgebung. Um auch in einem nicht ganz abgedunkelten Raum ein kontrastreiches Bild zu erhalten, sollte der Projektor daher ein etwa fünfmal so helles Bild liefern wie die vorhandenen Lichtquellen im Raum.

Auflösung

Die Auflösung gibt die Breite und Höhe des Bildes in Pixel (Bildpunkten) an. Moderne Videoprojektoren sollten der XGA-Norm entsprechen und können somit 1024 x 786 Pixel darstellen (Tab. 12.2).

Tab. 12.2: Bildschirm- bzw. Projektions-Auflösungen.

Bezeichnung	Auflösung
VGA	640 x 480
SVGA	800 x 600
XGA	1024 x 768
SXGA	1280 x 800
WSXGA	1440 x 900
VideoHD	1920 x 1080
WUXGA	1920 x 1200
WQXGA	2560 x 1600

Native und maximale Auflösung

Mit nativer Auflösung ist bei einem Videoprojektor die tatsächliche Anzahl der Bildpunkte des Wandlerchips gemeint. Einige Hersteller geben allerdings auch eine maximale Auflösung an, die der Projektor von einer Quelle empfangen kann. Wie kann das sein? Ganz einfach – das Bild wird mit sichtbaren Qualitätsverlusten auf die native Auflösung komprimiert bzw. umgerechnet. Ein wirklich gutes Bild liefert ein Projektor also nur in seiner nativen Auflösung oder darunter.

(Die Wiedergabe mit geringerer Auflösung ist eher unproblematisch, da die Skalierungsverluste hier oft kaum sichtbar sind.) Soll also ein Computerbild mit XGA-Auflösung projiziert werden, dann sollte auch ein Projektor mit nativer XGA-Auflösung gewählt werden.

Bildseitenverhältnis

4 : 3-Projektor mit 4 : 3-Quelle

Das Bildseitenverhältnis von 4 : 3 entspricht dem des Standardfernsehens und auch einiger Computerdisplays. Für die Wiedergabe herkömmlicher Videos bzw. Fernsehbilder reicht also ein 4 : 3-Projektor völlig aus.

16 : 9-Projektor mit 16 : 9-Quelle

16 : 9 ist das Bildseitenverhältnis des High-Definition TV (HDTV). Zur Wiedergabe von HD-Videos auf Blu-ray Discs oder eben von HDTV sollte demnach ein 16 : 9-Projektor verwendet werden, da nur hier das Bild ohne Verzerrungen dargestellt werden kann.

16 : 9-Projektor mit 4 : 3-Quelle

Hier kann zum einen das Bild skaliert wiedergegeben werden, wenn Verzerrungen tolerierbar sind. Zum anderen besteht aber auch die Möglichkeit, das Bild unverzerrt in 4 : 3 zu projizieren. Allerdings bleibt dann links und rechts ein ungenutzter, schwarzer Rand (dieser fällt bei der Projektion aber nicht auf).

Lens Shift und Pixel Shift

Projektionsgeräte können bei Veranstaltungen in den seltensten Fällen am optimalen Standort aufgestellt werden, also genau auf der verlängerten Linie senkrecht zum Leinwandmittelpunkt. Wenn der Projektor allerdings abseits der Mitte ein Bild auf die Leinwand wirft, wird die Darstellung geometrisch verzerrt. Lens Shift und Pixel Shift sind Technologien, die diese Bildverzerrung ausgleichen (Abb. 12.22 bis 12.24).

Lens Shift ist die mechanische, parallele Verschiebung des optischen Systems. Dadurch erfolgt eine Verschiebung des Bildes vertikal und horizontal auf der Projektionsfläche ohne Verzerrungen.

Pixel Shift wird auch Keystone-Korrektur genannt. Bei nicht senkrechten Projektionsflächen bzw. geneigtem Projektor wird das Bild als Trapez dargestellt. Durch eine elektronische Korrektur wird die Geometrie des Bildes angepasst. Allerdings bleibt dabei ein Teil der Pixel am Bildrand dunkel.

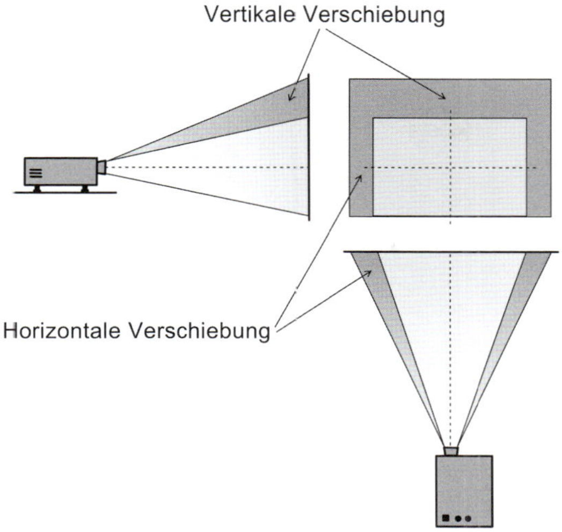

Abb. 12.22: Lens Shift.

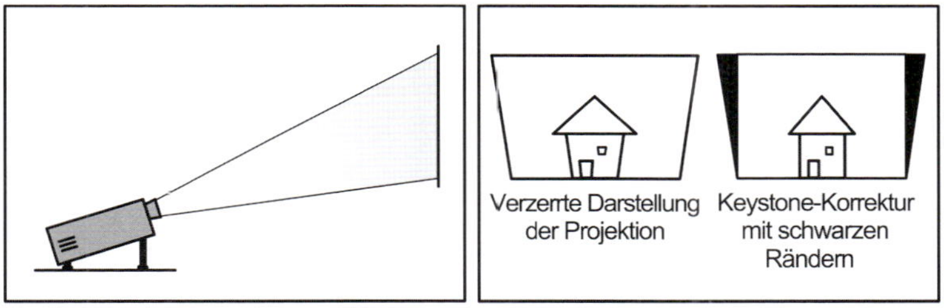

Abb. 12.23: Vertikales Pixel Shift.

Abb. 12.24: Einrichten der Projektion bei „3 Musketiere“ (Apollo Theater Stuttgart 2006).

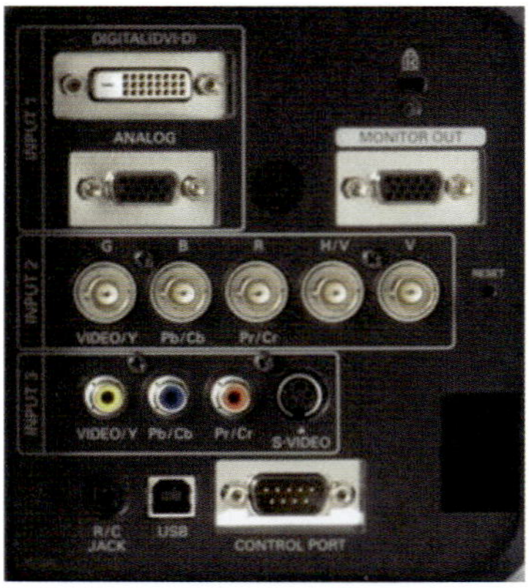

Abb. 12.25: Anschlüsse eines Videoprojektors (Sanyo PLC-XP200L).

Anschlüsse

Videoprojektoren verfügen meist über eine Reihe verschiedener Anschlussbuchsen (Abb. 12.25). Komponenteneingänge über Cinch-Buchsen (RCA) und ein S-Videoeingang gehören zum Standard. Oft ist zusätzlich aber auch noch ein weiterer Komponenteneingang in Form einer Scart-Buchse vorhanden. Die meisten Projektoren weisen auch VGA- oder DVI-Anschlüsse für die Anbindung eines Computers auf. Professionelle Projektoren haben zudem noch RGB- und SDI-Videoanschlüsse.

Autoscan- bzw. Multisync-Betrieb

Hier erfolgt eine automatische Einstellung auf die verschiedenen Zeilenfrequenzen von Videosignalen oder auf den Bildschirm-Modus des angeschlossenen Computers. Es wird dabei das Tracking (Bildbreite) und die H-Phase (Feinjustage bei optimaler Bildbreite) korrigiert.

3D-Projektion

Wie in Kap. 8.3 dargestellt, wird das räumliche Sehen durch unsere parallel liegenden Augen mit überlappenden Gesichtsfeldern ermöglicht. Möchte man 3D-Filme drehen, so muss der stereoskopische Effekt mit zwei Objektiven (und in der Regel zwei Kameras) simuliert werden. Bei der Wiedergabe wird dann dem einzelnen Auge das jeweils richtige Bild zugeführt und es entsteht somit ein räumlicher Seheindruck.

Mit allen drei der vorgestellten Bildwandlerchips – DLP, LCD und LCoS – lassen sich Videoprojektoren für die dreidimensionale Bilddarstellung konstruieren. Den Anfang machte Texas Instruments Anfang 2010 mit einem ersten 3D-DLP-Projektor, wenn auch nur mit einer bescheidenen horizontalen Auflösung von 720 Pixeln, schnell zogen andere Anbieter mit 3D-LCD- und 3D-LCoS-Projektoren nach, hier dann schon mit der vollen HD-Auflösung (1920 x 1080).

Doch nicht alle drei Techniken sind gleich gut geeignet, vor allem was die Wiedergabe mit Shutterbrillen anbelangt. Der Bildwechsel vom Bild für das linke Auge auf das Bild für das rechte Auge sollte hier ohne Nachzieheffekte und Verzögerung vonstatten gehen, ansonsten kommt es zu störenden Geisterbildern.

Bei 3D-DLP-Projektoren mit Chips von Texas Instruments funktioniert das recht gut, denn die Spiegel-Panels schalten so schnell, dass sie die notwendigen 120 Bildwechsel in der Sekunde problemlos bewältigen. 3D-LCoS-Projektoren von JVC und Sony neigen dagegen eher zu Geisterbildern, gleiches gilt für die LCD-Varianten von Epson und Panasonic. Diese schaffen zwar theoretisch eine Bildwechselfrequenz von 480 Hz, was aber nur durch eine Projektion in vier Halbbildern erreicht wird – in Bild 1 und 3 sind die geraden Zeilen sichtbar, in Bild 2 und 4 die geraden.

Bei 3D-Projektion mit Polarisationsbrillen (Interferenzfiltertechnik) kommen zwei Projektoren zum Einsatz, einer für das linke Teilbild, einer für das rechte Teilbild, jeweils mit vorgesetzten, um 90° versetzt orientierten Polarisationsfiltern. Beide Teilbilder werden exakt übereinander projiziert, durch die Polarisationsbrille sieht das linke Auge nur das linke Bild, das rechte Auge das rechte Bild. Die Projektionsfläche muss hierbei aus feinen metallischen Partikeln bestehen, die kleiner sind als die Wellenlänge des Lichts (zum Beispiel Einsatz einer Silberleinwand ohne Kunststoffbeschichtung), da nur dann die Polarisation des Lichts erhalten bleibt. Normale Leinwände reflektieren das Licht diffus, also nicht polarisiert.

12.4 Projektionsleinwände

Projektionstechniken können in Auf- und Rückprojektion unterschieden werden. Bei der *Aufprojektion* befinden sich die Zuschauer und der Projektor vor der Leinwand. Die Leinwand muss einen hohen Reflexionsgrad aufweisen. Aufgrund der Richtcharakteristik der Leinwand ist der beste Bildeindruck in der Mittelachse der Projektion. Bei der *Rückprojektion* sitzen die Zuschauer vor der Leinwand, der Projektor steht dahinter. Die Leinwand hat einen hohen Transmissionsgrad. Aufgrund der spiegelverkehrten Abbildung ist ein Projektor oder eine Signalquelle erforderlich, welche das Bild spiegeln können. Bei der Rückprojektion ergibt sich im Vergleich zur Aufprojektion eine geringere Lichtausbeute.

Aufprojektion

Die einfachste Projektionsfläche bei der Aufprojektion ist eine weiße Wand. Durch bestimmte Maßnahmen kann die Remission – die diffuse Reflexion in alle Richtungen – der weißen Fläche entscheidend verbessert werden, so zum Beispiel durch das Einbringen reflektierender Materialen wie Glitter. Die ideale Remission, also eine gleiche Verteilung in alle Raumwinkel, wird aber meist nie erreicht. Die reale Remission hängt von der Oberflächenbeschaffenheit der Leinwand ab. Ein Sonderfall ist die polarisierte Remission, die durch kleine Glasperlen erreicht wird, welche das Licht polarisieren (3D-IMAX-Leinwand).

Komplett spiegelnde Flächen sind für die Projektion übrigens ungeeignet, da hier die Lichtquelle des Projektors für den Zuschauer sichtbar wird.

Rückprojektion

Bei der Rückprojektion spielen der Transmissionsgrad der Leinwand und daneben auch das Umgebungs- oder Streulicht eine größere Rolle. Je näher sich der Projektor an der Projektionsleinwand befindet, desto deutlicher ist hier der Hotspot ausgeprägt. Deswegen kann es speziell bei Rückprojektionen bereits bei geringen Abweichungen von der optimalen Zuschauerposition passieren, dass man nur noch eine dunkle Fläche sieht, aber kein projiziertes Bild mehr.

Hotspot

Der Hotspot wurde weiter oben bereits kurz im Zusammenhang mit dem ANSI-Lumen und dem Edge to Center Ratio erwähnt – die Leinwandfläche wird durch den Projektor nicht komplett gleichmäßig ausgeleuchtet, sondern in der Mitte ist es deutlich heller als in den Randbereichen (Abb. 12.26). Allerdings hat nicht nur der Projektor Einfluss auf den Hotspot, sondern auch die Beschaffenheit der Leinwand. Je nach Position des Zuschauers, d. h. abhängig vom Betrachtungswinkel, befindet sich der hellste Bereich der Projektion an einer anderen Stelle.

Abb. 12.26: Hotspot bei einer Aufprojektion.

Leuchtdichtefaktor β (Gain-Faktor)

Der Leuchtdichtefaktor bezieht sich auf eine Referenzfläche laut DIN 19 045. Demnach streut eine mattweiße Leinwand mit $\beta = 1{,}0$ das Licht bei der Auf- oder Rückprojektion gleichmäßig in alle Richtungen (Abb. 12.27). Der Leuchtdichtefaktor beschreibt also den „Wirkungsgrad" einer Leinwand in einer bestimmten Richtung.

Bei realen Leinwänden ist β am höchsten, wenn das projizierte Bild senkrecht auf die Leinwand fällt und der Betrachter in der gleichen Achse auf die Projektionsfläche sieht. Je weiter sich der Betrachter außerhalb der Projektionsachse befindet, desto kleiner wird in der Regel die Leuchtdichte.

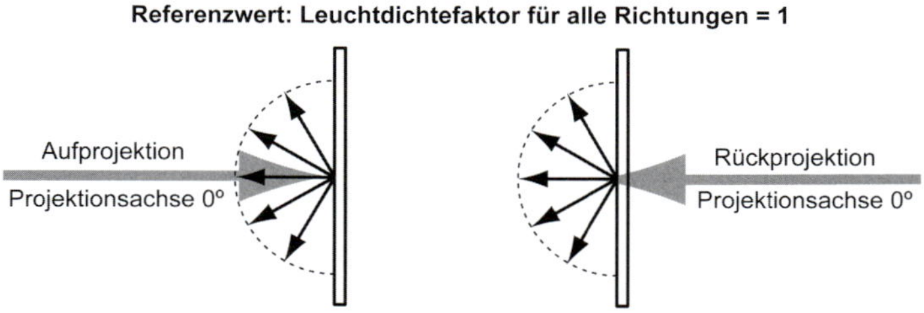

Abb. 12.27: Leuchtdichtefaktor.

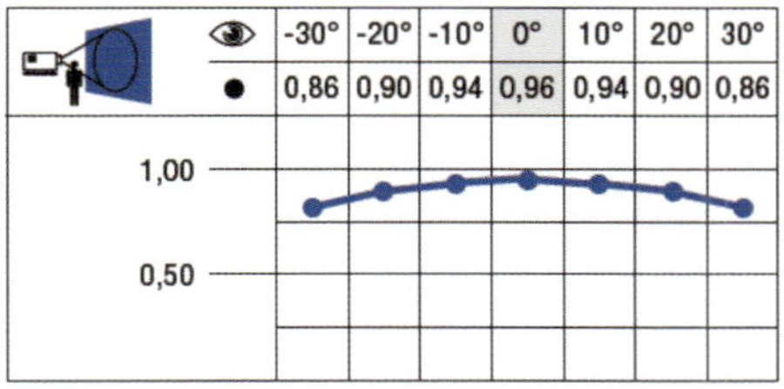

Abb. 12.28: Leuchtdichtefaktor und Betrachtungswinkel (Gerriets Aufprojektionsfolie SCENE).

Wird für eine Leinwand lediglich ein Leuchtdichtefaktor ohne weitere Informationen zum Betrachtungswinkel angeben, so ist davon auszugehen, dass der Wert für die Projektionsachse (0°) gemeint ist. Je höher der Leuchtdichtefaktor, desto stärker ist ein hellerer Bereich auf der Leinwand ausgeprägt und desto kleiner wird der mögliche Betrachtungswinkel. Leinwände mit einem Wert über 1,0 bündeln das Licht wie eine Art Parabolspiegel im Zentrum des möglichen Betrachtungswinkels.

Betrachtungswinkel

Sowohl bei der Aufprojektion als auch bei der Rückprojektion wird durch den Betrachtungswinkel angegeben, in welchem Abstand zur Projektionsachse das Bild noch gut und ohne Einschränkungen sichtbar ist. In der Regel ist der horizontale Betrachtungswinkel gemeint, genauso wichtig ist aber auch der vertikale Betrachtungswinkel. Die Hersteller von Leinwänden geben in ihren Datenblättern oft ein horizontalen Winkel von nur ±30° an (Abb. 12.28). Zumeist ergibt sich aber erst ein guter Bildeindruck bei einem horizontalen Betrachtungswinkel zwischen etwa 55° bis 65° jeweils links und rechts von der Projektionsachse.

Leinwandmaterialien

Im Zusammenhang mit Leinwänden wird meistens von Leinwandtuch gesprochen, allerdings wird Leinen als Material eher selten verwendet. Stattdessen werden Leinwände heute fast ausschließlich aus verschiedenen Kunststoffen und Glasfasergeweben gefertigt. Das bringt einige Vorteile, denn moderne Projektionsflächen werden dadurch abwaschbar, schwer entflammbar oder gar selbst verlöschend und sind alterungsbeständig.

Tuchleinwände

Das normale weiße Tuch ist universell einsetzbar und gut für Video- und Filmprojektion geeignet. Wenn sich das Umgebungslicht einwandfrei beherrschen lässt, ist es aufgrund seiner Farbneutralität eine gute Wahl. Es ermöglicht eine Projektion mit großem Betrachtungswinkel und garantiert helle, natürliche Farben ohne Verlust der Farbintensität.

PVC-Leinwände

PVC-Leinwände sind insgesamt sehr wartungsfreundlich. Gute Leinwände müssen glatt hängen und schlagen dann auch keine Falten; selbst nach häufigem Ein- und Ausrollen muss die Beschichtung erhalten bleiben. Bei PVC-Leinwänden ist dies meistens der Fall, ganz im Gegensatz zu Tuchleinwänden.

Einteilung der Leinwände nach DIN 19405

- Typ D – Diffuse Leinwand: Gewöhnliche, weiße und glatte Leinwand. Je glatter die Oberfläche, desto besser der Bildeindruck.
- Typ S – Speculum: Metallische Oberfläche, Reflexion ähnlich wie bei einem Spiegel.
- Typ B – Beaded: Glasperl-Leinwand. Geringer Betrachtungswinkel und daher nur für spezielle Einsatzgebiete geeignet. Extrem berührungsempfindlich.

Leinwände im Kino

Da sich die Lautsprecher im Kino hinter der Leinwand befinden, sind akustisch-transparente Tücher notwendig. Diese sind allerdings aufgrund der Perforierung nur für große Betrachtungsabstände geeignet. Die Pixelstruktur eines Videoprojektors kann sich unter Umständen unvorteilhaft mit der Lochstruktur der perforierten Leinwand überlagern, was zu unschönen Moiré-Mustern führt. Es werden daher auch speziell gewobene, moiréfreie Leinwände angeboten (z. B. von Screen Research).

12.5 Projektion als szenisches Mittel

Projektion von Standbildern

Als Rückprojektion können stehende Bilder die Szene vor einen realistischen oder symbolischen Hintergrund stellen, also ein gemaltes Bühnenbild ersetzen (Abb. 12.29). Natürlich erzeugt die Projektion stehender Bilder nicht die gleiche Illusion wie bewegte Bilder. Vielmehr vermitteln sie den Eindruck einer detailgetreuen Wiedergabe von Realität, sind aber außerhalb der Zeit der Handlung oder lassen diese stillstehen. Stehende Bilder können Personen abbilden, die auf der Bühne agieren, und dabei parallel zum Erscheinungsbild vorgehen, aber dieses auch konterkarieren, beispielsweise indem sich die Bilder am Subtext orientieren. Bildprojektionen mit Textelementen haben einen erzählerischen, epischen Charakter und bauen daher eine größere Distanz zur Bühnenhandlung auf. Im Zusammenspiel mit den Künstlern auf der Bühne können sich reizvolle Effekte ergeben – Schrift, die auf die Akteure projiziert wird oder Schattenspiele hinter der Leinwand bei einer Rückprojektion.

Einblendung filmischer Aufnahmen

Mit filmischen Aufnahmen kann die besondere Realität von Orten, Räumen und Situationen einbezogen werden. Eine besondere Form sind sicher mediale Zitate zum Beispiel aus Film, Nachrichten und Werbung etc. Diese können das szenische Handeln kommentieren, konterkarieren, hinterfragen und illustrieren.

Filmische Aufnahmen können zudem auch Rückblenden bieten. Bewegte, projizierte Computeranimationen kommen inzwischen auch oft als „Showelement" in Museen und Ausstellungen zum Einsatz (Abb. 12.30).

Projektion einer Live-Videokamera

Die besondere Perspektive einer Kamera lenkt die Wahrnehmung auf das unmittelbare Live-Geschehen und steht neben der Wahrnehmung der Bühnentotale (Abb. 12.31). Die Kamera kann Details erfassen, die sonst auf der Bühne untergehen würden, oder auf die ein besonderes

Augenmerk gerichtet werden soll. Kamerabilder aus dem Off, also von Orten, die sich normalerweise dem Blick der Zuschauer entziehen, stellen eine Erweiterung des Bühnenraums dar. Mit einem Bildmischer lassen sich mehrere Kameras auf der Bühne einsetzen, natürlich auch in Kombination mit Video-Einspielungen.

Abb. 12.29: Projiziertes Standbild als Hintergrund („3 Musketiere“, Apollo Theater Stuttgart 2006).

Abb. 12.30: Projektion einer bewegten Computeranimation auf eine halbkugelförmige Projektionsfläche (Sonderausstellung „Der Fluss des Lebens“ im Museum Schloss Rosenstein, Stuttgart 2009).

Abb. 12.31: Projektion eines Live-Kamerabildes (Festveranstaltung 100 Jahre ADAC, 1998).

Moving Projector

Ein Moving Projector ist eine Kombination aus einem Moving Light und einem Videoprojektor. Diese Technik ist relativ neu, und es ist abzusehen, dass diese Geräte den kreativen Einsatz von Projektionen erheblich fördern werden. Als Beispiel sei hier das Digital Moving Luminaire DML-1200 von Barco genannt, ein Hochleistungsprojektor mit 10 000 ANSI-Lumen, der über zwei Achsen (Pan und Tilt) um bis zu 270° bewegt werden kann. Das Besondere ist, dass dieses Gerät in Sekundenbruchteilen vom Licht- in den Videomodus umschaltbar ist, also sowohl als Moving Light, wie auch als Projektor genutzt werden kann. Es verfügt über ein CMY-Farbmischsystem und ein Zoomobjektiv mit eingebauter Irisblende für einen hundertprozentigen Black-Out (auch im Video-Modus). Neben Videos lassen sich natürlich auch Standbilder projizieren, und somit gehören Gobos der Vergangenheit an (Abb. 12.32).

Abb. 12.32: Moving Projector (Barco DML-1200).

Mediaserver („Digital Lighting")

Im Prinzip ist ein Mediaserver ein handelsüblicher Desktop-PC. In Echtzeit können von diesem vorgefertigte Bildsequenzen abgespielt und mit eventuellen Modifikationen beispielsweise über Videoprojektoren oder LED-Paneele wiedergegeben werden. Die Bilder oder Filme (also der *Content*) können in jeder erdenklichen Weise verändert werden: Drehen, spiegeln, verzerren, mit Farben überlagern, Gobos anwenden usw. Falls man schon einmal mit Photoshop gearbeitet hat, kann man sich in etwa vorstellen, wie der Content durch Layer und Masken manipuliert werden kann. Auf einem ansonsten statischen Landschaftsbild lassen sich so zum Beispiel die Blätter an den Bäumen in Bewegung versetzen, so als ob sie im Wind wiegen. Zusätzlich zum Bildmaterial können auch Audiosignale ausgegeben werden. Allerdings ist ein leistungsstarker Rechner notwendig, damit auch bei hohen Auflösungen aufwendige Bildsequenzen nicht ruckeln bzw. das Audiosignal nicht aussetzt.

Bei der Codierung der Video- und Audiosignale kommen verschiedene Kompressionsverfahren zum Einsatz (meist MPEG, s. Kap. 21 und 22 im Band „Tontechnik für Veranstaltungstechniker", ebenfalls erschienen im S. Hirzel Verlag).

Videoschnittstellen eines Mediaservers: Beispielsweise VGA, Component-Video oder Composite-Video.

Audioschnittstellen eines Mediaservers: Beispielsweise AES/EBU, S/P-DIF oder analoge Audioeingänge und -ausgänge.

Mediaserver können über Lichtstellpulte ferngesteuert werden, dies geschieht per Ethernet oder direkt über DMX (s. Kap. 10).

An dieser Stelle sei auch das so genannte *Pixel Mapping* erwähnt: Ein Pixel Mapper ist eine Software, die für beliebige Wiedergabemedien – zum Beispiel die oben erwähnten LED-Paneele – die Farb- und Helligkeitsinformationen jedes Bildpunktes so berechnet, dass sich aus den einzelnen Pixeln über mehrere Paneele hinweg wieder ein Gesamtbild zusammensetzt.

12.6 Projektion als Präsentationsmittel

Aufstellung des Projektors

Es kommen zwei Varianten der Aufstellung bzw. Installation eines Projektors in einem Vortragsraum in Frage:

- Die Aufstellung auf einem (eventuell fahrbaren) Tisch
- Die feste Installation unter der Decke

Die Installation eines Projektors unter der Decke hat den Vorteil, dass das Gerät den freien Blick zur Projektionsfläche nicht stört. Der Projektor wird hierbei verkehrt herum montiert, so dass die Bedienknöpfe von unten her erreichbar bleiben (daneben verfügen aber auch fast alle Projektoren über Infrarotfernbedienungen). Das Bild muss vor der Projektion also elektronisch um 180° gedreht werden.

Standort im Raum

Bestimmende Faktoren für die Position des Projektors sind:

- Die räumlichen Voraussetzungen
- Die Technik des Projektors
- Die Positionierung zur Projektionsfläche
- Die Anzahl der Zuhörer bzw. Zuschauer

In einem Vortragsraum könnten Projektor und Leinwand zum Beispiel wie in Abb. 12.33 dargestellt positioniert werden. In kleineren Seminarräumen ist eventuell auch eine Projektion frontal vor den in Hufeisen-Form platzierten Zuhörern sinnvoll (Abb. 12.34).

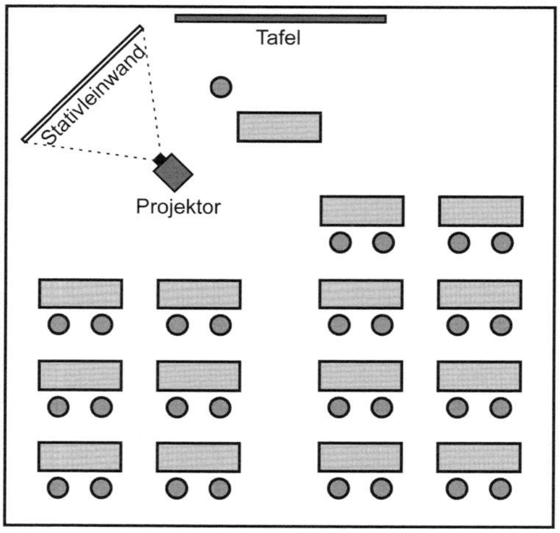

Abb. 12.33: Seitliche Positionierung der Leinwand.

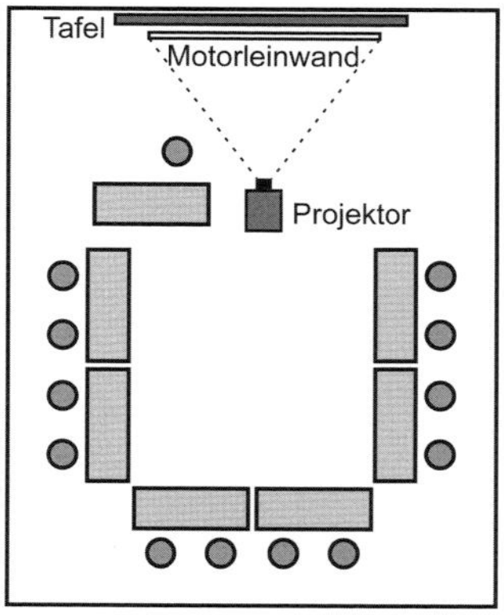

Abb. 12.34: Leinwandposition in der Mitte des Raumes.

Die Projektion kann vom seitlich einfallenden Licht der Fenster beeinträchtigt werden. Besonders bei schwierigen Lichtverhältnissen ist daher für eine Verdunkelung im Bereich des Lichtkegels der Projektion zu sorgen, zumindest sollte aber kein Fremdlicht auf die Projektionsfläche fallen.

Weiterhin ist zu beachten, dass das vom Projektor dargestellte Bildfenster nicht automatisch dem Bildausschnitt am Computermonitor entspricht. Die Auflösung von Computer und Projektor sollten vor der Präsentation überprüft und angepasst werden.

Projektionsfläche

Die Projektionsfläche sollte weiß, glatt und vor allem sauber sein. Im unmittelbaren Bereich sollten außerdem keine störenden und ablenkenden Gegenstände stehen, wie Stühle, Tische, Mülleimer etc., da eine freigestellte Projektionsfläche am besten wirkt.

Projektion auf eine Leinwand

Am gebräuchlichsten sind Stativleinwände (Abb. 12.35), obwohl diese einige Nachteile haben. Um die Standsicherheit nicht zu gefährden, können sie meist nicht besonders hoch ausgefahren werden. Eine größere Leinwand mit einem stabilen Gestell kann sich durchaus lohnen, zudem haben gute Stativleinwände einen ausfahrbaren Arm, um die Leinwand schräg stellen zu können. So lassen sich Verzerrungen der Bildgeometrie verringern oder vermeiden. Fest installierte Leinwände sind schon so ausgerichtet, dass keine Verzerrungen entstehen. Motorleinwände können automatisch nach oben gefahren werden, wenn im Raum keine Projektionsfläche mehr benötigt wird.

Projektion auf eine freie Wandfläche

Wenn keine Leinwand vorhanden ist, bleibt oft nichts anderes übrig, als auf eine freie Wandfläche zu projizieren. Natürlich spielt hier die Beschaffenheit der Wand eine Rolle. Ist diese weiß und sauber, können ganz gute Ergebnisse erzielt werden. Meistens lassen sich allerdings horizontale und vertikale Verzerrungen nicht vermeiden, da das Projektionsbild meist nie genau im rechten Winkel auf die Wand trifft. Ist die Wand farbig gestrichen oder ist der Putz stark aufgeraut, ist von einer Projektion eventuell abzuraten.

Abb. 12.35: Transportable Projektionsleinwände.

Präsentationsprogramme

Wie eine Diashow hat auch die Präsentation mit dem Computer eine zeitliche Dimension. Der Bildwechsel erfolgt in der Regel angepasst an den Sprechrhythmus des Vortragenden, kann aber auch sehr schnell geschehen und so einen filmischen Eindruck erzeugen. Das Layout der Präsentationsseiten kann mit zahlreichen Parametern definiert werden, und die Seiten können statische Bilder, Texte, Links auf externe Programme, Sounddateien und Videodateien enthalten. Das Präsentationsprogramm Powerpoint von Microsoft verfügt über ein umfangreiches Sortiment an Überblendeffekten, so dass Bildwechsel mit dynamischen Elementen gestaltet werden können. Programme anderer Hersteller verfügen über ähnliche Effekte, allerdings ist zu beachten, dass die Präsentationsdateien nicht miteinander kompatibel sind und selbst bei einer Konvertierung der Dateien spezielle Effekte oder auch sonstige Einstellungen verloren gehen können. Gute und durchdachte Präsentationen kommen aber ohnehin mit nur wenigen oder ganz ohne Effekte aus. Sehr viel wichtiger ist es, auf einen schlüssigen Gesamteindruck der Präsentation zu achten. Dazu gehört zum Beispiel:

- Ein einheitlicher Aufbau der Folien, d. h. es sollte ein Layout festlegt werden, in dem alle Folien einer Präsentation gestaltet sind.
- Sparsamer und gezielter Einsatz von Farbe bei Schriften und Hintergründen.
- Ein dunkler Hintergrund wirkt „exklusiv" und ähnlich wie ein Diavortrag. Ein heller Hintergrund wirkt „sachlicher", zudem lässt sich dunkle Schrift auf hellem Hintergrund besser lesen.
- Wenig Text in möglichst großer Schrift. Hervorhebungen im Text: **Fett**, *Kursiv* oder mit Farbe, aber nach Möglichkeit nur eine Variante nutzen. Blocksatz vermeiden, da Flattersatz bei der Projektion besser zu lesen ist.
- Maximal fünf bis sechs Aufzählungspunkte pro Seite und die Seiten nicht überladen (etwa 30 % der Folienfläche freilassen, Abb. 12.36).
- Wenn schon Effekte, dann sparsam einsetzen und bitte die gleichen Animationen für alle Folien verwenden.

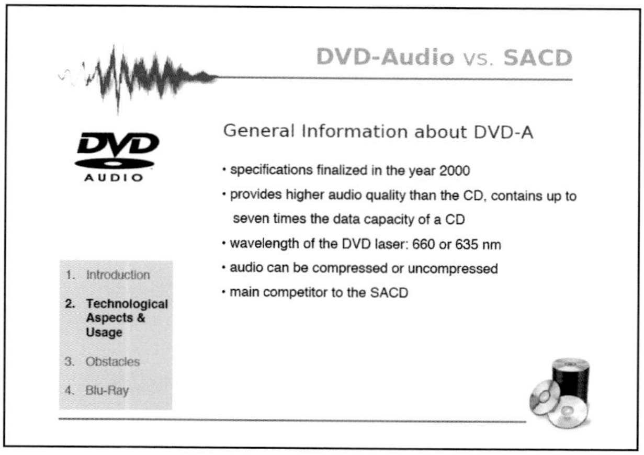

Abb. 12.36: Beispiel für eine Powerpoint-Präsentation.

Bei einer guten Präsentation liegt der Schwerpunkt übrigens eindeutig auf dem mündlichen Vortrag. Die projizierten Texte und Bilder dienen lediglich dazu, Inhalte anschaulich zu machen und dem Zuhörer das Erinnern zu erleichtern. Das bedeutet, dass man mit den Folien allein wenig anfangen kann, sie werden erst durch die mündliche Erklärung sinnvoll. Um das zu erreichen, sollte man folgende Tipps beherzigen:

- Eine umfangreiche Präsentation wird durch eine übersichtliche Gliederung unterstützt. Bei der Einleitung längerer Vorträge sollte den Zuhörern die Gliederung zu Beginn als kurze Übersicht gezeigt werden.
- Reduzierung auf das Wesentliche. Das heißt: Insgesamt möglichst wenige Folien zeigen, und auf jeder Folie nur die wichtigsten Punkte. Pro Folie ein bis drei Minuten Redezeit einplanen.
- Klare Darstellung der Inhalte: Die einzelnen Seiten der Präsentation gründlich durchdenken und dann so klar wie möglich darstellen. Starke Kernwörter verwenden und nicht alles detailliert aufzeigen. Das was zu sehen ist, wird im mündlichen Vortrag erläutert, und hier wird dann näher auf die einzelnen Punkte eingegangen.
- Passende Bilder als Symbole für den Inhalt verwenden. Bitte aber keine ClipArts verwenden (langweilig!). Bei kopierten Fotos aus dem Internet ist eventuell das Urheberrecht zu beachten – auf jeden Fall sollte immer die Bildquelle angegeben werden.
- Spannung erzeugen: Die Inhalte der Präsentation in ungewöhnlicher Weise zusammenstellen oder einander gegenüber stellen.

12.7 Übungsaufgaben

Aufgabe 1

Warum wird in einem Projektor eine Kondensoroptik benötigt?

Aufgabe 2

Mit Hilfe eines Pani-Projektors vom Typ AP 2 soll von einem 17 cm-Glasdia ein 9 x 9 m großes Bild bei einem Projektionsabstand von 35 m erzeugt werden. Welche Brennweite muss das Objektiv haben?

Aufgabe 3

Wie hoch ist die Bildwechselrate bei der Filmwiedergabe?

Aufgabe 4

Welche Leuchtmittel können in Videoprojektoren zum Einsatz kommen?

Aufgabe 5

Beschreibe kurz das Micromirror-Verfahren bei einem DLP-Projektor mit drei Bildwandlern. Was bestimmt die native Auflösung eines DLP-Projektors?

Aufgabe 6

Wodurch kommt der Fliegengittereffekt bei LCD-Projektoren zustande?

Aufgabe 7

Welchen Vorteil hat das LCoS-Verfahren gegenüber einem LCD-Projektor?

Aufgabe 8

Für einen Videoprojektor wird als Brennweite das Verhältnis 2,8 : 1 angegeben. Wie groß wird damit die Projektion eines Bildes im Standardformat (Bildseitenverhältnis 4 : 3) in 30 m Entfernung?

Aufgabe 9

Welche Auflösung steht hinter der Bezeichnung „XGA“?

Aufgabe 10

Was ist der Unterschied zwischen Lens Shift und Pixel Shift?

Literaturtipp

Schmidt U. Digitale Film- und Videotechnik.
Hanser Fachbuchverlag, Leipzig 2002

Anhang

Ausbildungsinhalte in den Bereichen Lichttechnik und Energieversorgung laut Rahmenlehrplan

1. Lehrjahr

Lernfeld:

Energieversorgung und Beleuchtungsanlagen planen und aufbauen.

Zeitrichtwert

100 Stunden.

Lernziele

Die Schülerinnen und Schüler können die Grundlagen der Elektrotechnik und Elektrosicherheit in Bezug auf die elektrische Energieversorgung anwenden. Sie bemessen Leitungen, führen Messungen durch und bestimmen Kenngrößen elektrischer Energie. Sie erkennen Fehler und leiten Maßnahmen zu deren Beseitigung ein. Sie planen einfache Lichtanlagen nach Vorgaben und gestalterischen Gesichtspunkten unter Beachtung der Sicherheitsbestimmungen und technischen Vorschriften.

Lerninhalte

- Stromkreise, Spannungsarten, Leistungsbetrachtung, digitale Signale (Kap. 1).
- Messen elektrischer Größen (Kap. 1 und 6).
- Leitungen (Kap. 3).
- Spannungsfall, Strombelastbarkeit und Abschaltbedingungen bei Leitungen (Kap. 3).
- Sicherheitsregeln beim Arbeiten in elektrischen Anlagen und Maßnahmen zur Hilfe bei Stromunfällen (Kap. 4).
- Fehlerstromkreis und Fehlerarten (Kap. 5).
- Wirkungen des elektrischen Stroms im Fehlerfall (Kap. 4 und 5).
- Mobile Unterverteilungen (Kap. 6).
- Lichttechnische Grundgrößen und Messen lichttechnischer Größen (Kap. 8).
- Grundlagen der Technischen Optik (Kap. 8).
- Farbenlehre und Farbpsychologie (Kap. 8 und 11).
- Leuchtmittel und Scheinwerfer (Kap. 9).
- Sicherheitsmaßnahmen beim Umgang mit Scheinwerfern und Leuchtmitteln (Kap. 9).

- Einsatz von Lichtstellpulten (Kap. 10).
- Licht als dramaturgisches Element (Kap. 11).
- Einfache Beleuchtungspläne erstellen (Kap. 11).

Praktische Fertigkeiten (Zeitumfang insgesamt 22 Wochen)

- Beschreibungen, Anleitungen, technische Zeichnungen und Schaltungsunterlagen, insbesondere Blockschaltbilder und Anschlusspläne, lesen und anwenden sowie Skizzen anfertigen. Werkzeuge und Hilfsmittel auswählen, bereitstellen, pflegen und auf Funktionsfähigkeit prüfen. Geräte und Verbrauchsmaterialien auswählen und termingerecht bereitstellen. Deutsch- und englischsprachige Software- und Gerätebeschreibungen auswerten.
- Wesentliche Bestimmungen und Sicherheitsregeln beim Arbeiten an elektrischen Betriebsmitteln und aus Unfallverhütungsvorschriften und den VDE-Bestimmungen beachten. Stromkreise festlegen, Leitungen und Verteilungseinrichtungen auswählen, verlegen und anschließen sowie Potentialausgleich durchführen. Geräte an das Stromversorgungsnetz unter Beachtung der elektromagnetischen Verträglichkeit anschließen. Schutz gegen direktes Berühren durch Sichtkontrolle beurteilen.
- Beleuchtungsplan anwenden. Scheinwerfer auswählen, aufstellen, montieren und demontieren. Lichttechnische Größen messen.

2. Lehrjahr

Lernfeld:

Energieversorgung für Veranstaltungen bereitstellen und prüfen.

Zeitrichtwert

80 Stunden.

Lernziele

Die Schülerinnen und Schüler beurteilen, organisieren und überwachen Energieversorgungsanlagen unter Berücksichtigung der Sicherheitsbestimmungen. Sie überprüfen elektrische Schutzmaßnahmen. Sie erkennen Fehler und leiten Maßnahmen zu deren Beseitigung ein.

Lerninhalte

- Transformator (Kap. 2).
- Netzsysteme: TN-, TT- und IT-System (Kap. 3 und 5).
- Schutzklassen und Schutzarten (Kap. 5).
- Überstrom- und Fehlerstrom-Schutzeinrichtung (Kap. 5).
- Erdungsanlagen und Potentialausgleich (Kap. 5).
- Schutzmaßnahmen (Kap. 4 und 5).
- Stromaggregate (Kap. 6).

- Geräte und Verfahren zum Messen und Prüfen von Energieversorgungsanlagen (Kap. 6).
- Normen und Vorschriften für Errichtung und Betrieb von Energieversorgungsanlagen (Kap. 7).
- Methoden und Verfahren der Fehlersuche in Energieversorgungsanlagen (Kap. 7).
- Leistungssteuerung: Dimmer (Kap. 1 und 10).

Praktische Fertigkeiten (Zeitumfang insgesamt 16 Wochen)

- Computer einrichten, insbesondere Software zusammenstellen, laden und konfigurieren sowie Bedienoberflächen einrichten. Geräte unter Beachtung der Schnittstellenbedingungen nach Schaltungsunterlagen verbinden. Gesamtfunktion prüfen, Signale durch Sicht- und Hörprüfung sowie mit Betriebsmesseinrichtungen prüfen, Störungen feststellen und Maßnahmen zur Störungsbeseitigung einleiten. Fehler in Geräten und Anlagenteilen eingrenzen und durch Austausch fehlerhafter Einheiten beheben.
- Wirksamkeit von Schutzmaßnahmen bei indirektem Berühren, insbesondere durch Abschaltung mit Überstromschutzorganen und Fehlerstromschutzeinrichtungen, prüfen. Geräte und Betriebsmittel unter Berücksichtigung der Umgebungsbedingungen und der Zusatzfestlegungen für Räume besonderer Art auswählen. Stromaggregate prüfen und in Betrieb nehmen.
- Beleuchtungsplan erstellen. Projektionsgeräte einrichten.

3. Lehrjahr

Lernfeld:

Komplexe Beleuchtungsanlagen einrichten und bedienen.

Zeitrichtwert

60 Stunden.

Lernziele

Die Schülerinnen und Schüler planen komplexe Lichtanlagen nach Vorgaben und gestalterischen Gesichtspunkten und wählen Lichtsteuerungen aus. Sie programmieren und bedienen Lichtstellpulte.

Lerninhalte Theorie

- Analoge Beleuchtungsprotokolle (Kap. 10).
- Lichtsteuerung über Datenprotokolle (Kap. 10).
- Programmierung und Einsatz verschiedener Lichtstellpulte (Kap. 10).
- Computergestützte Lichtsteuerung (Kap. 10).
- Fehler bei der Lichtsteuerung und Datenübertragung sowie deren Behebung (Kap. 10).
- Künstlerische und dramaturgische Elemente einer Produktion (Kap. 11).

- Stilkunde (Kap. 11).
- Scheinwerfer für Lichteffekte (Kap. 11).
- Komplexe Beleuchtungspläne erstellen und lesen (Kap. 11).
- Projektionsverfahren und Projektionsgeräte (Kap. 12).

Praktische Fertigkeiten (Zeitumfang insgesamt 8 Wochen)

- Lichtstellpulte konfigurieren und einrichten. Szenen ausleuchten. Projektionsgeräte auswählen. Projektionen als szenisches Mittel einsetzen. Projektionen als Präsentationsmittel einsetzen.

Quelle: Verordnung über die Berufsausbildung – Fachkraft für Veranstaltungstechnik, 2016.

Lösungen zu den Übungsaufgaben

Kapitel 1

Aufgabe 1

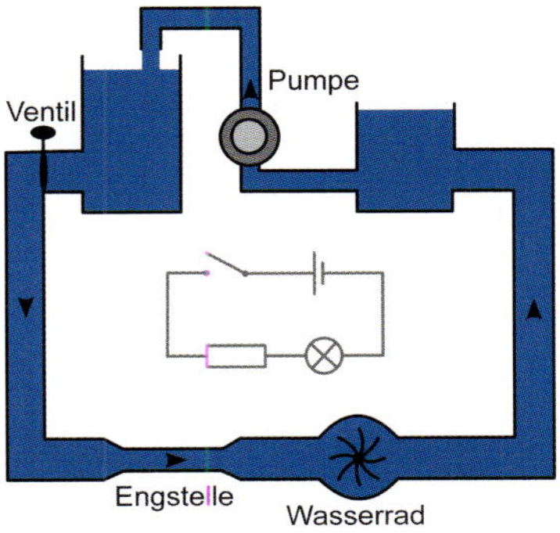

Wasser	Elektronik
Pumpe	Strom- / Spannungsquelle
Ventil	Schalter
Engstelle	Widerstand
Wasserrad	Verbraucher / Widerstand

Abb. A.1: Wasser-Strom-Analogie.

Strom: Volumen, das pro Zeiteinheit durch die Leitung fließt.

Spannung: Druckdifferenz der Wassersäule.

Widerstand: Rohrdurchmesser oder Wasserrad.

Ableitung des Ohmschen Gesetzes

Das Wasservolumen, das pro Zeiteinheit durch ein Rohr fließt, ist proportional zum Rohrdurchmesser und umgekehrt proportional zum Widerstand:

Großer Rohrdurchmesser = kleiner Widerstand = großes Wasservolumen.

Kleiner Rohrdurchmesser = großer Widerstand = kleines Wasservolumen.

$$I \sim \frac{1}{R}$$

Das Wasservolumen, das pro Zeiteinheit durch ein Rohr fließt, ist proportional zur Druckdifferenz der Wassersäule:

$$I \sim U$$

Aufgabe 2

Technische Stromrichtung in einem Gleichstromkreis: Von Plus zu Minus.

Aufgabe 3

Stromfluss

$$P = R \cdot I^2$$

umformen zu *I*:

$$I = \sqrt{\frac{P}{R}}$$

$$I = \sqrt{\frac{3750\ \text{W}}{150\ \Omega}} = 5\ \text{A}$$

Spannung

$$U = R \cdot I$$

$$U = 150\ \Omega \cdot 5\ \text{A} = 750\ \text{V}$$

Stromkosten

$$W = I \cdot U \cdot t$$

$$W = 230\ \text{V} \cdot 5\ \text{A} \cdot 8\ \text{h}$$

$$W = 9200\ \text{Wh} = 9{,}2\ \text{kWh}$$

$$\text{Stromkosten} = 0{,}25\ \text{Euro/kWh} \cdot 9{,}2\ \text{kWh} = 2{,}30\ \text{Euro}$$

Aufgabe 4

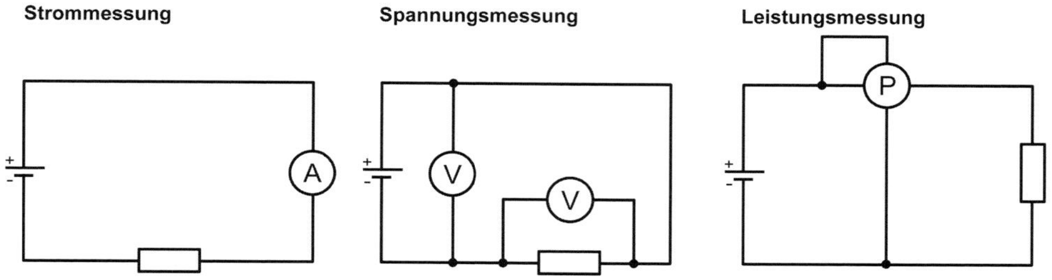

Abb. A.2: Schaltungen für Messungen im Stromkreis.

Aufgabe 5

Wirkleistung: Gibt die für einen elektrischen Verbraucher effektiv nutzbare Energie im Wechselstromkreis an. Ist dann am größten, wenn Strom und Spannung mit $\varphi = 0°$ in Phase sind.

Nutzleistung: Die elektrische Leistung, die ein Verbraucher im Normalbetrieb im Gleichstromkreis benötigt.

Aufgabe 6

Schaltung mit nur zwei parallelen Widerständen:

$$\frac{1}{R_{ges}} = \frac{1}{R_1} + \frac{1}{R_2}$$

Umformen zu R_{ges}:

$$1 = \frac{R_{ges}}{R_1} + \frac{R_{ges}}{R_2} = \frac{R_{ges} \cdot R_2}{R_1 \cdot R_2} + \frac{R_{ges} \cdot R_1}{R_2 \cdot R_1}$$

$$1 = \frac{R_{ges} \cdot R_1 + R_{ges} \cdot R_2}{R_1 \cdot R_2} = \frac{R_{ges}(R_1 + R_2)}{R_1 \cdot R_2}$$

$$R_{ges} = \frac{R_1 \cdot R_2}{R_1 + R_2}$$

Aufgabe 7

Reihenschaltung

$$I_{ges} = I_1 = I_2 = I_3 = \sqrt{\frac{P_{ges}}{R_{ges}}} = \sqrt{\frac{970\ \text{W}}{65\ \Omega}} = 3{,}863\ \text{A}$$

$$U_{ges} = R_{ges} \cdot I_{ges} = 65\ \Omega \cdot 3{,}863\ \text{A} = 251{,}095\ \text{V}$$

$$R_2 = \frac{P}{I_2^2} = \frac{595{,}984\ \text{W}}{(3{,}863\ \text{A})^2} = 39{,}938\ \Omega$$

$$R_3 = R_{ges} - (R_1 + R_2) = 65\ \Omega - (10\ \Omega + 39{,}938\ \Omega) = 15{,}062\ \Omega$$

$$U_1 = R_1 \cdot I_1 = 10\ \Omega \cdot 3{,}863\ \text{A} = 38{,}630\ \text{V}$$

$$U_2 = R_2 \cdot I_2 = 39{,}938\ \Omega \cdot 3{,}863\ \text{A} = 154{,}280\ \text{V}$$

$$U_3 = R_3 \cdot I_3 = 15{,}062\ \Omega \cdot 3{,}863\ \text{A} = 58{,}185\ \text{V}$$

Aufgabe 8

Parallelschaltung

$$\frac{1}{R_3} = \frac{1}{R_{ges}} - \frac{1}{R_1} - \frac{1}{R_2} = \frac{1}{50{,}602\ \Omega} - \frac{1}{120\ \Omega} - \frac{1}{150\ \Omega} \quad \rightarrow \quad \mathrm{R}_3 = 209{,}993\ \Omega$$

$$I_{ges} = \sqrt{\frac{P_{ges}}{R_{ges}}} = \sqrt{\frac{810\ \mathrm{W}}{50{,}602\ \Omega}} = 4\ \mathrm{A}$$

$$U_{ges} = U_1 = U_2 = U_3 = R_{ges} \cdot I_{ges} = 50{,}602\ \Omega \cdot 4\ \mathrm{A} = 202{,}408\ \mathrm{V}$$

$$I_1 = \frac{U_1}{R_1} = \frac{202{,}408\ \mathrm{V}}{120\ \Omega} = 1{,}687\ \mathrm{A}$$

$$I_2 = \frac{U_2}{R_2} = \frac{202{,}408\ \mathrm{V}}{150\ \Omega} = 1{,}349\ \mathrm{A}$$

$$I_3 = \frac{U_3}{R_3} = \frac{202{,}408\ \mathrm{V}}{209{,}993\ \Omega} = 0{,}964\ \mathrm{A}$$

Kapitel 2

Aufgabe 1

Zum Zeitpunkt $t = 1$ s beträgt der Momentanwert der Stromstärke 1/5 A = 0,2 A.

Berechnung der Ladungsmenge Q bei *konstanter* Stromstärke:

$$Q = I \cdot t = 0{,}2\ \mathrm{A} \cdot 1\mathrm{s} = 0{,}2\ \mathrm{C}$$

Da die Stromstärke laut Aufgabenstellung aber *linear ansteigt*, ist zum Zeitpunkt t nur die halbe Ladungsmenge durch den Leiter geflossen, also 0,1 C.

Anzahl der Ladungsträger n:

$$n = \frac{\text{Ladungsmenge } Q}{\text{Elementarladung } e} = \frac{0{,}1\ \mathrm{C}}{1{,}602 \cdot 10^{-19}\ \mathrm{C}} = 624\ 219\ 725 \cdot 10^{9}$$

Aufgabe 2

In einer Sekunde wird 1/10 der elektrischen Energie W umgesetzt:

$$W = \frac{1\ \text{Ws}}{10} = 0{,}1\ \text{Ws}$$

Da gilt:

$$W = P \cdot t$$

... beträgt somit die Leistung $P = 0{,}1$ W.

Berechnung der Stromstärke:

$$I = \sqrt{\frac{P}{R}} = \sqrt{\frac{0{,}1\ \text{W}}{10\ \Omega}} = 0{,}1\ \text{A}$$

Aufgabe 3

Die Induktionsspannung U_{L} hängt ab von der Induktivität L, der Stromänderung ΔI und der Zeitspanne der Stromänderung Δt:

$$U_{\text{L}} = \frac{L \cdot \Delta I}{\Delta t}$$

Aufgabe 4

Der Schalter wird bei Gleichstrom geschlossen: Lampe 2, also die Glühlampe in Reihe mit der Induktivität, leuchtet im Vergleich zu Lampe 1 später auf.

Betrieb der Schaltung an einer Wechselstromquelle: Lampe 2 wird aufgrund des induktiven Blindwiderstands im Vergleich zu Lampe 1 etwas schwächer leuchten.

Aufgabe 5

Die angelegte Spannung erhöhen, die Fläche der Platten vergrößern, den Abstand der Platten verkleinern, ein Dielektrikum mit höherer Dielektrizitätszahl zwischen die Platten bringen.

Aufgabe 6

Die Ladung auf den Kondensatorplatten verdoppelt sich.

Kapitel 3

Aufgabe 1

Erster Rechenschritt: Spezifischer Widerstand von Kupfer bei 60 °C.

$$\rho_{(60\ °\text{C})} = 0{,}0178\ \Omega \cdot \text{mm}^2/\text{m} \cdot (1 + 0{,}004\ \text{K}^{-1} \cdot (60\ °\text{C} - 20\ °\text{C}))$$

$$\rho_{(60\ °\text{C})} = 0{,}0206\ \Omega \cdot \text{mm}^2/\text{m}$$

Zweiter Rechenschritt: Spannungsfall über das Kabel.

$$\Delta U = \frac{0{,}0206\ \Omega \cdot \text{mm}^2/\text{m} \cdot 7\ \text{A} \cdot 2 \cdot 50\ \text{m}}{1{,}5\ \text{mm}^2}$$

$$\Delta U = 9{,}61\ \text{V}$$

Der Spannungsfall entspricht damit ca. 4,2 % gegenüber der Netzspannung von 230 V. Dieser Wert liegt über den 4 % gemäß DIN VDE 0100 und ist damit unzulässig.

Wird die Kabeltrommel dagegen abgewickelt und dadurch eine übermäßige Erwärmung vermieden, so berechnet sich folgender Spannungsfall ($T = 20$ °C):

$$\Delta U = \frac{0{,}0178\ \Omega \cdot \text{mm}^2/\text{m} \cdot 7\ \text{A} \cdot 2 \cdot 50\ \text{m}}{1{,}5\ \text{mm}^2}$$

$$\Delta U = 8{,}31\ \text{V}$$

Dieser Spannungsfall entspricht ca. 3,6 % der Netzspannung von 230 V und ist damit im zulässigen Bereich. Stromkabeltrommeln sind folglich stets abzuwickeln!

Aufgabe 2

Reihenfolge der praktischen Übung:

- Werkzeug und Material bereitlegen (Abb. A.3).
- Stecker und Kupplung zerlegen bzw. auseinanderschrauben.
- Abmanteln: Beim Entfernen des Kabelmantels die Aderisolierung nicht beschädigen und nicht zu viel entfernen (ca. 5 cm), damit die Zugentlastung noch greifen kann. Nach dem Abmanteln die Aderisolierungen auf Schnittspuren untersuchen.
- Ablängen der Adern: Die grün-gelbe Ader muss wegen der Zugentlastung doppelt so lang wie der blaue und der braune Draht sein (Abb. A4 Links).
- Kabel in Steckertülle einführen (Abb. A4 Rechts).
- Abisolieren der Adern, hierbei auf die Länge der Quetschung der Aderendhülsen achten.
- Adern verdrillen, Aderendhülsen mit passendem Durchmesser auf die abisolierten Drähte stecken und verpressen (Abb. A.5 Links).
- Verschrauben der Aderenden an den Kontakten (Abb. A.5 Rechts). Schrauben fest genug anziehen!
- Leitung an der Zugentlastung des Steckers bzw. der Kupplung befestigen. Beidseitig fest, aber bitte mit Gefühl anziehen. Anschließend testen, ob die Zugentlastung hält.
- Gehäuse von Stecker bzw. Kupplung verschließen.

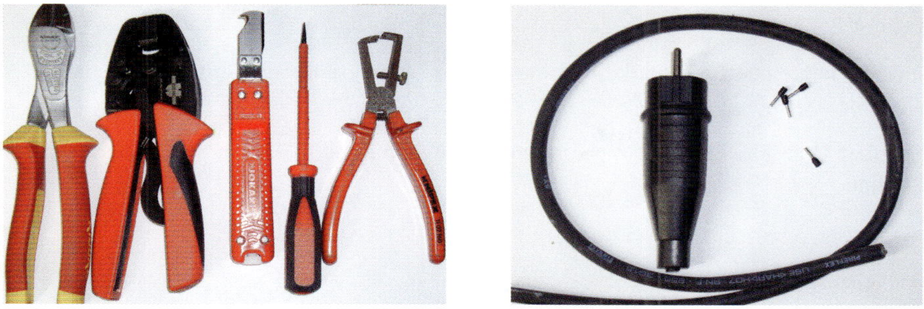

Abb. A.3: Werkzeuge und Material zur Steckermontage.

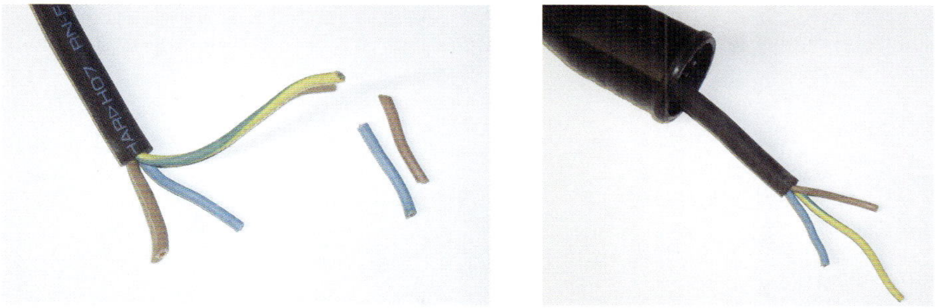

Abb. A.4: Ablängen der Adern und Einführen in Steckertülle.

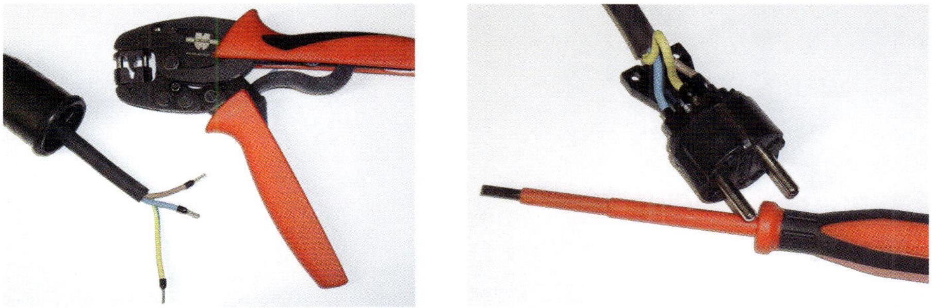

Abb. A.5: Verpressen der Aderendhülsen und Verschrauben der Aderenden.

Aufgabe 3

Der Schutzleiter muss länger als die stromführenden Leiter ausgeführt werden, damit bei Versagen der Zugentlastung eine Belastung oder das Abreißen des Schutzleiters erst nach den stromführenden Leitern möglich ist.

Aufgabe 4

- Nur eine begrenzte Belastbarkeit am jeweiligen Leitungsende eines Strahls aufgrund des ansteigenden Spannungsfalls.
- Bei einer Unterbrechung der Versorgungsleitung sind alle folgenden Verbraucher vom Netz getrennt.

Aufgabe 5

Das TN-S-System:

- Neutralleiter N und Schutzleiter PE werden getrennt geführt.
- Das Gehäuse ist über den PE-Schutzleiter mit dem geerdeten Netzpunkt verbunden.
- Schutzeinrichtung im TN-S-System: Überstromschutz- und Fehlerstromschutzeinrichtung.

Kapitel 4

Aufgabe 1

- Stromart (Gleich- oder Wechselstrom).
- Stromstärke.
- Einwirkdauer.
- Weg des Stroms durch den Körper.

Aufgabe 2

ca. 0,1 Sekunden.

Aufgabe 3

ca. 1000 Ω.

Aufgabe 4

Durch die Feuchtigkeit besteht eine gute Erdverbindung. Dadurch tritt im Fehlerfall eine hohe Berührungsspannung auf.

Aufgabe 5

1. Freischalten.
2. Gegen Wiedereinschalten sichern.
3. Spannungsfreiheit feststellen.
4. Erden und kurzschließen.
5. Benachbarte, unter Spannung stehende Teile abdecken oder abschranken.

Aufgabe 6

Anlage abschalten oder den Verunglückten von der Anlage trennen. Bei Hochspannungen über 1000 V: Nicht dem Verletzten annähern, solange der Strom nicht abgeschaltet ist.

Aufgabe 7

Die Unterweisung hat gemäß BGV A1 regelmäßig, mindestens einmal jährlich zu erfolgen. Der Unternehmer trägt die Verantwortung für die ordnungsgemäße Durchführung der Unterweisung, muss diese aber nicht unbedingt selber durchführen, sondern kann diese Aufgabe an geeignete, qualifizierte Mitarbeiter delegieren (i. d. R. Fachvorgesetzte).

Aufgabe 8

Eine Dokumentation der Erste-Hilfe-Leistungen ist notwendig, damit bei eventuellen Spätfolgen einer Verletzung der Nachweis erbracht werden kann, dass diese Verletzung Folge eines Arbeitsunfalls war. Der Leistungsträger für die Behandlung ist dann nicht mehr die Krankenkasse, sondern die Berufsgenossenschaft.

Aufgabe 9

CO_2-Feuerlöscher, da Kohlendioxid elektrisch nicht leitend ist und keine Rückstände hinterlässt. Nachteil: Kann nur in geschlossenen Räumen effektiv eingesetzt werden, nicht im Freien. In geschlossenen Räumen besteht aber nach dem Löschvorgang wiederum Lebensgefahr, da CO_2 ein Atemgift ist.

Aufgabe 10

Griff oder Druckknopf: Rote Farbe.

Untergrund: Gelbe Farbe.

Kapitel 5

Aufgabe 1

NH-Sicherungen dürfen nur von einer Fachkraft mit geeignetem Werkzeug und Schutzausrüstung ausgetauscht werden. Wenn eine NH-Sicherung unter Last gezogen wird, ist mit der Entstehung eines Lichtbogens zu rechnen.

Aufgabe 2

Ein herausgefallener Kennmelder zeigt eine durchgebrannte Schmelzsicherung an (Abb. A.6)

Abb. A.6: Durchgebrannte Schmelzsicherung (bei einer intakten Sicherung würde der rote Kennmelder nicht hervorstehen)

Aufgabe 3

- Auslösung bei Kurzschluss durch den elektromagnetischen Auslöser.
- Auslösung bei Überlast durch den verzögerten Thermo-Bimetallauslöser.

Aufgabe 4

Fehlerstromschutzschalter (RCD).

Aufgabe 5

Mit einer Prüftaste kann ein Fehler simuliert und somit die Auslösefunktion getestet werden. Es wird dadurch nicht die Wirksamkeit der Schutzmaßnahme geprüft.

Aufgabe 6

Innerhalb von 0,2 Sekunden.

Aufgabe 7

Ausschließlich Elektrofachkräfte.

Aufgabe 8

Metallene Rohrleitungen für Wasser und Gas. Andere metallene Rohrsysteme, z. B. der Heizung oder der Klimaanlage.

Aufgabe 9

Mindestens 0,2 A.

Aufgabe 10

Schutzarten: Geben Auskunft über den Schutz gegen Eindringen fester Fremdkörper oder Wasser in ein elektrisches Betriebsmittel.

Schutzklassen: Die Schutzklasse eines elektrischen Betriebsmittels gibt Auskunft über dessen Isolierung oder ob es mit einer Schutzkleinspannung betrieben wird. (Schutz gegen elektrischen Schlag.)

Kapitel 6

Aufgabe 1

Erdungsleitung an einem Baustromverteiler: 16 mm^2, an einem Kleinstbaustromverteiler: 1,5 mm^2.

Aufgabe 2

- Ein Hintereinanderschalten ist unzulässig.
- Die Mehrfachsteckdosen dürfen nicht abgedeckt betrieben werden.
- Sie sind kein Ersatz für eine ortsfeste Installation.
- Bei VDE- bzw. VDE-GS-Zeichen: Leiterquerschnitt muss größer als 1 mm sein.

Aufgabe 3

Die Auspuffanlage kann bei Betrieb die Zündtemperatur eines Benzin-Luftgemisches erreichen. Wenn also Benzin mit der heißen Auspuffanlage in Kontakt gerät, kann dies zum Brand führen. Außerdem kann es passieren, dass Gase, die sich bei hohen Umgebungstemperaturen im Tank gebildet haben, beim Öffnen des Tankverschlusses schlagartig entweichen und sich an heißen Teilen des Verbrennungsmotors entzünden. Sicherheitshalber sollte der Tankdeckel nur ein kurzes Stück aufgedreht werden, um ein eventuelles Entweichen des Überdruckes zu ermöglichen. Erst anschließend kann der Tankdeckel vollständig geöffnet werden.

Aufgabe 4

Schutz durch Abschalten der Stromversorgung, Schutztrennung, Schutzkleinspannung, Schutzisolierung, Schutz durch Begrenzung der Netzausdehnung.

Aufgabe 5

Der Zeiger kann der schnellen Stromänderung bei Wechselstrom nicht folgen.

Aufgabe 6

Indirekte Strommessung bei einem Multimeter: Es wird die Spannung gemessen, die über einen internen Messwiderstand abfällt, und anschließend der Strom über das Ohmsche Gesetz berechnet.

Indirekte Strommessung bei einer Stromzange: Hier wird der Stromfluss über das elektromagnetische Feld eines Leiters ermittelt.

Aufgabe 7

Zweikanalbetrieb bei Mehrsystemröhren, Chopper-Betrieb und alternierender Betrieb.

Aufgabe 8

Der Tastkopf wirkt als Spannungsteiler und wird zum Messen größerer Spannungen eingesetzt oder wenn der systematische Messfehler gering ausfallen muss.

Kapitel 7

Aufgabe 1

Bei geschützter Verlegung in einem Rohr oder als Mantelleitung mindestens 2,5 mm^2, bei ungeschützter Verlegung, d. h. blank oder nur mit Aderisolierung mindestens 4 mm^2.

Bestimmungen über Erdung, Schutzleiter und Schutzpotentialausgleichsleiter können in DIN VDE 0100 Teil 540 nachgelesen werden.

Aufgabe 2

- Erstprüfung noch DIN VDE 0100 Teil 600.
- Wiederholungsprüfungen gemäß DIN VDE 0701/0702 bzw. BGV A3.

Aufgabe 3

Sämtliche Prüfungen (also Erst- und Wiederholungsprüfungen) müssen in einem Prüfbericht dokumentiert sein. Die Prüfberichte müssen vom Veranstalter am Betriebsort aufbewahrt werden.

Aufgabe 4

Die Notbeleuchtung muss gemäß DIN VDE 0108 Teil 100 installiert werden. Die Antipanikbeleuchtung muss gleichmäßig in den Sitzreihen verteilt werden, und das Verhältnis der größten zur kleinsten Beleuchtungsstärke im Raum darf höchstens 40 : 1 betragen.

Mindestbeleuchtungsstärke: 5 lx. Fünf Sekunden nach Einschalten der Panikbeleuchtung müssen 50 % der geforderten Beleuchtungsstärke vorhanden sein, nach einer Minute 100 %. Nennbetriebsdauer: Mindestens eine Stunde.

Aufgabe 5

Sicherheitsschuhe und Arbeitshelm beim Aufbau des Riggings. Während der Veranstaltung eventuell auch Gehörschutz.

Aufgabe 6

Jeweils zwei Scheinwerfer in Reihe geschaltet an eine 16 A-Sicherung.

Aufgabe 7

1. Spannungsfall über das 25 m-Kabel für den Dimmer:

$$\Delta U_{\text{eff}} = \frac{\rho \cdot I \cdot 2l}{q}$$

$$\Delta U_{\text{eff}} = \frac{0{,}0178\ (\Omega \cdot \text{mm}^2/\text{m}) \cdot 16\ \text{A} \cdot 2 \cdot 25\ \text{m}}{2{,}5\ \text{mm}^2}$$

$$\Delta U_{\text{eff}} = 5{,}696\ \text{V}$$

→ Spannungsfall ca. 2,5 % gegenüber der Netzspannung von 230 V.

2. Spannungsfall über das 10 m-Kabel für den Verstärker:

$$\Delta U_{\text{eff}} = \frac{P \cdot 2l}{\gamma \cdot q \cdot U_{\text{eff}}}$$

$$\Delta U_{\text{eff}} = \frac{1000\ \text{W} \cdot 2 \cdot 10\ \text{m}}{56\ (\text{m}/\Omega \cdot \text{mm}^2) \cdot 2{,}5\ \text{mm}^2 \cdot 230\ \text{V}}$$

$$\Delta U_{\text{eff}} = 0{,}621\ \text{V}$$

→ Spannungsfall ca. 0,3 % gegenüber der Netzspannung von 230 V.

Es gilt gemäß DIN VDE 0100 Teil 520, dass der Spannungsfall 4 % der Nennspannung des Stromnetzes betragen darf. Beide Werte sind demnach im zulässigen Bereich.

Kapitel 8

Aufgabe 1

Die Abkürzung SI steht für Système international d'unités. Dieses international gültige System für physikalische Größen wurde 1960 eingeführt. Zu den SI-Basisgrößen zählen die Länge in Meter, die Masse in Kilogramm, die Zeit in Sekunden, die Stromstärke in Ampere, die Temperatur in Kelvin, die Stoffmenge in Mol und die Lichtstärke in Candela.

Aufgabe 2

$$\frac{\sin\alpha}{\sin\alpha'} = \frac{n'}{n}$$

$$\frac{\sin 30^\circ}{\sin\alpha'} = \frac{1{,}45}{1} \quad \rightarrow \quad \alpha' = 20{,}17^\circ$$

Der Lichtstrahl wird im Glas zum Lot hin gebrochen.

Aufgabe 3

Die Brechzahl verschiedener Materialien ist von der Wellenlänge des Lichts abhängig. Das führt dazu, dass beispielsweise durch ein Glasprisma scheinendes, weißes Licht der Sonne in die Spektralfarben zerlegt wird.

Aufgabe 4

Farbfilter, Korrekturfilter, Polarisationsfilter, Interferenzfilter, Neutraldichtefilter. Letztere werden zur Reduzierung der Lichtintensität ohne Beeinflussung der Farben verwendet.

Aufgabe 5

Durch eine dichroitische Beschichtung reflektieren Kaltlichtspiegel sichtbares Licht, lassen aber IR-Licht passieren. Sie reduzieren somit die Wärmebelastung in optischen Systemen.

Aufgabe 6

Vorteil: Die Brennweite der Linse bleibt erhalten bei einer Einsparung von Material und damit an Gewicht.

Nachteil: Durch die Stufenstruktur verschlechtert sich die Abbildungsqualität.

Aufgabe 7

Die Brechzahl von Wasser ist der des Auges sehr ähnlich. Beim Übergang von Wasser in das Auge wird das Licht also kaum gebrochen. Durch die Luft in der Taucherbrille werden wieder die normalen Sehverhältnisse wie an Land hergestellt, und wir können scharf sehen.

Aufgabe 8

Zapfen für das Farbensehen und Stäbchen für die Helligkeitswahrnehmung. Die Zapfen sind nur für starkes Licht empfindlich, während die Stäbchen auch bei geringeren Leuchtdichten eine Helligkeitsinformation liefern.

Aufgabe 9

Aufgrund zweier parallel liegender Augen mit überlappenden Gesichtsfeldern können wir räumlich sehen. Allerdings ist dieses räumliche Sehen nur im mittleren Bereich des Gesichtsfelds möglich, also im Bereich, der von beiden Augen abgedeckt wird.

Kapitel 9

Aufgabe 1

Temperaturstrahler sind Festkörperlampen, d. h. ein fester Körper wird zum Glühen gebracht.

Entladungslampen sind mit Gas gefüllt, und hier werden die Gasatome zur Lichtemission angeregt.

Ein Vorschaltgerät ist bei Entladungslampen zum einen notwendig, da zur Zündung einer Entladungslampe ein ausreichender Elektronenstrom im Brenner fließen muss. Zum anderen muss nach dem Zünden der Strom begrenzt werden, da es ansonsten zu einer lawinenartigen Ionisierung des angeregten Gases und einem ständig steigenden Strom kommen würde, der die Zerstörung der Lampe zur Folge hätte. Es gibt konventionelle Vorschaltgeräte (KCG) und elektronische Vorschaltgeräte (EVG).

Aufgabe 2

Verdampfende Wolframpartikel der Glühwendel gehen eine Verbindung mit dem Halogengas ein. Diese Moleküle lagern sich wieder auf der heißen Glühwendel ab, wobei das Halogengas freigesetzt wird, die Wolframatome aber auf der Wendel verbleiben. Das freie Halogen kann nun wieder verdampfende Partikel aufnehmen, und der Kreislauf beginnt von vorne.

Aufgabe 3

LEDs werden mit Gleichstrom betrieben, Phasenanschnitt oder Phasenabschnitt werden aber zur Leistungssteuerung von Wechselstrom verwendet. Bei Entladungslampen reißt unterhalb einer gewissen Spannung der Elektronenstrom des Lichtbogens einfach ab und die Lampe verlöscht.

Aufgabe 4

Bei Leuchtstofflampen wird unsichtbares UV-Licht erst durch eine Leuchtschicht auf der Innenseite des Glaskörpers in sichtbares Licht gewandelt. Bei Neonröhren erzeugt dagegen ein Edelgasgemisch sichtbares Licht. Es ist nicht unbedingt eine Leuchtschicht notwendig.

Aufgabe 5

Zunächst natürlich durch die verwendete Linse, also eine Plankonvexlinse oder eine Stufenlinse. Plankonvexlinsen-Scheinwerfer erzeugen einen eher scharf abgegrenzten Lichtstrahl, der Lichtkegel bei Stufenlinsen-Scheinwerfern ist eher verschwommen und enthält viel Streulicht.

Aufgabe 6

Spot Lights haben eine Kondensoroptik und entsprechen damit einem Profilscheinwerfer, während Wash Lights eher mit Stufenlinsen-Scheinwerfern vergleichbar sind.

Aufgabe 7

Ein Tubusvorsatz verringert das Streulicht, verengt den Lichtstrahl und begrenzt ihn damit auf bestimmte Bereiche.

Aufgabe 8

UV-Filter.

Aufgabe 9

Beim Austausch der Hochdrucklampen ist geeignete Schutzkleidung zu tragen: Helm mit Gesichtsschutz, robuste Arbeitsjacke und Handschuhe.

Kapitel 10

Aufgabe 1

DBO = Dead Blackout.

Alle Lichtquellen werden abgeblendet, d. h. an sämtliche Ausgänge des Lichtstellpultes wird der Steuerwert „0" gesendet.

Aufgabe 2

Im Prinzip haben Sub Master und Stack Master eine ähnliche Funktion: Gespeicherte Szenen werden können sequentiell abgerufen werden.

Beim Stack Master geschieht dies über einen einfachen Taster; wird dieser gedrückt, ruft man die nächste Szene in einer vorher festgelegten Reihenfolge auf.

Bei einer Sub Master-Steuerung liegt jeweils eine gespeicherte Szene auf einem Sub Master-Regler. Die Sub Master können dann entweder von Hand aufgezogen oder automatisch in einer vorprogrammierten Reihenfolge gesteuert werden (Chase Mode).

Aufgabe 3

- Lichtplanung und -simulation.
- Offline-Programmierung.

Aufgabe 4

Bei AMX und DMX kommt ein Zeitmultiplex zum Einsatz.

Aufgabe 5

Der Abschlusswiderstand soll Reflexionen auf der Datenleitung vermeiden.

Aufgabe 6

Verwendung preiswerter Netzwerkkabel, bidirektionale Kommunikation, eine Vielzahl paralleler DMX-Datenströme, Übertragung weiterer Daten und Steuerung von Medienservern, drahtlose Datenübertragung über WLAN.

Aufgabe 7

Ein Vorwiderstand würde sich sehr stark erhitzen. Darüber hinaus lassen sich die Schaltungen für Phasenanschnitt und Phasenabschnitt recht einfach über eine Steuerspannung (bzw. DMX) fernsteuern.

Aufgabe 8

Zusatzfunktionen bei digitalen Dimmern sind beispielsweise die Programmierbarkeit von Dimmerkurven, die Kompensation von Leitungslängen und eine direkte Ansteuerung über das Netzwerk. Darüber hinaus können in einem internen Speicher Notlichtstimmungen abgelegt werden.

Aufgabe 9

- Defektes Leuchtmittel.
- Defekt im Stromanschlusskasten (Sicherung oder RCD wurden ausgelöst).
- Defektes DMX-Kabel.
- Defekter Dimmer.

Kapitel 11

Aufgabe 1

Die Komplementärfarbe von Blau ist Gelb, demnach erscheint auch der Schatten bei blauem Licht gelblich.

Aufgabe 2

Zur Erzielung bestimmter dramaturgischer Effekte. Beispiel: Ein Unterlicht für eine düstere und dämonische Atmosphäre.

Aufgabe 3

Die Dreipunktbeleuchtung besteht aus einem Führungslicht, einer Aufhellung und einem Gegenlicht (Spitze). Das Führungslicht ist die Hauptbeleuchtung der Szene, welches auch die dominanten Schatten wirft. Mit der Aufhellung wird in die Schattenpartien auf dem Körper und besonders im Gesicht etwas Form und Struktur gebracht. Das Gegenlicht erzeugt einen hellen Rand und hebt die Person vom Hintergrund ab.

Aufgabe 4

Bei einer ungeraden Anzahl wird der wichtige mittlere Bühnenbereich immer von einer Zone abgedeckt, und es entsteht hier keine Lücke.

Aufgabe 5

Düstere Szenen, bei denen nicht alles sichtbar sein soll. Zum Beispiel wenn ein Verbrechen geschieht, aber auch bei Liebeszenen.

Aufgabe 6

Ein Gobo ist eine aus Glas oder Stahlblech hergestellte Scheibe zur Projektion von Mustern oder Schriften. Sie werden in Profilscheinwerfern mit Kondensoroptik oder in Moving Lights eingesetzt.

Aufgabe 7

- Praktische Aufgabe -

Kapitel 12

Aufgabe 1

Der Kondensor sorgt für eine gleichmäßige Ausleuchtung des Dias.

Aufgabe 2

$$\text{Brennweite } f = \frac{\text{Objekt } O \cdot \text{Distanz } D}{\text{Bild } B + \text{Objekt } O}$$

$$\text{Brennweite } f = \frac{0{,}17\text{ m} \cdot 35\text{ m}}{9\text{ m} + 0{,}17\text{ m}} = 0{,}6489\text{ m} = 64{,}89\text{ cm}$$

Es muss das Objektiv mit der nächst kürzeren Brennweite ausgewählt werden (das wäre in diesem Fall das Objektiv mit 60 cm Brennweite).

Aufgabe 3

24 Bilder pro Sekunde.

Aufgabe 4

Xenon- und Quecksilber-Hochdrucklampen, Halogenlampen, Metalldampflampen, leistungsstarke LEDs und Laser.

Aufgabe 5

Das Licht der Projektorlampe wird über ein Prisma in die Primärfarben Rot, Grün und Blau geteilt und auf die DLP-Chips geführt. Winzig kleine, bewegliche Spiegel leiten das Licht über die Projektionslinse auf die Leinwand. Die Anzahl der Mikrospiegel bestimmt die Auflösung des Projektors.

Aufgabe 6

Durch die Schaltkreise und Transistoren entsteht ein Abstand zwischen den Bildpunkten, was zu einer Rasterung des projizierten Bildes führt.

Aufgabe 7

Beim LCoS-Chip verlaufen die Leiterbahnen hinter einer verspiegelten Schicht auf der Rückseite des LCD-Panels. Die Bildpunkte rücken näher zusammen und der Füllfaktor steigt. Es tritt daher kein Fliegengittereffekt auf.

Aufgabe 8

Die Bildbreite beträgt 30 m / 2,8 = 10,71 m. Das Standardformat hat ein Bildseitenverhältnis von 4 zu 3, damit betragt die Bildhöhe 10,71 m / 4 · 3 = 8,04 m.

Aufgabe 9

XGA = 1024 x 768 Bildpunkte.

Aufgabe 10

Lens Shift: Mechanische, parallele Verschiebung des optischen Systems zur vertikalen oder horizontalen Verschiebung des projizierten Bildes.

Pixel Shift: Anpassung der Geometrie des Bildes bei nicht senkrechten Projektionsflächen bzw. geneigtem Projektor.

Verschiedene Schaltzeichen (Kap. 1 bis 7)

Schaltzeichen	Beschreibung	Schaltzeichen	Beschreibung
	Leitung		N-Leiter
	Leitungsverbindung (Knotenpunkt)		PE-Leiter
	Schalter		PEN-Leiter
	Anschluss	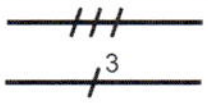	Leiter mit Angabe der Aderanzahl
	auf Putz verlegte Leitung		Geschirmter Leiter
	im Putz verlegte Leitung		Flexibler Leiter
	unter Putz verlegte Leitung	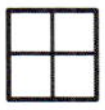	Schaltschloss
	Glühbirne		Sicherung allgemein
	Widerstand		NH-Sicherung
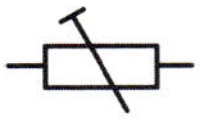	einstellbarer Widerstand		Leitungsschutzschalter
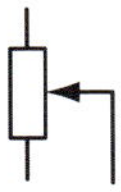	Potentiometer		Transformator
	Spule / Induktivität	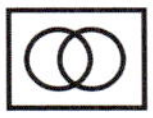	Transformator im Versorgungsnetz
	Kondensator / Kapazität		Erdung
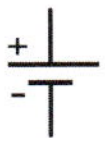	Gleichstromquelle		Diode
	Wechselstromquelle		Leuchtdiode
	Spannungsmessgerät		Photodiode
	Strommessgerät		Diac
	Leistungsmessgerät		Triac
	Oszilloskop		Motor

Alte Kennzeichnung: Kabel und Leitungen (Kap. 3)

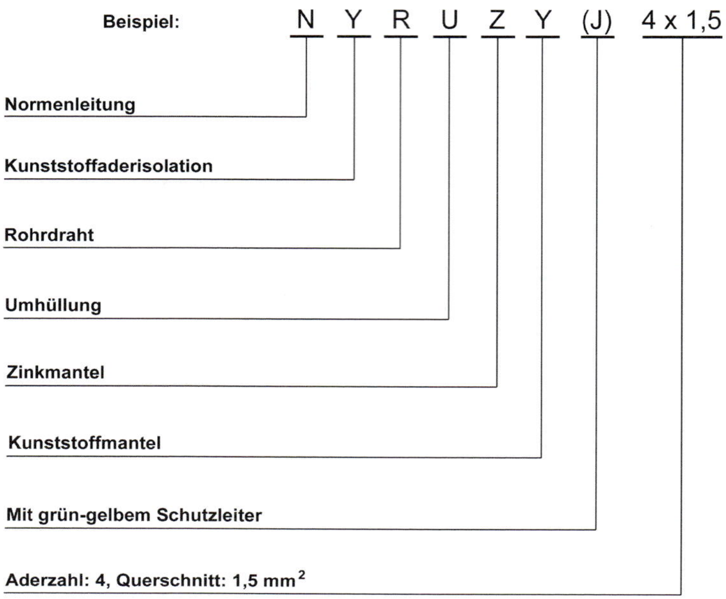

Abb. A.7: Veraltete Kabelkennzeichnung vor der Harmonisierung durch EU-Vorschriften.

Die Reihenfolge der Buchstaben und Ziffern ist analog zur Reihenfolge des Kabelaufbaus von innen, also ausgehend vom Leiter. Der Anfangsbuchstabe „N" bedeutet, dass das Kabel nach VDE-Vorschriften genormt ist.

Leitungen

A	Ader, Aluminiumumhüllung, Aluminiumader
B	Bleimantelleitung
C	konzentrische Leiter (abgeschirmt)
D	Drillingsleitung
F	feindrähtig, Fassungsader, Flachleitung
G	Gummihülle, 2-G-Silikonkautschuk (mit erhöhter Wärmebeständigkeit)
H	Hülle (Schirmgeflecht für Abschirmungszwecke)
I	Imputzverlegung
J	Zusatz nach der Querschnittsangabe bei Mehraderleitungen mit grün-gelben Schutzleiter
K	Korrosionsschutz
L	für leichte mechanische Beanspruchung
M	Mantel, mittlere mechanische Beanspruchung
N	Normenleitung
O	Zusatz nach der Querschnittsangabe bei Mehraderleitungen ohne grün-gelben Schutzleiter
ö	ölfest

P Papierumhüllung
R Rohrdraht, gefalzte Rohrumhüllung, gerillte Umhüllung
S Schnur, Segeltuchhülle, für schwere mechanische Beanspruchung
T Trosse
U Umhüllung
u unflammbar bzw. flammwidrig
V Verdrahtungsleitung, verdrehbeanspruchungsfest
W wetterfest
Y Kunststoffisolierung (z. B. PVC)
Z Zinkmantel, Zwillingsader, Zugentlastung

Kabel

A Nach einem „N“: A1-Leiter. Am Ende der Kennzeichnung: Außenhülle aus Jute
B Stahlbandbewehrung
C konzentrischer Leiter bzw. Schirm aus Kupferdrähten oder -bändern
CW konzentrischer Leiter aus Kupfer, wellenförmig aufgebracht
CE Einzeladerschirmung
D Druckbandage aus Metallbändern
E Nach einem „N“: Einzeladerschirmung. Am Ende der Kennzeichnung: Schutzhülle aus Kunststoffband
F Flachdrahtbewehrung
fl flammwidrig
Gb Stahlbandgegenwendel
H Kabel mit metallisierten Einzeladern (Höchstädter Kabel)
K Kabel mit Bleimantel
L glatter Aluminiummantel
N Kabel nach Norm
O offene Stahldrahtbewehrung
Ö Ölkabel
Q Beflechtung aus verzinkten Stahldraht
R Runddrahtbewehrung, Rostschutzanstrich
S Kupferschirm
u unmagnetisierbar
WK Stahlwellenmantel
W Kupferwellenmantel
w wärmebeständig
2X Isolierung aus vernetztem Polyethylen (VPE)
Y Kunststoffisolierung
2Y Isolierung aus thermoplastischem Polyethylen (PE)
YY Kunststoffaußenmantel
Z Bewehrung aus Stahlprofildraht

Beispiel Stromlaufplan TN-S-System (Kap. 3)

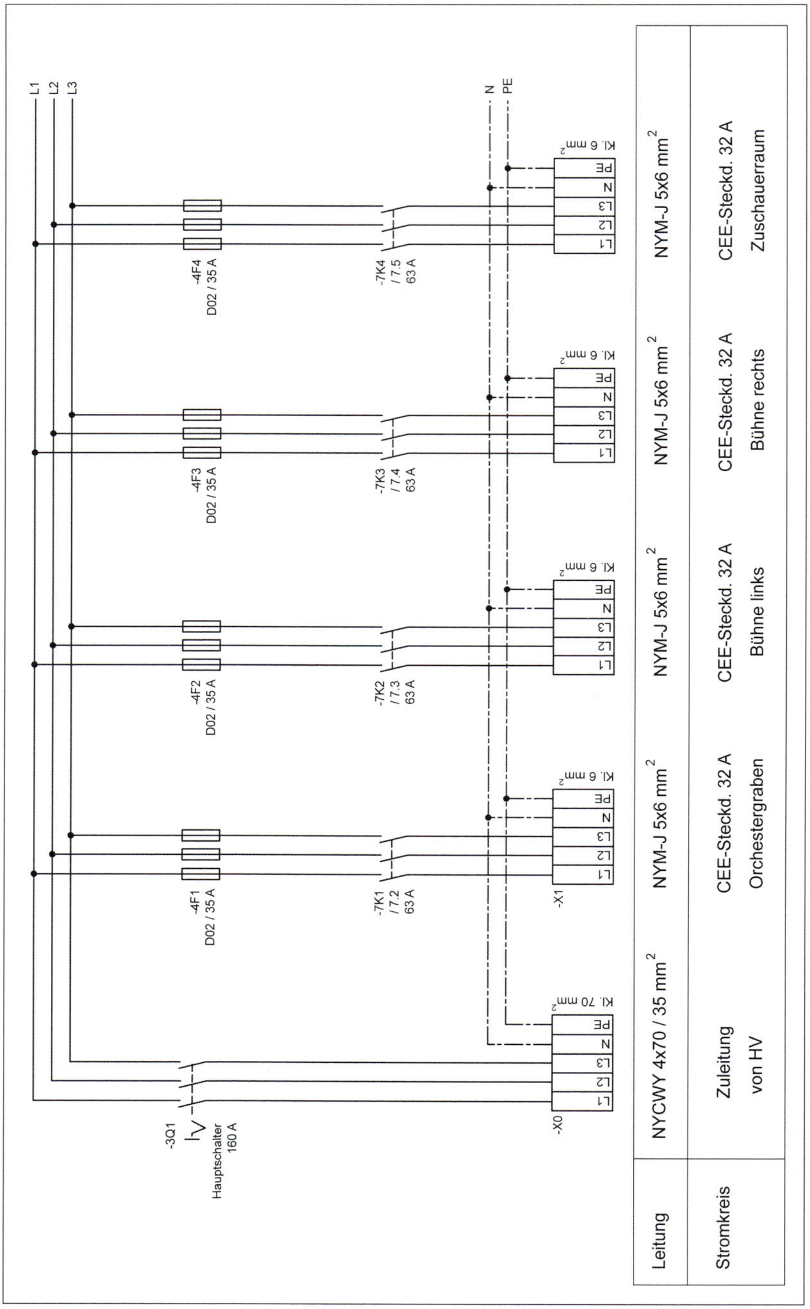

Auswahl verschiedener Lampensockel (Kap. 9)

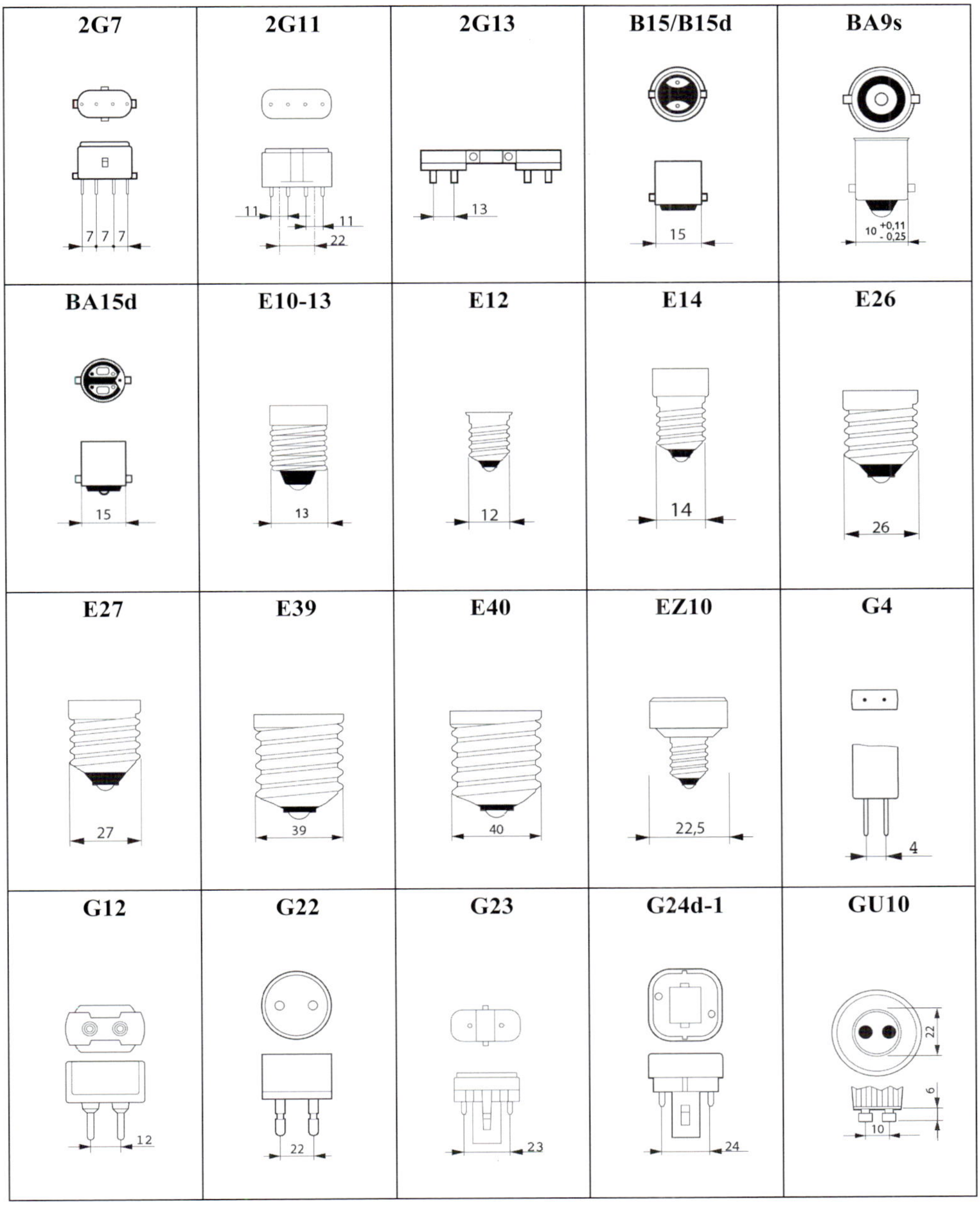

Prüfzeichen (Kap. 9)

Prüfzeichen	Beschreibung
	VDE-Zeichen für elektrotechnische Erzeugnisse
◁VDE▷	VDE-Zeichen für isolierte Kabel und Leitungen
	VDE-Kennfaden für isolierte Kabel und Leitungen
EMV	VDE-EMV: Für Geräte, die den Normen für elektromagnetische Verträglichkeit entsprechen
	VDE-GS-Zeichen für Erzeugnisse, die im Geräte- und Produktsicherheitsgesetz aufgeführt sind
◁VDE▷ ◁HAR▷	Isolierte Kabel und Leitungen, die den CENELEC-Harmonisierungsbestimmungen entsprechen
	CENELEC-Kennfaden für isolierte Kabel und Leitungen
	ENEC-Zeichen für Erzeugnisse nach harmonisierten Zertifizierungsverfahren
VDE Quality Tested ergonomisch geräuscharm ID. 49000000	VDE-Marke für die Gebrauchstauglichkeit elektrotechnischer Produkte, welche die Anforderungen z. B. für Funktion, Handhabung und Energieeffizienz erfüllen
CE	CE-Kennzeichnung für Erzeugnisse, die den gemeinsamen Vorschriften der EU-Länder entsprechen

Erste Schritte mit dem Lightcommander II 24/6 (Kap. 10)

Soft Patch

Vor der Programmierung von Lichtszenen sollte man einen individuellen Soft Patch vornehmen. Hierbei werden den einzelnen Scheinwerfern, welche auf unterschiedlichen DMX-Kanälen liegen, Preset-Kanäle des Pultes zugewiesen. Falls man das Pult mit mehr als 24 Dimmerkanälen benutzen möchte, muss es in den WIDE MODUS umgeschaltet werden. Dazu wechselt man zunächst in das TOP MENU.

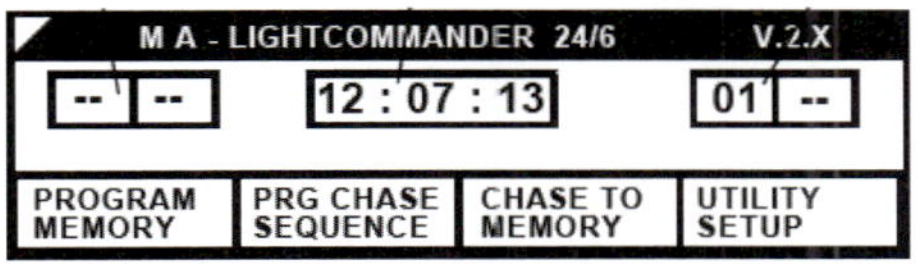

Abb. A.8: Display TOP MENU

Dort wählt man durch Drücken der vierten Displaytaste das UTILITY / SETUP MENU aus, dann mittels der ersten Displaytaste das SETUP MENU und zum Schluss durch die zweite Displaytaste den WIDE MODUS. Der nächste Schritt ist die Löschung der Zuweisung aller DMX-Kanäle zu den Lichtpult-Kanälen. Hierzu beginnt man im TOP MENU. Dort wählt man durch Drücken der vierten Displaytaste das UTILITY / SETUP MENU aus, dann OUTPUT, dann PATCH und dann CLEAR. Den gefragten Löschvorgang bestätigt man mit YES.

Nun folgt die Belegung der Pultkanäle: Während man sich im PATCH MENU befindet, dreht man das Encoderrad, bis man einen gewünschten Scheinwerfer bzw. eine Gruppe aufleuchten sieht (BLIND-Taste darf nicht aktiviert sein). Dann drückt man auf die gewünschte Preset-Flashtaste und bestätigt die Auswahl mit CONNECT. Sollte der gewünschte Presetkanal größer als 24 sein, muss der Preset-Master 1 nach oben geschoben werden (die Doppeldreiecke rechts oben im Display drehen sich um 180°).

Diesen Vorgang wiederholt man, bis alle gewünschten Scheinwerfer mit dem Lichtpult gepatcht sind. Zur besseren Übersicht sollten vorher im Lichtplan die gewünschten Kanäle notiert werden. Ist eine DMX-Adresse einem falschem Pultkanal zugeordnet oder soll sie gar nicht gepatcht sein, kann die bestehende Verbindung durch den OPEN-Befehl gelöst werden.

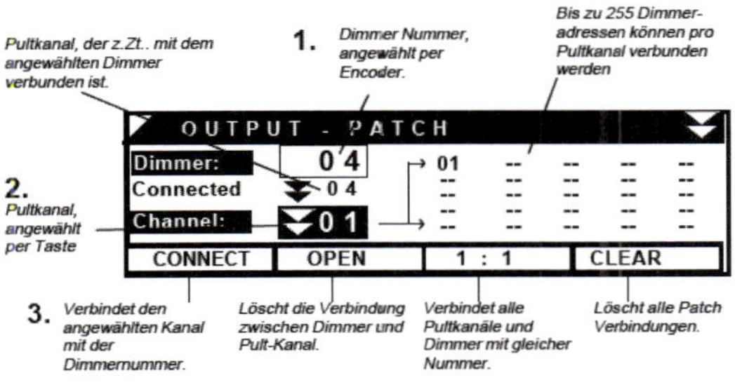

Abb. A.9: Display OUTPUT PATCH MENU

Lichtszenen programmieren

Beispiel: Für die Soloposition sind die Scheinwerfer 2 und 3, für die Ensembleposition 2 und 8 vorgesehen. Die Farben und der Nebel haben die Kanäle 1, 7, 10, 11, 14, 16, 17.

Analog werden die Preset-Regler auf die gewünschte Helligkeit gefahren. Die jetzt sichtbare Lichtszene wird mittels entsprechender Tasten dem Memory A3 zugewiesen.

Um das aktuelle Bühnenbild zu speichern, muss man entweder die SAVE OUTPUT-Taste oder die SAVE PRESET 2-Taste drücken. Der Unterschied zwischen den Tasten besteht darin, dass die SAVE OUTPUT-Taste den kompletten aktuellen Ausgang des Lichtpultes speichert, SAVE PRESET 2 jedoch nur die Preset-Regler.

Dies ist für alle gewünschten Szenen zu wiederholen, wobei es notwendig ist, die Memorybelegungen zu den Szenen zu notieren, um die Show in der richtigen Reihenfolge fahren zu können.

Lichtszenen korrigieren

Falls eine Lichtszene nicht den gewünschten Vorstellungen entspricht, kann sie im PREVIEW MENU geändert werden.

Hierzu muss die PREVIEW-Taste betätigt werden, die ebenso den BLIND-Modus auslöst. Dieser bewirkt, dass jede Veränderung am Lichtpult nicht auf der Bühne sichtbar ist. Zum Ändern eines Bühnenbildes bietet es sich an, die BLIND-Taste auszuschalten. Dann muss das zu ändernde Bühnenbild durch die entsprechende Memorytaste aufgerufen werden. Die Werte für die Scheinwerfer sind hinter den Kanälen zu erkennen; um diese zu ändern, sind die jeweiligen Presettasten zu drücken und dann durch Drehen des Encoderrades anzupassen.

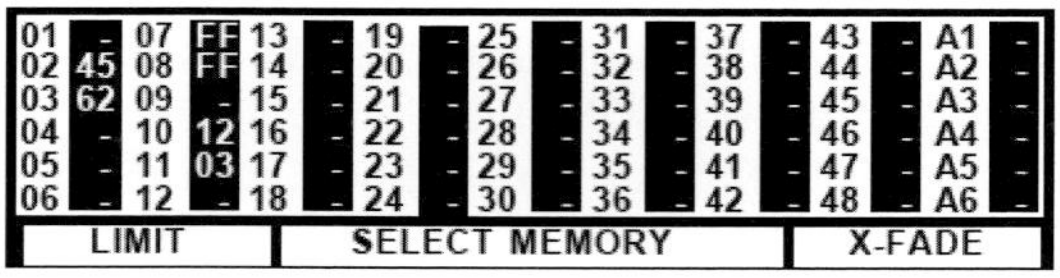

Abb. A.10: Display Preview-Menu

Chases programmieren

Es gibt drei verschiedene Arten zur Programmierung von Chases:

- Zunächst gibt es den ON-OFF-Chaser. Bei dieser Programmierungsart kann pro Step jeder Kanal einen Wert von 0% oder 100% über die Preset-Flash-Tasten zugewiesen bekommen.
- Als weitere Möglichkeit gibt es den REAL-LEVEL-Chaser. Dieser erlaubt in jedem Chase-Step einen beliebigen Wert zwischen 0% und 100% pro Kanal.
- Der letzte Chase (MEMORY) kann durch eine Aneinanderreihung von Memories programmiert werden, so dass durch wenige Schritte eine große Zahl von Steps mit vielen Scheinwerfern erfolgt.

Um einen Chase zu programmieren, drückt man im Top Menu die Displaytaste PRG CHASE SEQUENZ und wählt dann durch die CHASE-Taste die gewünschte Chase-Art aus. Die Programmierung erfolgt entsprechend des gewünschten Chases durch Presettasten, Presetregler oder Memorytasten. Für jeden Chase muss durch das Encoderrad eine neue Nummer vergeben werden.

Die Laufgeschwindigkeit eines Chases gibt man durch Drücken der SPEED-Taste in der Chaser Sektion in das CHASER SPEED Menu vor. In diesem kann man entweder durch das Encoderrad eine bestimmte Geschwindigkeit vorgeben, selbstständig den Takt eingeben oder durch einen ankommenden Musikimpuls die Geschwindigkeit steuern.

Ein Chase kann dann durch die NUMBER-Taste und die ON/OFF-Taste gestartet und gestoppt werden.

Abb. A.11: Display Chaser Speed-Menu

Bühnenbilder als Sequenz programmieren

Durch Programmieren einer Sequenz kann der Ablauf der Show durch eine einzige Taste abgerufen werden.

Hierzu drückt man im Top Menu die Displaytaste PRG CHASE SEQUENZ und wählt dann durch die SEQUENZ-Taste MEMORY aus. Dann betätigt man die EDIT-Taste und befindet sich im PROGRAMMING-SEQUENZ Menu.

Die Lichtszene, die zuerst erscheinen soll, wird mittels der Memory-Flash-Tasten ausgewählt. Durch die Bestätigung mit ENTER wechselt das Pult in das Fade-Zeitenmenu. In diesem Menu kann man entweder die INFADE- und/oder die OUTFADE-Zeit mittels Encoderrad verändern. Durch erneutes Bestätigen mit ENTER wechselt man wieder ins PROGRAMMING-SEQUENZ Menu, und das nächste Bühnenbild kann bearbeitet werden.

Die Abfolge der Show sollte dokumentiert werden, um bei etwaigen Störungen manuell weiter zu fahren (Beispiel: s. Tab. A.1).

Tab. A.1: Havarie-Liste

Step	Memory	Beschreibung
...		
34	C16	Handwerker hauen auf Platte
35	C17	Handwerker betreten Bühne
36	C18	Handwerker verlassen Bühne
...		

Zum Fahren der Show muss man durch zweimaliges Drücken der X-FADE-Menutaste unterhalb der QUIT-Taste in das Menu X-FADE SETUP gewechselt werden. In diesem Menu müssen DIRECT MEMORY und TIMED SEQUENZ ausgewählt sein. Mit Betätigung der QUIT- und der X-FADE ON/OFF-Taste kann die Programmierung mittels GO durchgetippt werden.

Anzahl der Scheinwerfer berechnen (Kap. 11)

In den USA wird meistens sehr systematisch mit Planquadraten ausgeleuchtet. Hinter dieser Systematik verbirgt sich folgendes: Die Halbstreuwinkel nebeneinander liegender Scheinwerfer sollen sich berühren, und ihre Zehntelstreuwinkel großzügig überlappen. Um auszurechnen, wie viele Scheinwerfer in diesem Fall für eine Bühne benötigt werden, nimmt man am besten eine Skizze wie in Abb. A.8 zur Hand (vgl. Lehmann, 2002).

1. Zunächst bestimmt man den Fokuspunkt, auf welchem ein Darsteller stehen bzw. welchen er durchschreiten wird. Dieser Punkt wird auf der Skizze mit „F" gekennzeichnet. Vom Fokuspunkt ausgehend wird dann eine Linie zum Kopf des Darstellers und weiter bis zum Scheinwerfer gezogen. In Höhe des Kopfes liegt jetzt Punkt „S", der Hot Spot des Lichtkegels.

2. Nun zum Halbstreuwinkel 1 (HSW 1): Von dessen Berührungspunkt mit dem Boden ausgehend zieht man eine Gerade, die durch Punkt S (also den Kopf des Darstellers) geht und bis zum Halbstreuwinkel 2 (HSW 2) reicht. Im Bild ist diese Gerade rot gekennzeichnet.

3. Die Länge dieser eben gezeichneten Geraden wird dann auf den Boden übertragen, hierzu wird die Linie „heruntergeklappt".

4. Innerhalb des jetzt in Blau eingezeichneten Bereichs befindet sich der Kopf des Darstellers immer sicher im Licht.

Nun dividiert man noch jeweils die Breite und Tiefe der Bühne durch die eben ermittelte Länge der Geraden. Somit kann man sehr gut abschätzen, wie viele Scheinwerfer in der Breite und Tiefe benötigt werden, wenn diese in der gleichen Höhe installiert und im gleichen Winkel ausgerichtet werden.

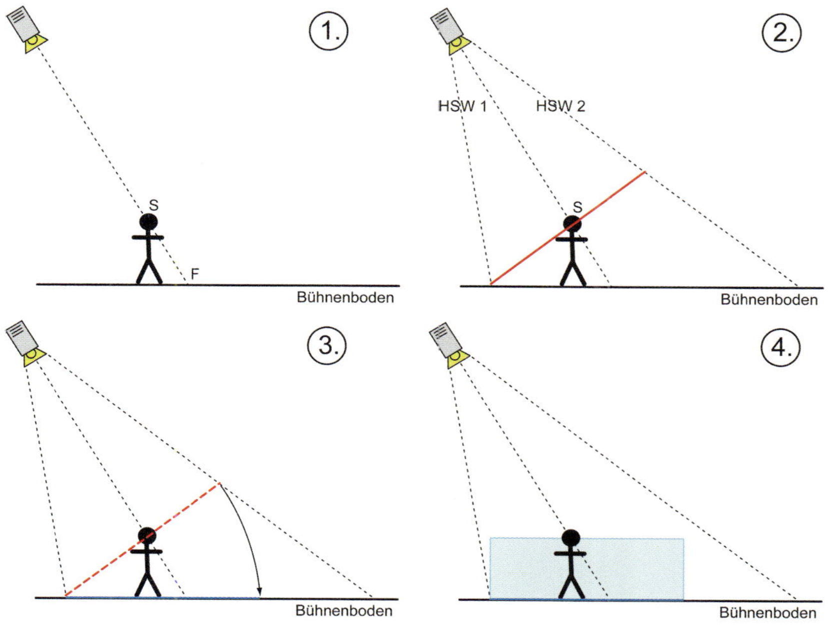

Abb. A.12: Lichtkegel eines Scheinwerfers in der Seitenansicht.

Beispiele für Symbole in Beleuchtungsplänen (Kap. 11)

Symbol	Beschreibung	Symbol	Beschreibung
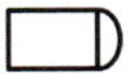	Plankonvexlinsen-Scheinwerfer	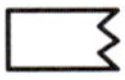	Stufenlinsen-Scheinwerfer
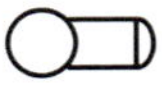	Profilscheinwerfer mit Kondensoroptik	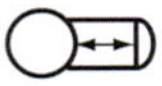	Zoomspot-Profilscheinwerfer
	PAR MFL		PAR NSP
	PAR WFL		PAR VNSP
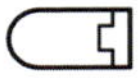	PAR XWFL		PAR Floor
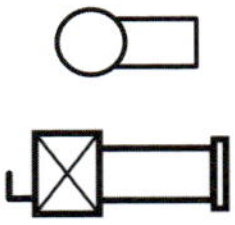	Verfolger	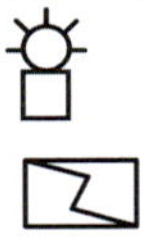	Strobo Light
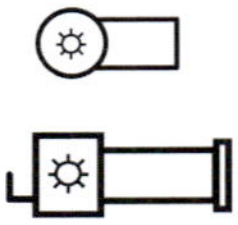	HMI-Verfolger		Dedo Light
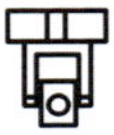	Moving Light (Moving Head)		Leuchtstoffröhre
	Fluter allgemein		Weichstrahler
	Fluter mit einem Lichtaustrittswinkel von 100° und mehr		Fluter mit einem Lichtaustrittswinkel von weniger als 100°
	Projektor		dimmbare Steckdose

Englische Fachbegriffe

Englisch	Deutsch
Acting area lighting	Aktionslicht
Alternating current (AC)	Wechselstrom
Angle	Winkel
Audience	Zuschauer
Back light	Gegenlicht
Background lighting	Grundlicht
Ballast	Vorschaltgerät
Barndoor	Torblende
Bayonet cap	Bajonettfassung
Beam spread	Lichtkegel
Board	Leiterplatine
Broad light	Fluter
Bulb	Lampe
Cable	Leitung
Cable distance	Leitungslänge
Cap	Lampensockel
Capacitor	Kondensator
Circuit	Stromkreis
Circuit diagram	Schaltbild
Colour frame	Filterhalter mit Filterrahmen
Colour gel	Farbfilterfolie
Colour spectrum	Farbspektrum
Colour wheel	Farbrad
Convex lens	konvexe Linse
Cue	Szenenwechsel
Current	Strom
Current meter	Amperemeter
Daylight	Tageslicht
Daylight lamp	Tageslichtlampe
Degree of protection	Schutzart
Diffused lighting	Grundlicht
Dimmer circuit	Lichtkreis
Direct current (DC)	Gleichstrom
Discharge lamp	Entladungslampen
Distribution box	Verteilerkasten
Efficiency	Wirkungsgrad
Electronic ballast	elektronisches Vorschaltgerät
Emergency switch	Not-Aus-Schalter
Energy saving bulb	Energiesparlampe
Extension cable	Verlängerungskabel
Figure lighting	Aktionslicht

Filament	Glühfaden
Fill light	Aufhellung oder Fülllicht
Flat lighting	Vorderlicht
Flex	Kabel
Floor light	Bodenlicht
Floor stand	Stativ
Flourescent lamp	Leuchtstofflampe
Focus	Brennpunkt
Fog	Nebel
Footlight	Unterlicht
Footlights	Rampenlicht
Four point lighting	Vierpunktbeleuchtung
Fresnel lens	Stufenlinse
Front door	Torblende
Fuse	Sicherung
Gaffer tape	Klebeband
Gel	Filterfolie
Ground	Erde
Halfcoupler	Rohrschelle
Harsh light	grelles Licht
Haze	leichte Nebelschwaden
High-tension voltage	Hochspannung
Hot lamp restrike	heißes Wiederzünden
Incandescent light bulb	Glühlampe
Interface	Schnittstelle
Isolation transformer	Trenntransformator
Key light	Führungslicht
Kicker	Unterlicht
Lamp socket	Lampenfassung
Lens	Linse
Lens	Objektiv
Light source	Lichtquelle
Lighting	Beleuchtung
Lighting control desk	Lichtstellpult
Mains supply	Netzanschluss
Measurement	Messung
Metal halid discharge lamp	Halogen-Metalldampflampe
Moving head	kopfbewegter Scheinwerfer
Moving mirror	spiegelbewegter Scheinwerfer
Moving-iron instrument	Dreheisenmesswerk
Multi souce lighting	Mehrpunktbeleuchtung
Multicore	Mehraderkabel
Operating voltage	Betriebsspannung
Pan	Drehung
Patchbay	Steckfeld

Pin base	Stiftsockel
Pipe bracket	Rohrschelle
Plano-convex lens	plankonvexe Linse
Power	Leistung
Power consumption	Leistungsaufnahme
Power cord	Netzkabel
Power failure	Stromausfall
Power supply	Netzgerät
Power switch	Netzschalter
Projection screen	Leinwand
Protective earth	Schutzerde
Regenerative cycle	Halogenkreislauf
Relamping	Lampentausch
Resistor	Widerstand
Resolution	Auflösung
Safety catch	Sicherungsseil
Screw cap	Schraubfassung
Scroller	Rollenfarbwechsler
Short Circuit	Kurzschluss
Shutter	mechanischer Dimmer
Shutter blades	Blendenschieber
Side lighting	Seitenlicht
Single source lighting	Einpunktbeleuchtung
Smoke	Rauch
Smoke machine	Nebelmaschine
Softlight	Weichstrahler
Special	Akzentbeleuchtung
Spotlight	Verfolgerscheinwerfer
Stage lighting	Bühnenbeleuchtung
Strobe	Blitzlicht
Terminal	Anschlussklemme
Terminal strip	Klemmleiste
Three point lighting	Dreipunktbeleuchtung
Tilt	Neigung
Top light	Oberlicht
Transformer	Transformator
Tungsten light	Licht einer Glühlampe
Tungsten-halogen bulb	Halogenglühlampe
Two point lighting	Zweipunktbeleuchtung
Voltage	Spannung
Wire	Draht
Wire end ferrule	Aderendhülse
Yoke	Bügel

Deutsch	Englisch
Aderendhülse	Wire end ferrule
Aktionslicht	Acting area lighting / Figure lighting
Akzentbeleuchtung	Special
Amperemeter	Current meter
Anschlussklemme	Terminal
Aufhellung	Fill light
Auflösung	Resolution
Bajonettfassung	Bayonet cap
Beleuchtung	Lighting
Betriebsspannung	Operating voltage
Blendenschieber	Shutter blades
Blitzlicht	Strobe
Bodenlicht	Floor light
Brennpunkt	Focus
Bügel	Yoke
Bühnenbeleuchtung	Stage lighting
Draht	Wire
Dreheisenmesswerk	Moving-iron instrument
Drehung	Pan
Dreipunktbeleuchtung	Three point lighting
Einpunktbeleuchtung	Single source lighting
elektronisches Vorschaltgerät	Electronic ballast
Energiesparlampe	Energy saving bulb
Entladungslampen	Discharge lamp
Erde	Ground
Farbfilterfolie	Colour gel
Farbrad	Colour wheel
Farbspektrum	Colour spectrum
Filterfolie	Gel
Filterhalter mit Filterrahmen	Colour frame
Fluter	Broad light
Führungslicht	Key light
Fülllicht	Fill light
Gegenlicht	Back light
Gleichstrom	Direct current (DC)
Glühfaden	Filament
Glühlampe	Incandescent light bulb
grelles Licht	Harsh light
Grundlicht	Background lighting / Diffused lighting
Halogenglühlampe	Tungsten-halogen bulb
Halogenkreislauf	Regenerative cycle
Halogen-Metalldampflampe	Metal halid discharge lamp
heißes Wiederzünden	Hot lamp restrike
Hochspannung	High-tension voltage

Kabel	Flex
Klebeband	Gaffer tape
Klemmleiste	Terminal strip
Kondensator	Capacitor
konvexe Linse	Convex lens
kopfbewegter Scheinwerfer	Moving head
Kurzschluss	Short circuit
Lampe	Bulb
Lampenfassung	Lamp socket
Lampensockel	Cap
Lampentausch	Relamping
leichte Nebelschwaden	Haze
Leinwand	Projection screen
Leistung	Power
Leistungsaufnahme	Power consumption
Leiterplatine	Board
Leitung	Cable
Leitungslänge	Cable distance
Leuchtstofflampe	Flourescent lamp
Licht einer Glühlampe	Tungsten light
Lichtkegel	Beam spread
Lichtkreis	Dimmer circuit
Lichtquelle	Light source
Lichtstellpult	Lighting control desk
Linse	Lens
mechanischer Dimmer	Shutter
Mehraderkabel	Multicore
Mehrpunktbeleuchtung	Multi souce lighting
Messung	Measurement
Nebel	Fog
Nebelmaschine	Smoke machine
Neigung	Tilt
Netzanschluss	Mains supply
Netzgerät	Power supply
Netzkabel	Power cord
Netzschalter	Power switch
Not-Aus-Schalter	Emergency switch
Oberlicht	Top light
Objektiv	Lens
plankonvexe Linse	Plano-convex lens
Rampenlicht	Footlights
Rauch	Smoke
Rohrschelle	Halfcoupler / Pipe bracket
Rollenfarbwechsler	Scroller
Schaltbild	Circuit diagram

Schnittstelle	Interface
Schraubfassung	Screw cap
Schutzart	Degree of protection
Schutzerde	Protective earth
Seitenlicht	Side lighting
Sicherung	Fuse
Sicherungsseil	Safety catch
Spannung	Voltage
spiegelbewegter Scheinwerfer	Moving mirror
Stativ	Floor stand
Steckfeld	Patchbay
Stiftsockel	Pin base
Strom	Current
Stromausfall	Power failure
Stromkreis	Circuit
Stufenlinse	Fresnel lens
Szenenwechsel	Cue
Tageslicht	Daylight
Tageslichtlampe	Daylight lamp
Torblende	Barndoor
Torblende	Front door
Transformator	Transformer
Trenntransformator	Isolation transformer
Unterlicht	Footlight
Unterlicht	Kicker
Verfolgerscheinwerfer	Spotlight
Verlängerungskabel	Extension cable
Verteilerkasten	Distribution box
Vierpunktbeleuchtung	Four point lighting
Vorderlicht	Flat lighting
Vorschaltgerät	Ballast
Wechselstrom	Alternating current (AC)
Weichstrahler	Softlight
Widerstand	Resistor
Winkel	Angle
Wirkungsgrad	Efficiency
Zuschauer	Audience
Zweipunktbeleuchtung	Two point lighting

Abkürzungen

AC = Alternating Current
ACL = Aircraft Landing Light
ACN = Architecture for Control Networks
AMX = Analogue Multiplex
ANSI = American National Standards Institute
AV = Audio-Vision / Audiovisuell

B = Beaded
BGI = Berufsgenossenschaftliche Information
BGR = Berufsgenossenschaftliche Regel
BGV = Berufsgenossenschaftliche Vorschrift

C = Center
CAD = Computer Aided Design
CCD = Charge Coupled Device
CD = Compact Disc
CEE = International Commission on Rules for the Approval of Electrical Equipment
CENELEC = Comité Européen de Normalisation Electrotechnique
CIE = Commission internationale de l'éclairage
CMY = Cyan, Magenta, Yellow
CO = Kohlenstoffmonoxid
CO_2 = Kohlenstoffdioxid
CTB = Convertion to Blue
CTO = Convertion to Orange
CU = Kupfer

D = Diffuse
DBO = Dead Blackout
DC = Direct Current
DDL = Device Description Language
D-ILA = Direct Driven Image Light Amplifier
DIN = Deutsches Institut für Normung
DLP = Digital Light Processing
DMD = Digital Micromirror Device
DML = Digital Moving Luminaire
DMP = Device Management Protocol
DMX = Digital Multiplex
dts = Digital Theatre System
DVI = Digital Visual Interface

EKG = Elektrokardiogramm
EL = Elektrolumineszenz
EMV = Elektromagnetische Verträglichkeit
EMVG = Gesetz über elektromagnetische Verträglichkeit
EN = Europäische Norm
ESTA = Entertainment Services and Technology Association
EU = Europäische Union
EVG = Elektronisches Vorschaltgerät

FELV = Functional Extra Low Voltage
FFT = Fast Fourier Transformation

GPSG = Geräte- und Produktsicherheitsgesetzes
GS = Geprüfte Sicherheit

HAN = Harting-Steckverbinder
HCl = Chlorwasserstoff
HCN = Cyanwasserstoff
HDÜ = Hochspannungs-Drehstrom-Übertragung
HGÜ = Hochspannungs-Gleichstrom-Übertragung
HMI = Hydrargyrum Medium-arc Iodide Lamp (Halogenmetalldampflampe)
HQI = Hydrargyrum Quartz Iodide Lamp (Hochdruck-Quecksilberlampe)

I = Isolé
IEC = International Electrotechnical Commission
ILPS = Integrated Light-Planning and Steering-Systems
IMAX = Images Maximum
IP = International Protection Rating
IP = Internet Protocol
IR = Infrarot
ISO = International Organization for Standardization

KVG = Konventionelles Vorschaltgerät

L = Left
Laka = Lastkabel
LAN = Local Area Network

Laser = Light Amplification by Stimulated Emission of Radiation
LC = Left Center
LC = Liquid Crystals
LCD = Liquid Crystal Display
LCoS = Liquid Crystal on Silicon
LED = Light Emitting Diode
LFE = Low Frequency Effects
LPS = Lightning Protection System
LS = Left Surround
LWL = Lichtwellenleiter

Mg = Mangan
MIDI = Musical Instruments Digital Interface
MMF = Multi Mode Fiber

N = Neutre
n. c. = not connected
Ni = Nickel

PAR = Parabolic Aluminized Reflector
PC = Plano Convex
PE = Polyethylen
PE = Protection Earth
PELV = Protective Extra Low Voltage
PSA = Persönliche Schutzausrüstung
PSU = Power Supply Unit
PVC = Polyvinylchlorid
PWM = Pulse Code Modulation

R = Right
RC = Right Center
RCD = Residual Current Protective Device
RCM = Residual Current Monitor
RGB = Red, Green, Blue
RS = Right Surround

S = Speculum
Schuko = Schutzkontakt
SDDS = Sony Dynamic Digital Sound
SDI = Serial Digital Interface
SDT = Session Data Transport
SELV = Safety Extra Low Voltage
SLP = Service Location Protocol
SMF = Single Mode Fiber
SMTPE = Society of Motion Picture and Television Engineers
SP = Schriftenreihe Prävention
SR = Dolby Stereo
SR-D = Dolby Stereo Digital
SRXD = Sony X-tal Reflective Display
SVGA = Super Video Graphics Array
SXGA = Super Extended Graphics Array

T = Terre
TCP/IP = Transmission Control Protocol/Internet Protocol
TFT = Thin Film Transistor
THX = Tomlinson Holmans Experience
TRBS = Technische Regeln für Betriebssicherheit

UDP = User Datagram Protocol
UHP = Ultra High Performance Lamp
USB = Universal Serial Bus
USV = Unterbrechungsfreie Stromversorgung
USITT = United States Institute for Theatre Technology
UV = Ultraviolett

VDE = Verband der Elektrotechnik, Elektronik und Informationstechnik
VGA = Video Graphics Array
VIS = Visual (für Menschen sichtbares Licht)
VPE = Vernetztes Polyethylen
VstättVO = Versammlungsstättenverordnung

WLAN = Wireless Local Area Network
WYSIWYG = What you see is what you get

XGA = Extended Graphics Array

Alphabet griechischer Zeichen

Bezeichnung	Kleinbuchstabe	Großbuchstabe
Alpha	α	A
Beta	β	B
Chi	χ	X
Delta	δ	Δ
Epsilon	ε	E
Eta	η	H
Gamma	γ	Γ
Iota	ι	I
Kappa	κ	K
Lambda	λ	Λ
My	μ	M
Ny	ν	N
Omega	ω	Ω
Omikron	o	O
Phi	φ	Φ
Pi	π	Π
Psi	ψ	Ψ
Rho	ρ	P
Sigma	σ	Σ
Tau	τ	T
Theta	θ	Θ
Xi	ξ	Ξ
Ypsilon	υ	Y
Zeta	ζ	Z

Dezimalvorsätze

Vorsatzzeichen	Vorsatzsilbe	Potenz	Dezimalzahl
a	Atto-	10^{-18}	0,000 000 000 000 000 001
f	Femto-	10^{-15}	0,000 000 000 000 001
p	Piko-	10^{-12}	0,000 000 000 001
n	Nano-	10^{-9}	0,000 000 001
µ	Mikro-	10^{-6}	0,000 001
m	Milli-	10^{-3}	0,001
c	Zenti-	10^{-2}	0,01
d	Dezi-	10^{-1}	0,1
D	Deka-	10	10
h	Hekto-	10^{2}	100
k	Kilo-	10^{3}	1 000
M	Mega-	10^{6}	1 000 000
G	Giga-	10^{9}	1 000 000 000
T	Tera-	10^{12}	1 000 000 000 000

Physikalische Größen

Größe	Abkürzung	Berechnung	Einheit	Name
Länge	l, r, s		m	Meter
Fläche	A		m^2	
Volumen	V		m^3	
Zeit	t		s	Sekunde
Geschwindigkeit	v		m/s	
Beschleunigung	a		m/s^2	
Frequenz	f		Hz	Hertz
Kreisfrequenz	ω	$= 2\pi \cdot f$	1/s	
Masse	m		kg	Kilogramm
Dichte	ρ	$= m / V$	kg/m^3	
Kraft	F	$= m \cdot a$	N	Newton
Druck	p	$= F / A$	Pa	Pascal
Elektrische Ladung	Q		C	Coulomb
Stromstärke	I	$= Q / t$	A	Ampere
Elektrische Spannung	U	$= W / Q$	V	Volt
Elektrische Leistung bei Gleichstrom	P	$= U \cdot I$ $= U^2 / R$ $= I^2 \cdot R$	W	Watt
Wirkleistung	P	$= U \cdot I \cdot cos\varphi$	W	Watt
Blindleistung	Q	$= U \cdot I \cdot sin\varphi$	var	
Scheinleistung	S	$= \sqrt{P^2 \cdot Q^2}$	VA	
Elektrische Energie	W	$= P \cdot t$	Ws	
Widerstand	R	$= U / I$	Ω	Ohm
Leitwert	G	$= 1 / R$	S	Siemens
Kapazität	C	$= Q / U$	F	Farad
Induktivität	L		H	Henry
Magnetische Feldstärke	H		A/m	
Magnetische Flussdichte	B		Vs/m^2 oder T	Tesla
Magnetischer Fluss	Φ	$= B \cdot A$	Wb	Weber
Lichtenergie	Q	$= h \cdot f$	J	Joule
Lichtstärke	I		cd	Candela
Lichtstrom	Φ	$= I \cdot \Omega$	lm	Lumen
Leuchtdichte	L	$= I / A$	cd/m^2	
Beleuchtungsstärke	E	$= \Phi / A$	lm/m^2 oder lx	Lux

Konstanten

Vakuumlichtgeschwindigkeit $c_0 = 299\,792\,458$ m/s

Plancksches Wirkungsquantum $h = 6{,}6261 \cdot 10^{-34}$ Js

Wiensche Konstante $C = 2897{,}8$ μmK

Kreiszahl $\pi = 3{,}14159265...$

Dielektrizitätskonstante $\varepsilon_0 = 8{,}85418782 \cdot 10^{-12}$ As/Vm

Literatur und Quellen

Ackermann N. Lichttechnik. R. Oldenbourg Verlag, München 2001

Ausschuss für Arbeitssicherheit. Technische Regel für Betriebssicherheit TRBS 2131. Bundesministerium für Arbeit und Soziales, Berlin, 2007

Bay H. Stage Design. Drama Book Specialists, New York 2007

Berufsgenossenschaft der Feinmechanik und Elektrotechnik (Hrsg.). Gefahren des elektrischen Stroms. Berufsgenossenschaft der Feinmechanik und Elektrotechnik, Köln 2007

Bewer R, Steckmann K. Das Praxisbuch der Lichttechnik: Einführung in die professionelle Bühnenbeleuchtung. Gunther Carstensen Verlag, München 2004

Bieneck W. Elektro T – Grundlagen der Elektrotechnik. Holland + Josenhans Verlag, Stuttgart 2001

Bödeker K. Prüfung ortsfester und ortsveränderlicher Geräte. Huss Medien, Berlin 2008

Böhringer J, Bühler P, Schlaich P. Präsentieren in Schule, Studium und Beruf. Springer Verlag, Berlin 2007

Boy HG (Hrsg). Elektrotechnik für Handwerk und Industrie. Hüthig & Pflaum Verlag, München 2009

Boy HG, Dunkhase U. Elektro-Installationstechnik. Vogel Buchverlag, Würzburg 2007

Busch R. Elektrotechnik und Elektronik. Vieweg + Teubner, Wiesbaden 2008

Despar (Hrsg). Lichtpraxis. Despar Systeme AG, Bodenheim 2009

Deutsches Institut für Normung (Hrsg). DIN-Taschenbuch Veranstaltungstechnik. Beuth Verlag, Berlin 2006

Dorn E. Gestalten mit Licht. SRT-Schriftenreihe Band 22. Schule für Rundfunktechnik, Nürnberg 1992

Dunker A. Die chinesische Sonne scheint immer von unten. UVK Verlagsgesellschaft, Konstanz 2008

Dunker A. Licht- und Schattengestaltung im Film. TR-Verlagsunion, München 2001

Ebner M. Lichttechnik für Bühne und Disco. Elektor-Verlag, Aachen 2002

Ebner M. Sicherheit in der Veranstaltungstechnik. Beuth Verlag, Berlin 2007

Europa Lehrmittel (Hrsg). Fachkunde Elektrotechnik. Verlag Europa Lehrmittel, Haan-Gruiten 2008

Europa Lehrmittel (Hrsg). Prüfungsbuch Elektrotechnik. Verlag Europa Lehrmittel, Haan-Gruiten 2009

Europa Lehrmittel (Hrsg). Tabellenbuch Elektrotechnik. Verlag Europa Lehrmittel, Haan-Gruiten 2007

Fachausschuss „Elektrotechnik“ der BGZ. BGI 608: Auswahl und Betrieb elektrischer Anlagen und Betriebsmittel auf Bau- und Montagestellen. Berufsgenossenschaft der Feinmechanik und Elektrotechnik, Köln 2004

Fachausschuss „Elektrotechnik“ der BGZ. BGI 867: Auswahl und Betrieb von Ersatzstromerzeugern auf Bau- und Montagestellen. Berufsgenossenschaft der Feinmechanik und Elektrotechnik, Köln 2005

Fachausschuss „Elektrotechnik“ der BGZ. BGR A3: Arbeiten unter Spannung an elektrischen Anlagen und Betriebsmitteln. Berufsgenossenschaft der Feinmechanik und Elektrotechnik, Köln 2005

Falk DS, Brill DR, Stork DG. Ein Blick ins Licht. Birkhäuser Verlag, Basel 1990

Fitt B, Thornley J. Lighting by Design. Focal Press, Oxford 1996

Flegel G, Birnstiel K, Nerreter W. Elektrotechnik für Maschinenbau und Mechatronik. Hanser Fachbuchverlag, München 2004

Friedrichs H. Ausbildungsmappe Elektroinstallation. Hüthig, Heidelberg 1994

Ganslandt R, Hofmann H. Handbuch der Lichtplanung. Vieweg Verlag, Wiesbaden 1992

Gause A. Vortrag zum Thema Projektionsfolien. Gerriets GmbH, Umkirch 2009

Gerl B. Wächter im Netz. Artikel in der Zeitschrift Spektrum der Wissenschaft Dossier 2/09. Seite 80 und 81. Vogel Druck- und Medienservice, Höchberg 2009

Hentschel HJ. Licht und Beleuchtung. Hüthig, Heidelberg 1994

Janssen, Jan-Keno: Lichtwurf. Projektionstechniken im Wandel. In: c't. Nr. 22. 2011. S. 186-188

Keller M. DuMont's Handbuch der Bühnenbeleuchtung. DuMont Buchverlag, Köln 1985

Kiefer G. VDE 0100 und die Praxis. VDE Verlag, Berlin 2009

Kilian U, Aschemeier R. Das große Buch vom Licht. Wissenschaftliche Buchgesellschaft, Darmstadt 2012

Kluge S. Veranstaltungstechnik – Spielstätten, Anlagen und Geräte. Books on Demand GmbH, Norderstedt 2008

Kories R, Schmidt-Walter H. Taschenbuch der Elektrotechnik. Harri Deutsch Verlag, Frankfurt am Main 2000

Krause M. Wie Nikola Tesla das 20. Jahrhundert erfand. Wiley-VCH Verlag, Weinheim 2010

Küppers H. Schnellkurs Farbenlehre. DuMont Literatur und Kunst Verlag, Köln, 2005

Langford M, Fox A, Sawdon Smith R. Grundlagen der Fotografie. Spektrum Akademischer Verlag, Heidelberg 2008

Lehmann ML. Lichtdesign – Handbuch der Bühnenbeleuchtung. Dietrich Reimer Verlag, Berlin 2002

MA Lighting. Bedienungsanleitung Lightcommander II 24/6. MA Ligthing Technology GmbH, Eisingen 1996

McCandless S. A Method of Lighting the Stage. Theatre Arts Books, New York 1958

Moeller. Schaltungsbuch – Automatisieren und Energie verteilen. Moeller GmbH, Bonn 2008

Mueller J. Handbuch der Lichttechnik. PPV Medien, Bergkirchen 2008

Phillips Selecon. Switched On. Webseite: www.seleconlight.com → Resources (Letzte Seitenansicht Februar 2010)

Pilbrow R. Stage Lighting Design: The Art, the Craft, the Life. Quite Specific Media Group, Pyramid Place 2000

Präkel D. Licht & Beleuchtung. Addison-Wesley Verlag, München 2007

Riegler T. Flachbildschirme, Beamer und Projektoren. Verlag für Technik und Handwerk, Baden-Baden 2005

Schmidt U. Digitale Film- und Videotechnik. Hanser Fachbuchverlag, Leipzig 2002

Schmidt U. Digitale Videotechnik. Franzis Verlag, Feldkirchen 1996

Schmidt U. Professionelle Videotechnik. Springer Verlag, Berlin 2000

Schröder G, Treiber H. Technische Optik. Vogel Buchverlag, Würzburg 2007

Sichla F. Richtig messen und prüfen. Franzis, Poing 2007

Simonyi K. Kulturgeschichte der Physik. Harri Deutsch Verlag, Frankfurt am Main 2004

Smyrek V. Tontechnik für Veranstaltungstechniker. Hirzel Verlag, Stuttgart 2016

Spornitz UM. Anatomie und Physiologie. Springer Verlag, Berlin 2002

SRT (Hrsg). Ausbildungshandbuch audiovisuelle Medienberufe Band 1 bis 3. Hüthig Verlag, Heidelberg 2003

Streader T, Williams JA. Theaterwerkstatt – Bühnenbeleuchtung selbstgemacht. Bauverlag GmbH, Wiesbaden 1988

USITT (Hrsg). Recommended Practice for Theatrical Lighting Design Graphics. USITT, New York 2006. PDF-Dokument erhältlich unter: www.usitt.org/bookstore → Downloads

Verordnung über die Berufsausbildung. Fachkraft für Veranstaltungstechnik. Bertelsmann Verlag, Bielefeld 2002

Verwaltungs-Berufsgenossenschaft (Hrsg). BGI 813: Fernsehen, Hörfunk und Film; Prüfung elektrischer Anlagen und Geräte. Verwaltungs-Berufsgenossenschaft, Hamburg 2002

Verwaltungs-Berufsgenossenschaft (Hrsg). BGV A3: Unfallverhütungsvorschrift Elektrische Anlagen und Betriebsmittel. Carl Heymanns Verlag, Köln 2005

Verwaltungs-Berufsgenossenschaft (Hrsg). SP 25.1/7: Scheinwerfer Fernsehen, Hörfunk und Film. Verwaltungs-Berufsgenossenschaft, Hamburg 2005

Webers J. Handbuch der Film- und Videotechnik. Franzis Verlag, Poing 2008

Welsch N, Liebmann C. Farben. Elsevier Spektrum Akademischer Verlag, München 2004

Wild L. An Approach to Stage Lighting. Northern State University, Aberdeen 2006

Wirtschaftsministeriums Baden Württemberg. Verordnung über den Bau und Betrieb von Versammlungsstätten (Versammlungsstättenverordnung – VStättVO). Stuttgart 2004

Ziesenіß CH. Beleuchtungstechnik für den Elektrofachmann. Hüthig & Pflaum Verlag, Heidelberg 2002

Einrichten der Beleuchtung bei einem Musical („Elisabeth“, Apollo Theater Stuttgart 2005).

Abbildungsquellen

AB Elektronik Sachsen GmbH (www.ab-sachsen.de): Abb. 2.4

ADB Lighting Technologies (www.adblighting.com): Abb. 9.40 und 10.18

Andreas Baufeld: Abb. 11.23 und 11.50

Artistic Licence (www.artisticlicence.com): Abb. 10.17

Audio Visual Lighting (www.avl.be): Abb. 11.48

Barco (www.barco.com): Abb. 12.32

BauKreis (www.baukreis.de): Abb. 6.5

Berufsgenossenschaft der Feinmechanik und Elektrotechnik, 2007: Abb. 4.5

Blitzschutz-Technik Dirk Wendler (www.blitzschutz-technik.de): Abb. 5.18 und 5.22

Bourns (www.bourns.com): Abb. 2.6 (links)

Brandenburgisches Landesamt für Denkmalpflege (www.bldam-brandenburg.de): Abb. 1.13

Conrad Elektronik (www.conrad.de): Abb. 6.9 (rechts) und 6.10 (rechts)

Curt Deckert (www.eyedesignbook.com) Abb. 8.47 (rechts)

Dedo Weigert Film GmbH (www.dedolight.com): Abb. 9.43

Deen van Meer (www.deenvanmeer.com): Abb. 12.29

DEHA / Emil Löffelhardt GmbH & Co. KG (www.loeffelhardt.de): Verschiedene Lampenfassungen im Anhang

Dehn + Söhne GmbH & Co. KG (www.dehn.de): Abb. 5.6 (rechts), 5.16 und 6.2

Dicicam Expterts (www.digicam-experts.de): Abb. 8.10

Direct Industry (www.directindustry.de): Abb. 2.5 und 9.12 (links)

Dirk Weyhenmeyer (www.stargallery.de): Abb. 11.30, 11.31 und 11.32

DKN. GmbH & Co. KG (www.el-folien.com): Abb. 11.27

Eclipse Audio Visual Ltd. (www.eclipseav.com): Abb. 10.7

Electronic Theatre Controls GmbH (www.etcconnect.com): Abb. 9.49 und 10.20

Elektronik- und Hochspannungsmuseum Dorsten (www.teslion.de): Abb. 9.25

Eurolite (www.eurolite.de): Abb. 9.38

Fluke Deutschland GmbH (http://tw.fluke.com): Abb. 1.5 (rechts), 6.12, 6.13 und 6.18

Georg Hell: Abb. 6.4

Gerriets GmbH (www.gerriets.com): Abb. 12.28

GMC-I Messtechnik GmbH / Gossen Metrawatt (www.gossenmetrawatt.com): Abb. 7.2

Hager Tehalit Vertriebs GmbH & Co. KG (www.e-volution.de): Abb. 5.8 und 5.10

Hameg Instruments GmbH (www.hameg.com): Abb. 6.17

HCinema (www.hcinema.de): Abb. 12.21

HKS, Inc. (Photograph Blake Marvin): Abb. 11.25

Institut für Experimentelle und Angewandte Physik (www.ieap.uni-kiel.de): Abb. 2.6 (rechts)

Jim Hutchinson (www.jimonlight.com): Abb. 11.46

Kapis Cable Production (www.kapistkt.com): Abb. 3.1

Kino Flo Lighting Systems (www.kinoflo.com): Abb. 9.14 (links) und 9.36

Kinoton (www.kinoton.de): Abb. 12.5 (rechts)

LichtWerk GbR - Laser Licht & Illusionen (www.lichtwerk.com): Abb. 11.29

MA Lighting International GmbH (www.malighting.com): Abb. 10.3, 10.4, 10.5, 10.6 und 10.19

Martin Professional A/S (www.martin.com): Abb. 9.37 (rechts) und 11.47

Mittronik GmbH (www.mittronik.de): Abb. 6.6

Newport (www.newport.com): Abb. 8.35 (rechts)

Niedax Group (www.niedax.de): Abb. 3.12

Niko Bovenberg: Abb. 11.45

Oppermann Elektronische Bauelemente (www.oppermann-electronic.de): Abb. 2.9

Osram (www.osram.de): Abb. 9.28

Pani Projection and Lighting (www.pani.com): Abb. 12.2 (links)

Praxis für Augenheilkunde Stuttgart: Abb. 8.55

Pulsar Light of Cambridge Ltd. (www.pulsarlight.com): Abb. 10.1 und 10.2

Radiomuseum (www.radiomuseum.org): Abb. 2.1 (links)

Rosco (www.rosco.com): Abb. 8.27

Sachtler (www.sachtler.de): Abb. 9.44

Sand Network Systems, Inc. (www.sandsys.com): Abb. 10.22

Sanyo (http://us.sanyo.com): Abb. 12.16 und 12.25

Schott (www.schott.com): Abb. 8.26, 8.28 und 9.42

Siemens (www.automation.siemens.com): Abb. 3.11

Smial: Abb. 12.1. Diese Bilder sind aus der freien Enzyklopädie Wikipedia entnommen (http://de.wikipedia.org/wiki/Projektor) und stehen unter der GNU-Lizenz für freie Dokumentation: http://de.wikipedia.org/wiki/Wikipedia:GNU_Free_Documentation_License

Stage Design & Technology Seminars (www.hstech.org): Abb. 11.34 (rechts)

Stefan Eichhorn (www.stewavelight.de): Abb. 9.18 (links), 9.19 (links), 9.20 (rechts) und 9.22 (links)

Stefan Hauschke: Abb. 8.45 (rechts), 9.51, 12.31, Bild als Zwischentitel in Kap. 9 und in den Abbildungsquellen

Strand Selecon / Philips Lighting (www.strandlighting.com): Abb. 9.31, 9.32, 9.33, 9.35 (links) und 10.21

Tecnews (www.tecnews.ch): Abb. 9.10 (rechts)

Texas Instruments (www.dlp.com): Abb. 12.7, 12.9, 12.10 und 12.11

Theater der Stadt Schweinfurt (www.theaterschweinfurt.de): Abb. 11.42

Thematics (www.seelightbox.com): Abb. 11.49

Tobias Mancinella: Abb. 9.45 und 9.57

Traffik Theater (www.traffiktheater.com), Fotograph: Bekir Aysan: Abb. 11.43 und 11.44

Traut: Abb. 9.5 (unten). Dieses Bild sind aus der freien Enzyklopädie Wikipedia entnommen (http://de.wikipedia.org/wiki/Energielabel) und steht unter der GNU-Lizenz für freie Dokumentation: http://de.wikipedia.org/wiki/Wikipedia:GNU_Free_Documentation_License

Typo Druck Sares (www.sares.at): Abb. 8.21

Ulrich Pohler (www.pohler.eu): Abb. 5.24

Universität Bayreut (www.physik.uni-bayreuth.de): Abb. 8.14

University of Minnesota Duluth (www.d.umn.edu): Abb. 11.34 (links)

Universität Tübingen (www.uni-tuebingen.de): Abb. 8.39 (rechts)

Verlag Technische Medien / Technik-Museum.ch (www.technik-museum.ch): Abb. 1.11 (rechts)

Vicom (www.vicom.de): Abb. 12.2 (rechts)

Walther Elektrotechnische Systeme (www.walther-werke.de): Abb. 6.1

Wolfram Bernard (www.grundlicht.de): Abb. 11.5, 11.6, 11.7, 11.12 und 11.15

Einleuchten für eine Fernsehsendung des SWR vom Cannstatter Wasen.

Sachregister

3

A

B

L

M

W

X

Z

Herausgeber und Autor

Dr. Volker Smyrek
Adlerstr. 13
70199 Stuttgart
volker.smyrek@gmx.net

Dr. Volker Smyrek, Jahrgang 1973, war nach der Ausbildung an der School of Audio Engineering (SAE) in Frankfurt am Main vier Jahre als Ton- und Bildtechniker bei zahlreichen Außenübertragungen und Studioproduktionen der ARD, des ZDF und privaten Fernsehsendern (RTL, Deutsche Bank TV) tätig.
Seit dem Jahr 2000 arbeitet er in Stuttgart als FOH-Mischer für Musical-Produktionen wie *Die Schöne und das Biest*, *Tanz der Vampire*, *42nd Street*, *Elisabeth*, *3 Musketiere*, *Blue Man Group*, *We Will Rock You*, *Sister Act*, *Ich war noch niemals in New York*, *Tarzan und Mary Poppins*. Er bildet im Apollo Theater Fachkräfte für Veranstaltungstechnik im Bereich Tontechnik aus. Im Jahr 2006 hatte er einen Gastvertrag als Sound Designer für das Musical *Grease* im Theater St. Gallen.
Neben dem Beruf absolvierte Volker Smyrek von 2001 bis 2005 den Diplomstudiengang Audiovisuelle Medien und von 2007 bis 2010 den Masterstudiengang Elektronische Medien an der Hochschule der Medien (HdM) in Stuttgart. 2013 promovierte er an der Universität Stuttgart im Fachbereich Geschichte der Naturwissenschaften und Technik. 2010 und 2011 war er External Lecturer an der SAE in Stuttgart (Unterrichtseinheiten u. a. in drahtloser Audioübertragung, Elektrotechnik, Mehrkanalton und Psychoakustik). Im Wintersemester 2012/13 war er als Lehrbeauftragter an der HdM tätig und hielt dort Vorlesungen in Fach Elektronik.

Autorin Lichttechnik

Dipl.-Ing. (FH) Diana Kruse, Jahrgang 1980, studierte Ingenieurwesen für Medientechnik an der Hochschule für Angewandte Wissenschaften Hamburg. Sie arbeitete bei diversen Produktionen in Hamburg, wie am Altonaer Theater, auf Kampnagel sowie in den Zeisehallen. Ebenso war sie am Theaterhaus sowie am Apollo Theater in Stuttgart als Bühnen- und Lichttechnikerin tätig. Seit 1999 engagiert sie sich bei Art of Musical e. V., Schwanewede, in den Bereichen Bühnen-, Ton- und Lichttechnik sowie Lichtdesign.

Autor Energieversorgung

Ralph Hascher, 1967–2011, war Elektroinstallateur und staatlich geprüfter Elektrotechniker, Fachrichtung Elektrotechnik mit Schwerpunkt Datenelektronik.
Nach der Ausbildung war Ralph Hascher bis Dezember 1999 als Lichttechniker beim Musical *Miss Saigon* in Stuttgart tätig. Von Januar 2000 an war er stellvertretender Leiter der Haustechnik und EDV im Apollo Theater, außerdem war er im Hause Ausbilder für Fachkräfte für Veranstaltungstechnik im Bereich Elektrotechnik. Ab 2002 war er Prüfer für Veranstaltungstechniker bei der IHK Karlsruhe und Ab 2009 Prüfer für Elektroniker, Fachrichtung Energietechnik und Gebäudetechnik in der Handwerkskammer Stuttgart.